Mathematische Methoden der Technischen Mechanik

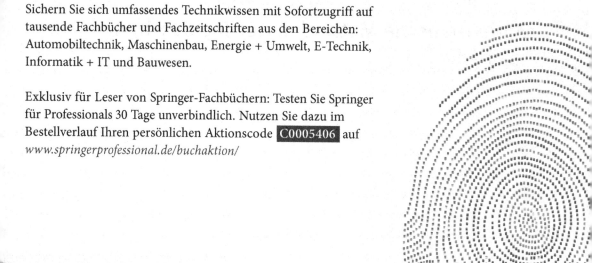

Michael Riemer · Wolfgang Seemann ·
Jörg Wauer · Walter Wedig

Mathematische Methoden der Technischen Mechanik

Für Ingenieure und Naturwissenschaftler

3., neu bearbeitete Auflage

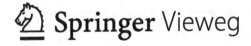

Michael Riemer
Karlsruhe, Deutschland

Wolfgang Seemann
Institut für Technische Mechanik
Karlsruher Institut für Technologie (KIT)
Karlsruhe, Deutschland

Jörg Wauer
Institut für Technische Mechanik
Karlsruher Institut für Technologie (KIT)
Karlsruhe, Deutschland

Walter Wedig
Institut für Technische Mechanik
Karlsruher Institut für Technologie (KIT)
Karlsruhe, Deutschland

ISBN 978-3-658-25612-8   ISBN 978-3-658-25613-5 (eBook)
https://doi.org/10.1007/978-3-658-25613-5

Die Deutsche Nationalbibliothek verzeichnet diese Publikation in der Deutschen Nationalbibliografie; detaillierte bibliografische Daten sind im Internet über http://dnb.d-nb.de abrufbar.

Springer Vieweg
© Springer Fachmedien Wiesbaden GmbH, ein Teil von Springer Nature 1993, 2015, 2019

Lektorat: Thomas Zipsner

Springer Vieweg ist ein Imprint der eingetragenen Gesellschaft Springer Fachmedien Wiesbaden GmbH und ist ein Teil von Springer Nature.
Die Anschrift der Gesellschaft ist: Abraham-Lincoln-Str. 46, 65189 Wiesbaden, Germany

Den Pionieren der Vertiefungsrichtung Theoretischer Maschinenbau der Universität Karlsruhe, Prof. Dr.-Ing. H. Leipholz und Prof. Dr. F. Weidenhammer, gewidmet.

Vorwort zur dritten Auflage

Bedingt durch die rege Nachfrage, hat der Springer-Vieweg-Verlag vorgeschlagen, die Auflage von 2014 zu aktualisieren. Die verbliebenen Autoren sind dem Wunsch des Verlags gerne gefolgt und haben sich dafür durch Wolfgang Seemann vom Institut für Technische Mechanik des Karlsruher Instituts für Technologie verstärkt, der aktuell dort die Vorlesung „Mathematische Methoden der Schwingungslehre" für Studierende im Masterstudiengang Maschinenbau anbietet und lehrt. Noch einmal sind durch intensive Suche eine ganze Reihe von aufgetretenen Fehlern beseitigt worden und auch inhaltlich hat der gesamte Text nochmals eine Überarbeitung und Glättung erfahren. Eine Reihe neuer Übungsaufgaben ermöglicht es dem Leser noch mehr als bisher zu üben. Schließlich sind im letzten Kapitel über Näherungsverfahren noch zwei Abschnitte mit einem Ausblick auf numerische Integration und Verwendung von Formelmanipulationsprogrammen hinzugekommen, die den Einstieg in die Literatur über Näherungsverfahren erleichtern sollen. Da sich das Buch sehr bewährt hat, bleibt die Struktur des Buches samt seines Inhalts ungeändert, die Autoren sind überzeugt davon, dass die Nutzer des Buchs dies zu schätzen wissen.

Karlsruhe, Deutschland
Dezember 2018

Wolfgang Seemann
Jörg Wauer
Walter Wedig

Vorwort zur zweiten Auflage

Das Buch war lange vergriffen. Im Jahr 2013 realisierte der Springer-Verlag einen unveränderten Nachdruck der Originalausgabe im Springer-Archiv. Bei Gesprächen mit einem der Autoren erklärte der Springer-Vieweg-Verlag sich bereit, eine aktualisierte Neuauflage bereitzustellen. Alle bisher bekannt gewordenen Fehler und Unschärfen sind beseitigt worden. Vielen Mitarbeitern sowie manchem Hörer der Vorlesungen verdanken wir entsprechende Hinweise. Alle Kapitel sind mit einleitenden Lernzielen versehen worden. Inhaltlich sind einige Abschnitte ergänzt worden. Ansonsten ist der bewährte Text – auch im Sinne unseres 2012 verstorbenen Ko-Autors Michael Riemer – praktisch unverändert geblieben.

Karlsruhe, Deutschland   Jörg Wauer
Juni 2014   Walter Wedig

Vorwort zur ersten Auflage

Das Buch entstand im Zusammenhang mit Vorlesungen über „Mathematische Methoden der Festigkeitslehre" und „Mathematische Methoden der Schwingungslehre", die im Rahmen einer Studienreform der Fakultät für Maschinenbau der Universität Karlsruhe im Jahre 1968 von den Professoren Leipholz und Weidenhammer eingeführt wurden und seit einigen Jahren in teilweise modifizierter Form von zwei der Autoren gehalten werden. Die Anwendungsbeispiele und Übungsaufgaben entstammen zum größten Teil den schriftlichen Prüfungen zu diesen Veranstaltungen.

Die Technische Mechanik ist, wie das Adjektiv unterstreicht, überwiegend auf die Belange der Ingenieurwissenschaften zugeschnitten. Sie wird von Ingenieuren benötigt und angewandt; sie wird von Ingenieuren für Ingenieure gelehrt und weiterentwickelt. Heute sind dazu umfangreiche mathematische Kenntnisse notwendig, die im Grundstudium an Technischen Hochschulen und an Universitäten nicht ausreichend erworben werden können. Vor allem mangelt es an der Fähigkeit, das in den mathematischen Grundvorlesungen erlangte Wissen zur Lösung konkreter und anwendungsnaher Probleme zu nutzen. Auch die Spezialvorlesungen für Studenten mit Hauptstudium Mathematik und die bisher vorhandene Literatur machen es nicht leicht, die erforderlichen Erfahrungen zu sammeln. Der dort verlangte hohe Abstraktionsgrad und die oft breiten Raum einnehmenden mathematischen Beweisführungen werden als Ballast empfunden und erschweren dem Ingenieur den Zugang erheblich. Hinzu kommt, dass nur selten auf praktische Anwendungen eingegangen wird und oft Vergleiche derjenigen Methoden fehlen, die zur Lösung physikalischer Fragen nützlich sind. Auf der anderen Seite betonen Vorlesungen und Lehrbücher über Anwendungsgebiete naturgemäß physikalische Prinzipe und praktische Ergebnisse mehr als die anzuwendenden mathematischen Hilfsmittel.

Ziel des vorliegenden Buches ist es, in einem Teilgebiet der Physik die gewünschte Brückenfunktion zwischen mathematischer und ingenieurmäßiger Vorgehensweise zu übernehmen. Das Buch wendet sich vor allem an theoretisch arbeitende Ingenieure, aber auch an Physiker und andere Naturwissenschaftler, die mit mathematischen Methoden physikalische Aufgabenstellungen lösen wollen. Es zielt auf Studium und Beruf gleichermaßen. Schließlich sollen auch Mathematiker angesprochen werden, die sich für ingenieurwissenschaftliche Anwendungen der Mathematik interessieren.

Das Hauptgewicht liegt auf der Darstellung von Methoden, ihre mathematische Fundierung tritt dabei in den Hintergrund. Die einzelnen Rechenschritte jeder Methode werden anhand typischer Anwendungsbeispiele dargestellt und eingehend diskutiert. Zusätzliche Übungsaufgaben mit mehr oder minder ausführlichen Lösungshinweisen geben Gelegenheit, eigene Erfahrungen bei der Anwendung mathematischer Methoden zu gewinnen. Die Anwendungsbeispiele und Übungsaufgaben stammen aus den verschiedensten Teilgebieten der Technischen Mechanik und geben so ein Bild der Vielfalt und Breite dieses zentralen Bereiches der Ingenieurwissenschaften. Kenntnisse, wie sie in diesem Fachgebiet im Vordiplom einer wissenschaftlichen Hochschule vermittelt werden, erleichtern natürlich den Einstieg. Aber auch ohne solche Kenntnisse lässt sich der Inhalt von einem theoretisch interessierten Leser infolge der Ausführlichkeit gut verfolgen.

Das Buch ist in sechs Teile gegliedert. Kap. 1 beschreibt die Grundlagen der Matrizenrechnung; Kap. 2 führt in die Tensorrechnung ein. Zur kompakten mathematischen Formulierung einer Reihe physikalischer Probleme liefern Matrizen- und Tensorkalkül mächtige und unentbehrliche Werkzeuge. Kap. 3 als Hauptteil des Buches behandelt die Lösungstheorie linearer Differentialgleichungen. Sowohl gewöhnliche Einzel-Differentialgleichungen als auch Systeme gewöhnlicher Differentialgleichungen und schließlich auch partielle Differentialgleichungen werden besprochen. Um alle wichtigen Test- und Einschaltsignale der Regelungs- und Schwingungstheorie in ihren Auswirkungen auf dynamische Systeme diskutieren zu können, wird auch eine knappe Einführung in die Distributionstheorie gegeben. Die in Kap. 4 dargestellten Variationsmethoden und ihre Anwendungen in der analytischen Mechanik bilden die Grundlage sowohl zur Herleitung komplizierter Bewegungsgleichungen der Strukturdynamik als auch zur approximativen Lösung derselben. Grundbegriffe der Stabilitätstheorie vermittelt Kap. 5; damit kann der wichtigen Frage nach physikalischer Realisierbarkeit mathematisch ermittelter Lösungen eines Modellsystems nachgegangen werden. Gegenstand des letzten Kapitels sind ausgewählte Näherungsverfahren, wobei im Wesentlichen der Rechengang interessiert. Auf die Auswertung wird nur dann eingegangen, wenn diese formelmäßig möglich ist und keiner Rechnerunterstützung bedarf. Numerische Aspekte spricht die vorliegende Abhandlung generell nicht an. Die am Ende der einzelnen Kapitel angegebene Literatur enthält vornehmlich nur Hinweise auf die Standardliteratur und stellt in jedem Fall nur eine Auswahl dar.

Allen wissenschaftlichen Mitarbeitern des Instituts, die bei der ständigen Überarbeitung der Vorlesungen und Übungen sowie dem Erarbeiten der zugehörigen Prüfungsaufgaben ihren Teil auch zum Gelingen dieses Buches beigetragen haben, sei herzlich gedankt.

Karlsruhe, Deutschland   Michael Riemer
März 1993   Jörg Wauer
                                                                                   Walter Wedig

Inhaltsverzeichnis

Einführung in die Matrizenrechnung

Lernziele

Formulierung und Umgang mit linearen Gleichungen in kompakter Matrizenschreibweise sind für Ingenieure wichtiges Basiswissen. Der Nutzer soll deshalb im Rahmen des vorliegenden Kapitels zum einen lernen, die Matrizenrechnung mit der zugrunde liegenden Matrizenalgebra zu verstehen. Andererseits soll er aber auch ausgewählte Matrizenmethoden, wie Übertragungsmatrizenverfahren oder Matrixverschiebungsmethode und schließlich die Grundlagen von Finite-Element-Methoden auf unterschiedliche Fragestellungen, wie sie Absolventen eines Ingenieur- oder Technomathematikstudiums aber auch praktisch arbeitenden Forschungs- und Entwicklungsingenieuren begegnen, anwenden können. Nach Durcharbeiten des vorliegenden Kapitels ist er mit diesem wesentlichen Werkzeug der Mathematik vertraut.

Als Matrizenkalkül bezeichnet man die Gesamtheit aller Regeln zur Formulierung linearer Beziehungen in einer effizienten Kurzschreibweise.

Klassische Probleme der Elastostatik, wie z. B. Gleichgewichtsuntersuchungen starrer Körper oder Verformungsberechnungen elastischer Strukturen, und der Elektrotechnik, wie z. B. die Verknüpfung von Strömen und Spannungen bei der Auslegung elektrischer Netzwerke, aber auch der Schwingungslehre zur Berechnung der Eigenfrequenzen mehrläufiger Schwinger, führen streng oder in erster Näherung auf derartige Gleichungssysteme. Grundsätzlich handelt es sich dabei immer um die Beziehung zwischen einem Größensystem $x_1, x_2, \ldots, x_n$ und einem zweiten System $y_1, y_2, \ldots, y_m$ in Form der linearen Gleichungen

$$
\begin{aligned}
a_{11}x_1 + a_{12}x_2 + \cdots + a_{1n}x_n &= y_1, \\
a_{21}x_1 + a_{22}x_2 + \cdots + a_{2n}x_n &= y_2, \\
\vdots \qquad\quad \ddots \qquad \vdots &= \vdots \\
a_{m1}x_1 + a_{m2}x_2 + \cdots + a_{mn}x_n &= y_m.
\end{aligned}
\tag{1.1}
$$

© Springer Fachmedien Wiesbaden GmbH, ein Teil von Springer Nature 2019
M. Riemer et al., *Mathematische Methoden der Technischen Mechanik*,
https://doi.org/10.1007/978-3-658-25613-5_1

Das Gleichungssystem (1.1) ist durch das Schema der Koeffizienten a_{ik} festgelegt. Dieses nach $i = 1, 2, \ldots, m$ Zeilen und $k = 1, 2, \ldots, n$ Spalten *geordnete* Schema wird *Matrix* genannt, was soviel wie *Ordnung* bzw. *Anordnung* bedeutet. In der genannten Bedeutung wurde das Wort Matrix zuerst 1850 von dem englischen Mathematiker Sylvester benutzt und kurze Zeit später (1858) in einem von Caley entwickelten Matrizenkalkül weiter verarbeitet. Bei Ingenieuren hat die Matrizenrechnung durch die Pionierarbeit von Zurmühl Anerkennung gefunden. Heute gibt es selten ein Berechnungsproblem der technischen Praxis, das nicht in Matrizenschreibweise formuliert wird. Für die Ausführung von Matrixoperationen ist heutzutage die kommerzielle mathematische Software Matlab besonders geeignet.

1.1 Matrizenalgebra

Meist besteht die Aufgabe bei einer durch (1.1) formulierten Fragestellung darin, die unbekannten Größen x_k bei vorgegebenen Größen y_i und Koeffizienten a_{ik} für $i, k = 1, 2, \ldots, n$ zu berechnen. Das Gleichungssystem (1.1) kann man symbolisch in der Gestalt

$$\mathbf{Ax} = \mathbf{y} \tag{1.2}$$

schreiben. Hierin sind $\mathbf{A}$, $\mathbf{x}$ und $\mathbf{y}$ selbständige mathematische Größen in Form von Matrizen. Die zur Lösung der Aufgabe (1.2) notwendigen rechnerischen Verknüpfungen lassen sich auf die Grundoperationen Addition, Multiplikation und Inversion von Matrizen zurück führen[1]. Die Elemente der Matrizenrechnung, die Schreibweisen und die notwendigen Grundoperationen werden im Folgenden näher erklärt, wobei – wenn nicht ausdrücklich anders vermerkt – Matrizen mit ausschließlich reellwertigen Elementen vorausgesetzt sind[2].

1.1.1 Elemente der Matrizenrechnung

Entsprechend der Anordnung der Koeffizienten innerhalb der Gleichungen (1.1) besitzt die in (1.2) auftretende Matrix

$$\mathbf{A} = \begin{pmatrix} a_{11} & a_{12} & \ldots & a_{1n} \\ a_{21} & a_{22} & \ldots & a_{2n} \\ \vdots & \vdots & \ddots & \vdots \\ a_{m1} & a_{m2} & \ldots & a_{mn} \end{pmatrix} = (a_{ik}) \tag{1.3}$$

---

[1] Die Weiterführung der Matrizenalgebra bis hin zur Verarbeitung von Matrizenfunktionen wird insbesondere in Abschn. 3.2.2 im Zusammenhang mit der Fundamentalmatrix als Matrizen–Exponentialfunktion besprochen.
[2] Eine Verallgemeinerung auf komplexwertige Matrizen ist durchaus möglich (s. z. B. [9, 10]); sie geht aber über die Erfordernisse dieses Buches i. Allg. hinaus.

m Zeilen und n Spalten. Man sagt, die Matrix ist vom *Typ* (m, n). Ihre rechteckige Blockstruktur wird durch runde Klammern abgegrenzt[3]. In symbolischer Schreibweise werden große lateinische Buchstaben in Fettdruck zu verwendet; in Indexschreibweise benutzt man ein allgemeines Element, wie z. B. a_{ik}. Man klammert dieses, wenn man nicht ein Einzelelement, sondern die gesamte Matrix erfassen will.

Die Größen $\mathbf{x}$ und $\mathbf{y}$ in (1.2) sind gemäß (1.1) spezielle einreihige Matrizen. Dabei hat es sich als zweckmäßig erwiesen, die Elemente x_i und y_i in Form von *Spalten* anzuordnen[4] und

$$\mathbf{x} = \begin{pmatrix} x_1 \\ x_2 \\ \vdots \\ x_n \end{pmatrix}, \quad \mathbf{y} = \begin{pmatrix} y_1 \\ y_2 \\ \vdots \\ y_m \end{pmatrix} \tag{1.4}$$

zu schreiben. Einspaltige (und auch einzeilige) Matrizen werden immer mit kleinen lateinischen Buchstaben in Fettdruck bezeichnet.

Ist in einer Spaltenmatrix nur ein Element mit 1 belegt und sind alle anderen Elemente 0, so entsteht die spezielle Form

$$\mathbf{e}_k = \begin{pmatrix} 0 \\ \vdots \\ 0 \\ 1 \\ 0 \\ \vdots \\ 0 \end{pmatrix}. \tag{1.5}$$

Hierin bezeichnet der Index k dasjenige Element, das den Wert eins hat. Offenbar gilt die Zerlegung

$$\begin{pmatrix} x_1 \\ x_2 \\ \vdots \\ x_n \end{pmatrix} = x_1 \begin{pmatrix} 1 \\ 0 \\ \vdots \\ 0 \end{pmatrix} + x_2 \begin{pmatrix} 0 \\ 1 \\ \vdots \\ 0 \end{pmatrix} + \dots x_n \begin{pmatrix} 0 \\ 0 \\ \vdots \\ 1 \end{pmatrix}. \tag{1.6}$$

Somit definiert die Menge aller Spaltenmatrizen $\mathbf{e}_k$ $(k = 1, 2, \dots, n)$ eine Basis im n-dimensionalen Raum.

Schließlich wird an dieser Stelle noch der Begriff der *Submatrizen* eingeführt. Im Beispiel

$$\mathbf{A} = \left(\begin{array}{c|c|c} \mathbf{A}_{11} & \mathbf{A}_{12} & \mathbf{A}_{13} \\ \hline \mathbf{A}_{21} & \mathbf{A}_{22} & \mathbf{A}_{23} \end{array} \right) \tag{1.7}$$

---

[3] Andere Autoren verwenden eckige oder geschweifte Klammern.
[4] Für die Darstellung einreihiger Matrizen ist es an sich belanglos, ob die Elemente als Spalte oder Zeile angeordnet werden; beide Formen sind gleichwertig. Auch die Schreibweise einer Zeilenmatrix wird gelegentlich benutzt.

ist die Gesamtmatrix $\mathbf{A}$ in sechs Teil- oder Submatrizen $\mathbf{A}_{ik}$ aufgeteilt. Die Unterteilung ergibt sich meist aus Gründen der Zweckmäßigkeit innerhalb spezieller Anwendungen. Die Grenzen der Partitionierung werden in der Gesamtmatrix durch vertikale und horizontale Linien gekennzeichnet.

Eine Matrix $\mathbf{A}$ wird *transponiert*, indem man Zeilen und Spalten vertauscht. In Indexschreibweise gilt deshalb die Vorschrift

$$a_{ik}^{\mathrm{T}} = a_{ki}, \quad i = 1, 2, \ldots, m, \quad k = 1, 2, \ldots, n \tag{1.8}$$

zur Berechnung der Elemente a_{ik}^{T} der transponierten[5] Matrix $\mathbf{A}^{\mathrm{T}} = (a_{ik}^{\mathrm{T}})$.

Beispiel 1.1 Transposition einer Matrix. Die Matrizen

$$\mathbf{A} = \begin{pmatrix} a_1 & b_1 & c_1 \\ a_2 & b_2 & c_2 \end{pmatrix}, \quad \mathbf{A}^{\mathrm{T}} = \begin{pmatrix} a_1 & a_2 \\ b_1 & b_2 \\ c_1 & c_2 \end{pmatrix} \tag{1.9}$$

zeigen die Ergebnisse für eine $(2, 3)$-Matrix. ∎

Offenbar gilt $(\mathbf{A}^{\mathrm{T}})^{\mathrm{T}} = \mathbf{A}$; d. h. die zweimalige Transposition führt wieder zur ursprünglichen Matrix.

Aus einer Spaltenmatrix $\mathbf{x}$ wird durch Transposition eine Zeilenmatrix

$$\mathbf{x}^{\mathrm{T}} = (x_1, x_2, \ldots, x_n) \tag{1.10}$$

und umgekehrt. Aus Platzgründen schreibt man Spaltenmatrizen auch in der Form

$$\mathbf{x} = (x_1, x_2, \ldots, x_n)^{\mathrm{T}} \tag{1.11}$$

als Zeilen[6].

Zwei Matrizen $\mathbf{A}$ und $\mathbf{B}$ sind gleich, wenn die Gleichheit elementweise vorliegt. Analog dazu werden Addition, Subtraktion und Multiplikation mit einer skalaren Zahl α elementweise definiert. Die drei Rechenregeln lauten

$$\left.\begin{aligned} \mathbf{A} = \mathbf{B}, & \quad \text{wenn } a_{ik} = b_{ik}, \\ \mathbf{C} = \mathbf{A} \pm \mathbf{B}, & \quad \text{wenn } c_{ik} = a_{ik} \pm b_{ik}, \\ \mathbf{C} = \alpha\mathbf{A}, & \quad \text{wenn } c_{ik} = \alpha a_{ik} \end{aligned}\right\} \quad \begin{aligned} i = 1, 2, \ldots, m, \\ k = 1, 2, \ldots, n \end{aligned} \tag{1.12}$$

---

[5] Anstelle des hochgestellten Operatorsymbols T benutzt man häufig auch einen Strich, z. B. $\mathbf{A}'$, zur Kennzeichnung der Transposition.
[6] Wenn nicht anders vermerkt, weisen fett gedruckte Kleinbuchstaben ohne Kennzeichen stets auf eine Spaltenmatrix hin; Zeilenmatrizen werden durch Transposition gekennzeichnet.

und implizieren, dass die beteiligten Matrizen vom gleichen Typ sind. Für die matrizielle Addition und die Multiplikation mit einem Skalar gelten die Eigenschaften:

- Die Addition ist kommutativ: $\mathbf{A} + \mathbf{B} = \mathbf{B} + \mathbf{A}$.
- Die Addition ist assoziativ: $\mathbf{A} + (\mathbf{B} + \mathbf{C}) = (\mathbf{A} + \mathbf{B}) + \mathbf{C}$.
- Die Multiplikation ist distributiv: $\alpha(\mathbf{A} + \mathbf{B}) = \alpha\mathbf{A} + \alpha\mathbf{B}$.

Man verifiziert diese Eigenschaften mit Hilfe der in (1.12) angegebenen Indexschreibweise.

Eine Matrix, deren Elemente alle verschwinden, heißt *Nullmatrix*:

$$\mathbf{O} = \begin{pmatrix} 0 & 0 & \ldots & 0 \\ 0 & 0 & \ldots & 0 \\ \vdots & \vdots & \ddots & \vdots \\ 0 & 0 & \ldots & 0 \end{pmatrix}. \tag{1.13}$$

Entsprechend hierzu sind

$$\mathbf{0} = (0, \ldots, 0, \ldots, 0)^{\mathrm{T}}, \quad \mathbf{0}^{\mathrm{T}} = (0, \ldots, 0, \ldots, 0) \tag{1.14}$$

eine *Null-Spaltenmatrix* und eine *Null-Zeilenmatrix*.

Eine oft benutzte Kennzahl von Matrizen ist ihr sog. *Rang*. Eine (m, n)-Matrix $\mathbf{A}$ heißt *vom Rang r*, wenn sie r linear unabhängige Zeilen *oder* Spalten besitzt; die restlichen $(m - r)$ Zeilen oder $(n - r)$ Spalten sind linear abhängig. r von n Spalten $\mathbf{a}_k$ bzw. von m Zeilen $\mathbf{a}^i$ sind dann linear unabhängig, wenn ihre Linearkombination $\sum_{(k)} c_k \mathbf{a}_k$ bzw. $\sum_{(i)} c^i \mathbf{a}^i$ mit jeweils r Summanden für kein Wertesystem der c_k bzw. c^i identisch verschwindet, außer für alle r Konstanten $c_k = 0$ bzw. $c^i = 0$.

1.1.2 Quadratische Matrizen

Wenn in der Matrix (1.3) die Anzahl m der Zeilen mit der Spaltenanzahl n übereinstimmt, entsteht die spezielle Form

$$\mathbf{A} = \begin{pmatrix} a_{11} & \ldots & a_{1n} \\ \vdots & \ddots & \vdots \\ a_{n1} & \ldots & a_{nn} \end{pmatrix} = (a_{ik}) \tag{1.15}$$

einer *quadratischen* Matrix vom Typ (n, n) bzw. der *Ordnung n*. Die quadratische Matrix $\mathbf{A}$ besitzt eine Hauptdiagonale mit den Elementen gleicher Indizes a_{11} bis a_{nn} und eine Nebendiagonale mit den Elementen a_{n1} bis a_{1n}. Die Transposition entspricht bei quadratischen Matrizen einer *Spiegelung an der Hauptdiagonalen*.

Wichtige skalare Kenngrößen einer quadratischen Matrix sind die

- Spur: $\mathrm{sp}\,\mathbf{A} = \mathrm{sp}(a_{ik})$ und die
- Determinante: $\det\mathbf{A} = \det(a_{ik})$.

Die *Spur* ist als die Summe aller Hauptdiagonalelemente a_{ii} erklärt:

$$\mathrm{sp}\,\mathbf{A} = \sum_{i=1}^{n} a_{ii} = a_{11} + a_{22} + \ldots + a_{nn}. \tag{1.16}$$

Der Begriff „Determinante" einer quadratischen Matrix ergibt sich aus der Lösungstheorie linearer Gleichungssysteme. Damit sind auch die Regeln zur Berechnung der Determinante einer Matrix festgelegt. Die wichtigste liefert der *Entwicklungssatz*, nach dem man längs einer Zeile oder Spalte in Unterdeterminanten entwickeln kann. Die zugehörigen Unterdeterminanten entstehen, indem in der ursprünglichen Matrix Zeile und Spalte des Entwicklungskoeffizienten a_{ik} gestrichen werden. Dann bildet man die Determinante der verbleibenden Matrix und multipliziert nach der sog. Schachbrettregel mit $(-1)^{i+k}$.

Beispiel 1.2 Determinante einer Matrix. Die Rechnung

$$\det\mathbf{A} = \begin{vmatrix} a_{11} & a_{12} & a_{13} \\ a_{21} & a_{22} & a_{23} \\ a_{31} & a_{32} & a_{33} \end{vmatrix}$$

$$= a_{11}\begin{vmatrix} a_{22} & a_{23} \\ a_{32} & a_{33} \end{vmatrix} - a_{12}\begin{vmatrix} a_{21} & a_{23} \\ a_{31} & a_{33} \end{vmatrix} + a_{13}\begin{vmatrix} a_{21} & a_{22} \\ a_{31} & a_{32} \end{vmatrix} \tag{1.17}$$

$$= a_{11}(a_{22}a_{33} - a_{32}a_{23}) - a_{12}(a_{21}a_{33} - a_{31}a_{23}) + a_{13}(a_{21}a_{32} - a_{31}a_{22})$$

zeigt die Entwicklung einer $(3,3)$-Matrix nach ihrer ersten Zeile.   ∎

Oft benutzte Regeln sind

$$\det\mathbf{A} = \det\mathbf{A}^{\mathrm{T}}, \quad \det(\alpha\mathbf{A}) = \alpha^{n}\det\mathbf{A}. \tag{1.18}$$

Danach ist die Determinante bezüglich der Transposition invariant. Die Multiplikation von $\mathbf{A}$ mit einem Skalar α führt bei der Determinantenberechnung auf den Faktor α^{n}, wobei n die Ordnung der quadratischen Matrix $\mathbf{A}$ ist.

Spezielle quadratische Matrizen sind symmetrisch bzw. antimetrisch zur Hauptdiagonalen. Ein Matrix $\mathbf{A}$ heißt *symmetrisch*, wenn sie invariant bezüglich der Transposition (1.8) ist:

$$\mathbf{A} = \mathbf{A}^{\mathrm{T}}, \quad a_{ik} = a_{ki}, \quad i,k = 1,2,\ldots,n. \tag{1.19}$$

Die zur Hauptdiagonalen spiegelbildlich liegenden Elemente sind einander gleich, während die Diagonalelemente a_{ii} selbst beliebige Werte annehmen können. Eine Matrix **A** heißt *antimetrisch* oder *schiefsymmetrisch*, wenn bei Vertauschung der Spalten und Zeilen ein Vorzeichenwechsel stattfindet:

$$\mathbf{A} = -\mathbf{A}^{\mathrm{T}}, \quad a_{ik} = -a_{ki}, \quad a_{ii} = 0. \tag{1.20}$$

Diese Eigenschaft hat zur Folge, dass die an der Hauptdiagonalen gespiegelten Elemente entgegen gesetzt gleich sind, während die Diagonalelemente selbst verschwinden müssen. Jede quadratische Matrix **A** ist zerlegbar in die Summe

$$\mathbf{A} = \mathbf{A}_S + \mathbf{A}_A \tag{1.21}$$

einer symmetrischen Matrix $\mathbf{A}_S$ und eines antimetrischen Anteils $\mathbf{A}_A$. Es gilt

$$\mathbf{A}_S = \frac{1}{2}(\mathbf{A} + \mathbf{A}^{\mathrm{T}}), \quad \mathbf{A}_A = \frac{1}{2}(\mathbf{A} - \mathbf{A}^{\mathrm{T}}). \tag{1.22}$$

Verschwinden sämtliche Elemente außerhalb der Hauptdiagonalen bei beliebigen Elementen a_{ii}, so entsteht eine *Diagonalmatrix*

$$\mathbf{D} = \begin{pmatrix} d_{11} & 0 & \dots & 0 \\ 0 & d_{22} & \dots & 0 \\ \vdots & \vdots & \ddots & \vdots \\ 0 & 0 & \dots & d_{nn} \end{pmatrix} = (d_{ii}). \tag{1.23}$$

Sind alle Diagonalelemente d_{ii} speziell gleich eins, so liegt die sog. *Einheitsmatrix*

$$\mathbf{I} = (\delta_{ik}), \quad \delta_{ik} = \begin{cases} 1 & \text{für } i = k, \\ 0 & \text{für } i \neq k \end{cases} \tag{1.24}$$

vor[7]. Die Elemente der Einheitsmatrix **I** können durch das Kronecker-Symbol δ_{ik} wiedergegeben werden. Darunter versteht man eine doppelt indizierte Größe, die den Wert eins annimmt, wenn beide Indizes übereinstimmen, und den Wert null, wenn die Indizes i und k verschieden sind (s. auch Abschn. 2.1.1).

Ein quadratische Matrix heißt *singulär*, wenn ihre Spalten bzw. Zeilen linear abhängig sind; andernfalls heißt sie nichtsingulär oder *regulär*. Eine singuläre Matrix **A** ist somit durch det **A** $= 0$ gekennzeichnet, während für reguläre Matrizen stets det **A** $\neq 0$ gilt.

---

[7] Diese wird oft auch mit **E** oder mit **U** bezeichnet.

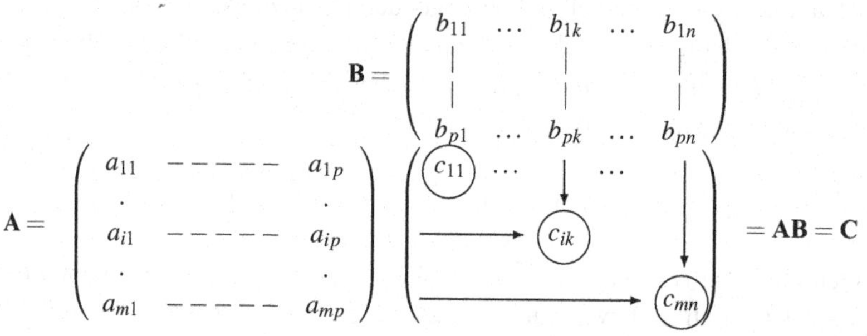

$$\mathbf{B} = \begin{pmatrix} b_{11} & \dots & b_{1k} & \dots & b_{1n} \\ | & & | & & | \\ | & & | & & | \\ b_{p1} & \dots & b_{pk} & \dots & b_{pn} \end{pmatrix}$$

$$\mathbf{A} = \begin{pmatrix} a_{11} & ----- & a_{1p} \\ & \cdot & \\ a_{i1} & ----- & a_{ip} \\ & \cdot & \\ a_{m1} & ----- & a_{mp} \end{pmatrix} \begin{pmatrix} \circled{c_{11}} & \dots & & \downarrow & \dots \\ & & & & \\ \longrightarrow & & & \circled{c_{ik}} & \\ & & & & \\ \longrightarrow & & & & \circled{c_{mn}} \end{pmatrix} = \mathbf{AB} = \mathbf{C}$$

Abb. 1.1 Falsches Schema für das Matrizenprodukt

1.1.3   Multiplikation und Inversion

Ist eine Matrix $\mathbf{A}$ vom Typ (m, p) und liegt eine zweite Matrix $\mathbf{B}$ vom Typ (p, n) vor, dann sind beide Matrizen $\mathbf{A}$ und $\mathbf{B}$ über das *Matrizenprodukt*

$$\mathbf{C} = \mathbf{AB}, \quad c_{ik} = \sum_{j=1}^{p} a_{ij} b_{jk} \tag{1.25}$$

verkettbar. Das Ergebnis $\mathbf{C}$ ist eine Matrix vom Typ (n, m). Die Zweckmäßigkeit der Definition (1.25) des Matrizenprodukts entspringt der Erfahrung bei der Behandlung linearer Gleichungssysteme. Zur Berechnung der $m \cdot n$ Elemente c_{ik} sind insgesamt $m \cdot p \cdot n$ Einzelprodukte zu bilden, ein nicht ganz müheloser Prozess, der aber recht schematisch abläuft.

Die Elementberechnung in (1.25) ist also algorithmisch einfach aufzubereiten und durch drei Schleifen in einem Rechenprogramm zu realisieren. Für eine formelmäßige Elementberechnung benutzt man zweckmäßig das sog. Falsche Schema gemäß Abb. 1.1.

Danach ist die erste Matrix $\mathbf{A}$ links unten und die zweite Matrix $\mathbf{B}$ rechts oben so anzuordnen, dass man jeweils eine Zeile von $\mathbf{A}$ und eine Spalte von $\mathbf{B}$ in der Produktmatrix $\mathbf{C}$ entsprechend der Verkettungsvorschrift in (1.25) zum Schnitt bringen kann. Diese Arbeitsweise ist effizient, denn sie hilft, mögliche Lesefehler beim Aufsuchen der zu verknüpfenden Matrizenelemente von $\mathbf{A}$ und $\mathbf{B}$ zu vermeiden.

Das Matrizenprodukt hat folgende Eigenschaften:

- Das Produkt ist distributiv: $\mathbf{A}(\mathbf{B} + \mathbf{C}) = \mathbf{AB} + \mathbf{AC}$.
- Das Produkt ist assoziativ: $\mathbf{A}(\mathbf{BC}) = (\mathbf{AB})\mathbf{C}$.
- Das Produkt ist *nicht* kommutativ: $\mathbf{AB} \neq \mathbf{BA}$.

Das Matrizenprodukt führt i. Allg. auf verschiedene Ergebnisse, wenn die Reihenfolge der Matrizen vertauscht wird.

Beispiel 1.3 Matrizenmultiplikation. Untersucht man zwei $(3, 3)$-Matrizen $\mathbf{A}$ und $\mathbf{B}$ mit den Elementen

$$\mathbf{A} = \begin{pmatrix} 2 & 4 & 2 \\ -2 & -1 & -1 \\ -1 & -3 & -1 \end{pmatrix}, \quad \mathbf{B} = \begin{pmatrix} 1 & 1 & 1 \\ 2 & 2 & 2 \\ 5 & 5 & 5 \end{pmatrix}, \tag{1.26}$$

so berechnen sich die Produkte $\mathbf{AB}$ und $\mathbf{BA}$ zu

$$\mathbf{AB} = \begin{pmatrix} 20 & 20 & 20 \\ -9 & -9 & -9 \\ -12 & -12 & -12 \end{pmatrix}, \quad \mathbf{BA} = \begin{pmatrix} -1 & 0 & 0 \\ -2 & 0 & 0 \\ -5 & 0 & 0 \end{pmatrix}. \tag{1.27}$$

Offenbar sind beide Produkte voneinander verschieden. Auch die Nullmatrix als Ergebnis ist möglich, selbst wenn alle Elemente in $\mathbf{A}$ und $\mathbf{B}$ ungleich null sind. ∎

Ändert sich das Produkt zweier Matrizen $\mathbf{A}$ und $\mathbf{B}$ bei Vertauschen der Reihenfolge nicht, dann heißen die Matrizen $\mathbf{A}$ und $\mathbf{B}$ *kommutativ*. Erwähnenswert sind noch die beiden Eigenschaften

$$\det(\mathbf{AB}) = \det(\mathbf{BA}) = \det\mathbf{A}\det\mathbf{B}, \quad (\mathbf{AB})^{\mathrm{T}} = \mathbf{B}^{\mathrm{T}}\mathbf{A}^{\mathrm{T}}. \tag{1.28}$$

Die erste Eigenschaft gilt nur für quadratische Matrizen und bedeutet demnach, dass dafür die Determinante des Produkts $\mathbf{AB}$ gleich dem (von der Reihenfolge unabhängigen) Produkt der Einzeldeterminanten ist. Zur Transposition des Matrizenprodukts werden die beiden Einzelmatrizen vertauscht und getrennt transponiert. Beide Rechenregeln sind mit Hilfe der Indexschreibweisen herzuleiten.

Das Falksche Schema empfiehlt sich insbesondere bei Produkten aus mehr als zwei Faktoren, etwa $\mathbf{P} = \mathbf{ABCD}$; man braucht dann jede Matrix und jedes der Teilprodukte nur einmal anzuschreiben.

Spezielle Matrizenprodukte entstehen bei der Untersuchung linearer Gleichungssysteme durch die Verknüpfungen von quadratischen Matrizen mit Spalten- oder Zeilenmatrizen. Diese führen entweder auf die bereits notierte Form (1.2) oder auf

$$\mathbf{u}^{\mathrm{T}}\mathbf{B} = \mathbf{v}^{\mathrm{T}}. \tag{1.29}$$

Die Spaltenschreibweise (1.2) liefert

$$\begin{pmatrix} a_{11} & \cdots & a_{1n} \\ \vdots & \ddots & \vdots \\ a_{n1} & \cdots & a_{nn} \end{pmatrix} \begin{pmatrix} x_1 \\ \vdots \\ x_n \end{pmatrix} = \begin{pmatrix} y_1 \\ \vdots \\ y_n \end{pmatrix} \tag{1.30}$$

und nach skalarer Auswertung mittels des Matrizenprodukts das lineare Gleichungssystem (1.1). Die Zeilenschreibweise (1.29) ergibt

$$(u_1, \ldots, u_n) \begin{pmatrix} b_{11} & \ldots & b_{1n} \\ \vdots & \ddots & \vdots \\ b_{n1} & \ldots & b_{nn} \end{pmatrix} = (v_1, \ldots, v_n) \tag{1.31}$$

und damit ein lineares Gleichungssystem, das nach Auswertung ebenfalls in die Form (1.1) gebracht werden kann.

Eine sog. *bilineare Form* M entsteht, wenn das spezielle Matrizenprodukt $\mathbf{Ax}$ von links mit der transponierten Spaltenmatrix $\mathbf{y}^T$ multipliziert wird:

$$M = \mathbf{y}^T \mathbf{Ax}. \tag{1.32}$$

Für $\mathbf{y} = \mathbf{x}$ ergibt sich daraus die *quadratische Form*

$$Q = \mathbf{x}^T \mathbf{Ax}; \tag{1.33}$$

sie ist typisch für Energien. Speziell für $\mathbf{A} = \mathbf{I}$ erhält man aus (1.32) bzw. (1.33) das *Skalarprodukt* oder *innere Produkt*

$$S_1 = \mathbf{y}^T \mathbf{x} = \mathbf{x}^T \mathbf{y} = x_1 y_1 + x_2 y_2 + \ldots + x_n y_n = \sum_{i=1}^{n} x_i y_i, \tag{1.34}$$

$$S_2 = \mathbf{x}^T \mathbf{x} = x_1^2 + x_2^2 + \ldots + x_n^2 = \sum_{i=1}^{n} x_i^2 = |\mathbf{x}|^2 \tag{1.35}$$

der beiden Spaltenmatrizen $\mathbf{x}$ und $\mathbf{y}$ bzw. von $\mathbf{x}$ mit sich selbst. Alle Produktformen M, Q und S sind skalare Größen, d. h. ein-elementige Matrizen; sie sind daher invariant gegen Transposition. Der *Betrag* $|\mathbf{x}|$ der Spaltenmatrix $\mathbf{x}$ ist gleich der Wurzel des Produkts (1.35).

Die quadratische Form Q – und mit ihr die Matrix $\mathbf{A}$ – heißt *positiv definit*, wenn für jedes $\mathbf{x} \neq \mathbf{0}$ die Ungleichung $Q > 0$ erfüllt und $Q = 0$ nur für $\mathbf{x} = \mathbf{0}$ möglich ist. Die Matrix $\mathbf{A}$ hat dazu ganz bestimmten Bedingungen zu genügen, die für symmetrische Matrizen vielfältig formuliert werden können. Insbesondere sagt dafür der *Satz von Sylvester*, dass die quadratische Form Q (1.33) dann und nur dann positiv definit ist, wenn *alle* Hauptabschnittsdeterminanten Δ_k ($k = 1, 2, \ldots, n$) von $\mathbf{A}$ positiv sind:

$$\Delta_1 = a_{11} > 0, \quad \Delta_2 = \begin{vmatrix} a_{11} & a_{12} \\ a_{21} & a_{22} \end{vmatrix} > 0, \quad \ldots, \quad \Delta_n = \begin{vmatrix} a_{11} & \ldots & a_{1n} \\ \vdots & \ddots & \vdots \\ a_{n1} & \ldots & a_{nn} \end{vmatrix} > 0. \tag{1.36}$$

Eine wichtige Folgerung daraus (s. z. B. [9, 10]) ist, dass eine (quadratische) positiv definite Matrix $\mathbf{A}$ immer regulär ist.

Außer dem skalaren Produkt (1.34) zweier Spaltenmatrizen $\mathbf{x}$, $\mathbf{y}$ in der Form „Zeile mal Spalte" gibt es eine zweite Möglichkeit multiplikativer Verknüpfung, die als *dyadisches Produkt*

$$\mathbf{x}\mathbf{y}^\mathrm{T} = \mathbf{C} = (c_{ik}), \quad c_{ik} = x_i y_k \tag{1.37}$$

in der Form „Spalte mal Zeile"[8] definiert wird. Das Ergebnis ist eine Matrix von besonders einfacher Bauart: Jede Spalte $\mathbf{c}_k$ von $\mathbf{C}$ ist das Vielfache ein und derselben Spalte $\mathbf{x}$, jede Zeile $\mathbf{c}^i$ das Vielfache ein und derselben Zeile $\mathbf{y}^\mathrm{T}$. Während beim Skalarprodukt (1.34) $\mathbf{x}^\mathrm{T}\mathbf{y} = \mathbf{y}^\mathrm{T}\mathbf{x}$ gilt, führt in (1.37) ein Vertauschen der Reihenfolge $\mathbf{y}\mathbf{x}^\mathrm{T} = (\mathbf{x}\mathbf{y}^\mathrm{T})^\mathrm{T}$ auf die transponierte Matrix $\mathbf{C}^\mathrm{T}$.

Die Umkehrung des Matrizenprodukts führt auf die Bildung der Kehrmatrix bzw. auf die Matrizeninversion. Eine Matrix $\mathbf{A}$ ist invertierbar, wenn sie quadratisch und regulär ist. Dann verwendet man die implizite Definition

$$\mathbf{A}\mathbf{A}^{-1} = \mathbf{A}^{-1}\mathbf{A} = \mathbf{I} \tag{1.38}$$

zur Festlegung ihrer *Kehrmatrix* oder *invertierten Matrix* $\mathbf{A}^{-1}$. Diese ist ebenfalls regulär. Die analytische Berechnung von $\mathbf{A}^{-1}$ erfolgt über die *adjungierte* Matrix $\mathbf{A}_{\mathrm{adj}}$ in der Form

$$\mathbf{A}^{-1} = \frac{\mathbf{A}_{\mathrm{adj}}^\mathrm{T}}{\det \mathbf{A}}, \quad a_{\mathrm{adj}\,ik} = (-1)^{i+k} \begin{vmatrix} & | & \\ -- & a_{ik} & -- \\ & | & \end{vmatrix}. \tag{1.39}$$

Zur Berechnung der Elemente $a_{\mathrm{adj}\,ik}$ der adjungierten Matrix $\mathbf{A}_{\mathrm{adj}}$ werden die zu a_{ik} gehörende Zeile und Spalte in der Matrix $\mathbf{A}$ gestrichen. Anschließend wird die Determinante dieser reduzierten Matrix gebildet. Ihr Vorzeichen $(-1)^{i+k}$ ergibt sich aus der Schachbrettregel. Zuletzt muss man die adjungierte Matrix $\mathbf{A}_{\mathrm{adj}}$ transponieren und elementweise durch die Determinante $\det \mathbf{A}$ dividieren.

Beispiel 1.4 Inverse einer Matrix $\mathbf{A}$. Die Berechnung von

$$\mathbf{A} = \begin{pmatrix} a_{11} & a_{12} \\ a_{21} & a_{22} \end{pmatrix}, \quad \mathbf{A}_{\mathrm{adj}}^\mathrm{T} = \begin{pmatrix} a_{22} & -a_{12} \\ -a_{21} & a_{11} \end{pmatrix},$$
$$\mathbf{A}^{-1} = \frac{1}{a_{11}a_{22} - a_{21}a_{12}} \begin{pmatrix} a_{22} & -a_{12} \\ -a_{21} & a_{11} \end{pmatrix} \tag{1.40}$$

führt gemäß $(1.39)_2$ zunächst auf die adjungierte Matrix $\mathbf{A}_{\mathrm{adj}}$, dann [s. (1.8)] auf deren Transponierte $\mathbf{A}_{\mathrm{adj}}^\mathrm{T}$ und schließlich nach der Vorschrift $(1.39)_1$ auf die Kehrmatrix $\mathbf{A}^{-1}$. ∎

---

[8] Dabei können die beiden Spaltenmatrizen $\mathbf{x}$ und $\mathbf{y}$ auch von verschiedener Ordnung sein.

Zur Kontrolle sollte die berechnete Kehrmatrix A^{-1} stets mit A multipliziert werden; das Produkt muss gemäß (1.38) die Einheitsmatrix I ergeben.

Einfache Rechenregeln sind

$$(A^T)^{-1} = (A^{-1})^T, \quad (AB)^{-1} = B^{-1}A^{-1}; \tag{1.41}$$

d. h. die Inversion einer Matrix A ist mit der Transposition vertauschbar, und die Kehrmatrix des Matrizenprodukts zweier quadratischer Matrizen A und B kann (nach Vertauschen der Reihenfolge) aus den Kehrmatrizen der beiden invertierten Matrizen berechnet werden. Schließlich zeigt sich, dass die Lösung eines linearen Gleichungssystems einer Inversion der Koeffizientenmatrix entspricht:

$$Ax = b \quad \rightarrow \quad x = A^{-1}b. \tag{1.42}$$

Formal hat man dazu die Gleichung $Ax = b$ von links mit der Kehrmatrix A^{-1} zu multiplizieren, mit dem Ziel, links des Gleichheitszeichens in der Form $A^{-1}Ax = Ix = x$ die Spaltenmatrix x zu isolieren. Die gesuchte Lösung x ist folglich bestimmt, wenn die Kehrmatrix A^{-1} bekannt ist.

1.1.4 Eigenwerte einer Matrix

Für gegebene Matrizen A (regulär!) und b ist über (1.42) die gesuchte Spaltenmatrix x eindeutig bestimmt. Häufig stellt sich aber auch die Frage (s. Abschn. 3.2 und 3.3), ob es „ausgezeichnete" Lösungen x derart gibt, dass x und Ax proportional sind. Offenbar muss dazu die homogene Gleichung

$$Ax = \lambda x \quad \rightarrow \quad (A - \lambda I)x = 0 \tag{1.43}$$

untersucht werden. Sowohl die Spaltenmatrix x als auch der skalare Proportionalitätsfaktor λ sind daraus zu berechnen. Ausgeschrieben führt $(1.43)_2$ auf

$$\begin{pmatrix} a_{11} - \lambda & a_{12} & \cdots & a_{1n} \\ a_{21} & a_{22} - \lambda & \cdots & a_{2n} \\ \vdots & \vdots & \ddots & \vdots \\ a_{n1} & a_{n2} & \cdots & a_{nn} - \lambda \end{pmatrix} \begin{pmatrix} x_1 \\ x_2 \\ \vdots \\ x_n \end{pmatrix} = \begin{pmatrix} 0 \\ 0 \\ \vdots \\ 0 \end{pmatrix}. \tag{1.44}$$

Homogene Gleichungen dieser Form besitzen aber nur dann nichttriviale Lösungen $x \neq 0$, wenn die Koeffizienten-Determinante verschwindet:

$$\det(A - \lambda I) = \lambda^n + a_{n-1}\lambda^{n-1} + \ldots + a_1\lambda + a_0 = 0. \tag{1.45}$$

Die Determinante ist ein Polynom n-ter Ordnung in λ; die resultierende algebraische Gleichung ist die sog. *charakteristische Gleichung* der Matrix $\mathbf{A}$. Die n Wurzeln $\lambda_1, \lambda_2, \ldots, \lambda_n$ werden *Eigenwerte* der Matrix $\mathbf{A}$ genannt. Entsprechend den Vietaschen Wurzelsätzen gilt

$$\sum_{i=1}^{n} \lambda_i = \mathrm{sp}\,\mathbf{A}, \quad \prod_{i=1}^{n} \lambda_i = \det\mathbf{A}. \tag{1.46}$$

Mit diesen Beziehungen lassen sich die Eigenwerte überprüfen.

Einsetzen der bekannten Eigenwerte in die homogene Gleichung (1.44) liefert die zu λ_i ($i = 1, 2, \ldots, n$) gehörenden *Eigenvektoren*[9] $\mathbf{x}_i$. Da die Eigenwerte λ_i die Koeffizienten-Determinante (1.45) zu null machen, sind die homogenen Gleichungen (1.44) linear abhängig. (1.45) zieht also in (1.44) einen Rangabfall um *eins* nach sich, d. h. (für den Normalfall einfacher Eigenwerte) ist *eine* Gleichung in (1.44) überzählig. Damit sind nur *Verhältnisse* der Elementlösungen angebbar. Man kann deshalb eine frei wählbare Konstante in $\mathbf{x}_i$ abspalten und z. B. das erste Element in jedem i-ten Eigenvektor mit dem Zahlenwert eins belegen.

Eine wichtige Eigenschaft ist die sog. *Orthogonalität*[10]. Die Eigenvektoren $\mathbf{x}_i$ und $\mathbf{x}_k$ zweier *verschiedener* Eigenwerte $\lambda_i \neq \lambda_k$ sind *zueinander orthogonal*:

$$\mathbf{x}_i^{\mathrm{T}} \mathbf{x}_k = 0, \quad i \neq k. \tag{1.47}$$

Eine Präzisierung unter Einführen der sog. Rechts- und Linkseigenvektoren wird in Abschn. 3.2 und 3.3 vorgenommen. Auch Fragen zur Normierung oder zum Auftreten komplexer Eigenwerte und Eigenvektoren werden dort beantwortet.

1.2 Ausgewählte Matrizenmethoden

Die in Abschn. 1.1 angegebenen Regeln der Matrizenalgebra sind ausreichend, um praktisch wichtige Matrizenmethoden und ihre Anwendung auf ingenieurmäßige Fragestellungen zu verstehen. Aus der breiten Palette werden hier im Wesentlichen Matrizenmethoden der Elastostatik herausgegriffen. Für kaum ein anderes Grundgebiet der Technik ist eine lineare Systembeschreibung derart beherrschend wie für die Statik. Diese erscheint daher für Anwendungen des Matrizenkalküls in besonderem Maße prädestiniert. Erweiterte Anwendungen in der Strukturdynamik werden in Abschn. 3.2 (aber auch in Abschn. 3.3) bei der Lösung von Differentialgleichungssystemen besprochen. Ergänzend dazu wird im folgenden Unterkapitel auch das sog. Restgrößenverfahren (zur Berechnung der Eigenkreisfrequenzen von Mehrfeld-Systemen), das auf der Methode der Übertragungsmatrizen basiert, behandelt.

---

[9] Die Bezeichnung von Spaltenmatrizen als Vektoren ist üblich, auch wenn diese Matrizen keinerlei Transformationseigenschaften wirklicher Vektoren aufweisen.

[10] Zwei „Vektoren" $\mathbf{x}$ und $\mathbf{y}$ werden *zueinander senkrecht* oder *orthogonal* genannt, wenn ihr Skalarprodukt (1.34) verschwindet.

1.2.1 Übertragungsmatrizenverfahren

Übertragungsmatrizenverfahren eignen sich für unverzweigte Stabstrukturen mit „Unstetigkeitspunkten" infolge Geometrie oder Belastung. Typische Konstruktionen sind Durchlaufträger mit unterschiedlichen Auflagern, sprungartigen Änderungen der Querschnittsdaten (Fläche, Steifigkeit, etc.), feldweise begrenzten Streckenlasten oder gar konzentrierten Einzellasten[11]. Auch Gelenke, wie bei Gerber-Trägern, und elastische Zwischenlager sind erlaubt. Schließlich sind sowohl statisch bestimmte als auch (mehrfach) statisch unbestimmte Systeme zugelassen.

Zustandsvektor und Übertragungsmatrix

Die Zusammenhänge werden für Dehnstäbe und Biegebalken erläutert. Das zugrunde liegende System wird in n Felder eingeteilt, in denen Belastung und Geometrie stetig verlaufen und die Querschnittsdaten konstant sind[12]. Die Feldgrenzen sind dadurch gekennzeichnet, dass dort entweder Einzellasten eingeleitet werden, Lagerungen verschiedenen Typs (unverschiebbar oder in Form flexibler Abstützungen durch Federelemente etc.) vorgesehen sind oder sprungförmige Querschnitts- bzw. Streckenlaständerungen auftreten. Bei n Feldern liegen dann unter Einrechnung der äußeren Begrenzung $n + 1$ „Unstetigkeitspunkte" vor. Der sog. *Zustandsvektor* (in Wirklichkeit eine Spaltenmatrix) $\mathbf{z}_i$ kennzeichnet die Verschiebungen und die inneren Schnittgrößen[13] an einer derartigen Feldgrenze i ($i = 0, 1, \ldots, n$). Zum einen verknüpft dann die sog. *Punktmatrix* $\mathbf{P}_i$ den Zustandsvektor $\mathbf{z}_i^L$ links und $\mathbf{z}_i^R$ rechts einer Unstetigkeitsstelle i, während zum anderen die sog. *Feldmatrix* $\mathbf{F}_i$ über das zwischen den Punkten $i - 1$ und i liegende i-te Feld vermittelt. Durch eine entsprechende Verkettungsvorschrift wird eine sog. *Übertragungsmatrix* $\mathbf{U}$ definiert. Diese *überträgt* vom linken Systemanfang 0 beginnend über Felder (mit der Feldmatrix $\mathbf{F}_i$) und Feldgrenzen (mit der Punktmatrix $\mathbf{P}_i$) hinweg den „Anfangs"-Zustand $\mathbf{z}_0$ auf das rechte Ende n (mit dem Zustandsvektor $\mathbf{z}_n$).

Zur Formulierung von Zustandsvektoren sowie von Feld- und Punktmatrizen betrachtet man zunächst ein freigeschnittenes Stabelement konstanter Dehnsteifigkeit EA_i und der Länge ℓ_i. Zunächst liegt im Feld noch keine Belastung vor, dafür aber eine elastische Abstützung (über eine Feder mit der Federkonstanten c_i) an der Feldgrenze i (s. Abb. 1.2a).

Als Zustandsvektor am Punkt i verwendet man zweckmäßig die Zusammenfassung

$$\mathbf{z}_i = \begin{pmatrix} u_i \\ N_i \end{pmatrix} = \begin{pmatrix} u \\ N \end{pmatrix}_i \tag{1.48}$$

---

[11] Tragwerke mit abgewinkelten Stabachsen (Rahmen) lassen sich ebenfalls einbeziehen; oft wird die in Abschn. 1.2.2 behandelte Matrixverschiebungsmethode dafür jedoch vorgezogen.

[12] Liegt ein Träger mit veränderlichem Querschnitt vor, so hat man vorab eine Diskretisierung in Felder mit stückweise konstantem Querschnitt derart vorzunehmen, dass eine ausreichend genaue Approximation der realen Verhältnisse erzielt wird.

[13] Die im vorliegenden statischen Fall eingeführten Zustandsgrößen sind deshalb verschieden von jenen, die in Abschn. 3.2 bei den Bewegungsgleichungen dynamischer Systeme eingeführt werden.

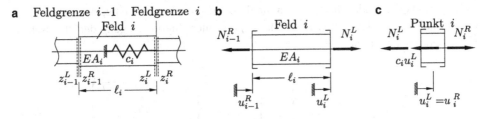

Abb. 1.2 Durchlaufender Dehnstabverband mit freigeschnittenem Feld und freigeschnittener Feldgrenze

der dort vorliegenden Längsverschiebung u_i und Normalkraft N_i. Ein Kräftegleichgewicht am freigeschnittenen [von $(\ )_{i-1}^R$ bis $(\ )_i^L$ reichenden] Inneren des Feldes i (s. Abb. 1.2b) liefert – mit dem bekannten Kraft-Verformungs-Zusammenhang $N = \frac{EA}{\ell}\Delta u$ auf der Basis der üblichen Vorzeichenkonvention – die Beziehungen

$$N_i^L = N_{i-1}^R,$$
$$N_i^L = \frac{EA_i}{\ell_i}(u_i^L - u_{i-1}^R) \quad \rightarrow \quad u_i^L = u_{i-1}^R + \frac{\ell_i}{EA_i}N_{i-1}^R, \tag{1.49}$$

oder in Matrizenschreibweise

$$\mathbf{z}_i^L = \mathbf{F}_i\,\mathbf{z}_{i-1}^R, \quad \mathbf{F}_i = \begin{pmatrix} 1 & \frac{\ell}{EA} \\ 0 & 1 \end{pmatrix}_i. \tag{1.50}$$

Die Stetigkeit der Verschiebung an der Feldgrenze i und ein Kräftegleichgewicht am freigeschnittenen Punkt i (s. Abb. 1.2c) führen auf

$$u_i^R = u_i^L,$$
$$N_i^R = N_i^L + c_i u_i^L, \tag{1.51}$$

d. h. auf

$$\mathbf{z}_i^R = \mathbf{P}_i\,\mathbf{z}_i^L, \quad \mathbf{P}_i = \begin{pmatrix} 1 & 0 \\ c_i & 1 \end{pmatrix}. \tag{1.52}$$

Die Relationen (1.50) und (1.52) lassen sich in der Form

$$\mathbf{z}_i^R = \mathbf{U}_i\,\mathbf{z}_{i-1}^R, \quad \mathbf{U}_i = \mathbf{P}_i\mathbf{F}_i \tag{1.53}$$

als Übertragungsgleichung vom Beginn des i-ten bis zum Beginn des $(i + 1)$-ten Feldes zusammenfassen.

Durch entsprechende Überlegungen für ein Biegebalkenelement (Biegesteifigkeit EI_i, abstützende Dehnfeder c_i und Drehfeder c_{di}) – unter Zugrundelegung der klassischen Biegetheorie – findet man

$$z_i^L = \mathbf{F}_i \, z_{i-1}^R, \quad \mathbf{z}_i = \begin{pmatrix} -w \\ \psi \\ M \\ V \end{pmatrix}_i, \quad \mathbf{F}_i = \begin{pmatrix} 1 & \ell & \frac{\ell^2}{2EI} & \frac{\ell^3}{6EI} \\ 0 & 1 & \frac{\ell}{EI} & \frac{\ell^2}{2EI} \\ 0 & 0 & 1 & \ell \\ 0 & 0 & 0 & 1 \end{pmatrix}_i \qquad (1.54)$$

und

$$z_i^R = \mathbf{P}_i \, z_i^L, \quad \mathbf{P}_i = \begin{pmatrix} 1 & 0 & 0 & 0 \\ 0 & 1 & 0 & 0 \\ 0 & c_{di} & 1 & 0 \\ -c_i & 0 & 0 & 1 \end{pmatrix}. \qquad (1.55)$$

Analog zu (1.50) und (1.52) sind dies die Verknüpfungen der relevanten „Zustandsgrößen" Querverschiebung w, Neigungswinkel ψ, Biegemoment M und Querkraft V. Basis dafür sind 1. Kräftegleichgewicht (in Querrichtung) und Momentengleichgewicht sowie der Zusammenhang zwischen Kraft- und Verformungsgrößen für das i-te Feld und 2. Stetigkeit der Verformungen sowie Kräfte- und Momentenbilanz am Übergang i vom i-ten zum $(i + 1)$-ten Feld. Ungeändert bleibt die Übertragungsgleichung (1.53).

Charakteristisch ist die Symmetrie sämtlicher Feld- und Punktmatrizen zur Nebendiagonalen.

Nach (1.50) und (1.52) bzw. (1.54) und (1.55) sowie ihrer Zusammenfassung (1.53) gelten also die Übertragungsgleichungen $\mathbf{F}_1 z_0^R = z_1^L$, $\mathbf{P}_1 z_1^L = z_1^R$, $\mathbf{F}_2 z_1^R = z_2^L$, $\mathbf{P}_2 z_2^L = z_2^R, \ldots, \mathbf{F}_n z_{n-1}^R = z_n^L$ bzw. $\mathbf{U}_1 z_0^R = z_1^R$, $\mathbf{U}_2 z_1^R = z_2^R, \ldots, \mathbf{U}_{n-1} z_{n-2}^R = z_{n-1}^R$, $\mathbf{F}_n z_{n-1}^R = z_n^L$. Durch sukzessive Elimination folgt daraus

$$z_n^L = \mathbf{U} \, z_0^R, \quad \mathbf{U} = \mathbf{F}_n \mathbf{P}_{n-1} \mathbf{F}_{n-1} \ldots \mathbf{P}_1 \mathbf{F}_1 = \mathbf{F}_n \mathbf{U}_{n-1} \ldots \mathbf{U}_1 \qquad (1.56)$$

mit der Gesamtübertragungsmatrix $\mathbf{U}$. Für Problemstellungen der Elastostatik ist die resultierende Übertragungsgleichung (1.56) zunächst allerdings noch wenig hilfreich, weil derartige Aufgaben erst durch die Vorgabe äußerer Lasten sinnvoll gestellt sind[14]. Dafür sind die matriziellen Formulierungen (1.50)–(1.56) eine wichtige Grundlage, aber allein noch nicht ausreichend. Es ist eine erweiterte Übertragungsrechnung erforderlich; sie wird im folgenden Unterkapitel eingeführt.

---

[14] In der Kinetik treten bei der Eigenfrequenzberechnung mittels Restgrößenverfahren die Trägheitswirkungen an die Stelle der äußeren Lasten; damit entstehen (anders als hier) *homogene* Gleichungen.

Erweiterte Übertragungsrechnung

Es wird zunächst wieder das aus einem Dehnstabverband stammende Feld i mit seiner Feldgrenze zum $(i + 1)$-ten Feld betrachtet. Die äußere Belastung erfolgt durch eine in Längsrichtung wirkende konstante Streckenlast q_i und eine Einzelkraft F_i.

Da die äußeren Lasten in die jeweiligen Bilanzgleichungen eingehen, treten an die Stelle der ursprünglich homogenen Übertragungsgleichungen (1.50) für das Feld i und (1.52) für die Feldgrenze (den Punkt) i die inhomogenen Beziehungen

$$\mathbf{z}_i^L = \mathbf{F}_i\, \mathbf{z}_{i-1}^R + \begin{pmatrix} 0 \\ -q_i \end{pmatrix} \tag{1.57}$$

und

$$\mathbf{z}_i^R = \mathbf{P}_i\, \mathbf{z}_i^L + \begin{pmatrix} 0 \\ -F_i \end{pmatrix}. \tag{1.58}$$

Mit dem *erweiterten* Zustandsvektor

$$\tilde{\mathbf{z}}_i = (u, N \,|\, 1)_i^{\mathrm{T}} \tag{1.59}$$

und den entsprechend *erweiterten* Feld- und Punktmatrizen

$$\tilde{\mathbf{F}}_i = \begin{pmatrix} 1 & \frac{\ell}{EA} & 0 \\ 0 & 1 & -q \\ 0 & 0 & 1 \end{pmatrix}_i, \quad \tilde{\mathbf{P}}_i = \begin{pmatrix} 1 & 0 & 0 \\ c & 1 & -F \\ 0 & 0 & 1 \end{pmatrix}_i \tag{1.60}$$

bleiben die früheren Übertragungsgleichungen (1.50) und (1.52) bzw. (1.53) formal ungeändert:

$$\tilde{\mathbf{z}}_i^L = \tilde{\mathbf{F}}_i\, \tilde{\mathbf{z}}_{i-1}^R, \quad \tilde{\mathbf{z}}_i^R = \tilde{\mathbf{P}}_i\, \tilde{\mathbf{z}}_i^L, \quad \tilde{\mathbf{z}}_i^R = \tilde{\mathbf{U}}_i\, \tilde{\mathbf{z}}_{i-1}^R. \tag{1.61}$$

Mit den entsprechenden Erweiterungen

$$\tilde{\mathbf{z}}_i = (-w, \psi, M, V \,|\, 1)_i^{\mathrm{T}},$$

$$\tilde{\mathbf{F}}_i = \begin{pmatrix} 1 & \ell & \frac{\ell^2}{2EI} & \frac{\ell^3}{6EI} & \frac{-q\ell^4}{24EI} \\ 0 & 1 & \frac{\ell}{EI} & \frac{\ell^2}{2EI} & \frac{-q\ell^3}{6EI} \\ 0 & 0 & 1 & \ell & \frac{-q\ell^2}{2} \\ 0 & 0 & 0 & 1 & -q\ell \\ 0 & 0 & 0 & 0 & 1 \end{pmatrix}_i, \quad \tilde{\mathbf{P}}_i = \begin{pmatrix} 1 & 0 & 0 & 0 & 0 \\ 0 & 1 & 0 & 0 & 0 \\ 0 & c_d & 1 & 0 & B \\ -c & 0 & 0 & 1 & -F \\ 0 & 0 & 0 & 0 & 1 \end{pmatrix}_i \tag{1.62}$$

für ein Biegebalkenfeld (mit der Streckenlast q_i, der Einzelkraft F_i und dem Einzelbiegemoment B_i) kann nun eine recht große Problemklasse unverzweigter Tragwerke konkret behandelt werden.

Im Einzelnen ist es auf diese Weise möglich, Verformungen und innere Schnittgrößen an jeder Stelle i ($i = 0, 1, \ldots, n$) des Tragwerks bei Vorgabe der äußeren Belastung (und ausreichend vieler Randbedingungen) auch bei *mehrfach statisch unbestimmten Systemen* systematisch auszurechnen. Die resultierende Übertragungsgleichung des Tragwerks kann – analog zur früheren Beziehung (1.56) – wieder in der Form

$$\tilde{\mathbf{z}}_n^L = \tilde{\mathbf{U}}\tilde{\mathbf{z}}_0^R, \quad \tilde{\mathbf{U}} = \tilde{\mathbf{F}}_n\tilde{\mathbf{P}}_{n-1}\tilde{\mathbf{F}}_{n-1}\ldots\tilde{\mathbf{P}}_1\tilde{\mathbf{F}}_1 = \tilde{\mathbf{F}}_n\tilde{\mathbf{U}}_{n-1}\ldots\tilde{\mathbf{U}}_1 \tag{1.63}$$

formuliert werden.

Beispiel 1.5 Zweifach statisch unbestimmt gelagerter Zweifeld-Träger. Betrachtet wird ein Balken gemäß Abb. 1.3 mit der Biegesteifigkeit EI und der Länge 3ℓ. Er ist am rechten Ende starr eingespannt und am linken Ende frei drehbar und unverschiebbar gelagert. Zusätzlich ist er bei einem Drittel seiner Länge über eine Feder (Federkonstante $k = 2EI/\ell^3$) elastisch abgestützt. Die Belastung besteht aus einer über das linke Drittel des Balkens konstant verteilten Streckenlast q und einem an der Stützstelle durch die Feder eingeleiteten Biegemoment $B = q\ell^2$. Zu berechnen ist die Gesamtübertragungsmatrix U zur Verknüpfung der Zustandsvektoren $\mathbf{z}_0^R$ und $\mathbf{z}_2^L$ an den Rändern des Balkens. Nach Einarbeitung der maßgebenden geometrischen und dynamischen Vorgaben in die Zustandsvektoren $\mathbf{z}_0^R$ und $\mathbf{z}_2^L$ sind die unbekannten Verformungen und Schnittgrößen an den Rändern 0, 2 und an der Feldgrenze 1 zu ermitteln.

Der Zustandsvektor ist mit dem in $(1.62)_1$ definierten identisch. Die Punktmatrix $\tilde{\mathbf{P}}_1$ und die Feldmatrizen $\tilde{\mathbf{F}}_1$ und $\tilde{\mathbf{F}}_2$ bestimmen sich in Anlehnung an $(1.62)_{2,3}$ in der Gestalt

$$\tilde{\mathbf{P}}_1 = \left(\begin{array}{cccc|c} 1 & 0 & 0 & 0 & 0 \\ 0 & 1 & 0 & 0 & 0 \\ 0 & 0 & 1 & 0 & q\ell^2 \\ \frac{-2EI}{\ell^3} & 0 & 0 & 1 & 0 \\ \hline 0 & 0 & 0 & 0 & 1 \end{array}\right), \quad \tilde{\mathbf{F}}_1 = \left(\begin{array}{cccc|c} 1 & \ell & \frac{\ell^2}{2EI} & \frac{\ell^3}{6EI} & \frac{-q\ell^4}{24EI} \\ 0 & 1 & \frac{\ell}{EI} & \frac{\ell^2}{2EI} & \frac{-q\ell^3}{6EI} \\ 0 & 0 & 1 & \ell & \frac{-q\ell^2}{2} \\ 0 & 0 & 0 & 1 & -q\ell \\ \hline 0 & 0 & 0 & 0 & 1 \end{array}\right),$$

$$\tilde{\mathbf{F}}_2 = \left(\begin{array}{cccc|c} 1 & 2\ell & \frac{2\ell^2}{EI} & \frac{4\ell^3}{3EI} & 0 \\ 0 & 1 & \frac{2\ell}{EI} & \frac{2\ell^2}{EI} & 0 \\ 0 & 0 & 1 & 2\ell & 0 \\ 0 & 0 & 0 & 1 & 0 \\ 0 & 0 & 0 & 0 & 1 \end{array}\right). \tag{1.64}$$

Es gelten dann im Sinne der Übertragungsgleichungen (1.61) die Beziehungen $\tilde{\mathbf{F}}_1 \tilde{\mathbf{z}}_0^R = \tilde{\mathbf{z}}_1^L$, $\tilde{\mathbf{P}}_1 \tilde{\mathbf{z}}_1^L = \tilde{\mathbf{z}}_1^R$ und $\tilde{\mathbf{F}}_2 \tilde{\mathbf{z}}_1^R = \tilde{\mathbf{z}}_2^L$, woraus insgesamt gemäß (1.63)

$$\tilde{\mathbf{z}}_2^L = \tilde{\mathbf{U}}\tilde{\mathbf{z}}_0^R, \quad \tilde{\mathbf{U}} = \tilde{\mathbf{F}}_2\tilde{\mathbf{P}}_1\tilde{\mathbf{F}}_1 \tag{1.65}$$

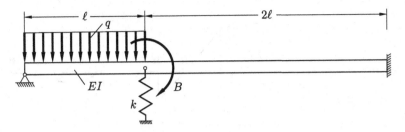

Abb. 1.3 Durchlaufträger mit Streckenlast und Einzelmoment

folgt. Durch die vorgegebene Lagerung werden Randbedingungen festgelegt, die sich in den spezialisierten Zustandsvektoren

$$(\tilde{\mathbf{z}}_0^R)^{\mathrm{T}} = (0, \psi, 0, V \mid 1)_0^R, \quad (\tilde{\mathbf{z}}_2^L)^{\mathrm{T}} = (0, 0, M, V \mid 1)_2^L \qquad (1.66)$$

niederschlagen. Man beachte, dass bei der Durchrechnung von links nach rechts aufgrund der am linken Rand vorgeschriebenen Randbedingungen (verschwindender Durchbiegung und verschwindenden Moments) die erste und die dritte Spalte der Feld- und Punktmatrizen bei den durchzuführenden Matrizenmultiplikationen nicht beteiligt sind. Innerhalb der Auswertung ergibt sich aus (1.65)

$$\frac{\ell}{3}\psi_0^R + \frac{73}{18}\frac{V_0^R\ell^3}{EI} - \frac{43}{72}\frac{q\ell^4}{EI} = 0,$$
$$-3\psi_0^R + \frac{23}{6}\frac{V_0^R\ell^2}{EI} - \frac{q\ell^3}{EI} = 0, \qquad (1.67)$$

d. h.

$$\psi_0^R = -0,132\frac{q\ell^3}{EI}, \quad V_0^R = 0,158q\ell \qquad (1.68)$$

und

$$-\frac{4EI}{\ell}\psi_0^R + \frac{7}{3}V_0^R\ell - \frac{4}{3}q\ell^2 = M_2^L,$$
$$-\frac{2EI}{\ell^2}\psi_0^R + \frac{2}{3}V_0^R\ell - \frac{11}{12}q\ell = V_2^L, \qquad (1.69)$$

d. h.

$$M_2^L = -0,437q\ell^2, \quad V_2^L = -0,547q\ell. \qquad (1.70)$$

Aus $\tilde{\mathbf{F}}_1\,\tilde{\mathbf{z}}_0^R = \mathbf{z}_1^L$ erhält man

$$M_1^L = -0,342q\ell^2, \quad V_1^L = -0,842q\ell. \qquad (1.71)$$

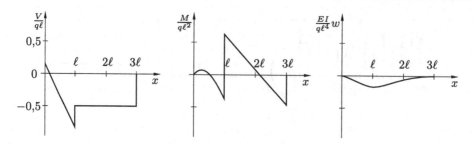

Abb. 1.4 Querkraft- und Biegemomentenverlauf sowie Durchbiegung des Durchlaufträgers aus Abb. 1.3

Da im Feld 1 keine Belastung wirkt, gilt $V_1^R = V_2^L$. Außerdem ist die sprungartige Änderung des Biegemoments M an der Feldgrenze 1 aus der Aufgabenstellung unmittelbar ersichtlich. Damit sind Momenten- und Querkraftverlauf an allen „Unstetigkeitpunkten" 0, 1 und 2 vollständig bekannt. Ebenfalls aus $\tilde{\mathbf{F}}_1 \tilde{\mathbf{z}}_0^R = \mathbf{z}_1^L$ können schließlich auch noch die (stetigen) Verformungen an der Feldgrenze 1 bestimmt werden:

$$w_1^L = w_1^R = 0,147\frac{q\ell^4}{EI}, \quad \psi_1^L = \psi_1^R = -0,220\frac{q\ell^3}{EI}. \tag{1.72}$$

Durchbiegung und Schnittgrößenverläufe sind in Abb. 1.4 dargestellt.   ■

Restgrößenverfahren

Das auf Holzer-Tolle zurückgehende Verfahren ermittelt Verformungen und Schnittgrößen bei freien (ungedämpften) Schwingungen von unverzweigten, durchlaufenden Tragwerken in zeitfreier, sog. modaler Form einschließlich der zugehörigen Eigenkreisfrequenzen. Die sog. *Restgröße* ist der Wert einer schematisch zu berechnenden Determinante, die von der gesuchten Eigenkreisfrequenz abhängt. Als Funktion der Eigenkreisfrequenz aufgetragen, zeigen dann die Nulldurchgänge die Eigenkreisfrequenzen an, da ja nur für diese die erwähnte Determinante verschwindet[15].

Exemplarisch wird die Methode am Beispiel von Biegeträgern erklärt. Dazu werden (zur rechentechnischen Vereinfachung) die schwingungsfähigen Massen m_i an den Feldgrenzen i konzentriert. Zustandsvektor und Feldmatrizen bleiben demnach in der früheren Gestalt unverändert erhalten [s. (1.54)], während die Punktmatrix in (1.55) entsprechend zu modifizieren ist. Die Abänderung betrifft allein die letzte Zeile von $\mathbf{P}_i$, die in der korrespondierenden Übertragungsgleichung in (1.55) ja das Kräftegleichgewicht in Querrichtung repräsentiert[16]. Unter Ergänzung der Trägheitswirkung lautet dieses Kräftegleichge-

---

[15] Die hinter dieser Vorgehensweise stehende Theorie wird erst in Abschn. 3.2 vollständig klar, wenn in allgemeiner Form auf die Lösung von Differenzialgleichungssystemen eingegangen wird.

[16] Dies ist genau dann richtig, wenn die Drehträgheit der schwingenden Masse infolge der i. Allg. nicht verschwindenden Neigung ψ_i der Biegelinie vernachlässigt wird.

wicht nämlich

$$-m_i \ddot{\bar{w}}_i - \bar{V}_i^L + \bar{V}_i^R = 0, \tag{1.73}$$

und mit dem üblichen isochronen Ansatz[17] $\bar{\mathbf{z}}(t) = \mathbf{z}e^{j\omega t}$ für den zunächst zeitabhängigen Zustandsvektor $\bar{\mathbf{z}}(t) = \left(-\bar{w}(t), \bar{\psi}(t), \bar{M}(t), \bar{V}(t)\right)^{\mathrm{T}}$ geht (1.73) in

$$V_i^R = V_i^L - m_i \omega^2 w_i^L \tag{1.74}$$

über[18]. Für die Punktmatrix $\mathbf{P}_i$ folgt daraus, dass sie hier in

$$\mathbf{P}_i = \begin{pmatrix} 1 & 0 & 0 & 0 \\ 0 & 1 & 0 & 0 \\ 0 & c_{di} & 1 & 0 \\ -c_i + m_i\omega^2 & 0 & 0 & 1 \end{pmatrix} \tag{1.75}$$

abzuändern ist.

Die weitere Rechnung bleibt davon unberührt. Insbesondere gilt $\mathbf{z}_n^L = \mathbf{U}\mathbf{z}_0^R$ mit entsprechenden Randbedingungen in $\mathbf{z}_0^R$ und $\mathbf{z}_n^L$. In diesem homogenen Gleichungssystem tritt aber noch das Eigenkreisfrequenzquadrat ω^2 als unbekannter Parameter auf. Im Gegensatz zu statischen Fragestellungen ist damit hier aufgrund der Trägheitswirkungen auch ohne eine erweiterte Übertragungsrechnung eine nichttriviale Aufgabe gestellt. Die Auswertung führt immer auf ein homogenes System von *zwei* Gleichungen, dessen Determinante einfach anzugeben ist. Schon bei mehr als zwei schwingenden Massen ist allerdings das resultierende Polynom[19] in ω^2 von derart hoher Ordnung, dass die Nullstellensuche des Restgrößenverfahrens praktisch immer iterativ-numerisch durchgeführt werden muss. In einem daran anschließenden Schritt lassen sich auch die zu jeder Eigenkreisfrequenz ω_k^2 gehörenden zeitfreien Zustandsvektoren $\mathbf{z}_{ik}$ an allen interessierenden Feldgrenzen i bestimmen.

Anzumerken ist, dass das numerische Rechenverfahren versagen kann, wenn an einzelnen Feldgrenzen sehr steife Stützfedern verwendet werden oder wenn es sich um die Berechnung hoher Frequenzen handelt. Die betreffenden Elemente c_{di} oder $c_i - m_i\omega^2$ werden dann sehr groß und die Determinante der damit schlecht konditionierten Übertragungsmatrix verschwindet in Form einer Differenz großer, nahezu gleicher Zahlen. Zur Behebung dieses Mangels sind verschiedene Wege vorgeschlagen worden (s. z. B. [9, 10]), die jedoch im vorliegenden Buch nicht weiterverfolgt werden[20].

---

[17] Nochmals sei auf die allgemeine Lösungstheorie für Systeme von Differentialgleichungen in Abschn. 3.2 hingewiesen.

[18] Da die schwingende Masse starr mit dem Balken verbunden ist, gilt natürlich an der Feldgrenze i nach wie vor $\bar{w}_i^L(t) = \bar{w}_i^R(t) = \bar{w}_i(t)$, d. h. $w_i^L = w_i^R = w_i$.

[19] Ein Polynom erhält man nur dann, wenn die schwingenden Massen an den Feldgrenzen konzentriert werden. Ist die Gesamtmasse dagegen (gleichförmig) über die Felder verteilt, ergibt sich ein transzendenter Ausdruck in ω.

[20] Moderne Verfahren schließen ein Versagen mit Methoden der Intervallarithmetik aus.

Kombiniert man die hier angestellten Überlegungen mit der erweiterten Übertragungs-rechnung des vorangehenden Unterkapitels und bezieht zeitabhängige Streckenlasten $q_i(t)$ sowie Einzelkräfte bzw. -momente $F_i(t)$ bzw. $B_i(t)$ ein, so können auch Zwangs-schwingungsprobleme mittels Übertragungsmatrizen behandelt werden.

1.2.2 Matrixverschiebungsmethode

Für vielgliedrige (statisch unbestimmte) Stab–Systeme mit abgewinkelten Stabachsen (Rahmenträger) und Verzweigungen sind Übertragungsmatrizen weniger geeignet, Ver-formungen und innere Schnittgrößen bei Vorgabe äußerer Lasten effizient zu berechnen.

Die sog. *Matrixkraftmethode* und die *Matrixverschiebungsmethode* sind für diese Auf-gabe einfacher algorithmisch aufzubereiten. Folgende stets geltenden Beziehungen für das zu untersuchende Tragwerk werden dabei systematisch – aber unterschiedlich in beiden Verfahren – verwertet:

- Die Gleichgewichtsbedingungen für jeden freigeschnittenen Knotenpunkt (statische Verträglichkeit).
- Kinematische Verträglichkeitsbedingungen, die das Zusammenfügen der verformten Elemente zum vorgegebenen Gesamttragwerk sicher stellen.
- Zusammenhänge zwischen den inneren Schnittgrößen im Element und den zugehöri-gen Verformungen (Stoffgleichungen).

Aus verschiedenen Gründen (s. z. B. [7]), die hier nicht erörtert werden, ist die Matrixver-schiebungsmethode heute das in der Praxis bevorzugte Verfahren; allein dieses wird im folgenden besprochen.

Dabei gibt man zunächst die Knotenpunktverschiebungen und -verdrehungen vor, die notwendig sind, den allgemeinen, deformierten Zustand des Tragwerks (linear) zu beschreiben. Die Elementverformungen – und bei Angabe der maßgebenden Spannungs-Verzerrungs-Relationen auch die inneren Schnittgrößen in diesen Elementen – können dann in Abhängigkeit dieser generalisierten Knotenpunktverschiebungen berechnet werden. Schließlich erhält man nach Auswertung der Gleichgewichtsbedingungen für jeden Knotenpunkt ein System linearer Gleichungen zur Bestimmung unbekannter Knotenpunkt-„Kräfte", die durch die aufgeprägten Knotenpunkt-„Verschiebungen" verur-sacht worden sind. Elegant und einfach ist es allerdings, die zuletzt genannten Gleichge-wichtsbedingungen äquivalent durch Überlegungen im Sinne des Prinzips der Virtuellen Arbeit[21] zu ersetzen, wie noch gezeigt wird.

Da die Vorzeichenfestlegung mit der Auswahl von Elementverformungen und inneren Schnittgrößen Hand in Hand geht, ist es beim praktischen Rechnen sinnvoll, diese Be-trachtungen „im Innern" der Elemente an den Anfang zu stellen. Daran anschließend sind

---

[21] Dieses Prinzip wird in Abschn. 4.2.2 ausführlich erörtert; die im Rahmen der Matrixverschie-bungsmethode erforderliche Betrachtung lässt sich jedoch auch unabhängig davon nachvollziehen.

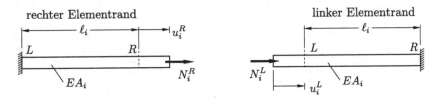

Abb. 1.5 Belastungs-Verformungszusammenhang für ein Dehnstabelement

die Knotenpunktverschiebungen und -verdrehungen als Ursache für die Elementverformungen vorzugeben sowie beide mit der Kompatibilitätsmatrix zu verknüpfen. Die sog. Gesamtsteifigkeitsmatrix ist schließlich die zwischen Knotenpunkt-„Verformungen" und -belastung vermittelnde Größe, wobei in der Praxis meist nur die Umkehrung relevant ist: Die äußere Belastung ist an gewissen Knotenpunkten gegeben, die Verformungen des Tragwerks – ausgedrückt durch entsprechende Knotenpunktverschiebungen und -verdrehungen (unter Beachtung gewisser Lagerungsbedingungen) – sind gesucht.

Elementsteifigkeitsmatrix

Es wird angenommen, dass das zu analysierende (ebene) Tragwerk aus s individuellen Elementen und n Knotenpunkten besteht[22]. Handelt es sich um „reine" Fachwerke, so sind die Elemente Dehnstäbe, deren Belastungszustand durch *eine* Schnittreaktion bestimmt ist. Bei allgemeineren Tragwerken sind die Stäbe daneben auf Biegung (hier wieder ohne Schubdeformation) beansprucht, so dass insgesamt *drei* Schnittgrößen auftreten.

Bei kleinen Formänderungen sind die Beziehungen zwischen inneren Schnittgrößen $\mathbf{p}_i$ im Element i und Elementverformungen $\mathbf{v}_i$ wieder linear und können deshalb matriziell,

$$\mathbf{p}_i = \mathbf{K}_i \mathbf{v}_i, \tag{1.76}$$

formuliert werden. Nimmt man für einen Dehnstab (Länge ℓ_i, Dehnsteifigkeit EA_i) an seinem rechten und seinem linken Ende die Normalkräfte $N_i^{R,L}$ und die Längsverformungen $u_i^{R,L}$ (entgegen der früher bei Übertragungsmatrizen eingeführten Vorzeichenkonvention) nach rechts gerichtet positiv an, so erhält man gemäß Abb. 1.5 eine ein-elementige Matrizenrelation (1.76) in der Form

$$p_i^R \equiv N_i^R = \frac{EA_i}{\ell_i} u_i^R \equiv K_i v_i^R \quad \text{bzw.} \quad p_i^L \equiv N_i^L = \frac{EA_i}{\ell_i} u_i^L \equiv K_i v_i^L. \tag{1.77}$$

Je nach dem, ob man innere Schnittkraft und zugehörige Verformung am rechten oder am linken Elementrand als maßgebende Zustandsgrößen auswählt, ist die eine bzw. die andere Beziehung in (1.77) zu benutzen.

---

[22] Auch Befestigungspunkte von Einzelfedern oder Änderungen der Querschnittsdaten sind als Knotenpunkte aufzufassen.

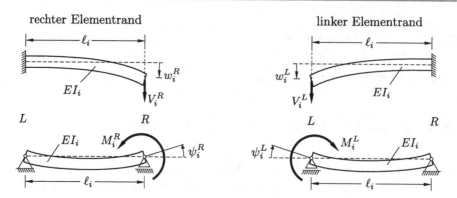

Abb. 1.6 Grundbelastungsfälle eines Biegebalkenelements

Für ein Biegebalkenelement (Länge ℓ_i, Biegesteifigkeit $E I_i$) liefern die durch Abb. 1.6 verdeutlichten Sonderfälle

$$V_i^R = \frac{3EI_i}{\ell_i^3} w_i^R \quad \text{bzw.} \quad V_i^L = \frac{3EI_i}{\ell_i^3} w_i^L, \tag{1.78}$$

und

$$M_i^R = \frac{3EI_i}{\ell_i} \psi_i^R \quad \text{bzw.} \quad M_i^L = \frac{3EI_i}{\ell_i} \psi_i^L. \tag{1.79}$$

Dies sind ebenfalls skalare Beziehungen zwischen Querkraft V_i und Querverschiebung w_i sowie Biegemoment M_i und Neigungswinkel ψ_i. Sie können zu allgemeineren Biegebelastungsfällen gemäß Abb. 1.7 in matrizieller Form (1.76) zusammengestellt werden. Für Fall (a) erhält man

$$\mathbf{p}_i^R \equiv \begin{pmatrix} M_i^R \\ V_i^R \end{pmatrix} = \begin{pmatrix} \frac{4EI_i}{\ell_i} & \frac{6EI_i}{\ell_i^2} \\ \frac{6EI_i}{\ell_i^2} & \frac{12EI}{\ell_i^3} \end{pmatrix} \begin{pmatrix} \psi_i^R \\ w_i^R \end{pmatrix} \equiv \mathbf{K}_i \mathbf{v}_i^R \quad \text{bzw.}$$

$$\mathbf{p}_i^L \equiv \begin{pmatrix} M_i^L \\ V_i^L \end{pmatrix} = \begin{pmatrix} \frac{4EI_i}{\ell_i} & -\frac{6EI_i}{\ell_i^2} \\ -\frac{6EI_i}{\ell_i^2} & \frac{12EI}{\ell_i^3} \end{pmatrix} \begin{pmatrix} \psi_i^L \\ w_i^L \end{pmatrix} \equiv \mathbf{K}_i \mathbf{v}_i^L; \tag{1.80}$$

Fall (b) erlaubt die gemischte Darstellung

$$\mathbf{p}_i \equiv \begin{pmatrix} M_i^R \\ M_i^L \end{pmatrix} = \begin{pmatrix} \frac{4EI_i}{\ell_i} & \frac{2EI_i}{\ell_i} \\ \frac{2EI_i}{\ell_i} & \frac{4EI_i}{\ell_i} \end{pmatrix} \begin{pmatrix} \psi_i^R \\ \psi_i^L \end{pmatrix} \equiv \mathbf{K}_i \mathbf{v}_i. \tag{1.81}$$

Durch Nullsetzen entsprechender Lastgrößen erzeugt man wieder die degenerierten Basisrelationen (1.78).

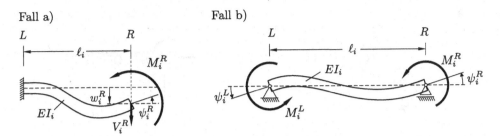

Abb. 1.7 Ausgewählte zusammengesetzte Lastfälle eines Biegebalkenelements

Die Kraft-Verformungs-Beziehungen (1.80) und (1.81) sind bezüglich der auftretenden Elementverformungen beide äquivalent; es macht also im Endergebnis keinen Unterschied, ob mit Steifigkeitsmatrizen (1.80) oder (1.81) gerechnet wird. Der entscheidende
Unterschied besteht aber in der Wahl der damit implizierten *lokalen* Koordinatensysteme:
Relation (1.80)$_1$ enthält nur rechtsseitige Verformungen (w_i^R, ψ_i^R); dadurch *muss* stets ein
linksseitig tangential fixiertes Koordinatensystem verwendet werden [Fall (a)]. Benutzt
man dagegen (1.81) zur Beschreibung des Kraft-Verformungs-Zusammenhanges, so dürfen nur Verdrehungen (ψ_i^L, ψ_i^R) auftreten; das ist aber nur dann der Fall, wenn das Koordinatensystem als *Verbindungslinie der beiden Balkenenden* definiert wird [Fall (b)]. Die
beiden Koordinatensysteme „linksseitig tangential" und „Stabenden verbindend" unterscheiden sich natürlich erst, wenn das Balkenelement im *deformierten* Zustand betrachtet
wird (s. dazu die Berechnung der *Kompatibilitätsmatrix* im nächsten Unterkapitel).

Besitzt ein Einzelelement sowohl Dehn- als auch Biegesteifigkeit, dann hat man die
Beziehungen (1.77) und (1.80) oder (1.81) zu *einer* Matrizengleichung aller auftretenden
Schnittgrößen und Verformungen des betreffenden Elements i zusammenzustellen.

Die sog. *Elementsteifigkeitsmatrix* $\mathbf{K}_p$ vereinigt schließlich in der Gestalt

$$\mathbf{p} \equiv \begin{pmatrix} \mathbf{p}_1 \\ \hline \mathbf{p}_2 \\ \hline \vdots \\ \hline \mathbf{p}_s \end{pmatrix} = \begin{pmatrix} \mathbf{K}_1 & \mathbf{O} & \ldots & \mathbf{O} \\ \hline \mathbf{O} & \mathbf{K}_2 & \ldots & \mathbf{O} \\ \hline \vdots & \vdots & \ddots & \vdots \\ \hline \mathbf{O} & \mathbf{O} & \ldots & \mathbf{K}_s \end{pmatrix} \begin{pmatrix} \mathbf{v}_1 \\ \hline \mathbf{v}_2 \\ \hline \vdots \\ \hline \mathbf{v}_s \end{pmatrix} \equiv \mathbf{K}_p \mathbf{v} \qquad (1.82)$$

die Schnittgrößen-Verformungs-Relationen *aller* Einzelelemente i von $i = 1$ bis $i = s$.
Ob man das rechte oder das linke Ende eines Elements zur Formulierung der Schnittgrößen-Verformungs-Relationen auswählt und welchen der Biegebelastungsfälle man i. Allg.
zugrunde legt, ist weitgehend dem Anwender überlassen[23].

---

[23] Bei Dehnstabelementen ist diese Wahl belanglos; ist nichts Gegenteiliges vermerkt, wird im Folgenden stets das *rechte* Elementende betrachtet.

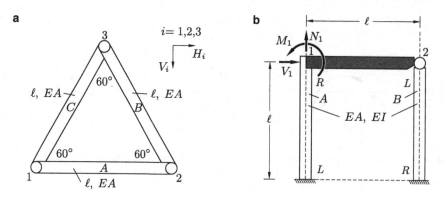

Abb. 1.8 Dreistäbiges Fachwerk und rechtwinkliger Rahmenträger mit Gelenkstütze

Beispiel 1.6 Ebenes Dreieckfachwerk (s. Abb. 1.8a). Das Fachwerk besteht aus $s = 3$ gelenkig miteinander verbundenen Stäben A, B und C. Alle Stäbe besitzen die Länge ℓ und die Dehnsteifigkeit EA. Der Winkel zwischen den Stäben beträgt demnach 60°. Das Fachwerk wird in den $n = 3$ Knoten durch die Kräfte H_i und V_i belastet. Die Knotenpunkt-Verschiebungen sind u_i und v_i. Gesucht ist zunächst die Elementverformung $\mathbf{v}$ und die Elementsteifigkeitsmatrix $\mathbf{K}_p$.

Da das Fachwerk aus den drei Stäben A, B und C besteht, ist

$$\mathbf{v} = (u_A, u_B, u_C)^{\mathrm{T}} \tag{1.83}$$

die Zusammenstellung der Verformungen aller Stabenden. Für jeden einzelnen Dehnstab (z. B. am jeweils rechten Rand) gilt gemäß (1.77) (wenn die hochgestellte Kennzeichnung R weggelassen wird) die Kraft-Verformungs-Beziehung

$$N_i = \frac{EA}{\ell} u_i, \quad i = A, B, C. \tag{1.84}$$

Zusammenfassend resultiert also für das komplette Fachwerk (1.82) mit dem Schnittkraftvektor

$$\mathbf{p} = (N_A, N_B, N_C)^{\mathrm{T}} \tag{1.85}$$

und der Elementsteifigkeitsmatrix

$$\mathbf{K}_p = \frac{EA}{\ell} \begin{pmatrix} 1 & 0 & 0 \\ 0 & 1 & 0 \\ 0 & 0 & 1 \end{pmatrix}. \tag{1.86}$$

∎

Beispiel 1.7 Statisch unbestimmt gelagerter Rahmenträger (s. Abb. 1.8b). Das Tragwerk besteht aus einem 90°-Rahmen mit *starrem* Querriegel der Länge ℓ, und einer gelenkig angeschlossenen Stütze. Rahmen und Stütze sind jeweils am unteren Ende starr eingespannt. Der vertikale Stiel des Rahmens und die Stütze besitzen beide die Länge ℓ, die Dehnsteifigkeit EA und die Biegesteife EI. Das System wird an der Stelle 1 durch N_1, V_1 und M_1 belastet. Durch Wahl geeigneter Elementverformungen ist die Elementsteifigkeitsmatrix anzugeben.

Da der Querriegel starr ist, sind die Verformungen der Punkte 1 und 2 nicht unabhängig voneinander; es liegt also nur *ein* „echter" Knotenpunkt vor, zweckmäßig die Lasteinleitungsstelle 1. Verformbare Elemente sind Rahmenstiel A und Stütze B (mit Gelenkanschluss), so dass $\mathbf{v}_A^R = (u_A^R, \psi_A^R, w_A^R)^{\mathrm{T}}$ und $\mathbf{v}_B^L = (u_B^L, w_B^L)^{\mathrm{T}}$ geeignete Elementverformungen und damit $\mathbf{p}_A^R = (N_A^R, M_A^R, V_A^R)^{\mathrm{T}}$ und $\mathbf{p}_B^L = (N_B^L, V_B^L)^{\mathrm{T}}$ die zugehörigen inneren Schnittgrößen sind. Die Verknüpfungen zwischen beiden leisten die Schnittgrößen-Verformungs-Relationen $(1.77)_1$, $(1.80)_1$ und $(1.77)_2$, $(1.78)_2$. Mit der Zusammenfassung

$$\mathbf{v} = (u_A^R, \psi_A^R, w_A^R, u_B^L, w_B^L)^{\mathrm{T}},$$
$$\mathbf{p} = (N_A^R, M_A^R, V_A^R, N_B^L, V_B^L)^{\mathrm{T}} \tag{1.87}$$

der Elementverformungen und inneren Schnittgrößen folgt aus (1.82) die Elementsteifigkeitsmatrix

$$\mathbf{K}_p = \begin{pmatrix} \frac{EA}{\ell} & 0 & 0 & 0 & 0 \\ 0 & \frac{4EI}{\ell} & \frac{6EI}{\ell^2} & 0 & 0 \\ 0 & \frac{6EI}{\ell^2} & \frac{12EI}{\ell^3} & 0 & 0 \\ 0 & 0 & 0 & \frac{EA}{\ell} & 0 \\ 0 & 0 & 0 & 0 & \frac{3EI}{\ell^2} \end{pmatrix}. \tag{1.88}$$

∎

Kompatibilitätsmatrix

Zunächst wird die Spaltenmatrix $\mathbf{d}$ der äußeren Verschiebungen (und bei Biegung auch der Verdrehungen) sämtlicher n Knotenpunkte festgelegt. Dazu wird ein *globales* Koordinatensystem eingeführt. Die sich daraufhin einstellenden Elementverformungen $\mathbf{v}_i$ ($i = 1, 2, \ldots, s$) – gemessen im jeweiligen *lokalen* Koordinatensystem und zusammengestellt im Vektor $\mathbf{v}$ – hängen linear davon ab. In der Matrizengleichung

$$\mathbf{v} = \mathbf{Ad} \tag{1.89}$$

lässt sich dieser Sachverhalt formulieren. Die k-te Spalte der sog. *Kompatibilitätsmatrix* $\mathbf{A}$ findet man dann derart, dass man die jeweiligen Verformungen in $\mathbf{v}$ nach Aufprägen der Knotenpunktverschiebung bzw. -verdrehung $d_k = 1$ ermittelt und dabei gleichzeitig alle anderen Knotenpunktverformungen $d_l = 0$ ($l = 1, 2, \ldots, n$) setzt (für $l \neq k$).

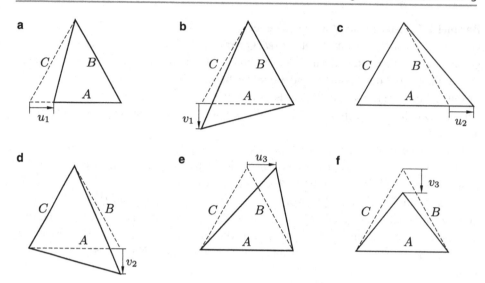

Abb. 1.9 Verformungsbilder des Dreieckfachwerks aus Beispiel 1.6

Auf diese Weise findet man nacheinander alle Spalten der gesuchten Matrix und kann sie anschließend zur Gesamtmatrix **A** zusammenstellen. Bei der Bestimmung der für eine Knotenpunktverschiebung $d_k = 1$ resultierenden Elementverformungen hat man ihre Verträglichkeit mit den vorgegebenen Bindungen des Systems (Lagerungen, starre Subsysteme u. ä.) zu beachten. Deshalb ist es zweckmäßig, spezielle Verformungsbilder anzufertigen und diese zur Ermittlung der einzelnen Spalten von **A** zu benutzen.

Beispiel 1.8 Kompatibilitätsmatrix des Dreieckfachwerks aus Beispiel 1.6. Die Spaltenmatrix der Knotenpunktverschiebungen ist offensichtlich

$$\mathbf{d} = (u_1, v_1, u_2, v_2, u_3, v_3)^{\mathrm{T}}, \tag{1.90}$$

denn es liegen insgesamt $n = 3$ Knoten vor, deren Verschiebungen nicht durch Lager (als kinematische Bindung) eingeschränkt werden. Die einzelnen Verformungsbilder sind in Abb. 1.9 dargestellt. Die dickeren Linien kennzeichnen das verformte Tragwerk bei Vorgabe einer einzigen Knotenpunktverschiebung $d_i \neq 0$. Die gestrichelten Linien weisen in jedem Verformungsbild auf das unverformte Ausgangssystem hin. Die dünn durchgezogenen Hilfslinien lassen die lokalen Koordinatensysteme mit den auftretenden Elementverformungen erkennen. Gibt man beispielsweise die horizontale Knotenpunktverschiebung des Knotens 3 mit $u_3 = 1$ vor und hält alle anderen Knotenpunktverschiebungen bei ihrem ursprünglichen Wert null fest, dann ergibt sich die Dreiecksform gemäß Abb. 1.9e. Die resultierenden Elementverformungen lassen sich damit zu $u_A^R = 0$, $u_B^R = -1/2$, $u_C^R = +1/2$ berechnen; sie bilden zusammen die fünfte Spalte der $(3, 6)$-Matrix **A**. Ins-

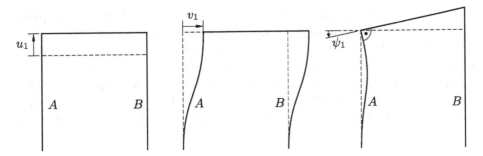

Abb. 1.10 Verformungsbilder des Rahmenträgers aus Beispiel 1.7

gesamt erhält man so

$$\mathbf{A} = \begin{pmatrix} -1 & 0 & 1 & 0 & 0 & 0 \\ 0 & 0 & 1/2 & \sqrt{3}/2 & -1/2 & -\sqrt{3}/2 \\ -1/2 & \sqrt{3}/2 & 0 & 0 & 1/2 & -\sqrt{3}/2 \end{pmatrix}. \tag{1.91}$$

■

Beispiel 1.9 Kompatibilitätsmatrix des Rahmentragwerks aus Beispiel 1.7. Wie bereits vermerkt, liegt nur *ein* echter Knoten vor; seine allgemeine Lage und Orientierung werden durch die Spaltenmatrix

$$\mathbf{d} = (u_1, v_1, \psi_1)^T \tag{1.92}$$

beschrieben. Die einzelnen Verformungsbilder (unter Beachtung der Starrheit des Querriegels und der Lager- bzw. Gelenkeigenschaften) sind in Abb. 1.10 skizziert. Daraus kann man die **v** und **d** verknüpfende Matrix **A** in der Gestalt

$$\mathbf{d} = (u_1, v_1, \psi_1)^T$$

$$\mathbf{v} = \mathbf{Ad} \quad \rightarrow \quad \mathbf{v} = \begin{pmatrix} u_A^R \\ \psi_A^R \\ w_A^R \\ u_B^L \\ w_B^L \end{pmatrix}; \quad \mathbf{A} = \begin{pmatrix} 1 & 0 & 0 \\ 0 & 0 & 1 \\ 0 & 1 & 0 \\ 1 & 0 & \ell \\ 0 & 1 & 0 \end{pmatrix} \tag{1.93}$$

ablesen. Das Eintragen der Elemente in **A** wird durch Anschreiben der Vektoren **v** und $\mathbf{d}^T$ – wie in (1.93) gezeigt – erheblich vereinfacht.

■

Gesamtsteifigkeitsmatrix und Kondensation

Die Gesamtsteifigkeitsmatrix $\mathbf{K}_f$ verknüpft die Spaltenmatrix **f** der äußeren Belastung an den Verzweigungspunkten mit ihren Verschiebungen und Verdrehungen **d**. Nach den bisher geleisteten Vorarbeiten verbleibt zur Berechnung dieser Beziehungen nur noch die

Auswertung der Gleichgewichtsbedingungen für jeden freigeschnittenen Knotenpunkt. Um diese im Einzelnen etwas mühsame Rechnung abzukürzen, startet man mit der Grundidee des Prinzips der Virtuellen Arbeit: Im Gleichgewicht muss die äußere virtuelle Arbeit W_{virt}^a, die von der äußeren Last F_i infolge einer virtuellen Verrückung δd_i ihres Angriffspunkts in Richtung von F_i geleistet wird, gleich der inneren virtuellen Arbeit W_{virt}^i sein. W_{virt}^i setzt sich aus den Elementverformungen δv und den dadurch hervorgerufenen Schnittreaktionen $\mathbf{p}$ zusammen. Durch Superposition aller Anteile $\sum_{(i)} F_i\,\delta d_i$ erhält man

$$W_{\text{virt,ges}}^a \equiv (\delta\mathbf{d})^{\text{T}}\mathbf{f} \overset{!}{=} (\delta\mathbf{v})^{\text{T}}\mathbf{p} \equiv W_{\text{virt,ges}}^i. \tag{1.94}$$

Mit Blick auf (1.89) gilt aber auch

$$(\delta\mathbf{v})^{\text{T}} = (\mathbf{A}\delta\mathbf{d})^{\text{T}} \overset{(1.28)}{=} (\delta\mathbf{d})^{\text{T}}\mathbf{A}^{\text{T}}, \tag{1.95}$$

so dass die Arbeitsbilanz (1.94) die Form

$$(\delta\mathbf{d})^{\text{T}}\mathbf{f} = (\delta\mathbf{d})^{\text{T}}\mathbf{A}^{\text{T}}\mathbf{p} \tag{1.96}$$

annimmt. Da diese Beziehung für beliebige virtuelle Verrückungen $\delta\mathbf{d}$ gelten muss, ist im Gleichgewicht stets

$$\mathbf{f} = \mathbf{A}^{\text{T}}\mathbf{p} \tag{1.97}$$

(als statische Verträglichkeitsbedingung zwischen inneren und äußeren „Kräften") erfüllt. Unter Verwendung von (1.82) und (1.89) folgt daraus aber

$$\mathbf{f} = \mathbf{A}^{\text{T}}\mathbf{K}_p\mathbf{v} = \mathbf{A}^{\text{T}}\mathbf{K}_p\mathbf{A}\mathbf{d}. \tag{1.98}$$

Definiert man über („Kraft gleich Steifigkeit mal Verformung")

$$\mathbf{f} \overset{(\text{def.})}{=} \mathbf{K}_f\mathbf{d} \tag{1.99}$$

die sog. *Gesamtsteifigkeitsmatrix* $\mathbf{K}_f$, so folgt schließlich

$$\mathbf{K}_f = \mathbf{A}^{\text{T}}\mathbf{K}_p\mathbf{A}. \tag{1.100}$$

Mit den bereits ermittelten Matrizen $\mathbf{K}_p$ und $\mathbf{A}$ (nach Transposition von $\mathbf{A}$) kann (1.100) einfach ausgewertet werden. Die Gesamtsteifigkeitsmatrix $\mathbf{K}_f$ ist eine symmetrische Matrix, weil schon $\mathbf{K}_p$ infolge der Sätze von Maxwell und Betti immer symmetrisch ist. $\mathbf{K}_f$ ist für statisch unterbestimmte Tragwerke singulär, jedoch sowohl für statisch bestimmte als auch für statisch unbestimmte Systeme stets regulär.

Über die Inverse $\mathbf{K}_f^{-1}$ der Gesamtsteifigkeitsmatrix – die sog. *Nachgiebigkeitsmatrix* $\mathbf{S}_f$ – ist dann bei Vorgabe der äußeren Belastung an den Knotenpunkten die Verformung des Tragwerks berechenbar:

$$\mathbf{d} = \mathbf{K}_f^{-1}\mathbf{f} \overset{\text{(def.)}}{=} \mathbf{S}_f\mathbf{f}. \tag{1.101}$$

Über (1.89) und (1.82) können jetzt auch die inneren Schnittgrößen ermittelt werden. Es ergibt sich

$$\mathbf{p} = \mathbf{K}_p\mathbf{v} = \mathbf{K}_p\mathbf{A}\mathbf{d} = \mathbf{K}_p\mathbf{A}\mathbf{K}_f^{-1}\mathbf{f}. \tag{1.102}$$

Wird nun die ursprüngliche Aufgabenstellung derart modifiziert, dass entweder

- einige der angreifenden äußeren Knotenpunkt-Belastungen null sind oder
- zusätzliche Lager mit entsprechenden Bindungen eingebaut werden,

dann ist zur Berechnung der verbleibenden **d**-**f**-Zusammenhänge nur noch eine kleinere (Rest-) Steifigkeitsmatrix zu invertieren. Die Berechnung dieser Matrix bezeichnet man als *Kondensation*. Nachgewiesen wird der Sachverhalt hier nur für die erste der beiden Möglichkeiten. Man sortiert dazu in der matriziellen Gleichung (1.99) Zeilen und Spalten so um, dass sie die Gestalt

$$\left(\frac{\mathbf{f}_1}{\mathbf{0}}\right) = \left(\begin{array}{c|c} \mathbf{K}_{11} & \mathbf{K}_{12} \\ \hline \mathbf{K}_{21} & \mathbf{K}_{22} \end{array}\right) \left(\frac{\mathbf{d}_1}{\mathbf{d}_2}\right) \tag{1.103}$$

annimmt. Dies sind offenbar *zwei* Gleichungen

$$\begin{aligned} \mathbf{f}_1 &= \mathbf{K}_{11}\mathbf{d}_1 + \mathbf{K}_{12}\mathbf{d}_2, \\ \mathbf{0} &= \mathbf{K}_{21}\mathbf{d}_1 + \mathbf{K}_{22}\mathbf{d}_2 \end{aligned} \tag{1.104}$$

in Matrizenform. Die zweite Beziehung lässt sich gemäß

$$\mathbf{d}_2 = -\mathbf{K}_{22}^{-1}\mathbf{K}_{21}\mathbf{d}_1 \tag{1.105}$$

nach $\mathbf{d}_2$ auflösen und anschließend in $(1.104)_1$ einsetzen. Damit erhält man die kondensierte Steifigkeitsbeziehung

$$\mathbf{f}_1 = \mathbf{K}_{f1}\mathbf{d}_1, \quad \mathbf{K}_{f1} = \mathbf{K}_{11} - \mathbf{K}_{12}\mathbf{K}_{22}^{-1}\mathbf{K}_{21}, \tag{1.106}$$

die nur noch die tatsächlich auftretenden Kräfte $\mathbf{f}_1$ und die zugehörigen Verschiebungen $\mathbf{d}_1$ enthält. Offensichtlich müssen jetzt nur noch die Submatrix $\mathbf{K}_{22}$ (zur Berechnung von $\mathbf{d}_2$ und von $\mathbf{K}_{f1}$) und anschließend $\mathbf{K}_{f1}$ (zur Berechnung von $\mathbf{d}_1$) invertiert werden.

Beispiel 1.10 Gesamtsteifigkeitsmatrix für das Dreieckfachwerk aus Beispiel 1.6. Die Gesamtsteifigkeitsmatrix lässt sich mit den Ergebnissen (1.86) für $\mathbf{K}_p$ und (1.91) für $\mathbf{A}$ über (1.100) ausrechnen:

$$\mathbf{K}_f = \frac{EA}{\ell} \begin{pmatrix} 5/4 & -\sqrt{3}/4 & -1 & 0 & -1/4 & \sqrt{3}/4 \\ -\sqrt{3}/4 & 3/4 & 0 & 0 & \sqrt{3}/4 & -3/4 \\ -1 & 0 & 5/4 & \sqrt{3}/4 & -1/4 & -\sqrt{3}/4 \\ 0 & 0 & \sqrt{3}/4 & 3/4 & -\sqrt{3}/4 & -3/4 \\ -1/4 & \sqrt{3}/4 & -1/4 & -\sqrt{3}/4 & 1/2 & 0 \\ \sqrt{3}/4 & -3/4 & -\sqrt{3}/4 & -3/4 & 0 & 3/2 \end{pmatrix}. \tag{1.107}$$

Wie man leicht überprüfen kann, ist die Matrix $\mathbf{K}_f$ wegen der freien Beweglichkeit des Fachwerks singulär (det $\mathbf{K}_f = 0$).

Die Singularität lässt sich beispielsweise aber dadurch aufheben, dass man das Tragwerk in den Knoten 1 und 2 durch unverschiebbare Gelenklager (insgesamt einfach statisch unbestimmt) abstützt [und im Knoten 3 weiterhin durch $\mathbf{f}_3 = (H_3, V_3)^{\mathrm{T}}$ belastet]. Die sich daraus ergebende Kondensationsaufgabe startet dann von der Matrizengleichung (1.99) mit $\mathbf{K}_f$ (1.107) in der Form

$$\begin{pmatrix} \mathbf{f}_1 \\ \mathbf{f}_2 \end{pmatrix} = \begin{pmatrix} \mathbf{K}_{11} & \mathbf{K}_{12} \\ \mathbf{K}_{21} & \mathbf{K}_{22} \end{pmatrix} \begin{pmatrix} \mathbf{0} \\ \mathbf{d}_2 \end{pmatrix}, \tag{1.108}$$

$$\mathbf{0} = (0, 0, 0, 0)^{\mathrm{T}}, \quad \mathbf{d}_2 = (u_3, v_3)^{\mathrm{T}}.$$

Offensichtlich ist die Kondensation elementar und braucht daher nicht explizite durchgeführt zu werden. Die Lagerreaktionen $\mathbf{f}_1 = (H_1, V_1, H_2, V_2)^{\mathrm{T}}$ dagegen sind schon durch die erste Zeile in (1.108), $\mathbf{f}_1 = \mathbf{K}_{12}\mathbf{d}_2$, bestimmt; die (4, 2)-Matrix $\mathbf{K}_{12}$ ist aus dem Ergebnis (1.107) für $\mathbf{K}_f$ direkt abzulesen. ■

Beispiel 1.11 Gesamtsteifigkeitsmatrix für das Rahmentragwerk aus Beispiel 1.7. Mit der Elementsteifigkeitsmatrix (1.88) und der Kompatibilitätsmatrix (1.93) lässt sich die gesuchte (reguläre) Gesamtsteifigkeitsmatrix zu

$$\mathbf{K}_f = \begin{pmatrix} \frac{2EA}{\ell} & 0 & EA \\ 0 & \frac{12EI}{\ell^3} + \frac{EA}{\ell} & \frac{6EI}{\ell^2} \\ EA & \frac{6EI}{\ell^2} & \frac{4EI}{\ell} + EA\ell \end{pmatrix}. \tag{1.109}$$

berechnen. ■

1.2.3 Finite-Element-Methoden

Die Methode der finiten Elemente ersetzt Scheiben, Platten und Schalen, aber auch räumlich ausgedehnte Körper durch eine Vielzahl kleiner, aber noch endlich ausgedehnter

Abb. 1.11 Scheibentragwerk

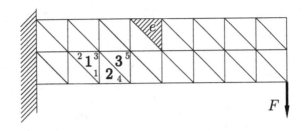

Elemente (sog. finite Elemente) von unterschiedlicher Gestalt. Das einfachste *ebene* finite Element besteht aus einem Fachwerk mit 3 Stäben und 3 Knoten. Betrachtet man beispielsweise den in Abb. 1.11 dargestellten eingespannten (ebenen) Blechstreifen (unter Einwirkung einer Einzelkraft F am Kragende), so kann man diesen durch ein zweckmäßig gewähltes Liniennetz näherungsweise auf ein zusammengesetztes (ebenes) Fachwerk abbilden. Die Feinheit des Netzes, d. h. die Zahl der Fachwerkelemente (im vorliegenden Beispiel Dreieckelemente) bestimmt die Genauigkeit, mit der das Tragwerkverhalten approximiert werden kann[24].

Finites Dreieckselement

Im ebenen Fall wäre das Last-Verformungs-Verhalten eines Tragwerks vollständig bekannt, wenn man für jeden lokalen Punkt $(x|y)$ seine Verschiebungen $u(x, y)$ und $v(x, y)$ für beliebige äußere Kräfte (unter bestimmten Lagerungsbedingungen) allgemein angeben könnte. Weil dieses Problem unlösbar ist, ersetzt man im Sinne der vorgestellten Fachwerkanalogie zunächst alle am Scheibenelement e hervorgerufenen inneren Kräfte (Schnittgrößen entlang der Dreieckseiten) durch äquivalente Einzelkräfte H_s^e, V_s^e in den Knoten $s = i, j, k$ (s. Abb. 1.12a). Genauso versucht man, die Verschiebungen $u^e(x, y)$, $v^e(x, y)$ für jeden Punkt $(x|y)$ innerhalb des Dreiecks e und auf seinen Berandungen durch die Knotenpunktverschiebungen u_s^e, v_s^e (s. Abb. 1.12b) näherungsweise zu beschreiben.

Die Verschiebungsansätze, die dies leisten sollen, sind weitgehend frei wählbar. Sie müssen jedoch gewisse Bedingungen erfüllen, um die kinematische und die statische Verträglichkeit zwischen finiten Elementen und dem Innern des realen Körpers sicherzustellen. Beispielsweise dürfen keine Spannungen im finiten Element auftreten, wenn reine Starrkörperbewegungen auftreten; benachbarte Elemente dürfen an den Feldgrenzen nicht klaffen oder ineinander eindringen; vorliegende Isotropieeigenschaften müssen erhalten bleiben, und auch *konstante* Spannungen im Innern des Scheibenelements müssen sich beschreiben lassen. Der einfachste Weg ist die Verwendung linearer Verschiebungs-

---

[24] Es ist einleuchtend, dass man in der Umgebung stark gekrümmter Ränder und in Gebieten sehr unterschiedlicher Spannungen zum Erreichen einer bestimmten Genauigkeit feiner unterteilen muss als in den anderen Bereichen; aber das Problem, ob die Ergebnisse mit immer kleinerer Unterteilung gegen die tatsächliche Lösung konvergieren, ist nichttrivial und bis heute allgemein nicht gelöst.

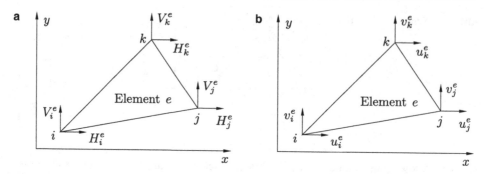

Abb. 1.12 Finites Dreieckselement mit Knotenkräften und Knotenpunktverschiebungen

ansätze

$$u^e(x, y) = \alpha_1^e + \alpha_2^e x + \alpha_3^e y, \quad v_e(x, y) = \beta_1^e + \beta_2^e x + \beta_3^e y. \tag{1.110}$$

Bereits damit lässt sich die kinematische Verträglichkeit (bezüglich der Verschiebungen) exakt sichern. Die noch unbekannten sechs Koeffizienten α_s^e, β_s^e ($s = i, j, k$) müssen jetzt so bestimmt werden, dass die Ansätze die Eckenverschiebungen liefern, wenn man für x und y die Koordinaten dieser Ecken einsetzt. Nach Ausführen dieser Rechnung, deren Einzelheiten (s. z. B. [8]) hier nicht interessieren sollen, erhält man die matrizielle Darstellung

$$\mathbf{v}^e = \mathbf{N}^e \mathbf{d}^e \tag{1.111}$$

der Kinematik. Sie verknüpft die Verschiebung $\mathbf{v}^e = \left(u^e(x, y), v^e(x, y)\right)^{\mathrm{T}}$ im Element e mit den entsprechenden Knotenpunktverschiebungen $\mathbf{d}^e = (\mathbf{d}_i^e | \mathbf{d}_j^e | \mathbf{d}_k^e)^{\mathrm{T}}$ [$\mathbf{d}_s^e = (u_s^e, v_s^e)^{\mathrm{T}}$ ($s = i, j, k$)] über die sog. *Formfunktionsmatrix*

$$\mathbf{N}^e = \begin{pmatrix} N_i^e & 0 & N_j^e & 0 & N_k^e & 0 \\ 0 & N_i^e & 0 & N_j^e & 0 & N_k^e \end{pmatrix}, \quad \begin{aligned} N_s^e &= \frac{1}{2A^e}(a_s^e + b_s^e x + c_s^e y), \\ s &= i, j, k, \end{aligned}$$

$$a_i^e = x_j^e y_k^e - x_k^e y_j^e, \quad b_i^e = y_j^e - y_k^e, \quad c_i^e = x_k^e x_j^e \tag{1.112}$$

(restliche Koeffizienten durch zyklisches Vertauschen der Indizes).

Auf der Basis der gewählten Verschiebungsansätze lassen sich in einem zweiten Schritt der kinematischen Beschreibung Verzerrungs-Verschiebungs-Relationen angeben:

$$\mathbf{e}^e = \mathbf{B}^e \mathbf{d}^e. \tag{1.113}$$

Die Elementverzerrung $\mathbf{e}^e = (\varepsilon_x^e, \varepsilon_y^e, \gamma_{xy}^e)^{\mathrm{T}} = \left(\frac{\partial u^e}{\partial x}, \frac{\partial v^e}{\partial y}, \frac{\partial u^e}{\partial y} + \frac{\partial v^e}{\partial x}\right)^{\mathrm{T}}$ ist ja bekanntlich eine Funktion der Verschiebungsableitungen; diese können unter Verwendung der Verschiebungsansätze (1.110) ermittelt und auf die Knotenpunktverschiebungen $\mathbf{d}^e$ zurück geführt werden. Die vermittelnde Matrix $\mathbf{B}^e$ besitzt die Form

$$\mathbf{B}^e = \frac{1}{2A^e}\begin{pmatrix} b_i^e & 0 & b_j^e & 0 & b_k^e & 0 \\ 0 & c_i^e & 0 & c_j^e & 0 & c_k^e \\ c_i^e & b_i^e & c_j^e & b_j^e & c_k^e & b_k^e \end{pmatrix}, \quad A^e = \frac{1}{2}\begin{vmatrix} 1 & x_i^e & y_i^e \\ 1 & x_j^e & y_j^e \\ 1 & x_k^e & y_k^e \end{vmatrix} \quad (1.114)$$

mit der Fläche A^e des Dreieckselements e, die auch in (1.112) benötigt wird. Dehnung und Scherung sind somit konstant im gesamten Element, und diese Tatsache ist eine erste Näherung des realen Verhaltens. Mit dem Hookeschen Gesetz

$$\mathbf{s}^e = \begin{pmatrix} \sigma_x^e \\ \sigma_y^e \\ \tau_{xy}^e \end{pmatrix} = \frac{E}{1-\nu^2}\begin{pmatrix} 1 & \nu & 0 \\ \nu & 1 & 0 \\ 0 & 0 & \frac{1-\nu}{2} \end{pmatrix}\begin{pmatrix} \varepsilon_x^e \\ \varepsilon_y^e \\ \gamma_{xy}^e \end{pmatrix} = \mathbf{D}^e \mathbf{e}^e \quad (1.115)$$

(Elastizitätsmodul E, Querkontraktionszahl ν) kann man nun die Spannungen als Funktion der Knotenpunktverschiebungen darstellen:

$$\mathbf{s}^e = \mathbf{D}^e \mathbf{B}^e \mathbf{d}^e. \quad (1.116)$$

Damit sind auch die Spannungen (als eine weitere Näherung) überall im Dreieckselement gleich.

Genau wie bei der Matrixverschiebungsmethode [s. (1.99)] verbleibt noch die Aufgabe, die sechs Knotenkräfte $\mathbf{f}^e = (\mathbf{f}_i^e|\mathbf{f}_j^e|\mathbf{f}_k^e)^T$ $[\mathbf{f}_s^e = (H_s^e, V_s^e)^T$ $(s = i, j, k)]$ und die sechs Knotenpunktverschiebungen $\mathbf{d}^e$ durch die matrizielle Beziehung

$$\mathbf{f}^e = \mathbf{K}_f^e \mathbf{d}^e \quad (1.117)$$

miteinander zu verknüpfen. Hierin ist $\mathbf{K}_f^e$ die noch unbekannte Steifigkeitsmatrix des Elements e. Um diese zu bestimmen, wird in gleicher Weise wie bei der Matrixverschiebungsmethode in Abschn. 1.2.2 das Prinzip der Virtuellen Arbeit angewandt:

$$W_{\text{virt}}^{e,a} \equiv (\delta\mathbf{d}^e)^T\mathbf{f}^e = \int\limits_{(V^e)} (\delta\mathbf{e}^e)^T\mathbf{s}^e\,dV = \int\limits_{(V^e)} (\delta\mathbf{d}^e)^T(\mathbf{B}^e)^T\mathbf{D}^e\mathbf{B}^e\mathbf{d}^e\,dV \equiv W_{\text{virt}}^{e,i}. \quad (1.118)$$

Wegen $\delta\mathbf{d}^e \neq \mathbf{0}$ ist (1.118) tatsächlich eine Gleichung von der Form (1.117) und bestimmt die Steifigkeitsmatrix des Elements e durch das Integral

$$\mathbf{K}_f^e = \int\limits_{(V^e)} (\mathbf{B}^e)^T\mathbf{D}^e\mathbf{B}^e\,dV. \quad (1.119)$$

Da – wie bereits festgestellt – die Spannungen und die Verzerrungen im Element von x und y unabhängig sind, gilt dies auch für die Matrizen $\mathbf{B}^e$ und $\mathbf{D}^e$. Damit lässt sich die

Integration bei konstanter Dicke h des finiten Elements elementar ausführen, und man erhält für die Elementsteifigkeitsmatrix das Ergebnis

$$\mathbf{K}_f^e = (\mathbf{B}^e)^{\mathrm{T}} \mathbf{D}^e \mathbf{B}^e A^e h. \tag{1.120}$$

Für die Behandlung der Gesamtstruktur im nachfolgenden Kapitel ist eine Submatrizen-Schreibweise in der Form

$$\mathbf{K}_f^e = \begin{pmatrix} \mathbf{K}_{ii}^e & \mathbf{K}_{ij}^e & \mathbf{K}_{ik}^e \\ \mathbf{K}_{ji}^e & \mathbf{K}_{jj}^e & \mathbf{K}_{jk}^e \\ \mathbf{K}_{ki}^e & \mathbf{K}_{kj}^e & \mathbf{K}_{kk}^e \end{pmatrix} \tag{1.121}$$

zweckmäßig. Die Submatrizen darin lassen sich als Steifigkeitseigenschaften des betreffenden Elementrandes in Form eines entsprechenden „Fachwerkstabes" interpretieren.

Ebenes Tragwerkwerk

Mit dem Zusammenhang (1.117) zwischen Knotenkräften und Knotenpunktverschiebungen am Einzelelement ist derselbe Stand erreicht wie bei der Behandlung der Matrixverschiebungsmethode im vorangehenden Abschn. 1.2.2 in Beispiel 1.10 (für ein dreistäbiges Elementarfachwerk). Bei der Lösung eines konkreten Scheibenproblems hat man aber nicht mehr ein einziges Element e, sondern insgesamt N zusammenhängende Teilelemente. Zur Demonstration von Einzelheiten soll hier ein ebenes Tragwerk mit $N = 3$ finiten Elementen und $n = 5$ Knoten (als Teilsystem des in Abb. 1.11 dargestellten Scheibenproblems) dienen. Die gegebene äußere Belastung und die vorab zu berechnenden Lagerreaktionen sind durch äquivalente Einzelkräfte in den Knoten

$$\mathbf{f}_i = (H_i, V_i)^{\mathrm{T}}, \quad i = 1, 2, \ldots, n = 5 \tag{1.122}$$

zu ersetzen. Gesucht ist die Verformung des Tragwerks, beschrieben durch die Knotenpunktverschiebungen

$$\mathbf{d}_i = (u_i, v_i)^{\mathrm{T}}, \quad i = 1, 2, \ldots, n = 5. \tag{1.123}$$

Beide Vektoren werden durch die Linearbeziehung

$$\mathbf{f} = \mathbf{K}_f \mathbf{d}, \quad \mathbf{f} = (\mathbf{f}_1 \mid \ldots \mid \mathbf{f}_n)^{\mathrm{T}}, \quad \mathbf{d} = (\mathbf{d}_1 \mid \ldots \mid \mathbf{d}_n)^{\mathrm{T}} \tag{1.124}$$

miteinander verknüpft. Die Matrix $\mathbf{K}_f$ stellt die gesuchte Steifigkeitsmatrix des Gesamtsystems dar. Mit den über (1.117) eingeführten inneren Knotenkräften $\mathbf{f}_s^e$ lassen sich jetzt die Gleichgewichtsbedingungen

$$\mathbf{f}_i = \sum_{e=1}^{N} \mathbf{f}_s^e = \sum_{e=1}^{N} (\mathbf{K}_{ii}^e \mathbf{d}_i^e + \mathbf{K}_{ij}^e \mathbf{d}_j^e + \mathbf{K}_{ik}^e \mathbf{d}_k^e) \tag{1.125}$$

an jedem freigeschnittenen Knoten i formulieren. Dabei gilt die Vereinbarung $\mathbf{f}_i^e = \mathbf{0}$ bzw. $\mathbf{K}_{ik}^e = \mathbf{O}$, wenn die beteiligten Indizes i, k in e nicht vorkommen. Beispielsweise gilt für

Tab. 1.1 Resultierende Elementsteifigkeit (von $e = 2$) und Systemsteifigkeit

$$\mathbf{K}_f^2 = \begin{pmatrix} \mathbf{K}_{11}^2 & \mathbf{O} & \mathbf{K}_{13}^2 & \mathbf{K}_{14}^2 & \mathbf{O} \\ \mathbf{O} & \mathbf{O} & \mathbf{O} & \mathbf{O} & \mathbf{O} \\ \mathbf{K}_{31}^2 & \mathbf{O} & \mathbf{K}_{33}^2 & \mathbf{K}_{34}^2 & \mathbf{O} \\ \mathbf{K}_{41}^2 & \mathbf{O} & \mathbf{K}_{43}^2 & \mathbf{K}_{44}^2 & \mathbf{O} \\ \mathbf{O} & \mathbf{O} & \mathbf{O} & \mathbf{O} & \mathbf{O} \end{pmatrix} \qquad \mathbf{K}_f = \begin{pmatrix} 2\mathbf{K}_{11} & \mathbf{K}_{12} & 2\mathbf{K}_{13} & \mathbf{K}_{14} & \mathbf{O} \\ \mathbf{K}_{21} & \mathbf{K}_{22} & \mathbf{K}_{23} & \mathbf{O} & \mathbf{O} \\ 2\mathbf{K}_{31} & \mathbf{K}_{32} & 3\mathbf{K}_{33} & 2\mathbf{K}_{34} & \mathbf{K}_{35} \\ \mathbf{K}_{41} & \mathbf{O} & 2\mathbf{K}_{43} & 2\mathbf{K}_{44} & \mathbf{K}_{45} \\ \mathbf{O} & \mathbf{O} & \mathbf{K}_{53} & \mathbf{K}_{54} & \mathbf{K}_{55} \end{pmatrix}$$

den Knoten 4 die Beziehung $\mathbf{f}_4 = \mathbf{f}_4^2 + \mathbf{f}_4^3 = \mathbf{K}_{44}^2\mathbf{d}_4^2 + \mathbf{K}_{41}^2\mathbf{d}_1^2 + \mathbf{K}_{43}^2\mathbf{d}_3^2 + \mathbf{K}_{44}^3\mathbf{d}_4^3 + \mathbf{K}_{43}^3\mathbf{d}_3^3 + \mathbf{K}_{45}^3\mathbf{d}_5^3$. Da die Verschiebungen des Knotens 4 mit den inneren Verschiebungen beider Elemente 2 und 3 übereinstimmen müssen, gilt $\mathbf{d}_4^2 = \mathbf{d}_4^3 = \mathbf{d}_4$. Weil der Elementrand 3-4 (der „Stab 3-4") beiden Elementen 2 und 3 gemeinsam ist, ist auch $\mathbf{K}_{43}^2 = \mathbf{K}_{43}^3 = \mathbf{K}_{43}$. Auf diese Weise lässt sich die Beziehung für die Knotenkraft $\mathbf{f}_4$ auf allein äußere Knotenverschiebungen zurückführen, $\mathbf{f}_4 = \mathbf{K}_{41}\mathbf{d}_1 + 2\mathbf{K}_{43}\mathbf{d}_3 + 2\mathbf{K}_{44}\mathbf{d}_4 + \mathbf{K}_{45}\mathbf{d}_5$, und sie stellt letztlich die vierte Zeile der resultierenden Matrizengleichung (1.124)$_1$ dar. Man hat damit eine systematische Berechnungsvorschrift gefunden, die nacheinander sämtliche Zeilen der Gesamtsteifigkeitsmatrix generiert. Bei praktischen Rechnungen geht man allerdings anders vor. Wie man sich leicht überzeugen kann, lassen sich die einzelnen Submatrizen $\mathbf{K}_{ik}$ der Gesamtsteifigkeitsmatrix $\mathbf{K}_f$ direkt durch geeignete Überlagerung der maßgebenden Submatrizen $\mathbf{K}_{ik}^e$ der Einzelelemente e in der Form

$$\mathbf{K}_{ik} = \sum_{e=1}^{N} \mathbf{K}_{ik}^e \quad \text{mit} \quad \mathbf{K}_{ik}^e = \mathbf{O} \quad \text{für} \quad i, k \notin e \tag{1.126}$$

gewinnen. Tab. 1.1 illustriert die Konstruktion für die genannte Scheibe mit $N = 3$ Elementen und $n = 5$ Knoten. Links ist der Anteil $\mathbf{K}_f^2$ des Elements $e = 2$ für die Gestamtsteifigkeitsmatrix $\mathbf{K}_f$ dargestellt, rechts das durch Überlagerung (mit $\mathbf{K}_f^1$, $\mathbf{K}_f^3$) entstandene Endergebnis für $\mathbf{K}_f$.

Schlussbemerkungen

Finite-Element-Methoden sind eng mit dem Galerkinschen und dem Ritzschen Verfahren (s. Abschn. 6.2 und 6.3) verwandt. Alle Verfahren sind Näherungsverfahren.

Das Galerkinsche und das Ritzsche Verfahren suchen für eine unbekannte Verschiebungsfunktion einer belasteten Struktur Näherungslösungen mit einer Linearkombination *globaler* Ansatzfunktionen, die so vorgegeben werden, dass sie bestimmte Randbedingungen am äußeren Rand des betreffenden Körpers erfüllen. Die verknüpfenden Koeffizienten sind unbekannt und werden beispielsweise aus der Bedingung bestimmt, dass ein Energieausdruck ein Minimum annimmt.

Bei Finite-Element-Methoden verwendet man für die gesuchte Verschiebungsfunktion *lokale* Ansätze für einzelne finite Elemente, die man durch Unterteilung des Körpers erhalten hat. Diese lokalen Ansätze werden so formuliert, dass sie für benachbarte Elemente geeignet zusammen passen. Die unbekannten Koeffizienten sind die Knotenpunktverschiebungen. Sie werden unter Berücksichtigung der Randbedingungen aus $(1.124)_1$ ermittelt; diese kann man auch aus der Minimierung des betreffenden Energieausdrucks herleiten.

Der Vorteil des Galerkinschen bzw. des Ritzschen Verfahrens, dass man nämlich keine Unterteilung in Elemente vornimmt, wird mit dem Nachteil erkauft, dass zur Erfüllung der Randbedingungen u. U. sehr komplizierte Ansatzfunktionen konstruiert werden müssen. Umgekehrt sind bei Finite-Element-Methoden die Ansatzfunktionen für die einzelnen Elemente einfach, man hat aber durch die (große) Gesamtzahl der Elemente entsprechend viele Unbekannte.

Nach diesen Ausführungen wird erkennbar, dass die geschilderte Finite-Element-Methode auch als computergerecht aufbereitetes Galerkin- oder Ritz-Verfahren mit lokalen Ansatzfunktionen für Strukturen mit komplizierten Randbedingungen angesehen werden kann.

1.3 Übungsaufgaben

Aufgabe 1.1 Eigenkreisfrequenzen einer torsionselastischen, zweifach besetzten Welle. Ein Wellenstrang der Länge 2ℓ mit der stückweise konstanten Torsionssteifigkeit $GI_{T1} = GI_T$ im Bereich $0 \leq x \leq \ell$ ($0 \leq i \leq 1$) und $GI_{T2} = 2GI_T$ im Bereich $\ell \leq x \leq 2\ell$ ($1 \leq i \leq 2$) ist links (bei $i = 0$) starr eingespannt und am rechten Rand (bei $i = 2$) frei drehbar gelagert. In der Mitte (bei $i = 1$) trägt er eine starre Scheibe (Drehmasse $J_1 = J$), am rechten Rand (bei $i = 2$) eine zweite Scheibe (Drehmasse $J_2 = 2J$). Mittels Restgrößenverfahren (das hier noch analytisch ausgewertet werden kann) ermittle man die Eigenkreisfrequenzen des Schwingungssystems.

Lösung: Der Zustandsvektor fasst in der Gestalt $\mathbf{z}_i = (\varphi, T)_i^\mathrm{T}$ die (zeitfreien) Größen Torsionswinkel φ_i und Torsionsmoment T_i zusammen. Feld- und Punktmatrix können allgemein zu

$$\mathbf{F}_i = \begin{pmatrix} 1 & \ell/(GI_T) \\ 0 & 1 \end{pmatrix}_i, \quad \mathbf{P}_i = \begin{pmatrix} 1 & 0 \\ c_{Ti} - \omega^2 J & 1 \end{pmatrix}_i$$

(c_{Ti} ist die Federkonstante einer eventuell an der Übergangsstelle i eingebauten Torsionsfeder) bestimmt werden. In der vorliegenden Übungsaufgabe sei keine Torsionsfeder vorhanden. In geringer Abänderung von (1.56) ergibt sich die resultierende Übertragungsgleichung $\mathbf{z}_2^R = \mathbf{U}\,\mathbf{z}_0^R$ mit $\mathbf{U} = \mathbf{P}_2\mathbf{F}_2\mathbf{P}_1\mathbf{F}_1$ und (infolge der vorgegebenen Randbedingungen) $\mathbf{z}_0^R = (0, T_0^R)^\mathrm{T}$, $\mathbf{z}_2^R = (\varphi_2^R, 0)^\mathrm{T}$. Die Restgröße ist deshalb das Element U_{22}. Dieses lässt sich nach Ausführen der entsprechenden Matrizenmultiplikationen mit der Abkürzung $p^2 = J\ell\omega^2/(GI_T)$ in der Form $U_{22} = p^4 - 4p^2 + 1$ bestimmen. Die (analytisch berechenbaren) Nullstellen $p_{1,2}^2 = 2 \mp \sqrt{3}$ führen über die eingeführte Abkürzung auf die beiden Eigenkreisfrequenz-Quadrate $\omega_{1,2}^2$.

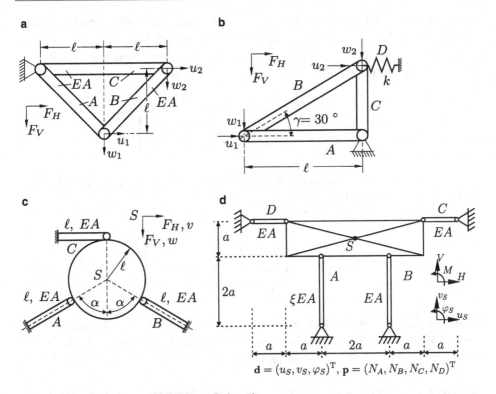

$$\mathbf{d} = (u_S, v_S, \varphi_S)^{\mathrm{T}}, \quad \mathbf{p} = (N_A, N_B, N_C, N_D)^{\mathrm{T}}$$

Abb. 1.13 Tragwerke, ausschließlich aus Dehnstäben

Aufgabe 1.2 Ebenes Fachwerk aus drei Stäben. Das in Abb. 1.13a skizzierte System besteht aus drei Stäben gleicher Dehnsteifigkeit EA, die gelenkig miteinander verbunden sind. Der linke Gelenkpunkt wird unverschiebbar gelagert. Mögliche Belastungen und Verformungen der Knotenpunkte werden in $\mathbf{f} = (F_{1V}, F_{1H}, F_{2V}, F_{2H})^{\mathrm{T}}$ und $\mathbf{d} = (w_1, u_1, w_2, u_2)^{\mathrm{T}}$ zusammengefasst. Man berechne nacheinander die Elementsteifigkeitsmatrix $\mathbf{K}_p$ zur Verknüpfung der Schnittkräfte $\mathbf{p} = (N_A, N_B, N_C)^{\mathrm{T}}$ und Stab-„Dehnungen" $\mathbf{v} = (u_A, u_B, u_C)^{\mathrm{T}}$, die Kompatibilitätsmatrix $\mathbf{A}$ aus $\mathbf{v} = \mathbf{A}\mathbf{d}$ und die Gesamtsteifigkeitsmatrix $\mathbf{K}_f$ zur Bestimmung der Fachwerkkräfte $\mathbf{f} = \mathbf{K}_f \mathbf{d}$. Für den speziellen Lagerfall $\mathbf{d}_1 = (w_1, u_1)^{\mathrm{T}} = \mathbf{0}$ berechne man die zugehörigen Lagerkräfte $\mathbf{f}_1 = (F_{1V}, F_{1H})^{\mathrm{T}}$ in Abhängigkeit von der verbleibenden Belastung $\mathbf{f}_2 = (F_{2V}, F_{2H})^{\mathrm{T}}$.

Lösung: Für die vorliegenden Zug-Druck-Stäbe gilt der Kraft-Verformungs-Zusammenhang $N_i = \frac{EA}{\ell} u_i$. Die in $\mathbf{p} = \mathbf{K}_p \mathbf{v}$ auftretende Elementsteifigkeitsmatrix ist damit

$$\mathbf{K}_p = \frac{EA}{\ell} \begin{pmatrix} \sqrt{2}/2 & 0 & 0 \\ 0 & \sqrt{2}/2 & 0 \\ 0 & 0 & 1/2 \end{pmatrix}.$$

Zur Formulierung der Kinematik $\mathbf{v} = \mathbf{Ad}$ skizziert man zweckmäßig einzelne Verformungsbilder des Fachwerks infolge vorgegebener Knotenpunktverschiebungen $w_1 = 1$, $u_1 = 1$, $w_2 = 1$ sowie $u_2 = 1$ und trägt die resultierende Verformung $\mathbf{v}$ jeweils als eine Spalte in $\mathbf{A}$ ein. Die Kompatibilitätsmatrix lässt sich so (spaltenweise) zu

$$\mathbf{A} = \begin{pmatrix} \sqrt{2}/2 & \sqrt{2}/2 & 0 & 0 \\ \sqrt{2}/2 & -\sqrt{2}/2 & -\sqrt{2}/2 & \sqrt{2}/2 \\ 0 & 0 & 0 & 1 \end{pmatrix}$$

zusammenstellen. Für die Gesamtsteifigkeitsmatrix $\mathbf{K}_f = \mathbf{A}^{\mathrm{T}}\mathbf{K}_p\mathbf{A}$ erhält man (nach Transposition von $\mathbf{A}$) das Ergebnis

$$\mathbf{K}_f = \frac{\sqrt{2}EA}{4\ell} \begin{pmatrix} 2 & 0 & -1 & 1 \\ 0 & 2 & 1 & -1 \\ -1 & 1 & 1 & -1 \\ 1 & -1 & -1 & 1+\sqrt{2} \end{pmatrix}.$$

Für $\mathbf{d}_1 = (w_1, u_1)^{\mathrm{T}} = \mathbf{0}$ sind die maßgebenden, direkt ablesbaren $(2,2)$-Submatrizen $\mathbf{K}_{12}$ und $\mathbf{K}_{22}$. Der gesuchte Zusammenhang zwischen $\mathbf{f}_1$ und $\mathbf{f}_2$ lautet dann $\mathbf{f}_1 = \mathbf{K}_{12}\mathbf{K}_{22}^{-1}\mathbf{f}_2$ mit $\mathbf{K}_{12}\mathbf{K}_{22}^{-1} = \begin{pmatrix} -1 & 0 \\ 1 & 0 \end{pmatrix}$. In skalarer Auswertung folgt daraus $F_{1V} = -F_{2V}$ und $F_{1H} = F_{2V}$.

Aufgabe 1.3 Elastisch abgestütztes Dreieckfachwerk. Für die Länge ℓ, den Winkel $\gamma = 30°$, die Dehnsteifigkeit EA sowie die Federkonstante $k = \alpha EA/\ell$ berechne man mit der Matrixverschiebungsmethode die Steifigkeitsmatrix $\mathbf{K}_f$ des in Abb. 1.13b skizzierten ebenen Fachwerks. Man diskutiere den Grenzfall verschwindender Federung $\alpha \to 0$.

Lösung: Mit $N_i = \left(\frac{EA}{\ell}\right)_i u_i$, $\ell_B = \ell/\cos\gamma = 2\sqrt{3}\ell/3$, $\ell_C = \ell\tan\gamma = \sqrt{3}\ell/3$ folgt

$$\mathbf{K}_p = \frac{EA}{\ell} \begin{pmatrix} 1 & 0 & 0 & 0 \\ 0 & \sqrt{3}/2 & 0 & 0 \\ 0 & 0 & \sqrt{3} & 0 \\ 0 & 0 & 0 & \alpha \end{pmatrix}$$

zur Verknüpfung von $\mathbf{p} = (N_A, N_B, N_C, N_D)^{\mathrm{T}}$ und $\mathbf{v} = (u_A, u_B, u_C, u_D)^{\mathrm{T}}$. Mittels entsprechender Verformungsbilder erhält man (spaltenweise)

$$\mathbf{A} = \begin{pmatrix} 0 & -1 & 0 & 0 \\ 1/2 & -\sqrt{3}/2 & -1/2 & \sqrt{3}/2 \\ 0 & 0 & -1 & 0 \\ 0 & 0 & 0 & -1 \end{pmatrix}$$

zur Verkettung der kinematischen Größen $\mathbf{v}$ und $\mathbf{d} = (w_1, u_1, w_2, u_2)^{\mathrm{T}}$. Die Gesamtsteifigkeitsmatrix ist

$$\mathbf{K}_f = \frac{EA}{\ell} \begin{pmatrix} \sqrt{3}/8 & -3/8 & -\sqrt{3}/8 & 3/8 \\ -3/8 & 1 + 3\sqrt{3}/8 & 3/8 & -3\sqrt{3}/8 \\ -\sqrt{3}/8 & 3/8 & \sqrt{3} + \sqrt{3}/8 & -3/8 \\ 3/8 & -3\sqrt{3}/8 & -3/8 & \alpha + 3\sqrt{3}/8 \end{pmatrix}.$$

Für $\alpha \to 0$ ergibt sich $\det \mathbf{K}_f = 0$, so dass eine singuläre Gesamtsteifigkeitsmatrix $\mathbf{K}_f$ vorliegt. D. h., das Fachwerk ist beweglich.

Aufgabe 1.4 Tragwerk, über Pendelstützen gelagert. Eine starre Kreisscheibe (Radius ℓ) ist gemäß Abb. 1.13c über drei Pendelstützen (Länge ℓ, Dehnsteifigkeit EA, Winkel α) elastisch gelagert. Die Belastung $\mathbf{f}$ greift im Schwerpunkt S der Scheibe an. Man berechne Steifigkeitsmatrix $\mathbf{K}_f$, Nachgiebigkeitsmatrix $\mathbf{S}_f$ und die Stabkräfte $\mathbf{p} = (N_A, N_B, N_C)^{\mathrm{T}}$.

Lösung: Offensichtlich verknüpft die Elementsteifigkeitsmatrix

$$\mathbf{K}_p = \frac{EA}{\ell} \begin{pmatrix} 1 & 0 & 0 \\ 0 & 1 & 0 \\ 0 & 0 & 1 \end{pmatrix}$$

die Stabkräfte $\mathbf{p} = (N_A, N_B, N_C)^{\mathrm{T}}$ und die Verformungen $\mathbf{v} = (u_A, u_B, u_C)^{\mathrm{T}}$. Die zwischen $\mathbf{v}$ und $\mathbf{d} = (w, u, \psi)^{\mathrm{T}}$ vermittelnde Kompatibilitätsmatrix ergibt sich zu

$$\mathbf{A} = \begin{pmatrix} -\cos\alpha & \sin\alpha & 0 \\ -\cos\alpha & -\sin\alpha & 0 \\ 0 & 1 & -\ell \end{pmatrix}.$$

Die Gesamtsteifigkeitsmatrix berechnet sich in der Gestalt

$$\mathbf{K}_f = \frac{EA}{\ell} \begin{pmatrix} 2\cos^2\alpha & 0 & 0 \\ 0 & 1 + 2\sin^2\alpha & -\ell \\ 0 & -\ell & \ell^2 \end{pmatrix}.$$

Daraus folgt die Nachgiebigkeitsmatrix

$$\mathbf{S}_f = \mathbf{K}_f^{-1} = \frac{\ell/(EA)}{(2\ell \sin\alpha \cos\alpha)^2} \begin{pmatrix} 2\ell^2 \sin^2\alpha & 0 & 0 \\ 0 & 2\ell^2 \cos^2\alpha & 2\ell \cos^2\alpha \\ 0 & 2\ell \cos^2\alpha & 2\cos^2\alpha(1 + 2\sin^2\alpha) \end{pmatrix}$$

und schließlich aus $\mathbf{p} = \mathbf{K}_p \mathbf{AS}_f \mathbf{f}$ mit $\mathbf{f} = (F_V, F_H, M)^T$ auch die gesuchte Matrix

$$\mathbf{K}_f \mathbf{AS}_f = \frac{1}{2\sin\alpha\cos\alpha} \begin{pmatrix} -\ell\sin\alpha & \ell\cos\alpha & \sin\alpha \\ -\ell\sin\alpha & -\ell\cos\alpha & -\sin\alpha \\ 0 & 0 & -2\sin\alpha\cos\alpha \end{pmatrix}.$$

Das Ergebnis stellt die drei statischen Gleichgewichtsbedingungen für die Kreisscheibe dar.

Aufgabe 1.5 Scheibe, über Pendelstützen gelagert. Die starre Rechteckscheibe (Höhe a, Breite $4a$) ist gemäß Abb. 1.13d über vier Pendelstützen (Länge a bzw. $2a$) elastisch gelagert. Die Dehnsteifigkeit des Stabes A ist ξEA, die der übrigen Stäbe (B, C, D) beträgt EA. Die dargestellten Belastungen H, V, M greifen im Schwerpunkt S der Scheibe an und verformen das System mit den Verschiebungen u_S und v_S und der Verdrehung φ_S. Man stelle für die Elementverformungen u_A, u_B, u_C, u_D die Elementsteifigkeitsmatrix $\mathbf{K}_p$ auf, berechne über entsprechende Verformungsbilder die zugehörigen Elementverformungen und gebe sie in Form der Kompatibilitätsmatrix $\mathbf{A}$ an. Man berechne die Gesamtsteifigkeitsmatrix $\mathbf{K}_f$ und weise nach, dass $\mathbf{K}_f$ singulär wird, wenn die Dehnsteifigkeit des Stabes A mit $\xi = 0$ zerstört wird.

Lösung: Offensichtlich verknüpft die Elementsteifigkeitsmatrix

$$\mathbf{K}_p = \frac{EA}{a} \begin{pmatrix} \xi/2 & 0 & 0 & 0 \\ 0 & 1/2 & 0 & 0 \\ 0 & 0 & 1 & 0 \\ 0 & 0 & 0 & 1 \end{pmatrix}$$

die Stabkräfte $\mathbf{p} = (N_A, N_B, N_C, N_D)^T$ und die Verformungen $\mathbf{v} = (u_A, u_B, u_C, u_D)^T$. Die zwischen $\mathbf{v}$ und $\mathbf{d} = (u_S, v_S, \varphi_S)^T$ vermittelnde Kompatibilitätsmatrix ergibt sich zu

$$\mathbf{A} = \begin{pmatrix} 0 & 1 & -a \\ 0 & 1 & a \\ -1 & 0 & a/2 \\ 1 & 0 & -a/2 \end{pmatrix}.$$

Die Gesamtsteifigkeitsmatrix berechnet sich in der Gestalt

$$\mathbf{K}_f = \frac{EA}{a} \begin{pmatrix} 2 & 0 & -a \\ 0 & (1+\xi)/2 & a(1-\xi)/2 \\ -a & a(1-\xi)/2 & a^2(1+\xi/2) \end{pmatrix}.$$

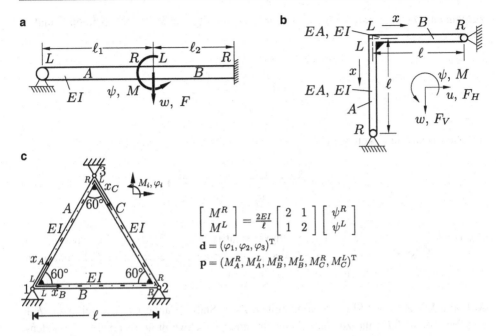

Abb. 1.14 Tragwerke aus Dehn- und Biegestäben

Daraus folgt

$$\mathbf{K}_f(\xi = 0) = \frac{EA}{a} \begin{pmatrix} 2 & 0 & -a \\ 0 & 1/2 & a/2 \\ -a & a/2 & a^2 \end{pmatrix},$$

deren Determinante verschwindet, was zu beweisen war.

Aufgabe 1.6 Balken-Tragwerk. Ein gerader Balken (Länge $\ell = \ell_1 + \ell_2$, Biegesteifigkeit EI) ist gemäß Abb. 1.14a gelagert. Mit Hilfe der Matrixverschiebungsmethode berechne man die Absenkung w als Teil der gesamten Knotenverschiebung $\mathbf{d} = (w, \psi)^{\mathrm{T}}$ an der Angriffsstelle (im Abstand ℓ_1 vom linken Balkenende) der Kraft F [als Element des Belastungsvektors $\mathbf{f} = (F, M)^{\mathrm{T}}$]. Man kondensiere die Gleichungen auf $M = 0$ (für $\ell_1 = \ell_2 = \ell/2$).

Lösung: Die Elementsteifigkeitsmatrix setzt sich aus

$$K_{e,MA} = \frac{3EI}{\ell_1} \quad \text{und} \quad \mathbf{K}_{e,BB} = \begin{pmatrix} \frac{4EI}{\ell_2} & \frac{6EI}{\ell_2^2} \\ \frac{6EI}{\ell_2^2} & \frac{12EI}{\ell_2^3} \end{pmatrix}$$

in der Form

$$\mathbf{K}_p = \begin{pmatrix} K_{e,MA} & \mathbf{0}^{\mathrm{T}} \\ \mathbf{0} & \mathbf{K}_{e,BB} \end{pmatrix}$$

zusammen. Die Kompatibilitätsmatrix zur Verknüpfung von $\mathbf{v} = (\psi_A^L, \psi_B^R, w_B^R)^T$ und $\mathbf{d}$ lautet

$$\mathbf{A} = \begin{pmatrix} 1/\ell_1 & 1 \\ 0 & -1 \\ -1 & \ell_2 \end{pmatrix}$$

und die Gesamtsteifigkeitsmatrix

$$\mathbf{K}_f = \begin{pmatrix} \frac{3EI}{\ell_1^3} + \frac{12EI}{\ell_2^3} & \frac{3EI}{\ell_1^2} - \frac{6EI}{\ell_2^2} \\ \frac{3EI}{\ell_1^2} - \frac{6EI}{\ell_2^2} & \frac{3EI}{\ell_1} + \frac{4EI}{\ell_2} \end{pmatrix}.$$

Die kondensierte (ein-elementige) Steifigkeitsmatrix $\mathbf{K}_{fm} = K_{fm}$ zur Berechnung von $w = K_{fm}^{-1} F$ ist $K_{fm} = K_{11} - K_{12} K_{22}^{-1} K_{21}$. Für den angegebenen Sonderfall erhält man $K_{fm} = 768EI/(7\ell^3)$ sowie $w = 7F\ell^3/(768EI)$.

Aufgabe 1.7 Rechtwinkliger Rahmenträger. Zwei Stäbe (Länge ℓ, Dehnsteifigkeit EA und Biegesteife EI) sind zu einem Winkelrahmen verschweißt und an den Enden gelenkig gelagert (s. Abb. 1.14b). Die Belastung $\mathbf{f} = (F_V, F_H, M)^T$ wird an der Schweißstelle eingeleitet. Aus den Steifigkeiten der Stabelemente stelle man die Elementsteifigkeitsmatrix $\mathbf{K}_p$ zusammen und berechne Kompatibilitätsmatrix $\mathbf{A}$ und Gesamtsteifigkeitsmatrix $\mathbf{K}_f$. Für die speziellen Werte $EA/\ell = \alpha EI/\ell^3$, $F_V = F_H = 0$ gebe man die kondensierte Steifigkeitsmatrix $\mathbf{K}_{fd}$ und damit das Belastungsmoment M (in Abhängigkeit des Neigungswinkels ψ an der Momentenangriffsstelle) an.

Lösung: Mit $N_i = EAu_i/\ell$ und $V_i = 3EIw_i/\ell^2$ kann man die Elementsteifigkeitsmatrix zusammenstellen:

$$\mathbf{K}_p = \begin{pmatrix} \frac{EA}{\ell} & 0 & 0 & 0 \\ 0 & \frac{3EI}{\ell^3} & 0 & 0 \\ 0 & 0 & \frac{EA}{\ell} & 0 \\ 0 & 0 & 0 & \frac{3EI}{\ell^3} \end{pmatrix}.$$

Die Stabverschiebungen $\mathbf{v} = (u_A^R, w_A^R, u_B^R, w_B^R)^T$ und die Knotenpunktverformungen $\mathbf{d} = (w, u, \psi)^T$ hängen über die Kompatibilitätsmatrix

$$\mathbf{A} = \begin{pmatrix} -1 & 0 & 0 \\ 0 & 1 & \ell \\ 0 & -1 & 0 \\ -1 & 0 & \ell \end{pmatrix}$$

zusammen; jede Spalte in $\mathbf{A}$ entspricht wieder einem Verformungbild. Die Gesamtsteifigkeitsmatrix berechnet sich dann in der Gestalt

$$
\mathbf{K}_f = \begin{pmatrix} \frac{EA}{\ell} + \frac{3EI}{\ell^3} & 0 & -\frac{3EI}{\ell^2} \\ 0 & \frac{EA}{\ell} + \frac{3EI}{\ell^3} & \frac{3EI}{\ell^2} \\ -\frac{3EI}{\ell^2} & \frac{3EI}{\ell^2} & \frac{6EI}{\ell^2} \end{pmatrix}.
$$

Die für den angegebenen Sonderfall gesuchte kondensierte (ein-elementige) Steifigkeitsmatrix K_{fd} zur Berechnung von $M = K_{fd}\,\psi$ bestimmt sich zu $K_{fd} = K_{22} - \mathbf{K}_{21}\mathbf{K}_{11}^{-1}\mathbf{K}_{12} = 6\alpha EI/[(3+\alpha)\ell]$.

Aufgabe 1.8 Drei Balken (A, B, C) mit der Biegesteifigkeit EI und der Länge ℓ sind and ihren Enden $(1, 2, 3)$ so verschweißt, dass sie einen gleichschenkligen Rahmen bilden (s. Abb. 1.14c). Der Rahmen ist an den Stellen 1, 2 und 3 durch unverschiebbare Drehlager gelagert und an allen Schweißstellen 1, 2, 3 durch die Momente M_1, M_2, M_3 belastet. Für die formulierten Schnittgrößen $\mathbf{p}$ gebe man die Elementsteifigkeitsmatrix $\mathbf{K}_p$ an. Anhand entsprechender Verformungsbilder des Rahmenträgers für die Verdrehungen φ_1, φ_2 und φ_3 berechne man die zugehörigen Elementverformungen für die gezeichneten Elementkoordinaten x_A, x_B, x_C; wie bestimmt sich die Kompatibilitätsmatrix $\mathbf{A}$. Wie lautet die Gesamtsteifigkeitsmatrix $\mathbf{K}_f$ des Rahmenträgers? Für den Fall, dass die beiden Drehlager 1 und 2 durch Einspannungen (Lagerkondensation) ersetzt werden, berechne man die zugehörigen Lagermomente M_1 und M_2 in Abhängigkeit des Belastungsmoments M_3.

Lösung: Mit dem gegebenen Zusammenhang

$$
\begin{pmatrix} M^R \\ M^L \end{pmatrix} = \begin{pmatrix} \frac{4EI}{\ell} & \frac{2EI}{\ell} \\ \frac{2EI}{\ell} & \frac{4EI}{\ell} \end{pmatrix} \begin{pmatrix} \psi^R \\ \psi^L \end{pmatrix}
$$

kann man in $\mathbf{p} = \mathbf{K}_p\mathbf{v}$ mit $\mathbf{p} = (M_A^R, M_A^L, M_B^R, M_B^L, M_C^R, M_C^L)^T$ und $\mathbf{v} = (\psi_A^R, \psi_A^L, \psi_B^R, \psi_B^L, \psi_C^R, \psi_C^L)^T$ die Elementsteifigkeitsmatrix zusammensetzen:

$$
\mathbf{K}_p = \frac{2EI}{\ell} \begin{pmatrix} 2 & 1 & 0 & 0 & 0 & 0 \\ 1 & 2 & 0 & 0 & 0 & 0 \\ 0 & 0 & 2 & 1 & 0 & 0 \\ 0 & 0 & 1 & 2 & 0 & 0 \\ 0 & 0 & 0 & 0 & 2 & 1 \\ 0 & 0 & 0 & 0 & 1 & 2 \end{pmatrix}.
$$

Aus entsprechenden Verformungsbildern erhält man (spaltenweise) die Kompatibilitätsmatrix

$$\mathbf{A} = \begin{pmatrix} 0 & 0 & 1 \\ 1 & 0 & 0 \\ 0 & 1 & 0 \\ 1 & 0 & 0 \\ 0 & 1 & 0 \\ 0 & 0 & 1 \end{pmatrix}$$

als Verknüpfung von $\mathbf{v} = \mathbf{Ad}$ mit $\mathbf{d} = (\varphi_1, \varphi_2, \varphi_3)^{\mathrm{T}}$. Die Rechenvorschrift $\mathbf{K}_f = \mathbf{A}^{\mathrm{T}}\mathbf{K}_p\mathbf{A}$
liefert die Gesamtsteifigkeitsmatrix

$$\mathbf{K}_f = \frac{2EI}{\ell} \begin{pmatrix} 4 & 1 & 1 \\ 1 & 4 & 1 \\ 1 & 1 & 4 \end{pmatrix}.$$

Damit kann man auch $\mathbf{f} = \mathbf{K}_f\mathbf{d}$ mit $\mathbf{f} = (M_1, M_2, M_3)^{\mathrm{T}}$ auswerten, beispielsweise im
Rahmen der beschriebenen Lagerkondensation mit $\varphi_1 = \varphi_2 = 0$. Dann verbleibt

$$\begin{pmatrix} M_1 \\ M_2 \end{pmatrix} = \frac{2EI}{\ell} \begin{pmatrix} 1 \\ 1 \end{pmatrix} \varphi_3 \quad \text{und} \quad M_3 = \frac{2EI}{\ell}4\varphi_3, \quad \text{d.h. } M_1 = M_2 = M_3/4.$$

Literatur

1. Argyris, J.H., Mlejnek, H.R.: Die Methode der finiten Elemente in der elementaren Strukturmechanik, Bd. 1. Vieweg, Braunschweig (1986)
2. Bachmann, W., Haacke, R.: Matrizenrechnung für Ingenieure. Springer, Berlin/Heidelberg/New
York (1982)
3. Bathe, K.-J.: Finite-Element-Methoden. Springer, Berlin/Heidelberg/New York (1986)
4. Bellmann, R.: Introduction to Matrix Analysis. McGraw-Hill, New York/Toronto/London
(1960)
5. Gasch, R., Knothe, K.: Strukturdynamik, Bd. 2. Springer, Berlin/Heidelberg/New York (1989)
6. Uhrig, R.: Elastostatik und Elastokinetik in Matrizenschreibweise. Springer, Berlin/Heidelberg/
New York (1973)
7. Pestel, E., Lecki, F.A.: Matrix Methods in Elastomechanics. McGraw-Hill, New York (1963)
8. Pestel, E., Wittenburg, J.: Technische Mechanik, Bd. 2, 2. Aufl. BI-Wiss.-Verlag, Mannheim/
Leipzig/Wien/Zürich (1992)
9. Zurmühl, R., Falk, S.: Matrizen und ihre Anwendungen, Teil 1, 6. Aufl. Springer, Berlin/Hei-
delberg/New York/Tokyo (1992)
10. Zurmühl, R., Falk, S.: Matrizen und ihre Anwendungen, Teil 2, 5. Aufl.. Springer, Berlin/Hei-
delberg/New York/Tokyo (1986)
11. Zienkiewicz, O.C.: Methode der finiten Elemente. Hauser, München (1975)

Einführung in die Tensorrechnung

2

Lernziele

Die Tensorrechnung ist bei der Entwicklung neuer Materialmodelle, zur Beschreibung (geometrisch) komplizierter Flächentragwerke, aber auch in der Strömungslehre ein bedeutsames mathematisches Hilfsmittel. Eine Darstellung von Grundbegriffen, wie indizierte Größen und Summationskonvention, einer Vektoralgebra zur Einführung in die allgemeine Tensoralgebra für Tensoren zweiter und höherer Stufe sowie der Vektor- und Tensoranalysis mit Funktionen skalarwertiger Parameter und einer Theorie der Felder ist heute wichtig, um einer modernen Einführung bereits in die lineare Elastizitätstheorie als Anwendung zu folgen. Der Nutzer soll nach Durcharbeiten des Inhaltes des vorliegenden Kapitels in der Lage sein, alle aktuellen Aufgaben der Tensoralgebra und -analysis mit ihren Anwendungen zu verstehen und durchzuführen.

Gegenstand der Tensorrechnung ist eine kompakte Beschreibung der Zusammenhänge geometrischer und physikalischer Größen, die nicht nur durch eine einzige Zahl (nach Zugrundelegung einer geeigneten Maßeinheit), sondern (wie bei Vektoren) durch einen Zahlenwert und eine Richtung oder (wie bei den eigentlichen Tensoren) durch mehr als zwei Merkmale festgelegt sind.

Bezüglich der Darstellung gibt es zwei Auffassungen. Zum einen werden Tensoren in *Index*- oder *Koordinaten*-Schreibweise als indizierte Größen eingeführt, die sich bei Koordinatentransformationen nach gewissen Regeln verhalten. Zum anderen lassen sich Tensoren über sog. Multilinearfunktionen definieren; man spricht dann von *symbolischer* Schreibweise.

Historisch gesehen ging die Entwicklung der Tensorrechnung von der Indexschreibweise mit Untersuchungen der Geometrie gekrümmter Flächen aus. In der Physik ist diese Darstellungsweise dann von Einstein in der Relativitätstheorie erfolgreich verwendet worden. Über das klassische Werk von Duschek und Hochrainer [2–4] fand die Tensorrech-

© Springer Fachmedien Wiesbaden GmbH, ein Teil von Springer Nature 2019
M. Riemer et al., *Mathematische Methoden der Technischen Mechanik*,
https://doi.org/10.1007/978-3-658-25613-5_2

nung weite Verbreitung und hat schließlich auch Eingang in die Ingenieurwissenschaften, vor allem im Rahmen der Entwicklung allgemeiner Schalentheorien, gefunden.

Die symbolische Schreibweise stammt aus der klassischen Vektorrechnung. Dort war sie schon in den frühen Anfängen etabliert. Später wurde sie in die allgemeine Tensorrechnung übernommen und so auch auf ein breites mathematisches Fundament gestellt. Bedingt durch die Vielzahl möglicher Verknüpfungen, aber auch durch die Notwendigkeit, diese scharf zu unterscheiden, spielte die symbolische Schreibweise insbesondere in den Anwendungen lange eine eher untergeordnete Rolle. Erst in jüngster Zeit ist sie, insbesondere mit der Entwicklung der Kontinuumsmechanik, wieder in den Mittelpunkt des Interesses gerückt. Heute stehen beide Darstellungsweisen praktisch gleichrangig nebeneinander.

2.1   Einige Grundbegriffe

Zur Vorbereitung der Tensorrechnung werden zwei ebene Vektoren $\vec{u}$ und $\vec{v}$ betrachtet, die nach Betrag und Richtung vorgegeben sind. Entgegen manchen gewohnten Notierungen, werden Vektoren in symbolischer Schreibweise durch lateinische Buchstaben mit einem darüber gesetzten Pfeil bezeichnet[1]. Entsprechend Abb. 2.1 wird die Summe beider Vektoren mit Hilfe des Parallelogramm-Axioms gebildet. Es gibt zwei verschiedene Wege zur Auswertung dieser Vektoraddition. Der erste Weg (s. Abb. 2.1a) ist die direkte, grafische Auswertung der zugehörigen symbolischen Schreibweise. Diese sog. synthetische Darstellung ist anschaulich und koordinatenunabhängig. Der zweite Weg (s. Abb. 2.1b) stellt die sog. analytische Form der Vektoraddition in einer korrespondierenden (für das angegebene Beispiel noch wenig ausgeprägten) Indexschreibweise dar. Dazu führt man z. B. kartesische Koordinaten ein, zerlegt die Vektoren in entsprechend gerichtete Komponenten und addiert die zugehörigen Koordinaten. Dieser analytische Weg ist offenbar formal ebenfalls koordinatenunabhängig. Bei der konkreten Rechnung ergeben sich allerdings je nach Wahl des Koordinatensystems andere Vektorkoordinaten. Bei vielen Problemstellungen sind beispielsweise kreisförmige oder allgemeinere krummlinige Koordinaten vorteilhafter als die in Abb. 2.1b gewählten kartesischen Koordinaten. Zwar soll der anschauliche, synthetische Weg mit seiner symbolischen Notation stets angewandt werden, um Interpretationen und physikalisches Verständnis zu ermöglichen. Oft werden die Problemstellungen jedoch derart kompliziert, dass man nur noch formal und analytisch in *zweckmäßig gewählten Koordinaten* arbeiten kann. Insbesondere bei expliziten Umformungen oder Auswertungen ist deshalb die Indexschreibweise in Form des sog. Ricci-Kalküls zu empfehlen. Einer der wesentlichen Vorteile der Tensorrechnung bleibt dabei erhalten: Sämtliche Gleichungen sind formal koordinaten-*unabhängig*. Die Sicherung der Koordinaten-Invarianz ist ja gerade das zentrale Anliegen der Tensorrechnung.

---

[1] Es wird damit deutlich unterschieden zwischen „wirklichen" Vektoren und Spaltenmatrizen, die in Kap. 1 eingeführt und durch Kleinbuchstaben in Fettdruck gekennzeichnet werden.

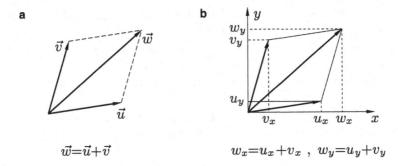

Abb. 2.1 Synthetische und analytische Vektoraddition

Physikalische Größen besitzen darüber hinaus von Koordinatensystemen unabhängige Eigenschaften, sog. *Invarianten*. Beispiele hierfür sind die Invarianten von

- Skalaren, wie Temperatur, Massendichte, etc., die selbst invariante Zahlen sind,
- Vektoren: der Betrag z. B. eines Kraft- oder eines Geschwindigkeitsvektors,
- Tensoren (2. Stufe) oder Dyaden: die drei Hauptwerte (als eine Möglichkeit) z. B. eines Spannungs- oder eines Verzerrungstensors.

2.1.1 Indizierte Größen

Die Tensorrechnung verwendet in der Indexschreibweise eine erweiterte Indizierung mit Hilfe von hoch- und von tiefgestellten Indizes. Dazu werden systematisch nacheinander zunächst einfach indizierte Größen, dann doppelt indizierte Größen (in verschiedenen Varianten) und schließlich auch mehr als zweifach indizierte Größen eingeführt.

Sog. *Symbole erster Ordnung* sind (reelle) Größen a, die mit *einem* Index versehen sind. Üblicherweise durchläuft der Index die Zahlen 1, 2, 3 oder die Buchstaben x, y, z, z. B.

$$a^i \;\rightarrow\; a^x, a^y, a^z \quad \text{oder} \quad a_i \;\rightarrow\; a_x, a_y, a_z. \tag{2.1}$$

In beiden Fällen erhält man 3^1 Elemente.

Symbole zweiter Ordnung sind mit *zwei* Indizes versehene Größen, wie

$$a^{ik} \;\rightarrow\; \begin{matrix} a^{11}, & a^{12}, & a^{13}, \\ a^{21}, & a^{22}, & a^{23}, \\ a^{31}, & a^{32}, & a^{33} \end{matrix} \quad \text{oder } a_{ik}, \quad a^{\;i}_{.k} \text{ oder } a^{\;\;k}_{i\cdot}, \tag{2.2}$$

so dass sich 3^2 Elemente ergeben. Um die Reihenfolge der Indizes auch bei oben und unten indizierten Größen eindeutig festzulegen, werden leerstehende Positionen der Indexfelder mit einem Punkt gekennzeichnet. Dies erleichtert die Darstellung in Matrizenform. In der *gemischtvariant* indizierten Größe $a^i_{.k}$ z. B. bezeichnet i dann den Zeilenindex und k den Spaltenindex der zugehörigen Matrix $(a^i_{.k})$. In der Tensorrechnung wird der Matrizenkalkül, d. h. die Unterscheidung in Zeilen- und Spaltenindizes zwar nicht benötigt, aber für die konkrete Auswertung einiger Tensoroperationen ist die Matrizenschreibweise vorteilhaft.

Zu den Symbolen zweiter Ordnung gehört beispielsweise das bereits in (1.24) eingeführte Kronecker-Symbol, das auch in weiteren Formen gemäß (2.2) dargestellt werden kann:

$$\delta_{ik} = \delta^{ik} = \delta^i_{.k} = \delta^{.k}_i = \begin{cases} 1 & \text{für } i = k, \\ 0 & \text{für } i \neq k. \end{cases} \tag{2.3}$$

Ungeändert bleibt dabei die ursprüngliche Bedeutung des δ-Symbols, dass es nämlich den Wert eins annimmt, wenn beide Indizes gleich sind, und den Wert null, wenn verschiedene Indizes auftreten. Das Kronecker-Symbol ist also nach wie vor eine doppelt indizierte Größe, deren Elemente in den Matrizen (δ_{ik}), (δ^{ik}), $(\delta^i_{.k})$ bzw. $(\delta^{.k}_i)$ zusammengestellt werden können. Alle diese Matrizen sind gleich der Einheitsmatrix $\mathbf{I}$, weil sie nur in den Diagonalelementen mit eins und in den Nebendiagonalen mit null besetzt sind. Dies ist auch der Grund dafür, dass man sich beim Kronecker-Symbol (2.3) die Kennzeichnung leerstehender Positionen der Indexfelder ersparen kann; es gilt nämlich $(\delta^{.k}_i) \equiv (\delta^k_{.i}) = (\delta^k_i)$.

Man kann die Überlegungen verallgemeinern und entsprechende *Symbole höherer Ordnung* definieren, wie z. B.

$$a^{ikl}, a^{ik}_{..lm} \quad \text{usw.} \tag{2.4}$$

2.1.2 Summationskonvention

Die Darstellung einer Summe der Art $a^1_{.1} + a^2_{.2} + a^3_{.3}$ erfolgt gewöhnlich mit dem Summationszeichen in der Form $\sum_{i=1}^{3} a^i_{.i}$. Um das lästige Mitführen des Summationszeichens in Ableitungen und anderen Rechnungen zu vermeiden, vereinbart man nach Einstein die folgende *Summationsregel*:

▶ Kommt in einem Ausdruck ohne Operationszeichen derselbe Index oben *und* unten vor, so muss über diesen Index summiert werden.

Mit dieser Übereinkunft wird das Summenzeichen eingespart.

Die beiden Beispiele

$$\begin{aligned} a^{.k}_k &= a^{.1}_1 + a^{.2}_2 + a^{.3}_3, \\ a_k b^k &= a_1 b^1 + a_2 b^2 + a_3 b^3 \end{aligned} \tag{2.5}$$

erläutern die Summenkonvention.

Z. B. in a_{mm} soll dagegen keine Summation über m durchgeführt werden, weil die Indizes *gleichständig* und nicht wie vereinbart *gegenständig* sind. Schließlich soll die Summenregel z. B. in $a_{\not{m}}b^{\not{m}}$ ebenfalls ausgesetzt werden, weil beide Indizes *durchgestrichen* sind.

Das Kronecker-Symbol liefert in Verbindung mit der Summenbildung folgende wichtige Eigenschaft:

▶ Aufgrund der speziellen Eigenschaft (2.3) des Kronecker-Symbols wird ein Element der Summe „ausgeblendet".

Diese „Ausblend"-Eigenschaft des Kronecker-Symbols folgt aus seiner Definitionsgleichung (2.3) und kann am Beispiel

$$a_k \delta_i^k = a_1 \delta_i^1 + a_2 \delta_i^2 + \ldots + a_{\not{i}} \delta_{\not{i}}^{\not{i}} + \ldots + a_n \delta_i^n = a_i \qquad (2.6)$$

verifiziert werden. Man erkennt, dass in der Summe (2.6) nur der Term $a_{\not{i}}\delta_{\not{i}}^{\not{i}}$ übrigbleibt, dann nämlich, wenn der Summationsindex k den Wert des freien Index i annimmt. Alle übrigen Terme der Summe verschwinden wegen $\delta_i^k = 0$ für $k \neq i$. Aus der Summe $a_k \delta_i^k$ wird also a_i „ausgeblendet". Die „Ausblend"-Eigenschaft (2.6) wird im folgenden häufig benutzt, um Gleichungen aufzulösen.

2.2   Vektoralgebra

Vor der allgemeinen Untersuchung von Eigenschaften und gegenseitigen Verknüpfungen physikalischer Größen (unter Sicherung der Invarianz gewisser Kenngrößen) werden in einer einfacheren Voraufgabe zunächst allein Vektoren betrachtet. Vektoren, wie etwa Geschwindigkeit und Kraft, sind – wie bereits angedeutet – durch die Angabe *einer* Länge und *einer* Richtung im Anschauungsraum eindeutig festgelegt. Im Folgenden werden also die Eigenschaften von Vektoren sowie ihre Verknüpfung (untereinander und mit Skalaren) behandelt. Die auf der Anschauung basierende klassische Vektoralgebra mit den zugehörigen Definitionen und Rechenregeln wird an dieser Stelle als bekannt vorausgesetzt. Diese Rechenregeln lassen sich nun verallgemeinert als Axiome auffassen, die nicht mehr durch die Anschauung nahegelegt werden. Man gelangt so zu einer viel allgemeineren Vektoralgebra. Je nach Art und Anzahl der Axiome erhält man unterschiedliche Mengen von Vektoren und nennt diese (wie schon den Anschauungsraum) Vektorräume; z. B. *affine Vektorräume* (die nicht notwendigerweise orthogonal sind und in denen i. Allg. kein Betrag existiert), *metrische Vektorräume* (in ihnen existiert ein gemeinsames Maß zur Angabe von Entfernungen und Beträgen) oder *(eigentliche) Euklidische Vektorräume* (mit der zusätzlichen Existenz eines Skalarprodukts). Die Elemente heißen entsprechend *affine Vektoren, metrische Vektoren* oder *(eigentliche) Euklidische Vektoren.*

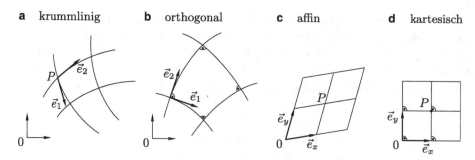

Abb. 2.2 Koordinatensysteme und zugehörige Basisvektoren

Auf elementare Vektoroperationen, wie etwa Addition und Subtraktion, wird erst in Abschn. 2.3 im Zusammenhang mit der entsprechenden Tensoralgebra eingegangen. Kompliziertere Operationen, wie beispielsweise das Bilden verschiedener Produkte von Vektoren oder die Ausführung von Koordinatentransformationen werden allerdings bereits in den folgenden Abschnitten im Detail besprochen.

2.2.1   Koordinatensysteme und Basen

Innerhalb der Technischen Mechanik ist der relevante Raum der Anschauungsraum; er ist dreidimensional und messbar. Der (eigentliche) Euklidische Vektorraum $\mathcal{E}^3$ ist dann geeigneter Ausgangspunkt für die Beschreibung von Vorgängen im Anschauungsraum mit den Elementen der Vektorrechnung. In $\mathcal{E}^3$ können stets verschiedene Koordinatensysteme eingeführt werden. Sie werden durch drei Basisvektoren definiert, die zusammen eine *Basis* in $\mathcal{E}^3$ bilden. Entsprechend Abb. 2.2 gibt es verschiedene, jeweils speziell benannte Koordinatensysteme. Man unterscheidet *krummlinige, affine, orthogonale* und *kartesische* Koordinatensysteme.

- *Krummlinige* Koordinatensysteme (s. Abb. 2.2a) besitzen i. Allg. an jeder Stelle andere Basisvektoren (nach Länge und Richtung).
- *Affine* Koordinatensysteme (s. Abb. 2.2c) sind „geradlinige" Koordinatensysteme (mit folglich ortsunabhängiger, d. h. überall gleicher Basis).
- *Orthogonale* Koordinatensysteme (s. Abb. 2.2b) besitzen zueinander orthogonale Basisvektoren (können aber i. Allg. krummlinig sein, wie z. B. Polarkoordinaten).
- *Kartesische* Koordinatensysteme (s. Abb. 2.2d) besitzen *orthogonale* (d. h. rechtwinklige), *affine* (d. h. geradlinige) und auf eins *normierte* Basisvektoren.

Kartesische Basisvektoren werden hier aufgrund ihrer besonderen Bedeutung in $\mathcal{E}^3$ auch in besonderer Weise, nämlich mit $\vec{e}_\alpha$ ($\alpha \in \{x, y, z\}$), bezeichnet. Der Index α kann also nur die Werte x, y und z annehmen. Damit besitzen kartesische Basisvektoren $\vec{e}_\alpha$ die

Eigenschaften

$$|\vec{e}_\alpha| = 1, \quad \vec{e}_\alpha \cdot \vec{e}_\beta = \delta_{\alpha\beta}, \quad \alpha, \beta \in \{x, y, z\}. \tag{2.7}$$

Insbesondere gilt die in (2.7) notierte Orthogonalitätseigenschaft: Das Skalarprodukt ($\cdot$) zweier kartesischer Basisvektoren ist gleich dem Kronecker-Symbol. Diese Eigenschaft folgt aus der allgemeinen Berechnungsvorschrift

$$\vec{e}_\alpha \cdot \vec{e}_\beta = |\vec{e}_\alpha|\,|\vec{e}_\beta| \cos(\vec{e}_\alpha, \vec{e}_\beta) \tag{2.8}$$

des Skalarprodukts. Hierin bedeutet $(\vec{e}_\alpha, \vec{e}_\beta)$ der zwischen den beiden Basisvektoren $\vec{e}_\alpha$ und $\vec{e}_\beta$ eingeschlossene Winkel.

Die Definitionsgleichung des Skalarprodukts (2.8) gilt sinngemäß für *beliebige* Vektoren $\vec{u}$ und $\vec{v}$, also auch in der Form

$$\vec{u} \cdot \vec{v} \overset{\text{(def.)}}{=} |\vec{u}||\vec{v}| \cos(\vec{u}, \vec{v}). \tag{2.9}$$

Im Unterschied zu Koordinatensystemen (krummlinigen, affinen, orthogonalen, kartesischen) kann bei *Basisvektoren* nur zwischen *affinen* (schiefwinkligen), *orthogonalen* (rechtwinkligen) und *kartesischen* (rechtwinkligen und normierten) Basisvektoren (oder kurz: Basen) unterschieden werden[2]. Für (allgemeinere) affine Basen $\vec{e}_i$ gilt demnach

$$|\vec{e}_i| \neq 1, \quad \vec{e}_i \cdot \vec{e}_k \neq \delta_{ik} \quad i, k \in \{1, 2, 3\}. \tag{2.10}$$

Im Folgenden bezeichnen Indizierungen mit griechischen Buchstaben, wie z. B. $\alpha \in \{x, y, z\}$, stets kartesische Basisvektoren, während lateinische Indizes, wie z. B. $i \in \{1, 2, 3\}$, auf allgemeine, affine Basisvektoren hinweisen. Der Verlust der Orthogonalität bei affinen Basisvektoren $\vec{e}_i$ bedingt rechentechnische Nachteile. Um diese formal auszugleichen, führt man ein *duales* oder *reziprokes* Koordinatensystem[3] ein. Es wird durch neue Basisvektoren $\vec{e}^{\,i}$ mit *hochgestellten* Indizes über das Skalarprodukt

$$\vec{e}^{\,i} \cdot \vec{e}_k \overset{\text{(def.)}}{=} \delta_k^i, \quad i, k \in \{1, 2, 3\} \tag{2.11}$$

definiert. Das ursprünglich vorgegebene, *primale* System von unten indizierten Basisvektoren $\vec{e}_k$ bezeichnet man als *kovariante Basis*; das mit $\vec{e}^{\,i}$ neu eingeführte System nennt man *kontravariante Basis*. Die Vektoren beider Basen sind orthogonal im Sinne der Definitionsgleichung (2.11). Bei $\vec{e}_1$ und $\vec{e}^{\,2}$ z. B. muss, wie in Abb. 2.3 angegeben, die Wirkungslinie von $\vec{e}^{\,2}$ senkrecht zu $\vec{e}_1$ verlaufen, um die Bedingung $\vec{e}^{\,2} \cdot \vec{e}_1 = 0$ zu erfüllen. Ferner ergibt sich aus (2.11) die Beziehung $\vec{e}^{\,2} \cdot \vec{e}_2 = |\vec{e}^{\,2}||\vec{e}_2| \cos(\vec{e}^{\,2}, \vec{e}_2) = 1$; d. h. die Richtung von $\vec{e}^{\,2}$ ist so zu wählen, dass der Winkel zwischen den Basisvektoren $\vec{e}^{\,2}$ und $\vec{e}_2$ stets kleiner 90° ist. Weitere analytische Auswertungen der Definitionsgleichung (2.11) findet man im nächsten Unterkapitel.

---

[2] Ist eine schiefwinklige (affine) Basis abhängig vom jeweiligen Ort, so spricht man manchmal auch von einer „krummlinigen" Basis in Anlehnung an das zugrunde liegende Koordinatensystem.

[3] Für den eigentlichen Euklidischen Vektorraum fallen duale und reziproke Basis zusammen.

Abb. 2.3 Ko- und kontravariante Basisvektoren

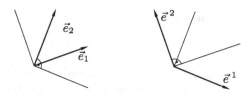

Vorgegeben wird nun z. B. ein „ebener", d. h. in der x, y-Ebene liegender Vektor $\vec{u}$ nach
Betrag und Richtung. Wie in Abb. 2.4 gezeichnet, soll $\vec{u}$ in die Richtungen $\vec{e}_1$ und $\vec{e}_2$ der
kovarianten Basisvektoren zerlegt werden. Nach dem Parallelogramm-Axiom der Vektor-
addition muss man hierzu durch die Pfeilspitze von $\vec{u}$ zwei zu $\vec{e}_1$ bzw. $\vec{e}_2$ parallele Linien
so einzeichnen, dass sich das in Abb. 2.4 links gezeichnete Vektorparallelogramm ergibt.
Danach besitzt der Vektor $\vec{u}$ die Komponenten $u^1\vec{e}_1$ und $u^2\vec{e}_2$. In dieser Schreibweise werden die Koordinaten[4] u^i des Vektors $\vec{u}$ oben indiziert, um mit kovarianten Basisvektoren
$\vec{e}_i$ zu rechnen und die Summenregel für die erste der beiden Vektordarstellungen

$$\vec{u} = u^1\vec{e}_1 + u^2\vec{e}_2 = u^i\vec{e}_i, \quad \vec{u} = u_1\vec{e}^{\,1} + u_2\vec{e}^{\,2} = u_i\,\vec{e}^{\,i} \tag{2.12}$$

anwenden zu können. Analog zu $(2.12)_1$ kann man den Vektor $\vec{u}$ auch in die kontravarianten Basisvektoren $\vec{e}^{\,i}$ zerlegen. Die zugehörigen Komponenten $u_m\vec{e}^{\,m}$ sind in Abb. 2.4
rechts eingezeichnet. Die kovarianten Koordinaten u_i des Vektors $\vec{u}$ werden jetzt unten indiziert, um wieder die Summenregel zur Vektordarstellung $(2.12)_2$ anwenden zu können.

Die affinen Koordinatensysteme $\vec{e}_i$ und $\vec{e}^{\,i}$ bezeichnet man als *kontragradiente* Systeme. Sie erlauben, Vektoren stets paarweise bzw. dual darzustellen. Beide Darstellungen
sind äquivalent; d. h. es gilt die Identität

$$\vec{u} = u_i\,\vec{e}^{\,i} = u^i\vec{e}_i. \tag{2.13}$$

Offenbar erfüllt man damit die Invarianzforderung, dass $\vec{u}$ sowohl im kovarianten als auch
im kontravarianten System denselben Vektor darstellt. Da eine affine Basis i. Allg. nicht
normiert ist, hängen die Beträge der Komponenten $u_j\vec{e}^{\,j}$ bzw. $u^j\vec{e}_j$ von den Beträgen der
Basisvektoren $\vec{e}^{\,i}$ bzw. $\vec{e}_i$ ab. Ferner ist zu beachten, dass weitere Konstruktionen, wie
etwa $u_i\vec{e}_i$ oder $u^i\vec{e}^{\,i}$, nicht nur formal sondern auch physikalisch sinnlos sind, weil die in
(2.13) stehende Invarianzforderung nicht erfüllt wird. Schließlich gelten speziell für ein
kartesisches Koordinatensystem die analogen Vektordarstellungen

$$\vec{u} = u^\alpha\vec{e}_\alpha = u_\alpha\vec{e}^{\,\alpha}, \quad u_\alpha = u^\alpha, \quad \vec{e}^{\,\alpha} = \vec{e}_\alpha, \quad \alpha \in \{x, y, z\}. \tag{2.14}$$

Die Unterscheidung hoch- und tiefgestellter Indizes ist jetzt prinzipiell nicht mehr erforderlich, weil nach Definition (2.11) die kontravariante Basis mit der kovarianten Basis

---

[4] In der Literatur werden die u^m manchmal auch als Koeffizienten der Komponenten $u^m\vec{e}_m$ oder oft
sogar als Komponenten des Vektors $\vec{u}$ bezeichnet.

Abb. 2.4 Ko- und kontravariante Vektordarstellung

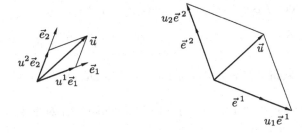

im speziellen Fall eines kartesischen Koordinatensystems zusammenfällt. Das gleiche gilt auch für die ko- und die kontravarianten Vektorkoordinaten in kartesischen Systemen. Dennoch soll aus formalen Gründen die Unterscheidung hoch- und tiefgestellter Indizes auch bei kartesischen Koordinatensystemen beibehalten werden.

Wegen der bereits erwähnten Abhängigkeit der Beträge der Vektorkomponenten $u^i \vec{e}_i$ von den zugehörigen Basisvektoren $\vec{e}_i$ ist bei physikalischen Fragestellungen meist eine Umrechnung der Tensorkoordinaten u^i in physikalische Koordinaten u^{*i} erforderlich. Diese ist zweckmäßig erst am Ende einer Rechnung durch Einführen einer normierten Basis $\vec{e}_i^*$ durchzuführen:

$$\vec{u} = u^i \vec{e}_i = u^{*i} \vec{e}_i^*, \quad |\vec{e}_i^*| = 1, \quad \vec{e}_i^* = \frac{\vec{e}_i}{|\vec{e}_i|}, \quad \rightarrow \quad u^{*m} = u^m |\vec{e}_m|. \tag{2.15}$$

Danach ist die Vektorkoordinate u^m mit dem Betrag des zugehörigen Basisvektors $\vec{e}_m$ zu multiplizieren, um die wahre bzw. physikalische Koordinate u^{*m} zu erhalten. Bei dieser Multiplikation ist der Index m durchgestrichen, weil keine Summation impliziert ist.

2.2.2 Metrische Grundgrößen und Skalarprodukt

Die *metrischen Grundgrößen* oder *Metrikkoeffizienten* g bestimmen die sog. *Metrik*[5] eines Koordinatensystems. Man benötigt metrische Grundgrößen bei vielen algebraischen Aufgaben der Vektor- und Tensorrechnung. Die zur kovarianten Basis $\vec{e}_i$ gehörenden Metrikkoeffizienten g_{ik} sind über das Skalarprodukt

$$g_{ik} \stackrel{\text{(def.)}}{=} \vec{e}_i \cdot \vec{e}_k, \quad i, k \in \{1, 2, 3\} \tag{2.16}$$

definiert. Damit entsteht eine doppelt indizierte Größe, die man als Matrix (g_{ik}) zusammenstellen kann. Die Berechnung der zugehörigen Skalarprodukte geschieht i. Allg. nach

---

[5] Eine Metrik prägt einem Raum dadurch eine sog. topologische Struktur auf, dass der Begriff der *Umgebung* eingeführt wird. Dabei spielt insbesondere die Festlegung von *Entfernungen* und *Abständen* eine Rolle. Eigentliches Ziel ist es, Konvergenz von Folgen erklären zu können.

der Vorschrift (2.9) oder einfacher mit der Regel[6]

$$\vec{u} \cdot \vec{v} = u_x v_x + u_y v_y + u_z v_z, \tag{2.17}$$

wenn die Vektoren $\vec{u}$ und $\vec{v}$ in kartesischen Koordinaten vorgegeben sind.

Beispiel 2.1 Ermittlung der Metrikkoeffizienten in kartesischen Koordinaten. Die Rechnung

$$\begin{aligned} \vec{e}_1 &= \vec{e}_x, \\ \vec{e}_2 &= \vec{e}_x + \vec{e}_y, \end{aligned} \qquad (g_{ik}) = (\vec{e}_i \cdot \vec{e}_k) = \begin{pmatrix} 1 & 1 \\ 1 & 2 \end{pmatrix} \tag{2.18}$$

erläutert die Vorgehensweise.   ∎

Das in (2.16) angegebene Skalarprodukt zur Definition der kovarianten metrischen Grundgrößen kann formal auf andere Kombinationen von Basisvektoren ausgedehnt werden:

$$\vec{e}_i \cdot \vec{e}_k = g_{ik}, \qquad\qquad \vec{e}_k \cdot \vec{e}_i = g_{ki}, \qquad\qquad g_{ik} = g_{ki}, \tag{2.19}$$

$$\vec{e}^{\,i} \cdot \vec{e}^{\,k} = g^{ik}, \qquad\qquad \vec{e}^{\,k} \cdot \vec{e}^{\,i} = g^{ki}, \qquad\qquad g^{ik} = g^{ki}, \tag{2.20}$$

$$\vec{e}^{\,i} \cdot \vec{e}_k = g^{\,i}_{\cdot k} = \delta^i_k, \qquad \vec{e}_k \cdot \vec{e}^{\,i} = g^{\,\cdot i}_k = \delta^i_k. \tag{2.21}$$

In (2.19) erkennt man, dass die kovarianten Metrikkoeffizienten g_{ik} symmetrisch sind. Dies folgt aus der Vertauschbarkeit des Skalarproduktes $\vec{e}_i \cdot \vec{e}_k$. Das gleiche gilt auch für die kontravarianten Metrikkoeffizienten g^{ik} in (2.20). Die gemischtvarianten Metrikkoeffizienten $g^{\,i}_{\cdot k}$ und $g^{\,\cdot i}_k$ in (2.21) sind aufgrund der Definition (2.11) identisch die Kronecker-Symbole δ^i_k. Für den Spezialfall eines Skalarprodukts zwischen denselben Basisvektoren liefern (2.19) und (2.20) wegen

$$\vec{e}_i \cdot \vec{e}_i = g_{ii} \quad \rightarrow \quad |\vec{e}_i| = \sqrt{g_{ii}} \quad \text{und analog} \quad |\vec{e}^{\,i}| = \sqrt{g^{ii}}, \quad i \in \{1, 2, 3\} \tag{2.22}$$

die *Beträge* der Basisvektoren. Für den Sonderfall kartesischer Systeme gilt aufgrund von (2.7) offenbar die Orthogonalitätseigenschaft

$$g_{\alpha\beta} = \vec{e}_\alpha \cdot \vec{e}_\beta = \delta_{\alpha\beta}, \quad \alpha, \beta \in \{x, y, z\}; \tag{2.23}$$

d. h. die Matrix $(g_{\alpha\beta})$ der metrischen Grundgrößen $g_{\alpha\beta}$ kartesischer Koordinaten ist die Einheitsmatrix $\mathbf{I}$ (diagonal und normiert).

---

[6] Die spezielle Berechnung (2.17) lässt sich auch für allgemeine Koordinaten angeben; man erhält mit (2.16) über (2.27) das Ergebnis (2.28). Wegen (2.7) folgt aus (2.28) sofort der Spezialfall (2.17) für kartesische Koordinaten $u_\alpha = u^\alpha, v_\alpha = v^\alpha$.

Die kontravarianten Basisvektoren $\vec{e}^{\,i}$ können über die Definitionsgleichung (2.11) aus der kovarianten Basis $\vec{e}_i$ berechnet werden. Diese Aufgabe ist äquivalent zur Zerlegung des Vektors $\vec{e}^{\,i}$ in die Richtungen $\vec{e}_k$. Die zugehörigen Entwicklungskoeffizienten a^{ik} ergeben sich aus dem Entwicklungs-Ansatz $\vec{e}^{\,i} = a^{ik}\vec{e}_k$. Durch skalare Multiplikation mit $\vec{e}^{\,l}$ erhält man daraus $\vec{e}^{\,i} \cdot \vec{e}^{\,l} = a^{ik}\,\vec{e}_k \cdot \vec{e}^{\,l}$ bzw. $g^{il} = a^{ik}\delta_k^l$ und mit der „Ausblend"-Eigenschaft des δ-Symbols schließlich das Ergebnis $a^{il} = g^{il}$. Damit gelten die Berechnungsvorschriften

$$\vec{e}^{\,i} = g^{ik}\,\vec{e}_k, \quad \vec{e}_i = g_{ik}\,\vec{e}^{\,k}. \tag{2.24}$$

Analog zur Herleitung von $(2.24)_1$ kann auch die inverse Entwicklung $(2.24)_2$ angegeben werden. Ebenso kann man Zusammenhänge zwischen ko- und kontravarianten Formen der Metrikkoeffizienten herleiten. Hierzu wird die Vektorgleichung $(2.24)_1$ mit dem Basisvektor $\vec{e}_l$ skalar multipliziert: $\vec{e}^{\,i} \cdot \vec{e}_l = g^{ik}\vec{e}_k \cdot \vec{e}_l$. Mit (2.11) und (2.16) folgt daraus die Orthogonalitätsrelation

$$g^{ik}g_{kl} = \delta_l^i \quad \rightarrow \quad (g^{ik})(g_{kl}) = (\delta_l^i) \quad \rightarrow \quad (g^{ik}) = (g_{kl})^{-1}. \tag{2.25}$$

Da der Summationsindex k in $g^{ik}\,g_{kl}$ gegenständig ist, entspricht dieser Ausdruck der Form $(g^{ik})(g_{kl})$ des Matrizenprodukts (1.25) in Abschn. 1.1.3. Daher kann man von $(2.25)_1$ zur entsprechenden Matrizengleichung $(2.25)_2$ übergehen und diese mit der Kehrmatrix $(g_{kl})^{-1}$ nach der gesuchten Matrix (g^{ik}) der kontravarianten Metrikkoeffizienten auflösen.

Die Umrechnung von ko- oder kontravarianten Vektorkoordinaten basiert ebenfalls auf der Definitionsgleichung (2.11). Um diese Orthogonalitätsbeziehung anwenden zu können, multipliziert man die Vektordarstellung (2.13) mit dem Basisvektor $\vec{e}^{\,k}$: $u_i\,\vec{e}^{\,i} \cdot \vec{e}^{\,k} = u^i\,\vec{e}_i \cdot \vec{e}^{\,k} \quad \rightarrow \quad u_i\,g^{ik} = u^i\delta_i^k$. Mit der „Ausblend"-Eigenschaft des δ-Symbols folgt zunächst $u_i\,g^{ik} = u^k$ und wegen der Symmetrie $g^{ik} = g^{ki}$ schließlich die Form

$$u^k = g^{ki}u_i, \quad u_k = g_{ki}\,u^i, \quad k = 1, 2, 3. \tag{2.26}$$

Relation $(2.26)_2$ kann analog hergeleitet werden[7]. Mit (2.26) und (2.24) ist folgende, für den Tensorkalkül typische Rechenregel entstanden:

▶ Durch Multiplikation mit kovarianten (bzw. kontravarianten) metrischen Grundgrößen werden die Indizes der Basisvektoren (2.24) und der Vektorkoordinaten (2.26) nach unten (bzw. nach oben) gezogen.

Diese Rechenregel gilt auch für doppelt indizierte Größen. In (2.25) z. B. wird der zweite Index von g^{ik} durch Multiplikation mit g_{kl} nach unten gezogen mit dem Ergebnis $g_{\cdot l}^i =$

---

[7] Die Koordinaten u_i und u^i sind also nicht voneinander unabhängig; sie werden deshalb auch als *assoziierte* Koordinaten des Vektors $\vec{u}$ bezeichnet.

Abb. 2.5 Aufbau eines affinen
Koordinatensystems

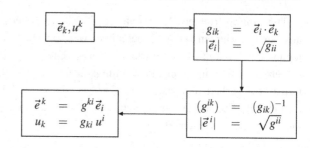

δ_l^i. Die bisherigen Herleitungen und Formeln kann man in einem einfachen Struktogramm übersichtlich zusammenfassen. In Abb. 2.5 sind $\vec{e}_k$ und u^k (z. B. aus einer physikalischen Problemstellung) vorgegeben. Um nun die zugehörige Metrik in allen Darstellungen zu ermitteln, berechnet man zunächst g_{ik} und $|\vec{e}_i|$. Anschließend wird g^{ik} und $|\vec{e}^{\,i}|$ bestimmt. Damit können dann schließlich die kontravarianten Basisvektoren $\vec{e}^{\,k}$ und die kovarianten Vektorkoordinaten u_k berechnet werden.

Die Metrikkoeffizienten sind durch das Skalarprodukt zweier Basisvektoren definiert. Damit ist auch das Innen- oder *Skalarprodukt beliebiger Vektoren* $\vec{u}$ und $\vec{v}$ berechenbar. Sind diese Vektoren in der Gestalt

$$\vec{u} = u_i\vec{e}^{\,i} = u^i\vec{e}_i, \quad \vec{v} = v_k\vec{e}^{\,k} = v^k\vec{e}_k \tag{2.27}$$

durch ihre ko- oder kontravarianten Koordinaten vorgegeben, so führt eine paarweise Verknüpfung aller Vektordarstellungen in (2.27) daher auf die vier äquivalenten Möglichkeiten

$$\vec{u} \cdot \vec{v} = u^i v_i = u_k v^k = u_i v_k g^{ik} = u^k v^i g_{ik}. \tag{2.28}$$

Multipliziert man z. B. $\vec{u} = u_i\vec{e}^{\,i}$ mit $\vec{v} = v^k\vec{e}_k$ skalar, so erhält man $\vec{u} \cdot \vec{v} = u_i v^k\,\vec{e}^{\,i} \cdot \vec{e}_k$ und daraus die Doppelsumme $\vec{u} \cdot \vec{v} = u_i v^k\delta_k^i$. Mittels der „Ausblend"-Eigenschaft des δ-Symbols wird sie auf die Einfachsumme $\vec{u} \cdot \vec{v} = u_i v^i$ zurückgeführt. Diese einfache Berechnungsvorschrift entspricht zumindest formal der Auswertung (2.17) des Skalarprodukts in kartesischen Koordinaten und zeigt so deutlich den Vorteil bei der Einführung kontravarianter Koordinaten. Andernfalls bleibt das Skalarprodukt eine Doppelsumme und ist in der Form $\vec{u} \cdot \vec{v} = u_i v_k g^{ik}$ nur auswertbar, wenn die kontravarianten Metrikkoeffizienten bekannt sind.

Beispiel 2.2 Auswertung des inneren Produkts zweier Vektoren. In Abb. 2.6 ist eine ebene kontravariante Basis mit $\vec{e}_1 = 2\vec{e}_x, \vec{e}_2 = \vec{e}_x/2 + \vec{e}_y$ gezeichnet. Speziell soll die Länge eines Vektors $\vec{u}$ ermittelt werden, der mit $\vec{u} = \vec{e}_1 + \vec{e}_2 = u^1\vec{e}_1 + u^2\vec{e}_2$ vorgegeben wird. Damit können die kontravarianten Vektorkoordinaten u^i abgelesen und die Metrikkoeffizienten g_{ik} sowie die kovarianten Vektorkoordinaten u_i berechnet werden. Die zugehörigen

Abb. 2.6 Längenberechnung
eines Vektors

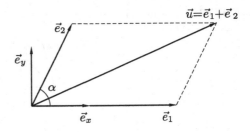

Matrizen

$$(u^i) = \begin{pmatrix} 1 \\ 1 \end{pmatrix}, \quad (g_{ik}) = \begin{pmatrix} 4 & 1 \\ 1 & \frac{5}{4} \end{pmatrix}, \quad (u_i) = \begin{pmatrix} 5 \\ \frac{9}{4} \end{pmatrix} \qquad (2.29)$$

enthalten die aufgrund der Vorgaben und der Gleichungen (2.16) und (2.26) gefundenen Ergebnisse. Jetzt kann man das Skalarprodukt $\vec{u} \cdot \vec{u}$ einfach über $|\vec{u}|^2 = u^i u_i = 5 + 9/4 = 29/4$ ausrechnen. Sind dagegen die Koordinaten u_i nicht bekannt, muss die Doppelsumme

$$|\vec{u}|^2 = u^i u^k g_{ik} = g_{11} + 2g_{12} + g_{22} = |\vec{e}_1|^2 + |\vec{e}_2|^2 + 2|\vec{e}_1||\vec{e}_2|\cos\alpha \qquad (2.30)$$

mittels der metrischen Grundgrößen ausgewertet werden; damit findet man eine Bestätigung der Länge des Vektors $\vec{u}$ (in Übereinstimmung mit dem Cosinus-Satz für schiefwinklige ebene Dreiecke). ∎

2.2.3 Permutationssymbole und äußeres Produkt

Die Permutations- oder Ricci-Symbole ε bestimmen das sog. *Vektorprodukt* (×) oder *äußere Produkt* zweier Basisvektoren. Unter der Voraussetzung, dass die vorgegebene Basis ein Rechtssystem ist, definiert man die Vektorprodukte

$$\vec{e}_i \times \vec{e}_k \overset{\text{(def.)}}{=} \varepsilon_{ikl}\vec{e}^l, \quad \vec{e}^i \times \vec{e}^k \overset{\text{(def.)}}{=} \varepsilon^{ikl}\vec{e}_l,$$

$$\vec{e}^i \times \vec{e}_k \overset{\text{(def.)}}{=} \varepsilon^{i\cdot l}_{\cdot k}\vec{e}_l, \quad \vec{e}^i \times \vec{e}_k \overset{\text{(def.)}}{=} \varepsilon^i_{\cdot kl}\vec{e}^l \qquad (2.31)$$

als Entwicklungen in die Richtungen der kontra- oder kovarianten Basisvektoren. Die zugehörigen Entwicklungskoeffizienten sind die Ricci-Symbole ε. Sie sind offenbar schon aus rein formalen Gründen dreifach indiziert. Die beiden in der ersten Zeile von (2.31) notierten Kombinationen führen auf ko- bzw. kontravariante Ricci-Symbole. Andere Kombinationen, wie z. B. in der zweiten Zeile von (2.31), ergeben Entwicklungskoeffizienten mit gemischtvarianter Indizierung. Berechnet werden die kovarianten Ricci-Symbole aus (2.31)$_1$ durch skalare Multiplikation mit $\vec{e}_m$. Man erhält $(\vec{e}_i \times \vec{e}_k) \cdot \vec{e}_m = \varepsilon_{ikl} \vec{e}^l \cdot \vec{e}_m$ und kann die „Ausblend"-Eigenschaft $\delta^l_m = \vec{e}^l \cdot \vec{e}_m$ des Kronecker-Symbols nutzen. Rechts des Gleichheitszeichens steht dann ε_{ikm} und links ein gemischtes Dreifachprodukt, das

Abb. 2.7 Volumen- und Flächenberechnung

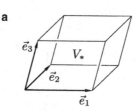 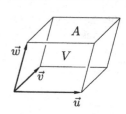

sog. *Spatprodukt*[8] $(\vec{e}_i \vec{e}_k \vec{e}_m)$. Analog dazu kann auch das kontravariante Ricci-Symbol berechnet werden, so dass insgesamt die Beziehungen

$$\varepsilon_{ikl} = (\vec{e}_i \vec{e}_k \vec{e}_l) = (\vec{e}_i \times \vec{e}_k) \cdot \vec{e}_l, \quad \varepsilon^{ikl} = (\vec{e}^{\,i} \vec{e}^{\,k} \vec{e}^{\,l}) = (\vec{e}^{\,i} \times \vec{e}^{\,k}) \cdot \vec{e}^{\,l} \qquad (2.32)$$

zur Verfügung stehen.

Das spezielle Ricci-Symbol ε_{123} bzw. das Spatprodukt $(\vec{e}_1 \vec{e}_2 \vec{e}_3)$ bezeichnet man als Elementarvolumen V_* der kovarianten Basis $\vec{e}_i$ (s. Abb. 2.7a). Entsprechend gibt es ein Elementarvolumen V^* zur kontravarianten Basis $\vec{e}^{\,i}$. Beide werden zweckmäßig aus den Determinanten der zugehörigen metrischen Grundgrößen nach der Vorschrift

$$V_* = \varepsilon_{123} = (\vec{e}_1 \vec{e}_2 \vec{e}_3) = \sqrt{\det(g_{ik})}, \quad V^* = \varepsilon^{123} = (\vec{e}^{\,1} \vec{e}^{\,2} \vec{e}^{\,3}) = \sqrt{\det(g^{ik})} \quad (2.33)$$

berechnet. Man erkennt diesen Zusammenhang mit den metrischen Grundgrößen beispielsweise aus $V_* = \vec{e}_3 \cdot (\vec{e}_1 \times \vec{e}_2) = \vec{e}_3 \cdot \vec{e}^{\,3} |\vec{e}_1| |\vec{e}_2| \sin(\vec{e}_1 \vec{e}_2)/|\vec{e}^{\,3}|$. Quadrieren erlaubt direkt, den Quadratsinus des von $\vec{e}_1$ und $\vec{e}_2$ eingeschlossenen Winkels über $\cos(\vec{e}_1, \vec{e}_2)$ bzw. über g_{12} auszudrücken: $V_*^2 = (g_{11}g_{22} - g_{12}^2)/g^{33}$. Dies ist aber gerade gleich $\det(g_{ik})$ [was leicht zu zeigen ist, wenn man g^{33} aus (2.25) berechnet und in V_*^2 einsetzt].

Die Eigenschaften des Skalar- und des Vektorproduktes liefern Regeln für das gemischte Produkt und damit für die Permutationssymbole:

- $\varepsilon_{ikl} = 0$, wenn mindestens zwei Indizes gleich sind (z. B. $\varepsilon_{i22} = 0$).
- $\varepsilon_{ikl} = \varepsilon_{kli} = \varepsilon_{lik}$, bei zyklischer Indexvertauschung (z. B. $\varepsilon_{123} = \varepsilon_{231} = \varepsilon_{312}$).
- $\varepsilon_{ikl} = -\varepsilon_{ilk}$, bei einfachem Vertauschen der Indizes (z. B. $\varepsilon_{123} = -\varepsilon_{132}$).

Von den insgesamt $3^3 = 27$ Elementen der dreifach indizierten Permutationssymbole ε sind demnach 21 Elemente gleich null. Die restlichen 6 Elemente sind gleich dem positiven bzw. negativen Elementarvolumen[9]. Auch beim Permutationssymbol ε bleibt die für den Tensorkalkül typische Rechenregel erhalten: Die Indizes von ε werden durch die metrischen Grundgrößen g nach oben bzw. nach unten gezogen. Multipliziert man z. B.

---

[8] Der Name rührt daher, dass man den Betrag des Spatprodukts als Volumen der durch die Basisvektoren $\vec{e}_i$, $\vec{e}_k$ und $\vec{e}_m$ aufgespannten Parallelepipeds (Spats) interpretieren kann.
[9] In der Literatur werden über $\det(g_{ik})e_{ikl} = \varepsilon_{ikl}$ bzw. $\det(g^{ik})e^{ikl} = \varepsilon^{ikl}$ anstelle der ε_{ikl} bzw. ε^{ikl} auch normierte Permutationssymbole e_{ikl} bzw. e^{ikl} benutzt.

$(2.31)_3$ skalar mit $\vec{e}_m$, so erhält man $(\vec{e}^{\,i} \times \vec{e}_k) \cdot \vec{e}_m = \varepsilon^{i \cdot l}_{\cdot k} \vec{e}_l \cdot \vec{e}_m$ und somit $\varepsilon^{i}_{\cdot km} = \varepsilon^{i \cdot l}_{\cdot k} g_{lm}$; d. h. der Index l in $\varepsilon^{i \cdot l}_{\cdot k}$ wird durch g_{lm} nach unten gezogen, und es entsteht das Ricci-Symbol $\varepsilon^{i}_{\cdot km}$.

Die Ricci-Symbole definieren auch das äußere Produkt $\vec{w} = \vec{u} \times \vec{v}$ zweier allgemeiner Vektoren $\vec{u}$ und $\vec{v}$. Es ergeben sich die Vektordarstellungen

$$\vec{w} = \vec{u} \times \vec{v}, \quad \vec{w} = w_i \vec{e}^{\,i} = w^i \vec{e}_i \quad \rightarrow \quad w^i = u_k v_l \varepsilon^{kli}, \quad w_i = u^k v^l \varepsilon_{kli} \tag{2.34}$$

zur Berechnung des Vektorprodukts $\vec{w}$. Zur Herleitung setzt man $\vec{u} = u_i \vec{e}^{\,i}$ und $\vec{v} = v_k \vec{e}^{\,k}$ in $\vec{w} = \vec{u} \times \vec{v}$ ein; mittels $(2.31)_2$ erhält man $\vec{w} = u_i v_k \varepsilon^{ikl} \vec{e}_l = w^l \vec{e}_l$ und nach einem Koeffizientenvergleich die in (2.34) notierten kontravarianten Koordinaten w^l. Aus Abb. 2.7 lassen sich weitere Anwendungen der Permutationssymbole erkennen. Sind (s. Abb. 2.7b) die Vektoren $\vec{u}, \vec{v}$ und $\vec{w}$ – wie schon in Abb. 2.7a $\vec{e}_1, \vec{e}_2$ und $\vec{e}_3$ – Kanten eines schiefwinkligen Quaders, dann gelten offenbar in indizierter Schreibweise die Vorschriften

$$V = (\vec{u}\,\vec{v}\,\vec{w}) = u^i v^k w^l (\vec{e}_i \vec{e}_k \vec{e}_l) = u^i v^k w^l \varepsilon_{ikl},$$
$$A^2 = (\vec{u} \times \vec{v}) \cdot (\vec{u} \times \vec{v}) = u^i v^k \varepsilon_{ikl} u_m v_n \varepsilon^{mnl} \tag{2.35}$$

zur Volumen- bzw. Flächenberechnung. Die Volumenberechnung wird demnach auf eine dreifache Summe zurückgeführt, und die Berechnung der Fläche erfordert eine fünffache Summation über die ko- und die kontravarianten Koordinaten der Vektoren $\vec{u}$ und $\vec{v}$.

Als Ergänzung zum Spatprodukt $\vec{w} \cdot (\vec{u} \times \vec{v})$ [$\equiv (\vec{u} \times \vec{v}) \cdot \vec{w}$] wird hier abschließend ohne Nachweis das vektorielle Dreifachprodukt in Form des sog. *Entwicklungssatzes* angegeben:

$$\vec{w} \times (\vec{u} \times \vec{v}) = (\vec{w} \cdot \vec{v})\vec{u} - (\vec{w} \cdot \vec{u})\vec{v} = 2v^i u^k w_i \vec{e}_k. \tag{2.36}$$

2.2.4 Koordinatentransformation

Als Koordinatentransformation bezeichnet man den Übergang von einem auf ein anderes Koordinatensystem. Das betrachtete „Objekt", hier der Vektor $\vec{u}$, wird dabei *nicht* verändert[10].

Zur Durchführung einer Koordinatentransformation wird der Vektor $\vec{u}$ mit seinen Vektorkoordinaten u_α, u^α in den Basen $\vec{e}_\alpha, \vec{e}^{\,\alpha}$ eines kartesischen Ausgangssystems dargestellt. Die Basisvektoren $\vec{e}_i, \vec{e}^{\,i}$ sind die ko- und die kontravarianten Basen des neuen Koordinatensystems. Die eigentliche Aufgabe besteht also darin, die Basis $\vec{e}_\alpha$ in $\vec{e}_i$ zu transformieren, d. h. in der Lineartransformation $\vec{e}_i = a_i^{\,\alpha} \vec{e}_\alpha$ die unbekannte Matrix $(a_i^{\,\alpha})$ zu bestimmen. Dazu muss $\vec{e}_i$ in die Richtungen von $\vec{e}_\alpha$ zerlegt werden. Die Entwicklungs-

---

[10] Dies ist der entscheidende Unterschied zu einer sog. *Punkttransformation* oder *Abbildung*. Dort wird das Koordinatensystem beibehalten, aber das „Objekt" geändert (also z. B. der Vektor $\vec{u}$ in einen anderen Vektor $\vec{v}$ „abgebildet").

oder Transformationskoeffizienten $a_i^{\cdot\alpha}$ sind dann alle bekannt. Umgekehrt benötigt man auch die Koeffizienten $a_\alpha^{\cdot i}$ der Rücktransformation, d. h. die Zerlegung von $\vec{e}_\alpha$ in die Richtungen von $\vec{e}_i$. Alle möglichen Transformationen bzw. Rücktransformationen ergeben insgesamt rein formal acht verschiedene Transformationsgleichungen:

$$\vec{e}_i = a_i^{\cdot\alpha}\vec{e}_\alpha = a_{i\alpha}\vec{e}^{\,\alpha}, \quad \vec{e}^{\,i} = a^{i\alpha}\vec{e}_\alpha = a_{\cdot\alpha}^{i}\vec{e}^{\,\alpha},$$
$$\vec{e}_\alpha = a_\alpha^{\cdot i}\vec{e}_i = a_{\alpha i}\vec{e}^{\,i}, \quad \vec{e}^{\,\alpha} = a^{\alpha i}\vec{e}_i = a_{\cdot i}^{\alpha}\vec{e}^{\,i}. \tag{2.37}$$

Bei praktischen Problemen kann man sich jedoch auf die Transformation $\vec{e}_\alpha \to \vec{e}_i$ (2.37)$_1$ und auf ihre Rücktransformation $\vec{e}_i \to \vec{e}_\alpha$ (2.37)$_5$ beschränken. Alle übrigen Basisvektoren können dann besser über die metrischen Grundgrößen beider Koordinatensysteme (als über die Berechnung zusätzlicher Transformationsmatrizen) ermittelt werden.

Die Transformationskoeffizienten a werden ähnlich wie in (2.19) durch das Skalarprodukt der entsprechenden Basisvektoren berechnet. Für $a_i^{\cdot\beta}$ z. B. erhält man diese Berechnungsvorschrift aus (2.37)$_1$ durch skalare Multiplikation mit $\vec{e}^{\,\beta}$. Dies führt auf $\vec{e}_i \cdot \vec{e}^{\,\beta} = a_i^{\cdot\alpha}\vec{e}_\alpha \cdot \vec{e}^{\,\beta}$ und wegen $\vec{e}_\alpha \cdot \vec{e}^{\,\beta} = \delta_\alpha^\beta$ tatsächlich auf $a_i^{\cdot\beta} = \vec{e}_i \cdot \vec{e}^{\,\beta}$. Analog hierzu kann man auch alle übrigen Transformationskoeffizienten bestimmen. Es genügt daher, nur zwei anzugeben, z. B.

$$a_i^{\cdot\alpha} = \vec{e}_i \cdot \vec{e}^{\,\alpha} = a_{\cdot i}^{\alpha}, \quad a_\alpha^{\cdot i} = \vec{e}_\alpha \cdot \vec{e}^{\,i} = a_{\cdot\alpha}^{i}. \tag{2.38}$$

Da das Skalarprodukt kommutativ ist, gilt die Symmetrieeigenschaft

$$a_i^{\cdot\alpha} \equiv a_{\cdot i}^{\alpha} \quad \to \quad (a_i^{\cdot\alpha}) \equiv (a_{\cdot i}^{\alpha})^{\mathrm{T}}, \quad a_{\cdot\alpha}^{i} \equiv a_\alpha^{\cdot i} \quad \to \quad (a_{\cdot\alpha}^{i}) = (a_\alpha^{\cdot i})^{\mathrm{T}}. \tag{2.39}$$

Daraus folgt, dass die Matrix $(a_{\cdot\alpha}^{i})$ der Hintransformation sich durch Transposition der Rücktransformationsmatrix $(a_\alpha^{\cdot i})$ ergibt. Schließlich gelten zwischen der Hin- und der Rücktransformation die Orthogonalitätsbeziehungen

$$a_i^{\cdot\alpha}a_\alpha^{\cdot k} = \delta_i^k \quad \to \quad (a_\alpha^{\cdot k}) = (a_i^{\cdot\alpha})^{-1}. \tag{2.40}$$

Zur Herleitung wird (2.37)$_1$ mit $\vec{e}^{\,k}$ skalar multipliziert. Dies führt auf $\vec{e}_i \cdot \vec{e}^{\,k} = a_i^{\cdot\alpha}\vec{e}_\alpha \cdot \vec{e}^{\,k}$. Mit $\vec{e}_i \cdot \vec{e}^{\,k} = \delta_i^k$ und $\vec{e}_\alpha \cdot \vec{e}^{\,k} = a_\alpha^{\cdot k}$ erhält man daraus die Relation (2.40)$_1$. Da der Summationsindex α formal als *Spalten-* und auch als *Zeilen*-Index auftritt, kann (2.40)$_1$ wieder als Matrizenprodukt $(a_i^{\cdot\alpha})(a_\alpha^{\cdot k}) = (\delta_i^k)$ aufgefasst werden. Daraus folgt aber sofort [s. schon (2.25) in Unterkapitel 2.2.2 für die metrischen Grundgrößen] auch (2.40)$_2$.

Nach dieser Vorarbeit lassen sich die Koordinaten des Vektors $\vec{u}$ transformieren. Die Transformationsregeln dafür sind durch die Invarianzforderung

$$\vec{u} = u^i\vec{e}_i = u^\alpha\vec{e}_\alpha \tag{2.41}$$

(d. h. durch die Forderung, dass $\vec{u}$ bei einem Wechsel des Koordinatensystems von $\vec{e}_\alpha$ auf $\vec{e}_i$ *ungeändert* bleibt) vollständig bestimmt. Multipliziert man (2.41) skalar z. B. mit $\vec{e}^{\,k}$, so

Abb. 2.8 Struktogramm der Vektortransformation

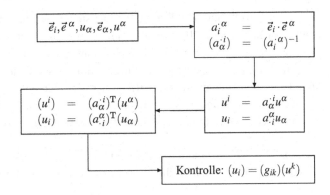

erhält man $u^i \delta_i^k = u^\alpha a_\alpha^{\cdot k}$ und mit der bekannten „Ausblend"-Eigenschaft des δ-Symbols schließlich die gesuchte Transformationsgleichung $u^k = a_\alpha^{\cdot k} u^\alpha$. Sie ist in

$$u^i = a_\alpha^{\cdot i} u^\alpha = a^{\alpha i} u_\alpha, \quad u_i = a_{\cdot i}^{\alpha} u_\alpha = a_{\alpha i} u^\alpha,$$
$$u^\alpha = a_{\cdot i}^{\ \alpha} u^i = a^{i\alpha} u_i, \quad u_\alpha = a_{\cdot \alpha}^{i} u_i = a_{i\alpha} u^i \tag{2.42}$$

mit allen denkbaren Koordinaten-Transformationen bzw. Rücktransformationen zusammengestellt. Wie bereits erwähnt, kann man sich dabei auf $(2.42)_1$ und $(2.42)_5$ beschränken, weil bei der Transformation meist nur u^i bzw. bei der Rücktransformation nur u^α interessiert. Die beiden übrigen (kovarianten) Vektorkoordinaten erhält man wieder einfacher aus den metrischen Grundgrößen, z. B. in der Form $u_k = g_{ki} u^i$.

Man erkennt aus (2.37) und (2.42) folgende *Transformationsregel*:

▶ Vektorkoordinaten transformieren sich beim Wechsel der Basis wie die gleich indizierten Basisvektoren.

Die angegebenen Transformationsgesetze sichern also die Invarianz einer einfach indizierten Größe und liefern damit eine allgemeinere, *analytische Definition eines Vektors*:

▶ Ein Vektor ist eine einfach indizierte Größe, die bezüglich Koordinatentransformationen (2.42) invariant ist.

Die wichtigsten Formeln der Koordinatentransformation kann man wieder in einem einfachen Struktogramm (s. Abb. 2.8) zusammenfassen. Danach geht man davon aus, dass nicht nur der Vektor $\vec{u}$ (in der Form $\vec{e}_\alpha, u_\alpha, u^\alpha$) aus einer physikalischen Problemstellung vorgegeben, sondern insbesondere auch das neue Koordinatensystem, d. h. die Basis $\vec{e}_i$, bekannt ist. Um die Koordinatentransformation durchzuführen, benötigt man dann die Transformationskoeffizienten $a_i^{\cdot \alpha}$ und $a_\alpha^{\cdot i}$. Damit können die transformierten Vektorkoordinaten u^i und u_i berechnet werden.

Meist ist es bei konkreten Auswertungen aber vorteilhaft, die Transformationsgleichungen (2.42) als Matrizengleichungen zu schreiben. Aufgrund der Symmetrie der Transformationskoeffizienten ($a_\alpha^{\cdot i} = a_{\cdot \alpha}^{i}$, etc.) ergibt sich sofort $u^i = a_\alpha^{\cdot i} u^\alpha \equiv a_{\cdot \alpha}^{i} u^\alpha \rightarrow$

$(u^i) = (a^i_{.\alpha})(u^\alpha)$, etc. Die Begründung ist stets [wie schon bei der Herleitung der Gleichungen (2.25) und (2.40) angedeutet] dieselbe: Zu Matrizengleichungen kann *nur dann* übergegangen werden, wenn in Indexgleichungen *alle* Summationsindizes als *benachbarte* Indizes auftreten. Genau diese Indexposition (hier $a^i_{.\alpha}u^\alpha$) entspricht nämlich formal dem Falkschen Schema [hier $(a^i_{.\alpha})(u^\alpha)$] der Matrizenrechnung (s. Abschn. 1.1.3).

Die damit berechneten Vektorkoordinaten u^i, u_i kann man schließlich noch mit Hilfe der metrischen Grundgrößen g^{ik} über die Bedingung $u^i = g^{ik}u_k$ überprüfen.

Beispiel 2.3 Transformation eines Vektors $\vec{u}$ von einem kartesischen in ein affines Kordinatensystem. Gegeben sei die kartesische Basis $\vec{e}_\alpha$ und die Spaltenmatrix

$$(u_\alpha) = (u^\alpha) = (1,1)^{\mathrm{T}} \tag{2.43}$$

der Koordinaten von $\vec{u}$ sowie schließlich die affine Basis

$$\vec{e}_1 = \frac{1}{2}\vec{e}_x + \vec{e}_y, \quad \vec{e}_2 = -\vec{e}_x + \vec{e}_y \tag{2.44}$$

des neuen Koordinatensystems. Gesucht sind die ko- und die kontravarianten Koordinaten von $\vec{u}$ in dieser affinen Basis. Nach dem Ablaufplan in Abb. 2.8 berechnet man zuerst die Transformationsmatrix $(a_i^{.\alpha})$ der Transformationskoeffizienten $a_i^{.\alpha} = \vec{e}_i \cdot \vec{e}^{\,\alpha}$. Man erhält

$$(a_i^{.\alpha}) = \begin{pmatrix} \vec{e}_1 \cdot \vec{e}^{\,x} & \vec{e}_1 \cdot \vec{e}^{\,y} \\ \vec{e}_2 \cdot \vec{e}^{\,x} & \vec{e}_2 \cdot \vec{e}^{\,y} \end{pmatrix} = \begin{pmatrix} \frac{1}{2} & 1 \\ -1 & 1 \end{pmatrix}. \tag{2.45}$$

Die Inversion liefert

$$(a_\alpha^{.k}) = (a_i^{.\alpha})^{-1} = \frac{2}{3}\begin{pmatrix} 1 & -1 \\ 1 & \frac{1}{2} \end{pmatrix} \tag{2.46}$$

und die Transposition

$$(a_{.\alpha}^k) = (a_\alpha^{.k})^{\mathrm{T}} = \frac{2}{3}\begin{pmatrix} 1 & 1 \\ -1 & \frac{1}{2} \end{pmatrix}. \tag{2.47}$$

Die Spaltenmatrizen (u^i) und (u_i) lassen sich dann gemäß dem vierten Block in Abb. 2.8 berechnen:

$$(u^i) = (a_\alpha^{.i})^{\mathrm{T}}(u^\alpha) = \begin{pmatrix} \frac{4}{3} \\ -\frac{1}{3} \end{pmatrix}, \quad (u_i) = (a_{.i}^\alpha)^{\mathrm{T}}(u_\alpha) = \begin{pmatrix} \frac{3}{2} \\ 0 \end{pmatrix}. \tag{2.48}$$

Die Kontrolle über $u_i = g_{ik}u^k$ führt auf

$$(u_i) = \begin{pmatrix} \frac{5}{4} & \frac{1}{2} \\ \frac{1}{2} & 2 \end{pmatrix}\begin{pmatrix} \frac{4}{3} \\ -\frac{1}{3} \end{pmatrix} = \begin{pmatrix} \frac{5}{3} - \frac{1}{6} \\ \frac{2}{3} - \frac{2}{3} \end{pmatrix} = \begin{pmatrix} \frac{3}{2} \\ 0 \end{pmatrix}. \tag{2.49}$$

∎

2.3 Tensoralgebra

Im Gegensatz zum „Vektor" kann ein „Tensor" nicht ohne weiteres im Anschauungsraum geometrisch gedeutet werden.

Ein einfacher Zugang gelingt dennoch, wenn man das abstrakte Gebilde „Tensor" als *Vermittler einer Abbildung* auffasst, denn *Abbildungen* (sog. *Punkttransformationen*) bestehen im einfachsten Fall eben nur darin, einen Vektor $\vec{u}$ in einen *anderen* Vektor $\vec{v}$ zu überführen („abzubilden"). Abbildungen $\vec{u} \rightarrow \vec{v}$ unterscheiden sich deswegen zwar immer noch von *Koordinatentransformationen* (die ja *denselben* Vektor $\vec{u}$ lediglich in einem *anderen* Koordinatensystem darstellen), aber immerhin ist der Tensorbegriff damit auf die Verknüpfung zweier „anschaulicher" Objekte, nämlich der Vektoren $\vec{u}$ und $\vec{v}$ zurückgeführt.

2.3.1 Tensoren zweiter Stufe

Eine Abbildung $\vec{\vec{T}}$ ordnet über

$$\vec{\vec{T}}\vec{u} = \vec{v} \tag{2.50}$$

jedem Vektor $\vec{u}$ in $\mathcal{E}^3$ einen anderen Vektor $\vec{v}$ zu. Ist die *Abbildung* $\vec{\vec{T}}$ *linear*, gilt also

$$\vec{\vec{T}}(\vec{u} + \vec{w}) = \vec{\vec{T}}\vec{u} + \vec{\vec{T}}\vec{w} \quad \text{und} \quad \vec{\vec{T}}(\alpha\vec{u}) = \alpha(\vec{\vec{T}}\vec{u}) \tag{2.51}$$

für beliebige Vektoren $\vec{u}, \vec{w}$ und Skalare α, so heißt diese *lineare Abbildung* $\vec{\vec{T}}$ *Tensor 2. Stufe* oder kurz *Tensor*[11]. In symbolischer Schreibweise wird ein Tensor 2. Stufe stets durch *zwei* Pfeile über dem Kernbuchstaben gekennzeichnet. Die lineare Abbildung (2.50) besitzt die Indexdarstellungen

$$T^i_{.k}u^k = v^i, \quad T^{ik}u_k = v^i, \quad T_{ik}u^k = v_i. \tag{2.52}$$

Diese zeigen, dass es sich bei einem Tensor 2. Stufe um eine *zweifach* indizierte Größe handelt.

Beispiel 2.4 Spiegelung eines Vektors $\vec{u}$ an der $(\vec{e}_x, \vec{e}_z)$-Ebene. Es gilt offensichtlich rein geometrisch

$$u^x = v^x, \quad u^y = -v^y, \quad u^z = v^z. \tag{2.53}$$

---

[11] Ein *Tensor (2. Stufe)* wird manchmal auch als „Dyade" bezeichnet.

Dies ist in der Tat als Tensorgleichung (2.52)$_1$ zu schreiben:

$$T^{\alpha}_{.\beta} u^{\beta} = v^{\alpha} \quad \text{mit} \quad (T^{\alpha}_{.\beta}) = \begin{pmatrix} 1 & 0 & 0 \\ 0 & -1 & 0 \\ 0 & 0 & 1 \end{pmatrix}. \tag{2.54}$$

∎

Das Null-Element der Tensoren (2. Stufe) ist die Abbildung, die jedem beliebigen Vektor $\vec{u}$ den Nullvektor $\vec{0}$ zuordnet. Man nennt diese Abbildung den *Null-Tensor* $\vec{\vec{O}}$, d. h. es gilt

$$\vec{\vec{O}} \vec{u} = \vec{0}. \tag{2.55}$$

Die identische Abbildung, der *Identitätstensor* oder auch *Einheitstensor* $\vec{\vec{I}}$, ist ein Tensor, der jeden Vektor $\vec{u}$ in sich selbst abbildet:

$$\vec{\vec{I}} \vec{u} = \vec{u} \overset{(2.52)}{\rightarrow} I^{kl} u_l = u^k \overset{(2.26)}{\rightarrow} I^{kl} \equiv g^{kl} \rightarrow \vec{\vec{I}} \equiv \vec{\vec{g}}. \tag{2.56}$$

Die in (2.56) angegebene Indexdarstellung beweist, dass der Identitäts- oder Einheitstensor $\vec{\vec{I}}$ als Koordinaten die Metrikkoeffizienten (s. Abschn. 2.2.2) besitzt. Die Metrikkoeffizienten (z. B. g^{kl}) konstituieren also einen Tensor, den sog. *Metriktensor* $\vec{\vec{g}}$; dieser ist offenbar mit dem Identitäts- oder Einheitstensor $\vec{\vec{I}}$ identisch.

Ein spezieller Tensor 2. Stufe kann auch über das sog. *tensorielle (dyadische) Produkt* $\vec{u} \otimes \vec{v}$ zweier Vektoren $\vec{u}$ und $\vec{v}$ eingeführt werden. Dieses Produkt ($\otimes$) ist über

$$(\vec{u} \otimes \vec{v}) \vec{w} = (\vec{v} \cdot \vec{w}) \vec{u} \rightarrow u^i v^k (\vec{e}_i \otimes \vec{e}_k) w^l \vec{e}_l = v^k w^l (\vec{e}_k \cdot \vec{e}_l) u^i \vec{e}_i \tag{2.57}$$

für beliebige Vektoren $\vec{w}$ definiert. Es genügt den Aussagen (2.50) und ist damit ein Tensor $\vec{\vec{T}}$, den man auch als *einfachen Tensor* bezeichnet. Denn er hat wegen

$$\vec{\vec{T}} = \vec{u} \otimes \vec{v} \rightarrow \vec{\vec{T}} = u^i v^k \vec{e}_i \otimes \vec{e}_k = T^{ik} \vec{e}_i \otimes \vec{e}_k \tag{2.58}$$

nur *sechs* (anstatt neun) unabhängige Koordinaten $T^{ik} = u^i v^k$.

(2.58) hat aber über den *einfachen Tensor* hinausgehende Bedeutung, denn das letzte Gleichheitszeichen definiert die Komponentendarstellung eines *allgemeinen Tensors*

$$\vec{\vec{T}} = T^{ik} \vec{e}_i \otimes \vec{e}_k \tag{2.59}$$

mit *neun* unabhängigen Koordinaten T^{ik}. Aus (2.57) folgt dann die wichtige Rechenregel für die „Tensor-Basis" $(\vec{e}_i \otimes \vec{e}_k)$ direkt durch Koeffizientenvergleich von $u^i v^k w^l$:

$$(\vec{e}_i \otimes \vec{e}_k) \vec{e}_l = g_{kl} \vec{e}_i. \tag{2.60}$$

Genau wie die Vektor-Basis $\vec{e}_i$ den Vektorraum $\mathcal{E}^3$ aufspannt, spricht man im Zusammenhang mit der „Tensor-Basis" $\vec{e}_i \otimes \vec{e}_k$ vom *tensoriellen Produktraum*[12].

In Abschn. 2.2.2 und 2.2.4 sind bereits zweifach indizierte Größen aufgetreten. Man kann sich fragen, ob sie ebenfalls Tensorcharakter besitzen. In Abschn. 2.2.2 geht es beispielsweise darum, duale (und damit verschiedene) Koordinaten desselben Vektors $\vec{u}$ in demselben Koordinatensystem (mit dualen Basen) ineinander umzurechnen. In (2.56) ist gezeigt, dass die dabei auftretenden Metrikkoeffizienten Koordinaten des sog. *metrischen Grundtensors* $\vec{\vec{g}}$ ($\equiv \vec{\vec{I}}$) sind. Aber es gibt auch Gegenbeispiele: Kronecker-Symbole beispielsweise können über ihre Bedeutung als Einzelelemente hinaus *nicht* als Tensor aufgefasst werden[13]. In Abschn. 2.2.4 wird u. a. das Problem eines Basiswechsels, d. h. einer Koordinatentransformation behandelt. Dabei geht es um die Darstellung desselben Vektors $\vec{u}$ in verschiedenen Koordinatensystemen. Die auftretenden Transformationskoeffizienten sind auch *keine* Tensorkoordinaten, obwohl die Transformationsvorschrift (2.42) sogar als Ausgangspunkt zur Definition eines Tensors 2. Stufe verwendet werden kann.

Natürlich besitzt auch ein Tensor $\vec{\vec{T}} = T^{ik}\vec{e}_i \otimes \vec{e}_k = T_{ik}\vec{e}^{\,i} \otimes \vec{e}^{\,k}$ nicht nur ko- und kontravariante Koordinaten T_{ik} und T^{ik}, sondern in der Form $\vec{\vec{T}} = T^{\cdot i}_{\cdot k}\vec{e}_i \otimes \vec{e}^{\,k} = T^{\cdot k}_i\vec{e}^{\,i} \otimes \vec{e}_k$ auch *gemischtvariante* Koordinaten (z. B. $T^{\cdot k}_i$). Wie schon die entsprechenden Vektorkoordinaten [s. (2.26) in Abschn. 2.2.2] können auch diese mit Koordinaten des Metriktensors (z. B. g^{il}) multipliziert und beispielsweise über

$$T^{\,l}_{\cdot k} = g^{li}T_{ik} \qquad (2.61)$$

ineinander umgerechnet werden. Genauso lassen sich noch weitere alternative Darstellungen angeben. Die in Abschn. 2.2.2 dargelegte Rechenregel für Vektoren lässt sich demnach erweitern:

▶ Durch Multiplikation der Tensorkoordinaten mit den kontravarianten (kovarianten) Metrikkoeffizienten wird ein unterer (oberer) Index gehoben (gesenkt).

Wichtige spezielle Tensoren sind symmetrische und schiefsymmetrische Tensoren, wichtige Operationen mit Tensoren sind Inversion und Transposition.

Ein Tensor $\vec{\vec{T}}$ ist invertierbar, wenn für beliebige Vektoren $\vec{u}$ und $\vec{v}$ die Beziehung

$$\vec{v} = \vec{\vec{T}}\vec{u} \qquad (2.62)$$

---

[12] Man bezeichnet diesen *tensoriellen Produktraum* mit $\mathcal{E}^3 \otimes \mathcal{E}^3$. Er ist *neun*-dimensional und wird von den *tensoriellen Produkten* $\vec{e}_i \otimes \vec{e}_k$ der Basis $\vec{e}_i$ „aufgespannt".

[13] Wäre $\vec{\vec{\delta}}$ ein Tensor, würde gemäß (2.61) nämlich $\delta^{ik} = g^{kl}\delta^i_l$ gelten. Mit der „Ausblend"-Eigenschaft würde daraus $\delta^{ik} \equiv g^{ki}$ folgen. Dies kann jedoch nicht sein, da i. Allg. $g^{ki} \neq 1$ *oder* $\neq 0$ ist. Also nicht δ^{ik} ist der Tensor, sondern g^{ik} bzw. g_{ik}, g^i_k, und *nur* in der gemischtvarianten Darstellung gilt $g^i_k \equiv \delta^i_k$.

nach dem Vektor $\vec{u}$ aufgelöst werden kann:

$$\vec{u} = \vec{\vec{T}}^{-1}\vec{v}. \tag{2.63}$$

$\vec{\vec{T}}_{\text{inv}} \equiv \vec{\vec{T}}^{-1}$ ist dann der *inverse Tensor* von $\vec{\vec{T}}$. Analog zu Matrizen (s. Abschn. 1.1.3) folgt [nach Einsetzen von (2.63) in (2.62) und Vergleich mit (2.56)] unmittelbar die Eigenschaft

$$\vec{\vec{T}}\vec{\vec{T}}_{\text{inv}} \equiv \vec{\vec{T}}_{\text{inv}}\vec{\vec{T}} = \vec{\vec{I}} \quad \rightarrow \quad T^{ik}T_{\text{inv}\,kl} \equiv T_{\text{inv}}^{ik}T_{kl} = g_l^i = \delta_l^i. \tag{2.64}$$

Die Koordinatenmatrix (T_{inv}^{ik}) des inversen Tensors $\vec{\vec{T}}_{\text{inv}}$ berechnet sich nach den beiden letzten Gleichheitszeichen in (2.64) als Kehrmatrix von (T_{ik}):

$$(T_{\text{inv}}^{ik}) = (T_{ik})^{-1}. \tag{2.65}$$

Ebenfalls nur in nicht-gemischten Basen stimmt die Berechnung des *tranponierten Tensors* $\vec{\vec{T}}_{\text{trans}}$ mit der Transposition der Matrizenrechnung überein. Der Zusammenhang der kontravarianten Koordinaten T_{trans}^{ik} des transponierten Tensors $\vec{\vec{T}}_{\text{trans}}$ beispielsweise ist nämlich durch

$$\vec{\vec{T}}_{\text{trans}} = \vec{\vec{T}}^{\text{T}} \quad \leftrightarrow \quad T_{\text{trans}}^{ik} = T^{ki} \tag{2.66}$$

bestimmt. Ordnet man also die Tensorkoordinaten T^{ik} des ursprünglichen Tensors $\vec{\vec{T}}$ in einer Matrix an, so entsteht die Transposition durch Spiegelung an der Hauptdiagonalen. Für gemischtvariante Koordinaten ist dies allerdings nicht mehr richtig. Eine (2.66) entsprechende Darstellung muss dann aus der Definitionsgleichung $\vec{u} \cdot (\vec{\vec{T}}\vec{v}) \overset{(\text{def.})}{=} \vec{v} \cdot (\vec{\vec{T}}^{\text{T}}\vec{u})$ neu hergeleitet werden.

Einen Tensor $\vec{\vec{T}}$ nennt man *symmetrisch*, wenn er mit seinem transponierten Tensor übereinstimmt:

$$\vec{\vec{T}} = \vec{\vec{T}}^{\text{T}} \quad \leftrightarrow \quad T^{ik} = T^{ki}, \; T_{\cdot k}^{i} = T_k^{\cdot i}. \tag{2.67}$$

Ein *schiefsymmetrischer* Tensor ist entsprechend über

$$\vec{\vec{T}} = -\vec{\vec{T}}^{\text{T}} \quad \leftrightarrow \quad T^{ik} = -T^{ki}, \; T_{\cdot k}^{i} = -T_k^{\cdot i} \tag{2.68}$$

erklärt. Der Identitätstensor $\vec{\vec{I}}$ oder Metriktensor $\vec{\vec{g}}$ ist ein einfaches Beispiel eines symmetrischen Tensors.

Es ist zweckmäßig, auch für das *Skalarprodukt von Tensoren* das bereits früher [s. (2.8) und (2.17)] eingeführte Symbol ($\cdot$) beizubehalten. Bei geeigneter Definition gelten dann sämtliche für das Skalarprodukt zwischen Vektoren bekannten Regeln analog. Als explizite Rechenvorschrift ergibt sich schließlich

$$\vec{\vec{S}} \cdot \vec{\vec{T}} = \alpha \quad \leftrightarrow \quad \alpha = S^{ik} T_{ik} \tag{2.69}$$

in symbolischer Schreibweise bzw. in Indexschreibweise.

Das *Tensorprodukt* $\vec{\vec{S}}\vec{\vec{T}}$ zweier Tensoren ist über die lineare Abbildung $(\vec{\vec{S}}\vec{\vec{T}})\vec{u} = \vec{\vec{S}}(\vec{\vec{T}}\vec{u})$ definiert. Als Rechenregel folgt

$$\vec{\vec{S}}\vec{\vec{T}} = \vec{\vec{R}} \quad \leftrightarrow \quad R^{i}_{.l} = S^{ik} T_{kl}. \tag{2.70}$$

Das Tensorprodukt kann offenbar mit dem Falkschen Schema der Matrizenrechnung (s. Abb. 1.1 in Abschn. 1.1.3)

$$(R^{i}_{.l}) = (S^{ik})(T_{kl}) \tag{2.71}$$

ausgewertet werden.

Eine *Koordinatentransformation* und damit ein Wechsel von der kartesischen Basis $\vec{e}_{\alpha}$ zur affinen Basis $\vec{e}_{i}$ bedeutet für einen Tensor die Transformation seiner Koordinaten nach der Vorschrift

$$T_{ik} = a^{\alpha}_{.i} a^{.\beta}_{k} T_{\alpha\beta} \tag{2.72}$$

und entsprechenden Transformationsregeln für T^{ik} und $T^{.i}_{.k}$. Meist ist auch die zu (2.72) inverse Transformation möglich:

$$T_{\alpha\beta} = a^{i}_{.\alpha} a^{k}_{.\beta} T_{ik}. \tag{2.73}$$

Dieses Transformationsverhalten kann als Definition eines Tensors 2. Stufe verwendet werden: D. h. genau dann, wenn die neun Zahlen T_{ik} beim Wechsel des Koordinatensystems von $\vec{e}_{i}$ auf $\vec{e}_{\alpha}$ in die neun Zahlen $T_{\alpha\beta}$ nach (2.73) übergehen, handelt es sich um Koordinaten eines Tensors.

2.3.2 Tensoren höherer Stufe

In Fortführung der Definition eines Tensors 2. Stufe als lineare Abbildung eines Vektors in einen zweiten wird ein *Tensor n-ter Stufe* als lineare Abbildung von Vektor-$(n-1)$-Tupeln $^{1}\vec{u}, ^{2}\vec{u}, \ldots, ^{n-1}\vec{u}$ in einen anderen Vektor $\vec{v}$ erklärt:

$$\overset{(n)}{\vec{T}} {}^{1}\vec{u}\,^{2}\vec{u}\ldots\,^{n-1}\vec{u} = \vec{v} \quad \leftrightarrow \quad T_{ik_1k_2\ldots k_{n-1}}\,^{1}u^{k_1}\,^{2}u^{k_2}\ldots\,^{n-1}u^{k_{n-1}} = v_i \tag{2.74}$$

In symbolischer Schreibweise wird ein Tensor n-ter Stufe entweder durch $\overset{\rightarrow}{(n)}$ oder nach Möglichkeit (z. B. bei $n = 3$) einfach durch n Vektorpfeile gekennzeichnet. Neben der Darstellung (2.74) mit rein kovarianten Koordinaten existieren rein kontravariante und auch gemischtvariante Schreibweisen. Wie man leicht prüfen kann, gibt es für einen Tensor n-ter Stufe insgesamt 2^n Arten von Koordinaten: eine rein kovariante, eine rein kontravariante und schließlich $2^n - 2$ Arten gemischtvarianter Koordinaten. Dabei besteht in $\mathcal{E}^3$ jede Koordinatenart aus 3^n Koordinaten. Ein Tensor dritter Stufe hat z. B. $2^3 = 8$ Arten von Koordinaten

$$T^{ikl}, \ T_i^{\cdot kl}, \ T_{\cdot k}^{i \cdot l}, \ T_{\cdot \cdot l}^{ik}, \ T_{ikl}, \ T_{\cdot kl}^{i}, \ T_{i \cdot l}^{\cdot k}, \ T_{ik}^{\cdot \cdot l}. \tag{2.75}$$

Jede davon, z. B. T^{ikl}, besteht aus $3^3 = 27$ Koordinaten. Damit können Tensoren beliebiger Stufe erzeugt werden. Skalare sind dann nichts anderes als Tensoren 0-ter Stufe, Vektoren sind Tensoren erster Stufe, und Dyaden sind Tensoren 2-ter Stufe.

Wie schon z. B. die Metrikkoeffizienten g_{ik}, besitzen auch die Permutationssymbole ε_{ikl} (s. Abschn. 2.2.3) Tensorcharakter. Es lässt sich zeigen, dass sie Koordinaten des dreistufigen sog. *Fundamentaltensors* $\overset{\overset{\rightarrow}{\rightarrow}}{\varepsilon}$ sind.

Wie bei Vektoren und Dyaden lassen sich auch bei Tensoren höherer Stufe Koordinatenindizes heben und senken, z. B.

$$T_{ik_1 \cdot k_3 \cdots k_{n-1}}^{\cdot \cdot k_2} = g^{k_2 l} T_{ik_1 l k_3 \cdots k_{n-1}}, \tag{2.76}$$

und Koordinatentransformationen durchführen, z. B.

$$T_{i_1 i_2 \cdots i_n} = a_{\cdot i_1}^{\alpha_1} a_{\cdot i_2}^{\alpha_2} \dots a_{\cdot i_n}^{\alpha_n} T_{\alpha_1 \alpha_2 \cdots \alpha_n}. \tag{2.77}$$

Wichtige Rechenregeln betreffen die Addition (und Subtraktion), das tensorielle Produkt sowie die sog. Überschiebung und die Verjüngung.

Tensoren gleicher Stufe werden *addiert* (subtrahiert), indem man ihre Koordinaten addiert (subtrahiert).

Das *tensorielle Produkt* $\overset{(m)}{\vec{S}} \, \overset{(n)}{\vec{T}}$ eines Tensors m-ter Stufe $\overset{(m)}{\vec{S}}$ mit einem Tensor n-ter Stufe $\overset{(n)}{\vec{T}}$ ergibt in der Form

$$Z_{i_1 i_2 \cdots i_m k_1 k_2 \cdots k_n} = S_{i_1 i_2 \cdots i_m} T_{k_1 k_2 \cdots k_n} \tag{2.78}$$

einen Tensor $(n + m)$-ter Stufe $\overset{(n+m)}{\vec{Z}}$.

Die sog. *Überschiebung* ist ein spezielles, sog. *verjüngendes* Produkt, bei dem die beiden beteiligten Tensoren $\overset{(m)}{\vec{S}}$ und $\overset{(n)}{\vec{T}}$ in Indexschreibweise jeweils *einen* übereinstimmenden Index besitzen, z. B. $S_{i_1 i_2 \cdots l \cdots i_m}$ und $T^{k_1 k_2 \cdots l \cdots k_n}$. Nach der in Abschn. 2.1.2 eingeführten

Summationsvereinbarung muss also über diesen gegenständig auftretenden Index l summiert werden. Das Resultat dieser Überschiebung (eines Tensors m-ter Stufe $\overset{(m)}{\vec{S}}$ und eines Tensors n-ter Stufe $\overset{(n)}{\vec{T}}$) ist ein Tensor $(m + n - 2)$-ter Stufe, z. B.

$$\vec{\vec{S}}\,\vec{\vec{T}} = \vec{\vec{Z}} \quad \leftrightarrow \quad S^{ikl}T_l^{\cdot m} = Z^{ikm}. \tag{2.79}$$

Für den einfachen Sonderfall von Vektoren (als Tensoren erster Stufe) entsteht aus (2.79) eine skalare Größe Z (als Tensor 0-ter Stufe), nämlich das Skalarprodukt $S^l T_l = Z$.

Die sog. *Verjüngung* setzt in ein und demselben Tensor n-ter Stufe einen oberen Index einem unteren gleich. Durch Summation über dieses Indexpaar entsteht ein Tensor $(n-2)$-ter Stufe. Die Verjüngung des Metriktensors $\vec{\vec{g}} = \vec{\vec{I}}$ ist beispielsweise $g_i^i = \delta_i^i = \delta_1^1 + \delta_2^2 + \delta_3^3 = 3$ (in der Ebene gilt $g_i^i = 2$).

2.3.3 Lineare Elastizitätstheorie als Anwendung

Aufgabe der Elastizitätstheorie ist die Berechnung des Formänderungs- und des Spannungszustandes von elastisch deformierten Bauteilen und Tragwerken.

Ausgangspunkt zur Bestimmung des Spannungszustandes im Punkt P eines Körpers ist die betrachtete Schnittfläche A bzw. die *differenzielle Schnittfläche* dA. Dieser Schnittfläche kann der *Flächennormalenvektor* $d\vec{A} = \vec{n}dA$ (in Richtung des Flächennormaleneinheitsvektors $\vec{n}$) zugeordnet werden. Auf dA wirkt die *differenzielle* Schnittkraft $d\vec{F}$. Der *Spannungstensor* $\vec{\vec{\sigma}}$ stellt nun in Form der linearen Vektorabbildung $d\vec{A} \to d\vec{F}$ den Zusammenhang zwischen Schnittkraft und Schnittfläche her. Der Spannungstensor enthält die Spannungsinformation *aller* möglichen Schnittrichtungen in *einem* Punkt P. Die Abbildung lautet somit

$$d\vec{F} = \vec{\vec{\sigma}}^{\mathrm{T}}d\vec{A} \quad \to \quad dF^k = \sigma^{ik}dA_i = \sigma_i^{\cdot k}dA^i, \quad dF_k = \sigma_{\cdot k}^i dA_i = \sigma_{ik}dA^i \tag{2.80}$$

mit den Vektoren

$$d\vec{F} = dF^k\vec{e}_k = dF_k\vec{e}^{\,k}, \quad d\vec{A} = dA_i\vec{e}^{\,i} = dA^i\vec{e}_i. \tag{2.81}$$

Dabei ist in (2.80) laut Konvention der erste Index (hier i) Summationsindex. Da dieser von $dA_i\vec{e}^{\,i}$ herrührt, wird also über die einzelnen Flächenelemente summiert. Der Index i in σ^{ik} kennzeichnet damit die Flächennormale. Der zweite Index (hier k in σ^{ik}) ist dagegen $dF^k\vec{e}_k$ zugeordnet, d. h. er bezieht sich auf die (in $\vec{e}_k$ dargestellte) Spannungs-

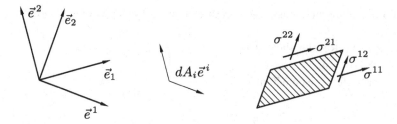

Abb. 2.9 Flächenelemente mit zugeordneten Spannungskoordinaten in ko- und kontravarianter Basis

richtung. Abb. 2.9 erklärt diesen Sachverhalt für ein Beispiel. Der Spannungstensor[14] $\vec{\vec{\sigma}}$ ist symmetrisch, d. h. es gilt

$$\sigma^{ik} = \sigma^{ki}, \quad \sigma_{ik} = \sigma_{ki}, \quad \sigma_k^{\cdot i} = \sigma_{\cdot k}^{i} \quad (\text{aber} \quad \sigma_{\cdot i}^{k} \neq \sigma_{\cdot k}^{i}). \tag{2.82}$$

In der üblichen Weise [in Analogie zu (2.61)] kann man die Koordinatenindizes heben oder senken, z. B.

$$\sigma_{\cdot k}^{i} = g^{il}\sigma_{lk}, \quad \sigma^{ik} = g^{lk}\sigma_{\cdot l}^{i}, \quad (\text{mit } g^{ik} = \vec{e}^{\,i} \cdot \vec{e}^{\,k}), \tag{2.83}$$

sowie [s. (2.72)] den Spannungstensor in ein anderes Koordinatensystem transformieren, z. B.

$$\sigma_{ik} = a_i^{\cdot\alpha} a_k^{\cdot\beta} \sigma_{\alpha\beta}, \quad (\text{mit } a_i^{\cdot\alpha} = \vec{e}_i \cdot \vec{e}^{\,\alpha}). \tag{2.84}$$

Ist der Spannungszustand und damit der Spannungstensor $\vec{\vec{\sigma}}$ bekannt, so kann für eine gewählte Schnittfläche mit ihrem Normalenvektor $\vec{dA}$ die Schnittkraft $\vec{dF} = \vec{\vec{\sigma}}^{\mathrm{T}}\vec{dA}$ berechnet werden.

Meist wird jedoch anstelle der Schnittkraft $\vec{dF}$ der sog. *Spannungsvektor* $^a\vec{\sigma}$ verwendet. Er unterscheidet sich von der Schnittkraft nur durch den Bezug auf die Fläche $dA = |\vec{dA}|$. Das linksseitig hochgestellte „a" steht für „allgemeine Schnittrichtung", d. h. Schnittflächen, die nicht eine der (gewählten) Basisvektoren $\vec{e}^{\,i}, \vec{e}_i$ als Normale $\vec{dA}$ aufweisen. Der Spannungsvektor $^a\vec{\sigma}$ ist demnach über

$$^a\vec{\sigma} \stackrel{\text{(def.)}}{=} \frac{\vec{dF}}{|\vec{dA}|} = \frac{\vec{dF}}{dA} \quad \leftrightarrow \quad ^a\sigma^k = \frac{dF^k}{dA} = \frac{dA_i}{dA}\sigma^{ik} = \frac{dA^i}{dA}\sigma_i^{\cdot k}$$

$$\text{bzw. } ^a\sigma_k = \frac{dF_k}{dA} = \frac{dA_i}{dA}\sigma_{\cdot k}^{i} = \frac{dA^i}{dA}\sigma_{ik} \tag{2.85}$$

---

[14] Im Rahmen einer linearen Theorie, wie sie hier verfolgt wird, macht es keinen Unterschied, ob man vom Piola-Kirchhoffschen (2. Art) oder vom Cauchyschen Spannungstensor [s. auch Abschn. 4.2.2, (4.103) ff.] spricht.

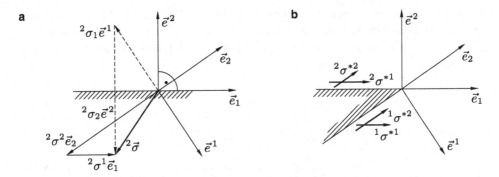

Abb. 2.10 Koordinaten des Spannungsvektors und technische Spannungen

definiert. Es ist zweckmäßig, *spezielle Schnittflächen* mit $d\vec{A} \parallel \vec{e}^{\,i}$ ($\rightarrow {}^i\vec{\sigma}$) oder $d\vec{A} \parallel \vec{e}_i$ ($\rightarrow {}_i\vec{\sigma}$) zu wählen. Dann gilt $d\vec{A} = dA\dfrac{\vec{e}^{\,i}}{\sqrt{g^{ii}}}$ oder $d\vec{A} = dA\dfrac{\vec{e}_i}{\sqrt{g_{ii}}}$, und der *Spannungs-vektor* wird ${}^i\vec{\sigma}$ oder ${}_i\vec{\sigma}$. In Indexschreibweise wird damit aus (2.85)

$$ {}^i\sigma^k = \frac{\sigma^{ik}}{\sqrt{g^{ii}}}, \quad {}^i\sigma_k = \frac{\sigma^i_{\cdot k}}{\sqrt{g^{ii}}} \quad \text{bzw.} \quad {}_i\sigma^k = \frac{\sigma^{\cdot k}_i}{\sqrt{g_{ii}}}, \quad {}_i\sigma_k = \frac{\sigma_{ik}}{\sqrt{g_{ii}}}. \tag{2.86} $$

Abb. 2.10a veranschaulicht diese Zusammenhänge. Den Übergang zu *physikalischen* Spannungskoordinaten, d.h. den wahren, technischen Spannungen, gewinnt man wieder [s. (2.15) in Abschn. 2.2.1] aus den Koordinaten des Spannungsvektors ${}^i\vec{\sigma}$ durch Normieren der jeweiligen Basisvektoren $\vec{e}^{\,k}, \vec{e}_k$. Man findet nach kurzer Rechnung das Ergebnis

$$ {}^i\sigma^{*k} = \sqrt{g_{\not{k}\not{k}}}\,{}^i\sigma^{\not{k}}, \quad {}^i\sigma_k^* = \sqrt{g^{\not{k}\not{k}}}\,{}^i\sigma_{\not{k}} $$

$$ {}_i\sigma^{*k} = \sqrt{g_{\not{k}\not{k}}}\,{}_i\sigma^{\not{k}}, \quad {}_i\sigma_k^* = \sqrt{g^{\not{k}\not{k}}}\,{}_i\sigma_{\not{k}}. \tag{2.87} $$

In Abb. 2.10b sind diese technischen Spannungen dargestellt.

Eine wichtige Fragestellung ist die Auswertung der linearen Vektorabbildung $d\vec{F} = \vec{\sigma}^{\mathrm{T}}d\vec{A}$ für die spezielle Schnittrichtung $d\vec{A} \parallel d\vec{F}$, wenn *senkrecht* zur wirkenden Kraft freigeschnitten wird. Dann gilt stets $d\vec{F} \sim d\vec{A}$ bzw. $dF_i \sim dA_i$, d.h.

$$ dF_i = \sigma\,dA_i \tag{2.88} $$

mit dem Proportionalitätsfaktor σ. In Indexschreibweise lässt sich (2.88) damit in der Form

$$ dF_k = \sigma\,dA_k = \sigma g^i_{\cdot k}dA_i = \sigma^i_{\cdot k}dA_i \quad \rightarrow \quad (\sigma^i_{\cdot k} - \sigma g^i_{\cdot k})dA_i = 0, \quad k = 1,2,3 \tag{2.89} $$

mit (2.80) vergleichen. Daraus entstehen drei homogene Gleichungen für die gesuchten (ausgezeichneten) Schnittflächen dA_i mit dem sog. Eigenwert σ als noch unbekanntem Parameter. Es ist also eine Eigenwertaufgabe (s. Abschn. 1.1.4) entstanden. Nichttriviale Lösungen $dA_i \neq 0$ existieren nur für

$$\det(\sigma^{\,i}_{.k} - \sigma g^{\,i}_{.k}) = 0. \tag{2.90}$$

Dies führt zur kubischen Gleichung

$$\sigma^3 - {}_IJ\sigma^2 + {}_{II}J\sigma - {}_{III}J = 0 \tag{2.91}$$

für σ mit den sog. *Spannungsinvarianten*

$$_IJ = \sigma^{\,i}_{.i}, \quad {}_{II}J = \frac{1}{2}(\sigma^{\,i}_{.i}\sigma^{\,k}_{.k} - \sigma^{\,i}_{.k}\sigma^{\,k}_{.i}), \quad {}_{III}J = \det(\sigma^{\,i}_{.k})^{\mathrm{T}}. \tag{2.92}$$

Die drei Wurzeln $_J\sigma$ $(J = I, II, III)$ sind die sog. *Hauptspannungen*; sie sind alle reell, weil der Spannungstensor $\vec{\vec{\sigma}}$ symmetrisch ist. Aus (2.89) lassen sich bei bekannten Hauptspannungen $_J\sigma$ die Eigenlösungen $_JdA_i$ (bis auf eine Konstante) berechnen. Die Eigenlösungen legen die sog. *Hauptspannungsrichtungen* $_J\vec{e} = {}_JdA_i\vec{e}^{\,i}$ $(J = I, II, III)$ fest. Es gilt $_Jd\vec{A} \perp {}_Kd\vec{a}$ $(J \neq K)$, d. h. die drei Hauptschnittrichtungen sind zueinander orthogonal [und wegen $|_J\vec{e}| = 1$ $(J = I, II, III)$ auch entsprechend normiert]. Der auf sog. *Hauptachsen* transformierte Spannungstensor besitzt die Koordinaten-Matrix

$$(\sigma_{JK}) = \begin{pmatrix} {}_I\sigma & 0 & 0 \\ 0 & {}_{II}\sigma & 0 \\ 0 & 0 & {}_{III}\sigma \end{pmatrix} \tag{2.93}$$

und ist somit ein Diagonaltensor.

Beispiel 2.5 Ebener Spannungszustand. Gegeben ist eine affine Basis

$$\vec{e}_1 = \vec{e}_x, \quad \vec{e}_2 = \vec{e}_x + \vec{e}_y \tag{2.94}$$

und ein Spannungstensor $\vec{\vec{\sigma}}$ im Punkt P mit seiner Koordinatenmatrix

$$(\sigma_{ik}) = \begin{pmatrix} 1 & 1 \\ 1 & -2 \end{pmatrix}. \tag{2.95}$$

Gesucht sind die Hauptspannungen $_J\sigma$ und Hauptspannungsrichtungen $_J\vec{e}$.

Zur Lösung dieser Aufgabe ermittelt man zunächst den metrischen Grundtensor und die kontravarianten Basisvektoren. Mit $g_{ik} = \vec{e}_i \cdot \vec{e}_k$, $(g^{ik}) = (g_{ik})^{-1}$ sowie $\vec{e}^{\,i} = g^{ik}\vec{e}_k$

ergeben sich

$$(g_{ik}) = \begin{pmatrix} 1 & 1 \\ 1 & 2 \end{pmatrix}, \quad (g^{ik}) = \begin{pmatrix} 2 & -1 \\ -1 & 1 \end{pmatrix},$$

$$\vec{e}^{\,1} = 2\vec{e}_1 - 2\vec{e}_2, \quad \vec{e}^{\,2} = -\vec{e}_1 + \vec{e}_2. \tag{2.96}$$

Jetzt können über $\sigma^i_{\cdot k} = g^{il}\sigma_{lk}$ bzw. $\sigma^{il} = \sigma^i_{\cdot k}g^{kl}$ die gewünschten Spannungstensor-Koordinaten bestimmt werden:

$$(\sigma^i_{\cdot k}) = \begin{pmatrix} 1 & 4 \\ 0 & 3 \end{pmatrix}, \quad (\sigma^{ik}) = \begin{pmatrix} -2 & 3 \\ 3 & -3 \end{pmatrix}. \tag{2.97}$$

Damit findet man schließlich auch das homogene Gleichungssystem gemäß (2.89)

$$(1-\sigma)dA_1 + 0dA_2 = 0, \quad 4dA_1 + (-3-\sigma)dA_2 = 0 \tag{2.98}$$

mit den Hauptspannungen

$$_I\sigma = 1, \quad _{II}\sigma = -3 \tag{2.99}$$

und den (orthonormierten) Hauptspannungsrichtungen

$$_I\vec{e} = \frac{\sqrt{2}}{2}(1,-1)^{\mathrm{T}}, \quad _{II}\vec{e} = (0,1)^{\mathrm{T}}. \tag{2.100}$$

Ergänzend sollen noch die kovarianten Koordinaten der Schnittnormalen $d\vec{A} = -\vec{e}_2$ und die kontravarianten Koordinaten dF^i des Kraftvektors $d\vec{F}$ im Schnitt senkrecht zu dieser Normalen $d\vec{A}$ angegeben werden. Gemäß $d\vec{A} = dA_i\vec{e}^{\,i}$ und $dF^k = \sigma^{ik}dA_i$ erhält man im Einzelnen

$$(dA_i) = (-1,-2)^{\mathrm{T}}, \quad (dF^k) = (-4,3)^{\mathrm{T}}. \tag{2.101}$$

Der Schnittkraftvektor $d\vec{F}$ lässt sich auch noch in die kartesische Basis $\vec{e}_\alpha$ transformieren. Mit der Transformationsmatrix

$$(a^{\cdot\alpha}_k) = \begin{pmatrix} \vec{e}_1 \cdot \vec{e}^{\,x} & \vec{e}_1 \cdot \vec{e}^{\,y} \\ \vec{e}_2 \cdot \vec{e}^{\,x} & \vec{e}_2 \cdot \vec{e}^{\,y} \end{pmatrix} = \begin{pmatrix} 1 & 0 \\ 1 & 1 \end{pmatrix} \tag{2.102}$$

folgt (über $dF^\alpha = a^{\cdot\alpha}_k dF^k$)

$$(dF^\alpha) = (-1,3)^{\mathrm{T}}. \tag{2.103}$$

∎

Zur Angabe des Verzerrungszustandes und auch zur Formulierung der Gleichgewichtsbedingungen benötigt man Ableitungen von Tensoren. Darauf wird im nächsten Unterkapitel eingegangen.

2.4 Vektor- und Tensoranalysis

Die in physikalischen Problemen auftretenden Funktionen sind Skalare, Vektoren und Tensoren. Diese skalar-, vektor- oder tensorwertigen Funktionen hängen i. d. R. von reellen (wiederum skalaren, vektoriellen oder tensoriellen) Parametern und der Zeit t ab. Funktionen, die auch von (i. Allg. krummlinigen) Ortskoordinaten x^k abhängen, bezeichnet man als *Felder*. Allgemein unterscheidet man zwischen *Skalar-, Vektor-* und *Tensorfeldern*. Der Einfluss einer Änderung der Parameter oder der Koordinaten x^k – z. B. aufgrund einer Bewegung – auf i. Allg. n-stufige Tensoren ist Gegenstand der Tensoranalysis. Die wichtigsten Grundlagen dazu werden im folgenden besprochen; dabei wird die Existenz entsprechender Ableitungen stets vorausgesetzt.

2.4.1 Funktionen skalarwertiger Parameter

Ableitungen und Differenziale von Funktionen, die von skalarwertigen Variablen abhängen, lassen sich in bekannter Weise angeben. Die *Ableitung* eines Vektors $\vec{u}$, der eine eindeutige Funktion eines reellen skalaren Parameters α sein soll, ist eine Vektorfunktion $\vec{v}$, die in klassischer Weise durch den Grenzübergang

$$\vec{v} = \lim_{\tau \to \alpha} \frac{\vec{u}(\tau) - \vec{u}(\alpha)}{|\tau - \alpha|} \tag{2.104}$$

(mit der ebenfalls reellen skalaren Variablen τ) erklärt wird. Man schreibt dafür

$$\vec{v}(\alpha) = \frac{d\vec{u}(\alpha)}{d\alpha} \quad \text{oder} \quad \vec{v}(\alpha) = \vec{u}\,'(\alpha) \tag{2.105}$$

und formuliert entsprechend auch das *Differenzial* der Funktion $\vec{u}(\alpha)$:

$$d\vec{u}(\alpha) = \vec{u}\,'(\alpha)d\alpha. \tag{2.106}$$

Weiterhin kann man Ableitungen und Differenziale höherer Ordnung definieren. So sind die zweite Ableitung und das Differenzial zweiter Ordnung von $\vec{u}$ durch

$$\frac{d^2\vec{u}}{d\alpha^2} = \frac{d}{d\alpha}\left(\frac{d\vec{u}}{d\alpha}\right) = \vec{u}\,'', \quad d^2\vec{u} = d(d\vec{u}) = \vec{u}\,''d\alpha^2 \tag{2.107}$$

sowie die dritte Ableitung und das Differenzial dritter Ordnung von $\vec{u}$ durch

$$\frac{d^3\vec{u}}{d\alpha^3} = \frac{d}{d\alpha}\left(\frac{d^2\vec{u}}{d\alpha^2}\right) = \vec{u}\,''', \quad d^3\vec{u} = d\left(d^2\vec{u}\right) = \vec{u}\,'''(\alpha)d\alpha^3 \tag{2.108}$$

gegeben. Die *partiellen Ableitungen* einer vektorwertigen Funktion $\vec{u}$ mehrerer skalarer Variablen $\alpha, \beta, \ldots$ nach einer oder mehrerer dieser Variablen sind ebenfalls entsprechend definierte Vektoren $\vec{w}$. Beispielsweise gilt

$$\vec{w}_1 = \frac{\partial \vec{u}}{\partial \alpha} \quad \text{oder} \quad \vec{w}_2 = \frac{\partial^2 \vec{u}}{\partial \alpha^2} \quad \text{oder} \quad \vec{w}_3 = \frac{\partial^2 \vec{u}}{\partial \alpha \partial \beta}. \tag{2.109}$$

Das *vollständige (totale) Differenzial n-ter Ordnung* vektorwertiger Funktionen mit mehreren Variablen lässt sich schließlich in der formalen Operatorschreibweise

$$d^n \vec{u} = \left(\frac{\partial}{\partial \alpha} d\alpha + \frac{\partial}{\partial \beta} d\beta + \ldots \right)^{(n)} \vec{u} \tag{2.110}$$

definieren.

In ähnlicher Weise kann man Ableitungen und Differenziale für tensorwertige Funktionen einer oder mehrerer skalarer Variablen definieren; es ist dafür kein gesonderter Kalkül erforderlich.

Betrachtet man als speziellen Vektor den *Ortsvektor* $\vec{x}$ zu einem materiellen Punkt P und identifiziert den Parameter α mit der Zeit t, so beschreibt $\vec{x}(t)$ die Bewegung dieses materiellen Punktes im Anschauungsraum. Die erste Ableitung des Ortsvektors nach der Zeit t liefert dann die *Geschwindigkeit*

$$\vec{v}(t) = \frac{d\vec{x}}{dt} = \dot{\vec{x}}. \tag{2.111}$$

Darin kennzeichnet man, wie allgemein üblich, die Ableitung nach der Zeit durch einen hochgestellten Punkt[15]. Stellt man dagegen den Ortsvektor $\vec{x}$ als Funktion eines metrischen Parameters s für alle Werte von s dar, so erhält man mit

$$\vec{x} = \vec{x}(s) \tag{2.112}$$

die vektorielle Darstellung einer *Raumkurve*.

2.4.2 Theorie der Felder

Zur Beschreibung des *Euklidischen Punktraumes* lässt man den Ortsvektor $\vec{x}$ in der Form

$$\vec{x} = \vec{x}(x^1, x^2, x^3) \tag{2.113}$$

von drei metrischen Parametern x^1, x^2, x^3 abhängen.

---

[15] Im vorliegenden Buch wird insbesondere in Kap. 3 davon Gebrauch gemacht.

Fasst man die x^α als *kartesische* Koordinaten auf, so lässt sich der Ortsvektor $\vec{x}$ durch

$$\vec{x} = x^\alpha \vec{e}_\alpha \tag{2.114}$$

in der kartesischen Basis $\vec{e}_\alpha$ darstellen. Für viele Problemstellungen ist es jedoch zweck-mäßig, daneben den dreidimensionalen Raum mit krummlinigen ξ^i-Koordinatenlinien (entsprechend Abb. 2.2 in Abschn. 2.2.1) zu versehen und zur Identifizierung des Punktes P diese krummlinigen Koordinaten ξ^1, ξ^2, ξ^3 zu benutzen. Formal ersetzt man also im Folgenden die kartesischen Koordinaten x^α durch die krummlinigen Koordinaten ξ^i über die Transformation

$$x^\alpha = x^\alpha(\xi^1, \xi^2, \xi^3) \tag{2.115}$$

und fordert, dass eine eindeutige Umkehrung

$$\xi^i = \xi^i(x^1, x^2, x^3) \tag{2.116}$$

existiert. Dies ist genau dann der Fall, wenn die zugehörige Funktionaldeterminante nicht verschwindet. Diese wird aus der Koeffizientenmatrix der totalen Differenziale

$$dx^\alpha = \frac{\partial x^\alpha}{\partial \xi^i} d\xi^i = x^\alpha_{,i} d\xi^i, \quad d\xi^i = \frac{\partial \xi^i}{\partial x^\alpha} dx^\alpha = \xi^i_{,\alpha} dx^\alpha \tag{2.117}$$

[aus (2.115) bzw. (2.116] gebildet. Mit

$$\det(x^\alpha_{,i}) \neq 0 \quad \text{bzw.} \quad \det(\xi^i_{,\alpha}) \neq 0 \tag{2.118}$$

sind die genannten Transformationen dann tatsächlich eindeutig umkehrbar. Der Ortsvek-tor $\vec{x}$ (2.115) lautet also

$$\vec{x} = \vec{x}(\xi^1, \xi^2, \xi^3) = x^\alpha(\xi^1, \xi^2, \xi^3)\vec{e}_\alpha. \tag{2.119}$$

Diese Darstellung ist aber so nur in kartesischen Koordinaten x^α möglich; in krummlini-gen Koordinaten ξ^i gilt i. Allg.

$$\vec{x}(\xi^1, \xi^2, \xi^3) \neq \xi^i(x^\alpha)\vec{e}_i. \tag{2.120}$$

Allerdings kann für jeden Punkt $P(\xi^1|\xi^2|\xi^3)$ die zugehörige affine (kovariante) Basis $\vec{e}_i$ aus dem Ortsvektor $\vec{x}$ ausgerechnet werden[16]:

$$\vec{e}_i(\xi^1, \xi^2, \xi^3) \stackrel{\text{(def.)}}{=} \frac{\partial \vec{x}(\xi^1, \xi^2, \xi^3)}{\partial \xi^i}. \tag{2.121}$$

---

[16] Die zugehörige kontravariante Basis $\vec{e}^{\,i}$ wird mit Hilfe der Orthogonalitätsrelation (2.11) einge-führt. Eine zu (2.121) analoge Definition kontravarianter Basisvektoren $\vec{e}^{\,i} = \frac{\partial \vec{x}}{\partial \xi_i}$ ist nicht sinnvoll, weil sie i. Allg. nicht mit (2.11) verträglich ist.

Die Basisvektoren $\vec{e}_i$ sind stets *tangential* an die „Koordinatenlinien"[17] ξ^1, ξ^2, ξ^3. Deshalb werden solche Basen $\vec{e}_i$ auch als *natürliche* Basen (des ξ^1, ξ^2, ξ^3-Systems) bezeichnet. Bei gekrümmten Koordinaten ξ^1, ξ^2, ξ^3 hängt die (natürliche) Basis $\vec{e}_i$ vom Ort ξ^1, ξ^2, ξ^3 ab und kann somit (beispielsweise in einer Skizze, s. Abb. 2.1a, b) *nur* direkt im Punkt $P(\xi^1|\xi^2|\xi^3)$ eingezeichnet werden. Explizit lassen sich die kovarianten Basisvektoren aus der Vorschrift (2.121) mit (2.119) bestimmen:

$$\vec{e}_i = \frac{\partial x^\alpha}{\partial \xi^i} \vec{e}_\alpha = x^\alpha_{,i} \vec{e}_\alpha. \tag{2.122}$$

Diese Beziehung stellt eine Transformation gemäß (2.37) der ortsfesten kartesischen Basis $\vec{e}_\alpha$ in die natürliche Basis $\vec{e}_i$ dar. Der über $(2.37)_{1(5)}$ erklärte und gemäß $(2.38)_{1(2)}$ berechenbare Transformationskoeffizient (und damit auch seine Inverse) kann demnach in der Gestalt

$$a_i^{\cdot \alpha} = x^\alpha_{,i}, \quad (a_\alpha^{\cdot i} = \xi^i_{,\alpha}) \tag{2.123}$$

auch durch Ableiten von (2.115) [oder (2.116)] angegeben werden. Die Hin- bzw. Rücktransformation der Basen ist damit über $(2.37)_1$ bzw. $(2.37)_5$ einfach durchzuführen[18].

Eine wichtige Operation in der Tensoranalysis ist die Differenziation von Vektoren $\vec{u} = u^i \vec{e}_i$ nach den Ortskoordinaten ξ^k. Da in krummlinigen Koordinatensystemen auch die Basis $\vec{e}_i$ von den Ortskoordinaten ξ^k abhängt, muss also zunächst die partielle Differenziation von Basisvektoren

$$\vec{e}_{i,k} = \frac{\partial \vec{e}_i}{\partial \xi^k} \tag{2.124}$$

untersucht werden. Mit (2.122) erhält man

$$\vec{e}_{i,k} = \frac{\partial^2 x^\alpha}{\partial \xi^i \, \partial \xi^k} \vec{e}_\alpha. \tag{2.125}$$

Mit der Rücktransformation $\vec{e}_\alpha = \xi^l_{,\alpha} \vec{e}_l$ [gemäß $(2.37)_5$ mit $(2.123)_2$] gelingt es, die Ableitung auf die Basis selbst zurückzuführen:

$$\vec{e}_{i,k} = \frac{\partial \xi^l}{\partial x^\alpha} \frac{\partial^2 x^\alpha}{\partial \xi^i \, \partial \xi^k} \vec{e}_l \overset{\text{(def.)}}{=} \Gamma_{ik}^{\cdot\cdot l} \vec{e}_l. \tag{2.126}$$

---

[17] In der *Ebene* sind die beiden „Koordinatenlinien" in P die Kurven $\xi^1 = $ const und $\xi^2 = $ const. Im *Raum* sind die drei „Koordinatenlinien" in P Schnittkurven der (paarweise geschnittenen) „Koordinatenflächen" $\xi^1 = $ const, $\xi^2 = $ const und $\xi^3 = $ const.

[18] Die Darstellung des Ortsvektors in krummlinigen Koordinaten ist also $\vec{x} = x^\alpha \vec{e}_\alpha = x_\alpha a_\alpha^{\cdot i} \vec{e}_i$. Mit $(2.42)_1$ wird man auf $\vec{x} = x^i \vec{e}_i$ geführt und nicht etwa auf $\vec{x} = \xi^i \vec{e}_i$. D. h. in krummlinigen Koordinaten sind die Koordinaten eines Punktes $P(\xi^1|\xi^2|\xi^3)$ *nicht* identisch mit den Koordinaten x^1, x^2, x^3 des Ortsvektors $\vec{x} = x^i \vec{e}_i$.

Formal können Ableitungen von Basisvektoren [analog zu (2.126)] in insgesamt vier unterschiedlichen Darstellungen geschrieben werden:

$$\vec{e}_{i,k} \stackrel{\text{(def.)}}{=} \Gamma_{ik}^{\cdot\cdot l}\vec{e}_l \stackrel{\text{(def.)}}{=} \Gamma_{ikl}\vec{e}^{\,l},$$
$$\vec{e}^{\,i}_{\,,k} \stackrel{\text{(def.)}}{=} \Gamma_{\cdot k}^{i\cdot l}\vec{e}_l \stackrel{\text{(def.)}}{=} \Gamma_{\cdot kl}^{i}\vec{e}^{\,l}.$$

(2.127)

Die Γ-Symbole sind keine Tensoren; Γ_{ikl} bzw. $\Gamma_{ik}^{\cdot\cdot l}$ werden *Christoffel-Symbole 1. Art* (Indizes i, l stehen gleichständig) bzw. *2. Art* (i, l stehen gegenständig) genannt.

Die in der zweiten Zeile von (2.127) auftretenden Γ-Symbole lassen sich auf die Christoffel-Symbole 1. Art bzw. 2. Art zurückführen. Dazu bildet man

$$(\vec{e}^{\,i} \cdot \vec{e}_m)_{,k} = \vec{e}^{\,i}_{\,,k} \cdot \vec{e}_m + \vec{e}^{\,i} \cdot \vec{e}_{m,k}$$
$$\stackrel{(2.127)}{=} \Gamma_{\cdot kl}^{i} \underbrace{\vec{e}^{\,l} \cdot \vec{e}_m}_{\delta_m^l} + \underbrace{\vec{e}^{\,i}}_{\delta_l^i} \cdot (\Gamma_{mk}^{\cdot\cdot l} \underbrace{\vec{e}_l}_{})$$
$$= \Gamma_{\cdot km}^{i} + \Gamma_{mk}^{\cdot\cdot i}.$$

(2.128)

Wegen $(\vec{e}^{\,i} \cdot \vec{e}_m)_{,k} \equiv (\delta_m^i)_{,k} = 0$ gilt demnach

$$\Gamma_{\cdot km}^{i} = -\Gamma_{mk}^{\cdot\cdot i} \quad (\text{analog:} \ \Gamma_{\cdot k}^{i\cdot l} = -\Gamma_{mkn}g^{ml}g^{in}).$$

(2.129)

Meist ist es einfacher, die Christoffel-Symbole mit Hilfe der Metrikkoeffizienten zu berechnen. Differenziert man dazu die Relation $(2.24)_2$ nach ξ^k, so ergibt sich zunächst

$$\vec{e}_{i,k} \equiv (g_{il}\vec{e}^{\,l})_{,k} = g_{il,k}\vec{e}^{\,l} + g_{il}\vec{e}^{\,l}_{\,,k} = g_{il,k}\vec{e}^{\,l} + g_{il}(-\Gamma_{mk}^{\cdot\cdot l})\vec{e}^{\,m}.$$

(2.130)

Danach setzt man links die Definitionsgleichung (2.127) ein,

$$\Gamma_{ik}^{\cdot\cdot l}\vec{e}_l = g_{il,k}\vec{e}^{\,l} - g_{il}(\Gamma_{mk}^{\cdot\cdot l}\vec{e}^{\,m}),$$

(2.131)

und erhält nach skalarer Multiplikation mit $\vec{e}_n$

$$\Gamma_{ik}^{\cdot\cdot l}g_{ln} = g_{il,k}\delta_n^l - g_{il}\Gamma_{mk}^{\cdot\cdot l}\delta_n^m$$

(2.132)

oder (mit der „Ausblend"-Eigenschaft des Kronecker-Symbols)

$$g_{in,k} = \Gamma_{ik}^{\cdot\cdot l}g_{ln} + \Gamma_{nk}^{\cdot\cdot l}g_{il}.$$

(2.133)

Mittels zyklischer Umbenennung der Indizes i, n, k lassen sich zwei analoge Gleichungen für $g_{nk,i}$ und $g_{ik,n}$ erzeugen. Durch geschickte Addition und Subtraktion dieser drei Gleichungen gewinnt man schließlich die gesuchte Berechnungsvorschrift

$$\Gamma_{ik}^{\cdot\cdot l} = \frac{1}{2}g^{ln}(g_{kn,i} + g_{ni,k} - g_{ik,n})$$
$$\left[\text{analog} \quad \Gamma_{ikl} = \frac{1}{2}(g_{kl,i} + g_{il,k} - g_{ik,l})\right]$$

(2.134)

für die Christoffel-Symbole 2. Art bzw. 1. Art.

I. Allg. sind Vektoren und Tensoren Funktionen der krummlinigen Koordinaten ξ^i. In der Physik spielen solche Feldfunktionen als *Skalar-*, *Vektor-* oder *Tensorfelder* eine große Rolle. Erinnert sei in diesem Zusammenhang an die Temperatur (Skalarfeld), an Kraft- und Verschiebungsfelder (Vektorfelder) und an das Tensorfeld der Spannungen, die alle auch noch zeitabhängig sein können. In *Differenzialgleichungen* der Physik treten folglich Ableitungen dieser Felder auf. Auch diese partiellen Ableitungen nach der Ortskoordinate ξ^k will man nun nicht nur symbolisch, also z. B. in der Form $\vec{u}_{,k}$, sondern auch in Index-schreibweise darstellen. Für eine Vektorfunktion

$$\vec{u} = u^i \vec{e}_i \qquad (2.135)$$

wird die Vorgehensweise im Einzelnen erklärt. Sowohl die Vektorkoordinaten u^i als auch die Basisvektoren $\vec{e}_i$ sind Funktionen der drei Ortskoordinaten ξ^1, ξ^2, ξ^3. Bildet man nun die partielle Ableitung des Vektors $\vec{u}$ nach ξ^k,

$$\vec{u}_{,k} = u^i_{,k} \vec{e}_i + u^i \vec{e}_{i,k}, \qquad (2.136)$$

so liefert (2.126)

$$\vec{u}_{,k} = (u^i_{,k} + u^l \Gamma_{lk}^{\cdot\cdot i}) \vec{e}_i \overset{\text{(def.)}}{=} u^i_{|k} \vec{e}_i \quad \rightarrow \quad u^i_{|k} = u^i_{,k} + u^l \Gamma_{lk}^{\cdot\cdot i}. \qquad (2.137)$$

$u^i_{|k}$ ist die sog. *kovariante Ableitung* der Vektorkoordinaten u^i. Gibt man den Vektor $\vec{u}$ im dualen Basissystem $\vec{e}^{\,i}$ an, so folgt entsprechend

$$\vec{u}_{,k} = u_{i|k} \vec{e}^{\,i}, \quad \rightarrow \quad u_{i|k} = u_{i,k} - u_l \Gamma_{ik}^{\cdot\cdot l}. \qquad (2.138)$$

$u^i_{|k}$ und $u_{i|k}$ sind keine willkürlich gewählten Abkürzungen; vielmehr handelt es sich um Koordinaten eines Tensors zweiter Stufe

$$\vec{\vec{T}} = T^i_{\cdot k} \vec{e}_i \otimes \vec{e}^{\,k} \quad \leftrightarrow \quad T^i_{\cdot k} = u^i_{|k}, \quad T_{ik} = u_{i|k}, \qquad (2.139)$$

nämlich des Gradienten von $\vec{u}$. Die *partielle* Ableitung, z. B. in der Form $u^i_{,k}$, erzeugt dagegen *keine* Tensorkoordinate, d. h. das Gebilde $u^i_{,k} \vec{e}_i \otimes \vec{e}^{\,k}$ ist (im Gegensatz zur *kovarianten* Ableitung $u^i_{|k}$) *kein* Tensor. Das hat Konsequenzen für die Darstellung physikalischer Größen oder Gesetze. Schreibt man diese nämlich in Indexschreibweise, so dürfen keine partiellen, sondern nur kovariante[19] Ableitungen auftreten; andernfalls wäre die Darstellung abhängig von der Wahl des Koordinatensystems, und das macht bei der

---

[19] Die gleichzeitige Definition einer *kontravarianten* Ableitung analog zu (2.136) und (2.137) ist nicht sinnvoll, weil die so entstehenden „Tensorkoordinaten" $()^{lk}$ i. Allg. *nicht* mit der mittels des Metriktensors g^{lk} „gezogenen" *kovarianten* Ableitung $()_{|l} g^{lk} \equiv ()^{|k}$ übereinstimmen.

Formulierung physikalischer Aussagen keinen Sinn. Als Nächstes wird die partielle Ableitung eines Tensors (zweiter Stufe) $\vec{\vec{T}}$ (bei Bezug auf verschiedene Basen) bestimmt. Mit der jeweiligen kovarianten Ableitung

$$T^{ik}_{\;\;|l} = T^{ik}_{\;\;,l} + T^{mk}\Gamma^{\cdot\cdot i}_{ml} + T^{im}\Gamma^{\cdot\cdot k}_{ml},$$

$$T^{\;i}_{\cdot k|l} = T^{\;i}_{\cdot k,l} + T^{m}_{\cdot k}\Gamma^{\cdot\cdot i}_{ml} - T^{\;i}_{\cdot m}\Gamma^{\cdot\cdot m}_{kl}, \qquad (2.140)$$

$$T_{ik|l} = T_{ik,l} - T_{mk}\Gamma^{\cdot\cdot m}_{il} - T_{im}\Gamma^{\cdot\cdot m}_{kl}$$

entsteht wieder ein Tensor (einer um eins erhöhten Stufe)

$$\vec{\vec{T}}_{,l} = \vec{\vec{\vec{S}}} \quad \leftrightarrow \quad S^{ik}_{\cdot\cdot l} = T^{ik}_{\;\;|l}, \quad S^{\;i}_{\cdot kl} = T^{\;i}_{\cdot k|l}, \quad S_{ikl} = T_{ik|l}, \qquad (2.141)$$

Der Tensor dritter Stufe $\vec{\vec{\vec{S}}}$ ist wiederum der Gradient von $\vec{\vec{T}}$. Analog lassen sich Tensoren höherer Stufe ableiten.

Jetzt soll der *Nabla-* oder *Hamilton-Operator* in krummlinigen Koordinaten ξ^i dargestellt werden. Dieser ist ein *symbolischer* Vektor

$$\vec{\nabla} \equiv (\;)_{|i}\vec{e}^{\,i} \equiv (\;)^{|i}\vec{e}_i \quad [\text{mit } (\;)^{|i} = (\;)_{,k}g^{ki}] \qquad (2.142)$$

und dient bei formaler Verknüpfung zwischen diesem und *n*-stufigen Tensoren zur Darstellung bekannter *vektoranalytischer* Operationen (wie Bildung des Gradienten, der Divergenz etc.) in *tensoralgebraischer* Notation.

Die Bildung des *Gradienten* (grad) eines Tensors *n*-ter Stufe führt zu einem Tensor $(n+1)$-ter Stufe. Der Gradient des *Skalarfeldes* $\Phi(\xi^i, t)$ beispielsweise ist der Vektor

$$\operatorname{grad}\Phi \equiv \vec{\nabla}\Phi \equiv \Phi\vec{\nabla} = \Phi_{|i}\vec{e}^{\,i} = \Phi_{,i}\vec{e}^{\,i}. \qquad (2.143)$$

Der Gradient des *Vektorfeldes* $\vec{u}(\xi^i, t)$ ist der Tensor zweiter Stufe

$$\operatorname{grad}\vec{u} \equiv \vec{u} \otimes \vec{\nabla} = \vec{\vec{T}} \quad \leftrightarrow \quad T^{\;i}_{\cdot k} = u^i_{\;|k}. \qquad (2.144)$$

Ein wichtiger Sonderfall ist der Gradient des *Ortsvektors* $\vec{x}$:

$$\operatorname{grad}\vec{x} = \vec{x} \otimes \vec{\nabla} = \vec{\vec{g}} \quad \leftrightarrow \quad g^{\;i}_{\cdot k} = x^i_{\;|k} = \delta^i_k. \qquad (2.145)$$

Die *Divergenz* (div) eines Tensorfeldes *n*-ter Stufe ist ein eindeutiger Tensor $(n-1)$-ter Stufe. Für einen Skalar ist diese Operation folglich nicht definiert. Die Divergenz eines *Vektorfeldes* $\vec{u}(\xi^i, t)$

$$\operatorname{div}\vec{u} \equiv \vec{\nabla} \cdot \vec{u} \equiv (\operatorname{grad}\vec{u}) \cdot \vec{\vec{g}} = u^i_{\;|k}g^k_i = u^i_{\;|i} \qquad (2.146)$$

ist ein Skalarfeld. Die Divergenz eines *Tensorfeldes zweiter Stufe* $\vec{\vec{T}}(\xi^i, t)$

$$\operatorname{div} \vec{\vec{T}} \equiv \vec{\vec{T}} \vec{\nabla} \equiv (\operatorname{grad} \vec{\vec{T}}) \vec{\vec{g}} = T^{ik}_{\ |k} \vec{e}_i = T_i^{\ \cdot k}_{\ |k} \vec{e}^i \qquad (2.147)$$

ist ein Vektorfeld. Ein Vektorfeld $\vec{v}$, dessen Divergenz überall null ist, heißt *Wirbelfeld* oder *quellenfrei*.

Die *Rotation* (rot) eines Tensorfeldes n-ter Stufe ist ein Tensor ebenfalls n-ter Stufe. So gilt beispielsweise für ein *Vektorfeld* $\vec{u}(\xi^i, t)$

$$\operatorname{rot} \vec{u} \equiv \vec{\nabla} \times \vec{u} \equiv \vec{\vec{\varepsilon}} (\operatorname{grad} \vec{u})^{\mathrm{T}} = \varepsilon^{ikl} u_{k|i} \vec{e}_l. \qquad (2.148)$$

Wichtige Verknüpfungen sind

$$\begin{aligned}
\operatorname{rot} \operatorname{grad} \Phi &= \vec{0}, \quad \operatorname{rot} \operatorname{grad} \vec{u} = \vec{\vec{O}}, \\
\operatorname{div} \operatorname{rot} \vec{u} &= 0, \\
\operatorname{rot} \operatorname{rot} \vec{u} &= \operatorname{grad} \operatorname{div} \vec{u} - \operatorname{div} \operatorname{grad} \vec{u}, \\
\operatorname{rot} \operatorname{div} \operatorname{grad} \vec{u} &= \operatorname{div} \operatorname{grad} \operatorname{rot} \vec{u}.
\end{aligned} \qquad (2.149)$$

Ein Vektorfeld $\vec{v}$, dessen Rotation überall null ist, heißt *Quellenfeld* oder *wirbelfrei*.

Der *Laplace-Operator* Δ schließlich bewirkt eine zweimalige Differenziation eines Tensors unter Beibehaltung der jeweiligen Stufe. Er ist in der Form $\Delta(\ ) \equiv (\ )_{|ik} g^{ik}$ symbolisch definiert, so dass man für ein Skalarfeld $\Phi(\xi^i, t)$

$$\Delta \Phi \equiv (\operatorname{grad} \operatorname{grad} \Phi) \cdot \vec{\vec{g}} = \Phi_{|ik} g^{ik} \qquad (2.150)$$

und für ein Vektorfeld $\vec{u}(\xi^i, t)$

$$\Delta \vec{u} \equiv u^l_{\ |ik} g^{ik} \vec{e}_l \qquad (2.151)$$

erhält. Eine wichtige Identität ist

$$\operatorname{div} \operatorname{grad} \vec{u} = \Delta \vec{u}. \qquad (2.152)$$

Für ein *quellen-* und *wirbelfreies* Vektorfeld $\vec{v}$ ($\operatorname{div} \vec{v} = 0$, $\operatorname{rot} \vec{v} = 0$) gilt $\vec{v} = \operatorname{grad} \Phi$ mit der Potential- oder Laplace-Gleichung $\Delta \Phi = 0$.

Beispiel 2.6 Ableitung von Vektoren und Tensoren in Zylinderkoordinaten. Ausgangspunkt ist die kartesische $(\vec{e}_x, \vec{e}_y, \vec{e}_z)$-Basis und die Darstellung der zylindrischen Basis

$$\vec{e}_r = \cos\varphi \vec{e}_x + \sin\varphi \vec{e}_y, \quad \vec{e}_\varphi = -r\sin\varphi \vec{e}_x + r\cos\varphi \vec{e}_y, \quad \vec{e}_\zeta = \vec{e}_z. \qquad (2.153)$$

Über $g_{ik} = \vec{e}_i \cdot \vec{e}_k$ und $(g^{ik}) = (g_{ik})^{-1}$ gewinnt man die Matrix der Metrikkoeffizienten

$$(g_{ik}) = \begin{pmatrix} 1 & 0 & 0 \\ 0 & r^2 & 0 \\ 0 & 0 & 1 \end{pmatrix}, \quad (g^{ik}) = \begin{pmatrix} 1 & 0 & 0 \\ 0 & \frac{1}{r^2} & 0 \\ 0 & 0 & 1 \end{pmatrix} \tag{2.154}$$

und gemäß (2.134) dann auch die Matrizen (für $l = r, \varphi, \zeta$)

$$(\Gamma_{ik}^{\cdot\cdot r}) = \begin{pmatrix} 0 & 0 & 0 \\ 0 & -r & 0 \\ 0 & 0 & 0 \end{pmatrix}, \quad (\Gamma_{ik}^{\cdot\cdot\varphi}) = \begin{pmatrix} 0 & \frac{1}{r} & 0 \\ \frac{1}{r} & 0 & 0 \\ 0 & 0 & 0 \end{pmatrix}, \quad (\Gamma_{ik}^{\cdot\cdot\zeta}) = \begin{pmatrix} 0 & 0 & 0 \\ 0 & 0 & 0 \\ 0 & 0 & 0 \end{pmatrix} \tag{2.155}$$

der Christoffel-Symbole zweiter Art. Für den Gradienten eines Skalarfeldes $\Phi(r, \varphi, \zeta)$ erhält man beispielsweise gemäß (2.143) [und (2.24)$_1$] den Vektor

$$\operatorname{grad} \Phi = \Phi_{,r} \vec{e}_r + \frac{1}{r} \Phi_{,\varphi} \vec{e}_\varphi + \Phi_{,\zeta} \vec{e}_\zeta \tag{2.156}$$

und [s. (2.146) und (2.26)$_1$] für die Divergenz eines Vektorfeldes $\vec{u}(r, \varphi, \zeta)$ den Skalar

$$\operatorname{div} \vec{u} = \frac{1}{r}(r u_r)_{,r} + \frac{1}{r} u_{\varphi,\varphi} + u_{\zeta,\zeta}. \tag{2.157}$$

Die Rotation eines Vektorfeldes $\vec{u}(r, \varphi, \zeta)$ schließlich ergibt [s. (2.148) und (2.32)$_2$] den Vektor

$$\operatorname{rot} \vec{u} = \left(\frac{1}{r} u_{\zeta,\varphi} - u_{\varphi,\zeta} \right) \vec{e}_r + (u_{r,\zeta} - u_{\zeta,r}) \vec{e}_\varphi + \left(\frac{1}{r}(r u_\varphi)_{,r} - \frac{1}{r} u_{r,\varphi} \right) \vec{e}_\zeta. \tag{2.158}$$

∎

2.4.3 Lineare Elastizitätstheorie (Forts.)

Nach dem Spannungszustand (s. Abschn. 2.3.3) werden hier der Verzerrungszustand, das Stoffgesetz und die Gleichgewichtsbedingungen behandelt.

Der lokale Verformungszustand im Punkt P mit dem Ortsvektor $\vec{x}$ und seinem Verschiebungsvektor $\vec{u}(\vec{x}) = \vec{u}(\xi^i)$ wird üblicherweise durch den sog. infinitesimalen *Green-schen Verzerrungstensor*

$$\vec{\vec{\varepsilon}} = \varepsilon_{ik} \vec{e}^i \otimes \vec{e}^k \quad \leftrightarrow \quad \varepsilon_{ik} = \frac{1}{2}(u_{i|k} + u_{k|i}) \tag{2.159}$$

beschrieben. Er ist symmetrisch und besitzt deshalb in $\mathcal{E}^3$ nur sechs unabhängige Koordinaten. Um einen anschaulichen Begriff davon zu erhalten, was der Verzerrungstensor

(2.159) bedeutet, wird üblicherweise unter Zugrundelegung eines kartesischen Basissystems $\vec{e}_\alpha$ untersucht, in welche geometrische Figur ein kleiner rechtwinkliger Quader infolge einer Verzerrung übergeht. Ohne Einzelheiten zu erörtern, kann man einsehen, dass ein Parallelepiped entsteht. Die Verzerrungsmaße ε_{xx}, ε_{yy} und ε_{zz} sind die bezogenen Längenänderungen der Kantenlängen des ursprünglichen infinitesimalen Quaders, die Größen $\varepsilon_{xy} = \varepsilon_{yx}$, $\varepsilon_{xz} = \varepsilon_{zx}$ und $\varepsilon_{yz} = \varepsilon_{zy}$ die (halben) Winkeländerungen der ursprünglichen rechten Winkel. Man bezeichnet ε_{xx}, ε_{yy} und ε_{zz} deshalb auch als *Dehnungen* und ε_{xy}, ε_{xz} und ε_{yz} als *Gleitungen* oder *Scherungen*[20].

Auch für den Verzerrungstensor ist die Hauptachsentransformation zur Ermittlung der *Hauptdehnungen* und der *Hauptdehnungsrichtungen* eine wichtige Aufgabenstellung. Die charakteristische Gleichung

$$\det(\varepsilon_{ik} - \varepsilon g_{ik}) = 0 \qquad (2.160)$$

der zugehörigen Eigenwertaufgabe

$$(\varepsilon_{ik} - \varepsilon g_{ik})da^k = 0 \qquad (2.161)$$

(Eigenwert ε) liefert die drei reellen Hauptdehnungen $_I\varepsilon$, $_{II}\varepsilon$ und $_{III}\varepsilon$; damit zurückgehend in (2.161), berechnet man auch die drei durch $_J\vec{e} = {}_Jda^i\vec{e}_i$ ($J = I, II, III$) festgelegten orthogonalen Hauptdehnungsrichtungen. Im Einzelnen ergibt das Ausrechnen der charakteristischen Gleichung (2.160) eine kubische Gleichung

$$\varepsilon^3 - {}_II\varepsilon^2 + {}_{II}I\,\varepsilon - {}_{III}I = 0 \qquad (2.162)$$

für ε mit – analog zu (2.92) – den Dehnungsinvarianten

$$_II = \varepsilon_{ii}, \quad {}_{II}I = \frac{1}{2}(\varepsilon_{ii}\varepsilon_{kk} - \varepsilon_{ik}\varepsilon_{ki}), \quad {}_{III}I = \det(\varepsilon_{ik}). \qquad (2.163)$$

Damit bei einer konkreten Problemstellung aus den sechs berechneten Verzerrungskoordinaten ε_{ik} die drei Verschiebungskoordinaten u_i *eindeutig* bestimmt werden können, müssen die Verzerrungskoordinaten den sog. *Kompatibilitätsbedingungen* bzw. Integrabilitätsbedingungen genügen. Sie werden hier ohne Begründung (s. dazu beispielsweise [7]) angegeben:

$$\varepsilon_{im|kl} + \varepsilon_{kl|im} - \varepsilon_{km|il} - \varepsilon_{il|km} = 0. \qquad (2.164)$$

Schreibt man (2.164) aus, so kommt man von 81 möglichen auf zunächst sechs wesentliche Gleichungen. Nach Beltrami sind aber nur drei der Kompatibilitätsbedingungen voneinander unabhängig.

---

[20] Viele Autoren verwenden diese Bezeichnungen für die wirklichen Winkeländerungen $\gamma_{xy} = 2\varepsilon_{xy}$, $\gamma_{xz} = 2\varepsilon_{xz}$ und $\gamma_{yz} = 2\varepsilon_{yz}$.

Das Stoffgesetz stellt den Zusammenhang zwischen dem Spannungstensor $\vec{\vec{\sigma}}$ und dem Verzerrungstensor $\vec{\vec{\varepsilon}}$ her. In der Elastizitätstheorie eines (physikalisch) linear-elastischen Körpers gilt das *verallgemeinerte Hookesche Gesetz*

$$\vec{\vec{\sigma}} = \vec{\vec{\vec{\vec{E}}}}\,\vec{\vec{\varepsilon}} \quad \leftrightarrow \quad \sigma^{ik} = E^{iklm}\varepsilon_{lm} \tag{2.165}$$

mit dem sog. *Elastizitätstensor (4. Stufe)* $\vec{\vec{\vec{\vec{E}}}}$. Bei *homogenen* Medien sind die Tensorkoordinaten E^{iklm} von der Lage des Bezugspunktes unabhängig und daher „elastische" Konstanten. Aufgrund der Symmetrie des Spannungstensors ist der Elastizitätstensor symmetrisch bezüglich der ersten beiden Indizes und wegen der Symmetrie des Verzerrungstensors symmetrisch bezüglich der beiden letzten Indizes. Bei richtungsunabhängigen Materialeigenschaften spricht man von einem *isotropen* Medium; für ein isotropes Medium sind deshalb die *Koordinaten* des Elastizitätstensors gegen alle Drehungen des Koordinatensystems invariant. Mit diesen Eigenschaften kann man nach längerer Rechnung zeigen, dass für ein homogenes, isotropes Kontinuum der Elastizitätstensor in der Gestalt

$$E^{iklm} = \lambda_0 g^{ik} g^{lm} + \mu_0(g^{il} g^{km} + g^{im} g^{kl}) \tag{2.166}$$

nur noch von *zwei* elastischen Konstanten, den sog. *Laméschen Konstanten* λ_0 und μ_0 abhängt. In der Technischen Mechanik benutzt man allerdings nicht die Laméschen Konstanten, sondern über

$$\lambda_0 = \frac{E\nu}{(1+\nu)(1-2\nu)}, \quad \mu_0 = \frac{E}{2(1+\nu)} = G \tag{2.167}$$

den *Elastizitätsmodul* E und die *Querkontraktionszahl* ν; zudem wird μ_0 als *Schubmodul* G interpretiert. Damit lässt sich der Spannungs-Verzerrungs-Zusammenhang in der üblichen Form

$$\sigma^{ik} = \frac{E}{2(1+\nu)}\left(g^{il} g^{km} + g^{im} g^{kl} + \frac{2\nu}{1-2\nu} g^{ik} g^{lm}\right)\varepsilon_{lm} \tag{2.168}$$

angeben. Diese Beziehung kann auch nach ε_{lm} aufgelöst angegeben werden.

Zur Aufstellung der Gleichgewichtsbedingungen (der Elasto-*Statik*) betrachtet man ein in allgemeiner, deformierter Lage freigeschnittenes infinitesimales Volumenelement. Damit dieses Volumenelement – wie vorher als Bestandteil des Gesamtsystems – im Gleichgewicht ist, müssen neben der i. Allg. wirkenden *Volumenkraft* p^k an den Schnittflächen entsprechende Schnittkraftvektoren angebracht werden. In einer Schnittfläche $\xi^k =$ const wirkt die Kraft $F^k = \sigma^{ik} dA_i$ [s. (2.80) in Abschn. 2.3.3]. Die Schnittkraft in einer um $d\xi^l$ benachbarten Fläche ergibt sich aus der Taylor-Reihe $(\sigma^{ik} + \sigma^{ik}_{\|l} d\xi^l)dA_i$. Die

Kräftebilanzen in drei voneinander unabhängige Raumrichtungen liefern dann die drei gesuchten, statischen Gleichgewichtsbedingungen

$$\sigma^{ik}_{|i} + p^k = 0 \tag{2.169}$$

[in der Dynamik heißt (2.169) *erste Cauchy-Gleichung*]. In kartesischen Koordinaten erhält man aus (2.169) bekanntlich die einfacheren Beziehungen

$$\sigma_{\alpha\beta,\alpha} + p_\beta = 0. \tag{2.170}$$

Setzt man (2.169) voraus, so ist das Momentengleichgewicht übrigens schon durch die in Abschn. 2.3.3 geforderte Symmetrie des Spannungstensors $\vec{\vec{\sigma}}$ (als sog. *zweite Cauchy-Gleichung*) identisch erfüllt. Betrachtet man Probleme der Elasto-*Dynamik*, dann gilt in der klassischen Kontinuumstheorie die zweite Cauchy-Gleichung unverändert, während in der ersten Cauchy-Gleichung (2.169) bzw. (2.170) noch Trägheitskräfte hinzukommen[21].

Mit entsprechenden *Randbedingungen* an der Oberfläche des Körpers stehen dann mit den drei Gleichgewichtsbedingungen (2.169), den sechs Verzerrungs-Verschiebungs-Relationen (2.159) und den sechs Materialgleichungen (2.168) genau 15 Gleichungen zur Verfügung. Damit können prinzipiell die unbekannten sechs Spannungen, sechs Verzerrungen und drei Verschiebungen in jedem Punkt eines Körpers eindeutig berechnet werden. Gegebenenfalls werden noch als Integrabilitätsbedingungen drei voneinander unabhängige Verträglichkeitsbedingungen (2.164) benötigt.

2.5 Übungsaufgaben

Aufgabe 2.1 Vektoralgebra in affinen Basissystemen mit geradlinigen Koordinaten. Ein durch die Basisvektoren $\vec{e}_x$, $\vec{e}_y$ und $\vec{e}_z$ eines kartesischen Koordinatensystems aufgespanntes Volumenelement wird durch eine bestimmte Belastung zu einem Parallelepiped deformiert, das durch die kontravarianten Basisvektoren $\vec{e}_1 = 2\vec{e}_x/3$, $\vec{e}_2 = b\vec{e}_y$ und $|\vec{e}_3| = 1$ eines affinen Koordinatensystems aufgespannt wird. Der Winkel zwischen $\vec{e}_1$ und $\vec{e}_3$ soll 60° und zwischen $\vec{e}_1$ und $\vec{e}_2$ sowie $\vec{e}_2$ und $\vec{e}_3$ 90° betragen. Man bestimme 1. die ko- und kontravarianten Koordinaten des metrischen Grundtensors der affinen Basis, 2. die Transformationsmatrizen $(a_{i\alpha})$ und $(a^i_{\cdot\alpha})$ und 3. über das Elementvolumen V_* die kovarianten affinen Koordinaten n_i des (zur aus $\vec{e}_2$ und $\vec{e}_3$ gebildeten Schnittfläche gehörenden) Normalenvektors $\vec{n}$ sowie 4. dessen kartesische Koordinaten n_α.

Lösung: Unter Verwendung der Vorgaben für die Beträge der Basisvektoren und der Richtungswinkel erhält man über $g_{ik} = |\vec{e}_i||\vec{e}_k|\cos\alpha_{ik}$ die Matrix der kovarianten Metrikko-

---

[21] Auf die Thematik dieses Kapitels wird übrigens im Rahmen analytischer Methoden der Mechanik (s. Abschn. 4.2.2) nochmals und hinsichtlich einiger Details sogar ausführlicher eingegangen.

effizienten

$$(g_{ik}) = \begin{pmatrix} 4/9 & 0 & 1/3 \\ 0 & b^2 & 0 \\ 1/3 & 0 & 1 \end{pmatrix}.$$

Anschließend lässt sich die Matrix der kontravarianten Metrikkoeffizienten

$$(g^{ik}) = (g_{ik})^{-1} = \begin{pmatrix} 3 & 0 & -1 \\ 0 & 1/b^2 & 0 \\ -1 & 0 & 4/3 \end{pmatrix}$$

berechnen. Analog findet man $a_{i\alpha} = |\vec{e}_i||\vec{e}_\alpha|\cos\alpha_{i\alpha}$, d. h.

$$(a_{i\alpha}) = \begin{pmatrix} 2/3 & 0 & 0 \\ 0 & b & 0 \\ 1/2 & 0 & \sqrt{3}/2 \end{pmatrix}$$

und auch

$$(a^i_{\cdot\alpha}) = (g^{ik})(a_{i\alpha}) = \begin{pmatrix} 3/2 & 0 & -\sqrt{3}/2 \\ 0 & 1/b & 0 \\ 0 & 0 & 2\sqrt{3}/3 \end{pmatrix}.$$

Offensichtlich ist $\vec{n} = \vec{e}_2 \times \vec{e}_3 = \varepsilon_{231}\vec{e}_1$. Andererseits gilt $\varepsilon_{231} = \varepsilon_{123} = V_* = \sqrt{\det(g_{ik})} = b\sqrt{3}/3$, so dass sich $(n_i) = (b\sqrt{3}/3, 0, 0)^\mathsf{T}$ ergibt. Für die Matrix der kartesischen Koordinaten $n_\alpha = a^i_{\cdot\alpha}n_i$ erhält man demnach $(n_\alpha) = (a^i_{\cdot\alpha})^\mathsf{T}(n_i) = (b\sqrt{3}/2, 0, -b/2)^\mathsf{T}$.

Aufgabe 2.2 Vektoralgebra in affinen Basissystemen mit krummlinigen Koordinaten. Die Verknüpfung zwischen den kartesischen Koordinaten $(x^\alpha) = (x, y, z)^\mathsf{T}$ und den krummlinigen Koordinaten $(\xi^i) = (u, v, w)^\mathsf{T}$ ist durch die nichtlineare Transformation

$$x = \frac{u}{u^2 + v^2}, \quad y = \frac{-v}{u^2 + v^2}, \quad z = w$$

vorgegeben. Die Koordinaten u, v, w besitzen die kovarianten Basisvektoren $\vec{e}_1$, $\vec{e}_2$, $\vec{e}_3$. Man berechne die kovariante Basis $\vec{e}_i$ und die kovarianten Koordinaten g_{ij} des metrischen Grundtensors sowie die Permutationssymbole ε_{ikl}. Für die in kartesischen Koordinaten vorgegebenen Vektoren $\vec{r} = r^\alpha\vec{e}_\alpha$ $[(r^\alpha) = (1, 0, 0)^\mathsf{T}]$ und $\vec{f} = f^\alpha\vec{e}_\alpha$ $[(f^\alpha) = (0, 2, 0)^\mathsf{T}]$ ermittle man für den Sonderfall $u = -v = 1$ die kontravarianten Koordinaten r^i und f^i sowie damit das äußere Produkt $\vec{q} = \vec{r} \times \vec{f}$ in der Basis $\vec{e}_i$; das letzte Ergebnis überprüfe man in der Basis $\vec{e}_\alpha$.

Lösung: Mittels

$$\vec{e}_i = \frac{\partial x^\alpha}{\partial \xi^i} \vec{e}_\alpha$$

erhält man aus den vorgegebenen Transformationsgleichungen die Zusammenhänge

$$\vec{e}_1 = \frac{v^2 - u^2}{(u^2 + v^2)^2} \vec{e}_x + \frac{2uv}{(u^2 + v^2)^2} \vec{e}_y, \quad \vec{e}_2 = \frac{-2uv}{(u^2 + v^2)^2} \vec{e}_x + \frac{v^2 - u^2}{(u^2 + v^2)^2} \vec{e}_y, \quad \vec{e}_3 = \vec{e}_z,$$

so dass die Transformationsmatrix $(a_\alpha^{\cdot i})$ direkt abgelesen werden kann. Die Matrix des zugehörigen Metriktensors ist

$$(g_{ik}) = \begin{pmatrix} \frac{1}{(u^2+v^2)^2} & 0 & 0 \\ 0 & \frac{1}{(u^2+v^2)^2} & 0 \\ 0 & 0 & 1 \end{pmatrix}$$

und das Elementarvolumen $V_* = \varepsilon_{123} = 1/4$. Für die übrigen Permutationssymbole gilt $\varepsilon_{231} = \varepsilon_{312} = \varepsilon_{123} = 1/4$, $\varepsilon_{132} = \varepsilon_{321} = \varepsilon_{213} = -1/4$ und alle restlichen $\varepsilon_{ikl} = 0$. In Matrizenschreibweise ist der Vektor $\vec{r}$ in der Form $(r_i) = (a_\alpha^{\cdot i})^T (r^\alpha)$ darstellbar, d. h. $(r^i) = (2, -2, 0)^T$ für den vorgegebenen Sonderfall $u = -v = 1$. Entsprechend ergibt sich für diesen Sonderfall $(f^i) = (4, 0, 0)^T$. Das gesuchte Vektorprodukt wird über $\vec{q} = \vec{r} \times \vec{f} = r^i f^k \varepsilon_{ikl} \vec{e}^l$ zu $\vec{q} = 2\vec{e}^3 = 2\vec{e}_3$ ausgewertet. In der kartesischen Basis lässt sich dieses Ergebnis leicht bestätigen: $\vec{q} = \vec{r} \times \vec{f} = \vec{e}_x \times 2\vec{e}_y = 2\vec{e}_z \overset{!}{=} 2\vec{e}_3$.

Aufgabe 2.3 Die in Abb. 2.11 dargestellte Zahnflanke ist die Evolvente eines Kreises mit dem Radius r. Für ein Wertepaar r, φ sind die zugehörigen kovarianten Basisvektoren $\vec{e}_j$, $j \in r, \varphi$ eingezeichnet. Die Zahnkraft $\vec{f}$ besitzt einen Reibanteil in $\vec{e}_\varphi$-Richtung und einen Druckanteil in $\vec{e}^{\,r}$-Richtung senkrecht zu $\vec{e}_\varphi$. Mit der vorgegebenen Koordinatentransformation $x = r\cos\varphi + r\varphi\sin\varphi$, $y = -r\sin\varphi + r\varphi\cos\varphi$ ermittle man die kovarianten Basisvektoren aus $\vec{e}_j = x^\alpha_{\cdot,j}$. Man berechne die ko- und kontravarianten Koordinaten des metrischen Grundtensors. Wie lauten die kontravarianten Koordinaten f^i des Kraftvektors $\vec{f}$. Man stelle die Transformationsmatrix $a_j^{\cdot\alpha}$ auf und berechne damit die kartesischen Koordinaten f^α des Kraftvektors.

Lösung: Die Vorschriften

$$\vec{e}_i = \frac{\partial x^\alpha}{\partial \xi^i} \vec{e}_\alpha$$

liefern mit den vorgegebenen Transformationsgleichungen die gewünschten Ergebnisse

$$\vec{e}_r = (\cos\varphi + \varphi\sin\varphi)\vec{e}_x - (\sin\varphi - \varphi\cos\varphi)\vec{e}_y, \quad \vec{e}_\varphi = r\varphi\cos\varphi\vec{e}_x - r\varphi\sin\varphi\vec{e}_y.$$

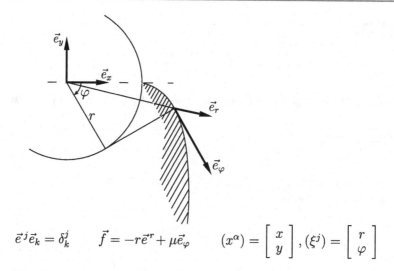

$$\vec{e}^{\,j}\vec{e}_k = \delta_k^j \qquad \vec{f} = -r\vec{e}^{\,r} + \mu\vec{e}_\varphi \qquad (x^\alpha) = \begin{bmatrix} x \\ y \end{bmatrix}, (\xi^j) = \begin{bmatrix} r \\ \varphi \end{bmatrix}$$

Abb. 2.11 Evolventenverzahnung

Die Vorschrift $g_{ij} = \vec{e}_i \cdot \vec{e}_j$ lässt sich dann in der Form

$$(g_{ik}) = \begin{pmatrix} 1 + \varphi^2 & r\varphi \\ r\varphi & (r\varphi)^2 \end{pmatrix}$$

auswerten. Die Beziehung $(g^{ij}) = (g_{ij})^{-1}$ ergibt

$$(g^{ik}) = \frac{1}{r^2\varphi^4} \begin{pmatrix} r^2\varphi^2 & -r\varphi \\ -r\varphi & 1 + \varphi^2 \end{pmatrix}.$$

Gemäß den Vorgaben ist $\vec{f} = -r\vec{e}^{\,r} + \mu\vec{e}_\varphi$. Mit $\vec{e}^{\,r} = g^{rr}\vec{e}_r + g^{r\varphi}\vec{e}_\varphi$, d.h. $\vec{e}^{\,r} = \frac{1}{\varphi^2}\vec{e}_r - \frac{1}{r\varphi^3}\vec{e}_\varphi$ kann die Kraft somit in die Form $\vec{f} = -\frac{r}{\varphi^2}\vec{e}_r + \left(\frac{1}{\varphi^3} + \mu\right)\vec{e}_\varphi$ umgeschrieben werden. Die gesuchten kovarianten Koordinaten von $\vec{f}$ lassen sich somit unmittelbar ablesen: $f^r = -\frac{r}{\varphi^2}$, $f^\varphi = \frac{1}{\varphi^3} + \mu$. Mit dem Zusammenhang $a_j^{\;\alpha} = \vec{e}_j \cdot \vec{e}^{\,\alpha}$ kann die Transformationsmatrix $\left(a_j^{\;\alpha}\right)$ aufgestellt werden:

$$(a_j^{\;\alpha}) = \begin{pmatrix} \cos\varphi + \varphi\sin\varphi & -\sin\varphi + \varphi\cos\varphi \\ r\varphi\cos\varphi & -r\varphi\sin\varphi \end{pmatrix}.$$

Die kartesischen Koordinaten f^α, die gemäß $(f^\alpha) = \left(a_j^{\;\alpha}\right)^{\mathrm{T}} (f^j)$ berechnet werden, lauten damit

$$(f^\alpha) = \begin{pmatrix} \mu r\cos\varphi - \frac{r}{\varphi}\sin\varphi \\ -\mu r\varphi\sin\varphi - \frac{r}{\varphi}\cos\varphi \end{pmatrix}.$$

Aufgabe 2.4 Spannungszustand in kartesischen und in affinen Koordinaten. Die Beziehung $x = a_1 u + a_2 v + a_3$, $y = b_1 u + b_2 v + b_3$ mit den freien Parametern a_i, b_i ($i = 1, 2, 3$) beschreibt in der Ebene sämtliche *linearen* Abbildungen der kartesischen Koordinaten $(x^\alpha) = (x, y)^{\mathrm{T}}$ in die affinen Koordinaten $(\xi^i) = (u, v)^{\mathrm{T}}$. Die Koordinatenlinien $u = \mathrm{const}$ und $v = \mathrm{const}$ sind dann geradlinig und i. Allg. schiefwinklig und besitzen die kovariante Basis $\vec{e}_1$, $\vec{e}_2$. Der Spannungstensor in einem bestimmten Punkt P ist in der kartesischen Basis $\vec{e}_\alpha$ in der Form $(\sigma_{\alpha\beta}) = \left(\begin{smallmatrix} 0 & -1 \\ -1 & 0 \end{smallmatrix} \right)$ ebenfalls vorgegeben. Als Vorbereitung für die durchzuführende Hauptachsentransformation des Spannungstensors $\vec{\vec{\sigma}}$ berechne man die kovariante Basis $\vec{e}_1$, $\vec{e}_2$ und die kovarianten Koordinaten g_{ik} des metrischen Grundtensors. Wie muss die Matrix (g_{ik}) lauten, damit $\vec{e}_1$, $\vec{e}_2$ wieder eine kartesische Basis darstellt? Dafür gebe man die Transformationsmatrix $(a_i{}^{\cdot \alpha})$ und die zugehörige Koordinatenmatrix (σ_{ik}) des transformierten Spannungstensors $\vec{\vec{\sigma}}$ an. Abschließend ermittle man über (σ_{ik}) die Hauptspannungen $_I\sigma$, $_{II}\sigma$.

Lösung: Die vorgegebene Abbildung liefert

$$(x^\alpha{}_{,i}) = \begin{pmatrix} \frac{\partial x}{\partial u} & \frac{\partial x}{\partial v} \\ \frac{\partial y}{\partial u} & \frac{\partial y}{\partial v} \end{pmatrix} = \begin{pmatrix} a_1 & a_2 \\ b_1 & b_2 \end{pmatrix}.$$

Damit wird die affine Basis $\vec{e}_1 = a_1 \vec{e}_x + b_1 \vec{e}_y$, $\vec{e}_2 = a_2 \vec{e}_x + b_2 \vec{e}_y$ und der metrische Grundtensor

$$(g_{ik}) = \begin{pmatrix} a_1^2 + b_1^2 & a_1 a_2 + b_1 b_2 \\ a_1 a_2 + b_1 b_2 & a_2^2 + b_2^2 \end{pmatrix}.$$

Soll die erhaltene Basis $\vec{e}_i$ wieder kartesisch sein, muss $(g_{ik}) = \left(\begin{smallmatrix} 1 & 0 \\ 0 & 1 \end{smallmatrix} \right) = (\delta_{ik})$ gelten, d. h. $a_1^2 + b_1^2 = 1$, $a_2^2 + b_2^2 = 1$, $a_1 a_2 + b_1 b_2 = 1$. Die Auswertung (für ein Rechtssystem) $\vec{e}_i$ führt auf $a_1 = b_2 = a$, $b_1 = -a_2 = \sqrt{1 - a^2}$, $|a| \leq 1$, wobei u. U. die Einführung eines Winkelparameters über $a = \cos\alpha$, $\sqrt{1 - a^2} = \sin\alpha$ zweckmäßig sein könnte. Die Transformationsmatrix $(a_i{}^{\cdot\alpha})$ erhält man in der Gestalt

$$(a_i{}^{\cdot\alpha}) = \begin{pmatrix} a & \sqrt{1 - a^2} \\ -\sqrt{1 - a^2} & a \end{pmatrix}$$

und damit über $(\sigma_{ik}) = (a_i{}^{\cdot\alpha})(\sigma_{\alpha\beta})(a_k{}^{\cdot\beta})^{\mathrm{T}}$ auch den Spannungstensor $\vec{\vec{\sigma}}$ in der affinen Basis $\vec{e}_i$:

$$(\sigma_{ik}) = \begin{pmatrix} -2a\sqrt{1 - a^2} & 1 - 2a^2 \\ 1 - 2a^2 & 2a\sqrt{1 - a^2} \end{pmatrix}.$$

Die Hauptspannungen findet man zum einen aus der Forderung nach verschwindenden Schubspannungen $\sigma_{ik} = 0$, $i \neq j \to 1 - 2a^2 = 0$, d. h. $_I\sigma = 1 > _{II}\sigma = -1$, aber auch durch Auswerten der charakteristischen Gleichung $\det(\sigma_{ik} - \sigma g_{ik}) = 0$ mit $(g_{ik}) = (\delta_{ik})$.

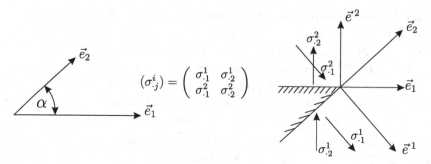

$$(\sigma^i_{\cdot j}) = \begin{pmatrix} \sigma^1_{\cdot 1} & \sigma^1_{\cdot 2} \\ \sigma^2_{\cdot 1} & \sigma^2_{\cdot 2} \end{pmatrix}$$

Abb. 2.12 Spannungszustand in unbelasteter Oberfläche

Aufgabe 2.5 Der Spannungstensor in einem Punkt der unbelasteten Oberfläche eines Werkstücks ist durch seine gemischtvarianten Koordinaten $\sigma^i_{\cdot j}$ vorgegeben (s. Abb. 2.12). Die Koordinaten gelten in einem affinen Koordinatensystem $\vec{e}_i$ ($i = 1, 2$), das durch die Längen $|\vec{e}_1| = a$, $|\vec{e}_2| = b$ der Basisvektoren und den Winkel α zwischen ihnen bestimmt ist. Man berechne die kovarianten Koordinaten g_{ik} des metrischen Grundtensors. In Abhängigkeit der kovarianten Basisvektoren $\vec{e}_i$ ermittle man die kontravarianten Basisvektoren $\vec{e}^j$ sowie deren Beträge. In einem Lageplane zeichne man für $\alpha = 60°$ die ko- und die kontravarianten Basisvektoren $\vec{e}_i$ und $\vec{e}^j$ und die gemischtvarianten Koordinaten $\sigma^i_{\cdot j}$ des Spannungstensors ein. Abschließend ermittle man für den speziellen Spannungstensor $(\sigma^i_{\cdot j}) = \begin{pmatrix} 7\sigma_0 & 0 \\ -\sigma_0 & 3\sigma_0 \end{pmatrix}$ die Hauptspannungen $_J\sigma$ und die Hauptrichtungen $_Jd\vec{a} = _Jda_1\vec{e}^1 + _Jda_2\vec{e}^2$ ($J = I, II$).

Lösung: Die Metrik (g_{ij}) ist durch $g_{ij} = |\vec{e}_i| \cdot |\vec{e}_j| \cos\alpha_{ij}$ bestimmt, woraus sich

$$(g_{ij}) = \begin{pmatrix} a^2 & ab\cos\alpha \\ ab\cos\alpha & b^2 \end{pmatrix}$$

ergibt. Für die kontravariante Basis $\vec{e}^j = g^{ji}\vec{e}_i$ gilt $(g^{ij}) = (g_{ij})^{-1}$, d. h.

$$(g^{ij}) = \frac{1}{a^2b^2\sin^2\alpha} \begin{pmatrix} b^2 & -ab\cos\alpha \\ -ab\cos\alpha & a^2 \end{pmatrix},$$

so dass die kontravarianten Basisvektoren in Abhängigkeit der kovarianten Basisvektoren formuliert werden können:

$$\vec{e}^1 = \frac{1}{a^2\sin^2\alpha}\vec{e}_1 - \frac{\cos\alpha}{ab\sin^2\alpha}\vec{e}_2, \quad \vec{e}^2 = -\frac{\cos\alpha}{ab\sin^2\alpha}\vec{e}_1 + \frac{1}{b^2\sin^2\alpha}\vec{e}_2.$$

Die zugehörigen Beträge gemäß $|\vec{e}^j| = \sqrt{g^{jj}}$ sind dann $|e^1| = \frac{1}{a\sin\alpha}$ und $|e^2| = \frac{1}{b\sin\alpha}$. Ausgangspunkt des gesuchten Lageplans sind die vorgegebenen Basisvektoren $\vec{e}_1$

und $\vec{e}_2$ unter dem Winkel $\alpha = 60^o$. Weil $\vec{e}^1 \cdot \vec{e}_2 = 0$ und $\vec{e}^2 \cdot \vec{e}_1 = 0$ gilt, woraus $\vec{e}^1 \perp \vec{e}_2$ und $\vec{e}^2 \perp \vec{e}_1$ folgt, kann dann der vollständige Lageplan gezeichnet werden, indem abschließend auch noch die gemischtvarianten Spannungskoordinanten $\sigma^i_{\cdot j}$ einzutragen sind. Die Hauptspannungen findet man durch Auswerten der zum Eigenwertproblem $(\sigma^i_{\cdot j} - \sigma g^i_{\cdot j})da_i = 0$ gehörenden charakteristischen Gleichung, die für den vorgegebenen speziellen Spannungstensor

$$\begin{vmatrix} 7\sigma_0 - \sigma & -\sigma_0 \\ 0 & 3\sigma_0 - \sigma \end{vmatrix} = 0$$

lautet. Die Auswertung liefert die Hauptspannungen $_I\sigma = 7\sigma_0$ und $_{II}\sigma = 3\sigma_0$. Zurück in das Eigenwertproblem, können auch die Hauptspannungsrichtungen ermittelt werden. Beispielsweise repräsentiert die erste homogene Gleichung den Zusammenhang

$$\frac{da_2}{da_1} = \frac{7\sigma_0 - \sigma}{\sigma_0},$$

woraus nach Einsetzen der Hauptspannungen die Hauptrichtungen folgen: $_I d\vec{a} = {_I}da_1\vec{e}^1$, $_{II}d\vec{a} = {_{II}}da_1(\vec{e}^1 + 4\vec{e}^2)$.

Aufgabe 2.6 Verzerrungszustand in affinen Koordinaten. Vorgegeben ist eine ebene affine Basis in der Gestalt $|\vec{e}_1| = 1$, $|\vec{e}_2| = 2$ mit einem Winkel $\varphi = 60°$ zwischen den Basisvektoren $\vec{e}_1$ und $\vec{e}_2$. Für die Koordinatenmatrix $(\varepsilon_{ik}) = \left(\begin{smallmatrix} 3 & 3 \\ 3 & 9 \end{smallmatrix}\right)$ eines Verzerrungstensors $\vec{\vec{\varepsilon}}$ berechne man die Hauptdehnungen und Hauptdehnungsrichtungen einschließlich ihrer Beträge.

Lösung: Aus $g_{ik} = \vec{e}_i\vec{e}_k = |\vec{e}_i||\vec{e}_k|\cos\alpha_{ik}$ ergibt sich

$$(g_{ik}) = \begin{pmatrix} 1 & 1 \\ 1 & 4 \end{pmatrix}$$

und über die Kehrmatrix auch

$$(g^{ik}) = \frac{1}{3}\begin{pmatrix} 4 & -1 \\ -1 & 1 \end{pmatrix}.$$

Die verschwindende Determinante der Eigenwertgleichung $(\varepsilon_{ik} - \varepsilon g_{ik})da^i = 0$ liefert die Hauptdehnungen $_I\varepsilon = 3$ $_{II}\varepsilon = 2$; die Eigenwertgleichung selbst führt dann [mit $_Jda^1 = 1$ $(J = 1,2)$] auf $_Id\vec{a} = (1,0)^T$ $_{II}d\vec{a} = (1,-1)^T$ und damit die Hauptdehnungsrichtungen $_I\vec{e} = \vec{e}_1$, $_{II}\vec{e} = \vec{e}_1 - \vec{e}_2$. Für die Beträge gilt $|_J\vec{e}|^2 = {_J}da_i\,{_J}da^i$ mit $da_i = g_{ik}da^k$. Somit ist $(_Ida^i) = (1,1)^T$, $(_{II}da_i) = (0,-3)^T$ und $|_I\vec{e}| = 1$, $|_{II}\vec{e}| = \sqrt{3}$.

Aufgabe 2.7 Beschreibung des Spannungs- und Verformungszustandes eines elastischen zylindrischen Körpers. Gesucht sind die Verzerrungs-Verschiebungs-Relationen, das Materialgesetz und die Gleichgewichtsbedingungen in Zylinderkoordinaten.

Lösung: Die Metrikkoeffizienten und die Christoffel-Symbole in Zylinderkoordinaten sind in Beispiel 2.6 (Abschn. 2.4.2) schon bereitgestellt. Die Auswertung der Verzerrungs-Verschiebungs-Relationen (2.159) liefert dann

$$\varepsilon_{rr} = \frac{\partial u_r}{\partial r}, \qquad \varepsilon_{\varphi\varphi} = \frac{\partial u_\varphi}{\partial \varphi} + r u_r, \qquad \varepsilon_{zz} = \frac{\partial u_z}{\partial z},$$

$$\varepsilon_{r\varphi} = \frac{1}{2}\left(\frac{\partial u_r}{\partial \varphi} + \frac{\partial v_\varphi}{\partial r} - \frac{2}{r} u_\varphi\right), \quad \varepsilon_{rz} = \frac{1}{2}\left(\frac{\partial u_r}{\partial z} + \frac{\partial u_z}{\partial r}\right), \quad \varepsilon_{\varphi z} = \frac{1}{2}\left(\frac{\partial u_\varphi}{\partial z} + \frac{\partial u_z}{\partial \varphi}\right).$$

Unter Einführung physikalischer Verschiebungskoordinaten $u_r^* \equiv u = u_r$, $u_\varphi^* \equiv v = u_\varphi$, $u_z^* \equiv w = u_z$ (bei Bezug auf die physikalische Basis $\vec{e}_i^* = \vec{e}_i/|\vec{e}_i|$) erhält man

$$\varepsilon_{rr}^* = \frac{\partial u}{\partial r}, \qquad \varepsilon_{\varphi\varphi}^* = \frac{1}{r}\frac{\partial v}{\partial \varphi} + \frac{u}{r}, \qquad \varepsilon_{zz}^* = \frac{\partial w}{\partial z},$$

$$\varepsilon_{r\varphi}^* = \frac{1}{2}\left(\frac{1}{r}\frac{\partial u}{\partial \varphi} + \frac{\partial v}{\partial r} - \frac{v}{r}\right), \quad \varepsilon_{rz}^* = \frac{1}{2}\left(\frac{\partial u}{\partial z} + \frac{\partial w}{\partial r}\right), \quad \varepsilon_{\varphi z}^* = \frac{1}{2}\left(\frac{\partial v}{\partial z} + \frac{1}{r}\frac{\partial w}{\partial \varphi}\right).$$

Entsprechend findet man das Hookesche Gesetz [s. (2.168)] in der Form

$$\sigma_{rr}^* = 2G\left[\varepsilon_{rr}^* + \frac{\nu}{1-2\nu}(\varepsilon_{rr}^* + \varepsilon_{\varphi\varphi}^* + \varepsilon_{zz}^*)\right], \quad \sigma_{r\varphi}^* = 2G e_{r\varphi}^*,$$

$$\sigma_{\varphi\varphi}^* = 2G\left[\varepsilon_{\varphi\varphi}^* + \frac{\nu}{1-2\nu}(\varepsilon_{rr}^* + \varepsilon_{\varphi\varphi}^* + \varepsilon_{zz}^*)\right], \quad \sigma_{rz}^* = 2G \varepsilon_{rz}^*,$$

$$\sigma_{zz}^* = 2G\left[\varepsilon_{zz}^* + \frac{\nu}{1-2\nu}(\varepsilon_{rr}^* + \varepsilon_{\varphi\varphi}^* + \varepsilon_{zz}^*)\right], \quad \sigma_{\varphi z}^* = 2G \varepsilon_{\varphi z}^*$$

und die Gleichgewichtsbedingungen [s. (2.169)]

$$\frac{\partial \sigma_{rr}^*}{\partial r} + \frac{1}{r}\frac{\partial \sigma_{r\varphi}^*}{\partial \varphi} + \frac{\partial \sigma_{rz}^*}{\partial z} + \frac{1}{r}(\sigma_{rr}^* - \sigma_{\varphi\varphi}^*) + p_r^* = 0,$$

$$\frac{\partial \sigma_{r\varphi}^*}{\partial r} + \frac{1}{r}\frac{\partial \sigma_{\varphi\varphi}^*}{\partial \varphi} + \frac{\partial \sigma_{\varphi z}^*}{\partial z} + \frac{2}{r}\sigma_{r\varphi}^* + p_\varphi^* = 0,$$

$$\frac{\partial \sigma_{rz}^*}{\partial r} + \frac{1}{r}\frac{\partial \sigma_{\varphi z}^*}{\partial \varphi} + \frac{\partial \sigma_{zz}^*}{\partial z} + \frac{1}{r}\sigma_{rz}^* + p_z^* = 0.$$

Beide sind nur noch in physikalischen Koordinaten formuliert.

Literatur

1. de Boer, R.: Vektor- und Tensorrechnung für Ingenieure. Springer, Berlin/Heidelberg/New York (1982)
2. Duschek, A., Hochrainer, A.: Grundzüge der Tensorrechnung in analytischer Darstellung, Bd. 1, 4. Aufl. Springer, Wien (1960)
3. Duschek, A., Hochrainer, A.: Grundzüge der Tensorrechnung in analytischer Darstellung, Bd. 2, 2. Aufl. Springer, Wien (1961)
4. Duschek, A., Hochrainer, A.: Grundzüge der Tensorrechnung in analytischer Darstellung, Bd. 3. Springer, Wien (1955)
5. Ericksen, J.L.: Tensor fields. In: Flügge, S. (Hrsg.) Handbuch der Physik III/1. Springer, Berlin/Göttingen/Heidelberg (1960)
6. Flügge, W.: Tensor Analysis and Continuum Mechanics. Springer, New York (1972)
7. Green, A.E., Zerna, W.: Theoretical Elasticity, 2. Aufl. Clarendon Press, Oxford (1968)
8. Klingbeil, E.: Tensorrechnung für Ingenieure. Bibl. Inst., Mannheim (1966)
9. Michal, A.D.: Matrix and Tensor Calculus. John Wiley & Sons, New York/London (1947)
10. Riemer, M.: Technische Kontinuumsmechanik. B.I.-Wiss.-Verlag, Mannheim/Leipzig/Wien/Zürich (1993)
11. Schultz-Piszachich, W.: Tensoralgebra und -analysis. Harry Deutsch, Thun/ Frankfurt (1979)
12. Sokolnikoff, I.S.: Tensor Analysis. John Wiley & Sons, New York (1951)

Einführung in die Theorie linearer Differenzialgleichungen

3

Lernziele

Die Lösung linearer Differenzialgleichungen – einschließlich Anfangs- und Randbedingungen – ist die mathematische Kernaufgabe in den Ingenieurwissenschaften. Sowohl gewöhnliche Einzel-Differenzialgleichungen, Systeme gewöhnlicher Differenzialgleichungen (in Matrizenschreibweise) als auch partielle Differenzialgleichungen sind wichtig. Für das Verständnis modellhafter Einschaltfunktionen in Regelungstechnik und Systemdynamik ist heute auch eine ingenieurmäßige Einführung in die Distributionstheorie geboten. Der Nutzer lernt Erscheinungsformen kennen und und ist nach Durcharbeiten dieses Kapitels mit der Behandlung homogener, aber auch inhomogener Differenzialgleichungen und der Anpassung an Anfangs- sowie Randbedingungen vertraut. Mit den Grundlagen der Distributionstheorie lernt er, auch die Sprung- und Impulsantwort dynamischer Systeme fundiert zu berechnen.

Differenzialgleichungen gab es schon vor der eigentlichen Entwicklung der Differenzialrechnung. Sie verbargen sich damals in *geometrischer* oder *kinematischer* Gestalt. In ihrer *wahren* Gestalt konnten Differenzialgleichungen allerdings erst auftreten, nachdem die Differenzialrechnung geschaffen war oder vielmehr, während sie geschaffen wurde.

So löste Leibniz 1684 die Aufgabe, alle Kurven der x, y-Ebene zu bestimmen, deren Subtangenten konstante Länge ℓ besitzen. Analytisch gefasst bedeutet dies, alle differenzierbaren Funktionen $y(x)$ zu finden, so dass für den Schnittpunkt [beschrieben durch die Funktion $\lambda(x)$] der Tangente im Punkt $(x|y)$ mit der x-Achse die Differenz $x - \lambda(x)$ von x unabhängig wird: $x - \lambda(x) = \ell = \text{const}$. Ist y eine derartige Funktion und wird $x - \lambda(x) = \ell \neq 0$ verlangt, so muss für jedes x aus dem Definitionsbereich von y die Relation $\frac{dy(x)}{dx} = \frac{y(x)}{\ell}$ gelten. Zur Bestimmung der betreffenden Funktion $y(x)$ hat sich also eine gewöhnliche Differenzialgleichung erster Ordnung ergeben.

Bei den Grundgleichungen, die als Ausgangspunkt zur mathematischen Formulierung und eventuellen Lösung eines Problems der Technischen Mechanik dienen, handelt es

© Springer Fachmedien Wiesbaden GmbH, ein Teil von Springer Nature 2019

M. Riemer et al., *Mathematische Methoden der Technischen Mechanik*,

https://doi.org/10.1007/978-3-658-25613-5_3

Abb. 3.1 Gelenkig gelagerter
Biegebalken

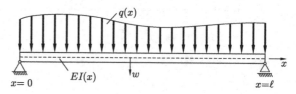

Abb. 3.2 Elektrischer
Schwingkreis

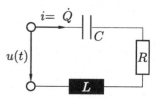

sich bei genügend einfacher Modellierung tatsächlich häufig um solche *gewöhnlichen Differenzialgleichungen*. Dies gilt sowohl für statisch belastete Strukturen unter der Voraussetzung, dass eine Ortskoordinate als unabhängig Veränderliche ausreicht, als auch für dynamische Systeme mit sog. *konzentrierten* Parametern, für die nur die Zeit als unabhängige Variable auftritt. Während bei Problemen der Strukturstatik zu den Differenzialgleichungen stets noch *Randbedingungen* an der begrenzenden Oberfläche des Festkörpers hinzutreten und zusammen ein sog. *Randwertproblem* konstituieren, sind den Aufgaben der Schwingungslehre noch *Anfangsbedingungen* zu einem bestimmten Anfangszeitpunkt hinzuzufügen, so dass ein sog. *Anfangswertproblem* entsteht.

Beispiel 3.1 Stabbiegung in der Elastostatik. Betrachtet man dazu einen statisch bestimmt gelagerten Träger der Länge ℓ und der Biegesteifigkeit $EI(x)$ auf zwei Stützen gemäß Abb. 3.1 (hier für den Fall einer konstanten Streckenlast), der durch eine vorgegebene Streckenlast $q(x) = q_0$, $0 < x < \ell$, belastet wird und interessiert sich für seine Durchbiegung $w(x)$, so kann diese mit Hilfe der „Differenzialgleichung der elastischen Linie"

$$\frac{w''}{\left[1 + (w')^2\right]^{\frac{3}{2}}} = -\frac{M(x)}{EI(x)}, \quad 0 < x < \ell \tag{3.1}$$

berechnet werden. Darin ist $M(x) = q_0 x(\ell - x)/2$ das durch die Belastung $q(x)$ an einer Stelle x hervorgerufene Biegemoment. Zusammen mit den Randbedingungen

$$w(0) = 0, \quad w(\ell) = 0 \tag{3.2}$$

beschreibt die Differenzialgleichung (3.1) das zugehörige Randwertproblem. Ableitungen nach der Ortskoordinate x werden in gewöhnlichen Differenzialgleichungen stets durch einen hochgestellten Strich gekennzeichnet. ∎

Beispiel 3.2 Dynamisches System mit konzentrierten Parametern. Untersucht man einen elektrischen Schwingkreis, bestehend aus einer Reihenschaltung eines Kondensators (Kapazität C), eines Widerstandes (Ohmscher Widerstand R) und einer Spule (Induktivität L) gemäß Abb. 3.2 und interessiert sich für den fließenden Strom $i(t) = \dot{Q}(t)$ ($t > 0$)

[$Q(t)$ Ladung], wenn zur Zeit $t = 0$ eine Klemmenspannung $u(t)$ angelegt wird, so beschreibt die Differenzialgleichung

$$L\ddot{Q} + R\dot{Q} + CQ = u(t) \tag{3.3}$$

mit den (linksseitigen) Anfangsbedingungen

$$Q(0_-) = 0, \quad \dot{Q}(0_-) = 0 \tag{3.4}$$

ein Anfangswertproblem. Ableitungen nach der Zeit werden in gewöhnlichen Differenzialgleichungen durch hochgestellte Punkte bezeichnet. ■

Komplizierte statische Probleme zwei- und dreidimensionaler Strukturen sowie dynamische Systeme mit sog. *verteilten* Parametern (schwingende Kontinua) werden dagegen durch partielle Differenzialgleichungen mit mehr als einer unabhängig Veränderlichen charakterisiert. Für Probleme der Statik sind dies ausschließlich Ortskoordinaten, bei dynamischen Systemen tritt daneben die Zeit auf. Für klassische Aufgabenstellungen der Festigkeitslehre ergeben sich folglich nach wie vor Randwertaufgaben, während für schwingende Kontinua Anfangs-Randwert-Probleme entstehen.

Beispiel 3.3 Dynamisches System mit verteilten Parametern. Diskutiert man beispielsweise für den gleichen Träger wie in Abb. 3.1 im Rahmen der Euler-Bernoulli-Theorie kleine Biegeschwingungen $w(x, t)$ in Querrichtung zur Stablängsachse x unter der jetzt i. Allg. orts- und zeitabhängigen Streckenlast $q(x, t)$, so erhält man durch eine Bilanz im Sinne eines „dynamischen Kräftegleichgewichts" am freigeschnittenen Massenelement [$\mu(x)$ Masse pro Länge] die Bewegungs-Differenzialgleichung

$$\mu(x)w_{,tt} + [E I(x)w_{,xx}]_{,xx} = q(x, t), \quad 0 < x < \ell. \tag{3.5}$$

Durch die konstruktiven Gegebenheiten einer querunverschiebbaren, momentenfreien Lagerung treten als Randbedingungen

$$w(0, t) = 0, \quad w_{,xx}(0, t) = 0, \quad w(\ell, t) = 0, \quad w_{,xx}(\ell, t) = 0, \quad 0 \le t \tag{3.6}$$

und als mögliche Anfangsbedingungen

$$w(x, 0_-) = w_0(x), \quad w_{,t}(x, 0_-) = 0, \quad 0 \le x \le \ell \tag{3.7}$$

hinzu, wenn der Träger mit der Anfangsauslenkung $w_0(x)$ aus der Ruhe losgelassen wird. Tiefgestellte, durch Kommata abgetrennte Indizes x und t bedeuten partielle Ableitungen nach Ort und Zeit. ■

Eine wichtige Frage ist die Äquivalenz von Differenzialgleichungs-Systemen und Einzel-Differenzialgleichungen. In der Regel erhält man die mathematischen Modellgleichungen in natürlicher Weise als ein System gekoppelter Differenzialgleichungen. Bei gewöhnlichen Differenzialgleichungen ist man gewohnt, dass sich jedes (lineare) System mittels eines geeigneten Eliminationsverfahrens in eine Einzel-Differenzialgleichung (höherer Ordnung) überführen lässt[1]. Bei partiellen Differenzialgleichungen sind die Verhältnisse anders. Zwar kann – wie dies für gewöhnliche Differenzialgleichungen ebenfalls gilt – jede (lineare) partielle Differenzialgleichung *zweiter oder höherer* Ordnung in ein System partieller Differenzialgleichungen *erster* Ordnung überführt werden; das Umgekehrte ist jedoch nicht immer möglich. Nicht jedes System partieller Differenzialgleichungen erster Ordnung ist einer einzigen partiellen Differenzialgleichung höherer Ordnung äquivalent. Eine Reduktion auf eine einzige Gleichung wird nur bei einer speziellen Form der partiellen Differenzialgleichungen ermöglicht.

Innerhalb der allgemeinen Vorbemerkungen sind noch die Begriffspaare *lineare* und *nichtlineare* Differenzialgleichungen sowie Differenzialgleichungen mit *konstanten* und mit *nichtkonstanten* (orts- oder zeitabhängigen) *Koeffizienten* zu erörtern. Treten die abhängig Veränderlichen bzw. ihre Ableitungen als nichtlineare Funktionen (Produkte, Potenzen, transzendente Zusammenhänge) auf, so heißen die Differenzialgleichungen (und dies gilt sinngemäß auch für Randbedingungen) nichtlinear; andernfalls sind sie linear. So ist beispielsweise die Differenzialgleichung der Biegelinie (3.1) nichtlinear, die zugehörigen Randbedingungen (3.2) sind linear. Das Anfangswertproblem (3.3), (3.4) und das Anfangs-Randwert-Problem (3.5)–(3.7) dagegen sind vollständig linear.

Die auftretenden Koeffizienten können – wie die als Inhomogenität in den Differenzialgleichungen und Randbedingungen auf der rechten Seite auftretenden Funktionen – von der unabhängig Veränderlichen abhängen (dann spricht man von nichtkonstanten Koeffizienten) oder konstant sein, dürfen aber weder die abhängig Variable selbst noch ihre Ableitungen enthalten. Sind (bei dynamischen Systemen) die Koeffizienten allein Funktionen der Zeit, so hat sich in der Schwingungstheorie der Name *parametrisches* bzw. *parametererregtes System* eingebürgert, die nichttrivialen Lösungen (wenn sie oszillieren) heißen bei fehlender rechter Seite *parametererregte Schwingungen*.

3.1 Gewöhnliche Einzel-Differenzialgleichungen

Da sich die Lösung gewöhnlicher Einzel-Differenzialgleichungen mit Randbedingungen sehr häufig als Teilaufgabe des Problems „Lösung partieller Differenzialgleichungen mit Randbedingungen (und Anfangsbedingungen)" ergibt, wird diese Kategorie in Abschn. 3.3 mit abgehandelt. Im vorliegenden Abschnitt werden allein Anfangswertprobleme diskutiert, wobei hier nur *lineare* und *zeitinvariante Systeme* (Differenzialgleichungen mit *konstanten* Koeffizienten) zugelassen sein sollen[2].

---

[1] Dabei hat man gewisse Differenziationseigenschaften der abhängig Variablen und der inhomogenen Seite der Differenzialgleichungen vorauszusetzen.

[2] Im Zusammenhang mit Stabilitätsproblemen wird in Abschn. 5.2.1 ergänzend auch auf Einzel-Differenzialgleichungen mit *periodischen* Koffizienten eingegangen

Abb. 3.3 Modell einer Radaufhängung

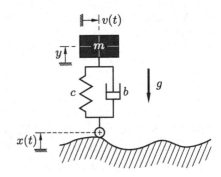

3.1.1 Erscheinungsformen

Gewöhnliche Einzel-Differenzialgleichungen beschreiben in der Technischen Mechanik
kleine Schwingungen von mechanischen Schwingungssystemen mit einem mechanischen
Freiheitsgrad (s. z. B. [12, 17]) oder in der Elektrotechnik und in der Regelungstechnik
die Dynamik einfacher, unverzweigter Netzwerke mit einer Zustandsvariablen (s. z. B. [7,
9]). Auch kompliziertere dynamische Systeme lassen sich auf diese Weise erfassen, wenn
man Systeme von Differenzialgleichungen durch Elimination abhängig Veränderlicher in
Einzel-Differenzialgleichungen höherer Ordnung umgewandelt hat.

Beispiel 3.4 Einläufiger Schwinger. Ein Beispiel für eine als Einzel-Differenzialgleichung
(zweiter Ordnung) in Erscheinung tretende Bewegungsgleichung ist das in Abb. 3.3 skizzierte Minimalmodell eines federnd aufgehängten Rades bei der Fahrt über eine unebene
Straße. Es sind m die Masse, c und b die weg- bzw. geschwindigkeitsproportionale Feder-
und Dämpferkonstante des Reifens und schließlich $x(t)$ die vorgegebene Zeitfunktion
der vertikalen Fußpunktanregung, die beim Überfahren einer Bodenunebenheit $x(z)$ mit
einer bestimmten Geschwindigkeit $v(t)$ realisiert wird.

Das Newtonsche Grundgesetz liefert dann für die in allgemeiner Lage freigeschnittene
Masse die Kräftebilanz

$$-m\ddot{y} - b[\dot{y} - \dot{x}(t)] - c[y - x(t)] = 0, \tag{3.8}$$

die sich in die endgültige Form der Bewegungsgleichung (Einzel-Differenzialgleichung
zweiter Ordnung)

$$m\ddot{y} + b\dot{y} + cy = b\dot{x}(t) + cx(t) \tag{3.9}$$

umschreiben lässt. y ist darin die Abweichung von der statischen Gleichgewichtslage. ∎

Der elektrische Schwingkreis in Beispiel 3.2 ist ein zweites typisches Beispiel (aus der
Elektrotechnik).

Abb. 3.4 Modell eines Zeigermesswerks

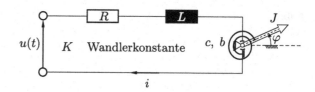

Beispiel 3.5 Elektromechanisches Zeigermesswerk gemäß Abb. 3.4. Für dieses System (mit „eineinhalb" Freiheitsgraden) ergibt sich eine Einzelgleichung höherer Ordnung. Es sind J die Drehmasse des Zeigers bezüglich seines Auflagerpunkts, b und c die winkelgeschwindigkeits- bzw. winkelproportionale Dämpfer- und Federkonstante der Zeigeraufhängung, L die Spuleninduktivität, R der Ohmsche Widerstand des zugehörigen elektrischen Stromkreises mit der angelegten zeitabhängigen Klemmenspannung $u(t)$ sowie schließlich K eine elektromechanische Wandlerkonstante. Mit synthetischen Methoden kann man die beiden Bewegungsgleichungen einfach herleiten.

Während ein Momentengleichgewicht um den Aufhängepunkt unter Beachtung der elektrischen Rückwirkung (Moment der Lorentz-Kraft) die Beziehung

$$J\ddot{\varphi} + b\dot{\varphi} + c\varphi = Ki \tag{3.10}$$

liefert, findet man mit dem Kirchhoffschen Maschensatz – ergänzt um die mechanische Rückwirkung (induzierte geschwindigkeitsproportionale Spannung) – die Relation

$$L(i)^{\boldsymbol{\cdot}} + Ri = u(t) - K\dot{\varphi}. \tag{3.11}$$

Aus (3.10) lässt sich der Strom i eliminieren. Setzt man ihn und seine Zeitableitung in (3.11) ein, so erhält man schließlich die maßgebende Bewegungsgleichung in der Form

$$\dddot{\varphi} + \left(\frac{b}{J} + \frac{R}{L}\right)\ddot{\varphi} + \left(\frac{c}{J} + \frac{Rb}{LJ} + \frac{K^2}{LJ}\right)\dot{\varphi} + \frac{cR}{LJ}\varphi = \frac{K}{LJ}u(t). \tag{3.12}$$

Offensichtlich ist dies eine gewöhnliche, inhomogene, lineare Einzel-Differenzialgleichung dritter Ordnung. ∎

Den beiden Beispielen entnimmt man die allgemein mögliche Form einer Einzel-Differenzialgleichung

$$a_n \frac{d^n y}{dt^n} + a_{n-1}\frac{d^{n-1} y}{dt^{n-1}} + \ldots + a_1 \dot{y} + a_0 y = b_m \frac{d^m x(t)}{dt^m} + \ldots + b_0 x(t) \tag{3.13}$$

zur Beschreibung eines weitgehend beliebigen dynamischen Systems. $x(t)$ und seine Ableitungen bis zur m-ten Ordnung[3] sind darin vorgegeben – in der Technik als Erregung

---

[3] Diese müssen existieren und gewissen Stetigkeitsforderungen genügen.

(Schwingungslehre), Steuerung (Regelungstechnik) oder Eingang bzw. Eingangssignal (Netzwerk- und Systemtheorie) bezeichnet. Die Funktion $y(t)$ (und eventuell auch Ableitungen davon) als Antwort oder Ausgang bzw. Ausgangssignal ist gesucht. Die Ordnung der Differenzialgleichung ist n, wobei i. Allg. für physikalische Problemstellungen $m \leq n$ gilt und die a_i ($i = 1, 2, \ldots, n$) sowie die b_i ($i = 1, 2, \ldots, m$) reelle Konstanten sind.

Eindeutige Lösungen erfordern n Anfangsbedingungen

$$y(0) = y_0, \quad \dot{y}(0) = y_0^{(1)}, \quad \ldots \quad, \quad \frac{d^{n-1} y}{dt^{n-1}}\bigg|_{t=0} = y_0^{(n-1)} \tag{3.14}$$

zur Zeit $t = 0$. Die jeweils auf der rechten Seite von (3.14) auftretenden Anfangswerte charakterisieren den Zustand des physikalischen Systems zu diesem Zeitpunkt. I. Allg. unterscheidet man *linksseitige* und *rechtsseitige* Anfangswerte. Die Vergangenheit des Systems wird dabei durch Anfangswerte bei $t = 0_-$ berücksichtigt, also durch die Werte, mit denen das System aus der Vergangenheit in den Zeitpunkt $t = 0$ „einläuft". Diese sind im konkreten Fall bekannt, nämlich aus der Vorgeschichte des Systems. Hingegen kennt man die Anfangswerte von $y(t)$ und seinen Ableitungen bei $t = 0_+$ zunächst nicht. Falls der Übergang stetig erfolgt, sind sie gleich jenen bei 0_-, weisen $y(t)$ und seine Ableitungen zum Zeitpunkt $t = 0$ (infolge von Schaltmaßnahmen) Sprünge auf, so weichen die Anfangswerte bei 0_+ von denen bei 0_- ab. Die Ermittlung der Anfangswerte bei 0_+ aus denen bei 0_- ist dann zwar möglich, aber durchaus nicht einfach. In jedem Fall ist bei der vollständigen Formulierung des Anfangswertproblems festzulegen, ob in (3.14) links- oder rechtsseitige Anfangsbedingungen gemeint sind.

Zur Lösung der Differenzialgleichung (3.13) mit ihren Anfangsbedingungen (3.14) untersucht man zunächst das *homogene* Problem [Lösung $y_H(t)$], und danach ermittelt man eine *Partikulärlösung* $y_P(t)$. Sind $y_{P1}(t)$ und $y_{P2}(t)$ partikuläre Lösungen der Differenzialgleichung (3.13) für verschiedene rechte Seiten $\hat{r}_1(t)$ und $\hat{r}_2(t)$, so ist wegen der vorausgesetzten Linearität die Summe $y_{P1}(t) + y_{P2}(t)$ eine partikuläre Lösung $y_P(t)$ derselben Differenzialgleichung mit der rechten Seite $\hat{r}_1(t) + \hat{r}_2(t)$. Dieser *Superpositionssatz* gilt natürlich auch für die Differenzialgleichung (3.13) zur Ermittlung ihrer allgemeinen Lösung $y(t)$. Es genügt, zur homogenen Lösung $y_H(t)$ irgendeine partikuläre zu addieren:

$$y(t) = y_H(t) + y_P(t). \tag{3.15}$$

Erst zum Schluss erfolgt die Anpassung an die Anfangsbedingungen (3.14).

3.1.2 Homogene Differenzialgleichungen

Die Lösung $y_H(t)$ der homogenen Differenzialgleichung (3.13) [d. h. für $x(t) \equiv 0$]

$$a_n \frac{d^n y}{dt^n} + a_{n-1} \frac{d^{n-1} y}{dt^{n-1}} + \ldots + a_0 y = 0 \tag{3.16}$$

beschreibt freie Schwingungen und kennzeichnet bei erzwungenen Schwingungen [$x(t) \neq 0$] den Einschwingvorgang vom Anfangszustand bis zu einer stationären Lösung.

Natürlich existiert stets die triviale Lösung $y_H(t) \equiv 0$, die im weiteren Verlauf nicht mehr betrachtet wird. Allein nichttriviale Lösungen $y_H(t) \neq 0$ sind von Interesse. Ein System n solcher Lösungen $y_{H1}, y_{H2}, \ldots, y_{Hn}$ nennt man ein *Fundamentalsystem*, wenn diese Funktionen in dem betrachteten Intervall linear unabhängig sind, d. h. wenn ihre Linearkombination $C_1 y_{H1} + C_2 y_{H2} + \ldots + C_n y_{Hn}$ für kein Wertesystem der $C_1, C_2, \ldots, C_n$ außer für $C_1 = C_2 = \ldots = C_n = 0$ identisch verschwindet. Die Lösungen $y_{H1}, y_{H2}, \ldots, y_{Hn}$ einer linearen, homogenen Differenzialgleichung bilden dann und nur dann ein Fundamentalsystem, wenn ihre Wronskische Determinante von null verschieden ist:

$$
W = \begin{vmatrix}
y_{H1} & y_{H2} & \cdots & y_{Hn} \\
\frac{dy_{H1}}{dt} & \frac{dy_{H2}}{dt} & \cdots & \frac{dy_{Hn}}{dt} \\
\vdots & \vdots & \ddots & \vdots \\
\frac{d^{n-1}y_{H1}}{dt^{n-1}} & \frac{d^{n-1}y_{H2}}{dt^{n-1}} & \cdots & \frac{d^{n-1}y_{Hn}}{dt^{n-1}}
\end{vmatrix} \neq 0. \tag{3.17}
$$

Bilden die $y_{Hi}(t)$ ein Fundamentalsystem, so ist

$$
y_H(t) = C_1 y_{H1}(t) + C_2 y_{H2}(t) + \ldots + C_n y_{Hn}(t) \tag{3.18}
$$

die allgemeine Lösung $y_H(t)$.

Konkret findet man diese im vorliegenden zeitinvarianten Fall stets über einen Exponentialansatz

$$
y_H(t) = C e^{\lambda t}, \tag{3.19}
$$

mit dem man nach Einsetzen in (3.16)

$$
C e^{\lambda t} (a_n \lambda^n + a_{n-1} \lambda^{n-1} + \ldots + a_1 \lambda + a_0) = 0 \tag{3.20}
$$

erhält. Für nichttriviale Lösungen $C \neq 0$ muss der Klammerausdruck in (3.20) als sog. *charakteristische Gleichung* (Eigenwertgleichung) verschwinden:

$$
P(\lambda) \overset{(def.)}{=} a_n \lambda^n + a_{n-1} \lambda^{n-1} + \ldots + a_1 \lambda + a_0 = 0. \tag{3.21}
$$

Die linke Seite $P(\lambda)$ von (3.21) ist ein Polynom n-ten Grades in λ und heißt *charakteristisches Polynom*. Die n Wurzeln (Lösungen) der charakteristischen Gleichung (3.21) heißen *Eigenwerte* des Systems und sind für $n > 2$ i. Allg. nur noch über eine numerische Auswertung zu berechnen.

Gemäß dem Hauptsatz der Algebra existiert für das charakteristische Polynom $P(\lambda)$ stets die Produktdarstellung ($j = \sqrt{-1}$)

$$P(\lambda) = (\lambda - r_1)^{k_1} \cdot \ldots \cdot (\lambda - r_v)^{k_v}$$
$$\cdot [\lambda - (p_1 + jq_1)]^{l_1} \cdot \ldots \cdot [\lambda - (p_w + jq_w)]^{l_w} \qquad (3.22)$$
$$\cdot [\lambda - (p_1 - jq_1)]^{l_1} \cdot \ldots \cdot [\lambda - (p_w - jq_w)]^{l_w}$$

mit

$$\sum_{i=1}^{v} k_i + 2 \sum_{i=1}^{w} l_i = n. \qquad (3.23)$$

Dabei sind die r_i insgesamt v verschiedene reelle Nullstellen der Vielfachheit k_i [erste Zeile in (3.22)] und die $p_i \pm jq_i$ insgesamt w verschiedene Paare konjugiert komplexer Nullstellen der Vielfachheit l_i [zweite und dritte Zeile in (3.22)].

Zu $(\lambda - r_i)^{k_i}$, d. h. zum k_i-fachen Eigenwert r_i, gehört dann eine Lösung der Form

$$y_{Hi}(t) = (A_i^1 + A_i^2 t + \ldots + A_i^{k_i} t^{k_i - 1}) e^{r_i t} \qquad (3.24)$$

und zu $[\lambda - (p_i + jq_i)]^{l_i} [\lambda - (p_i - jq_i)]^{l_i}$ eine modifizierte Lösung

$$\bar{y}_{Hi}(t) = e^{p_i t} [(B_i^1 + B_i^2 t + \ldots + B_i^{l_i} t^{l_i - 1}) \cos q_i t$$
$$+ (D_i^1 + D_i^2 t + \ldots + D_i^{l_i} t^{l_i - 1}) \sin q_i t]. \qquad (3.25)$$

Die Anteile ohne die Faktoren $t, t^2, \ldots$ folgen darin direkt aus dem Exponentialansatz (3.19). Sie sind die einzigen Lösungen, wenn keine mehrfachen Eigenwerte auftreten, während bei Vielfachheit weitere Lösungen mittels Variation der Konstanten gefunden werden. Die A_i^k, B_i^k, D_i^k sind wegen (3.23) insgesamt n Konstanten zur späteren Anpassung an die n Anfangsbedingungen (3.14). Im Sinne von (3.18) ergibt sich dann die allgemeine Lösung $y_H(t)$ durch Superposition sämtlicher Teillösungen:

$$y_H(t) = y_{H1}(t) + \ldots + y_{Hk_v}(t) + \bar{y}_{H1}(t) + \ldots + \bar{y}_{Hl_w}(t). \qquad (3.26)$$

Ersichtlich [s. (3.25)] lassen sich für die hier betrachteten Systeme im Falle komplexer Eigenwerte $p_i \pm jq_i$ die Realteile p_i als Dämpfung ($p_i < 0$) oder Anfachung ($p_i > 0$) und die Imaginärteile q_i als Kreisfrequenzen (s. Abschn. 3.1.4) sinusoidaler Lösungsanteile interpretieren.

Beispiel 3.6 Einzel-Differenzialgleichung höherer Ordnung. Zur Vertiefung des Sachverhaltes ist die Differenzialgleichung

$$\frac{d^5 y}{dt^5} - 2 \frac{d^4 y}{dt^4} + 8 \ddot{y} - 12 \dot{y} + 8 y = 0 \qquad (3.27)$$

geeignet. Der Exponentialansatz (3.19) liefert das charakteristische Polynom

$$P(\lambda) = \lambda^5 - 2\lambda^4 + 8\lambda^2 - 12\lambda + 8 = (\lambda + 2)[\lambda - (1+j)]^2[\lambda - (1-j)]^2 \quad (3.28)$$

in natürlicher Form oder Produktdarstellung. Nach (3.24) gehört dann zu $(\lambda + 2)$ (mit der einfachen reellen Nullstelle $r_1 = -2$) der Lösungsanteil

$$y_{H1}(t) = A_1^1 e^{-2t}, \quad (3.29)$$

während sich gemäß (3.25) zu $[\lambda-(1+j)]^2 [\lambda-(1-j)]^2$ (woraus die doppelten konjugiert komplexen Wurzelpaare $p_1 \pm jq_1 = 1 \pm j$ folgen) der Anteil

$$\bar{y}_{H1}(t) = e^t[(B_1^1 + B_1^2 t)\cos t + (D_1^1 + D_1^2 t)\sin t] \quad (3.30)$$

ergibt. Die Gesamtlösung ist die Summe von (3.29) und (3.30) und enthält – wie dies bei einer Differenzialgleichung fünfter Ordnung erforderlich ist – genau fünf Integrationskonstanten.   ∎

Beispiel 3.7 Einzel-Differenzialgleichungen *erster* und *zweiter* Ordnung. Für praktische Anwendungen sind die einfachen Sonderfälle einer Differenzialgleichung erster Ordnung

$$\dot{y} + \frac{1}{T_0}y = 0 \quad (3.31)$$

und zweiter Ordnung [homogene Form von (3.9)]

$$\ddot{y} + 2D\omega_0\dot{y} + \omega_0^2 y = 0 \quad (3.32)$$

besonders wichtig. Ist in beiden Gleichungen die „physikalische" Zeit t die unabhängig Veränderliche, so ist T_0 (> 0 in der Praxis) die sog. Zeitkonstante, ω_0 die sog. Eigenkreisfrequenz des ungedämpften Systems[4] mit der Dimension $[s^{-1}]$ und D der dimensionslose Dämpfungsgrad[5]. In der Praxis gilt $\omega_0^2 > 0$ und $D > 0$ (mit der oft gültigen Zusatzeinschränkung $D \ll 1$). Mit einem dimensionslosen Zeitparameter $\tau = t/T_0$ bzw. $\omega_0 t$ ist eine dimensionslose Schreibweise der beiden Differenzialgleichungen (3.31) und (3.32) möglich; dies soll jedoch nicht weiterverfolgt werden.

Im ersten Fall (3.31) ist die allgemeine homogene Lösung

$$y_H(t) = Ce^{-t/T_0} \quad (3.33)$$

eine für positive Zeitkonstanten $T_0 > 0$ monoton abklingende, reelle Exponentialfunktion.

---

[4] Das Quadrat ω_0^2 berechnet sich aus dem Quotienten von Federkonstante c und Masse m.
[5] Früher als Lehrsches Dämpfungsmaß bezeichnet.

Abb. 3.5 Freie Schwingungen eines schwach gedämpften, einläufigen Schwingers

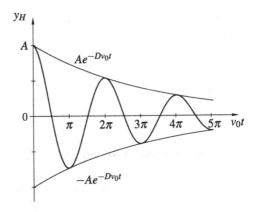

Für das hier allein diskutierte, unterkritisch gedämpfte ($0 \leq D < 1$) System zweiter Ordnung mit der Bewegungsgleichung (3.32) hat die charakteristische Gleichung

$$\lambda^2 + 2D\omega_0\lambda + \omega_0^2 = 0 \tag{3.34}$$

zwei verschiedene Wurzeln[6]

$$\lambda_{1,2} = \left(-D \pm j\sqrt{1-D^2}\right)\omega_0 = -D\omega_0 \pm jv_0. \tag{3.35}$$

Die allgemeine Lösung lässt sich damit in der Gestalt

$$y_H(t) = e^{-D\omega_0 t}(C_1\cos v_0 t + C_2\sin v_0 t) \tag{3.36}$$

oder äquivalent

$$y_H(t) = Ae^{-D\omega_0 t}\cos(v_0 t + \alpha) \tag{3.37}$$

darstellen. Der Zusammenhang zwischen A, α einerseits und C_1, C_2 andererseits wird dabei über

$$\alpha = \arctan(C_2/C_1), \quad A = \sqrt{C_1^2 + C_2^2} \tag{3.38}$$

hergestellt. Bei einer Bewegung des Typs (3.36) bzw. (3.37) spricht man von einer gedämpften Schwingung (s. Abb. 3.5), deren „Amplitude"[7] $Ae^{-D\omega_0 t}$ exponentiell mit der Zeit abnimmt (die beiden Funktionen $\pm Ae^{-D\omega_0 t}$ bilden die Einhüllende der Schwingung), die mit der „gedämpften" *Eigenkreisfrequenz* v_0 verläuft und den *Nullphasenwinkel* α besitzt.

---

[6] v_0 wird „*gedämpfte*" *Eigenkreisfrequenz* genannt.
[7] Streng genommen ist eine Amplitude nur als Vorfaktor einer harmonischen Funktion [s. beispielsweise (3.40)] erklärt.

Mit $D \to 0$ ergibt sich $\nu_0 \to \omega_0$, so dass (3.36) bzw. (3.37) in die bekannte Lösung des ungedämpften Falles

$$y_H(t) = C_1 \cos \omega_0 t + C_2 \sin \omega_0 t = A \cos(\omega_0 t + \alpha) \tag{3.39}$$

übergeht.   ■

3.1.3 Harmonische Anregung

Cosinus- (oder sinus-)förmige Erregerfunktionen

$$x(t) = \hat{x} \cos(\Omega t + \beta) \tag{3.40}$$

mit der Amplitude $\hat{x}$, der Kreisfrequenz Ω und dem Nullphasenwinkel β stehen für häufige Dauerbelastungen in der Technik. Ersetzt man für physikalische Problemstellungen die reellwertige harmonische Anregung (als einfachen Sonderfall einer periodischen Anregung, s. Abschn. 3.1.4) durch ihre „komplexe Erweiterung"

$$\underline{x}(t) = \underline{\hat{x}} e^{j\Omega t} \tag{3.41}$$

und betrachtet die Bewegungs-Differenzialgleichung (3.13) im Komplexen, so ergibt sich

$$a_n \frac{d^n \underline{y}}{dt^n} + a_{n-1} \frac{d^{n-1} \underline{y}}{dt^{n-1}} + \ldots + a_0 \underline{y} = [b_m(j\Omega)^m + \ldots + b_0]\underline{\hat{x}} e^{j\Omega t} \tag{3.42}$$

mit

$$\underline{\hat{x}} = \hat{x} e^{j\beta}. \tag{3.43}$$

In der allgemeinen Lösung $y(t)$ (3.15) hat man die homogene Lösung $y_H(t)$ gemäß (3.18) bzw. (3.26) bereits gefunden, so dass nur noch eine Partikulärlösung $y_P(t)$ zu berechnen ist. Man sucht diese [z. B. in komplexer Erweiterung $\underline{y}_P(t)$] als Lösung von (3.42) mit einem Ansatz „vom Typ der rechten Seite"

$$\underline{y}_P(t) = \underline{\hat{y}} e^{j\Omega t} = F(j\Omega)\underline{\hat{x}} e^{j\Omega t}, \tag{3.44}$$

der hier wesentlich schneller zum Ziel führt als der „mathematische Dienstweg" über *Variation der Konstanten* (oder auch die *Methode von Cauchy*).

Der Ansatz (3.44) stellt (in komplexer Erweiterung) eine harmonische Schwingung dar, deren Kreisfrequenz mit der Erregerkreisfrequenz übereinstimmt und deren komplexe Amplitude $\underline{\hat{y}}$ noch unbekannt ist. Der komplexe (hier dimensionslose) Proportionalitätsfaktor $F(j\Omega)$ zwischen $\underline{x}$ und $\underline{y}_P$ heißt *komplexer Frequenzgang*.

Abb. 3.6 Übertragungsverhalten eines dynamischen Systems im Frequenzbereich

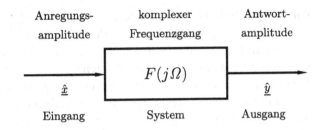

Durch Einsetzen des Ansatzes (3.44) in die Differenzialgleichung (3.42) algebraisiert man diese und erhält (mit $\hat{\underline{x}}e^{j\Omega t} \neq 0$) die Relation

$$[a_n(j\Omega)^n + \ldots + a_0]F(j\Omega) = [b_m(j\Omega)^m + \ldots + b_0] \tag{3.45}$$

zur Bestimmung des komplexen Frequenzganges

$$F(j\Omega) = \frac{b_m(j\Omega)^m + \ldots + b_0}{a_n(j\Omega)^n + \ldots + a_0}. \tag{3.46}$$

Dieser hängt ersichtlich von der Erregerkreisfrequenz und den Systemparametern ab, nicht aber vom Ein- oder Ausgangssignal. Insofern repräsentiert $F(j\Omega)$ eine Systemeigenschaft.

Im Sinne der klassischen Systemtheorie wird demnach im üblichen Block-Diagramm (s. Abb. 3.6) das dynamische System durch den komplexen Frequenzgang $F(j\Omega)$ charakterisiert. Zum Eingangssignal $\underline{x}(t)$ (im Zeit- oder Originalbereich) bzw. $\hat{\underline{x}}$ (im Frequenz- oder Bildbereich) gehört die gesuchte stationäre Systemantwort $\underline{y}_P(t)$ (im Zeitbereich) bzw. $\hat{\underline{y}}$ (im Frequenzbereich) als Ausgangssignal. Dabei geht die Antwort durch Multiplikation mit dem komplexen Frequenzgang $F(j\Omega)$ aus dem Eingangssignal (z. B. im Frequenzbereich) hervor:

$$\hat{\underline{y}} = F(j\Omega)\hat{\underline{x}}. \tag{3.47}$$

Mit

$$F(j\Omega) = P(\Omega) + jQ(\Omega) = V(\Omega)e^{j\varphi(\Omega)}, \tag{3.48}$$

worin

$$V(\Omega) = |F(j\Omega)| = \sqrt{P^2(\Omega) + Q^2(\Omega)}, \quad \varphi = \arg F(j\Omega) = \arctan\frac{Q(\Omega)}{P(\Omega)} \tag{3.49}$$

und umgekehrt

$$P(\Omega) = \operatorname{Re} F(j\Omega) = V(\Omega)\cos\varphi(\Omega), \quad Q(\Omega) = \operatorname{Im} F(j\Omega) = V(\Omega)\sin\varphi(\Omega) \tag{3.50}$$

gilt, kann $F(j\Omega)$ als komplexer Zeiger in der Gaussschen Zahlenebene angesehen werden, der die Länge (Betrag) $V(\Omega)$ und den Lagewinkel (Argument) $\varphi(\Omega)$ gegenüber der positiven reellen Achse besitzt. Mit sich veränderndem Parameter Ω ändern sich Amplitude und Lage des Zeigers; die dadurch in der komplexen Zahlenebene entstehende Funktion bezeichnet man als *Ortskurve* des komplexen Frequenzgangs. Für $V(\Omega)$ hat sich in der Schwingungslehre der Name *Vergrößerungsfunktion* (in der Regelungstechnik der Name Amplitudengang) eingebürgert, $\varphi(\Omega)$ nennt man *Phasenverschiebung* (der stationären Bewegung gegenüber der Erregung) bzw. Phasengang. Die Auftragung von Amplituden- und Phasengang in doppelt-logarithmischer Skalierung heißt (in der Regelungstechnik) Bode-Diagramm.

Zur physikalischen Systemantwort $y_P(t)$ kommt man nach dem formalen „Durchgang durchs Komplexe", indem man beachtet („Wiederauftauchen im Reellen"), dass zur reellen Erregung $x(t)$ die komplexwertige Erweiterung $\underline{x}(t)$ mit $x(t) = \operatorname{Re}\underline{x}(t)$ gehört. Entsprechend folgt aus der berechneten komplexwertigen Antwort $\underline{y}_P(t)$ die physikalische Bewegung $y_P(t)$ über $y_P(t) = \operatorname{Re}\underline{y}_P(t)$ in der Form

$$
\begin{aligned}
y_P(t) &= \operatorname{Re}[F(j\Omega)\hat{\underline{x}}e^{j\Omega t}] = \operatorname{Re}[V(\Omega)e^{j\varphi(\Omega)}\hat{x}e^{j\beta}e^{j\Omega t}] \\
&= V(\Omega)\hat{x}\cos(\Omega t + \beta + \varphi) = V(\Omega)\hat{x}\cos(\Omega t + \gamma).
\end{aligned}
\tag{3.51}
$$

Darin kann γ mit der Bedeutung von β in (3.40) als Nullphasenwinkel der Schwingungsantwort $y_P(t)$ angesehen werden.

Beispiel 3.8 Einläufiger Schwinger mit sog. *Krafterregung*[8]. Betrachtet man als Anwendung die Radaufhängung aus Abb. 3.3, so kann diese (in geringfügig modifizierter Form) durch die Bewegungsgleichung

$$
\ddot{y} + 2D\omega_0\dot{y} + \omega_0^2 y = \omega_0^2 x_0 \cos \Omega t
\tag{3.52}
$$

bzw.

$$
\ddot{\underline{y}} + 2D\omega_0\dot{\underline{y}} + \omega_0^2\underline{y} = \omega_0^2\underline{x}_0 e^{j\Omega t}
\tag{3.53}
$$

beschrieben werden. Aus (3.46) findet man den komplexen Frequenzgang

$$
F(j\Omega) = \frac{\omega_0^2}{-\Omega^2 + 2D\omega_0(j\Omega) + \omega_0^2}.
\tag{3.54}
$$

Mit dem Frequenzverhältnis $\eta \overset{\text{(def.)}}{=} \Omega/\omega_0$ ergibt sich die dimensionslose Formulierung

$$
F(j\eta) = \frac{1}{1 - \eta^2 + j2D\eta}.
\tag{3.55}
$$

---

[8] Bei Krafterregung ist die Erregeramplitude unabhängig von der Erregerkreisfrequenz Ω. Bei der technisch wichtigeren sog. *Massenkrafterregung* dagegen ist diese Amplitude proportional dem Quadrat Ω^2 der Erregerkreisfrequenz.

Abb. 3.7 Ortskurve des
krafterregten, einläufigen
Schwingers

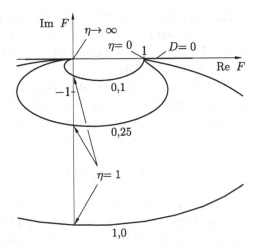

Abb. 3.7 zeigt für verschiedene Werte des Dämpfungsgrades D die zugehörige Ortskurve
mit dem Parameter $0 \leq \eta < \infty$. Die Vergrößerungsfunktion $V(\eta)$ und die Phasenverschiebung $\varphi(\eta)$ berechnen sich über (3.49) zu

$$V(\eta) = \frac{1}{\sqrt{(1-\eta^2)^2 + 4D^2\eta^2}}, \quad \varphi(\eta) = \arctan \frac{-2D\eta}{1-\eta^2}. \tag{3.56}$$

Beide sind in Abb. 3.8 ebenfalls für verschiedene Dämpfungsparameter D dargestellt.

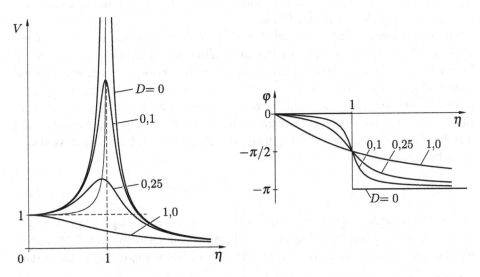

Abb. 3.8 Vergrößerungsfunktion und Phasenverschiebung des krafterregten, einläufigen Schwingers

Die Vergrößerungsfunktion besitzt für $D = 0$ bei $\eta = 1$ eine singuläre Stelle, die den sog. *Resonanzfall* $\Omega = \omega_0$ kennzeichnet, der bei der Berechnung der Zwangsschwingung $y_P(t)$ mittels Ansatz (3.44) eigentlich auszuschließen ist. Er trennt auch den Bereich, in dem für verschwindende Dämpfung $D = 0$ Erregung und Antwort in Phase schwingen ($\varphi = 0$ für $\eta < 1$: sog. „unterkritischer" Betrieb) von jenem, in dem beide Größen in Gegenphase sind ($\varphi = -\pi$ für $\eta > 1$: „überkritische" Anregung). Im Resonanzfall $\Omega = \omega_0$ (für den die Phasenverschiebung φ aufgrund der Sprungstelle formal nicht definiert ist) führen Ansätze der Form

$$y_P(t) = \frac{x_0}{2m} \omega_0 t \sin \Omega t, \quad \underline{y}_P(t) = \frac{x_0}{2m} \omega_0 t e^{j(\pi/4 - \Omega t)} \tag{3.57}$$

zum Ziel, so dass dafür ersichtlich keine stationäre Bewegung existiert. Vielmehr wächst $y_P(t)$ im Verlauf der Zeit auch für beliebig kleine Amplituden x_0 über alle Grenzen. Erregerkreisfrequenzen in der Nähe der Eigenkreisfrequenz sind daher in der Praxis äußerst gefährlich und können zur Zerstörung von Maschinen und Bauwerken führen. Für Dämpfungen $D > 0$ bleiben die Antwortamplituden auch im Resonanzfall endlich. Sie sind für die in der Praxis jedoch häufig anzutreffenden Dämpfungswerte $D \ll 1$ allerdings nach wie vor gefährlich groß. Die Maxima treten weder bei $\eta = 1$ noch bei $\eta = \eta_v = \Omega/v_0$, sondern (für Krafterregung) bei $\eta_{max} = \sqrt{1 - 2D^2}$ auf, und der zugehörige Wert von $V(\eta)$ ist durch

$$V_{max} = \frac{1}{2D\sqrt{1 - D^2}} \tag{3.58}$$

gegeben. Maxima (links von $\eta = 1$) existieren nur für $D < \sqrt{2}/2$, für größere Dämpfungsgrade verläuft $V(\eta)$ monoton fallend[9].

Für alle D besitzt $V(\eta)$ im Grenzfall $\eta = 0$ ($\Omega = 0$) den Wert eins und geht bei $\eta \to \infty$ ($\Omega \to \infty$) gegen null. Der Phasenwinkel $\varphi(\eta)$ liegt auch für $D > 0$ stets im Intervall $(-\pi, 0)$ und durchläuft dieses von rechts nach links, wenn η von null nach unendlich strebt. Insbesondere gilt $\varphi(\eta = 1) = -\pi/2$ unabhängig von D, eine Tatsache, die messtechnisch als Resonanzindikator häufig ausgenutzt wird. Dem physikalisch plausiblen Tatbestand, dass sich die Phasenverschiebung als Nacheilung ergeben muss (und dies durch $\varphi < 0$ dokumentiert wird), trägt man häufig dadurch Rechnung, dass man in der Schwingungsantwort mit $\varphi = -\epsilon$ direkt

$$y_P(t) = V(\Omega)x_0 \cos(\Omega t - \epsilon) \tag{3.59}$$

ansetzt. Da im Rahmen technischer Fragestellungen die freien Schwingungen $y_H(t)$ infolge der stets vorhandenen Dämpfung $D > 0$ während des Einschwingvorganges abklingen, bleibt als stationäre Dauerschwingung nur die Partikulärlösung $y_P(t)$ übrig. Daher rührt

---

[9] Der Grenzfall $D = \sqrt{2}/2$ heißt „Oszillographendämpfung" und spielt bei Messgeräten eine wichtige Rolle.

die Tatsache, dass häufig die homogene Lösung gar nicht berechnet wird und man allein eine Partikulärlösung „vom Typ der rechten Seite" bestimmt[10].

Abschließend soll im Hinblick auf die Vorgehensweise bei periodischer Erregung (s. Abschn. 3.1.4) erwähnt werden, dass man anstelle der formalen komplexen Erweiterung (3.41) auch die *vollständige* komplexe Darstellung der reellen harmonischen Erregung

$$x(t) = X_+ e^{j\Omega t} + X_- e^{-j\Omega t}, \quad X_+, X_- \text{ konjugiert komplex} \tag{3.60}$$

verwenden kann. Anstatt des formalen „Durchgangs durchs Komplexe" arbeitet man hier mit der Differenzialgleichung (3.13) für reelle Variable $y(t)$ und findet die Zwangsschwingung als reelle Partikulärlösung $y_P(t)$ lediglich in komplexer Darstellung. Die kann natürlich auch wieder reell in der Form (3.59) geschrieben werden. ∎

3.1.4 Periodische Anregung

In den meisten technischen Problemstellungen ist die zeitabhängige Anregung $x(t)$ nicht mehr harmonisch, aber immer noch periodisch. Eine Funktion $x(t)$ ist *periodisch*, wenn es eine Konstante $T > 0$ derart gibt, dass für alle Zeitpunkte t die Beziehung

$$x(t + T) = x(t) \tag{3.61}$$

gilt. Dann folgt auch

$$x(t + nT) = x(t) \tag{3.62}$$

für jeden Zeitpunkt t und jede ganze Zahl n. Der Parameter T einer periodischen Schwingung ist also nicht eindeutig durch (3.61) bestimmt. Eindeutig ist jedoch die kleinste (positive) Konstante T gemäß (3.61), die man als *Schwingungsdauer* oder Periodendauer bezeichnet. Zur Kenntnis einer periodischen Schwingung genügt die Beschreibung von $x(t)$ innerhalb einer einzigen Periode, z. B. $(0, T)$ oder $(-T/2, +T/2)$. Der Kehrwert der Schwingungsdauer

$$f \stackrel{\text{(def.)}}{=} \frac{1}{T} \tag{3.63}$$

heißt *Frequenz* und gibt die Zahl der Schwingungen pro Zeiteinheit an. Wählt man als Zeiteinheit eine Sekunde, so wird die resultierende Dimension „Hertz" (Hz) genannt. Häufig verwendet man auch die Kreisfrequenz

$$\omega \stackrel{\text{(def.)}}{=} 2\pi f. \tag{3.64}$$

---

[10] Auch bei Einzel-Differenzialgleichungen höherer als zweiter Ordnung geht man i. d. R. so vor. Es ist jedoch dann stets zu prüfen, ob die freien Schwingen auch tatsächlich abklingen.

Eine für praktische Rechnungen wesentliche Eigenschaft *periodischer* Funktionen ist die Möglichkeit, diese aus *harmonischen* Funktionen zusammenzusetzen. Reelle periodische Funktionen $x(t)$ lassen sich entweder in eine reelle Fourier-Reihe

$$x(t) = \hat{x}_0 + \sum_{k=1}^{\infty} \hat{x}_k \cos(k\Omega t + \beta_k) \tag{3.65}$$

entwickeln oder durch eine komplexe Fourier-Reihe

$$x(t) = \sum_{k=-\infty}^{+\infty} X_k e^{jk\Omega t}, \quad \Omega = \frac{2\pi}{T} \tag{3.66}$$

darstellen, wobei der Summationsindex im Gegensatz zur reellen Fourier-Reihe (3.65) *alle* ganzen Zahlen durchläuft. Die komplexen Konstanten X_k heißen Fourier-Koeffizienten. Sie berechnen sich bei gegebener Funktion $x(t)$ über das Fourier-Integral

$$X_k = \frac{1}{T} \int_{-T/2}^{+T/2} x(t) e^{-jk\Omega t} dt, \quad k = 0, \pm 1, \pm 2, \dots \tag{3.67}$$

Insbesondere ergibt sich für $k = 0$ gerade der Mittelwert X_0. Für reelle Erregungen $x(t)$ treten die Fourier-Koeffizienten in konjugiert komplexen Paaren

$$X_{-k} = X_k^* \tag{3.68}$$

auf, so dass der Mittelwert

$$X_0 = X_0^* \tag{3.69}$$

eine reelle Größe ist. Die komplexen Fourier-Reihen reeller periodischer Funktionen besitzen demnach die Gestalt

$$x(t) = \sum_{k=-\infty}^{+\infty} X_k e^{jk\Omega t} = X_0 + \sum_{k=1}^{\infty} \left(X_k e^{jk\Omega t} + X_{-k} e^{-jk\Omega t} \right), \tag{3.70}$$

und man spricht dabei von der Spektraldarstellung der periodischen Funktion $x(t)$. Zur Kennzeichnung verwendet man üblicherweise Betrag und Argument der komplexen Fourier-Koeffizienten (in linearen und logarithmischen Skalen) und nennt die Folge $\dots, |X_{-1}|, |X_0|, |X_1|, \dots$ das *(zweiseitige) Amplitudenspektrum* und die Folge $\dots, \arg X_{-1}, \arg X_0, \arg X_1, \dots$ das *(zweiseitige) Phasenspektrum*.

Den Zusammenhang zwischen den reellen und komplexen Darstellungsformen (3.65) und (3.70) erhält man, wenn man in (3.70) die konjugiert komplexen Größen X_k und X_{-k}

durch Betrag und Phase ausdrückt:

$$x(t) = X_0 + \sum_{k=1}^{\infty} |X_k| \left(e^{j \arg X_k} + e^{-j \arg X_k} \right) e^{j\Omega t} = \sum_{k=0}^{\infty} 2|X_k| \cos(\Omega t + \arg X_k).$$

$$(3.71)$$

Ein Vergleich von (3.71) mit (3.65) liefert die Amplitude der einzelnen harmonischen Anteile

$$\hat{x}_0 = X_0, \quad \hat{x}_k = 2|X_k| = 2|X_{-k}|, \quad k = 1, 2, \ldots \tag{3.72}$$

und ihre Nullphasenwinkel

$$\beta_k = \arg X_k = -\arg X_{-k}, \quad k = 1, 2, \ldots \tag{3.73}$$

Bei der Auswertung von (3.72) und (3.73) benutzt man häufig die Aufspaltung von Gleichung (3.67) in Real- und Imaginärteil,

$$X_0 = \frac{1}{T} \int_{-T/2}^{+T/2} x(t) \, dt,$$

$$\mathrm{Re}\, X_k = \frac{1}{T} \int_{-T/2}^{+T/2} x(t) \cos k\Omega t \, dt, \tag{3.74}$$

$$\mathrm{Im}\, X_k = \frac{1}{T} \int_{-T/2}^{+T/2} x(t) \sin k\Omega t \, dt, \quad k = 1, 2, \ldots,$$

aus der man entnimmt, dass offensichtlich für *gerade* Zeitfunktionen $x(-t) = x(t)$ alle Fourier-Koeffizienten reell ($\mathrm{Im}\, X_k = 0$, $k = 0, 1, 2, \ldots$) und für *ungerade* Funktionen $x(-t) = -x(t)$ alle Fourier-Koeffizienten imaginär ($X_0 = 0$, $\mathrm{Re}\, X_k = 0$, $k = 1, 2, \ldots$) sind. Betrag und Argument der Fourier-Koeffizienten X_k können dann aus (3.74) in einer (3.67) entsprechenden Form einfach ermittelt werden.

Mit dem Superpositionsprinzip hat man auf der dargestellten Grundlage einen Schlüssel zur Berechnung erzwungener Schwingungen bei periodischer Erregung zur Hand. Entwickelt man nämlich wie gesehen die Schwingungsanregung in die komplexe Fourier-Reihe (3.66), so lässt sich für jeden einzelnen harmonischen Summanden mit Hilfe des komplexen Frequenzganges $F(jk\Omega)$ (3.46) eine partikuläre Lösung angeben. Nach Überlagerung erhält man so die gesamte (reelle) Partikulärlösung

$$y_P(t) = \sum_{k=-\infty}^{+\infty} F(jk\Omega) X_k e^{jk\Omega t} \tag{3.75}$$

in Form einer komplexen Fourier-Reihe mit den Fourier-Koeffizienten

$$Y_k = F(jk\Omega)X_k, \quad k = 0, \pm 1, \pm 2, \dots \tag{3.76}$$

Wie schon bei harmonischer Anregung [s. (3.47)] ergeben sich die komplexen Koeffizienten Y_k der stationären Systemantwort demnach in einfacher Weise durch Multiplikation der k-ten komplexen Eingangsamplitude X_k mit dem Frequenzgang F ausgewertet an der Stelle $k\Omega$. Auch das Block-Diagramm aus Abb. 3.6 zur Beschreibung des Übertragungsverhaltens im Frequenzbereich bleibt sinngemäß gültig.

Die Eigenschaften gerader und ungerader reeller Funktionen werden im Komplexen in verallgemeinerter Form durch hermitesche und schiefhermitesche Funktionen repräsentiert. Eine beliebige komplexe Funktion $x(t)$ wird hermitesch genannt, wenn für alle t der Zusammenhang $x(-t) = x^*(t)$ gilt und schiefhermitesch, wenn für alle t die Relation $x(-t) = -x^*(t)$ erfüllt ist. Somit hat man es hier [s. (3.68)] mit hermiteschen Fourier-Koeffizienten X_k zu tun; für die Fourier-Koeffizienten der stationären Bewegung ergibt sich vereinfacht

$$Y_{-k} = F(-jk\Omega)X_k^*, \quad k = 0, 1, 2, \dots \tag{3.77}$$

oder auch

$$Y_{-k} = F^*(jk\Omega)X_k^*, \quad k = 0, 1, 2, \dots, \tag{3.78}$$

da $F(jk\Omega)$ ebenfalls eine hermitesche Funktion ist. Die letzte Gleichung (3.78) kann man auch in der Gestalt

$$Y_{-k} = [F(jk\Omega)X_k]^* = Y_k^*, \quad k = 0, 1, 2, \dots \tag{3.79}$$

schreiben, so dass auch die Fourier-Koeffizienten des eingeschwungenen Zustands $y_P(t)$ hermitesch sind.

Beispiel 3.9 Minimalmodell eines federnd aufgehängten Rades (s. Abb. 3.3) bei der Fahrt mit konstanter Geschwindigkeit auf „sägezahnförmig" unebener Fahrbahn. Mit den schon in (3.32) verwendeten Abkürzungen

$$\omega_0^2 = \frac{c}{m}, \quad 2D\omega_0 = \frac{b}{m} \tag{3.80}$$

geht (3.9) in die hier zu diskutierende Normalform

$$\ddot{y} + 2D\omega_0\dot{y} + \omega_0^2 y = 2D\omega_0\dot{x}(t) + \omega_0^2 x(t) \tag{3.81}$$

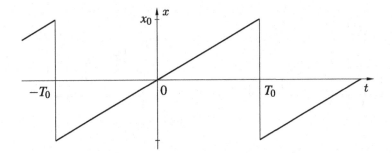

Abb. 3.9 Sägezahnsignal

über, wobei die periodische Funktion $x(t)$ durch (s. Abb. 3.9)

$$x(t) = \frac{x_0}{T_0}t, \quad -T_0 \leq t \leq T_0 \tag{3.82}$$

erklärt ist. Auf die Angabe von Anfangsbedingungen wird hier verzichtet, da nur die stationäre Schwingungsantwort $y_P(t)$ gesucht ist.

Zunächst hat man die vorgegebene Erregerfunktion $x(t)$ (3.82) als Fourier-Reihe darzustellen. Zur Berechnung der Fourier-Koeffizienten kann man hier unter Beachten von $T = 2T_0, \Omega = 2\pi/T = \pi/T_0$ einfach (3.67) verwenden,

$$X_k = \frac{1}{2T_0} \int\limits_{-T_0}^{+T_0} \frac{x_0}{T_0} t e^{-jk\frac{\pi}{T_0}t} dt, \tag{3.83}$$

und erhält mit $e^{\pm jk\pi} = (-1)^k$ nach elementarer Auswertung

$$X_0 = 0, \quad X_k = j\frac{x_0}{k\pi}(-1)^k, \quad k = \pm 1, \pm 2, \ldots \tag{3.84}$$

Da $x(t)$ gemäß (3.82) ersichtlich eine ungerade Funktion ist, waren in der Tat rein imaginäre Fourier-Koeffizienten zu erwarten. Die Spektraldarstellung (3.66) der Eingangsfunktion $x(t)$ ist also durch

$$x(t) = \sum_{k=\pm 1, \pm 2, \ldots} j(-1)^k \frac{x_0}{k\pi} e^{jk\Omega t}, \quad \Omega = \frac{\pi}{T_0} \tag{3.85}$$

gegeben; ihr Amplitudenspektrum und Phasenspektrum sind in Abb. 3.10 dargestellt.

Der komplexe Frequenzgang $F(jk\Omega)$ berechnet sich gemäß (3.46) in der Form

$$F(jk\Omega) = \frac{\omega_0^2 + 2D\omega_0(jk\Omega)}{\omega_0^2 + (jk\Omega)^2 + 2D\omega_0(jk\Omega)}. \tag{3.86}$$

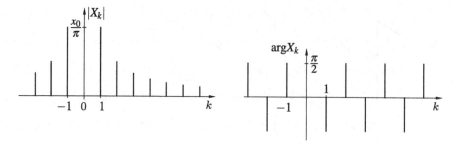

Abb. 3.10 Amplituden- und Phasenspektrum eines Sägezahnsignals

Dessen Betrag

$$V(k\Omega) = \sqrt{\frac{\omega_0^4 + (2D\omega_0 k\Omega)^2}{(\omega_0^2 - k^2\Omega^2)^2 + (2D\omega_0 k\Omega)^2}} \tag{3.87}$$

und Phasenwinkel

$$\varphi(k\Omega) = \arctan \frac{-2D\omega_0(k\Omega)^3}{\omega_0^2[\omega_0^2 - (k\Omega)^2] + (2D\omega_0 k\Omega)^2}, \tag{3.88}$$

sind Abb. 3.11 zu entnehmen, wobei

$$\varphi = \varphi_1 - \varphi_2, \quad \varphi_1(k\Omega) = \arctan \frac{2D\omega_0 k\Omega}{\omega_0^2}, \quad \varphi_2(k\Omega) = \arctan \frac{2D\omega_0 k\Omega}{\omega_0^2 - (k\Omega)^2} \tag{3.89}$$

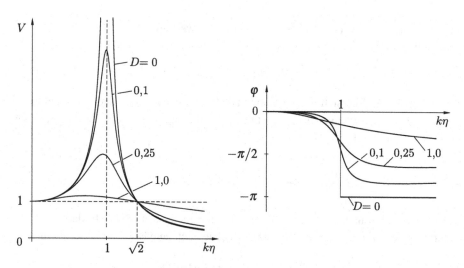

Abb. 3.11 Vergrößerungsfunktion und Phasenverschiebung eines einläufigen Schwingers mit periodischer Fußpunktanregung

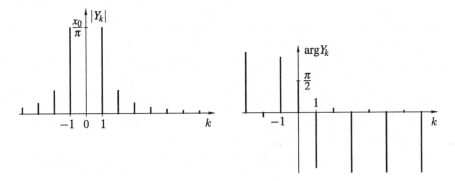

Abb. 3.12 Amplituden- und Phasenspektrum der Schwingungsantwort eines einläufigen Schwingers bei sägezahnförmiger Fußpunktanregung

gilt. Zum Abschluss berechnet man dann die Fourier-Koeffizienten Y_k der periodischen Hubschwingungen $y_P(t)$ gemäß (3.76) in der Gestalt

$$Y_0 = 0, \quad Y_k = j \frac{\omega_0^2 + 2D\omega_0(jk\Omega)}{\omega_0^2 + (jk\Omega)^2 + 2D\omega_0(jk\Omega)} \frac{x_0}{k\pi}(-1)^k, \quad \Omega = \frac{\pi}{T_0} \tag{3.90}$$

und findet damit auch deren Spektraldarstellung

$$y_P(t) = \sum_{k=\pm1,\pm2,\ldots} j \frac{\omega_0^2 + 2D\omega_0(jk\Omega)}{\omega_0^2 + (jk\Omega)^2 + 2D\omega_0(jk\Omega)} \frac{x_0}{k\pi}(-1)^k e^{jk\Omega t}, \quad \Omega = \frac{\pi}{T_0}. \tag{3.91}$$

Abb. 3.12 zeigt (abrundend) für einen (ausgewählt großen) Dämpfungswert $D = \sqrt{2}/2$ bei einem Frequenzverhältnis $\eta = 2$ das zugehörige Amplituden- und Phasenspektrum. Für den gewählten Dämpfungsgrad (für noch größere gilt dies ebenso), für den keine Resonanzüberhöhungen mehr auftreten können, erkennt man deutlich den Tiefpasscharakter des betrachteten Übertragungsgliedes zweiter Ordnung: tiefe Frequenzen werden „durchgelassen", hohe dagegen stark abgeschwächt[11]. ∎

3.1.5 Allgemeine Anregung (Faltungsintegral)

Neben der bisher diskutierten periodischen Erregung (mit dem Sonderfall harmonischen Zeitverlaufs) gibt es in technischen Anwendungen auch allgemeinere, nichtperiodische Anregungen, wie sie beispielsweise für die Belastung eines Bauwerks durch eine plötzlich

---

[11] Die spektralen Dichteanteile im Amplitudenspektrum (s. Abb. 3.10 und 3.12) besitzen im Ausgangssignal für kleine k nämlich (in etwa) gleichhohe Intensität wie im Erregersignal, für große k dagegen sind sie in der stationären Schwingungsantwort gegenüber jenen der Eingangsgröße erheblich reduziert.

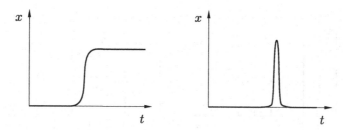

Abb. 3.13 Zeitverläufe stoßförmiger Anregungen

aufgebrachte Verkehrslast oder eine Windbö sowie die Beanspruchung eines Werkstücks durch einen oder mehrere Hammerschläge typisch sind. Auch in der experimentellen Systemprüfung unter Benutzung eines sog. Impulshammers treten derartige nichtperiodischen Signale auf. In Abb. 3.13 sind mögliche praxisnahe Zeitverläufe der aufgezählten Erscheinungsformen dargestellt.

Als Grenzfälle werden in der Physik gewisse Modelle solcher Anregungen benutzt, die keiner Realität entsprechen, sondern Idealisierungen darstellen, aber gerade dadurch erst eine brauchbare Beschreibung gewisser realer Vorgänge ermöglichen.

Dazu gehört die (dimensionslose) *Heaviside-Funktion* (*Einheitssprungfunktion*) $\sigma(t)$, die über

$$\sigma(t) \overset{\text{(def.)}}{=} \begin{cases} 0, & t < 0, \\ 1, & t \geq 0 \end{cases} \tag{3.92}$$

erklärt wird und in Abb. 3.14 aufgezeichnet ist. Der Funktionswert von $\sigma(t)$ genau an der Stelle $t = 0$ ist beliebig, er hat keinerlei Einfluss auf die spätere Rechnung. Zweckmäßige Festsetzungen sind, neben der in (3.92), auch $\sigma(0) = 0$ oder $\sigma(0) = 1/2$. $\sigma(t)$ ist an der Stelle $t = 0$ immer unstetig und deshalb dort im klassischen Sinne nicht differenzierbar.

Für die *Diracsche Delta-„Funktion"* (kürzer *Dirac-„Funktion"*) oder *Stoß-„Funktion"* $\delta(t)$ versagt die klassische Begriffsbildung einer Punktfunktion, nämlich den einzelnen Werten einer Variablen (z. B. t) aus einem bestimmten Zahlenbereich jeweils eindeutig Werte $y = f(t)$ aus einem anderen Zahlenbereich zuzuordnen. $\delta(t)$ ist eine sog. *Distribution* oder verallgemeinerte Funktion, die in der Ingenieurmathematik vereinfacht und

Abb. 3.14 Verlauf der Einheitssprungfunktion

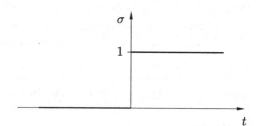

Abb. 3.15 Delta-„Funktion"

„anschaulich" durch

$$\delta(t) = \begin{cases} 0, & t \neq 0 \\ \infty, & t = 0 \end{cases} \quad \text{mit} \int\limits_{-\infty}^{+\infty} \delta(t)dt = 1, \quad \begin{matrix} \int_{-\infty}^{+\infty} x(t)\delta(t - t_0)dt = x(t_0), \\ x(t) \text{ klassische Punktfunktion} \end{matrix} \quad (3.93)$$

charakterisiert werden kann[12]. Ihre Dimension ist offensichtlich [1/Zeit] und Abb. 3.15 dient nur zur Veranschaulichung; sie darf insbesondere nicht mit sämtlichen Attributen einer klassischen Punktfunktion belegt werden.

Im weiteren Verlauf dieses Abschnitts (und weiterer folgender) bleiben Distributionen als Erregersignal noch ausgeschlossen; allein stetige oder stückweise stetige Funktionen mit (falls notwendig) entsprechenden Eigenschaften auch bezüglich ihrer Ableitungen werden zugelassen. Auf Distributionen wird erst in Abschn. 3.4 eingegangen.

Da *harmonische* und *periodische* Vorgänge stets Sonderfälle eines allgemeinen, sog. *transienten* Vorgangs sind, ist die anschließend dargestellte Lösungsmethode auch eine Kontrolle für die in den beiden vorangegangenen Kapiteln vorgestellten Lösungswege zur Behandlung harmonischer und periodischer Anregungsfunktionen. Da allein *kausale* Anregungen diskutiert werden, die ja für $t < 0$ identisch verschwinden, gilt diese Aussage allerdings nur eingeschränkt[13].

Im Rahmen der hier zugrunde liegenden linearen Systemtheorie wird dann angenommen, dass die Antwort des Systems ebenfalls kausal ist. Damit das sog. *Kausalitätsprinzip* nicht verletzt wird, kann diese nämlich niemals schon *vor* einsetzender Erregung auftreten, sondern folgt immer mit einer zeitlichen Verzögerung.

In diesem Sinne ist wieder die inhomogene Differenzialgleichung (3.13) mit entsprechender rechter Seite Ausgangspunkt der Betrachtungen, wobei zunächst keine Ableitungen von $x(t)$ auftreten sollen. Mit dem Differenzialoperator

$$D_t \overset{\text{(def.)}}{=} a_n \frac{d^n}{dt^n} + a_{n-1} \frac{d^{n-1}}{dt^{n-1}} + \ldots + a_1 \frac{d}{dt} + a_0 \quad (3.94)$$

---

[12] Eine korrekte Definition wird erst im Rahmen der Distributionstheorie in Abschn. 3.4 gegeben.
[13] Das Faltungsintegral liefert als Partikulärlösung nämlich nicht die dort erhaltene stationäre Lösung, sondern die an *homogene* Anfangsbedingungen angepasste vollständige Lösung.

lässt sich dann die ursprüngliche Differenzialgleichung (3.13) kurz und kompakt in der Gestalt

$$D_t[y] = b_0 x(t) = \bar{x}(t) \tag{3.95}$$

schreiben. Eine partikuläre (oder gar vollständige) Lösung wird hier in Form eines sog. *Faltungsintegrals* (*Duhamel-Integrals*)

$$y_P(t) = \int\limits_{-\infty}^{+\infty} \bar{g}(t-\tau)\bar{x}(\tau)d\tau \tag{3.96}$$

gesucht. Die Funktion $\bar{g}(t)$ ist derart zu bestimmen, dass (3.96) eine Lösung des Problems (3.95) ist.

Da für kausale Systeme zukünftige Werte der Anregung $\bar{x}(t)$ auf die gegenwärtige Lösung $y_P(t)$ keinen Einfluss haben dürfen, muss die Funktion $\bar{g}$ für $\tau > t$ verschwinden; dann aber kann die obere Integralgrenze in (3.96) durch $\tau = t$ (anstelle von $\tau = +\infty$) ersetzt werden. Der Lösungsansatz (3.96) lässt sich folglich in die Form

$$y_P(t) = \int\limits_{-\infty}^{t} g(t-\tau)\bar{x}(\tau)d\tau \tag{3.97}$$

abändern, wenn zudem eine sog. *Gewichtsfunktion* $g(t)$ eingeführt wird, die mit $\bar{g}(t)$ über

$$\bar{g}(t-\tau) = g(t-\tau)\sigma(t-\tau) = \begin{cases} 0, & t-\tau < 0 \text{ (d.\,h. } \tau > t), \\ g(t-\tau), & t-\tau \geq 0 \text{ (d.\,h. } \tau \leq t) \end{cases} \tag{3.98}$$

zusammenhängt. Die kausale Erregung $\bar{x}(\tau)$ bringt jedoch das Faltungsintegral auch für $\tau < 0$ zum Verschwinden, so dass die Lösung $y_P(t)$ anstelle von (3.97) durch

$$y_P(t) = \int\limits_{0_-}^{t} g(t-\tau)\bar{x}(\tau)d\tau \tag{3.99}$$

äquivalent ersetzt werden darf. Weil entweder $\bar{x}(0_-) = \bar{x}(0_+)$ für stetige Funktionen $\bar{x}(t)$ oder $\int_{0_-}^{0_+} g(t-\tau)\bar{x}(\tau)d\tau = 0$ für stückweise stetige Funktionen $\bar{x}(t)$ gilt[14], ist es in (3.99) belanglos, ob das Integral mit der unteren Integralgrenze $\tau = 0_-$ oder 0_+ versehen wird. Üblich ist das zweite, so dass man endgültig

$$y_P(t) = \int\limits_{0_+}^{t} g(t-\tau)\bar{x}(\tau)d\tau \tag{3.100}$$

erhält.

---

[14] Für Distributionen (s. Abschn. 3.4) gilt eine derartige Beziehung gerade nicht mehr.

Um dieses Faltungsintegral (3.100) in die zu lösende Differenzialgleichung (3.95) einsetzen zu können, muss es differenziert werden[15]. Dabei ist zu beachten, dass die Variable t in (3.99) als Parameter sowohl im Integranden als auch in den Grenzen des Integrals auftritt, so dass die Leibnizsche Differenziationsregel

$$\frac{d}{dt}\int\limits_{a(t)}^{b(t)} K(\tau,t)d\tau = \int\limits_{a(t)}^{b(t)} \frac{\partial K(\tau,t)}{\partial t}d\tau + K[\tau=b(t),t]\dot{b}(t) - K[\tau=a(t),t]\dot{a}(t)$$

$$(3.101)$$

für sog. Parameterintegrale zu verwenden ist. Für die in (3.95) benötigten Differenziationen ergibt sich demnach

$$\dot{y}_P = \int\limits_{0_+}^{t} \frac{\partial g(t-\tau)}{\partial t}\bar{x}(\tau)d\tau + g(0)\bar{x}(t)1 - g(t)\bar{x}(0_+)0,$$

$$\ddot{y}_P = \int\limits_{0_+}^{t} \frac{\partial^2 g(t-\tau)}{\partial t^2}\bar{x}(\tau)d\tau + \left.\frac{\partial g(t-\tau)}{\partial t}\right|_{\tau=t}\bar{x}(t) - 0 + g(0)\dot{\bar{x}}(t),$$

$$\vdots$$

$$\frac{d^{n-1}y_P}{dt^{n-1}} = \int\limits_{0_+}^{t} \frac{\partial^{n-1}g(t-\tau)}{\partial t^{n-1}}\bar{x}(\tau)d\tau + \left.\frac{\partial^{n-2}g(t-\tau)}{\partial t^{n-2}}\right|_{\tau=t}\bar{x}(t) - 0 \qquad (3.102)$$

$$+ \left.\frac{\partial^{n-3}g(t-\tau)}{\partial t^{n-3}}\right|_{\tau=t}\dot{\bar{x}}(t) + \ldots + g(0)\frac{d^{n-2}\bar{x}(t)}{dt^{n-2}},$$

$$\frac{d^{n}y_P}{dt^{n}} = \int\limits_{0_+}^{t} \frac{\partial^{n}g(t-\tau)}{\partial t^{n}}\bar{x}(\tau)d\tau + \left.\frac{\partial^{n-1}g(t-\tau)}{\partial t^{n-1}}\right|_{\tau=t}\bar{x}(t) - 0$$

$$+ \left.\frac{\partial^{n-2}g(t-\tau)}{\partial t^{n-2}}\right|_{\tau=t}\dot{\bar{x}}(t) + \ldots + g(0)\frac{d^{n-1}\bar{x}(t)}{dt^{n-1}}.$$

Nach Einsetzen kann die Differenzialgleichung (3.95) in der Form

$$\int\limits_{0_+}^{t} D_t[g(t-\tau)]\bar{x}(\tau)d\tau + a_n g(0)\frac{d^{n-1}\bar{x}(t)}{dt^{n-1}}$$

$$+ \left[a_n\left.\frac{\partial g(t-\tau)}{\partial t}\right|_{\tau=t} + a_{n-1}g(0)\right]\frac{d^{n-2}\bar{x}(t)}{dt^{n-2}} + \ldots \qquad (3.103)$$

$$+ \left[a_n\left.\frac{\partial^{n-1}g(t-\tau)}{\partial t^{n-1}}\right|_{\tau=t} + \ldots + a_1 g(0) - 1\right]\bar{x}(t) = 0$$

---

[15] Entsprechende Differenziationseigenschaften des Integranden $g(t-\tau)\bar{x}(\tau)$ in (3.100) sind deshalb vorauszusetzen.

angeordnet werden. Als notwendige und hinreichende Bedingungen zur Erfüllung der Relation (3.103) [gültig für weitgehend beliebige Erregungen $\bar{x}(t)$] erhält man dann die Beziehung

$$D_t[g(t - \tau)] = 0, \quad 0 < \tau < t, \quad \text{d.h.} \quad D_t[g(t)] = 0, \quad \forall t > 0 \qquad (3.104)$$

zur Festlegung der Gewichtsfunktion $g(t)$ und die Anfangsbedingungen

$$\frac{\partial^i g(t - \tau)}{\partial t^i}\bigg|_{\tau=t} = 0, \quad i = 0, 1, 2, \ldots, n - 2,$$
$$\frac{\partial^{n-1} g(t - \tau)}{\partial t^{n-1}}\bigg|_{\tau=t} = \frac{1}{a_n}. \qquad (3.105)$$

Wie man von der Lösung $y_H(t)$ der homogenen Differenzialgleichung $L_t[y] = 0$ weiß, enthält diese und damit auch die Lösung $g(t - \tau)$ genau n Integrationskonstanten, die durch die n Bedingungen (3.105) festliegen. Ersichtlich sind neben der Funktion g selbst auch alle Ableitungen bis zur $(n - 2)$-ten an der Stelle $\tau = t$ stetig. Die $(n - 1)$-te Ableitung ist nur *stückweise* stetig und macht an der Stelle $\tau = t$ einen Sprung von der Größe $1/a_n$, wobei a_n der Koeffizient der höchsten nichtverschwindenden Ableitung in der ursprünglichen Differenzialgleichung (3.95) ist.

Beispiel 3.10 Gewichtsfunktion $g(t)$ für ein System erster und zweiter Ordnung. Als Ausgangspunkt dienen die homogenen Differenzialgleichungen (3.31) und (3.32). Da in Gestalt von (3.33) bzw. (3.36) die homogenen Lösungen $y_H(t)$ schon ermittelt wurden, lässt sich jeweils auch der allgemeine Aufbau der Gewichtsfunktionen angeben. Für das System erster Ordnung (3.31) erhält man [s. (3.33)]

$$g(t - \tau) = C e^{-\frac{1}{T_0}(t-\tau)}, \qquad (3.106)$$

für die Gewichtsfunktion des gedämpften Oszillators (3.32) [s. (3.36)]

$$g(t - \tau) = e^{-D\omega_0(t-\tau)}[C_1 \cos v_0(t - \tau) + C_2 \sin v_0(t - \tau)]. \qquad (3.107)$$

Die in (3.105) angegebenen Anfangsbedingungen verlangen, dass für das System erster Ordnung $C = 1$ zu gelten hat, während für ein System zweiter Ordnung $C_1 = 0, C_2 = 1/v_0$ resultiert. Die Gewichtsfunktionen $g(t - \tau)$ sind damit vollständig bestimmt. Geht man abschließend noch gemäß (3.98) auf die abschnittsweise definierte Gewichtsfunktion $\bar{g}(t)$ über, so ergibt sich

$$\bar{g}(t) = \begin{cases} 0, & t < 0, \\ e^{-t/T_0}, & t \geq 0 \end{cases} \qquad (3.108)$$

bzw.

$$\bar{g}(t) = \begin{cases} 0, & t < 0, \\ \dfrac{e^{-D\omega_0}}{v_0} \sin v_0 t, & t \geq 0. \end{cases} \tag{3.109}$$

Eine grafische Darstellung der sehr einfachen Gewichtsfunktion $\bar{g}(t)$ (3.108) erübrigt sich [wie schon bei der entsprechenden homogenen Lösung $y_H(t)$ (3.33)]. Bezüglich der Gewichtsfunktion $\bar{g}(t)$ (3.109) eines einläufigen Schwingers kann zum einen auf Abb. 3.5 verwiesen werden, in dem für einen ausgewählten Dämpfungsgrad $D > 0$ die eng verwandte homogene Lösung $y_H(t)$ aufgetragen ist. Zum anderen soll schon hier die in Abschn. 3.4 zu berechnende (und dort in Abb. 3.35 auch aufgezeichnete) sog. Impulsantwort eines Systems zweiter Ordnung erwähnt werden, die sich der zugehörigen Gewichtsfunktion $\bar{g}(t)$ (3.110) als äquivalent erweisen wird. ∎

Nicht nur für das Folgende ist eine Kurzschreibweise des Faltungsintegrals zweier Zeitfunktionen $f_1(t)$ und $f_2(t)$ in der Form

$$f_1(t) * f_2(t) \equiv \int\limits_{0_+}^{t} f_1(t - \tau) f_2(\tau) d\tau \tag{3.110}$$

[gesprochen: „$f_1(t)$ gefaltet mit $f_2(t)$"] sehr zweckmäßig. Die an ein Produkt erinnernde Schreibweise ist dadurch motiviert, dass die Faltungsoperation manche Eigenschaften mit der gewöhnlichen Zahlenmultiplikation gemeinsam hat. So gelten Kommutativgesetz, Assoziativgesetz und Distributivgesetz

$$\begin{aligned} f_1 * f_2 &= f_2 * f_1, \\ (f_1 * f_2) * f_3 &= f_1 * (f_2 * f_3), \\ (f_1 + f_2) * f_3 &= f_1 * f_3 + f_2 * f_3, \end{aligned} \tag{3.111}$$

die alle drei leicht nachzurechnen sind.

Genau wie man [s. (3.47) bzw. (3.76) und Abb. 3.6] mit Hilfe des komplexen Frequenzganges $F(j\Omega)$ bzw. $F(jk\Omega)$ eine Übertragungstheorie im Frequenzbereich formulieren kann, kommt man hier auf der Basis der Gewichtsfunktion zu einer entsprechenden Übertragungsgleichung

$$y_P(t) = g(t) * \bar{x}(t) = \int\limits_{0_+}^{t} g(t - \tau) \bar{x}(\tau) d\tau, \tag{3.112}$$

jetzt aber im Zeitbereich (s. Abb. 3.16). Die Systemantwort $y_P(t)$ im Zeitbereich erhält man aus der *Faltung* der Gewichtsfunktion $g(t)$ mit dem Eingangssignal $\bar{x}(t)$, analog zum

Abb. 3.16 Übertragungsverhalten dynamischer Systeme im Zeitbereich

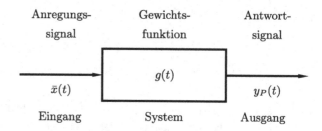

Anregungs-   Gewichts-   Antwort-
signal   funktion   signal

$g(t)$

$\bar{x}(t)$ $y_P(t)$

Eingang   System   Ausgang

Produkt aus Frequenzgang $F(j\Omega)$ [bzw. $F(kj\Omega)$] und Eingangsamplitude $\hat{\underline{x}}$ (bzw. ihrem spektralen Anteil X_k). Wie schon der Frequenzgang, stellt auch die Gewichtsfunktion eine vom Eingangssignal unabhängige Systemeigenschaft dar.

Um die *vollständige* Lösung $y(t)$ zu finden, ist die homogene Lösung $y_H(t)$ (3.26) zu (3.112) hinzuzufügen und anschließend an die Anfangsbedingungen (3.14) anzupassen, hier normalerweise in Form rechtsseitiger Anfangsbedingungen bei $t = 0_+$. Verdeutlicht wird dies durch die Lösung der gleichen Problemstellung mittels Laplace-Transformation in Abschn. 3.1.6. Der Übergang auf die physikalisch relevanteren linksseitigen Anfangsbedingungen wird erst in Abschn. 3.4 vollzogen. Dort wird auch der technisch wichtige Fall sog. *homogener* linksseitiger Anfangsbedingungen, wenn sämtliche Anfangswerte verschwinden, aufgegriffen und in seinen Auswirkungen auf die mittels Faltungsintegral konstruierte Partikulärlösung $y_P(t)$ diskutiert. In Abschn. 3.1.6 wird dann im Zusammenhang mit der Fourier-Transformation [im Anschluss an (3.157)] auch noch auf Erregungen mit Ableitungen von $x(t)$ eingegangen.

Die Berechnung der Systemantwort mittels Faltungsintegral wird für Systeme erster und zweiter Ordnung konkretisiert.

Beispiel 3.11 Elektrisches Netzwerk. Will man beispielsweise die Auswirkung eines elektrischen Signals $x(t)$, das den Entladungsvorgang eines Kondensators mit der Abklingkonstanten ω_g wiedergibt, beim Durchgang durch ein einfaches Tiefpassfilter mit der Grenzkreisfrequenz (ebenfalls) ω_g studieren, so ist das Anfangswertproblem

$$\dot{y} + \omega_g y = \omega_g x(t), \quad x(t) = \begin{cases} e^{-\omega_g t}, & t \geq 0, \\ 0, & t < 0, \end{cases} \quad y(t = 0) = 0 \qquad (3.113)$$

eine adäquate Formulierung. Gemäß (3.108) ist

$$g(t) = e^{-\omega_g t}, \quad \omega_g \,\hat{=}\, \frac{1}{T} \qquad (3.114)$$

die zugehörige Gewichtsfunktion $g(t)$, so dass mit der hier vorliegenden Erregung $x(t)$ die Faltungsvorschrift (3.100) elementar ausgewertet werden kann:

$$y_P(t) = \omega_g t \, e^{-\omega_g t}. \qquad (3.115)$$

Abb. 3.17 Antwort eines Tiefpassfilters auf einen Einschaltvorgang

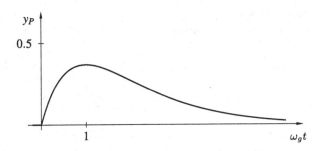

Da diese Lösung offensichtlich die vorgegebene Anfangsbedingung $y(t = 0) = 0$ (links- oder rechtsseitig ist hier belanglos) erfüllt, ist mit (3.115) auch die vollständige – an die Anfangsbedingungen angepasste – Lösung $y(t)$ gefunden. Sie ist in Abb. 3.17 dargestellt. ∎

Beispiel 3.12 Einläufiger Schwinger. Für dieses einfache System zweiter Ordnung soll hier die sog. *Sprungantwort* (auch *Übergangsfunktion* genannt) berechnet werden. Dazu ist die Differenzialgleichung

$$\frac{d^2 y}{dt^2} + 2D\omega_0 \frac{dy}{dt} + \omega_0^2 y = \omega_0^2 x(t) = \omega_0^2 \sigma(t) \tag{3.116}$$

mit der Sprungfunktion $\sigma(t)$ (3.92) zu lösen. Zur Vereinfachung sollen homogene Anfangsbedingungen

$$y(0) = \dot{y}(0) = 0 \tag{3.117}$$

vorgegeben sein. Die zugehörige Gewichtsfunktion $g(t)$ ist gemäß (3.109)

$$g(t) = \frac{1}{\nu_0} \sin \nu_0 t. \tag{3.118}$$

Wieder ist die Auswertung des Faltungsintegrals (3.100) problemlos möglich:

$$y_P(t) = y(t) = 1 - \frac{\omega_0}{\nu_0} e^{-D\omega_0 t} \sin(\nu_0 t + \psi), \quad \tan\psi = \frac{\sqrt{1 - D^2}}{D}. \tag{3.119}$$

Im dämpfungsfreien Fall $D = 0$ erhält man daraus

$$y_P(t) = y(t) = 1 - \sin(\omega_0 t + \pi/2) = 1 - \cos\omega_0 t. \tag{3.120}$$

Abb. 3.18 zeigt die Sprungantwort (3.119) eines (gedämpften) Oszillators, wobei nochmals auf die Stetigkeit von Lage y und Geschwindigkeit $\dot{y}$ zum Anfangszeitpunkt $t = 0$ hingewiesen werden soll. ∎

Abb. 3.18 Sprungantwort
eines einläufigen Schwingers

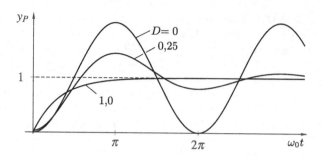

3.1.6   Allgemeine Anregung (Integral-Transformationen)

Ebenso wie bei der Berechnung der Systemantwort mittels Gewichtsfunktion und Faltungsintegral versucht man auch im Falle von Integral-Transformationen die Lösung durch eine endliche Zahl elementarer Funktionen auszudrücken. Im Gegensatz zum Faltungsintegral findet man sie jedoch nicht sofort im Original- (d. h. im Zeitbereich), sondern zunächst in einem Bildbereich, der meist als Frequenzbereich eine anschauliche Bedeutung besitzt. durch Rücktransformation kann man dann in einem zusätzlichen Schritt[16] in den Originalbereich zurückkehren.

Fourier-Transformation

Für T-periodische Zeitfunktionen $x(t)$ ist in Abschn. 3.1.4 die komplexe Fourier-Reihe (3.66) mit der Berechnungsformel (3.67) für die Fourier-Koeffizienten X_k angegeben. Für große Perioden T (bzw. kleine Ω) liegen die einzelnen Spektralanteile in (3.66) sehr dicht beieinander und es ist plausibel, dass für $T \to \infty$ die in $x(t)$ enthaltenen Frequenzen beliebig nahe zusammenrücken[17]. Die Folge X_k der abzählbar unendlich vielen Fourier-Koeffizienten (3.67) wird dann in eine Funktion $X(\Omega)$ und die Fourier-Reihe (3.67) in das sog. *Fourier-Integral*

$$x(t) = \frac{1}{2\pi} \int\limits_{-\infty}^{+\infty} X(\Omega)e^{j\Omega t}\, d\Omega \qquad (3.121)$$

übergehen. Die *Fourier-Transformierte* $X(\Omega)$ berechnet sich darin – bei bekannter Zeitfunktion $x(t)$ – aus der Beziehung

$$X(\Omega) = \int\limits_{-\infty}^{+\infty} x(t)e^{-j\Omega t}\, dt. \qquad (3.122)$$

---

[16] Für physikalische Problemstellungen ist dieser Schritt i. d. R. erwünscht oder gar notwendig.
[17] $T \to \infty$ bedeutet, dass $x(t)$ keine endliche Periode und damit auch keine „Grundfrequenz" mehr besitzt.

Entsprechend (3.122) lässt sich also der Zeitfunktion $x(t)$ in eindeutiger Weise eine komplexe Funktion $X(\Omega)$ des Frequenzparameters Ω zuordnen, sofern das uneigentliche Integral existiert. (3.122) definiert so eine Abbildung, die als *Fourier-Transformation* bezeichnet wird. Man schreibt dafür abgekürzt

$$X(\Omega) = \mathcal{F}\{x(t)\} \tag{3.123}$$

oder auch

$$x(t) \circ\!\!-\!\!\bullet X(\Omega). \tag{3.124}$$

(3.121) dagegen liefert die (i. Allg. nicht eindeutige) Rücktransformation vom Frequenz- in den Zeitbereich. Sie wird daher auch als *Umkehrformel* bezeichnet und über

$$x(t) = \mathcal{F}^{-1}\{X(\Omega)\} \tag{3.125}$$

oder

$$X(\Omega) \bullet\!\!-\!\!\circ x(t) \tag{3.126}$$

notiert. Der Faktor $1/2\pi$ in (3.121) resultiert daher, dass als Bildvariable die Kreisfrequenz Ω gewählt wird. Bei der Wahl einer Frequenz f als Bildvariable wäre $1/2\pi$ durch den Faktor eins zu ersetzen. Andere Autoren führen den Faktor $1/\sqrt{2\pi}$ ein, und auch noch andere Schreibweisen sind durchaus üblich. Alle Definitionen sind grundsätzlich gleichwertig, man muss die Unterschiede nur beim Benutzen von Transformationstabellen beachten. Hier wird ausschließlich die Transformation in der Form (3.122) mit der zugehörigen Inversionsformel (3.121) verwendet.

Es ist noch zu besprechen, für welche Klasse von Funktionen $x(t)$ die Fourier-Transformation im klassischen Sinne überhaupt existiert. Da das Integrationsintervall in (3.122) unendlich groß ist, muss der Integrand für $t = \pm\infty$ hinreichend schnell abklingen, um Konvergenz des Interalwertes zu gewährleisten. Wegen $\left| \int_{-\infty}^{+\infty} f(t)e^{-j\omega t}\,dt \right| \leq \int_{-\infty}^{+\infty} |f(t)|\,dt$ ist die sog. *absolute Integrierbarkeit* der Funktion $x(t)$

$$\int\limits_{-\infty}^{+\infty} |x(t)|\,dt < +\infty \tag{3.127}$$

eine *hinreichende* (aber nicht notwendige) Bedingung für die Existenz von $X(\Omega)$ im klassischen Sinne. Nicht erfüllt ist (3.127) z. B. für periodische Funktionen[18]. Im vorliegenden Abschnitt wird vereinbart, dass nur solche Erregungen, für die (3.127) gilt, zugelassen

---

[18] Im Distributionssinne kann für diese allerdings noch Konvergenz gesichert werden.

sind. Darüber hinaus werden dieselben Stetigkeitseigenschaften wie in Abschn. 3.1.5 vorausgesetzt. Gewisse davon abweichende Erweiterungen und Verallgemeinerungen werden in Abschn. 3.4 behandelt. Es ist noch zu erwähnen, dass die Umkehrformel (3.121) in der angegebenen Form nur dann gilt, wenn $x(t)$ überall stetig ist und einige weitere für die Praxis i. Allg. unwesentliche Eigenschaften vorliegen. An Sprungstellen von $x(t)$ liefert die Inversionsformel das arithmetische Mittel aus links- und rechtsseitigem Grenzwert.

Man nennt $X(\Omega)$ auch *Spektralfunktion* (oder *komplexes Spektrum* bzw. *Spektraldichte*) und stellt diese häufig durch Real- und Imaginärteil oder auch durch Betrag und Phase dar:

$$X(\Omega) = \operatorname{Re} X + j \operatorname{Im} X = |X(\Omega)| e^{j\varphi(\Omega)} \tag{3.128}$$

mit

$$|X(\Omega)| = \sqrt{\operatorname{Re}^2 X + \operatorname{Im}^2 X},$$
$$\varphi(\Omega) = \arg X(\Omega) = \arctan \frac{\operatorname{Im} X}{\operatorname{Re} X}. \tag{3.129}$$

Bei grafischen Darstellungen trägt man diese Größen in linearen oder logarithmischen Skalen auf und bezeichnet $|X(\Omega)|$ (wie früher bei Fourier-Reihen) als *(zweiseitiges) Amplitudenspektrum* oder auch *spektrale Amplitudendichte* sowie $\varphi(\Omega)$ als *(zweiseitiges) Phasenspektrum*. Häufig findet man auch die Funktion $|X(\Omega)|^2$, die man als *Energiespektrum* oder *spektrale Energiedichte* von $x(t)$ bezeichnet.

Da hier ausschließlich *reelle* Zeitsignale $x(t)$ betrachtet werden, gilt – entsprechend (3.74) –

$$X(\Omega) = \operatorname{Re} X(\Omega) + j \operatorname{Im} X(\Omega) = \int\limits_{-\infty}^{+\infty} x(t)(\cos \Omega t - j \sin \Omega t)dt, \tag{3.130}$$

d. h. der Realteil von X ist eine gerade und der Imaginärteil eine ungerade Funktion in Ω. Die Fourier-Transformierte $X(\Omega)$ einer reellen Zeitfunktion ist demnach hermitesch:

$$X(-\Omega) = X^*(\Omega). \tag{3.131}$$

Dies war nicht anders zu erwarten, wenn man sich an das entsprechende Ergebnis (3.68) bei Fourier-Reihen erinnert.

Beispiel 3.13 Rechteckfenster. Es wird ein Signal in „Rechteckform"

$$x(t) = \begin{cases} 1, & |t| < T, \\ 0, & |t| \geq T \end{cases} = \sigma(t + T) - \sigma(t - T) \tag{3.132}$$

Abb. 3.19 Ausgangssignal
eines Rechteckfensters

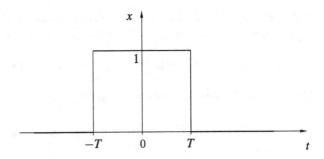

Abb. 3.20 Amplitudenspektrum eines Rechtecksignals

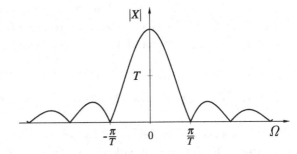

mit der „Fensterbreite" $2T$ $(T > 0)$ gemäß Abb. 3.19 betrachtet. Dessen Spektralfunktion $X(\Omega)$ berechnet sich mittels (3.122) bzw. (3.130) in der Form

$$X(\Omega) = -\frac{1}{j\Omega} \left(e^{-j\Omega T} - e^{j\Omega T}\right) = \frac{2\sin\Omega T}{\Omega} \tag{3.133}$$

als rein reelle Größe. Da nämlich $x(t)$ eine gerade Funktion ist, ist $x(t)\sin\Omega t$ ungerade, und es ergibt sich zwingend $\operatorname{Im} X(\Omega) \equiv 0$. Das zugehörige Amplitudenspektrum $|X(\Omega)|$ ist in Abb. 3.20 skizziert. Das Phasenspektrum $\varphi(\Omega)$ verschwindet ja [wegen $X(\Omega)$ reell] auf der gesamten Frequenzachse $-\infty < \Omega < +\infty$ identisch. ∎

Zur Ergänzung werden im Folgenden einige wichtige Grundeigenschaften und Rechenregeln der Fourier-Transformation besprochen. Die Fourier-Transformation (3.122) und ihre Rücktransformation (3.121) sind selbstverständlich *linear*, d. h. es gilt das *Verstärkungs- und das Superpositionsprinzip* und somit

$$c_1 x_1(t) + c_2 x_2(t) \;\circ\!\!-\!\!\bullet\; c_1 X_1(\Omega) + c_2 X_2(\Omega). \tag{3.134}$$

Als Nächstes folgt aus $x(t) \;\circ\!\!-\!\!\bullet\; X(\Omega)$ sofort durch rein formale Überlegungen die *Symmetrieeigenschaft*

$$X(t) \;\circ\!\!-\!\!\bullet\; 2\pi x(-\Omega). \tag{3.135}$$

Außerdem ergeben sich aus den Integraldefinitionen (3.121) und (3.122) (für einen beliebigen Zeitpunkt t_0 bzw. eine beliebige Frequenz Ω_0) *Verschiebungsregeln*

$$x(t + t_0) \circ\!\!-\!\!\bullet X(\Omega)e^{j\Omega t_0} \quad \text{bzw.} \quad X(\Omega + \Omega_0) \bullet\!\!-\!\!\circ x(t)e^{-j\Omega_0 t} \tag{3.136}$$

und (mit $a \neq 0$ und reell) *Skalierungsregeln*

$$x(at) \circ\!\!-\!\!\bullet \frac{X(\frac{\Omega}{a})}{|a|} \quad \text{bzw.} \quad X(a\Omega) \bullet\!\!-\!\!\circ \frac{x(\frac{t}{a})}{|a|} \tag{3.137}$$

bei einer Maßstabsänderung in der Zeit bzw. der Frequenz.

Besonders wichtig ist die *Differenziationsregel* zur Fourier-Transformation (3.122) und ihrer Inversion (3.121). Wenn nämlich $x(t)$ m-mal stetig differenzierbar ist und neben $x(t)$ auch $\frac{d^m x(t)}{dt^m}$ bzw. $t^\nu x(t)$ für $\nu = 1, 2, \ldots, m - 1$ absolut integrabel sind, gilt

$$\frac{d^m x(t)}{dt^m} \circ\!\!-\!\!\bullet (j\Omega)^m X(\Omega) \quad \text{bzw.} \quad \frac{d^m X(\Omega)}{d\Omega^m} \bullet\!\!-\!\!\circ (-jt)^m x(t). \tag{3.138}$$

Mit den genannten Voraussetzungen (wobei die letzte die Existenz von $\frac{d^m X(\Omega)}{d\Omega^m}$ sicherstellt) folgen die Transformationsbeziehungen in (3.138) dann sofort durch wiederholtes Differenzieren der grundlegenden Gleichungen (3.122) und (3.121), wenn man dort die Reihenfolge von Differenziation und Integration vertauscht.

Ähnlich wichtig sind der Faltungssatz und schließlich die sog. *Parsevalsche Formel*. Aus $x_1(t) \circ\!\!-\!\!\bullet X_1(\Omega)$, $x_2(t) \circ\!\!-\!\!\bullet X_2(\Omega)$ erhält man durch Ausschreiben der Integraldefinitionen (3.121) und (3.122)

$$x_1(t) * x_2(t) \circ\!\!-\!\!\bullet X_1(\Omega) \cdot X_2(\Omega), \quad \frac{1}{2\pi} X_1(\Omega) * X_2(\Omega) \bullet\!\!-\!\!\circ x_1(t) \cdot x_2(t). \tag{3.139}$$

Dieser *Faltungssatz* besagt demnach, dass einer Faltung im Zeitbereich eine Multiplikation im Frequenzbereich entspricht und umgekehrt. Aus (3.139)$_2$, die man ja als

$$\int_{-\infty}^{+\infty} x_1(t)x_2(t)e^{-j\Omega t} dt = \frac{1}{2\pi} \int_{-\infty}^{+\infty} X_1(\Omega - \hat{\Omega})X_2(\hat{\Omega})d\hat{\Omega} \tag{3.140}$$

schreiben kann, folgt mit $\Omega = 0$ und (3.131) direkt die *Parsevalsche Formel*

$$\int_{-\infty}^{+\infty} x_1(t)x_2(t)dt = \frac{1}{2\pi} \int_{-\infty}^{+\infty} X_1^*(\Omega)X_2(\Omega)d\Omega \tag{3.141}$$

für reelle Zeitfunktionen. Sie spezialisiert sich für $x_1(t) = x_2(t) = x(t)$ auf

$$\int_{-\infty}^{+\infty} |x(t)|^2 dt = \frac{1}{2\pi} \int_{-\infty}^{+\infty} |X(\Omega)|^2 d\Omega. \tag{3.142}$$

$\sqrt{\int_{-\infty}^{+\infty} |q(v)|^2 dv} = \|q\|$ ist die sog. *Norm* der Funktion $q(v)$. Damit kann man (3.142) in die Form

$$\|x\| = \frac{1}{\sqrt{2\pi}} \|X\| \tag{3.143}$$

bringen, d. h. die Norm bleibt bei der Fourier-Transformation bis auf den festen Faktor $1/\sqrt{2\pi}$ erhalten. Insbesondere in der Nachrichtentechnik bzw. in der Signaltheorie wird die linke Seite in (3.142) als Energie des Signals $x(t)$ bezeichnet. Ist diese Größe beschränkt, spricht man von Signalen endlicher Energie. Gemäß (3.143) kann man diese Energie auch durch Integration von $|X(\Omega)|^2$ bestimmen, so dass der Name „Energiespektrum" für $|X(\Omega)|^2$ tatsächlich berechtigt ist.

Die Fourier-Transformation erfasst den zeitlichen Verlauf einer Funktion auch für $t < 0$. Wie bereits erwähnt, sind in technischen Anwendungen besonders *kausale* Erregungen von Interesse. Diese verschwinden für $t < 0$ identisch, so dass auch die Fourier-Transformation solcher *Einschaltfunktionen* diskutiert werden soll. Geht man davon aus, dass sich jede Zeitfunktion $x(t)$ aus einer geraden und einer ungeraden Funktion zusammensetzen lässt,

$$x(t) = x_g(t) + x_u(t), \tag{3.144}$$

so gilt für eine kausale Funktion $x(t)$ – wegen $x(t) \equiv 0$ für $t < 0$ –

$$x(t) = 2x_g(t) = 2x_u(t), \quad t > 0. \tag{3.145}$$

Für diese lässt sich andererseits auch die Aufspaltung (3.130) der zugehörigen Spektralfunktion $X(\Omega)$ vereinfacht schreiben:

$$\operatorname{Re} X(\Omega) = 2 \int_0^\infty x_g(t) \cos \Omega t \, dt, \quad \operatorname{Im} X(\Omega) = -2 \int_0^\infty x_u(t) \sin \Omega t \, dt. \tag{3.146}$$

Mit Hilfe der Inversionsformel (3.121) erhält man daraus die Darstellung

$$x_g(t) = \frac{1}{\pi} \int_0^\infty \operatorname{Re} X(\Omega) \cos \Omega t \, d\Omega, \quad x_u(t) = \frac{1}{\pi} \int_0^\infty \operatorname{Im} X(\Omega) \sin \Omega t \, d\Omega, \tag{3.147}$$

so dass mit (3.145) auch

$$x(t) = \frac{2}{\pi} \int_0^\infty \operatorname{Re} X(\Omega) \cos \Omega t \, d\Omega = -\frac{2}{\pi} \int_0^\infty \operatorname{Im} X(\Omega) \sin \Omega t \, d\Omega \tag{3.148}$$

Abb. 3.21 Übertragungsverhalten dynamischer Systeme im Frequenzbereich

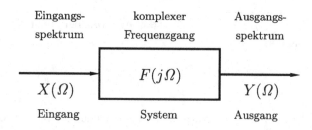

folgt. Eine kausale Zeitfunktion $x(t)$ ist also durch den Realteil *oder* den Imaginärteil ihrer Fourier-Transformierten $X(\Omega)$ eindeutig bestimmt. Mit dem Ergebnis (3.148) lässt sich aus (3.130) der Schluss ziehen, dass bei einer kausalen Zeitfunktion Real- und Imaginärteil der Fourier-Transformierten voneinander abhängig sind: Der Realteil ist eindeutig durch den Imaginärteil bestimmt und umgekehrt.

Nachdem in Abschn. 3.1.3 die stationäre Antwort eines dynamischen Systems – beschrieben durch eine Einzel-Differenzialgleichung – auf eine harmonische und in Abschn. 3.1.4 auf eine periodische Erregung bestimmt worden ist, wird hier die Vorgehensweise auf nichtperiodische Eingangssignale erweitert. Man stellt dazu die Erregung $x(t)$ gemäß (3.121) durch ihr Fourier-Integral dar und erwartet dann für die zugehörige Systemantwort i. Allg. eine ebenfalls nichtperiodische Zeitfunktion $y_P(t)$ mit der Spektraldarstellung

$$y_P(t) = \frac{1}{2\pi} \int\limits_{-\infty}^{+\infty} Y(\Omega) e^{j\Omega t} d\Omega. \tag{3.149}$$

Setzt man neben der Erregung in spektraler Darstellung (3.121) diesen Lösungsansatz (3.149) unter Beachten der Differenziationsregel (3.138) in die ursprüngliche Differenzialgleichung (3.13) ein, so erhält man

$$[a_n(j\Omega)^n + \ldots + a_0]Y(\Omega) = [b_m(j\Omega)^m + \ldots + b_0]X(\Omega). \tag{3.150}$$

Erinnert man sich an die Definition (3.46) des Frequenzganges $F(j\Omega)$, so ergibt sich als grundlegende Beziehung der sog. *Spektraltheorie*[19] der Zusammenhang

$$Y(\Omega) = F(j\Omega)X(\Omega). \tag{3.151}$$

(3.151) wird im Block-Diagramm in Abb. 3.21 ganz ähnlich wie in Abb. 3.6 versinnbildlicht: Die Fourier-Transformierte des Ausgangssignals ergibt sich aus der Fourier-Transformierten des Eingangssignals durch Multiplikation mit dem komplexen Frequenzgang.

---

[19] Dieser Name steht für die Übertragungstheorie linearer, zeitinvarianter Systeme bei nichtperiodischem Eingang im Frequenzbereich.

Abb. 3.22 Ausgangssignal
eines Dreieckfensters

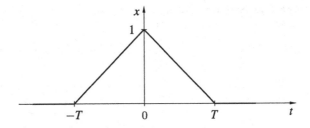

(3.151) wird nicht nur zur Berechnung der Systemantwort im Frequenzbereich verwendet, sondern auch zur experimentellen Bestimmung des Frequenzganges $F(j\Omega)$. Dieser kann im Experiment ermittelt werden, indem man bei nichtperiodischer Anregung Ein- und Ausgangssignal misst, ihre Spektren (i. Allg. numerisch mittels Fourier-Analysator) bestimmt und anschließend den Quotient der beiden Signale im Frequenzbereich bildet. Gegenüber der Verwendung einer harmonischen Erregung (auch modifiziert in Form eines „gleitenden" Sinus) hat diese Art der Frequenzgang-Bestimmung den Vorteil, dass sie zeitsparend mit einem einzigen Messschrieb für Erregung und Antwort auskommt und den Frequenzgang trotzdem in einem breiten Frequenzband generiert.

Zerlegt man (3.151) in Betrag und Phase, so ergibt sich

$$|Y(\Omega)| = |F(j\Omega)||X(\Omega)| = V(\Omega)|X(\Omega)|,$$
$$\psi(\Omega) = \arg Y(\Omega) = \arg F(j\Omega) + \arg X(\Omega). \tag{3.152}$$

Damit hat man auch für eine grafische Darstellung der Systemantwort im Frequenzbereich einen entsprechenden Ansatzpunkt gefunden.

Beispiel 3.14 Einläufiger Schwinger mit nichtperiodischer Anregung. Es wird wieder das Schwingungssystem mit der Bewegungsgleichung (3.81) und einer Erregung (s. Abb. 3.22) in „Dreieckform"

$$x(t) = \begin{cases} 1 + t/T, & -T \le t < 0, \\ 1 - t/T, & 0 < t \le T, \\ 0, & \text{sonst} \end{cases} \tag{3.153}$$

diskutiert. Die „Fensterbreite" ist $2T$ ($T > 0$) und die „Fensterhöhe" eins. Man überlegt sich leicht, dass die auf der rechten Seite von (3.81) auftretende Zeitableitung von $x(t)$ einer einzelnen Periode einer Rechteckschwingung entspricht, d. h. den verlangten Forderungen (nach stückweiser Stetigkeit) gerecht wird. Mit seiner Fourier-Transformierten

$$X(\Omega) = \frac{2}{\Omega} \frac{1 - \cos T\Omega}{T\Omega}, \tag{3.154}$$

deren spektrale Amplitudendichte $|X(\Omega)| = X(\Omega)$ in Abb. 3.23 dargestellt ist, und dem Frequenzgang $F(j\Omega)$ (3.86) – aufgezeichnet nach Betrag $V(\Omega)$ und Phase $\varphi(\Omega)$

Abb. 3.23 Spektrale Amplitudendichte eines Dreiecksignals

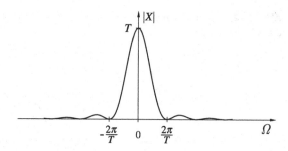

in Abb. 3.11 – kann über (3.151) bzw. (3.152) die Fourier-Transformierte $Y(\Omega)$ bzw. ihr Betrag $|Y(\Omega)|$ und ihre Phase $\psi(\Omega)$ angegeben werden. Beschränkt man sich zunächst auf Betrag und Phase, so nehmen die Relationen (3.152) die Gestalt

$$|Y(\Omega)| = V(\Omega)|X(\Omega)|, \quad \psi(\Omega) = \varphi(\Omega) + \arg X(\Omega) \tag{3.155}$$

an. Ausgewertet erhält man das Ergebnis

$$|Y(\Omega)| = \sqrt{\frac{\omega_0^4 + 4D^2\omega_0^2\Omega^2}{(\omega_0^2 - \Omega^2)^2 + 4D^2\omega_0^2\Omega^2}} \left| \frac{2}{\Omega} \frac{1 - \cos T\Omega}{T\Omega} \right|, \quad \psi(\Omega) = \varphi(\Omega). \tag{3.156}$$

Das Amplitudenspektrum in (3.156) ist für ein System mit einem Dämpfungsgrad $D = 0.05$ in Abb. 3.24 dargestellt und zwar für zwei ausgewählte Parameterkombinationen T/T_0 ($\omega_0 T_0 = 2\pi$). Man erkennt deutlich, wie das Erreger-Amplitudenspektrum $|X(\Omega)|$ gemäß Abb. 3.23 an jeder Stelle mit $V(\Omega)$ aus Abb. 3.11 multipliziert wird. Insbesondere die damit zusammenhängende Vergrößerung im Resonanzbereich $\Omega \simeq \pm\omega_0$ fällt auf. ∎

Die Lösung $y_P(t)$ im Zeitbereich hat man mittels Fourier-Rücktransformation gemäß (3.121) zu finden. Bei rationalen Spektralfunktionen $X(\Omega)$, $F(j\Omega)$ – dann stellt auch $Y(\Omega)$ eine rationale Funktion dar – verwendet man dazu eine Partialbruchzerlegung.

a $\frac{T}{T_0} = \frac{2}{3}$ **b** $\frac{T}{T_0} = \frac{10}{3}$

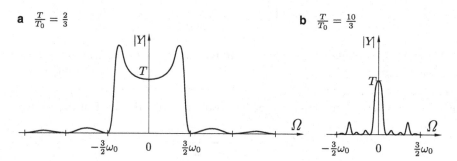

Abb. 3.24 Amplitudenspektrum eines durch ein Dreiecksignal angeregten einläufigen, schwach gedämpften Schwingers

Dieses Verfahren versagt aber, wenn $X(\Omega)$ nicht rational ist. Dann kann man keine Partialbruchzerlegung des Produkts $X(\Omega)F(j\Omega)$ vornehmen und muss versuchen, auf andere Weise in den Zeitbereich zu transformieren. Neben dem Verschiebungssatz (3.136) ist in diesem Fall der Faltungssatz (3.139) für die Rücktransformation der Übertragungsgleichung (3.151) vom Frequenzbereich in den Zeitbereich nützlich [$F(j\Omega) \bullet\!\!-\!\!\circ g(t)$]:

$$Y(\Omega) \circ\!\!-\!\!\bullet y_P(t) = \mathcal{F}^{-1}\{F(j\Omega)X(\Omega)\} = \int\limits_{-\infty}^{+\infty} g(t-\tau)x(\tau)d\tau. \tag{3.157}$$

Offenbar kommt man dann mit einer Rücktransformation des stets rationalen Frequenzganges $F(j\Omega)$ in seine Originalfunktion $g(t)$ aus, hat aber dafür (erschwerend) noch ein Faltungsintegral auszuwerten.

Ersichtlich hat man mit (3.157) die gesuchte Partikulärlösung $y_P(t)$ in Form eines Faltungsintegrals [mit der Originalfunktion $g(t)$ zu $F(j\Omega)$ als Gewichtsfunktion] gefunden. Damit steht auch für solche Anregungen eine Lösung mittels Faltungsintegral zur Verfügung, in der neben $x(t)$ selbst auch Ableitungen davon auftreten. Die Gewichtsfunktion ist jetzt allerdings nicht mehr über die Lösung einer homogenen Differenzialgleichung (3.104) mit Zusatzbedingungen (3.105) zu berechnen, sondern über die Fourier-Rücktransformation des Frequenzganges.

Beispiel 3.15 Einläufiger Schwinger, angeregt durch ein Dreiecksignal (Weiterführung der Rechnung aus Beispiel 3.14). Will man die Rücktransformation vom Frequenz- in den Zeitbereich konkret durchführen, so schreibt man die Spektralfunktion

$$Y(\Omega) = \frac{\omega_0^2 + j2D\omega_0\Omega}{\omega_0^2 - \Omega^2 + j2D\omega_0\Omega} \frac{2}{\Omega} \frac{1-\cos T\Omega}{T\Omega} \tag{3.158}$$

zunächst als

$$Y(\Omega) = \frac{2}{T}\hat{F}(j\Omega)(1-\cos T\Omega), \quad \hat{F}(j\Omega) = \frac{\omega_0^2 + j2D\omega_0\Omega}{(\omega_0^2 - \Omega^2 + j2D\omega_0\Omega)\Omega^2}. \tag{3.159}$$

Mit dem Verschiebungssatz (3.136)$_1$ [$\hat{g}(t) \circ\!\!-\!\!\bullet \hat{F}(j\Omega)$] überlegt man sich die Korrespondenz

$$2\hat{g}(t) - [\hat{g}(t-T) + \hat{g}(t+T)] \circ\!\!-\!\!\bullet 2\hat{F}(j\Omega)(1-\cos T\Omega). \tag{3.160}$$

Die Rücktransformation von $\hat{F}(j\Omega)$ kann über die Partialbruchzerlegung

$$\hat{F}(j\Omega) = \frac{a}{\Omega^2} + \frac{b_1}{\Omega - \Omega_1} + \frac{b_2}{\Omega - \Omega_2}, \tag{3.161}$$

Abb. 3.25 Systemantwort im Zeitbereich eines durch ein Dreiecksignal angeregten, schwach gedämpften einläufigen Schwingers

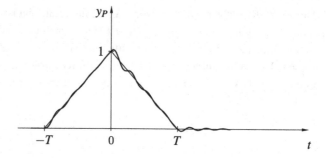

deren Parameter im unterkritisch gedämpften Fall als

$$\Omega_{1,2} = jD\omega_0 \pm \omega_0\sqrt{1 - D^2}, \quad a = 1, \quad b_2 = -b_1 = \frac{1}{2\omega_0\sqrt{1 - D^2}} \tag{3.162}$$

gegeben sind, versucht werden. Für die einzelnen Summanden findet man allerdings keine geeigneten Korrespondenzen, so dass hier als Alternative (aber ohne Rechnung im Detail) eine Partikulärlösung $y_P(t)$ im Zeitbereich unter Verwendung der zugehörigen Gewichtsfunktion (3.108) und der Anregung $x(t)$ (3.153) mittels Faltungsintegral (3.97) berechnet wird. Man erhält das Endergebnis

$$y_P(t) = \frac{1}{T}[\hat{g}(t + T)\sigma(t + T) - 2\hat{g}(t)\sigma(t) - \hat{g}(t + T)\sigma(t + T)] \tag{3.163}$$

mit

$$\hat{g}(t) = t + \frac{2D}{\omega_0}\left(e^{-D\omega_0 t}\cos v_0 t - 1\right) + \frac{2D^2 - 1}{v_0}e^{-D\omega_0 t}\sin v_0 t. \tag{3.164}$$

Für Systemdaten wie in Abb. 3.24b ist in Abb. 3.25 diese Partikulärlösung im Zeitbereich aufgezeichnet. Man erkennt deutlich die gedämpften Einschwingvorgänge im Intervall $[-T, +T]$ um die zunächst ansteigende, dann abfallende Rampenfunktion und die sich anschließende abklingende freie Schwingung mit dem Grenzwert $y_P(t \to \infty) = 0$. ■

Beispiel 3.16 Elektrisches Netzwerk. [Behandlung des Anfangswertproblems (3.113), das in Beispiel 3.11 mittels Faltungsintegral gelöst wird, im Frequenzbereich]. Die Lösung wird hier (zur Kontrolle) mittels Fourier-Transformation ermittelt. Das komplexe Spektrum $X(\Omega)$ der kausalen Erregung $x(t)$ in (3.113) berechnet sich als

$$X(\Omega) = \frac{1}{\omega_g + j\Omega}; \tag{3.165}$$

$X(\Omega)$ ist nach Betrag und Phase gemeinsam mit dem Zeitverlauf für verschiedene Werte von ω_g in Abb. 3.26 dargestellt. Der Frequenzgang ist gemäß (3.46) durch

$$F(j\Omega) = \frac{\omega_g}{\omega_g + j\Omega} \tag{3.166}$$

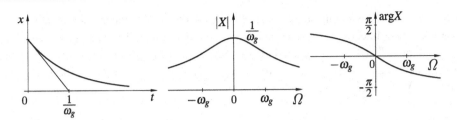

Abb. 3.26 Zeitverlauf sowie Amplituden- und Phasenspektrum der Stoßanregung in (3.113)

gegeben, stimmt also im vorgelegten Beispiel bis auf den Faktor ω_g mit dem Eingangsspektrum $X(\Omega)$ (3.165) überein. Die Spektralfunktion $Y(\Omega)$ des Systemausgangs berechnet sich gemäß (3.151) als Produkt von $X(\Omega)$ und $F(j\Omega)$. Man erhält

$$Y(\Omega) = \frac{\omega_g}{(\omega_g + j\Omega)^2} \qquad (3.167)$$

mit dem Betrag

$$|Y(\Omega)| = \frac{\omega_g}{\sqrt{(\omega_g^2 - \Omega^2)^2 + 4\omega_g^2\Omega^2}}. \qquad (3.168)$$

Die spektrale Amplitudendichte (3.168) ist bis auf den Dimensionierungsfaktor $1/\omega_g$ offensichtlich [s. auch (3.56) und Abb. 3.8] die Vergrößerungsfunktion eines krafterregten Schwingers mit der Eigenkreisfrequenz ω_g und dem Dämpfungsgrad $D = 1$. Auch das Phasenspektrum $\varphi(\Omega)$ ist dann bekannt und stimmt mit $\varphi(\Omega)$ in (3.56) ($\omega_0 = \omega_g$, $D = 1$) überein. Die Systemantwort $y_P(t)$ im Zeitbereich findet man schließlich aus entsprechenden Korrespondenztabellen in der bereits berechneten Form (3.115). ∎

Der Vergleich von Original- und Bildfunktion (s. z. B. Abb. 3.26) zeigt sehr klar eine allgemein gültige Wechselbeziehung („Reziprozitätsrelation") zwischen beiden: Einem Zeitsignal von kurzer Dauer (Zeitfunktion nur in einem kleinen Intervall merklich ungleich null) entspricht ein breites Frequenzband (Amplitudendichte in einem großen Intervall merklich ungleich null) und umgekehrt, d. h. langer Dauer entspricht ein schmales Frequenzband.

Laplace-Transformation
Die bis hierher eingeführte Fourier-Transformation, die sich über die gesamte Zeitachse von $-\infty < t < +\infty$ erstreckt, ist „Dauervorgängen" angepasst, die prinzipiell von $t = -\infty$ bis $t = +\infty$ beobachtet werden können. In Wirklichkeit handelt es sich aber i. d. R. um Einschaltvorgänge, die von einem gewissen Zeitpunkt an (der als Nullpunkt $t = 0$ genommen werden darf) beliebig lange andauern, theoretisch bis $t \to +\infty$. Hierzu passt die (einseitige) Fourier-Transformation kausaler Signale. Sie hat jedoch den Nachteil, dass sie gerade für diejenigen Funktionen, die für die Ingenieurpraxis am wichtigsten

sind, z. B. eine Schwingung $\sin \Omega t$, nicht konvergiert. Dem kann man dadurch abhelfen, dass man diese Integraltransformation mit einem genügend stark „konvergenzerzeugenden" Faktor $e^{-\vartheta t}$ ($\vartheta > 0$) modifiziert. Das auf diese Weise entstehende uneigentliche Integral heißt *Laplace-Integral*, die Abbildung einer Zeitfunktion $x(t)$ auf die komplexe Funktion $X(p = j\Omega + \vartheta)$ *Laplace-Transformation*:

$$X(p) = \int_0^\infty x(t)e^{-pt}dt. \tag{3.169}$$

Die verbesserte Konvergenz, d. h. die Tatsache, dass die Bildfunktion nicht mehr eine Funktion der reellen Variablen Ω, sondern der komplexen Variablen p ist, begründet für Einschaltfunktionen die Überlegenheit der Laplace-Transformation über die Fourier-Transformation. Durch Herstellen des Zusammenhangs mit der Fourier-Transformation erhält man auch eine anschauliche Deutung der Laplace-Transformation: $X(j\Omega + \vartheta)$ ist die Spektralfunktion der nur für $t > 0$ definierten, gedämpften Funktion $e^{-\vartheta t}x(t)$ für die Frequenz Ω. Auch hier schreibt man wieder in Kurzform

$$X(p) = \mathcal{L}\{x(t)\} \quad \text{bzw.} \quad x(t) \circlearrowleft\!\!-\!\!\bullet X(p). \tag{3.170}$$

Das Laplace-Integral hat eine wichtige Konvergenzeigenschaft. Es ist *absolut konvergent* in einer rechten Halbebene der komplexen p-Ebene. D. h. für alle p aus dieser Halbebene gilt

$$\int_0^\infty |x(t)e^{-pt}|dt = \int_0^\infty |x(t)|e^{-\vartheta t}dt < +\infty. \tag{3.171}$$

Im Grenzfall kann die Halbebene absoluter Konvergenz in die gesamte p-Ebene übergehen, so dass dann ein solches Laplace-Integral für *jedes* p absolut konvergiert [Beispiel: $x(t) = e^{-t^2}$]. In der Praxis existiert fast immer eine Halbebene absoluter Konvergenz, was die Handhabung des Integrals sehr erleichtert. (Sehr selten) kann es aber auch sein, dass das Laplace-Integral für kein einziges p absolut konvergiert [Beispiel: $x(t) = e^{t^2}$].

Eine weitere Eigenschaft ist von grundlegender Bedeutung. Im Innern der Konvergenzhalbebene stellt $X(p)$ eine analytische (auch holomorph oder regulär genannte), d. h. im komplexen Sinne differenzierbare Funktion dar. Sie kann in weitere Teile der p-Ebene fortgesetzt werden. Auf diese Weise kann man im Raum der Bildfunktionen das mächtige Hilfsmittel der komplexen Funktionentheorie einsetzen.

Die Umkehrung $\mathcal{L}^{-1}$ der Laplace-Transformation lässt sich grundsätzlich wie bereits erwähnt durch eine Integralformel bewerkstelligen. Diese kann wegen des Zusammenhangs zwischen Laplace-Transformation und Fourier-Transformation aus der Umkehrformel (3.121) der letzteren abgeleitet werden. Ausgangspunkt (unter den dortigen Voraussetzungen) ist die ausgeschriebene Umkehrformel (3.121) für $\bar{x}(t) = e^{-\vartheta t}x(t)$, $x(t) \equiv 0$

für $t < 0$ $[\bar{x}(t) \circ\!\!\!-\!\!\!\bullet \bar{X}(\Omega)]$:

$$e^{-\vartheta t} x(t) = \frac{1}{2\pi} \int\limits_{-\infty}^{+\infty} \bar{X}(\Omega) e^{j\Omega t} d\Omega, \tag{3.172}$$

$$\bar{X}(\Omega) \equiv \int\limits_{0}^{\infty} e^{-j\Omega\tau} e^{-\vartheta\tau} x(\tau) d\tau \quad [\text{da } x(\tau) \equiv 0 \quad \text{für } \tau < 0]. \tag{3.173}$$

Geht man in (3.172) anstelle der Frequenz Ω auf die komplexe Variable $p = j\Omega + \vartheta$ über, so erhält man nach Einsetzen von (3.173)

$$e^{-\vartheta t} x(t) = \frac{1}{2\pi} \int\limits_{\vartheta-j\infty}^{\vartheta+j\infty} e^{j\Omega t} \left[\int\limits_{0}^{\infty} e^{-j\Omega\tau} e^{-\vartheta\tau} x(\tau) d\tau \right] \frac{dp}{j}. \tag{3.174}$$

Eine äquivalente Darstellung von (3.174) ist

$$e^{-\vartheta t} x(t) = \frac{1}{2\pi} e^{-\vartheta t} \int\limits_{\vartheta-j\infty}^{\vartheta+j\infty} e^{j\Omega t} e^{+\vartheta t} \left[\int\limits_{0}^{\infty} e^{-j\Omega\tau} e^{-\vartheta\tau} x(\tau) d\tau \right] \frac{dp}{j}. \tag{3.175}$$

Nach Division durch $e^{-\vartheta t} (\neq 0)$ sowie Verwenden des Laplace-Integrals (3.169) ergibt sich daraus die sog. *komplexe Umkehrformel*

$$x(t) = \frac{1}{2\pi j} \int\limits_{\vartheta-j\infty}^{\vartheta+j\infty} X(p) e^{pt} dp. \tag{3.176}$$

Wie schon bei der Fourier-Transformation [im Anschluss an (3.127)] liefert auch diese Inversionsformel für unstetige Originalfunktionen $x(t)$ den arithmetischen Mittelwert aus links- und rechtsseitigem Grenzwert an der betreffenden Sprungstelle.

Eigenschaften und Rechenregeln sind im Wesentlichen die der Fourier-Transformation; traditionell spielen sie sogar eine wesentlich größere Rolle als dort. Während nämlich bei der Fourier-Transformation noch heute in vielen Anwendungen das Spektrum der Zeitsignale im Vordergrund steht, wird zur Behandlung von Differential- und anderen Funktionalgleichungen die Laplace-Transformation häufig bevorzugt.

Eine Änderung ergibt sich bei der Verschiebungsregel im Zeitbereich: Denn (3.136), die für beliebige Verschiebungen gültig ist, gilt hier [mit $x(t) \equiv 0$ für $t < 0$] nur für eine *Rechtsverschiebung*[20]:

$$x(t - t_0) \circ\!\!\!-\!\!\!\bullet e^{-p t_0} X(p), \quad t_0 > 0. \tag{3.177}$$

---

[20] Liest man die Verschiebungsregel von rechts nach links (d. h. schließt man von der Bildfunktion auf die Originalfunktion), darf man also nicht vergessen, ausdrücklich festzulegen, dass $x(t - t_0)$ für $t < t_0$ den Wert null haben soll.

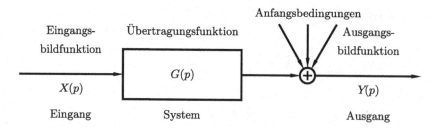

Abb. 3.27 Übertragungsverhalten eines dynamischen Systems im Bildbereich

Bei der (unwichtigen) Linksverschiebung ergibt sich ein Zusatzglied, da das Anfangsstück der Funktion $x(t)$ „verlorengeht".

Für die Differenziation der Zeitfunktion $x(t)$ soll hier vorausgesetzt werden, dass sämtliche Ableitungen für $t > 0$ existieren und eine Bildfunktion besitzen. Daraus folgt automatisch, dass die niedrigeren Ableitungen und $x(t)$ selbst Grenzwerte für $t \to 0_+$ haben. Dann ergibt die wiederholte Differenziation der Basisrelation (3.169) nach kurzer Rechnung das Endergebnis

$$\frac{d^m x(t)}{dt^m} \circ\!\!-\!\!\bullet\ p^m X(p) - p^{m-1} x(0_+) - p^{m-2} \dot{x}(0_+) - \ldots - \frac{d^{m-1}x}{dt^{m-1}}\bigg|_{t=0_+}. \quad (3.178)$$

Damit kann nun auch die Übertragungstheorie eines dynamischen Systems, beschrieben durch das Anfangswertproblem (3.13), (3.14) im Bildbereich entwickelt werden. In völlig analoger Weise wie im vorangehenden Abschnitt erhält man ein Block-Diagramm gemäß Abb. 3.27, also eine *Übertragungsfunktion*

$$G(p) = \frac{b_m p^m + b_{m-1} p^{m-1} + \cdots + b_1 p + b_0}{a_n p^n + a_{n-1} p^{n-1} + \cdots + a_1 p + a_0} \quad (3.179)$$

und eine (infolge der i. Allg. nichtverschwindenden rechtsseitigen Anfangswerte) modifizierte Übertragungsgleichung im Bildbereich:

$$Y(p) = G(p)X(p)$$

$$+ \frac{a_n p^{n-1} + \cdots + a_1}{a_n p^n + \cdots + a_1 p + a_0} y(0_+) \qquad - \frac{b_m p^{m-1} + \cdots + b_1}{a_n p^n + \cdots + a_1 p + a_0} x(0_+)$$

$$+ \frac{a_n p^{n-2} + \cdots + a_2}{a_n p^n + \cdots + a_1 p + a_0} \dot{y}(0_+) \qquad - \frac{b_m p^{m-2} + \cdots + b_2}{a_n p^n + \cdots + a_1 p + a_0} \dot{x}(0_+)$$

$$+ \qquad \vdots \qquad\qquad\qquad\qquad - \qquad \vdots$$

$$\qquad\qquad\qquad\qquad - \frac{b_m}{a_n p^n + \cdots + a_1 p + a_0} \frac{d^{m-1}x}{dt^{m-1}}\bigg|_{t=0_+}$$

$$+ \frac{a_n}{a_n p^n + \cdots + a_1 p + a_0} \frac{d^{n-1}y}{dt^{n-1}}\bigg|_{t=0_+}. \qquad\qquad\qquad (3.180)$$

Eine für die Praxis relevantere Form der Übertragungsgleichung, die mit den linksseitigen Anfangswerten arbeitet, wird in Abschn. 3.4 angegeben.

Die Rücktransformation der Übertragungsgleichung (3.180) liefert dann in Verbindung mit dem Faltungssatz (3.139) innerhalb der Laplace-Transformation die vollständige Lösung

$$y(t) = \int\limits_{0_+}^{\infty} g(t - \tau)x(\tau)d\tau + \sum_{\nu=0}^{n-1} g_{a\nu}(t)\frac{d^\nu y}{dt^\nu}\bigg|_{t=0_+} - \sum_{\nu=0}^{m-1} g_{b\nu}(t)\frac{d^\nu x}{dt^\nu}\bigg|_{t=0_+} \qquad (3.181)$$

im Zeitbereich. Darin ist

$$G(p) \bullet\!\!-\!\!\circ g(t),$$

$$G_{a\nu}(p) = \frac{a_n p^{n-1-\nu} + \cdots + a_{\nu+1}}{a_n p^n + \cdots + a_1 p + a_0} \bullet\!\!-\!\!\circ g_{a\nu}(t),$$

$$G_{b\nu}(p) = \frac{b_m p^{m-1-\nu} + \cdots + b_{\nu+1}}{a_n p^n + \cdots + a_1 p + a_0} \bullet\!\!-\!\!\circ g_{b\nu}(t), \qquad (3.182)$$

mit der bekannten Interpretation von $g(t)$ als Gewichtsfunktion. Wichtig ist, dass man hier sofort die vollständige Lösung $y(t)$ erhält, da die (rechtsseitigen) Anfangswerte direkt eingehen. Die bei konventionellem Vorgehen[21] notwendige separate Anpassung an die Anfangsbedingungen entfällt demnach an dieser Stelle.

Verschwinden die (rechtsseitigen) Anfangswerte, dann erhält man die Übertragungsgleichung (3.180) in einer Form, die mit (3.151) formal übereinstimmt (was zu erwarten war). Auch die Rücktransformation (3.182) vereinfacht sich entsprechend.

Beispiel 3.17 Krafterregter Schwinger mit Sprunganregung [s. (3.116)]. Das Problem wird dort mittels Faltungsintegral behandelt und bleibt bei der Anwendung der Fourier-Transformation wegen Konvergenzproblemen ausgeklammert. Der erste Schritt ist hier die Bestimmung der Laplace-Transformierten des Einheitssprunges $\sigma(t)$ (3.92). Das Laplace-Integral (3.169) liefert

$$X(p) = \frac{1}{p}. \qquad (3.183)$$

Nimmt man an, dass die zugehörigen Anfangsbedingungen in der Form (3.117) als rechtsseitige (homogene) Anfangsbedingungen vorliegen, so erhält man mit der Übertragungsfunktion

$$G(p) = \frac{\omega_0^2}{\omega_0^2 + 2D\omega_0 p + p^2} \qquad (3.184)$$

---

[21] Bekanntlich besteht dieses darin, die allgemeine homogene Lösung und eine Partikulärlösung nacheinander zu bestimmen und beide zu überlagern.

im Bildbereich die Systemantwort

$$Y(p) = \frac{\omega_0^2}{\omega_0^2 + 2D\omega_0 p + p^2} \frac{1}{p}. \tag{3.185}$$

Die Rücktransformation gelingt auch dieses Mal mittels Partialbruchzerlegung

$$Y(p) = \frac{a}{p} + \frac{c_1}{p - p_1} + \frac{c_2}{p - p_2}, \tag{3.186}$$

deren Parameter im unterkritisch gedämpften Fall ($D < 1$) durch

$$p_{1,2} = \pm\omega_0 \sqrt{1 - D^2} - D\omega_0,$$
$$a = 1, \quad c_{1,2} = -\frac{1}{2}\left(1 \mp j \frac{D}{\sqrt{1 - D^2}}\right) \tag{3.187}$$

gegeben sind. Die Rücktransformation der einzelnen Brüche kann Korrespondenztabellen entnommen werden; man bestätigt so das Ergebnis (3.119). ∎

3.2 Systeme gewöhnlicher Differenzialgleichungen

Ein System von Differenzialgleichungen besteht aus *mehreren* untereinander i. Allg. *gekoppelten* Einzel-Differenzialgleichungen. Systeme *gewöhnlicher* Differenzialgleichungen *mit Randbedingungen* lassen sich – wie schon gewöhnliche Einzel-Differenzialgleichungen – in die Problemstellung *„partielle* Differenzialgleichungen *mit Anfangs- und Randbedingungen"* einbetten, so dass hier wiederum nur *Anfangswertprobleme* diskutiert werden sollen. Es gelten die gleichen Einschränkungen wie in Abschn. 3.1, d. h. ausschließlich *lineare und zeitinvariante* Systeme werden betrachtet. Typische Probleme der Technischen Mechanik, die derartige Modellgleichungen konstituieren, sind mehrläufige Schwinger mit endlich vielen Freiheitsgraden (s. z. B. [12, 15, 24]) und auch allgemeinere dynamische Systeme (s. z. B. [7, 14]) mit „halben" Freiheitsgraden (wie beispielsweise das Zeigermesswerk in Abb. 3.4).

3.2.1 Erscheinungsformen

Rein mechanische Systeme mit endlich vielen Freiheitsgraden werden immer durch Anfangswertprobleme beschrieben, die aus gekoppelten Differenzialgleichungen ausschließlich zweiter Ordnung bestehen. Üblicherweise (aber unscharf) werden derartige Systeme (auch die zugehörigen gekoppelten Differenzialgleichungen) als *Systeme zweiter Ordnung* bezeichnet.

Abb. 3.28 Drehzapfen mit federnd und gedämpft gelagerter Punktmasse

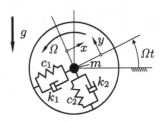

Beispiel 3.18 Minimalmodell eines viskoelastischen Rotors. Zur Veranschaulichung dient der in Abb. 3.28 dargestellte, mit konstanter Winkelgeschwindigkeit Ω im Schwerkraftfeld der Erde (g) um eine horizontale Drehachse rotierende Lagerzapfen, auf dem ein Massenpunkt m über wegproportionale Federn (Federkonstanten $c_{1,2}$) und geschwindigkeitsproportionale Dämpfer (Dämpferkonstanten $k_{1,2}$) abgestützt ist. Misst man die zeitabhängigen Querauslenkungen $x(t), y(t)$ der Punktmasse aus der zentralen Mittellage, in der die Federn vollkommen entspannt sein sollen, in einem mitrotierenden Koordinatensystem, so liefert beispielsweise das d'Alembertsche Schnittprinzip (unter Benutzung der Gesetzmäßigkeiten der Relativmechanik) die beiden gekoppelten Bewegungs-Differenzialgleichungen

$$
\begin{aligned}
m\ddot{x} + k_1\dot{x} + 2m\Omega\dot{y} + (c_1 - m\Omega^2)x &= mg\sin\Omega t, \\
m\ddot{y} + k_2\dot{y} - 2m\Omega\dot{x} + (c_2 - m\Omega^2)y &= mg\cos\Omega t.
\end{aligned}
\tag{3.188}
$$

■

Probleme aus der Elektromechanik [s. z. B. das bereits erwähnte Zeigermesswerk mit seinen Differenzialgleichungen (3.10) und (3.11)] werden durch *„gemischte"* Systeme gekoppelter Differenzialgleichungen erster und zweiter Ordnung beschrieben. Dagegen können elektrische Netzwerke als Erscheinungsform für *„reine" Systeme erster Ordnung* dienen; sämtliche gekoppelten Einzelgleichungen sind dann Differenzialgleichungen erster Ordnung.

Beispiel 3.19 Transformator in Lastschaltung (s. Abb. 3.29). An seiner Primärseite liegt die äußere Spannung $u(t)$ an. Die Primär-(Sekundär-)seite besitzt den Ohmschen Widerstand $R_1(R_2)$ und die Selbstinduktivität $L_1(L_2)$. Die Ströme $i_2(i_1)$ im Sekundär-(Primär-)kreis induzieren durch ihre zeitliche Änderung eine proportionale Spannung im Primär-(Sekundär-)kreis (Proportionalitätskonstante L_{12}, deren physikalische Bedeutung die einer Gegeninduktivität ist). Dann liefern die Kirchhoffschen Maschensätze das Differenzialgleichungs-System

$$
\begin{aligned}
L_1(i_1)^{\boldsymbol{\cdot}} - L_{12}(i_2)^{\boldsymbol{\cdot}} + R_1 i_1 &= u(t), \\
L_2(i_2)^{\boldsymbol{\cdot}} - L_{12}(i_1)^{\boldsymbol{\cdot}} + R_2 i_2 &= 0,
\end{aligned}
\tag{3.189}
$$

das wie erwartet nur höchstens erste Ableitungen besitzt.

■

Abb. 3.29 Transformator in Lastschaltung

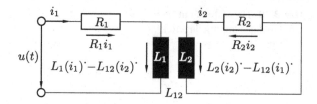

Für die weitere Diskussion ist es häufig sinnvoll, die bisherigen Kategorien dynamischer Systeme erster und zweiter Ordnung zu unterscheiden. Dabei sind Systeme erster Ordnung insofern sehr allgemein, als man (eventuell) auftretende Differenzialgleichungen zweiter Ordnung vorab in jeweils zwei Differenzialgleichungen erster Ordnung umwandeln kann. Daraus wird ersichtlich, dass auch ursprünglich „reine" Systeme zweiter Ordnung stets in Systeme erster Ordnung umgeformt werden können, das umgekehrte jedoch i. Allg. nicht möglich ist.

Beispiel 3.18 entnimmt man dann sofort die allgemein mögliche Gestalt eines Systems zweiter Ordnung

$$
\begin{aligned}
m_{11}\ddot{q}_1 + \ldots + m_{1n}\ddot{q}_n + p_{11}\dot{q}_1 + \ldots + p_{1n}\dot{q}_n + q_{11}q_1 + \ldots + q_{1n}q_n &= p_1(t), \\
m_{21}\ddot{q}_1 + \ldots + m_{2n}\ddot{q}_n + p_{21}\dot{q}_1 + \ldots + p_{2n}\dot{q}_n + q_{21}q_1 + \ldots + q_{2n}q_n &= p_2(t), \\
&\vdots \\
m_{n1}\ddot{q}_1 + \ldots + m_{nn}\ddot{q}_n + p_{n1}\dot{q}_1 + \ldots + p_{nn}\dot{q}_n + q_{n1}q_1 + \ldots + q_{nn}q_n &= p_n(t),
\end{aligned}
\tag{3.190}
$$

wenn vereinfachend hier und im Folgenden auf der rechten Seite keine Ableitungen, d. h. nur Erregersignale $p_i(t)$ $(i = 1, 2, \ldots, n)$ zugelassen sind.

Mit der Definition einer (n, n)-Massenmatrix $\mathbf{M} = (m_{ij})$, einer (n, n)-Matrix $\mathbf{P} = (p_{ij})$ der geschwindigkeitsproportionalen Kräfte, einer (n, n)-Matrix $\mathbf{Q} = (q_{ij})$ der lageproportionalen Kräfte sowie einer $(n, 1)$-Spaltenmatrix $\mathbf{q} = (q_i)$ [bzw. $\mathbf{p}(t) = (p_i(t))$] zur Beschreibung der Lage (bzw. Erregung) kann man die Bewegungsgleichungen in der Tat als Matrizen-Differenzialgleichung zweiter Ordnung

$$
\mathbf{M}\ddot{\mathbf{q}} + \mathbf{P}\dot{\mathbf{q}} + \mathbf{Q}\mathbf{q} = \mathbf{p}(t)
\tag{3.191}
$$

schreiben. Auch die zu (3.190) gehörenden *Anfangsbedingungen*

$$
\begin{aligned}
q_1(0) &= q_{10}, \quad \dot{q}_1(0) = v_{10}, \\
q_2(0) &= q_{20}, \quad \dot{q}_2(0) = v_{20}, \\
&\vdots \qquad\qquad \vdots \\
q_n(0) &= q_{n0}, \quad \dot{q}_n(0) = v_{n0}
\end{aligned}
\tag{3.192}
$$

lassen sich matriziell formulieren:

$$
\mathbf{q}(0) = \mathbf{q}_0, \quad \dot{\mathbf{q}}(0) = \mathbf{v}_0.
\tag{3.193}
$$

Während die Massenmatrix **M** ohne besondere Einschränkung der Allgemeinheit als symmetrisch angenommen werden darf[22], sind **P**, **Q** i. Allg. unsymmetrisch. Da sich jede quadratische Matrix in einen symmetrischen und einen schiefsymmetrischen Anteil aufspalten lässt [s. (1.22) in Abschn. 1.1.2], kann (3.191) auch in der Form

$$\mathbf{M}\ddot{\mathbf{q}} + (\mathbf{D} + \mathbf{G})\dot{\mathbf{q}} + (\mathbf{K} + \mathbf{N})\mathbf{q} = \mathbf{p}(t) \tag{3.194}$$

mit den symmetrischen bzw. schiefsymmetrischen Matrizen **D**, **K** bzw. **G**, **N** geschrieben werden. Die *Massenmatrix* **M** kann man für die hier betrachteten Systeme aus der stets positiven kinetischen Energie T herleiten. Diese ist aber eine quadratische Form in den n generalisierten Geschwindigkeiten,

$$T(\dot{\mathbf{q}}) = \frac{1}{2}\dot{\mathbf{q}}^{\mathsf{T}}\mathbf{M}\,\dot{\mathbf{q}} > 0, \tag{3.195}$$

d. h. **M** ist nicht nur stets symmetrisch sondern zudem immer positiv definit[23]. Auch die Matrizen **D**, **G**, **K** und **N** lassen sich physikalisch anschaulich interpretieren und besitzen entsprechende Definitheitseigenschaften. **D** und **G** kennzeichnen beide geschwindigkeitsproportionale Kräfte, jedoch in sehr verschiedener Weise. Während in der sog. *Dämpfungsmatrix* **D** dämpfende (oder auch anfachende) Kräfte erfasst werden, welche die Energie des Systems verändern, berücksichtigt die sog. *gyroskopische Matrix* **G** energieneutrale Kräfte (beispielsweise Kreiselkräfte), die immer dann auftreten, wenn man die Bewegungsgleichungen eines (konservativen) Systems in einem rotierenden Bezugssystem aufstellt. Ist das System gedämpft, so dissipiert Energie und **D** ist *positiv semidefinit*; liegt Anfachung vor, so wird dem System Energie zugeführt und **D** ist *negativ semidefinit*. Ist **D** *positiv definit*, so spricht man von *vollständiger Dämpfung*. Ganz ähnlich lassen sich die Matrizen **K** und **N** interpretieren. Die *Steifigkeitsmatrix* **K** kennzeichnet konservative Fesselungskräfte infolge Federrückstellung oder Eigengewicht, die sog. *zirkulatorische Matrix* **N** energieändernde, nichtkonservative Lagekräfte, wie sie für „mitgehende" Lasten (Folgelasten) typisch sind. Ein *passives* Schwingungssystem liegt vor, wenn die Steifigkeitsmatrix **K** mindestens *positiv semidefinit* ist.

Beispiel 3.19 lässt die allgemeine Gestalt

$$
\begin{aligned}
\bar{a}_{11}\dot{x}_1 + \ldots + \bar{a}_{1N}\dot{x}_N &= \bar{b}_{11}x_1 + \ldots + \bar{b}_{1N}x_N + \bar{u}_1(t), \\
\bar{a}_{21}\dot{x}_1 + \ldots + \bar{a}_{2N}\dot{x}_N &= \bar{b}_{21}x_1 + \ldots + \bar{b}_{2N}x_N + \bar{u}_2(t), \\
\vdots \qquad\qquad & \qquad\qquad \vdots \\
\bar{a}_{N1}\dot{x}_1 + \ldots + \bar{a}_{NN}\dot{x}_N &= \bar{b}_{N1}x_1 + \ldots + \bar{b}_{NN}x_N + \bar{u}_N(t)
\end{aligned}
\tag{3.196}
$$

---

[22] Bei Herleitung der Bewegungsgleichungen mit Hilfe der Lagrangeschen Gleichungen zweiter Art ergibt sich immer eine symmetrische Massenmatrix.

[23] Die quadratische Matrix **M** ist damit auch regulär und besitzt vollen Rang. Entartete mechanische Systeme, für die einzelne Bewegungsgleichungen gar nicht zweiter Ordnung sind, z. B. wenn in den betreffenden Zeilen i von **M** die Werte $m_{i1}, m_{i2}, \ldots, m_{in}$ allesamt verschwinden, sind damit ausgeschlossen.

eines Systems erster Ordnung erkennen. Mit der Definition der (N, N)-Matrizen $\bar{\mathbf{A}} = (\bar{a}_{ij})$ und $\bar{\mathbf{B}} = (\bar{b}_{ij})$ sowie eines $(N, 1)$-„Zustandsvektors" $\mathbf{x} = (x_i)$ und $(N, 1)$-„Erregervektors"[24] $\bar{\mathbf{u}}(t) = (\bar{u}_i(t))$ kann eine Matrizenschreibweise

$$\bar{\mathbf{A}}\dot{\mathbf{x}} = \bar{\mathbf{B}}\mathbf{x} + \bar{\mathbf{u}}(t) \qquad (3.197)$$

für Systeme erster Ordnung eingeführt werden. Mit $\bar{\mathbf{u}}(t) = \bar{\mathbf{S}}\mathbf{h}(t)$ ist (in der Regelungstechnik) eine Aufteilung der Anregung $\bar{\mathbf{u}}(t)$ in eine sog. *Stellmatrix* $\bar{\mathbf{S}}$ und einen *Steuervektor* $\mathbf{h}(t)$ üblich, die im Folgenden jedoch nicht mehr benutzt wird[25]. Die entsprechenden Anfangsbedingungen lauten in Matrizenschreibweise

$$\mathbf{x}(0) = \mathbf{x}_0. \qquad (3.198)$$

Eine physikalische Interpretation der Matrizen $\bar{\mathbf{A}}, \bar{\mathbf{B}}$ ist i. Allg. schwierig, und auch über Symmetrie- und Definitheitseigenschaften lässt sich nur im konkreten Einzelfall eine Aussage machen. Ist $\bar{\mathbf{A}}$ regulär, so existiert die Kehrmatrix $\bar{\mathbf{A}}^{-1}$, und (3.197) kann nach Linksmultiplikation mit $\bar{\mathbf{A}}^{-1}$ in die Normalform

$$\dot{\mathbf{x}} = \mathbf{A}\mathbf{x} + \mathbf{u}(t) \qquad (3.199)$$

mit $\mathbf{A} = \bar{\mathbf{A}}^{-1}\bar{\mathbf{B}}, \mathbf{u}(t) = \bar{\mathbf{A}}^{-1}\bar{\mathbf{u}}(t)$ überführt werden.

Sind die ursprünglichen Differenzialgleichungen – wie beispielsweise für das bereits mehrfach erwähnte Zeigermesswerk – gekoppelte Differenzialgleichungen erster *und* zweiter Ordnung (womit, wie schon ausgeführt, auch „reine" Systeme zweiter Ordnung einbezogen sind), so fasst man die n Lagekoordinaten $q_i(t)$, die n Geschwindigkeitskoordinaten $\dot{q}_i(t)$ und die N restlichen Koordinaten $x_i(t)$ zu einem $(2n+N, 1)$-Zustandsvektor $\mathbf{x}(t)$ zusammen[26]. Mit diesem Zustandsvektor $\mathbf{x}$ lassen sich die ursprünglichen Differenzialgleichungen erster und zweiter Ordnung in die Zustandsform (3.197) oder (3.199) umschreiben, wenn man sie formal durch die triviale Gleichung $\dot{\mathbf{q}} = \dot{\mathbf{q}}$ ergänzt. Durchsichtig sind die Zusammenhänge, wenn ein rein mechanisches System zweiter Ordnung (3.191) betrachtet wird, dessen Massenmatrix $\mathbf{M}$ ja stets invertierbar ist. Die Zustandsgleichung kann dann einfach in der Normalform (3.199) mit

$$\mathbf{A} = \left[\begin{array}{c|c} \mathbf{O} & \mathbf{I} \\ \hline -\mathbf{M}^{-1}\mathbf{Q} & -\mathbf{M}^{-1}\mathbf{P} \end{array}\right], \quad \mathbf{x} = \left[\begin{array}{c} \mathbf{q} \\ \hline \dot{\mathbf{q}} \end{array}\right], \quad \mathbf{u}(t) = \left[\begin{array}{c} \mathbf{O} \\ \hline \mathbf{M}^{-1}\mathbf{p}(t) \end{array}\right] \qquad (3.200)$$

---

[24] Wie schon in Abschn. 1.1.4 und 1.2.1 sei auch hier nochmals auf die übliche Bezeichnung von Spaltenmatrizen als „Vektoren" hingewiesen.

[25] Auch für Systeme zweiter Ordnung [s. (3.191) und (3.194)] ist eine derartige Zerlegung denkbar.

[26] Hier ist der Name erst wirklich berechtigt, weil jetzt $\mathbf{x}$ tatsächlich den Zustand des Systems vollständig repräsentiert.

angegeben werden, worin eine (n, n)-Nullmatrix $\mathbf{O}$ und eine (n, n)-Einheitsmatrix $\mathbf{I}$ auftreten. Mit

$$\mathbf{x} = \begin{bmatrix} y \\ \dot{y} \end{bmatrix}, \quad \mathbf{A} = \begin{bmatrix} 0 & 1 \\ -\omega_0^2 & -2D\omega_0 \end{bmatrix}, \quad \mathbf{u}(t) = \begin{bmatrix} 0 \\ 2D\omega_0 \dot{x}(t) + \omega_0^2 x(t) \end{bmatrix} \quad (3.201)$$

lässt sich damit natürlich auch eine Einzel-Differenzialgleichung zweiter Ordnung, hier beispielsweise (3.81), in eine Zustandsgleichung (3.199) überführen.

Die Zustandsform (3.197) bzw. (3.199) besitzt den Vorzug, dass zu ihrer Untersuchung alle Ergebnisse der allgemeinen Systemtheorie herangezogen werden können. Viele dieser Zusammenhänge wurden erst während der letzten Jahre in der Mathematik und der Regelungstechnik entwickelt. Durch die Zustandsgleichung ist auch der unmittelbare Zugang zu den üblichen Rechnerprogrammen zur Untersuchung dynamischer Systeme hergestellt. Als entscheidender Nachteil (wenn die ursprünglichen Systemgleichungen mindestens teilweise zweiter Ordnung sind) ist die Erhöhung der Gesamtordnung des Systems (bei rein mechanischen Systemen auf das Doppelte) zu nennen. Diesen Nachteil vermeidet die Schreibweise als System zweiter Ordnung, die darüber hinaus den Vorteil besitzt, dass infolge der besonderen Struktur eine ganze Reihe von Eigenschaften existieren, die in der allgemeinen Systemtheorie nicht bekannt sind. Deshalb ist es wichtig, beide Beschreibungsweisen zur Verfügung zu haben.

3.2.2 Homogene Systeme

Die Erregungen $\mathbf{p}(t)$ bzw. $\mathbf{u}(t)$ verschwinden jetzt identisch, und es sind die Anfangswertprobleme

$$\mathbf{M}\ddot{\mathbf{q}} + \mathbf{P}\dot{\mathbf{q}} + \mathbf{Q}\mathbf{q} = \mathbf{0}, \quad \mathbf{q}(0) = \mathbf{q}_0, \quad \dot{\mathbf{q}}(0) = \mathbf{v}_0 \quad (3.202)$$

bzw.

$$\dot{\mathbf{x}} = \mathbf{A}\mathbf{x}, \quad \mathbf{x}(0) = \mathbf{x}_0 \quad (3.203)$$

zu lösen. Dabei wird ohne besondere Einschränkung der Allgemeinheit von den Zustandsgleichungen (3.199) in Normalform ausgegangen.

Eigenwerttheorie
Die Vorgehensweise wird zunächst für Systeme zweiter Ordnung im Detail erläutert. Danach wird kurz auch auf Systeme erster Ordnung eingegangen. Nichttriviale Lösungen für (3.202) findet man wegen der Zeitunabhängigkeit der Systemmatrizen wieder über einen Exponentialansatz

$$\mathbf{q}_H(t) = \mathbf{r}e^{\lambda t} \quad (3.204)$$

mit dem Parameter λ und dem $(n, 1)$-Konstantenvektor $\mathbf{r}$, die beide noch bestimmt werden müssen. Wegen der einfachen Differenziationseigenschaften

$$\dot{\mathbf{q}}_H = \lambda \mathbf{q}_H, \quad \ddot{\mathbf{q}}_H = \lambda^2 \mathbf{q}_H \tag{3.205}$$

folgt sofort die korrespondierende Formulierung

$$-(\lambda^2 \mathbf{M} + \lambda \mathbf{P})\mathbf{q}_H = \mathbf{Q}\mathbf{q}_H. \tag{3.206}$$

Ersichtlich hat man es mit einem sog. *allgemeinen Matrizen-Eigenwertproblem* für den *Eigenwert* λ zu tun. Explizites Einsetzen des Ansatzes (3.204) liefert die übliche Darstellung

$$(\lambda^2 \mathbf{M} + \lambda \mathbf{P} + \mathbf{Q})\mathbf{r} = \mathbf{0} \tag{3.207}$$

als homogenes, lineares, algebraisches Gleichungssystem für die n Elemente r_i des Konstantenvektors $\mathbf{r}$. Eine nichttriviale Lösung $\mathbf{r} \neq \mathbf{0}$ existiert genau dann, wenn die Koeffizientendeterminante verschwindet:

$$P(\lambda) \overset{(\text{def.})}{=} \det(\lambda^2 \mathbf{M} + \lambda \mathbf{P} + \mathbf{Q}) = 0. \tag{3.208}$$

Das *charakteristische Polynom* $P(\lambda)$ in der *charakteristischen Gleichung* (3.208) ist ein Polynom $2n$-ten Grades mit reellen Koeffizienten. Die charakteristische Gleichung (3.208) hat genau $2n$ Lösungen λ_i ($i = 1, 2, \ldots, 2n$), wobei mehrfache Wurzeln entsprechend ihrer Vielfachheit gezählt werden. Zur Problematik mehrfacher Eigenwerte λ_i sei auf die entsprechenden Ausführungen bei Einzel-Differenzialgleichungen in Abschn. 3.1.2 hingewiesen; bei Differenzialgleichungs-Systemen gilt Entsprechendes, worauf aber i. d. R. nicht näher eingegangen wird. Treten komplexe Lösungen $\lambda_i = -\delta_i + jv_i$ auf, so ist auch der konjugiert komplexe Wert $\lambda_i^* = -\delta_i - jv_i$ eine Wurzel der charakteristischen Gleichung (3.208). Darin hat $\delta_i = -\operatorname{Re}\lambda_i$ die Bedeutung eines Dämpfungsmaßes und wird als sog. *Abklingkonstante* bezeichnet; v_i ist in Analogie zum einläufigen Schwinger [s. (3.35)] eine „gedämpfte" Eigenkreisfrequenz. Sind alle Eigenwerte λ_i ($i = 1, 2, \ldots, 2n$) einfach, so existiert zu jedem λ_i genau *eine* nichttriviale Lösung $\mathbf{r}_i$, die bis auf eine multiplikative Konstante bestimmt ist, d. h. zu jedem Eigenwert λ_i des Eigenwertproblems (3.207) existiert ein sog. (i. Allg. ebenfalls komplexer) *Rechtseigenvektor* $\mathbf{r}_i$. Jeder Eigenwertaufgabe der Form (3.207) lässt sich die *transponierte Eigenwertaufgabe*

$$(\kappa^2 \mathbf{M}^{\mathrm{T}} + \kappa \mathbf{P}^{\mathrm{T}} + \mathbf{Q}^{\mathrm{T}})\mathbf{l} = \mathbf{0} \tag{3.209}$$

für den Konstantenvektor $\mathbf{l}$ mit dem Eigenwert κ zuordnen. Da für die hier vorliegenden quadratischen Matrizen die Determinante der transponierten mit der Determinante der ursprünglichen Matrizen übereinstimmt, fallen die Nullstellen κ_i der zu (3.209) gehörenden

Eigenwertgleichung

$$P(\kappa) \stackrel{(\text{def.})}{=} \det(\kappa^2 \mathbf{M}^T + \kappa \mathbf{P}^T + \mathbf{Q}^T) = 0 \tag{3.210}$$

mit den Eigenwerten λ_i in (3.207) zusammen: $\kappa_i \equiv \lambda_i$ ($i = 1, 2, \ldots, 2n$); die zugehörigen sog. *Linkseigenvektoren* $\mathbf{l}_i$ sind allerdings i. Allg. verschieden von den Rechtseigenvektoren $\mathbf{r}_i$ ($i = 1, 2, \ldots, 2n$).

Im Weiteren werden zunächst als einfachste Kategorie allgemeiner **M-D-G-K-N**-Systeme [s. dazu (3.194) ff.] sog. **M-K**-Systeme (mit symmetrischer Massenmatrix **M**) betrachtet. Mit der dann üblichen Umbenennung $\lambda \to j\omega$ vereinfacht sich das Eigenwertproblem (3.207) bzw. (3.209) zu

$$(\mathbf{K} - \omega^2 \mathbf{M})\mathbf{r} = 0 \quad \text{bzw.} \quad (\mathbf{K}^T - \omega^2 \mathbf{M}^T)\mathbf{l} = 0, \tag{3.211}$$

und die charakteristische Gleichung (3.208) bzw. (3.210) erhält die Form

$$P(\omega^2) \stackrel{(\text{def.})}{=} \det(\mathbf{K} - \omega^2 \mathbf{M}) \quad \text{bzw.} \quad \det(\mathbf{K}^T - \omega^2 \mathbf{M}^T) = 0. \tag{3.212}$$

Dies ist jeweils ein Polynom n-ter Ordnung in ω^2; die „Größe" ist für diesen Spezialfall gegenüber einem allgemeinen Problem also halbiert. Aus der Symmetrie von **M** und **K** und wegen $\mathbf{M} > 0$ folgt, dass alle n Eigenwerte ω_i^2 reell sind. Multipliziert man nämlich die erste Gleichung in (3.211) für einen festen Index i von links mit dem zu $\mathbf{r}_i$ konjugiert komplexen und transponierten Eigenvektor $\mathbf{r}_i^{*T}$, so kann man die erhaltene Relation in der Form

$$\omega_i^2 = \frac{\mathbf{r}_i^{*T} \mathbf{K} \mathbf{r}_i}{\mathbf{r}_i^{*T} \mathbf{M} \mathbf{r}_i} \tag{3.213}$$

auflösen. Mit den genannten Eigenschaften können aber Zähler und Nenner in (3.213) nur reelle Werte annehmen (s. z. B. [12]), und der Nenner kann nicht verschwinden. Damit ist die oben angegebene Aussage verifiziert: Es gibt n reelle Lösungen (Eigenwerte) ω_i^2 der charakteristischen Gleichung (3.212). Damit folgt aber aus (3.211), dass auch die Rechts- und die Linkseigenvektoren zusammenfallen (zukünftig einfach als Eigenvektoren $\mathbf{r}_i$ bezeichnet) und sie alle reell dargestellt werden können. Für passive Systeme mit positiv (semi-)definiter Steifigkeitsmatrix **K** folgt zusätzlich, dass die Eigenwerte ω_i^2 – bis auf höchstens zum Teil verschwindende – alle positiv sind.

Für die zu verschiedenen Eigenwerten ω_i^2 und ω_k^2 gehörenden Eigenvektoren $\mathbf{r}_i$ und $\mathbf{r}_k$ gelten gewisse verallgemeinerte Orthogonalitätsbeziehungen. Zu deren Berechnung multipliziert man die erste Relation in (3.211) – angewandt auf das Eigenpaar ($\omega_i^2, \mathbf{r}_i$) – von links mit $\mathbf{r}_k^T$ und – angewandt auf ($\omega_k^2, \mathbf{r}_k$) – mit $\mathbf{r}_i^T$ und bildet mit den wegen der Symmetrie von **M** und **K** geltenden Eigenschaften $\mathbf{r}_k^T \mathbf{M} \mathbf{r}_i = \mathbf{r}_i^T \mathbf{M} \mathbf{r}_k$ und $\mathbf{r}_k^T \mathbf{K} \mathbf{r}_i = \mathbf{r}_i^T \mathbf{K} \mathbf{r}_k$ die Differenz. Es ergibt sich

$$(\omega_i^2 - \omega_k^2)\mathbf{r}_i^T \mathbf{M} \mathbf{r}_k = 0, \tag{3.214}$$

woraus

$$\mathbf{r}_i^\mathrm{T}\mathbf{M}\mathbf{r}_k = 0 \quad \text{für} \quad \omega_i^2 \neq \omega_k^2 \tag{3.215}$$

folgt. Gemäß (3.211) gilt damit ebenso

$$\mathbf{r}_i^\mathrm{T}\mathbf{K}\mathbf{r}_k = 0 \quad \text{für} \quad \omega_i^2 \neq \omega_k^2. \tag{3.216}$$

Die Eigenvektoren, die zu verschiedenen Eigenwerten gehören, sind demnach *bezüglich Massen- und Steifigkeitsmatrix* (aber nicht bezüglich der Einheitsmatrix) *orthogonal.* Für mehrfache Eigenwerte folgen die Orthogonalitätsbeziehungen nicht mehr aus (3.214); man hat dann modifiziert zu argumentieren. Wie bereits erwähnt, liegen die Eigenvektoren nur bis auf eine multiplikative Konstante fest, sie können also noch auf verschiedene Weise normiert werden. Üblich ist

$$\mathbf{r}_i^\mathrm{T}\mathbf{M}\mathbf{r}_i = 1, \tag{3.217}$$

was

$$\mathbf{r}_i^\mathrm{T}\mathbf{K}\mathbf{r}_i = \omega_i^2 \tag{3.218}$$

nach sich zieht. Die auf diese Weise normierten Eigenvektoren bezeichnet man als *orthonormierte Eigenvektoren.*

Oft ist es üblich, die (orthonormierten) Eigenvektoren als Spalten in der sog. (n,n)-*Modalmatrix*

$$\mathbf{R} \overset{\text{(def.)}}{=} (\mathbf{r}_1, \mathbf{r}_2, \ldots, \mathbf{r}_n) = (r_{ik}) \tag{3.219}$$

anzuordnen, so dass sich die Orthogonalitätsrelationen (3.215), (3.216) einschließlich der Normierungsbedingungen (3.217), (3.218) auch in Matrizenschreibweise

$$\mathbf{R}^\mathrm{T}\mathbf{M}\mathbf{R} = \mathbf{I}, \quad \mathbf{R}^\mathrm{T}\mathbf{K}\mathbf{R} = \mathbf{\Omega}^2 \overset{\text{(def.)}}{=} \mathrm{diag}(\omega_1^2, \omega_2^2, \ldots, \omega_n^2) \tag{3.220}$$

formulieren lassen. Mit Hilfe der Modalmatrix $\mathbf{R}$ kann nun die spezielle Koordinatentransformation (Modaltransformation)

$$\mathbf{q}(t) = \mathbf{R}\mathbf{s}(t) \quad \text{bzw.} \quad \mathbf{r} = \mathbf{R}\hat{\mathbf{s}} \tag{3.221}$$

auf neue Koordinaten $\mathbf{s}(t)$ bzw. $\hat{\mathbf{s}}$ eingeführt werden. Diese transformiert das Differenzialgleichungssystem (3.202) für ein $\mathbf{M}$-$\mathbf{K}$-System auf

$$\mathbf{M}\mathbf{R}\ddot{\mathbf{s}} + \mathbf{K}\mathbf{R}\mathbf{s} = \mathbf{0} \quad \text{bzw.} \quad (-\omega^2\mathbf{M}\mathbf{R} + \mathbf{K}\mathbf{R})\hat{\mathbf{s}} = \mathbf{0}, \tag{3.222}$$

woraus man auch

$$\mathbf{R}^T\mathbf{M}\mathbf{R}\ddot{\mathbf{s}} + \mathbf{R}^T\mathbf{K}\mathbf{R}\mathbf{s} = \mathbf{0} \quad \text{bzw.} \quad (-\omega^2\mathbf{R}^T\mathbf{M}\mathbf{R} + \mathbf{R}^T\mathbf{K}\mathbf{R})\hat{\mathbf{s}} = \mathbf{0} \tag{3.223}$$

erhält. Infolge der Orthogonalitätseigenschaften (3.220) der Modalmatrix $\mathbf{R}$ zerfällt (3.223) in n einzelne Differenzialgleichungen zweiter Ordnung bzw. (wegen $s_i = \hat{s}_i e^{j\omega t}$) in n algebraische Gleichungen

$$\ddot{s}_i + \omega_i^2 s_i = 0 \quad \text{bzw.} \quad (-\omega^2 + \omega_i^2)\hat{s}_i = 0, \quad i = 1, 2, \ldots, n. \tag{3.224}$$

Die Koordinaten $s_1(t), s_2(t), \ldots, s_n(t)$ bzw. $\hat{s}_1, \hat{s}_2, \ldots, \hat{s}_n$ sind meist physikalisch unanschaulich und werden als *Hauptkoordinaten* bezeichnet. Das Auffinden der Hauptkoordinaten, d. h. die Bestimmung der Transformationsmatrix $\mathbf{R}$ ist untrennbar mit der Lösung des Eigenwertproblems verbunden. Nützlich ist diese sog. *Hauptachsentransformation* beim Anpassen an die Anfangsbedingungen (3.193) und insbesondere (s. Abschn. 3.2.3) bei der Berechnung erzwungener Schwingungen mittels Modalanalyse.

Zur Anpassung an die Anfangsbedingungen benutzt man nämlich die Tatsache, dass die Lösungen der vollständig entkoppelten Einzel-Differenzialgleichungen in (3.224) in der Form

$$s_i(t) = \hat{a}_i \cos \omega_i t + \hat{b}_i \sin \omega_i t, \quad i = 1, 2, \ldots, n \tag{3.225}$$

besonders einfach sind und sich über

$$\begin{aligned} (\hat{a}_1, \hat{a}_2, \ldots, \hat{a}_n)^T &= \mathbf{R}^{-1}\mathbf{q}_0, \\ (\omega_1\hat{b}_1, \omega_2\hat{b}_2, \ldots, \omega_n\hat{b}_n)^T &= \mathbf{R}^{-1}\mathbf{v}_0 \end{aligned} \tag{3.226}$$

leicht an die vorgegebenen Anfangswerte $\mathbf{q}_0$ und $\mathbf{v}_0$ anpassen lassen.

Als Nächstes werden sog. **M-D-K**-Systeme [s. dazu erneut (3.194) ff.] mit $\mathbf{D} \geq 0$ ($\mathbf{D}$ mindestens positiv semidefinit) zur Einbeziehung von Dämpfungseinflüssen behandelt. Auch hier führt der Exponentialansatz (3.204) zum Ziel, und man erhält das Eigenwertproblem (bzw. das transponierte Eigenwertproblem)

$$(\lambda^2\mathbf{M} + \lambda\mathbf{D} + \mathbf{K})\mathbf{r} = \mathbf{0} \quad \text{bzw.} \quad (\lambda^2\mathbf{M}^T + \lambda\mathbf{D}^T + \mathbf{K}^T)\mathbf{l} = \mathbf{0} \tag{3.227}$$

mit der charakteristischen Gleichung

$$P(\lambda) \overset{(\text{def.})}{=} \det(\lambda^2\mathbf{M} + \lambda\mathbf{D} + \mathbf{K}) \quad \text{bzw.} \quad \det(\lambda^2\mathbf{M}^T + \lambda\mathbf{D}^T + \mathbf{K}^T) = 0. \tag{3.228}$$

Aufgrund der Symmetrieeigenschaften von $\mathbf{M}, \mathbf{D}$ und $\mathbf{K}$ fallen auch dieses Mal Links- und Rechtseigenvektoren zusammen; wie schon die Eigenwerte λ_i ($i = 1, 2, \ldots, 2n$) als Lösungen der Eigenwertgleichung (3.228), werden die Eigenvektoren jedoch i. Allg. komplex sein. Da außerdem – wie bereits erwähnt – die Koeffizienten des charakteristischen

Polynoms $P(\lambda)$ in (3.228) alle reell sind, treten alle Nullstellen notwendigerweise in konjugiert komplexen Paaren auf, d. h. es gilt $\lambda_1^* = \lambda_{n+1}$, $\lambda_2^* = \lambda_{n+2}$, ..., $\lambda_n^* = \lambda_{2n}$. Aus (3.227) folgt damit aber, dass auch alle Eigenvektoren in konjugiert komplexen Paaren vorkommen. Man kann leicht zeigen, dass stets $\operatorname{Re} \lambda_i \leq 0$ und bei *vollständiger* Dämpfung $\mathbf{D} > 0$ sogar $\operatorname{Re} \lambda_i < 0$ $(i = 1, 2, \ldots, n)$ gilt. Die Bedingung $\mathbf{D} > 0$ ist dafür jedoch keineswegs notwendig sondern bereits hinreichend. Ist (schon bei nur noch positiv semidefiniter Dämpfungsmatrix $\mathbf{D} \geq 0$) die Dämpfung derart, dass alle $\operatorname{Re} \lambda_i < 0$ $(i = 1, 2, \ldots, n)$ sind, so spricht man von *durchdringender* Dämpfung. Die Bedeutung dieser Bezeichnung wird im Anschluss an (3.237) noch erläutert werden. Darüber hinaus sind die Eigenvektoren $\mathbf{r}_i$ jetzt i. Allg. nicht mehr orthogonal bezüglich $\mathbf{M}$ und $\mathbf{K}$. Die Orthogonalitätsrelationen sind komplizierter und sollen hier nicht angegeben werden. In diesem Zusammenhang kann man sich fragen, ob es für $\mathbf{M}$-$\mathbf{D}$-$\mathbf{K}$-Systeme eine reelle, lineare Koordinatentransformation gibt, die das System der Bewegungsgleichungen (3.202) bzw. das Matrizen-Eigenwertproblem (3.227) im Reellen in voneinander unabhängige Differenzialgleichungen zweiter Ordnung bzw. in algebraische Gleichungen entkoppelt. Greift man diese Frage im Rahmen der Koordinatentransformation

$$\mathbf{q}(t) = \mathbf{T}\mathbf{z}(t) \quad \text{bzw.} \quad \mathbf{r} = \mathbf{T}\hat{\mathbf{z}} \tag{3.229}$$

mit den neuen Koordinaten $\mathbf{z}(t)$ bzw. $\hat{\mathbf{z}}$ und der Transformationsmatrix $\mathbf{T}$ auf, so erhält man nach Linksmultiplikation mit $\mathbf{T}^\mathrm{T}$ aus (3.202) bzw. (3.227)

$$\mathbf{T}^\mathrm{T}\mathbf{M}\ddot{\mathbf{z}} + \mathbf{T}^\mathrm{T}\mathbf{D}\dot{\mathbf{z}} + \mathbf{T}^\mathrm{T}\mathbf{K}\mathbf{T}\mathbf{z} = \mathbf{0}$$
$$\text{bzw.} \quad (\lambda^2\mathbf{T}^\mathrm{T}\mathbf{M}\mathbf{T} + \lambda\mathbf{T}^\mathrm{T}\mathbf{D}\mathbf{T} + \mathbf{T}^\mathrm{T}\mathbf{K}\mathbf{T})\hat{\mathbf{z}} = \mathbf{0}. \tag{3.230}$$

In (3.230) sind die neuen Systemmatrizen $\bar{\mathbf{M}} \overset{(\text{def.})}{=} \mathbf{T}^\mathrm{T}\mathbf{M}\mathbf{T}$, $\bar{\mathbf{D}} \overset{(\text{def.})}{=} \mathbf{T}^\mathrm{T}\mathbf{D}\mathbf{T}$ und $\bar{\mathbf{K}} \overset{(\text{def.})}{=} \mathbf{T}^\mathrm{T}\mathbf{K}\mathbf{T}$ auch wieder symmetrisch. Die oben gestellte Frage reduziert sich demnach darauf, für welche Matrizen $\mathbf{D}$ eine Transformationsmatrix $\mathbf{T}$ derart existiert, dass in (3.230) die Matrizen $\bar{\mathbf{M}}, \bar{\mathbf{D}}, \bar{\mathbf{K}}$ alle gleichzeitig auf Diagonalform transformiert werden. Wählt man probeweise für $\mathbf{T}$ zunächst die früher eingeführte Modalmatrix $\mathbf{R}$ (3.219) des ungedämpften Systems, so reduzieren sich offensichtlich $\bar{\mathbf{M}}$ und $\bar{\mathbf{K}}$ auf die gewünschte Diagonalform, $\bar{\mathbf{D}}$ i. Allg. jedoch nicht. Nimmt man die Gültigkeit der für praktische Anwendungen oft benutzten sog. Bequemlichkeitshypothese

$$\mathbf{D} = \hat{\alpha}\mathbf{M} + \hat{\beta}\mathbf{K} \tag{3.231}$$

an, so wird aber auch die Diagonalisierung der neuen Dämpfungsmatrix $\bar{\mathbf{D}}$ erreicht. Wenn also (3.231) gilt, kann das gedämpfte System *im Reellen* entkoppelt werden, und die reellen Eigenvektoren des ungedämpften Systems sind gleichzeitig Eigenvektoren des gedämpften Systems. Allerdings gibt (3.231) keineswegs die allgemeinste Form der Matrix $\mathbf{D}$ an, die eine Entkopplung im Reellen erlaubt. Eine notwendige und hinreichende Bedingung dafür ist die (für die Praxis weniger bedeutsame) Kommutativitätsrelation

$$(\mathbf{M}^{-1}\mathbf{K})(\mathbf{M}^{-1}\mathbf{D}) = (\mathbf{M}^{-1}\mathbf{D})(\mathbf{M}^{-1}\mathbf{K}), \tag{3.232}$$

was hier allerdings nicht nachgerechnet werden soll. Gilt die Bedingung (3.231) bzw. (3.232), so spricht man von *modaler* Dämpfung, weil dann die „Schwingungsmoden" des ungedämpften $\mathbf{M}$-$\mathbf{K}$-Systems erhalten bleiben.

Zum Schluss dieser etwas ausführlicheren Erörterungen werden $\mathbf{M}$-$\mathbf{G}$-$\mathbf{K}$-Systeme [s. dazu nochmals (3.194) ff.] untersucht, wie sie insbesondere in der Rotordynamik häufig anzutreffen sind. Der Exponentialansatz (3.204) liefert dafür das Eigenwertproblem (bzw. das transponierte Eigenwertproblem)

$$\begin{aligned} (\lambda^2\mathbf{M} + \lambda\mathbf{G} + \mathbf{K})\mathbf{r} &\equiv \mathbf{H}(\lambda^2, \lambda)\mathbf{r} = 0 \\ \text{bzw.} \quad (\lambda^2\mathbf{M}^{\mathrm{T}} + \lambda\mathbf{G}^{\mathrm{T}} + \mathbf{K}^{\mathrm{T}})\mathbf{l} &\equiv \mathbf{H}^{\mathrm{T}}(\lambda^2, \lambda)\mathbf{l} = \mathbf{0}. \end{aligned} \tag{3.233}$$

Mit der Identität $\det\mathbf{H} = \det\mathbf{H}^{\mathrm{T}}$ und der aufgrund $\mathbf{M}^{\mathrm{T}} = \mathbf{M}$, $\mathbf{K}^{\mathrm{T}} = \mathbf{K}$ und $\mathbf{G}^{\mathrm{T}} = -\mathbf{G}$ leicht nachzurechnenden Beziehung $\mathbf{H}^{\mathrm{T}}(\lambda) = \mathbf{H}(-\lambda)$ folgt $\det\mathbf{H}(\lambda) \equiv \det\mathbf{H}(-\lambda)$. Dies ist nur möglich, wenn im charakteristischen Polynom $\det\mathbf{H}(\lambda)$ nur gerade Potenzen von λ auftreten, d. h. $\det\mathbf{H}(\lambda) = f(\lambda^2)$ gilt. Es gibt demnach n Werte λ_i^2, so dass mit jedem (komplexen) Eigenwert λ_i auch $-\lambda_i$ ($i = 1, 2, \ldots, n$) eine Wurzel der zugehörigen charakteristischen Gleichung ist. Zu jedem (komplexen) Eigenwertpaar $\pm\lambda_i$ gehört der (komplexe) Rechtseigenvektor $\mathbf{r}_i$ ($i = 1, 2, \ldots, n$). Links- und Rechtseigenvektoren sind jetzt verschieden, es gilt jedoch $\mathbf{l}_{-i} = \mathbf{r}_i$. Für Systeme mit positiv definiter Steifigkeitsmatrix $\mathbf{K} > 0$ treten ausschließlich rein imaginäre Eigenwerte λ_i auf (d. h. es liegt eine völlige Analogie zu entsprechenden $\mathbf{M}$-$\mathbf{K}$-Systemen vor) und die nach wie vor verschiedenen Links- und Rechtseigenvektoren sind reell darstellbar. Auf die restlichen (i. d. R. rechentehnisch aufwendigen) Details, wie Orthogonalität, Zusammenstellung der Eigenvektoren als Modalmatrix und Hauptachsentransformation (s. z. B. [20, 21]) wird hier nicht näher eingegangen.

Bei allen bisherigen Überlegungen blieb die eigentliche Berechnung der freien Schwingungen $\mathbf{q}(t)$ einschließlich einer etwaigen Anpassung an die Anfangsbedingungen (3.193) noch ausgeklammert. Geht man mit den berechneten Eigenwerten λ_i und Rechtseigenvektoren $\mathbf{r}_i$ ($i = 1.2, \ldots, 2n$) in den ursprünglichen Lösungsansatz (3.204) zurück, so gewinnt man in einem ersten Schritt die sog. *Eigenbewegungen*

$$\mathbf{q}_i(t) = \mathbf{r}_i e^{\lambda_i t}, \quad i = 1, 2, \ldots, 2n. \tag{3.234}$$

Nach Superposition erhält man die vollständige Lösung

$$\mathbf{q}_H(t) = \sum_{i=1}^{2n} a_i \mathbf{q}_i(t) \tag{3.235}$$

zur Beschreibung freier Schwingungen. Abschließend ist $q_H(t)$ an die Anfangsbedingungen anzupassen. Für passive **M-D-K**-Systeme (die passive **M-K**-Systeme als Sonderfall enthalten) mit $\mathbf{D} \geq 0$ soll die komplexe Exponentialdarstellung (3.234) noch reell umgeschrieben werden. Sind die Rechtseigenvektoren gemäß $\mathbf{r}_1^* = \mathbf{r}_{n+1}^T$, $\mathbf{r}_2^* = \mathbf{r}_{n+2}^T$, ..., $\mathbf{r}_n^* = \mathbf{r}_{2n}^T$ und die Eigenwerte gemäß $\lambda_1^* = \lambda_{n+1}$, $\lambda_2^* = \lambda_{n+2}$, ..., $\lambda_n^* = \lambda_{2n}$ geordnet, so schreibt sich mit

$$\mathbf{r}_i = \mathbf{k}_i + j\mathbf{v}_i, \quad \lambda_i = -\delta_i + j\nu_i, \quad \delta_i, \nu_i \geq 0,$$
$$a_i = c_i e^{j\alpha_i}, \quad i = 1, 2, \ldots, n \tag{3.236}$$

und reellen $c_i, \delta_i, \nu_i, \alpha_i, \mathbf{k}_i, \mathbf{v}_i$ die allgemeine reelle Lösung als

$$\mathbf{q}_H(t) = \sum_{i=1}^n c_i e^{-\delta_i t} [\mathbf{k}_i \cos(\nu_i t + \alpha_i) - \mathbf{v}_i \sin(\nu_i t + \alpha_i)]. \tag{3.237}$$

Die reellen Summanden $e^{-\delta_i t}\mathbf{k}_i \cos \nu_i t$ bzw. $e^{-\delta_i t}\mathbf{v}_i \sin \nu_i t$ werden üblicherweise *Eigenschwingungen* genannt[27]. Die zeitunabhängigen Vorfaktoren $\mathbf{k}_i$ und $\mathbf{v}_i$, die gemäß (3.236) in engem Zusammenhang mit den Eigenvektoren $\mathbf{r}_i$ stehen, heißen *Eigen(schwingungs)formen*. Im Rahmen der reellen Schreibweise (3.237) kann auch die Bezeichnung „durchdringende Dämpfung" verständlich gemacht werden. Man will nämlich damit andeuten, dass die Dämpfung gewissermaßen alle Schwingungsformen „durchdringt". Ist dies für $\mathbf{D} \geq 0$ dadurch *nicht* der Fall, dass mindestens ein $\delta_i = 0$ ($i = 1, 2, \ldots, n$) ist, existiert offensichtlich eine nicht abklingende, harmonisch oszillierende Eigenschwingung, für die die Dämpfung unwirksam bleibt. Wie sich leicht zeigen lässt (s. z.B. [12]), ist ein Schwingungssystem genau dann durchdringend gedämpft, wenn die kombinierte $(n, 2n)$-Matrix $(-\omega^2 \mathbf{M} + \mathbf{K}, \mathbf{D})$ Höchstrang besitzt, d. h. wenn

$$\text{Rang}(-\omega^2 \mathbf{M} + \mathbf{K}, \mathbf{D}) = n \tag{3.238}$$

erfüllt ist. Für $\mathbf{D} > 0$ besitzt $\mathbf{D}$ schon Höchstrang (Rang $\mathbf{D} = n$), so dass (3.238) immer gilt, unabhängig vom Aufbau der Matrizen $\mathbf{M}$ und $\mathbf{K}$. Ist dagegen $\mathbf{D}$ nur positiv semidefinit ($\mathbf{D} \geq 0$), so hängt die Tatsache, ob die Dämpfung durchdringend ist oder nicht, auch noch von $\mathbf{M}$ und $\mathbf{K}$ ab.

Beispiel 3.20 Freie Schwingungen eines „sympathischen Pendels" gemäß Abb. 3.30. Dabei sind zwei mathematische Pendel mit der Länge L und der punktförmigen Masse m im Schwerkraftfeld der Erde (Erdbeschleunigung g) in gleicher Höhe unverschieblich und reibungsfrei drehbar gelagert und im Abstand ℓ von den Aufhängepunkten über eine masselose Hookesche Dehnfeder (Federkonstante c) miteinander verbunden. Die kleinen Koppelschwingungen dieses **M-K**-Systems werden durch die von der lotrechten Hängelage aus (in der die Feder vollständig entspannt sein soll) gemessenen Winkelkoordinaten $\varphi(t)$, $\psi(t)$ beschrieben. Zweckmäßig ist die Abkürzung $\omega_0^2 = g/L$, und es gelte speziell

---

[27] Manche Autoren bezeichnen sie auch als *Hauptschwingungen*.

Abb. 3.30 „Sympathisches Pendel"

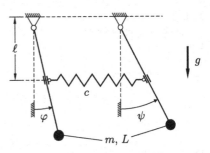

$\frac{g}{L} = \frac{c\ell^2}{mL^2}$. Mit einem der Prinzipe der Mechanik findet man die Bewegungsgleichungen des Systems in Matrizenschreibweise

$$\mathbf{M\ddot{q}} + \mathbf{Kq} = \mathbf{0} \tag{3.239}$$

mit

$$\mathbf{M} = \begin{pmatrix} 1 & 0 \\ 0 & 1 \end{pmatrix}, \quad \mathbf{K} = \omega_0^2 \begin{pmatrix} 2 & -1 \\ -1 & 2 \end{pmatrix}, \quad \mathbf{q} = \begin{pmatrix} \varphi \\ \psi \end{pmatrix}. \tag{3.240}$$

Die Anfangsbedingungen des Systems seien durch

$$\mathbf{q}(0) = \mathbf{q}_0 = \begin{pmatrix} 1 \\ 0 \end{pmatrix}, \quad \mathbf{\dot{q}}(0) = \mathbf{v}_0 = \begin{pmatrix} 0 \\ 0 \end{pmatrix} \tag{3.241}$$

vorgegeben.

Das zugehörige Eigenwertproblem ergibt sich in der Form (3.211) mit der charakteristischen Gleichung (3.212). Die (analytische) Auswertung derselben liefert als erstes die beiden Eigenwerte

$$\omega_1^2 = \omega_0^2, \quad \omega_2^2 = 3\omega_0^2. \tag{3.242}$$

Zur Bestimmung der Eigenvektoren schreibt man (3.211) für den i-ten Eigenwert in der Form

$$\begin{pmatrix} -\omega_i^2 + 2\omega_0^2 & -\omega_0^2 \\ -\omega_0^2 & -\omega_i^2 + 2\omega_0^2 \end{pmatrix} \begin{pmatrix} r_{1i} \\ r_{2i} \end{pmatrix} = \begin{pmatrix} 0 \\ 0 \end{pmatrix}, \quad i = 1, 2 \tag{3.243}$$

und berechnet z. B. aus der ersten Gleichung in (3.243) das „Amplitudenverhältnis"

$$\frac{r_{2i}}{r_{1i}} = \frac{-\omega_i^2 + 2\omega_0^2}{\omega_0^2}, \quad i = 1, 2. \tag{3.244}$$

Setzt man die Werte für $\omega_{1,2}^2$ ein, so erhält man

$$\mathbf{r}_1 = r_{11} \begin{pmatrix} 1 \\ 1 \end{pmatrix}, \quad \mathbf{r}_2 = r_{12} \begin{pmatrix} 1 \\ -1 \end{pmatrix}. \tag{3.245}$$

Abb. 3.31 Eigenschwingungs-
formen des „sympathischen
Pendels"

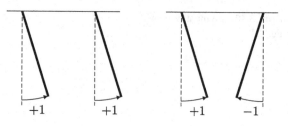

Dieses wichtige Teilergebnis ist in Abb. 3.31 wiedergegeben. Die übliche Normierung
gemäß (3.217) liefert

$$\mathbf{r}_1 = \frac{1}{\sqrt{2}} \begin{pmatrix} 1 \\ 1 \end{pmatrix}, \quad \mathbf{r}_2 = \frac{1}{\sqrt{2}} \begin{pmatrix} 1 \\ -1 \end{pmatrix} \tag{3.246}$$

und damit auch die orthonormierte Modalmatrix

$$\mathbf{R} = \frac{1}{\sqrt{2}} \begin{pmatrix} 1 & 1 \\ 1 & -1 \end{pmatrix}. \tag{3.247}$$

Mittels Hauptachsentransformation gemäß (3.221) erhält man die Hauptkoordinaten

$$\mathbf{s} = \mathbf{R}^{-1}\mathbf{q} = \frac{1}{\sqrt{2}} \begin{pmatrix} \varphi + \psi \\ \varphi - \psi \end{pmatrix} \tag{3.248}$$

und damit die entkoppelten Differenzialgleichungen zweiter Ordnung in (3.224). Schließlich findet man auch die beiden stets reellen Eigenschwingungen

$$\mathbf{q}_1(t) = \frac{1}{\sqrt{2}} \begin{pmatrix} 1 \\ 1 \end{pmatrix} \cos \omega_0 t, \quad \mathbf{q}_2(t) = \frac{1}{\sqrt{2}} \begin{pmatrix} 1 \\ -1 \end{pmatrix} \cos \sqrt{3}\omega_0 t \tag{3.249}$$

und die allgemeine homogene Lösung

$$\mathbf{q}_H(t) = \frac{1}{\sqrt{2}} \left[c_1 \begin{pmatrix} 1 \\ 1 \end{pmatrix} \cos(\omega_0 t + \alpha_1) + c_2 \begin{pmatrix} 1 \\ -1 \end{pmatrix} \cos(\sqrt{3}\omega_0 t + \alpha_2) \right]. \tag{3.250}$$

Abschließend kann die Anpassung an die Anfangsbedingungen (3.241) vorgenommen
werden. Das Schlussergebnis

$$\mathbf{q}_H(t) = \frac{1}{2} \left[\begin{pmatrix} 1 \\ 1 \end{pmatrix} \cos \omega_0 t + \begin{pmatrix} 1 \\ -1 \end{pmatrix} \cos \sqrt{3}\omega_0 t \right] \tag{3.251}$$

beschreibt die freien Schwingungen des „sympathischen Pendels" bei den zugrunde ge-
legten konkreten Anfangsbedingungen.   ■

Auch für die (beispielsweise N) homogenen Zustandsgleichungen (3.203) lässt sich im Rahmen der Eigenwerttheorie eine Lösung über einen Exponentialansatz

$$\mathbf{x}_H(t) = \mathbf{r} e^{\lambda t} \tag{3.252}$$

finden; die Bezeichnungen $\mathbf{r}$ für den $(N, 1)$-Konstantenvektor und λ für den Eigenwert werden beibehalten. Einsetzen führt auf das nunmehr *spezielle Matrizen-Eigenwertproblem* (s. Abschn. 1.1.4)

$$(\lambda \mathbf{I} - \mathbf{A})\mathbf{r} = \mathbf{0} \tag{3.253}$$

mit der *charakteristischen Gleichung*

$$P(\lambda) \overset{\text{(def.)}}{=} \det(\lambda \mathbf{I} - \mathbf{A}) = 0. \tag{3.254}$$

Das *charakteristische Polynom* $P(\lambda)$ in (3.254) ist ein Polynom N-ten Grades; die i. Allg. numerische Auswertung liefert N komplexe Eigenwerte λ_i mit N ebenfalls komplexen Rechtseigenvektoren $\mathbf{r}_i$ ($i = 1, 2, \ldots, N$). Wieder existiert die transponierte Eigenwertaufgabe mit N Linkseigenvektoren $\mathbf{l}_i$ ($i = 1, 2, \ldots, N$), und wieder kann man Rechts- und dieses Mal auch Linkseigenvektoren in entsprechenden Modalmatrizen

$$\mathbf{R} \overset{\text{(def.)}}{=} (\mathbf{r}_1, \mathbf{r}_2, \ldots, \mathbf{r}_N) = (r_{ik}), \quad \mathbf{L} \overset{\text{(def.)}}{=} (\mathbf{l}_1, \mathbf{l}_2, \ldots, \mathbf{l}_N) = (l_{ik}) \tag{3.255}$$

anordnen. Bei geeigneter Normierung lassen sich auch im Rahmen einer Zustandsdarstellung verallgemeinerte Orthogonalitätsrelationen

$$\mathbf{L}^{\mathrm{T}}\mathbf{I}\mathbf{R} \equiv \mathbf{L}^{\mathrm{T}}\mathbf{R} = \mathbf{I}, \quad \mathbf{L}^{\mathrm{T}}\mathbf{A}\mathbf{R} = \mathbf{\Lambda} \overset{\text{(def.)}}{=} \mathrm{diag}(\lambda_1, \lambda_2, \ldots, \lambda_N) \tag{3.256}$$

angeben. Mit

$$\mathbf{x}(t) = \mathbf{R}\,\mathbf{s}(t) \quad \text{bzw.} \quad \mathbf{r} = \mathbf{R}\,\hat{\mathbf{s}} \tag{3.257}$$

kann nach Linksmultiplikation mit $\mathbf{L}^{\mathrm{T}}$ auch (jetzt verallgemeinert, d. h. im Komplexen) die Hauptachsentransformation durchgeführt werden:

$$\dot{s}_i - \lambda_i s_i = 0 \quad \text{bzw.} \quad (\lambda - \lambda_i)\hat{s}_i = 0, \quad i = 1, 2, \ldots, N. \tag{3.258}$$

Zurückkehrend in den Lösungsansatz (3.252) erhält man durch Superposition die freien Schwingungen. Diese lassen sich für physikalische Aufgabenstellungen natürlich stets reell darstellen.

Fundamentalmatrix

Für Differenzialgleichungs-Systeme in Zustandsform hat sich neben dem klassischen Lösungsverfahren auf der Basis der Eigenwerttheorie eine zweite, moderne Lösungsmethode, die mit der sog. *Fundamentalmatrix* operiert, etabliert (s. z. B. [15, 24]). Sie umgeht die Schwierigkeiten mit mehrfachen Eigenwerten, wie sie von modalen Lösungstheorien bekannt sind, weitgehend und erlaubt auch eine kompaktere Formulierung der Lösung.

Zur homogenen Zustandsgleichung mit ihren Anfangsbedingungen (3.203) existiert stets ein Hauptsystem von N linear unabhängigen Lösungsvektoren $\mathbf{y}_i(t)$, die der Zustandsgleichung in (3.203) genügen:

$$\dot{\mathbf{y}}_i = \mathbf{A}\mathbf{y}_i \quad i = 1, 2, \dots, N. \tag{3.259}$$

Man kann diese verschiedenen Lösungsvektoren zu einer sog. (N, N)-Fundamentalmatrix

$$\mathbf{Y}(t) = \left[\mathbf{y}_1(t), \mathbf{y}_2(t), \dots, \mathbf{y}_N(t) \right] \tag{3.260}$$

zusammenstellen. Da jede Spalte $\mathbf{y}_i(t)$ die Zustandsgleichung in (3.203) erfüllt, genügt dieser auch die Fundamentalmatrix:

$$\dot{\mathbf{Y}} = \mathbf{A}\mathbf{Y}. \tag{3.261}$$

Wie in (3.17) verschwindet die Wronskische Determinante $\det \mathbf{Y}$ für keinen Zeitpunkt t, so dass $\mathbf{Y}$ regulär ist und die Kehrmatrix $\mathbf{Y}^{-1}$ existiert. Liegt bereits ein Fundamentalsystem von Lösungsvektoren $\mathbf{y}_i(t)$ $(i = 1, 2, \dots, N)$ vor, so erhält man die allgemeine Lösung der homogenen Zustandsgleichung (3.203) durch eine Linearkombination

$$\mathbf{x}_H(t) = \sum_{i=1}^{N} \mathbf{y}_i(t)c_i = \mathbf{Y}(t)\mathbf{c}, \quad \mathbf{c} = (c_i), \quad i = 1, 2, \dots, N \tag{3.262}$$

dieser Grundlösungen $\mathbf{y}_i(t)$. Der $(N, 1)$-Konstantenvektor $\mathbf{c}$ bestimmt sich aus den Anfangsbedingungen

$$\mathbf{x}(0) = \mathbf{Y}(0)\mathbf{c} = \mathbf{x}_0 \quad \rightarrow \quad \mathbf{c} = \mathbf{Y}(0)^{-1}\mathbf{x}_0 \tag{3.263}$$

in (3.203). Die Lösung des homogenen Anfangswertproblems (3.203) hat man damit in der Gestalt

$$\mathbf{x}_H(t) = \mathbf{Y}(t)\mathbf{Y}(0)^{-1}\mathbf{x}_0 \tag{3.264}$$

gefunden. Offensichtlich „überführt" die Matrix $\mathbf{Y}(t)\mathbf{Y}(0)^{-1}$ den Anfangszustand $\mathbf{x}_0$ in den allgemeinen Zustand $\mathbf{x}_H(t)$; sie wird deshalb *Überführungs-* oder *Transitionsmatrix* genannt. Arbeitet man anstelle irgendeiner Fundamentalmatrix mit der *normierten* Fundamentalmatrix $\boldsymbol{\Phi}(t)$ mit der üblichen Normierungsbedingung $\boldsymbol{\Phi}(0) = \mathbf{I}$, so erhält man anstelle von (3.264)

$$\mathbf{x}_H(t) = \boldsymbol{\Phi}(t)\mathbf{x}_0. \tag{3.265}$$

Wegen $\boldsymbol{\Phi}(0)^{-1} = \mathbf{I}$ [wie schon $\boldsymbol{\Phi}(0)$] gilt: die Überführungsmatrix ist gleich der normierten Fundamentalmatrix.

Zur Lösung des homogenen Anfangswertproblems (3.203) in Zustandsform ist also die Berechnung der (normierten) Fundamentalmatrix $\boldsymbol{\Phi}(t)$ die entscheidende Voraufgabe. Die Konstruktion aus Eigenvektoren ist eine erste Möglichkeit; die Problematik mehrfacher Eigenwerte mit der schwierigen Ermittlung linear unabhängiger Eigenvektoren ist dann aber evident, so dass in praktischen Anwendungen andere Verfahren im Vordergrund stehen. All diese basieren – in Anlehnung an die Lösung $x_H(t) = e^{at} x_0$ der skalaren Differenzialgleichung $\dot{x} = ax$ – auf einem Exponentialansatz

$$\boldsymbol{\Phi}(t) = e^{\mathbf{A}t} \tag{3.266}$$

für $\boldsymbol{\Phi}(t)$ in Matrizenform. Die Matrizenexponentialfunktion $e^{\mathbf{A}t}$ ist für jede quadratische Matrix $\mathbf{A}$ durch die konvergente unendliche Reihe

$$e^{\mathbf{A}t} \stackrel{(\text{def.})}{=} \mathbf{I} + \mathbf{A}t + \frac{1}{2!}(\mathbf{A}t)^2 + \frac{1}{3!}(\mathbf{A}t)^3 + \dots = \sum_{i=0}^{\infty} \frac{(\mathbf{A}t)^i}{i!} \tag{3.267}$$

erklärt. Aus (3.266) und (3.267) folgt unmittelbar

$$\dot{\boldsymbol{\Phi}} = \mathbf{A}\boldsymbol{\Phi} = \boldsymbol{\Phi}\mathbf{A}, \tag{3.268}$$

d. h. (3.266) erfüllt tatsächlich (3.261). Zudem erkennt man die Vertauschungsrelation zwischen $\boldsymbol{\Phi}$ und $\mathbf{A}$. Wegen

$$e^{\mathbf{A}(t_1+t_2)} = e^{\mathbf{A}t_1} e^{\mathbf{A}t_2} = e^{\mathbf{A}t_2} e^{\mathbf{A}t_1} \tag{3.269}$$

(s. z. B. [24]) gilt auch

$$\boldsymbol{\Phi}(t_1 + t_2) = \boldsymbol{\Phi}(t_1)\boldsymbol{\Phi}(t_2) = \boldsymbol{\Phi}(t_2)\boldsymbol{\Phi}(t_1). \tag{3.270}$$

Setzt man in dieser Überführungseigenschaft $t_1 = -t_2 = t$, so verbleibt $\boldsymbol{\Phi}(0) = \boldsymbol{\Phi}(t)\boldsymbol{\Phi}(-t)$. Wegen $\boldsymbol{\Phi}(0) = \mathbf{I}$ ergibt sich damit

$$\boldsymbol{\Phi}^{-1}(t) = \boldsymbol{\Phi}(-t), \tag{3.271}$$

d. h. die inverse Fundamentalmatrix erhält man durch Zeitumkehr. Die Gültigkeit von (3.271) bestätigt man unmittelbar aus (3.266):

$$\boldsymbol{\Phi}^{-1}(t) = \left(e^{\mathbf{A}t}\right)^{-1} = e^{-\mathbf{A}t} = \boldsymbol{\Phi}(-t). \tag{3.272}$$

Weitere wichtige Eigenschaften der Matrizenexponentialfunktion $e^{\mathbf{A}t}$ sind, dass sie formal in klassischer Weise

$$\left(e^{\mathbf{A}t}\right)^{\cdot} = \mathbf{A}e^{\mathbf{A}t} \tag{3.273}$$

differenziert und in der Gestalt

$$\int\limits_0^t e^{\mathbf{A}\tau} d\tau = \mathbf{A}^{-1}(e^{\mathbf{A}t} - \mathbf{I}) = (e^{\mathbf{A}t} - \mathbf{I})\mathbf{A}^{-1} \tag{3.274}$$

integriert werden kann. Die Matrix $e^{\mathbf{A}t}$ ist regulär, und ihre damit nichtverschwindende Determinante berechnet sich aus der Formel von Jacobi und Liouville:

$$\det e^{\mathbf{A}t} = e^{t\,\mathrm{sp}\,\mathbf{A}}. \tag{3.275}$$

Schließlich sollen der Satz von Cayley-Hamilton und einige Konsequenzen daraus angegeben werden. Ausgangspunkt ist die charakteristische Gleichung (3.254) der homogenen Zustandsgleichung (3.203) in ausgeschriebener Form

$$\lambda^N + a_1\lambda^{N-1} + \ldots + a_{N-1}\lambda + a_N = 0. \tag{3.276}$$

Der Satz von Cayley-Hamilton besagt, dass jede (N, N)-Matrix $\mathbf{A}$ der eigenen charakteristischen Gleichung (3.276) genügt:

$$\mathbf{A}^N + a_1\mathbf{A}^{N-1} + \ldots + a_{N-1}\mathbf{A} + a_N\mathbf{I} = \mathbf{O}. \tag{3.277}$$

Diese Gleichung lässt sich nach $\mathbf{A}^N$ explizite auflösen. Jede ganzzahlige Matrizenpotenz $\mathbf{A}^i$ mit $i \geq N$ kann daher durch ein Matrizenpolynom höchstens $(N-1)$-ten Grades dargestellt werden. Damit existiert zu der unendlichen Matrizenreihe (3.267) ein endliches Ersatzpolynom

$$e^{\mathbf{A}t} \equiv \alpha_0(t)\mathbf{I} + \alpha_1(t)\mathbf{A} + \ldots + \alpha_{N-1}(t)\mathbf{A}^{N-1}. \tag{3.278}$$

Die unbekannten Koeffizientenfunktionen $\alpha_i(t)$ ($i = 0, 1, \ldots, N-1$) bestimmt man aus dem inhomogenen, linearen Gleichungssystem

$$\frac{d^i}{d\lambda^i}\Big[\alpha_0(t) + \alpha_1(t)\lambda + \ldots + \alpha_{N-1}(t)\lambda^{N-1}\Big]\Big|_{\lambda=\lambda_k} = t^i e^{\lambda_k t}$$

$$i = 0, 1, \ldots, v_k, \quad k = 1, 2, \ldots, s, \quad \sum_{k=1}^s v_k = N. \tag{3.279}$$

Dessen Koeffizientenmatrix stellt eine zu den s verschiedenen Eigenwerten λ_k der Vielfachheit v_k gehörende verallgemeinerte Vandermondesche Matrix dar, die stets regulär ist. Die Koeffizientenfunktionen $\alpha_k(t)$ sind durch (3.279) auch für mehrfache Eigenwerte eindeutig bestimmt.

Alternativ kann auch, anstelle von (3.279), mit einem Ersatzpolynom

$$e^{\mathbf{A}t} \equiv \sum_{i=1}^{N} L_i(\mathbf{A})e^{\lambda_i t} \tag{3.280}$$

unter Verwendung der sog. Lagrangeschen Polynome $L_i(\mathbf{A})$ $(i = 1, 2, \ldots, N)$ gearbeitet werden. Auf die Berechnung dieser Polynome wird hier nicht eingegangen.

Beispiel 3.21 Dynamik des Transformators gemäß Abb. 3.29 mit den Systemgleichungen erster Ordnung (3.189). Die zugehörigen homogenen Zustandsgleichungen sind dann (3.197) mit verschwindender Steuerung $\mathbf{u}(t) \equiv \mathbf{0}$. Zustandsvektor und Systemmatrizen (für den hier interessierenden Spezialfall $L_1 = L_2 = 2L_{12} = L$, $R_1 = R_2 = R$) sind mit der Abkürzung $\omega_0 = R/L$

$$\mathbf{x} = \begin{pmatrix} i_1 \\ i_2 \end{pmatrix}, \quad \bar{\mathbf{A}} = \begin{pmatrix} 1 & -\frac{1}{2} \\ -\frac{1}{2} & 1 \end{pmatrix}, \quad \bar{\mathbf{B}} = \omega_0 \begin{pmatrix} 1 & 0 \\ 0 & 1 \end{pmatrix}. \tag{3.281}$$

Mit der Kehrmatrix

$$\bar{\mathbf{A}}^{-1} = \frac{2}{3} \begin{pmatrix} 2 & 1 \\ 1 & 2 \end{pmatrix} \tag{3.282}$$

erhält man die homogenen Zustandsgleichungen in der Normalform (3.203) mit

$$\mathbf{A} = -\frac{2}{3}\omega_0 \begin{pmatrix} 2 & 1 \\ 1 & 2 \end{pmatrix}. \tag{3.283}$$

Der Exponentialansatz (3.252) liefert über das Eigenwertproblem (3.253) die charakteristische Gleichung (3.254). Diese spezialisiert sich hier auf

$$\begin{vmatrix} \lambda + \frac{4}{3}\omega_0 & \frac{2}{3}\omega_0 \\ \frac{2}{3}\omega_0 & \lambda + \frac{4}{3}\omega_0 \end{vmatrix} = 0 \tag{3.284}$$

mit den beiden (reellen) Eigenwerten

$$\lambda_1 = -\frac{2}{3}\omega_0, \quad \lambda_2 = -2\omega_0. \tag{3.285}$$

Zur Konstruktion der (normierten) Fundamentalmatrix $\mathbf{\Phi}(t)$ werden beide bisher besprochenen Wege beschritten. Zum einen wird $\mathbf{\Phi}(t)$ aus Eigenvektoren zusammengestellt, zum anderen über das Ersatzpolynom der Matrizenexponentialfunktion bestimmt. Im ersten Fall ist es üblich, aus (3.253), hier gleichbedeutend mit

$$\begin{pmatrix} \lambda_i + \frac{4}{3}\omega_0 & \frac{2}{3}\omega_0 \\ \frac{2}{3}\omega_0 & \lambda_i + \frac{4}{3}\omega_0 \end{pmatrix} \begin{pmatrix} r_{1i} \\ r_{2i} \end{pmatrix} = \begin{pmatrix} 0 \\ 0 \end{pmatrix}, \quad i = 1,2, \tag{3.286}$$

das reelle „Amplitudenverhältnis"

$$\frac{r_{21}}{r_{11}} = -1, \quad \frac{r_{22}}{r_{12}} = +1 \tag{3.287}$$

zu berechnen. Mit der Wahl $r_{1i} = 1$ ($i = 1,2$) gelangt man durch Superposition zur allgemeinen Lösung

$$\mathbf{x}(t) = \begin{pmatrix} i_1(t) \\ i_2(t) \end{pmatrix} = c_1 \begin{pmatrix} 1 \\ -1 \end{pmatrix} e^{-\frac{2}{3}\omega_0 t} + c_2 \begin{pmatrix} 1 \\ 1 \end{pmatrix} e^{-2\omega_0 t}. \tag{3.288}$$

Wie aus (3.262) ersichtlich ist, lässt sich die allgemeine Lösung aber auch mittels einer $(2,2)$-Fundamentalmatrix $\mathbf{Y}(t)$ darstellen. Diese gewinnt man durch einen Koeffizientenvergleich mit (3.288)

$$\mathbf{Y}(t) = \begin{pmatrix} e^{-\frac{2}{3}\omega_0 t} & e^{-2\omega_0 t} \\ -e^{-\frac{2}{3}\omega_0 t} & e^{-2\omega_0 t} \end{pmatrix}. \tag{3.289}$$

Bei Bedarf kann diese durch geeignete Normierung in

$$\mathbf{\Phi}(t) = \mathbf{Y}(t)\mathbf{Y}^{-1}(0) = \frac{1}{2} \begin{pmatrix} e^{-\frac{2}{3}\omega_0 t} + e^{-2\omega_0 t} & -e^{-\frac{2}{3}\omega_0 t} + e^{-2\omega_0 t} \\ -e^{-\frac{2}{3}\omega_0 t} + e^{-2\omega_0 t} & e^{-\frac{2}{3}\omega_0 t} + e^{-2\omega_0 t} \end{pmatrix} \tag{3.290}$$

überführt werden.

Die Berechnungsvorschrift (3.279) zur Ermittlung der Koeffizientenfunktionen $\alpha_i(t)$ in (3.278) hat für verschiedene Eigenwerte λ_i ($i = 1,2,\dots,N$) das Aussehen

$$\begin{pmatrix} 1 & \lambda_1 & \dots & \lambda_1^{N-1} \\ 1 & \lambda_2 & \dots & \lambda_2^{N-1} \\ \vdots & \vdots & \dots & \vdots \\ 1 & \lambda_N & \dots & \lambda_N^{N-1} \end{pmatrix} \begin{pmatrix} \alpha_0(t) \\ \alpha_1(t) \\ \vdots \\ \alpha_{N-1}(t) \end{pmatrix} = \begin{pmatrix} e^{\lambda_1 t} \\ e^{\lambda_2 t} \\ \vdots \\ e^{\lambda_N t} \end{pmatrix} \tag{3.291}$$

und reduziert sich hier auf die beiden Gleichungen

$$\alpha_0 + \alpha_1 \left(-\frac{2}{3}\omega_0 \right) = e^{-\frac{2}{3}\omega_0 t},$$
$$\alpha_0 + \alpha_1(-2\omega_0) = e^{-2\omega_0 t}. \tag{3.292}$$

Diese liefern nach Auswerten und Einsetzen in (3.278) [d. h. hier $\boldsymbol{\Phi}(t) = \alpha_0(t)\mathbf{I} + \alpha_1(t)\mathbf{A}$] direkt das Ergebnis (3.290).

Diskutiert man abschließend für das vorliegende Beispiel noch den „akademischen" Sonderfall, dass in der Systemmatrix $\mathbf{A}$ (3.283) das Element a_{12} verschwindet, so liefert eine ganz entsprechende Rechnung wie gerade ausgeführt das Zwischenergebnis

$$\lambda_{1,2} = -\frac{4}{3}\omega_0. \tag{3.293}$$

Dies sind zwei zusammenfallende Eigenwerte, so dass nur noch der zweite Weg zur Berechnung der Fundamentalmatrix $\boldsymbol{\Phi}(t)$ schnellen Erfolg verspricht. Das Gleichungssystem (3.279) in der ursprünglichen Gestalt (3.292) ändert sich in

$$\alpha_0 + \alpha_1 \left(-\frac{4}{3}\omega_0 \right) = e^{-\frac{4}{3}\omega_0 t},$$

$$\alpha_1 = t\, e^{-\frac{4}{3}\omega_0 t}, \tag{3.294}$$

und damit bereitet die Bestimmung der Fundamentalmatrix

$$\boldsymbol{\Phi}(t) = \begin{pmatrix} e^{-\frac{4}{3}\omega_0 t} & 0 \\ -\frac{2}{3}\omega_0 t\, e^{-\frac{4}{3}\omega_0 t} & e^{-\frac{4}{3}\omega_0 t} \end{pmatrix} \tag{3.295}$$

tatsächlich keinerlei Schwierigkeiten. Die Angabe der vollständigen Lösung mit ihrer etwaigen Anpassung an Anfangsbedingungen ist in jedem Falle problemlos und soll hier unterbleiben. ∎

Da für Differenzialgleichungs-Systeme zweiter Ordnung (3.202) über (3.200) ein eindeutiger Zusammenhang zwischen den Matrizen $\mathbf{M}, \mathbf{P}$ und $\mathbf{Q}$ einerseits sowie der Systemmatrix $\mathbf{A}$ andererseits besteht, lässt sich auch für Systeme zweiter Ordnung eine Fundamentalmatrix $\boldsymbol{\Phi}(t)$ auf der Basis der Matrizen-Exponentialfunktion unter Benutzung der ursprünglichen Matrizen $\mathbf{M}, \mathbf{P}$ und $\mathbf{Q}$ konstruieren (s. z. B. [24]); auf die explizite Angabe des Ergebnisses wird hier verzichtet.

3.2.3 Inhomogene Systeme

Bei inhomogenen Systemen sind die Erregung $\mathbf{p}(t)$ in (3.191) oder (3.194) bzw. $\mathbf{u}(t)$ in (3.199) vorhanden, so dass im vorliegenden Unterkapitel erzwungene Schwingungen bzw. gesteuerte Bewegungen dynamischer Systeme zu diskutieren sind.

Eine allgemeine Lösung des inhomogenen Problems ergibt sich, wenn man die allgemeine Lösung (3.235) bzw. (3.265) der homogenen Systemgleichungen (3.202) bzw. (3.203) in der Form

$$\mathbf{q}(t) = \mathbf{q}_H(t) + \mathbf{q}_P(t) \quad \text{bzw.} \quad \mathbf{x}(t) = \mathbf{x}_H(t) + \mathbf{x}_P(t) \tag{3.296}$$

mit einer partikulären Lösung [von z. B. (3.194) bzw. (3.199)] überlagert; anschließend kann an die Anfangsbedingungen (3.193) bzw. (3.198) angepasst werden. Die bisher noch unterbliebene Berechnung von Partikulärlösungen steht im Mittelpunkt der folgenden Betrachtungen.

Modalanalyse (im Zeitbereich)

Exemplarisch soll die Methode der sog. *Modalanalyse* an Systemgleichungen zweiter Ordnung erläutert werden. Sie ist ohne größere Schwierigkeiten auch auf inhomogene Zustandsgleichungen anwendbar, aus Platzgründen wird jedoch hier darauf verzichtet. Aus gleichen Gründen werden hier nur solche Systeme zweiter Ordnung [beispielsweise **M-D-K**-Systeme, für die die Bequemlichkeitshypothese (3.231) gelten soll] zugelassen, deren reelle, „ungedämpfte" Eigenvektoren gleichzeitig Eigenvektoren des aktuellen Systems darstellen.

Die gesuchte Zwangsschwingung $\mathbf{q}_P(t)$ versucht man dann in der Weise zu berechnen, dass man eine Partikulärlösung auf der Basis der Modaltransformation (3.221) nach reellen, „ungedämpften" Eigenvektoren $\mathbf{r}_i$ (hier des korrespondierenden **M-K**-Systems) entwickelt:

$$\mathbf{q}_P(t) = \sum_{i=1}^{n} \mathbf{r}_i z_{Pi}(t) = \mathbf{R}\mathbf{z}_P(t), \quad \mathbf{z}_P(t) = \big(z_{Pi}(t)\big), \quad i = 1, 2, \ldots, n. \tag{3.297}$$

Die Eigenvektoren $\mathbf{r}_i$ und damit die Modalmatrix $\mathbf{R}$ sind vorab zu berechnen und an dieser Stelle bekannt; gesucht ist das Zeitverhalten, beschrieben durch die noch zu bestimmenden Zeitfunktionen $z_{Pi}(t)$ bzw. ihre Spaltenmatrix $\mathbf{z}_P(t)$. Durch Einsetzen des Ansatzes (3.297) in die zu lösende Differenzialgleichung (3.194) (hier mit $\mathbf{G} \equiv \mathbf{N} \equiv \mathbf{O}$) erhält man nach Linksmultiplikation mit $\mathbf{R}^T$ die Beziehung

$$\mathbf{R}^T\mathbf{M}\mathbf{R}\ddot{\mathbf{z}}_P + \big(\hat{\alpha}\mathbf{R}^T\mathbf{M}\mathbf{R} + \hat{\beta}\mathbf{R}^T\mathbf{K}\mathbf{R}\big)\dot{\mathbf{z}}_P + \mathbf{R}^T\mathbf{K}\mathbf{R}\mathbf{z}_P = \mathbf{R}^T\mathbf{p}(t). \tag{3.298}$$

Diese zerfällt mit den Orthogonalitätsrelationen (3.220) in

$$\ddot{\mathbf{z}}_P + (\hat{\alpha}\mathbf{I} + \hat{\beta}\mathbf{\Omega}^2)\dot{\mathbf{z}}_P + \mathbf{\Omega}^2\mathbf{z}_P = \mathbf{R}^T\mathbf{p}(t), \tag{3.299}$$

d. h. in entkoppelte, inhomogene Einzel-Differenzialgleichungen zweiter Ordnung

$$\ddot{z}_{Pi} + (\hat{\alpha} + \hat{\beta}\omega_i^2)\dot{z}_{Pi} + \omega_i^2 z_{Pi} = \mathbf{r}_i^T\mathbf{p}(t), \quad i = 1, 2, \ldots, n. \tag{3.300}$$

Mit den in Abschn. 3.1.5 bzw. 3.1.6 aufgeführten Lösungsmethoden für gewöhnliche Einzel-Differenzialgleichungen sind sie für praktisch jedes Zeitverhalten $\mathbf{p}(t)$ lösbar. Hat man alle n Normalkoordinaten $z_{Pi}(t)$ gefunden und geht damit in den Ansatz (3.297), so ist auch die gesuchte Partikulärlösung $\mathbf{q}_P(t)$ bestimmt. Dieses Vorgehen kann über die konkrete Lösung einer vorgegebenen Aufgabenstellung hinaus noch zur Herleitung einer allgemeiner geltenden Lösungsformel dienen, die eine Brücke zum nächsten Unterkapitel schlägt. Erinnert man sich dazu an die Gewichtsfunktion (3.118) eines einläufigen Schwingers, so kann man die Partikulärlösung der Einzel-Differenzialgleichungen (3.300) in der Gestalt

$$
z_{Pi}(t) = \int_{0_+}^{t} \frac{\sin \omega_i \sqrt{1 - D_i^2}(t - \tau)}{\omega_i \sqrt{1 - D_i^2}} \mathbf{r}_i^{\mathrm{T}} \mathbf{p}(\tau) d\tau, \quad D_i \stackrel{(\text{def.})}{=} \frac{1}{2} \left(\frac{\hat{\alpha}}{\omega_i} + \hat{\beta} \omega_i \right),
$$

$$
i = 1, 2, \ldots, n
$$

(3.301)

oder

$$
\mathbf{z}_P(t) = \boldsymbol{\Omega}^{-1} \int_{0_+}^{t} \sin \boldsymbol{\Omega}(t - \tau) \mathbf{R}^{\mathrm{T}} \mathbf{p}(\tau) d\tau,
$$

$$
\sin \boldsymbol{\Omega} t \stackrel{(\text{def.})}{=} \text{diag} \left(\sin \omega_1 \sqrt{1 - D_1^2} t, \sin \omega_2 \sqrt{1 - D_2^2} t, \ldots, \sin \omega_n \sqrt{1 - D_n^2} t \right)
$$

$$
\boldsymbol{\Omega} \stackrel{(\text{def.})}{=} \text{diag} \left(\omega_1 \sqrt{1 - D_1^2}, \omega_2 \sqrt{1 - D_2^2}, \ldots, \omega_n \sqrt{1 - D_n^2} \right),
$$

(3.302)

angeben. Mit der Modaltransformation (3.297) steht dann auch eine Partikulärlösung der ursprünglichen Differenzialgleichung (3.194) zur Verfügung:

$$
\mathbf{q}_P(t) = \mathbf{R} \boldsymbol{\Omega}^{-1} \int_{0_+}^{t} \sin \boldsymbol{\Omega}(t - \tau) \mathbf{R}^{\mathrm{T}} \mathbf{p}(\tau) d\tau.
$$

(3.303)

Definiert man eine matrizielle Gewichtsfunktion

$$
\mathbf{G}(t) \stackrel{(\text{def.})}{=} \mathbf{R} \boldsymbol{\Omega}^{-1} \sin \boldsymbol{\Omega} t \, \mathbf{R}^{\mathrm{T}} = \sum_{i=1}^{n} \frac{\sin \omega_i \sqrt{1 - D_i^2} t}{\omega_i \sqrt{1 - D_i^2}} \mathbf{r}_i \mathbf{r}_i^{\mathrm{T}},
$$

(3.304)

die einer gewichteten Superposition der dyadischen Produkte aller Eigenvektoren entspricht, so kann man eine Lösungsformel

$$
\mathbf{q}_P(t) = \mathbf{G}(t) * \mathbf{p}(t) = \int_{0_+}^{t} \mathbf{G}(t - \tau) \mathbf{p}(\tau) d\tau
$$

(3.305)

als Faltungsintegral gewinnen. Diese ist hier zwar anhand eines speziellen dynamischen Systems eingeführt worden, hat aber darüber hinausgehende allgemeine Bedeutung.

Beispiel 3.22 „Sympathisches Pendel" gemäß Beispiel 3.20. In Abänderung der dort gemachten Vorgaben wird zusätzlich ein der Feder parallel geschalteter, geschwindigkeitsproportionaler Dämpfer (Dämpferkonstante k) neben einer winkelgeschwindigkeitsproportionalen Lager-„Reibung" (Proportionalitätskonstante k_d) berücksichtigt. Zudem wird eine Anregung des rechten Pendels über ein sprungförmiges Moment $M(t) = M_0\sigma(t)$ vorgesehen. Mit der Abkürzung $2D\omega_0 = \frac{k_d}{mL^2}$ entsteht für den Spezialfall $\frac{k_d}{mL^2} = \frac{k\ell^2}{mL^2}$ ein **M-D-K**-System mit **M, K** und **q** gemäß (3.240) sowie

$$
\mathbf{D} = \hat{\beta}\mathbf{K}, \quad \hat{\beta} = \frac{2D}{\omega_0}, \quad \mathbf{p}(t) = \frac{M_0}{mL^2}\sigma(t)\begin{pmatrix} 0 \\ 1 \end{pmatrix}, \tag{3.306}
$$

so dass die angesprochene Bequemlichkeitshypothese (3.231) in der Tat gültig ist. Die Normalkoordinaten $z_{P1}(t)$ und $z_{P2}(t)$ lassen sich demnach gemäß (3.301) in der Form

$$
z_{Pi}(t) = (-1)^{i+1}\frac{M_0}{\sqrt{2}mL^2\omega_i^2}\left[1 - \frac{\omega_i}{\nu_i}e^{-D_i\omega_i t}\sin(\nu_i t + \psi_i)\right],
$$

$$
\nu_i = \omega_i\sqrt{1 - D_i^2}, \quad \tan\psi_i = \frac{\sqrt{1 - D_i^2}}{D_i}, \quad i = 1, 2 \tag{3.307}
$$

berechnen. Anschließend kann auch die Partikulärlösung

$$
\mathbf{q}_P(t) = \frac{M_0}{mL^2}\sum_{i=1}^{2}\left[\frac{1}{\omega_i^2}\begin{pmatrix} (-1)^{i+1} \\ 1 \end{pmatrix}\left[1 - \frac{\omega_i}{\nu_i}e^{-D_i\omega_i t}\sin(\nu_i t + \psi_i)\right]\right] \tag{3.308}
$$

angegeben werden. Mit den Zahlenwerten für $\omega_{1,2}$ erhält man daraus beispielsweise die eingeschwungene Endlage

$$
\mathbf{q}_P(t \to \infty) = \frac{M_0}{mL^2\omega_0^2}\begin{pmatrix} 2/3 \\ 4/3 \end{pmatrix}. \tag{3.309}
$$

∎

Integraldarstellung (im Zeitbereich)
Die hier vorzustellende Lösungsmethode basiert auf der Fundamentalmatrix und ist deshalb zur Untersuchung inhomogener Zustandsgleichungen (z. B. in Normalform) (3.199) prädestiniert.

Eine Partikulärlösung kann man mit Hilfe der Variation der Konstanten bestimmen. Mit dem Ansatz

$$
\mathbf{x}_P(t) = \mathbf{\Phi}(t)\mathbf{c}(t) \tag{3.310}
$$

wird dabei versucht, die Differenzialgleichung (3.199) zu erfüllen:

$$
\dot{\mathbf{x}}_P(t) = \dot{\mathbf{\Phi}}(t)\mathbf{c}(t) + \mathbf{\Phi}(t)\dot{\mathbf{c}}(t) = \mathbf{A}\mathbf{\Phi}(t)\mathbf{c}(t) + \mathbf{\Phi}(t)\dot{\mathbf{c}}(t) \stackrel{!}{=} \mathbf{A}\mathbf{x}_P(t) + \mathbf{u}(t). \tag{3.311}
$$

Hieraus liest man eine Bestimmungs-Differenzialgleichung

$$\boldsymbol{\Phi}\dot{\mathbf{c}}(t) = \mathbf{u}(t) \tag{3.312}$$

für $\mathbf{c}(t)$ ab. Mit (3.271) erhält man

$$\dot{\mathbf{c}}(t) = \boldsymbol{\Phi}(-t)\mathbf{u}(t) \tag{3.313}$$

und durch Integration

$$\mathbf{c}(t) = \int\limits_0^t \boldsymbol{\Phi}(-\tau)\mathbf{u}(\tau)d\tau. \tag{3.314}$$

Die gesuchte Partikulärlösung hat damit die Gestalt

$$\mathbf{x}_P(t) = \boldsymbol{\Phi}(t)\int\limits_0^t \boldsymbol{\Phi}(-\tau)\mathbf{u}(\tau)d\tau, \tag{3.315}$$

woraus mit (3.270) endgültig

$$\mathbf{x}_P(t) = \int\limits_0^t \boldsymbol{\Phi}(t-\tau)\mathbf{u}(\tau)d\tau \tag{3.316}$$

folgt. $\mathbf{x}_P(t)$ ist offenbar ein Faltungsintegral: $\mathbf{x}_P(t) = \boldsymbol{\Phi}(t)*\mathbf{u}(t)$. Wird die Gültigkeit von (3.305) auch hier vorausgesetzt (was zutrifft), so erkennt man, dass Fundamentalmatrix $\boldsymbol{\Phi}(t)$ und matrizielle Gewichtsfunktion $\mathbf{G}(t)$ übereinstimmen. Die Aussage lässt sich verifizieren, wenn man in Analogie zur Vorgehensweise bei Einzel-Differenzialgleichungen [s. Abschn. 3.1.5 mit insbesondere (3.100) ff.] einen Lösungsansatz in Form eines Faltungsintegrals benutzt und unter Verwendung einer jetzt matriziellen Gewichtsfunktion entsprechende Bedingungsgleichungen wie in (3.104) und (3.105) für $\mathbf{G}(t)$ herleitet. Darauf wird an dieser Stelle jedoch nicht näher eingegangen.

Beispiel 3.23 Transformator in Lastschaltung gemäß Beispiel 3.19 unter Einwirkung einer äußeren Spannung. Diese wird hier in der Gestalt

$$u(t) = \bar{u}_0\sigma(t) \tag{3.317}$$

als Sprunganregung angenommen. Wird der gleiche Spezialfall wie in Beispiel 3.21 zugrunde gelegt, dann bleiben die Systemmatrix $\mathbf{A}$ und der Zustandsvektor $\mathbf{x}$ unverändert, und hinzu tritt ein Erregervektor

$$\mathbf{u}(t) = \begin{pmatrix} 0 \\ u_0\sigma(t) \end{pmatrix}, \quad u_0 = \frac{4}{3}\frac{\bar{u}_0}{L}. \tag{3.318}$$

Mit (3.290) steht die normierte Fundamentalmatrix $\boldsymbol{\Phi}(t)$ bereits zur Verfügung, so dass nach Auswertung von (3.316) auch die Sprungantwort

$$\mathbf{x}(t) = \frac{2}{3} \frac{\bar{u}_0}{L\omega_0} \begin{pmatrix} -\frac{3}{2}\left(1 - e^{-\frac{2}{3}\omega_0 t}\right) + \frac{1}{2}\left(1 - e^{-2\omega_0 t}\right) \\ \frac{3}{2}\left(1 - e^{-\frac{2}{3}\omega_0 t}\right) + \frac{1}{2}\left(1 - e^{-2\omega_0 t}\right) \end{pmatrix} \tag{3.319}$$

bekannt ist.   ∎

Bild-(Frequenz-)bereichsmethoden

Sowohl Systeme zweiter als auch erster Ordnung lassen sich mit sog. Bild- oder Frequenzbereichsmethoden behandeln. Exemplarisch wird auf inhomogene Differenzialgleichungs-Systeme zweiter Ordnung, z. B. in der Gestalt (3.194), im Detail eingegangen. Für inhomogene Zustandsgleichungen gelten ganz entsprechende Überlegungen.

Der erste Schritt ist dann eine Laplace- oder auch eine Fourier-Transformation der ursprünglichen Gleichungen (3.194). Mit den Transformierten $\mathbf{Q}(p) = \mathcal{L}\{\mathbf{q}(t)\}$, $\mathbf{P}(p) = \mathcal{L}\{\mathbf{p}(t)\}$ entsteht aus (3.194) – hier für verschwindende Anfangsbedingungen – die Beziehung

$$[\mathbf{M}p^2 + (\mathbf{D} + \mathbf{G})p + (\mathbf{K} + \mathbf{N})]\mathbf{Q}(p) = \mathbf{P}(p) \tag{3.320}$$

zur Berechnung der *Übertragungsmatrix* $\underline{\mathbf{G}}(p)$. Ganz in Analogie zu entsprechenden Betrachtungen bei Einzel-Differenzialgleichungen [s. Abschn. 3.1.6, (3.179) und (3.180) sowie Abb. 3.27] findet man auch für Differenzialgleichungs-Systeme zweiter Ordnung in Matrizenschreibweise die i. Allg. reguläre Übertragungsmatrix

$$\underline{\mathbf{G}}(p) = [\mathbf{M}p^2 + (\mathbf{D} + \mathbf{G})p + (\mathbf{K} + \mathbf{N})]^{-1} \tag{3.321}$$

für die in Abb. 3.32 symbolisierte Übertragungsgleichung[28]

$$\mathbf{Q}(p) = \underline{\mathbf{G}}(p)\,\mathbf{P}(p) \tag{3.322}$$

mit vektoriellen Ein- und Ausgangsgrößen. Geht man mit $p \rightarrow j\Omega$ vom komplexen Bildbereich p zur reellen Frequenzvariablen Ω über, so gelangt man von der komplexen Übertragungsmatrix $\underline{\mathbf{G}}(p)$ zur komplexen *Frequenzgangmatrix*

$$\mathbf{F}(j\Omega) = [\mathbf{M}(j\Omega)^2 + (\mathbf{D} + \mathbf{G})(j\Omega) + (\mathbf{K} + \mathbf{N})]^{-1}. \tag{3.323}$$

Bei Anwendung der Laplace-Transformation gewinnt man die vollständige Lösung $\mathbf{q}(t)$ im Zeitbereich über $\mathcal{L}^{-1}\{\mathbf{Q}(p)\}$, bei der Fourier-Transformation eine Partikulärlösung $\mathbf{q}_P(t)$ über $\mathcal{F}^{-1}\{\mathbf{Q}(j\Omega)\}$.

---

[28] Dabei ist in Klammern die Übertragungsgleichung (3.305) im Original-, d. h. im Zeitbereich wiedergegeben, die im Sinne von (3.316) auch für eine Zustandsdarstellung gültig ist.

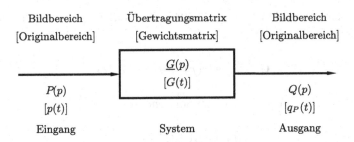

Abb. 3.32 Übertragungsverhalten eines dynamischen Mehrgrößensystems im Bild-(Original)-bereich

Für **M-D-K**-Systeme, für die wiederum die Bequemlichkeitshypothese (3.231) gelten soll, ist eine Darstellung von $\mathbf{Q}(p)$ bzw. $\mathbf{Q}(j\Omega)$ oder auch von $\underline{\mathbf{G}}(p)$ bzw. $\mathbf{F}(j\Omega)$ über modale Entwicklungen im Bild- bzw. Frequenzbereich möglich. Der Ausgangspunkt ist dabei die Beziehung (3.320). Laplace-Transformation der Modaltransformation (3.297) liefert wegen $\mathbf{R} = \text{const}$

$$\mathbf{Q}(p) = \mathbf{R}\mathbf{Z}(p). \tag{3.324}$$

Einsetzen in (3.320), Linksmultiplikation mit $\mathbf{R}^{\mathrm{T}}$ und Verwenden der Orthogonalitätsrelationen (3.220) führt auf

$$[\mathbf{I}p^2 + (\hat{\alpha}\mathbf{I} + \hat{\beta}\mathbf{\Omega}^2)p + \mathbf{\Omega}^2]\mathbf{Z}(p) = \mathbf{R}^{\mathrm{T}}\mathbf{P}(p), \tag{3.325}$$

d. h. auf entkoppelte algebraische Einzelgleichungen

$$[p^2 + (\hat{\alpha} + \hat{\beta}\omega_i^2)p + \omega_i^2]Z_i(p) = \mathbf{r}_i^{\mathrm{T}}\mathbf{P}(p), \quad i = 1, 2, \ldots, n. \tag{3.326}$$

Die einzelnen $Z_i(p)$ oder auch der Vektor

$$\mathbf{Z}(p) = [\mathbf{I}p^2 + (\hat{\alpha}\mathbf{I} + \hat{\beta}\mathbf{\Omega}^2)p + \mathbf{\Omega}^2]^{-1}\mathbf{R}^{\mathrm{T}}\mathbf{P}(p) \tag{3.327}$$

und schließlich der Lösungsvektor (3.324)

$$\mathbf{Q}(p) = \mathbf{R}[\mathbf{I}p^2 + (\hat{\alpha}\mathbf{I} + \hat{\beta}\mathbf{\Omega}^2)p + \mathbf{\Omega}^2]^{-1}\mathbf{R}^{\mathrm{T}}\mathbf{P}(p) \tag{3.328}$$

lassen sich dann einfach angeben. Die Auswertung sowohl für die Übertragungs- als auch für die Frequenzgangmatrix liefert in der Gestalt

$$\mathbf{Q}(p) = \underline{\mathbf{G}}(p)\mathbf{P}(p) \rightarrow \underline{\mathbf{G}}(p) = \sum_{i=1}^{n} \frac{\mathbf{r}_i\mathbf{r}_i^{\mathrm{T}}}{p^2 + (\hat{\alpha} + \hat{\beta}\omega_i^2)p + \omega_i^2},$$

$$\mathbf{Q}(j\Omega) = \mathbf{F}(j\Omega)\mathbf{P}(j\Omega) \rightarrow \mathbf{F}(j\Omega) = \sum_{i=1}^{n} \frac{\mathbf{r}_i\mathbf{r}_i^{\mathrm{T}}}{(j\Omega)^2 + (\hat{\alpha} + \hat{\beta}\omega_i^2)(j\Omega) + \omega_i^2} \tag{3.329}$$

ein Ergebnis, das offensichtlich [vergl. (3.304)] die erwartete Querverbindung zur matriziellen Gewichtsfunktion $\mathbf{G}(t)$ herstellt:

$$\mathbf{G}(t) \circ\!\!-\!\!\bullet \underline{\mathbf{G}}(p) \quad \text{bzw.} \quad \mathbf{F}(j\Omega). \tag{3.330}$$

Es soll noch erwähnt werden, dass bei harmonischer Anregung

$$\mathbf{p}(t) = \hat{\mathbf{p}}\cos(\Omega t + \beta) \tag{3.331}$$

(und auch periodischer Anregung) natürlich nicht der Weg über Integraltransformationen beschritten werden muss. Wie schon bei Einzel-Differenzialgleichungen (s. beispielsweise Abschn. 3.1.3) geht man dann einfacher auf die komplexe Erweiterung

$$\underline{\mathbf{p}}(t) = \underline{\hat{\mathbf{p}}}e^{j\Omega t} \tag{3.332}$$

der Erregung $\mathbf{p}(t)$ (3.331) der komplex erweiterten Bewegungs-Differenzialgleichung (3.194) über und findet anschließend eine Lösung $\underline{\mathbf{q}}_P(t)$ mit einem Ansatz „vom Typ der rechten Seite"

$$\underline{\mathbf{q}}_P(t) = \underline{\hat{\mathbf{q}}}e^{j\Omega t} = \mathbf{F}(j\Omega)\underline{\hat{\mathbf{p}}}(j\Omega)e^{j\Omega t}. \tag{3.333}$$

Nach Einsetzen erhält man für die Frequenzgangmatrix $\mathbf{F}(j\Omega)$ das bekannte Ergebnis (3.323) ohne den „Umweg" über die Fourier-Transformation.

Beispiel 3.24 Zwangsschwingungen eines „sympathischen Pendels" unter pulsierender Erregung. Wieder wird das Schwingungssystem gemäß Beispiel 3.20 betrachtet. Die Modifikationen in Beispiel 3.22 zur Berechnung der Zwangsschwingungen mittels einer Modalentwicklung im Zeitbereich werden beibehalten mit einer Ausnahme: An die Stelle der Sprunganregung soll jetzt ein harmonischer Zeitverlauf $M(t) = M_0 \sin \Omega t$ treten. Mit dem gleichfrequenten Ansatz (3.333) kann man dann die komplexe Erweiterung $\underline{\mathbf{q}}_P(t)$ der physikalischen Partikulärlösung $\mathbf{q}_P(t)$ in der Form

$$\underline{\mathbf{q}}_P(t) \equiv \left(\underline{\varphi}_P(t), \underline{\psi}_P(t)\right)^{\mathrm{T}} = \underline{\hat{\mathbf{q}}}(j\Omega)e^{j\Omega t},$$

$$\underline{\hat{\mathbf{q}}}(j\Omega) = \sum_{i=1}^{2} \mathbf{r}_i \underline{\hat{q}}_i, \quad \underline{\hat{q}}_i = \frac{M_0(-1)^{i+1}}{\sqrt{2}mL^2\omega_i^2}V_i(\Omega)e^{j\varphi_i(\Omega)},$$

$$V_i(\Omega) = \frac{\omega_i^2}{\sqrt{(\omega_i^2 - \Omega^2)^2 + 4D_i^2\omega_i^2\Omega^2}}, \quad \tan\varphi_i(\Omega) = \frac{-2D_i\omega_i\Omega}{\omega_i^2 - \Omega^2}, \quad i = 1,2 \tag{3.334}$$

direkt angeben. Betrag $V_i(\Omega)$ und Phase $\varphi_i(\Omega)$ der komplexen Amplituden $\underline{\hat{q}}_i$ kennzeichnen wieder in typischer Weise die Zwangsschwingungen, hier $\varphi_P(t)$ und $\psi_P(t)$.

In Verallgemeinerung der entsprechenden Ergebnisse für den einläufigen Schwinger (s. Beispiel 3.8 in Abschn. 3.1.3) ergeben sich jetzt zwei Resonanzen (wenn die Erregerkreisfrequenz Ω mit einer der beiden Eigenkreisfrequenzen ω_1 bzw. ω_2 zusammenfällt) mit eventuell starken Überhöhungen der Schwingungsausschläge und den dafür charakteristischen Phasenwinkeln $-\pi/2$ bzw. $-3\pi/2$. Darauf und auch auf weitere Phänomene, wie Scheinresonanz oder Tilgung, soll hier jedoch nicht näher eingegangen werden; dies ist Aufgabe der Technischen Schwingungslehre (s. z. B. [12]). ∎

3.3 Partielle Differenzialgleichungen

Die allgemeinste Problemstellung, die durch partielle Differenzialgleichungen beschrieben wird, betrifft schwingende Kontinua mit orts- und zeitabhängigen Verformungsvariablen. Die Bewegungsgleichungen ergeben sich dann in Form einer Anfangs-Randwert-Aufgabe, weil neben der sog. *Feldgleichung* (der eigentlichen Bewegungs-Differenzialgleichung) noch *Anfangs- und Randbedingungen* auftreten. Auch statische Fragestellungen müssen u. U. im Rahmen partieller Differenzialgleichungen behandelt werden, nämlich dann, wenn mindestens 2-parametrige Strukturmodelle (Membrane, Scheiben, Platten, Schalen) vorliegen. Anfangsbedingungen gibt es jedoch in der Statik keine, so dass in diesen Fällen – wie an anderer Stelle bereits festgestellt – nur Randwertprobleme zu lösen sind. Bei Schwingungsaufgaben dagegen (s. z. B. [13, 26, 28, 29]) fallen schon die einfachsten 1-parametrigen Kontinua (Saiten, Seile, Stäbe) mit einer einzigen Ortskoordinate in die hier zur Diskussion stehende Kategorie. Aus Platzgründen werden im Folgenden i. d. R. nur 1-parametrige, schwingende Strukturen diskutiert, deren mathematische Modellgleichungen allerdings genügend allgemein sind, um alle wesentlichen Aspekte zu beleuchten.

3.3.1 Erscheinungsformen

Beispiel 3.25 Längsschwingungen eines geraden Stabes [Länge ℓ, Dehnsteifigkeit $EA(x)$, Masse pro Längeneinheit $\mu(x)$] ohne äußere Erregung. Sind die Enden des Stabes unverschiebbar gelagert, so ergibt sich bei Vernachlässigung von Dämpfungseinflüssen das Anfangs-Randwert-Problem

$$
\begin{aligned}
-[EA(x)u_{,x}]_{,x} + \mu(x)u_{,tt} = 0, \quad 0 < x < \ell, \\
u(0,t) = 0, \quad u(\ell,t) = 0, \quad 0 \le t, \\
u(x,0) = g(x), \quad u_{,t}(x,0) = h(x), \quad 0 \le x \le \ell,
\end{aligned} \tag{3.335}
$$

worin $g(x)$ und $h(x)$ die ortsabhängige Anfangsverteilung von Lage und Geschwindigkeit bezeichnen. Eine ausführliche Herleitung (mit Hilfe des Prinzips von Hamilton) ist in Abschn. 4.2.3 in Beispiel 4.11 zu finden. Die (hier homogene) Differenzialgleichung ist von zweiter Ordnung in Ort und Zeit und vom sog. *hyperbolischen* Typ. Für $EA, \mu =$ const schreibt man sie mit der Phasengeschwindigkeit $c = \sqrt{\frac{EA}{\mu}}$ der Längswellen auch als sog. *Wellengleichung*

$$-c^2 u_{,xx} + u_{,tt} = 0. \tag{3.336}$$

∎

Beispiel 3.26 Ungedämpfte Biegeschwingungen $w(x,t)$ einer einzelnstehenden, schlanken Turbinenschaufel (unter Vernachlässigung des Fliehkrafteinflusses). Im Rahmen der sog. Euler-Bernoulli-Theorie (s. auch Beispiel 4.8 in Abschn. 4.2.1) erhält man (die Rechnung von Beispiel 4.9 in Abschn. 4.2.2 ist dabei hilfreich) die bereits früher angegebene Differenzialgleichung (3.5). Auch die Anfangsbedingungen (3.7) können als eine willkürliche Vorgabe übernommen werden. Zur Formulierung der Randbedingungen soll hier in Anlehnung an die Praxis davon ausgegangen werden, dass das stabförmige Schaufelmodell an seinem Fuß bei $x = 0$ starr eingespannt ist und am Kopfende bei $x = \ell$ die Wirkung eines sog. Deckbandes berücksichtigt werden soll. Die Randbedingungen

$$w(0,t) = 0, \quad w_{,x}(0,t) = 0,$$
$$w_{,xx}(\ell,t) = 0, \quad [EI(x)w_{,xx}]_{,x}|_{x=\ell} - cw(\ell,t) - Mw_{,tt}(\ell,t) = 0, \quad t \geq 0 \tag{3.337}$$

sind dafür ein physikalisch sinnvolles mathematisches Modell. Während die beiden ersten Gleichungen in (3.337) die Querunverschiebbarkeit und den verschwindenden Neigungswinkel einer starren Einspannung kennzeichnen, beschreiben die beiden anderen das nach wie vor momentenfrei mit einer Zusatzmasse M versehene und elastisch (Federkonstante c) abgestützte Ende. Wie schon bei Längsschwingungen liegt offensichtlich auch bei Biegeschwingungen eines Stabes im Rahmen der Euler-Bernoulli-Theorie eine Einzel-Differenzialgleichung vor, allerdings nicht mehr zweiter, sondern vierter Ordnung in x und nicht mehr vom hyperbolischen, sondern vom *(ultra-)parabolischen* Typ. Die *vier* Randbedingungen (3.337) sind aber komplizierter als etwa in (3.335) und treten in einem Fall selbst wieder als Differenzialgleichung in Erscheinung. ∎

Beispiel 3.27 Biegeschwingungen eines viskoelastischen *Timoshenko-Stabes*. Im Gegensatz zur elementaren Euler-Bernoulli-Theorie sind jetzt Schubdeformation und Drehträgheit mitberücksichtigt. Die Verschiebung $w(x,t)$ der Mittelfaser setzt sich jetzt aus einem Anteil infolge *Biegung* und einem Anteil infolge *Schubverformung* zusammen. Ist $\psi(x,t)$ die Querschnittsverdrehung infolge des Biegemomentes – die Scherung wird dann durch die Differenz $w_{,x} - \psi$ wiedergegeben – und GA_S die effektive Schubsteifigkeit, so erhält man bei einer äußeren Erregung unter einer orts- und zeitabhängigen Streckenlast $q(x,t)$ die Feldgleichungen in Form zweier gekoppelter, inhomogener Wellengleichungen

$$-[1 + d_i()_{,t}] [GA_S(x)(w_{,x} - \psi)]_{,x} + \varrho_0 A(x)w_{,tt} = q(x,t),$$
$$-[1 + d_i()_{,t}] \{[EI(x)\psi_{,x}]_{,x} + GA_S(x)(w_{,x} - \psi)\} + \varrho_0 I(x)\psi_{,tt} = 0. \tag{3.338}$$

Dabei ist von der Tatsache Gebrauch gemacht worden, dass sich $\mu(x)$ in der Form $\mu(x) = \varrho_0 A(x)$ aus der Dichte ϱ_0 und der Querschnittsfläche $A(x)$ berechnet und sich entsprechend eine längenbezogene Drehmasse in der Form $\varrho_0 I(x)$ aus Dichte ϱ_0 und maßgebendem Flächenmoment $I(x)$ zusammensetzt. d_i charakterisiert die innere Materialdämpfung. Zu den Feldgleichungen (3.338) treten auch dieses Mal Anfangs- und Randbedingungen, wobei hier nur die Randbedingungen explizite formuliert werden sollen. Ist der Stab beispielsweise ein starr eingespannter Kragträger, so findet man

$$w(0,t) = 0, \quad \psi(0,t) = 0,$$

$$[1 + d_i()_{,t}]\psi_{,x}(\ell,t) = 0, \quad [1 + d_i()_{,t}][w_{,x}(\ell,t) - \psi(\ell,t)] = 0, \quad t \geq 0 \tag{3.339}$$

als die zwei *geometrischen* und die zwei *dynamischen* Randbedingungen. ∎

Um wie bei Systemen gewöhnlicher Differenzialgleichungen auch bei gekoppelten partiellen Differenzialgleichungen zu einer kompakten Formulierung als Einzelgleichung zu gelangen, kann man wieder die Matrizenschreibweise benutzen. Führt man nämlich geeignete Differenzialoperatoren $\mathcal{M}$, $\mathcal{P}$ und $\mathcal{Q}$ bezüglich der Ortsvariablen x in Matrixform ein, die nach den Regeln der Matrizenproduktbildung auf den Vektor $\mathbf{q}(x,t)$ der Deformationsvariablen „einwirken", so lassen sich die Feldgleichungen strukturdynamischer Koppelprobleme in der Form

$$\mathcal{M}\mathbf{q}_{,tt} + \mathcal{P}\mathbf{q}_{,t} + \mathcal{Q}\mathbf{q} = \mathbf{p}(x,t), \quad 0 < x < \ell \tag{3.340}$$

tatsächlich als eine partielle Matrizen-Differenzialgleichung zweiter Ordnung (in der Zeit) schreiben. Rechtsseitig ist auch die Erregung in Vektorform $\mathbf{p}(x,t)$ formuliert worden. Wie in Abschn. 3.2 lassen sich die Matrixoperatoren $\mathcal{P}$ und $\mathcal{Q}$ der geschwindigkeits- und der lageproportionalen Kräfte in dämpfende bzw. gyroskopische Anteile $\mathcal{D}$ bzw. $\mathcal{G}$ und konservative bzw. zirkulatorische Anteile $\mathcal{K}$ bzw. $\mathcal{N}$ zerlegen. Auch die Rand- und Anfangsbedingungen lassen sich matriziell angeben.

Beispiel 3.28 Timoshenko-Kragträger aus Beispiel 3.27. Die erwähnten Feld-Matrizen hat man dann in der Form

$$\mathcal{M} \equiv \mathbf{M} = \varrho_0 \begin{pmatrix} A & 0 \\ 0 & I \end{pmatrix},$$

$$\mathcal{Q} \equiv \mathcal{K} = \begin{pmatrix} -[GA_S(x)()_{,x}]_{,x} & [GA_S(x)()]_{,x} \\ -GA_S(x)()_{,x} & GA_S(x) - [EI(x)()_{,x}]_{,x} \end{pmatrix}, \tag{3.341}$$

$$\mathcal{P} \equiv \mathcal{D} = d_i \mathcal{K}, \quad \mathbf{q} = (w, \psi)^{\mathrm{T}}, \quad \mathbf{p}(x,t) = [p(x,t), 0]^{\mathrm{T}}$$

zu definieren, um die gewünschte Formulierung (3.340) zu erhalten. Die Randbedingungen (3.339) lauten in matrizieller Form

$$\mathbf{q}(0,t) = \mathbf{0}, \quad \mathcal{P}_\ell \mathbf{q}_{,t}(\ell,t) + \mathcal{Q}_\ell \mathbf{q}(\ell,t) = \mathbf{0},$$

$$\mathcal{Q}_\ell \equiv \mathcal{K}_\ell = \begin{pmatrix} ()_{,x} & -1 \\ 0 & ()_{,x} \end{pmatrix}_{(\ell)}, \quad \mathcal{P}_\ell \equiv \mathcal{D}_\ell = d_i \mathcal{K}_\ell. \tag{3.342}$$

Man erkennt, dass offenbar auch für schwingende Kontinua die Bequemlichkeitshypothese zur Beschreibung von Dämpfungsmechanismen gemäß (3.231) eine geeignete Möglichkeit darstellt (für das vorgelegte Beispiel gilt $\hat{\alpha} \equiv 0$, $\hat{\beta} = d_i$). ∎

In vielen (aber nicht in allen) Fällen lassen sich gekoppelte partielle Differenzialgleichungs-Systeme wieder auf Einzel-Differenzialgleichungen höherer Ordnung (sowohl im Ort als auch in der Zeit) äquivalent umschreiben. Selbstverständlich lässt sich auch die eingeführte Operatorschreibweise (3.340) auf partielle Einzel-Differenzialgleichungen anwenden, indem man die Operatoren $\mathcal{M}$, $\mathcal{P}$ und $\mathcal{Q}$ in Matrixform auf Einzeloperatoren reduziert. Schließlich ist auch eine Zustandsdarstellung für Systeme mit verteilten Parametern durchaus denkbar.

3.3.2 Homogene Anfangs-Randwert-Probleme

Durch die homogenen Feldgleichungen

$$\mathbf{M}\mathbf{q}_{,tt} + \mathcal{D}\mathbf{q}_{,t} + \mathcal{K}\mathbf{q} = \mathbf{0}, \tag{3.343}$$

die genügend allgemeine Zusammenfassung geometrischer und dynamischer homogener Randbedingungen

$$\mathbf{q}(j,t)^{\mathrm{T}}[\mathcal{D}_j \mathbf{q}_{,t}(j,t) + \mathcal{K}_j \mathbf{q}(j,t)] = 0, \quad j = 0, \ell, \quad 0 \leq t \tag{3.344}$$

und entsprechende Anfangsbedingungen

$$\mathbf{q}(x,0) = \mathbf{q}_0(x), \quad \mathbf{q}_{,t}(x,0) = \mathbf{v}_0(x), \quad 0 \leq x \leq \ell \tag{3.345}$$

werden in der Strukturdynamik wieder freie Schwingungen angesprochen.

Das homogene Anfangs-Randwert-Problem (3.343)–(3.345) ist mit ausreichender Allgemeinheit in Anlehnung an Beispiel 3.27 und 3.28 (Timoshenko-Stab) formuliert worden. Der Fall von Differenzialgleichungen höherer als zweiter Ordnung (in x) wird am Beispiel der Biegeschwingungen eines Euler-Bernoulli-Stabes gesondert diskutiert.

Der *Bernoullische Produktansatz* oder *Separationsansatz*

$$\mathbf{q}_H(x,t) = \mathbf{r}(x)T(t) \tag{3.346}$$

geht davon aus, dass die Lösung als Produkt aus einer orts- und einer zeitabhängigen Funktion geschrieben werden kann. Nach Einsetzen in die Differenzialgleichung (3.343) unter Beachten der Bequemlichkeitshypothese in Anlehnung an (3.321) erhält man

$$(\mathbf{Mr})T_{,tt} + \hat{\alpha}(\mathbf{Mr})T_{,t} + \hat{\beta}(\mathcal{K}\mathbf{r})T_{,t} + (\mathcal{K}\mathbf{r})T = \mathbf{0} \tag{3.347}$$

bzw.

$$\frac{T_{,tt} + \hat{\alpha}T_{,t}}{\hat{\beta}T_{,t} + T}\mathbf{Mr} + \mathcal{K}\mathbf{r} = \mathbf{0}. \tag{3.348}$$

Der Summand $\mathcal{K}\mathbf{r}$ hängt nur von x ab. Weil die Beziehung (3.348) aber für alle Zeiten t nur Lösungen $\mathbf{r}(x)$ liefern darf, kann auch der andere Summand insgesamt nur von x abhängen. Daraus lässt sich schließen, dass Lösungen gemäß (3.346) nur existieren für Funktionen $\mathbf{r}(x)$ und $T(t)$, für die der Vorfaktor von $\mathbf{Mr}$ in (3.348) konstant ist. Man bezeichnet diese noch zu bestimmende Konstante zweckmäßig mit $-\omega^2$, so dass (3.348) auf

$$\mathcal{K}\mathbf{r} - \omega^2\mathbf{Mr} = \mathbf{0} \tag{3.349}$$

und (3.347) auf

$$\ddot{T} + (\hat{\alpha} + \hat{\beta}\omega^2)\dot{T} + \omega^2 T = 0 \tag{3.350}$$

führt. In $\mathcal{K}$ sind jetzt die ursprünglich partiellen Ableitungen nach x durch gewöhnliche zu ersetzen.

Aus den Randbedingungen (3.344) folgt, dass die Funktion $\mathbf{r}(x)$ die Bedingungen

$$\mathbf{r}(j)^{\mathrm{T}}[\mathcal{K}_j\mathbf{r}(j)] = 0, \quad j = 0, \ell, \tag{3.351}$$

erfüllen muss[29]. Mit (3.349) und (3.351) ist damit ein zeitfreies *Randwertproblem* entstanden.

Erst nach dessen Lösung kann die Lösung des korrespondierenden *Anfangswertproblems* erfolgen. Dazu hat man die Differenzialgleichung (3.350) für die Zeitfunktion $T(t)$ zu lösen und nach Verknüpfung mit den Lösungen $\mathbf{r}(x)$ des Randwertproblems (3.349), (3.351) über den Produktansatz (3.346) das Ergebnis $\mathbf{q}(x,t)$ an die Anfangsbedingungen (3.345) anzupassen.

Die wesentliche Aufgabe zur Untersuchung des homogenen Anfangs-Randwert-Problems ist demnach die Diskussion des zeitfreien Randwertproblems (3.349), (3.351). Mit

---

[29] Wegen fehlender Massenmatrix $\mathbf{M}_j$ geht man im Rahmen der Bequemlichkeitshypothese konsequenterweise davon aus, dass $\mathcal{D}_j$ allein $\mathcal{K}_j$ proportional ist.

ω^2 besitzt es einen noch zu bestimmenden *Eigenwert*, so dass wieder ein *Eigenwert-problem* vorliegt. Im Gegensatz zu den in Abschn. 3.2.2 behandelten Matrizen-Eigen-wertaufgaben handelt es sich hier aber um (gewöhnliche) Differenzialgleichungen mit Randbedingungen. Besitzen die Differenzialgleichungen ortsabhängige Koeffizienten, so sind nur noch in Ausnahmefällen strenge Lösungen angebbar; man ist dann auf Nähe-rungsverfahren angewiesen, wie sie beispielsweise in Kap. 6 erläutert werden. In diesem Abschnitt werden ab jetzt konstante Koeffizienten vorausgesetzt, so dass ein Exponential-ansatz

$$\mathbf{r}(x) = \mathbf{c}e^{\kappa x} \tag{3.352}$$

mit noch unbekannten Größen $\mathbf{c}$ und κ verwendet werden kann. Einsetzen in die zeitfreie Differenzialgleichung (3.349) liefert die Matrizen-Eigenwertaufgabe

$$(-\mathbf{M}\omega^2 + \mathbf{K}_2\kappa^2 + \mathbf{K}_1\kappa + \mathbf{K}_0)\mathbf{c} = \mathbf{0}, \tag{3.353}$$

wenn für die Operatormatrix $\mathcal{K}$ an dieser Stelle ein Differenzialoperator höchstens zweiter Ordnung in x vorausgesetzt wird. Nichttriviale Lösungen $\mathbf{c} \neq \mathbf{0}$ fordern eine verschwin-dende Systemdeterminante

$$\det(-\mathbf{M}\omega^2 + \mathbf{K}_2\kappa^2 + \mathbf{K}_1\kappa + \mathbf{K}_0) = 0. \tag{3.354}$$

Sie dient zur Berechnung der $2M$ κ_i-Werte (wobei M die Zahl der ursprünglichen Defor-mationsvariablen ist) als Funktion von ω^2 (und weiterer bekannter Strukturdaten). Aus (3.353) kann man sodann die Konstantenvektoren $\mathbf{c}_i$ ($i = 1, 2, \ldots, 2M$) jeweils bis auf eine freie Konstante bestimmen, so dass insgesamt $2M$ Konstanten (z. B. c_{i1}, $i = 1, 2, \ldots, 2M$) zunächst noch offen bleiben. Anschließend wird die so gefundene allge-meine Lösung

$$\mathbf{r}(x) = \sum_{i=1}^{2M} \mathbf{c}_i e^{\kappa_i(\omega^2)x} \tag{3.355}$$

an die $2M$ Randbedingungen (3.351) angepasst. Wieder resultiert daraus ein homogenes, algebraisches Gleichungssystem für die verbliebenen $\mathbf{c}_i$ ($i = 1, 2, \ldots, 2M$). Nichttriviale Lösungen $\mathbf{c}_i \neq \mathbf{0}$ fordern nochmals das Verschwinden der zugehörigen Determinante:

$$\det[\kappa_i(\omega^2)] = 0. \tag{3.356}$$

Diese transzendente „charakteristische" Gleichung ist die letztlich allein interessierende sog. *Eigenwertgleichung* zur Berechnung der (i. Allg. komplexwertig zugelassenen) ab-zählbar unendlich vielen Eigenwerte ω_k^2 ($k = 1, 2, \ldots, \infty$). Zurückgehend in das aus der Anpassung an die Randbedingungen (3.351) resultierende Gleichungssystem, las-sen sich für jede Ordnungsziffer $k = 1, 2, \ldots, \infty$ auch noch die Konstanten c_{i1} ($i =$

$1, 2, \ldots, 2M$) bis auf eine einzige – c_k genannt – bestimmen. Die sog. (vektoriellen) *Eigenfunktionen* $\mathbf{r}_k(x)$ $(k = 1, 2, \ldots, \infty)$ sind damit bekannt und können abschließend geeignet normiert werden.

Ähnlich wie bei Matrizen-Eigenwertproblemen lassen sich auch hier Aussagen darüber machen, ob die Eigenwerte reell oder gar positiv sind. Man hat dazu zu prüfen, ob das betreffende Eigenwertproblem *selbstadjungiert* und zusätzlich *volldefinit* ist. In welcher Weise diese Eigenschaften überprüft werden (s. z. B. [4, 13, 28]), soll hier nicht weiter diskutiert werden. Auch auf eine Angabe der dann herleitbaren verallgemeinerten Orthogonalitätsrelationen wird verzichtet.

Zum Schluss lässt sich auch die Berechnung der vollständigen freien Schwingungen leisten, indem man in einem ersten Schritt die sog. *Eigenbewegungen* (bzw. *Eigenschwingungen*)

$$\mathbf{q}_k(x, t) = \mathbf{r}_k(x) T_k(t), \quad k = 1, 2, \ldots, \infty \tag{3.357}$$

bestimmt und diese zu den freien Schwingungen

$$\mathbf{q}_H(x, t) = \sum_{k=1}^{\infty} \mathbf{q}_k(x, t) \tag{3.358}$$

superponiert. Nach Anpassung an die Anfangsbedingungen (3.345) ist eine konkrete Problemstellung vollständig gelöst.

Beispiel 3.29 Freie ungedämpfte Längsschwingungen eines beidseitig unverschiebbar gelagerten Stabes gemäß Beispiel 3.25. Unter der Voraussetzung konstanten Querschnitts [s. (3.336)] erhält man mit einem skalar spezialisierten Separationsansatz (3.346)

$$u_H(x, t) = U(x) T(t) \tag{3.359}$$

das Eigenwertproblem

$$U'' + \frac{\omega^2}{c^2} U = 0, \quad U(0) = U(\ell) = 0. \tag{3.360}$$

Die Differenzialgleichung ist „vom Schwingungstyp", so dass man sich den Exponentialansatz (3.352) ersparen kann. Ihre allgemeine Lösung ist nämlich

$$U(x) = C_1 \cos \frac{\omega}{c} x + C_2 \sin \frac{\omega}{c} x, \tag{3.361}$$

wobei ω noch unbestimmt ist. Nach Anpassen an die Randbedingungen in (3.360) findet man $C_1 \equiv 0$ und die Eigenwertgleichung

$$\sin \frac{\omega}{c} \ell = 0 \tag{3.362}$$

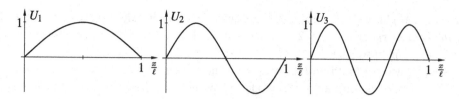

Abb. 3.33 Erste drei Eigenformen der Längsschwingungen eines beidseitig unverschiebbar gelagerten Stabes

mit den Wurzeln

$$\omega_k = k\pi\frac{c}{\ell}, \quad k = 1, 2, \ldots, \infty. \tag{3.363}$$

Dabei kann man sich auf die nichtnegativen Wurzeln ω_k beschränken, da die negativen Eigenwerte auf keine zusätzlichen Lösungen führen. Auch eine verschwindende Eigenkreisfrequenz $\omega_k = 0$ kann ausgeschlossen werden, da der Wert $k = 0$ die triviale Lösung $U(x) \equiv 0$ zur Folge hätte[30]. Zu jeder Eigenkreisfrequenz ω_k (3.363) gehört eine entsprechende Eigenfunktion

$$U_k(x) = C_k \sin\frac{k\pi x}{\ell}, \quad k = 1, 2, \ldots, \infty. \tag{3.364}$$

Da die nach Einführen des Produktansatzes (3.359) aus (3.335) resultierende Differenzialgleichung für $T(t)$ harmonische Lösungen besitzt, findet man die Eigenbewegungen (3.357) hier in Form harmonischer Eigenschwingungen

$$u_k(x,t) = (A_k \cos\omega_k t + B_k \sin\omega_k t)C_k \sin\frac{\omega_k}{c}x, \quad k = 1, 2, \ldots, \infty. \tag{3.365}$$

Darin kann ohne Einschränkung der Allgemeinheit $C_k = 1$ gesetzt werden. Bei jeder dieser Eigenschwingungen schwingen alle Punkte des Stabes harmonisch mit der Kreisfrequenz ω_k. Die Form, in der der ganze Stab schwingt, wird dabei durch die zugehörige Eigenfunktion $U_k(x)$ beschrieben und auch als *Eigen(schwingungs)form* bezeichnet. In Abb. 3.33 sind die ersten drei Eigenformen des Stabes (mit $C_k = 1$) dargestellt. Man erkennt, dass der Index k hier gerade der Anzahl der „Schwingungsbäuche" und $k - 1$ der Anzahl der „Schwingungsknoten" der betrachteten Eigenfunktion entspricht. Eine Superposition gemäß (3.358) liefert schließlich die allgemeinen freien Längsschwingungen

$$u_H(x,t) = \sum_{k=1}^{\infty}\left[\left(A_k \cos\frac{k\pi c}{\ell}t + B_k \sin\frac{k\pi c}{\ell}t\right)\sin\frac{k\pi x}{\ell}\right] \tag{3.366}$$

---

[30] Für diesen Fall reduziert sich die Feldgleichung in (3.360) nämlich auf $U'' = 0$, deren Lösung $U(x) = C_1 x + C_2$ bei den zugehörigen Randbedingungen in (3.360) $C_1 = 0$, $C_2 = 0$ liefert und damit auf $U \equiv 0$ führt.

des Stabes. Sind Anfangsauslenkung und Anfangsgeschwindigkeit in der Form

$$u(x,0) = u_0(x), \quad u_{,t}(x,0) = v_0(x), \quad 0 \leq x \leq \ell \tag{3.367}$$

gegeben, so kann man die noch offenen Integrationskonstanten ohne weiteres bestimmen. Aus der Lösung (3.366) folgt nämlich zunächst

$$u_0(x) = \sum_{k=1}^{\infty} A_k \sin \frac{k\pi x}{\ell}, \quad v_0(x) = \sum_{k=1}^{\infty} B_k \omega_k \sin \frac{k\pi x}{\ell}. \tag{3.368}$$

Nach Multiplikation mit $\sin \frac{i\pi x}{\ell}$ und Integration von $x = 0$ bis $x = \ell$ (bei der erlaubten Vertauschung von Summe und Integral) kann unter Berücksichtigung der Orthogonalitätseigenschaften

$$\int_0^{\ell} \sin \frac{i\pi x}{\ell} \sin \frac{k\pi x}{\ell} dx = \begin{cases} 0, & i \neq k, \\ \frac{1}{2}, & i = k \end{cases} \tag{3.369}$$

nach den gesuchten Integrationskonstanten aufgelöst werden:

$$A_k = 2 \int_0^{\ell} u_0(x) \sin \frac{k\pi x}{\ell} dx, \quad B_k = \frac{2}{\omega_k} \int_0^{\ell} v_0(x) \sin \frac{k\pi x}{\ell} dx. \tag{3.370}$$

Die Berechnung der auftretenden Integrale ist einfach. ∎

Beispiel 3.30 Freie ungedämpfte Biegeschwingungen eines Euler-Bernoulli-Kragträges konstanten Querschnitts. Bewegungsgleichung (3.5) und Randbedingungen (3.337) vereinfachen sich dann zu

$$\mu w_{,tt} + EI w_{,xxxx} = 0,$$
$$w(0,t) = 0, \ w_{,x}(0,t) = 0, \ w_{,xx}(\ell,t) = 0, \ w_{,xxx}(\ell,t) = 0, \tag{3.371}$$

die Anfangsbedingungen (3.7) können beibehalten werden. Die zu Anfang dieses Kapitels angegebene Vorgehensweise bleibt auch bei einem Anfangs-Randwert-Problem *vierter Ordnung im Ort* unverändert erhalten. Zunächst wird demnach mit Hilfe eines an (3.359) angelehnten Produktansatzes, hier zur Berechnung der homogenen Lösung $w_H(x,t)$ [mit der „Amplitudenverteilung" $W(x)$], das zugehörige Eigenwertproblem

$$W'''' - \frac{\mu\omega^2}{EI} W = 0, \quad W(0) = 0, \ W'(0) = 0, \ W''(\ell) = 0, \ W'''(\ell) = 0 \tag{3.372}$$

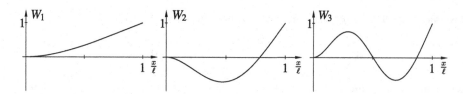

Abb. 3.34 Erste drei Eigenfunktionen der Biegeschwingungen eines Kragträgers

ermittelt. Der skalar spezialisierte Exponentialansatz (3.352) führt mit der Abkürzung $\lambda^4 = \frac{\mu \omega^2}{EI}$ nach Einsetzen in die Differenzialgleichung innerhalb (3.372) auf

$$\kappa^4 - \lambda^4 = 0 \tag{3.373}$$

mit den vier Wurzeln $\kappa_{1,2} = \pm \lambda$, $\kappa_{3,4} = \pm j \lambda$, so dass die allgemeine Lösung von (3.372) durch

$$W(x) = C_1 \sin \lambda x + C_2 \cos \lambda x + C_3 \sinh \lambda x + C_4 \cosh \lambda x \tag{3.374}$$

gegeben ist. Nach Anpassen an die Randbedingungen in (3.372) erhält man die Eigenwertgleichung

$$\cos \lambda \ell \cosh \lambda \ell + 1 = 0, \tag{3.375}$$

die numerisch gelöst werden muss. Die Wurzeln sind (auf drei Stellen genau) $\lambda_1 \ell = 1{,}875$, $\lambda_2 \ell = 4{,}694$, $\lambda_3 \ell = 7{,}855$ und $\lambda_k \ell = \frac{2k-1}{2}\pi$, $k > 3$. Der Wert $\lambda = 0$ kann von Beginn an ausgeschlossen werden, da dann bei den vorgegebenen Randbedingungen in (3.372) nur die triviale Lösung $W(x) \equiv 0$ möglich wäre. Aus den Randbedingungen in (3.372) können dann auch noch die Eigenfunktionen

$$W_k(x) = C_k \left[\sinh \lambda_k x - \sin \lambda_k x - \frac{\sinh \lambda_k \ell + \sin \lambda_k \ell}{\cosh \lambda_k \ell + \cos \lambda_k \ell} (\cosh \lambda_k x - \cos \lambda_k x) \right] \tag{3.376}$$

bis auf eine Konstante C_k berechnet werden. In Abb. 3.34 sind die drei ersten Eigenformen $W_k(x)$ mit der Wahl $W_k(\ell) = 1$ dargestellt. Die Berechnung der Eigenschwingungen $w_k(x,t)$ und der allgemeinen freien Biegeschwingungen $w_H(x,t)$ einschließlich der Anpassung an die Anfangsbedingungen (3.7) verläuft gegenüber dem vorangegangenen Beispiel formal ungeändert und wird deshalb hier nicht mehr erörtert. ∎

Beispiel 3.31 Freie ungedämpfte Biegeschwingungen eines Timoschenko-Kragträgers konstanten Querschnitts. Der Produktansatz (3.346) mit $\mathbf{r}(x) = [W(x), \Psi(x)]^{\mathrm{T}}$ liefert nach Einsetzen in die Differenzialgleichungen (3.340) mit (3.341) das zeitfreie Eigen-wertproblem (3.349) in der Gestalt [s. (3.338) und (3.339)]

$$-GA_S(W'' - \Psi') - \varrho_0 A\omega^2 W = 0,$$
$$-GA_S(W' - \Psi) - EI\Psi'' - \varrho_0 I\omega^2 \Psi = 0, \qquad (3.377)$$
$$W(0) = 0, \quad \Psi(0) = 0, \quad \Psi'(\ell) = 0, \quad W'(\ell) - \Psi(\ell) = 0.$$

Der Exponentialansatz (3.352) überführt die Differenzialgleichungen in (3.377) in die Matrizen-Eigenwertaufgabe (3.353) der Form

$$\left\{ \begin{pmatrix} A & 0 \\ 0 & I \end{pmatrix} \varrho_0\omega^2 + \begin{pmatrix} GA_S & 0 \\ 0 & EI \end{pmatrix} \kappa^2 + \begin{pmatrix} 0 & -1 \\ 1 & 0 \end{pmatrix} \kappa + \begin{pmatrix} 0 & 0 \\ 0 & -GA_S \end{pmatrix} \right\} \begin{pmatrix} c_1 \\ c_2 \end{pmatrix} = \begin{pmatrix} 0 \\ 0 \end{pmatrix}.$$
$$(3.378)$$

Die Auswertung der verschwindenden Systemdeterminante (3.354) ergibt mit $a = \frac{I}{A\ell^2}$ und $b = \frac{EA}{GA_S}a$ nach kurzer Rechnung die mit (3.373) vergleichbare Relation

$$\kappa^4 + (a + b)(\lambda\ell)^4\kappa^2 + [ab(\lambda\ell)^4 - 1](\lambda\ell)^4 = 0 \qquad (3.379)$$

zwischen dem charakteristischen Exponenten κ und dem Eigenwert λ. (3.379) kann hier (gerade noch) explizite nach $\kappa_i(\lambda)$ ($i = 1, 2, 3, 4$) aufgelöst werden. In der elementa-ren Euler-Bernoulli-Theorie setzt man $a = 0$. Dann wird auch $b = 0$ und (3.379) geht tatsächlich in (3.373) über. Zurückgehend in (3.378) lässt sich auch das „Amplituden-verhältnis" c_{2i}/c_{1i} berechnen, und nach Anpassen an die Randbedingungen in (3.377) erhält man dann schließlich auch die Eigenwertgleichung. Allein numerisch gefundene Eigenwerte sollen hier noch angegeben werden und zwar für einen Kragträger mit Recht-eckquerschnitt (Höhe h) und $A_S = \frac{5}{6}A$. Für ein Höhen-/Längenverhältnis $h/\ell = 0,2$ ergeben sich die drei tiefsten Eigenwerte $\lambda_1\ell = 1,800$, $\lambda_2\ell = 4,341$, $\lambda_3\ell = 7,232$. Sie sind damit deutlich tiefer als die im vorangegangenen Beispiel angegebenen Werte eines entsprechend gelagerten Euler-Bernoulli-Balkens. Auch bei den Eigenfunktionen erhält man signifikante Abweichungen. ∎

3.3.3 Inhomogene Anfangs-Randwert-Probleme

Die Erregerfunktion $\mathbf{p}(x, t)$ in (3.340) ist jetzt vorhanden, es handelt sich somit um Zwangsschwingungen von Kontinua. Die Randbedingungen (3.342) werden nach wie vor als homogen vorausgesetzt. Wie man zeigen kann, ist dies keine Einschränkung der Allgemeinheit.

Wie in Abschn. 3.1.3 bis 3.1.6 und 3.2.3 findet man eine allgemeine Lösung $\mathbf{q}(x, t)$ des inhomogenen Problems durch Superposition der allgemeinen Lösung $\mathbf{q}_H(x, t)$ des homogenen Randwertproblems (3.343), (3.344) und einer Partikulärlösung $\mathbf{q}_P(x, t)$ der inhomogenen Systemgleichungen (3.340), (3.344). Anschließend erfolgt die Anpassung an die korrespondierenden Anfangsbedingungen (3.345). Hier ist allein noch die Berechnung einer Partikulärlösung von Interesse. Diese wird hier ausschließlich mittels (der für ingenieurmäßige Anwendungen am weitesten ausgebauten) Modalanalyse im Zeitbereich bestimmt.

Zur rechentechnischen Erleichterung wird aus den gleichen Gründen wie in Abschn. 3.3.2 die weitere Rechnung auf $\mathbf{M}$-$\mathcal{D}$-$\mathcal{K}$-Systeme beschränkt und die Gültigkeit der bereits mehrfach genannten Bequemlichkeitshypothese auch hier vorausgesetzt. Die gesuchte Zwangsschwingung $\mathbf{q}_P(x, t)$ entwickelt man dann in der Form eines *gemischten Ritz-Ansatzes* (s. Abschn. 6.2.1)

$$\mathbf{q}_P(x,t) = \sum_{k=1}^{\infty} \mathbf{r}_k(x) z_{Pk}(t) = \mathbf{R}(x)\mathbf{z}_P(t), \quad \mathbf{z}_P(t) = [z_{P1}(t), z_{P2}(t), \ldots]^{\mathrm{T}} \quad (3.380)$$

nach den abzählbar unendlich vielen reellen Eigenfunktionen $\mathbf{r}_k(x)$ bzw. ihrer Modalmatrix $\mathbf{R}(x)$ des zugeordneten ungedämpften $\mathbf{M}$-$\mathcal{K}$-Systems. Die Eigenfunktionen $\mathbf{r}_k(x)$ bzw. ihre Modalmatrix $\mathbf{R}(x)$ sind dazu vorab zu ermitteln. Das Zeitverhalten – repräsentiert durch die abzählbar unendlich vielen Normalkoordinaten $z_{Pk}(t)$ bzw. ihre Spaltenmatrix $\mathbf{z}_P(t)$ – ist zu berechnen. Einsetzen dieses Lösungsansatzes in die Feldgleichung des Randwertproblems (3.340) [die zugehörigen Randbedingungen (3.344) werden durch die Eigenfunktionen ja erfüllt] liefert nach Linksmultiplikation mit $\mathbf{R}^{\mathrm{T}}(x)$, Integration über das Volumen (bei 1-parametrigen Stäben über deren Länge ℓ) und Ausnutzen entsprechender Orthogonalitätsrelationen unendlich viele entkoppelte Einzel-Differenzialgleichungen vom Typ (3.300). Die Vorgehensweise ist demnach völlig analog zu jener, die schon für Schwingungssysteme mit endlich vielen Freiheitsgraden angewendet wird. Der einzige Unterschied besteht darin, dass die dort *endliche* Zahl n der Freiheitsgrade (und damit Eigenwerte bzw. Eigenvektoren) hier unendlich groß wird und die Eigenvektoren deshalb in ortsabhängige Eigen*funktionen* übergehen. Damit ist plausibel, dass auch das Ergebnis (3.303) in der verallgemeinerten Form

$$\mathbf{q}_P(x,t) = \mathbf{R}(x)\mathbf{\Omega}^{-1} \int_{0_+}^{t} \left[\sin \mathbf{\Omega}(t-\tau) \int_0^{\ell} \mathbf{R}^{\mathrm{T}}(x)\mathbf{p}(x,t)dx \right] d\tau \quad (3.381)$$

übernommen werden darf.

Beispiel 3.32 Transiente Längsschwingungen $u(x, t)$ eines beidseitig unverschiebbar gelagerten Stabes unter gleichmäßig verteilter Sprunganregung $p(x, t) = p_0\sigma(t)$.

Unter der Voraussetzung konstanten Querschnitts gilt jetzt anstelle der Wellengleichung (3.336) ihre inhomogene Erweiterung

$$-c^2 u_{,xx} + u_{,tt} = \frac{p_0}{\mu}\sigma(t) \quad (3.382)$$

mit unveränderten Randbedingungen (3.335). Die dort formulierten Anfangsbedingungen sind hier in die homogene Form

$$u(x,0) = 0, \quad u_{,t}(0) = 0 \tag{3.383}$$

abgeändert. Der gemischte Ritz-Ansatz (3.380) in der skalaren Gestalt

$$u_P(x,t) = \sum_{k=1}^{\infty} U_k(x) z_{Pk}(t) \tag{3.384}$$

liefert mit den Eigenfunktionen $U_k(x)$ (3.364) und der zu Anfang dieses Unterkapitels dargestellten Argumentation die entkoppelten Einzel-Differenzialgleichungen

$$\ddot{z}_{Pk} + \omega_k^2 z_{Pk} = \frac{2p_0}{\mu k \pi}[1 - (-1)^k], \quad k = 1, 2, \dots, \infty. \tag{3.385}$$

Eine elementare Lösung dieser Einzel-Differenzialgleichungen ist beispielsweise mittels Faltungsintegral (s. Abschn. 3.1.5) möglich. Die Gewichtsfunktion ist ja für den hier diskutierten Fall bereits in (3.118) (worin ν_0 durch ω_k zu ersetzen ist und $D \equiv 0$ gilt) berechnet worden. Die modale Sprungantwort nach Auswertung des Faltungsintegrals (3.100) mit $x(\tau) \equiv \frac{2p_0}{\mu k \pi}[1 - (-1)^k]\sigma(\tau)$ kann so in der Gestalt

$$z_{Pk}(t) \equiv z_k(t) = \frac{2p_0}{\mu k \pi \omega_k^2}[1 - (-1)^k](1 - \cos \omega_k t), \quad k = 1, 2, \dots, \infty \tag{3.386}$$

angegeben werden. Einsetzen in den ursprünglichen Lösungsansatz (3.384) führt dann schließlich auf die gesuchte Lösung

$$u_P(x,t) \equiv u(x,t) = \frac{2p_0}{\mu} \sum_{k=1}^{\infty} \sin \frac{k \pi x}{\ell} \frac{1 - (-1)^k}{k \pi \omega_k^2}(1 - \cos \omega_k t) \tag{3.387}$$

für die periodischen Zwangsschwingungen, die natürlich in der Praxis durch eine stets vorhandene Dämpfung abklingen. ∎

3.4 Distributionstheorie

Die Distributionstheorie war ursprünglich keine „Theorie", sondern bestand lediglich aus einer Ansammlung ganz spezieller Probleme der theoretischen Physik; diese hatten sich im Wesentlichen durch den Ausbau der Quantenmechanik ergeben. Typisch für die Schwierigkeiten – wenn nicht gar *die* fundamentale Schwierigkeit – war die von Dirac benutzte „δ-Funktion", die er zur formalen Verbindung von (diskreter) Matrizen-

und (kontinuierlicher) Wellenmechanik 1926 eingeführt hatte. Dirac bezeichnete diese „unlautere Funktion" („improper function") mit δ, weil δ als kontinuierliches Pendant (in der Wellenmechanik) genau die Rolle des diskreten Kronecker-Symbols $\delta_{k\ell}$ (in der Matrizenmechanik) übernahm.

Dirac rechnete so, wie man heute noch immer bei „naiven", „heuristischen" oder „ingenieurmäßigen" Anwendungen mit Distributionen (erfolgreich!) umgeht. Charakteristisch dafür ist die formale Anlehnung an die bekannten Eigenschaften des Kronecker-Symbols, z. B. in Form der sog. „Ausblend"-Eigenschaft

$$\sum_\ell \delta_{k\ell} f_\ell = f_k \quad \leftrightarrow \quad \int\limits_{(t)} \delta(t - t_0) f(t) dt = f(t_0). \tag{3.388}$$

Es ist sofort klar, dass mit den üblichen Integralbegriffen derartige „unlautere" Operationen nicht erklärt werden können. So ist es nicht weiter verwunderlich, dass – trotz vieler Vorarbeiten durch Sobolew (1935) – erst 1950 durch L. Schwarz eine vollständige, von Beispielen unabhängige *Theorie der Distributionen* aufgestellt wurde.

Im Folgenden wird nur der übliche Zugang zu Distributionen über *Funktionale* diskutiert. Andere Möglichkeiten, Distributionen zu definieren, etwa mittels *Folgen* oder *verallgemeinerten Ableitungen* („improper derivatives"), sind für die Anwendung weniger wichtig.

3.4.1 Einige Grundlagen

Die folgenden Überlegungen (s. z. B. [22]) beschränken sich auf Vorgänge, deren einzig unabhängig Veränderliche die Zeit t ist. Erweiterungen auf Probleme mit mehreren unabhängigen Variablen (beispielsweise schwingende Kontinua, deren orts- und zeitabhängige Verformungen durch partielle Differenzialgleichungen beschrieben werden) sind möglich (s. z. B. [25]), erfordern jedoch umfangreiche, über den Rahmen dieses Buches hinausgehende Zusatzüberlegungen.

Bekanntlich scheitert der Versuch, die bereits in Abschn. 3.1.5 angesprochene Diracsche „δ-Funktion" und ähnliche mathematische Gebilde mit dem klassischen Funktionsbegriff zu bewältigen. Erst die Einführung einer sog. *Distribution* gestattet es, diese idealisierten Begriffe mathematisch korrekt zu beschreiben, indem sie den klassischen Funktionsbegriff mittels Funktionalen geeignet verallgemeinert.

Man kommt auf natürlichem Wege zum Distributionsbegriff durch die Frage, ob die übliche Auffassung von einer Funktion stets geeignet ist, physikalische Vorgänge zu beschreiben. In der klassischen Analysis wird das Wesen einer Funktion darin gesehen, einzelnen Werten einer Variablen t jeweils andere Werte $y = f(t)$ zuzuordnen. Dem entspricht in der Physik die Vorstellung, die Werte y einer veränderlichen Größe zu jedem einzelnen Zeitpunkt t als exakte Zahlen $y = f(t)$ messen zu können. In Wirklichkeit wird jedoch nicht die physikalische Größe selbst ermittelt, sondern ihre Wirkung auf eine Mess-Apparatur festgestellt. Deren Filterwirkung wird durch eine Gewichtsfunktion $\varphi(t)$ repräsentiert; in der Distributionstheorie heißt $\varphi(t)$ *Testfunktion*. So wie man einer Messung nur dann Realität zuspricht, wenn sie sich mit verschiedenen Messgeräten reproduzieren lässt, so heißt das hier, eine ganze Klasse geeigneter Testfunktionen $\varphi(t)$ in Betracht zu ziehen.

Dieser Vorstellung von der Erfassung einer veränderlichen physikalischen Größe $f(t)$ durch ihre Wirkung auf gewisse Testfunktionen $\varphi(t)$ kann man durch das *Funktional*

$$\langle f, \varphi \rangle \overset{\text{(def.)}}{=} \int\limits_{-\infty}^{\infty} f(t)\varphi(t)dt \tag{3.389}$$

mathematische Gestalt geben. Die *unabhängige* „Variable" jedes Funktionals ist eine *Funktion*, hier die Funktion $f(t)$. *Abhängige* Variable ist das Ergebnis der Integration, also eine reelle (oder komplexe) Zahl $\langle f, \varphi \rangle$. Die *Testfunktion* (Grundfunktion, Bewertungsfunktion) $\varphi(t)$ als Gewichtung steht für die „Filterwirkung" des Funktionals.

Hier genügt es, auf der ganzen Achse ($-\infty < t < \infty$) definierte reelle Funktionen $f(t)$ und reelle Testfunktionen $\varphi(t)$ zu betrachten. Für $\varphi(t)$ wird zusätzlich

$$\varphi(t) \neq 0, \quad a < t < b \text{ (Träger)},$$
$$\varphi(t) \equiv 0, \quad \text{sonst} \tag{3.390}$$

vereinbart. Außerdem soll jede Testfunktion $\varphi(t)$ überall *stetig* und *unendlich oft stetig differenzierbar* sein. Daraus folgt, dass insbesondere an den Übergangsstellen ($t = a$, $t = b$) zwischen sog. „*Träger*" und Nachbargebieten ($t < a$, $t > b$), in denen φ identisch verschwindet, die Testfunktion $\varphi(t)$ stetig und unendlich oft stetig differenzierbar in $\varphi \equiv 0$ übergehen muss. Ein Beispiel für eine derartige Testfunktion, hier mit dem Träger $[-1, 1]$, ist die „Glockenfunktion"

$$\varphi(t) = \begin{cases} Ce^{\frac{1}{t^2-1}}, & |t| < 1, \\ 0, & |t| \geq 1. \end{cases} \tag{3.391}$$

Üblicherweise wird $\varphi(t)$ zu

$$\int\limits_{-\infty}^{\infty} \varphi(t)dt = 1 \tag{3.392}$$

normiert. Ein auf solchen Testfunktionen φ definiertes *lineares und stetiges* Funktional $\langle f, \varphi \rangle$ der Form (3.389) heißt *Distribution*. Für klassisch integrierbare Funktionen $f(t)$ ist das Funktional $\langle f, \varphi \rangle$ *linear*, weil stets

$$\langle f, c_1\varphi_1 + c_2\varphi_2 \rangle = c_1\langle f, \varphi_1 \rangle + c_2\langle f, \varphi_2 \rangle, \quad c_{1,2} \text{ beliebig reell} \tag{3.393}$$

gilt, und *stetig*, da für jede gegen φ konvergierende Funktionenfolge φ_n

$$\lim_{n \to \infty} \langle f, \varphi_n \rangle = \langle f, \varphi \rangle \tag{3.394}$$

erfüllt ist. Wegen (3.393) nimmt jedes lineare Funktional $\langle f, \varphi \rangle$ auf der Funktion $\varphi \equiv 0$ den Wert null an:

$$\langle f, 0 \rangle = 0. \tag{3.395}$$

Denn aus der Linearität (3.393) folgt über $\langle f, 0 + 0 \rangle = \langle f, 0 \rangle + \langle f, 0 \rangle$ zunächst $\langle f, 0 \rangle = 2\langle f, 0 \rangle$ und damit (3.395). Allgemein – aber dennoch im Rahmen der Integralrechnung – kann man zeigen, dass alle durch sog. *lokal (Lebesque-)integrable* Funktionen[31] $f(t)$ erzeugten Funktionale $\langle f, \varphi \rangle$ Distributionen darstellen, da die beiden Forderungen (3.393) und (3.394) immer erfüllt sind. Solche Funktionale $\langle f, \varphi \rangle$ von lokal integrablen Funktionen $f(t)$ heißen *reguläre Distributionen* oder Funktionsdistributionen, da ihnen stets wieder die „gewöhnliche" Funktion $f(t)$ zugeordnet werden kann. Somit sind nicht nur alle stetigen sondern auch alle stückweise stetigen Funktionen, z. B. die Sprungfunktion $\sigma(t)$, reguläre Distributionen. Alle nichtregulären Distributionen heißen *singulär*. Singuläre Distributionen sind also die Verallgemeinerung von (3.389) auf „Funktionen" f, für die das Integral (3.389) nicht mehr klassisch ausgerechnet werden kann [trotz der sehr restriktiven Testfunktion $\varphi(t)$ (3.390)]. Insbesondere kann einer singulären Distribution $\langle f, \varphi \rangle$ keine „gewöhnliche" Funktion $y = f(t)$ mehr im Sinne der klassischen Funktionentheorie zugeordnet werden; dann lässt sich für f aber auch kein Graf zeichnen. Erst *singuläre* Distributionen bieten demnach ein einleuchtendes Motiv für die Entwicklung der Distributionstheorie[32]. Speziell die durch

$$\langle f, \varphi \rangle \overset{\text{(def.)}}{=} \varphi(0) \tag{3.396}$$

definierte Dirac-Funktion hat als singuläre Distribution (für die f eben nicht mehr als klassische Funktion interpretiert werden kann) wegen ihrer universalen Bedeutung ein eigenes Symbol δ erhalten:

$$\langle \delta, \varphi \rangle \equiv \int_{-\infty}^{\infty} \delta(t)\varphi(t)dt \overset{\text{(def.)}}{=} \varphi(0). \tag{3.397}$$

---

[31] Für eine lokal (Lebesque-)integrable Funktion $f(t)$ gilt $\int_{(I)} |f(t)|dt < \infty$ für beliebige endliche Intervalle I. Deswegen ist z. B. $f(t) = \frac{1}{\sqrt{t}}$ lokal integrabel, nicht aber $f(t) = \frac{1}{t}$.

[32] Allerdings heißt das keineswegs, dass jede *nicht*-lokal integrable Funktion „automatisch" eine singuläre Distribution ist. Nicht-lokal integrable Funktionen (wie etwa t^{-1}, t^{-2}, etc.) erzeugen zunächst einmal überhaupt keine Distribution, da das zugehörige Funktional (3.389) *divergiert*. Deshalb können solche Funktionen nur als *Pseudo*-Funktionen, also in modifizierter Form mittels sog. *Pseudo-Funktionsdistributionen* in die Distributionstheorie eingebettet werden. Aber da die Distributionstheorie hauptsächlich wegen der Dirac-Funktion und dazu verwandter Funktionen „erfunden" wurde, spielen solche nicht-lokal integrablen Funktionen in der Distributionstheorie keine wesentliche Rolle.

Damit besitzt die *Dirac-Funktion* (*Diracsches Maß, Diracsche Impulsfunktion*) δ eine exakte mathematische Bedeutung. Eine Verallgemeinerung von (3.397) ist die „zeitlich verschobene" Dirac-Funktion $\delta(t - t_0)$, definiert durch

$$\langle \delta(t - t_0), \varphi(t) \rangle \overset{(\text{def.})}{=} \varphi(t_0). \tag{3.398}$$

Es ist wichtig, an dieser Stelle zu betonen, dass genau genommen weder (3.397) noch (3.398) die sog. „Ausblend"-Eigenschaft der Dirac-Funktion widerspiegelt, wie diese in ingenieurmäßigen Rechnungen verwendet wird. Erst (3.405) ff. zeigt diese Querverbindung.

Derivation
Die Distributionstheorie eröffnet nun die Möglichkeit, auch solchen Funktionen, die im klassischen Sinne nicht differenzierbar sind, eine „Ableitung" zuzuordnen. Selbst singuläre Distributionen $\langle f, \varphi \rangle$ lassen sich auf diese Weise „ableiten". Dazu betrachtet man zunächst wieder nur den klassischen Fall einer überall differenzierbaren Funktion $f(t)$ mit der Ableitung $\dot{f}(t)$. Ist $\dot{f}(t)$ lokal integrabel, so ist das Funktional

$$\langle \dot{f}, \varphi \rangle = \int_{-\infty}^{\infty} \dot{f}(t)\varphi(t)dt \tag{3.399}$$

eine reguläre Distribution. Formt man das Integral durch partielle Integration um, so fallen die sog. endlichen Bestandteile weg, weil φ in den Endpunkten seines Trägers (und außerhalb) verschwindet [$\varphi(a) \equiv \varphi(b) \equiv 0$], und es bleibt

$$\langle \dot{f}, \varphi \rangle = -\int_{-\infty}^{\infty} f(t)\dot{\varphi}(t)dt = -\langle f, \dot{\varphi} \rangle. \tag{3.400}$$

Dieses Funktional hat für jede differenzierbare und lokal integrable Funktion $f(t)$ im klassischen Sinne eine Bedeutung. Analog dem formalen Übergang von regulären auf singuläre Distributionen im Anschluss an (3.395) liegt es daher nahe, über (3.400) auch die „Ableitung" regulärer und sogar singulärer Distributionen $\langle f, \varphi \rangle$ zu definieren. Diese *verallgemeinerte Ableitung* heißt *Derivierte* und wird durch $\mathsf{D}f$ gekennzeichnet. Durch die Definition

$$\langle \mathsf{D}f, \varphi \rangle \overset{(\text{def.})}{=} -\langle f, \dot{\varphi} \rangle \tag{3.401}$$

wird demnach die Derivierte $\mathsf{D}f$ einer Distribution $\langle f, \varphi \rangle$ als Distribution eingeführt. Anstelle von „partieller Integration" wie in (3.400) spricht man jetzt vom „Überwälzen" der Ableitung von f auf φ.

Beispiel 3.33 Derivierte der Heavisideschen Einheitssprungfunktion $\sigma(t)$ (3.92). Diese ist im klassischen Sinne nicht überall differenzierbar, weil σ in $t = 0$ nicht einmal stetig ist. Ihre mittels (3.401) erklärte Derivierte ist dann

$$
\langle \mathsf{D}\sigma, \varphi \rangle = -\langle \sigma, \dot{\varphi} \rangle = - \int_{-\infty}^{\infty} \sigma(t)\dot{\varphi}(t)dt = - \int_{0}^{\infty} \dot{\varphi}(t)dt
$$

$$
= - \int_{0}^{b} \dot{\varphi}(t)dt = - \int_{\varphi(0)}^{\varphi(b)} d\varphi = -\varphi(b) + \varphi(0) = \varphi(0).
$$

(3.402)

Die Derivierte $\mathsf{D}\sigma$ bzw. genauer das ihr zugeordnete Funktional $\langle \mathsf{D}\sigma, \varphi \rangle$ hat für jede Testfunktion φ den Wert $\varphi(0)$. Vergleicht man (3.402) mit der Definition (3.397) der Dirac-Funktion, so ergibt sich

$$
\langle \mathsf{D}\sigma, \varphi \rangle = \langle \delta, \varphi \rangle, \quad \text{kurz} \quad \mathsf{D}\sigma = \delta.
$$

(3.403)

In Worten: Die Derivierte der Sprungfunktion $\sigma(t)$ ist die Dirac-Funktion δ. Damit ist die ingenieurmäßig übliche Vorstellung, die nicht überall differenzierbare Sprungfunktion $\sigma(t)$ habe die Ableitung δ, in gewissem Sinne bestätigt. Aber: Streng genommen hat $\sigma(t)$ keine Ableitung, sondern eine Derivierte, und diese ist keine Funktion, sondern eine sogar singuläre Distribution. ∎

Produkt

Das *Produkt zweier Distributionen* kann nicht allgemein definiert werden, da schon das Produkt zweier lokal integrabler Funktionen nicht lokal integrabel zu sein braucht. D. h., dass i. Allg. das Produkt zweier *regulärer* Distributionen [z. B. jeweils für $f(t) = \frac{1}{\sqrt{t}}$] keine Distribution ergibt, wenn das entstehende Funktional (3.389) *divergiert* (z. B. wegen $\frac{1}{\sqrt{t}}\frac{1}{\sqrt{t}} = \frac{1}{t}$). Dagegen lässt sich das Produkt einer Distribution f mit einer unendlich oft differenzierbaren Funktion $a(t)$ definieren. Zunächst wird wieder nur der Fall einer lokal integrablen Funktion $f(t)$ betrachtet:

$$
\langle af, \varphi \rangle = \int_{-\infty}^{\infty} [a(t)f(t)]\varphi(t)dt = \int_{-\infty}^{\infty} f(t)[a(t)\varphi(t)]dt
$$

$$
= \int_{-\infty}^{\infty} f(t)\psi(t)dt = \langle f, \psi \rangle = \langle f, a\varphi \rangle.
$$

(3.404)

Dieses Funktional $\langle f, a\varphi \rangle$ ist deswegen eine Distribution, weil $\psi(t) = a(t)\varphi(t)$ wieder eine Testfunktion gemäß (3.390) darstellt (aus diesem Grund muss $a(t)$ unendlich oft differenzierbar sein). Die Relation (3.404) kann jetzt wieder als Definition für das Produkt einer *beliebigen* Distribution $\langle f, \varphi \rangle$ mit einer unendlich oft differenzierbaren Funktion $a(t)$ verallgemeinert werden:

$$
\langle af, \varphi \rangle \stackrel{\text{(def.)}}{=} \langle f, a\varphi \rangle.
$$

(3.405)

Beispiel 3.34 „Ausblend"-Eigenschaft der Dirac-Funktion. Aus (3.405) folgt

$$\langle a\delta, \varphi \rangle = \langle \delta, a\varphi \rangle \overset{(3.397)}{=} a(0)\varphi(0) \overset{(3.397)}{=} a(0)\langle \delta, \varphi \rangle, \quad \text{kurz} \quad a(t)\delta = a(0)\delta \quad (3.406)$$

oder genauso

$$\langle a(t)\delta(t - t_0), \varphi(t) \rangle = \langle \delta(t - t_0), a(t)\varphi(t) \rangle \overset{(3.398)}{=} a(t_0)\varphi(t_0)$$

$$\overset{(3.398)}{=} a(t_0)\langle \delta(t - t_0), \varphi(t) \rangle, \quad (3.407)$$

$$\text{kurz} \quad a(t)\delta(t - t_0) = a(t_0)\delta(t - t_0).$$

Erst diese beiden Ergebnisse rechtfertigen den Terminus „Ausblend"-Eigenschaft[33]. ∎

Für die Derivation der Distribution (3.405) benötigt man die „Produktregel"

$$\langle \mathsf{D}(af), \varphi \rangle = \langle (\mathsf{D}f)a + f\dot{a}, \varphi \rangle, \quad \text{kurz} \quad \mathsf{D}(af) = a(\mathsf{D}f) + f\dot{a}. \quad (3.408)$$

Beweis: Es gelten die Umformungen

$$\langle \mathsf{D}(af), \varphi \rangle \overset{(3.401)}{=} -\langle af, \dot{\varphi} \rangle \overset{(3.405)}{=} -\langle f, a\dot{\varphi} \rangle \quad (3.409)$$

und wegen $a\dot{\varphi} = (a\varphi)^{\cdot} - \dot{a}\varphi$ auch

$$-\langle f, a\dot{\varphi} \rangle = -\langle f, (a\varphi)^{\cdot} - \dot{a}\varphi \rangle \overset{(3.401)}{=} \langle \mathsf{D}f, a\varphi \rangle + \langle f, \dot{a}\varphi \rangle$$

$$\overset{(3.405)}{=} \langle (\mathsf{D}f)a, \varphi \rangle + \langle f\dot{a}, \varphi \rangle \overset{(3.393)}{=} \langle (\mathsf{D}f)a + f\dot{a}, \varphi \rangle, \quad \text{q.e.d.} \quad (3.410)$$

Beispiel 3.35 Derivierte der Gewichtsfunktion $\bar{g}(t)$. Mit (3.405) lässt sich über die Definition (3.98) der Gewichtsfunktion $\bar{g}(t)$ auch deren Derivierte $\langle \mathsf{D}\bar{g}, \varphi \rangle = \langle \mathsf{D}(\sigma g), \varphi \rangle$ berechnen. Die Auswertung liefert nämlich

$$\langle \mathsf{D}(\sigma g), \varphi \rangle \overset{(3.408)}{=} \langle (\mathsf{D}\sigma)g + \sigma \dot{g}, \varphi \rangle \overset{(3.403)}{=} \langle g\delta + \sigma \dot{g}, \varphi \rangle = \langle g\delta, \varphi \rangle + \langle \sigma \dot{g}, \varphi \rangle \quad (3.411)$$

mit

$$\langle g\delta, \varphi \rangle \overset{(3.405)}{=} \langle \delta, g\varphi \rangle \overset{(3.397)}{=} g(0)\varphi(0) \overset{(3.397)}{=} g(0)\langle \delta, \varphi \rangle, \quad (3.412)$$

so dass sich als Endergebnis

$$\langle \mathsf{D}(\sigma g), \varphi \rangle = g(0)\langle \delta, \varphi \rangle + \langle \sigma \dot{g}, \varphi \rangle \quad (3.413)$$

---

[33] Darunter versteht man in ingenieurmäßiger Formulierung üblicherweise die Kurzform $\int_{-\infty}^{\infty} \delta(t - t_0)a(t)dt = a(t_0)$. Diese Kurzform ist zwar als Gleichung gar nicht existent, führt aber bei Anwendungen zu denselben Ergebnissen wie die Beziehungen der Distributionstheorie – in diesem Sinne kann sie als „Merkregel" angesehen werden.

ergibt. Dazu sind zwei Bemerkungen wichtig: 1. Das erste Gleichheitszeichen in (3.412) gilt nur deswegen, weil die Gewichtsfunktion $g(t)$ unendlich oft differenzierbar und damit $g(t)\varphi(t)$ wieder eine Testfunktion ist. 2. Das Ergebnis (3.413) setzt sich aus der klassischen Lösung $\sigma\dot{g}$ und der „Ableitung" $g(0)\delta$ an der Sprungstelle $t = 0$ zusammen. Dies stimmt wieder mit der ingenieurmäßigen Vorstellung der „Differenziation" überein. ∎

k-te Derivierte

Hat $f(t)$ eine lokal integrable k-te Ableitung, so kann man für $\langle\frac{d^k f}{dt^k}, \varphi\rangle$ den Integralwert klassisch ausrechnen. Da alle Ableitungen von φ in den Endpunkten des Trägers (und außerhalb) von φ verschwinden, gilt nach den klassischen Regeln der partiellen Integration die Umformung

$$\left\langle\frac{d^k f}{dt^k}, \varphi\right\rangle \equiv \int_{-\infty}^{\infty} \frac{d^k f(t)}{dt^k}\varphi(t)dt = -\int_{-\infty}^{\infty} \frac{d^{k-1} f(t)}{dt^{k-1}}\dot{\varphi}(t)dt$$

$$= (-1)^k \int_{-\infty}^{\infty} f(t)\frac{d^k \varphi}{dt^k}(t)dt \equiv (-1)^k \left\langle f, \frac{d^k \varphi}{dt^k}\right\rangle.$$

(3.414)

Durch formale Verallgemeinerung folgt wieder die Definition

$$\langle \mathsf{D}^k f, \varphi\rangle \stackrel{\text{(def.)}}{=} (-1)^k \left\langle f, \frac{d^k \varphi}{dt^k}\right\rangle$$

(3.415)

für die k-te Derivierte $\mathsf{D}^k f$ einer i. Allg. singulären Distribution f.

Hierin ist $\frac{d^k \varphi}{dt^k}$ wegen der in (3.390) ff. gemachten Voraussetzungen wieder eine Testfunktion. Formal analog zur Produktintegration in (3.414) sind die „Ableitungen" von f auf φ „überwälzt" worden. Damit ist jede Distribution beliebig oft derivierbar.

Beispiel 3.36 k-te Derivierte der Dirac-Funktion δ. Für diese gilt

$$\langle \mathsf{D}^k \delta, \varphi\rangle = (-1)^k \left\langle \delta, \frac{d^k \varphi}{dt^k}\right\rangle = (-1)^k \frac{d^k \varphi}{dt^k}\bigg|_{t=0}.$$

(3.416)

Damit sind auch die Derivierten von δ, die früher in der Physik eine etwas mysteriöse Rolle als Doppelquellen (Dipole) o. ä. spielten, exakt definiert. ∎

In Verbindung mit Einschaltvorgängen ist man am Zusammenhang zwischen Derivierten und gewöhnlichen Ableitungen interessiert. Ist eine Funktion $f(t)$ überall mit Ausnahme genau einer Stelle $t = t_0$ differenzierbar und besitzt dort die Grenzwerte

$$f(t_0^-), \frac{df}{dt}\bigg|_{t_0^-}, \ldots, \frac{d^{k-1} f}{dt^{k-1}}\bigg|_{t_0^-},$$

$$f(t_0^+), \frac{df}{dt}\bigg|_{t_0^+}, \ldots, \frac{d^{k-1} f}{dt^{k-1}}\bigg|_{t_0^+},$$

(3.417)

so besteht zwischen der k-ten Ableitung von $f(t)$ und der k-ten Derivierten von f der Zusammenhang

$$
\mathsf{D}^k f = \frac{d^k f}{dt^k} + \left[\frac{d^{k-1} f}{dt^{k-1}}\right]_{t_0^-}^{t_0^+} \delta(t-t_0) + \left[\frac{d^{k-2} f}{dt^{k-2}}\right]_{t_0^-}^{t_0^+} \mathsf{D}\delta(t-t_0)
$$
$$
+ \ldots + \left[f(t)\right]_{t_0^-}^{t_0^+} \mathsf{D}^{k-1}\delta(t-t_0).
$$

(3.418)

Für die Gültigkeit dieser Relation ist nirgends vorausgesetzt, dass $f(t)$ für $f(t) < 0$ verschwindet.

Beispiel 3.37 Kombinierte Rampen-Sprung-Funktion. Betrachtet wird

$$
f(t) = \begin{cases} -t, & t < 0 \\ 1+t, & t \geq 0, \end{cases} \qquad \dot{f}(t) = \begin{cases} -1, & t < 0 \\ +1, & t \geq 0, \end{cases} \qquad \ddot{f}(t) \equiv 0.
$$

(3.419)

Die interessierenden Grenzwerte (3.417) mit $t_0^- = 0_-$ und $t_0^+ = 0_+$ sind

$$
f(0_-) = 0, \quad f(0_+) = 1, \quad \dot{f}(0_-) = -1, \quad \dot{f}(0_+) = 1,
$$

(3.420)

so dass als Zusammenhang (3.418) zwischen Derivierter und Ableitung

$$
\mathsf{D}f = \dot{f} + \delta, \quad \mathsf{D}^2 f = 0 + 2\delta + \mathsf{D}\delta
$$

(3.421)

resultiert. ∎

Da die Derivierten $\mathsf{D}^k f$ nur im Distributionssinne $\langle \mathsf{D}^k f, \varphi \rangle$ existieren, sind die Funktionswerte an der Unstetigkeitsstelle t_0, also $f(t_0)$, $\dot{f}(t_0)$, ..., $\frac{d^k f}{dt^k}\big|_{t_0}$, beliebig wählbar. Der Wert des Integals $\langle \ldots, \varphi \rangle$ hängt *nicht* davon ab. Im Beispiel 3.37 [s. (3.419)] ist $f(0) = \dot{f}(0) = +1$ und $\ddot{f}(0) = 0$ gewählt worden.

Faltung

Die *Faltung* $f * h$ zweier absolut integrabler Funktionen $f(t)$ und $h(t)$ erzeugt eine reguläre Distribution mit den gleichen Eigenschaften wie die von $f(t)$ und $h(t)$, nämlich

$$
\langle f * h, \varphi \rangle \equiv \left\langle \langle f(\tau), h(t-\tau) \rangle, \varphi(t) \right\rangle = \int\limits_{-\infty}^{\infty} \left[\int\limits_{-\infty}^{\infty} h(t-\tau) f(\tau) d\tau \right] \varphi(t) dt
$$
$$
= \int\limits_{-\infty}^{\infty} f(\tau) \left[\int\limits_{-\infty}^{\infty} \varphi(\tau+\eta) h(\eta) d\eta \right] d\tau \equiv \left\langle f(\tau), \langle h(\eta), \varphi(\tau+\eta) \rangle \right\rangle.
$$

(3.422)

Die zweite Zeile entsteht aus der ersten durch Vertauschen der Integrationsreihenfolge und nachfolgende Substitution $t - \tau = \eta$. Da die Faltung kommutativ ist, können in (3.422) f und h vertauscht werden. Auch diese Relation lässt sich (unter für den praktischen Gebrauch unwesentlichen Zusatzvoraussetzungen) auf singuläre Distributionen f und h übertragen:

$$\langle f * h, \varphi \rangle \overset{\text{(def.)}}{=} \langle f(t), \langle h(\tau), \varphi(t + \tau) \rangle \rangle. \tag{3.423}$$

Beispiel 3.38 Faltung einer regulären (oder auch singulären) Distribution f mit der Dirac-Funktion δ. Es ergibt sich

$$\langle f * \delta, \varphi \rangle = \left\langle f(t), \langle \delta(\eta), \varphi(t + \eta) \rangle \right\rangle = \langle f, \varphi \rangle, \quad \text{kurz} \quad f * \delta = f. \tag{3.424}$$

In entsprechender Weise lässt sich auch

$$f * \mathsf{D}^k \delta = \mathsf{D}^k f \tag{3.425}$$

ausrechnen.   ∎

Fourier-Transformation

Für absolut integrable Funktionen kann auch die Fourier-Transformation (s. Abschn. 3.1.6) in Distributionsdarstellung angegeben werden. Eine (hier bereits mehrfach vorgenommene) formale Verallgemeinerung der Rechenvorschrift ergibt wieder die allgemeine Definition der *Fourier-Transformation*

$$\left\langle \mathcal{F}\{f(t)\}, \varphi(\Omega) \right\rangle \overset{\text{(def.)}}{=} \left\langle f(t), \mathcal{F}\{\varphi(\Omega)\} \right\rangle, \quad \mathcal{F}\{\varphi(\Omega)\} = \int\limits_{-\infty}^{\infty} \varphi(\Omega) e^{-j\Omega t} d\Omega = \Phi(t) \tag{3.426}$$

für reguläre oder singuläre Distributionen f. Die Definition (3.426) führt offensichtlich die Fourier-Transformation einer Distribution f auf die klassische Fourier-Transformation der Testfunktion $\varphi(\Omega)$ zurück. Die Transformierte $\Phi(t)$ ist wieder eine Testfunktion mit den Eigenschaften (3.390). Genau genommen, gilt (3.426) nur für sog. *temperierte* Distributionen[34] $\langle f, \varphi \rangle$. Diese vom mathematischen Standpunkt aus notwendige Forderung „temperiert" braucht nicht weiter erläutert zu werden, da alle praktisch auftretenden Funktionen, wie $\sin \omega_0 t$, $\cos \omega_0 t$, $\sigma(t)$ und Distributionen δ, $\mathsf{D}^k \delta$ sowie ihre Fourier-Transformierten temperierte Distributionen erzeugen. Die (3.426) entsprechende *Fourier-Rücktransformation* ist über

$$\left\langle \mathcal{F}^{-1}\{F(\Omega)\}, \varphi(t) \right\rangle \overset{\text{(def.)}}{=} \left\langle F(\Omega), \mathcal{F}^{-1}\{\varphi(t)\} \right\rangle, \quad \mathcal{F}^{-1}\{\varphi(t)\} = \frac{1}{2\pi} \int\limits_{-\infty}^{\infty} \varphi(t) e^{j\Omega t} dt \tag{3.427}$$

erklärt. Zur Veranschaulichung dienen die nachfolgenden Beispiele.

---

[34] Temperierte Distributionen sind Distributionen *von langsamem Wachstum*.

Beispiel 3.39 Fourier-Transformation des um t_0 „verschobenen" Dirac-Impulses. (3.426) liefert

$$\langle \mathcal{F}\{\delta(t-t_0)\}, \varphi(\Omega)\rangle \overset{(3.426)}{=} \langle \delta(t-t_0), \Phi(t)\rangle \overset{(3.398)}{=} \Phi(t_0)$$

$$\overset{(3.426)}{=} \int\limits_{-\infty}^{\infty} e^{-jt_0\Omega}\varphi(\Omega)d\Omega \overset{(3.389)}{=} \langle e^{-jt_0\Omega}, \varphi(\Omega)\rangle, \qquad (3.428)$$

kurz $\quad \mathcal{F}\{\delta(t-t_0)\} = e^{-jt_0\Omega} \quad$ oder $\quad \delta(t-t_0) \circ\!\!-\!\!\bullet e^{-jt_0\Omega}$.

Speziell für $t_0 = 0$ ergibt sich

$$\delta \circ\!\!-\!\!\bullet 1. \qquad (3.429)$$

In der Technik werden Fourier-Spektren von Zeitsignalen als Frequenzinhalte interpretiert. Im Spektrum eines δ-„Impulses" sind folglich alle Frequenzen mit der Spektraldichte eins vertreten („weißes Rauschen"). ∎

Beispiel 3.40 Fourier-Transformation der harmonischen Funktionen $\sin\omega_0 t$ und $\cos\omega_0 t$. Im Distributionssinne lassen sich jetzt auch diesen nicht abklingenden und damit *nicht* absolut integrablen Funktionen Fourier-Transformierte zuordnen:

$$\langle \mathcal{F}\{e^{j\omega_0 t}\}, \varphi(\Omega)\rangle \overset{(3.426)}{=} \langle e^{j\omega_0 t}, \Phi(t)\rangle \overset{(3.389)}{=} \int\limits_{-\infty}^{\infty} e^{j\omega_0 t}\Phi(t)dt \overset{(3.427)}{=} 2\pi\mathcal{F}^{-1}\{\Phi(t)\}\big|_{\Omega=\omega_0}$$

$$= 2\pi\varphi(\omega_0) \overset{(3.398)}{=} \langle \delta(\Omega-\omega_0), 2\pi\varphi(\Omega)\rangle = \langle 2\pi\delta(\Omega-\omega_0), \varphi(\Omega)\rangle,$$

kurz $\quad e^{j\omega_0 t} \circ\!\!-\!\!\bullet 2\pi\delta(\Omega-\omega_0)$.

$$(3.430)$$

Damit ist einer komplexen Exponentialfunktion eine Spektralfunktion zugewiesen. Für reelle harmonische Schwingungen ergeben sich hieraus die Korrespondenzen

$$\cos\omega_0 t \circ\!\!-\!\!\bullet \pi[\delta(\Omega-\omega_0)+\delta(\Omega+\omega_0)],$$

$$\sin\omega_0 t \circ\!\!-\!\!\bullet j\pi[\delta(\Omega-\omega_0)-\delta(\Omega+\omega_0)]. \qquad (3.431)$$

Speziell für $\omega_0 = 0$ findet man mit

$$1 \circ\!\!-\!\!\bullet 2\pi\delta(\Omega) \qquad (3.432)$$

die Bestätigung [vergl. mit (3.429)] einer bereits früher (s. Beispiel 3.16 ff.) erkannten *Reziprozitätsrelation*[35]. ∎

---

[35] Diese Reziprozitätsrelation sagt aus, dass zeitlich *konzentrierte* Signale (Idealfall: Dirac-Funktion δ) ein *breites* Frequenzspektrum [Idealfall: $\mathcal{F}\{\delta\} = 1$, s. (3.429)] besitzen und umgekehrt [s. (3.432)].

Auf ähnliche Weise kann man derivierte Formen von (3.429) und (3.432) gewinnen:

$$\mathsf{D}^k \delta(t) \circ\!\!-\!\!\bullet (j\Omega)^k, \quad t^k \circ\!\!-\!\!\bullet 2\pi j^k \mathsf{D}^k \delta(\Omega). \tag{3.433}$$

Auf der Grundlage der bisherigen Ergebnisse lassen sich schließlich die wichtigsten Rechenregeln für die Fourier-Transformation von (temperierten) Distributionen angeben. Einige der bekannten Regeln sind für Distributionen nicht relevant, die wesentlichen können jedoch sinngemäß aus Abschn. 3.1.6 übernommen werden. Neben Verschiebungssatz (3.136) und Faltungssatz (3.139) gilt dies insbesondere für die Derivation im Zeit- und im Bildbereich:

$$\mathsf{D}^m f(t) \circ\!\!-\!\!\bullet (j\Omega)^m F(\Omega), \quad \mathsf{D}^m F(\Omega) \bullet\!\!-\!\!\circ (-jt)^m f(t). \tag{3.434}$$

Laplace-Transformation

Die Fourier-Transformation von Distributionen kann im Originalraum neben den „echten" Distributionen wie δ, $\mathsf{D}\delta$, etc. auch gewöhnliche Funktionen behandeln, für die die klassische Fourier-Transformation nicht konvergiert, wie $\sigma(t)$, $e^{j\omega_1 t}$; diese Funktionen besitzen jedoch sämtlich Laplace-Transformierte im klassischen Sinne. Beim Übergang zur Laplace-Transformation von Distributionen konzentriert sich so das Interesse auf „echte" Distributionen.

Die klassische Laplace-Transformation verwendet nur kausale Funktionen, d. h. solche, die für $t < 0$ verschwinden. Folglich kommen hier nur Distributionen in Betracht, deren Träger im Intervall $0 \leq t < \infty$ liegen. Da eine Distribution aber stets auf der ganzen Achse $-\infty < t < \infty$ definiert ist, muss zusätzlich – um die klassischen Ergebnisse auch aus der Distributionsformulierung gewinnen zu können – verlangt werden, dass stets $f \equiv 0 \ (t < 0)$ gilt.

Dann kann über die Fourier-Transformation (3.426) von (temperierten) Distributionen die Laplace-Transformation

$$\mathcal{L}\{f\} \overset{\text{(def.)}}{=} \mathcal{F}\{e^{-\vartheta t} f\} \tag{3.435}$$

definiert werden, allerdings nur wenn es ein ϑ_0 gibt derart, dass $e^{-\vartheta t} f$ für $\vartheta \geq \vartheta_0$ eine (temperierte) Distribution ist. Eine Theorie auf dieser Grundlage erweist sich jedoch als schwierig, so dass für die üblichen Fälle der Technik und Physik die ausreichende, aber engere Definition

$$\langle \mathcal{L}\{f(t)\}, \varphi(p) \rangle \overset{\text{(def.)}}{=} \langle \langle f, e^{-pt} \rangle, \varphi(p) \rangle \quad \text{kurz} \quad \mathcal{L}\{f\} \overset{\text{(def.)}}{=} \langle f, e^{-pt} \rangle \tag{3.436}$$

bevorzugt wird[36]. Man kann zeigen, dass diese Definition sinnvoll ist und für kausale, lokal integrable Funktionen mit der klassischen Laplace-Transformation (3.169) übereinstimmt. Die Korrespondenzen (3.428), (3.429), (3.433) und weitere gelten dann sinngemäß auch bei der Laplace-Transformation.

---

[36] Hier muss $\varphi(p)$ in der Tat als komplexe Testfunktion eingeführt werden.

Beispiel 3.41 Laplace-Transformation der Sprungfunktion $\sigma(t)$. Ausgehend von der Definition (3.436) folgt

$$\langle \mathcal{L}\{\sigma(t)\}, \varphi(p)\rangle = \langle \langle \sigma(t), e^{-pt}\rangle, \varphi(p)\rangle \overset{(3.389)}{=} \left\langle \int\limits_{-\infty}^{\infty} \sigma(t) e^{-pt} dt, \varphi(p)\right\rangle$$

$$= \left\langle \int\limits_{0}^{\infty} e^{-pt} dt, \varphi(p)\right\rangle = \left\langle -\frac{1}{p} e^{-pt}\Big|_{t=0}^{t=\infty}, \varphi(p)\right\rangle \qquad (3.437)$$

$$= \left\langle \frac{1}{p}, \varphi(p)\right\rangle \quad (\text{da } p = \vartheta + j\omega, \ \vartheta > 0).$$

Die Auffassung der Sprungfunktion $\sigma(t)$ als *reguläre* Distribution bestätigt also das klassische Ergebnis (3.183) aus Abschn. 3.1.6. ∎

Beispiel 3.42 Laplace-Transformation der Dirac-Funktion δ. (3.436) definiert zunächst

$$\langle \mathcal{L}\{\delta\}, \varphi\rangle = \langle \langle \delta(t), e^{-pt}\rangle, \varphi(p)\rangle \overset{(3.389)}{=} \left\langle \int\limits_{-\infty}^{\infty} \delta(t) e^{-pt} dt, \varphi(p)\right\rangle. \qquad (3.438)$$

Aufgrund der Linearität des Funktionals darf das Zeitintegral „vor" den Klammer-Operator $\langle \ldots \rangle$ gezogen werden. Man erhält

$$\langle \mathcal{L}\{\delta\}, \varphi\rangle = \int\limits_{-\infty}^{\infty} \langle \delta(t) e^{-pt}, \varphi(p)\rangle dt$$

$$= \int\limits_{-\infty}^{\infty} \delta(t) \langle e^{-pt}, \varphi(p)\rangle dt \equiv \langle \delta(t), \psi(t)\rangle, \qquad (3.439)$$

worin für alle (komplexen) Testfunktionen $\varphi(p)$ das Integral $\psi(t) = \langle e^{-pt}, \varphi(p)\rangle$ wieder eine (reelle) Testfunktion darstellt; nur deshalb gilt die *zweite* Zeile in (3.439). Das Ergebnis ist dann einfach

$$\langle \mathcal{L}\{\delta\}, \varphi\rangle = \langle \delta, \psi\rangle \overset{(3.397)}{=} \psi(0) \overset{(3.439)}{=} \langle e^{-p0}, \varphi(p)\rangle = \langle 1, \varphi\rangle \qquad (3.440)$$

und bestätigt so auch für die Laplace-Transformation die Korrespondenz (3.429). ∎

Unverändert bleiben auch die Rechenregeln, wobei allerdings auf die Laplace-Transformation von Derivierten nochmals eingegangen werden muss. Die Korrespondenzen (3.434) gelten ja auch bei der Laplace-Transformation, wodurch es im Gegensatz zur klassischen Differenziationsregel (3.178) zu einem Wegfall der Anfangswerte kommt, die bei einer Distribution ohnehin sinnlos wären. Trotzdem stimmt Regel (3.434) für den Fall, dass die Distribution durch eine kausale Funktion erzeugt wird, mit der klassischen Regel (3.178) überein. Wenn nämlich $f(t)$, $\dot{f}(t)$, $\ddot{f}(t)$, etc. für $t > 0$ im gewöhnlichen Sinne existieren und für $t = 0_+$ die Grenzwerte $f(0_+)$, $\dot{f}(0_+)$, etc. besitzen, so sind die „Sprünge" bei $t = 0$ von der Größe $f(0_+) - 0$, $\dot{f}(0_+) - 0$, etc., und nach (3.418) ist

$$\mathsf{D}^m f = \frac{d^m f}{dt^m} + f(0_+)\mathsf{D}^{m-1}\delta + \ldots + \frac{d^{m-1} f}{dt^{m-1}}\bigg|_{0_+} \delta \qquad (3.441)$$

die m-te Derivierte einer *kausalen* Funktion $f(t)$. Existiert $\mathcal{L}\{\frac{d^m f}{dt^m}\}$ und damit auch $\mathcal{L}\{f\}$ im klassischen Sinne, so gilt dies auch im distributionstheoretischen Sinne, und die Laplace-Transformation von (3.441) ergibt

$$\mathcal{L}\{\mathsf{D}^m f\} = \mathcal{L}\left\{\frac{d^m f}{dt^m}\right\} + f(0_+)\mathcal{L}\{\mathsf{D}^{m-1}\delta\} + \ldots + \frac{d^{m-1} f}{dt^{m-1}}\bigg|_{0_+} \mathcal{L}\{\delta\}. \qquad (3.442)$$

Mit den Korrespondenzen (3.434)$_1$ und (3.433)$_1$

$$\mathcal{L}\{\mathsf{D}^m f\} = p^m \mathcal{L}\{f\}, \quad \mathcal{L}\{\mathsf{D}^\nu \delta\} = p^\nu \qquad (3.443)$$

kann dann (3.442) frei von Derivationen angegeben werden:

$$p^m \mathcal{L}\{f\} = \mathcal{L}\left\{\frac{d^m f}{dt^m}\right\} + f(0_+)p^{m-1} + \ldots + \frac{d^{m-1} f}{dt^{m-1}}\bigg|_{0_+}. \qquad (3.444)$$

Dies ist nichts anderes als die bekannte Ableitungsregel (3.178). Allerdings gilt jene auch für *nicht*-kausale Funktionen, während in (3.444) ausdrücklich [s. (3.441) ff.] *Kausalität* vorausgesetzt ist.

Eine für praktische Rechnungen wichtige Fragestellung resultiert aus folgenden Überlegungen: Bei klassischen Anwendungen der Laplace-Transformation (außerhalb der Distributionstheorie) treten zwar unstetige Funktionen, aber keine *Ableitungen* von unstetigen Funktionen auf. Deshalb ist es auch ohne Bedeutung, ob eine kausale Funktion durch $f(t) = 0$ für $t \leq 0$ oder für $t < 0$ definiert wird, bzw. ob der „Einschaltzeitpunkt" $t = 0$ als *untere Grenze* des Laplace-Integrals etwas früher ($t = 0_-$) oder etwas später ($t = 0_+$) gelegt wird. In der Distributionstheorie entspricht das der Rechnung mit *regulären* Distributionen.

Die ändert sich natürlich grundlegend, wenn zwischen $t = 0_-$ und $t = 0_+$ irgend ein „endlicher" Beitrag in die Transformationsgleichungen eingeht. Genau das geschieht aber im Falle *singulärer* Distributionen. So liefert etwa die Dirac-Funktion δ (als Modell für einen realen Stoß) den endlichen Beitrag [s. (3.429)] $\mathcal{L}\{\delta\} = 1$ im „unendlich kleinen" Zeitintervall $(0_-, 0_+)$. Wirkt δ dabei als Anregung in einer Schwingungs-Differenzialgleichung, so besitzt die Schwinggeschwindigkeit $\dot{y}(t)$ jetzt *verschiedene*

Werte zu Beginn und zum Ende dieses Intervalls $(0_-, 0_+)$; d. h. es ist $\dot{y}(0_-) \neq \dot{y}(0_+)$, wobei jetzt zwar die Anfangsgeschwindigkeit $\dot{y}(0_-)$, nicht aber der aufgrund δ veränderte Systemzustand $\dot{y}(0_+)$ bekannt ist.

Aus diesem Grunde müssen im Rahmen der Distributionstheorie alle „Ableitungsregeln" allein auf *linksseitige* Anfangswerte umgeschrieben werden. Ausgangspunkt dafür ist der allgemeine Zusammenhang (3.418) zwischen Ableitung und Derivierter einer Funktion mit einer Unstetigkeitsstelle bei $t = 0$

$$\mathsf{D}^m f = \frac{d^m f}{dt^m} + [f(0_+) - f(0_-)]\mathsf{D}^{m-1}\delta + \dots + \left[\frac{d^{m-1} f}{dt^{m-1}}\bigg|_{0_+} - \frac{d^{m-1} f}{dt^{m-1}}\bigg|_{0_-}\right]\delta.$$

$$(3.445)$$

Die Laplace-Transformierte davon ist

$$\mathcal{L}\{\mathsf{D}^m f\} = \mathcal{L}\left\{\frac{d^m f}{dt^m}\right\} + [f(0_+) - f(0_-)]\mathcal{L}\{\mathsf{D}^{m-1}\delta\} + \dots$$

$$+ \left[\frac{d^{m-1} f}{dt^{m-1}}\bigg|_{0_+} - \frac{d^{m-1} f}{dt^{m-1}}\bigg|_{0_-}\right]\mathcal{L}\{\delta\}.$$

$$(3.446)$$

Mit $(3.443)_2$ lassen sich wieder alle δ-Anteile eliminieren, und mit der klassischen Differenziationsregel (3.178)

$$\mathcal{L}\left\{\frac{d^m f}{dt^m}\right\} = p^m F(p) - p^{m-1} f(0_+) - \dots - \frac{d^{m-1} f}{dt^{m-1}}\bigg|_{0_+}$$

$$(3.447)$$

heben sich alle rechtsseitigen Anfangswerte in (3.446) heraus. Somit lässt sich die Laplace-Transformation der m-ten Derivierten einer beliebigen, allerdings überall (außer bei $t = 0$) stetigen und stetig differenzierbaren Funktion $f(t)$ in der Form

$$\mathsf{D}^m f \circ\!\!-\!\!\bullet\ p^m F(p) - p^{m-1} f(0_-) - p^{m-2} \dot{f}(0_-) - \dots - \frac{d^{m-1} f}{dt^{m-1}}\bigg|_{0_-}$$

$$(3.448)$$

angeben. Ausdrücklich sei angemerkt, dass diese Derivationsregel im Unterschied zu (3.178) auch dann gilt, wenn $f(t)$ auch noch für $t > 0$ Sprungstellen aufweist.

Während die klassische Ableitungsregel (3.178) für allgemeine, also auch nichtkausale Funktionen die *rechtsseitigen* Anfangswerte enthält, treten bei der Derivationsregel (3.448) – wie gewünscht – dann nur noch die *linksseitigen* Anfangswerte auf. Bei der Anwendung auf reale Probleme [s. schon (3.14) ff.] sind i. d. R. ja nur die links- und nicht die rechtsseitigen Anfangswerte bekannt. Anstelle der Übertragungsgleichung (3.180) muss man jetzt folglich auch eine ableiten, die mit den (natürlicheren) linksseitigen Anfangswerten arbeitet. Dazu fasst man in den Modellgleichungen (3.13) eines technischen Systems die auftretenden Differenziationen verallgemeinert als Derivationen auf.

Diese Verallgemeinerung ist zwar ungewohnt, aber genau von derselben Qualität, wie der Übergang von einer realen Zeitfunktion (etwa einem kurzzeitig wirkenden Stoß) zu einer singulären Distribution (etwa einem „Modellimpuls" wie der Dirac-Funktion δ). Genau wie auch in der Quantenmechanik oder in der relativistischen Mechanik mittels geeigneter „Grenzübergänge" die Ergebnisse der klassischen Mechanik erhalten werden, so liefert die Distributionstheorie beim Übergang auf „realisierbare Funktionen" (also *reguläre* Distributionen) stets die bekannten Ergebnisse. In diesem Sinne besteht auch zwischen Distributionen und technisch realen Funktionen ein „Korrespondenzprinzip"[37]: Fasst man in einer Differenzialgleichung irgendeine Funktion als *Distribution* auf, so sind die vorkommenden Ableitungen „automatisch" *Derivierte*.

Für ein Ein- und ein Ausgangssignal $x(t)$ und $y(t)$ der erwähnten Funktionenklasse liefert so die Differenzialgleichung (3.13) nach Anwenden der Derivationsregel (3.448) mit der bereits definierten Übertragungsfunktion $G(p)$ (3.179) die Übertragungsgleichung

$$Y(p) = G(p)X(p)$$

$$+\frac{a_n p^{n-1} + \ldots + a_1}{a_n p^n + \ldots + a_1 p + a_0} y(0_-) \qquad -\frac{b_m p^{m-1} + \ldots + b_1}{a_n p^n + \ldots + a_1 p + a_0} x(0_-)$$

$$+\frac{a_n p^{n-2} + \ldots + a_2}{a_n p^n + \ldots + a_1 p + a_0} \dot{y}(0_-) \qquad -\frac{b_m p^{m-2} + \ldots + b_2}{a_n p^n + \ldots + a_1 p + a_0} \dot{x}(0_-)$$

$$+ \qquad \vdots \qquad\qquad\qquad - \qquad \vdots$$

$$+ \qquad \vdots \qquad\qquad -\frac{b_m}{a_n p^n + \ldots + a_1 p + a_0} \frac{d^{m-1}x}{dt^{m-1}}\Big|_{0_-}$$

$$+\frac{a_n}{a_n p^n + \ldots + a_1 p + a_0} \frac{d^{n-1}y}{dt^{n-1}}\Big|_{0_-}.$$

$$(3.449)$$

mit jetzt *linksseitigen* Anfangswerten. Durch Rücktransformation mit Hilfe des Faltungssatzes kann die Lösung $y(t)$ als Faltungsintegral dargestellt werden:

$$\mathcal{L}^{-1}\{Y(p)\} = y(t)$$

$$= \int_0^t g(t-\tau)x(\tau)d\tau + \sum_{\nu=0}^{n-1} g_{a\nu}(t)\frac{d^\nu y}{dt^\nu}\Big|_{0_-} - \sum_{\nu=0}^{m-1} g_{b\nu}(t)\frac{d^\nu x}{dt^\nu}\Big|_{0_-}. \qquad (3.450)$$

Bei kausalen Funktionen $x(t)$ und $y(t)$ verschwinden die linksseitigen Anfangswerte. Dann vereinfacht sich die Lösung im Bildbereich und im Zeitbereich zu den klassischen Ergebnissen, d. h. für *homogene* Anfangsbedingungen liefert das Faltungsintegral nicht nur eine partikuläre, sondern direkt stets die *vollständige* Lösung.

---

[37] Deshalb besitzt ja auch die ingenieurmäßige Vorstellung von einer δ-Funktion als „unendlich schmalem und unendlich hohem Impuls" einen beachtlichen heuristischen Wert.

3.4.2 Anwendungen

Mit den angegebenen Grundlagen der Distributionstheorie ist man nun in der Lage, Schwingungssysteme unter Anregung auch „echter", d. h. singulärer Distributionen zu behandeln.

Beispiel 3.43 Gedämpfter Oszillator (für $t = 0_-$ in Ruhe), angeregt durch einen Dirac-Impuls. Da jetzt eine Distribution (hier δ) auftritt, sind alle Ableitungen „Derivierte", und das maßgebende Anfangswertproblem wird

$$\mathsf{D}^2 y + 2D\omega_0 \mathsf{D}y + \omega_0^2 y = \delta(t), \quad y(0_-) = 0, \quad \mathsf{D}y(0_-) = 0. \tag{3.451}$$

Zuerst soll gezeigt werden, dass auch dieses Mal ein Lösungsansatz in Form eines *Faltungsintegrals* zum Ziel führt und die dabei zu berechnende Distribution $\bar{g}(t)$ mit der früher ermittelten klassischen Gewichtsfunktion (3.109) übereinstimmt. Es wird demnach der Ansatz

$$\langle y_P, \varphi \rangle = \left\langle \int_{-\infty}^{\infty} \delta(\tau)\bar{g}(t - \tau)d\tau, \varphi(t) \right\rangle, \quad \text{kurz} \quad y_P(t) = \delta * \bar{g} \tag{3.452}$$

zugrunde gelegt. Vor dem Einsetzen in (3.451) hat man zu derivieren. Dazu berücksichtigt man (3.424), d. h.

$$y_P = \delta * \bar{g} = \bar{g}, \tag{3.453}$$

und erhält

$$\mathsf{D}y_P = \mathsf{D}\bar{g}, \quad \mathsf{D}^2 y_P = \mathsf{D}^2\bar{g}. \tag{3.454}$$

Eingesetzt ergibt sich

$$\langle \mathsf{D}^2\bar{g} + 2D\omega_0 \mathsf{D}\bar{g} + \omega_0^2\bar{g}, \varphi \rangle = \langle \delta, \varphi \rangle. \tag{3.455}$$

Nimmt man an, dass sich $\bar{g}(t)$ wie früher als $\bar{g} = \sigma g$ mit der klassischen Gewichtsfunktion $g(t)$ darstellen lässt, so sind die Derivierten gemäß (3.413) und (3.408)

$$\begin{aligned}
\langle \mathsf{D}\bar{g}, \varphi \rangle &= g(0_+)\langle \delta, \varphi \rangle + \langle \sigma \dot{g}, \varphi \rangle, \\
\langle \mathsf{D}^2\bar{g}, \varphi \rangle &= g(0_+)\langle \mathsf{D}\delta, \varphi \rangle + \langle \dot{g}\mathsf{D}\sigma + \sigma \ddot{g}, \varphi \rangle \\
&= g(0_+)\langle \mathsf{D}\delta, \varphi \rangle + \dot{g}(0_+)\langle \delta, \varphi \rangle + \langle \sigma \ddot{g}, \varphi \rangle.
\end{aligned} \tag{3.456}$$

Man erhält also

$$\langle g(0_+)\mathsf{D}\delta + \dot{g}(0_+)\delta + \sigma\ddot{g} + 2D\omega_0[g(0_+)\delta + \sigma\dot{g}] + \omega_0^2\sigma g, \varphi \rangle = \langle \delta, \varphi \rangle \tag{3.457}$$

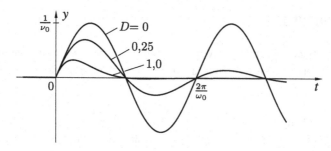

Abb. 3.35 Impulsantwort eines gedämpften Oszillators

oder geordnet

$$\left\langle \sigma\left[\ddot{g} + 2D\omega_0\dot{g} + \omega_0^2 g\right] + g(0_+)\left[D\delta + 2D\omega_0\delta\right] + \left[\dot{g}(0_+) - 1\right]\delta, \varphi \right\rangle = 0. \qquad (3.458)$$

Diese Gleichung kann offensichtlich (für beliebige Testfunktionen φ) dadurch erfüllt werden, dass man $g(t)$ wie früher aus

$$\ddot{g} + 2D\omega_0\dot{g} + \omega_0^2 g = 0 \ (\forall t > 0), \quad g(0_+) = 0, \quad \dot{g}(0_+) = 1 \qquad (3.459)$$

bestimmt, d. h. alle Vorfaktoren von σ und δ für alle $t > 0$ identisch zu null macht. Tatsächlich bleibt damit die Berechnung von $g(t)$ bzw. $\bar{g}(t)$ (und auch deren Eigenschaften) ungeändert, obwohl der Schwinger durch eine Dirac-Funktion angeregt wird. Die Gewichtsfunktion $\bar{g}(t)$ ist jetzt über (3.109) bekannt und damit auch, aufgrund der vorgegebenen homogenen Anfangsbedingungen (3.451), die Gesamtlösung

$$\langle y, \varphi \rangle = \langle y_P, \varphi \rangle = \langle \bar{g}, \varphi \rangle = \langle \sigma g, \varphi \rangle. \qquad (3.460)$$

Die Antwort eines einläufigen Schwingers auf eine „δ-Impulsanregung" bleibt damit in der Gestalt (s. Abb. 3.35)

$$y(t) = y_P(t) = \bar{g}(t) = \begin{pmatrix} 0, & t < 0 \\ g(t), & t \geq 0 \end{pmatrix} \qquad (3.461)$$

mit $g(t)$ gemäß (3.118) eine stetige klassische Funktion[38]. Das erhaltene Ergebnis bedeutet, dass die Gewichtsfunktion die (distributionelle) Lösung auf einen δ-Stoß darstellt und deshalb häufig salopp auch als *Impulsantwort* bezeichnet wird. ∎

---

[38] Damit ist wieder bestätigt, dass die Dirac-Funktion δ als singuläre Distribution ein sinnvolles *mathematisches Modell* für bestimmte „impulsartige" Vorgänge darstellt.

Ohne Beweis sei vermerkt, dass diese am speziellen Beispiel gewonnenen Aussagen auch für Systeme höherer Ordnung gültig sind: die Gewichtsfunktion kann als *Impulsantwort* aufgefasst werden und ihre Berechnung geschieht mittels (3.104). In Erweiterung des Ergebnisses (3.460) kann man feststellen, dass für ein allgemeines System n-ter Ordnung (3.13) jede Stoßanregung $x = \delta$ auf eine klassische Antwortfunktion $y_P(t)$ bzw. $y(t)$ führt, solange $m < n$ ist. Nur für den akademischen Fall $m \geq n$, wenn also n-te und höhere Ableitungen (im distributionellen Sinne) von δ auftreten, ist auch die Lösung eine singuläre Distribution.

Mit den nunmehr bekannten Grundlagen der Distributionstheorie lassen sich jetzt die Bestimmungsgleichungen für die Gewichtsfunktion auch noch in anderer Weise formulieren und zwar direkt für $\bar{g}(t)$ [und nicht mehr über den Umweg einer Vorabberechnung von $g(t)$]. Für $t \geq 0_+$ gilt $\bar{g}(t) = g(t)$, so dass gemäß (3.104) $\bar{g}(t)$, $\dot{\bar{g}}(t)$, ..., $\frac{d^{n-2}\bar{g}(t)}{dt^{n-2}}$ für $t \to 0_+$ den Grenzwert 0, dagegen $\frac{d^{n-1}\bar{g}(t)}{dt^{n-1}}$ den Grenzwert $\frac{1}{a_n}$ besitzen. Da $\bar{g}(t)$ nach (3.461) für $t < 0$ verschwindet, gelten gemäß (3.418) die Zusammenhänge

$$\mathsf{D}\bar{g} = \dot{\bar{g}}, \quad \mathsf{D}^2\bar{g} = \ddot{\bar{g}}, \quad \ldots, \quad \mathsf{D}^{n-1}\bar{g} = \frac{d^{n-1}\bar{g}}{dt^{n-1}} \tag{3.462}$$

und

$$\mathsf{D}^n\bar{g} = \frac{d^n\bar{g}}{dt^n} + \delta \tag{3.463}$$

zwischen Derivierten und Ableitungen. Die höchste Derivierte (3.463) sichert, dass $\bar{g}(t)$ die Distributionsgleichung

$$a_n\mathsf{D}^n\bar{g} + a_{n-1}\mathsf{D}^{n-1}\bar{g} + \ldots + a_1\mathsf{D}\bar{g} + a_0\bar{g} = \delta \tag{3.464}$$

erfüllt, während $g(t)$ als gewöhnliche Funktion nach (3.104) der homogenen Differenzialgleichung (3.16) genügt (mit zusätzlichen, teilweise nicht verschwindenden rechtsseitigen Anfangswerten). Der Unterschied zwischen $g(t)$ als Funktion (Gewichtsfunktion) und $\bar{g}(t)$ als Distribution (Impulsantwort) liegt in der verschiedenartigen Definition der n-ten Ableitung in $t = 0$. Solange man nur Zeiten $t > 0$ betrachtet, ist die Verwechslung der beiden „Funktionen" ohne Belang.

Beispiel 3.44 Zwangsschwingungen des gedämpften Oszillators unter Stoßanregung mittels Laplace- oder Fourier-Transformation. Die zugehörige Distributionsgleichung (3.451) lässt sich so wesentlich schneller lösen als mit Hilfe des Faltungsintegrals. Gemäß Rechenregel (3.434) und Korrespondenz (3.429) liefert die Differenzialgleichung (3.451) sofort das Zwischenergebnis im Bildbereich

$$Y(p) = G(p)X(p) = G(p) = \frac{1}{\omega_0^2 + p^2 + 2D\omega_0 p}. \tag{3.465}$$

Die Rücktransformation (z. B. mittels Partialbruchzerlegung oder einfacher mit entsprechenden Korrespondenztabellen) führt dann wieder auf das bekannte Ergebnis (3.461) für $y(t)$.   ∎

Beispiel 3.45 Minimalmodell einer Radaufhängung mit der Bewegungsgleichung (3.81) unter Anregung eines kausalen „Rechteckfensters"

$$x(t) = \begin{cases} 1, & 0 \le t \le 2T, \\ 0, & \text{sonst.} \end{cases} \tag{3.466}$$

Infolge der in (3.81) auftretenden Ableitung der (bei $t = 0$ und auch bei $t = 2T$ nicht *differenzierbaren*) Erregung $x(t)$ sind sämtliche Ableitungen im distributionellen Sinne, d. h. als Derivationen aufzufassen:

$$D^2 y + 2D\omega_0 Dy + \omega_0^2 y = 2D\omega_0 Dx + \omega_0^2 x, \quad y(0_-) = Dy(0_-) = 0. \tag{3.467}$$

Sucht man nach einer Lösung $y(t)$ mittels Laplace-Transformation, so hat man im ersten Schritt die Bildfunktion $X(p)$ des Eingangssignals $x(t)$ zu ermitteln. Man erhält durch Ausrechnen des maßgebenden Integrals (3.169) (oder direkt aus einer entsprechenden Korrespondenztabelle)

$$X(p) = \int_0^{2T} e^{-pt} dt = -\frac{1}{p}\left(e^{-2pT} - 1\right). \tag{3.468}$$

Mit der Übertragungsgleichung (3.449) hat man sofort das Ausgangssignal

$$Y(p) = G(p)X(p), \quad G(p) = \frac{1}{p^2 + 2D\omega_0 p + \omega_0^2} \tag{3.469}$$

im Bildbereich, das sich auch in der Gestalt

$$Y(p) = \hat{G}(p) - \hat{G}(p)e^{-2Tp}, \quad \hat{G}(p) = \frac{G(p)}{p} \tag{3.470}$$

schreiben lässt. Anwenden des Verschiebungssatzes wie in (3.160) und Rücktransformation von $\hat{G}(p)$ mittels Partialbruchzerlegung (s. Beispiel 3.17 in Abschnitt 3.1.6) führt dann nach geeignetem Zusammenfassen zum Endergebnis

$$y_P(t) \equiv y(t) = \hat{g}(t) - \hat{g}(t - T),$$

$$\hat{g}(t) = 1 - \frac{\omega_0}{\nu_0} e^{-D\omega_0 t} \sin(\nu_0 t + \psi), \quad \tan\psi = \frac{\sqrt{1 - D^2}}{D}. \tag{3.471}$$

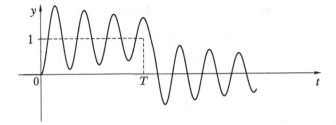

Abb. 3.36 Antwort des Minimalmodells einer Radaufhängung bei Anregung durch ein kausales Rechteckfenster

Für die gleichen Systemdaten, die schon Abb. 3.24b zugrunde lagen, ist in Abb. 3.36 diese Systemantwort $y(t)$ aufgezeichnet. Der Aufklingvorgang im Intervall $[0, 2T]$ ist dem in Abb. 3.25 ähnlich; infolge der konstanten Intensität der Anregung ist hier das Aufklingen jedoch stärker ausgeprägt als dort für ein „Dreieckfenster". ∎

3.5 Übungsaufgaben

Aufgabe 3.1 Dynamik eines Verzögerungsgliedes erster Ordnung. Das System wird durch die Differenzialgleichung $T_0\dot{y} + y = x(t)$ beschrieben. Für homogene Anfangsbedingungen berechne man bei harmonischer Anregung $x(t) = x_0 \sin \Omega t$ die vollständige Systemantwort $y(t)$. Unter Einwirkung eines sog. kommutierten Sinus-Signals $x(t) = x_0|\sin \Omega_0 t|$ genüge die Bestimmung einer Partikulärlösung $y_P(t)$.

Lösung: Das homogene Problem ist in Beispiel 3.7 (s. Abschn. 3.1.2) behandelt worden, d. h. es ist $y_H(t) = Ce^{-t/T_0}$. Den Frequenzgang $F(j\Omega)$ (s. Beispiel 3.16 in Abschn. 3.1.6) findet man in der Gestalt $F(j\Omega) = 1/(1 + jT_0\Omega)$ und die vollständige [an die Anfangsbedingung $y(0) = 0$ angepasste] Lösung für harmonische Erregung ist damit

$$y(t) = \frac{x_0}{\sqrt{1 - (T_0\Omega)^2}} \left[\frac{T_0\Omega}{\sqrt{1 + (T_0\Omega)^2}} + \sin(\Omega t + \varphi) \right], \quad \tan \varphi = -T_0\Omega.$$

Der kommutierte Sinus ist eine ($T = \pi/\Omega_0$)-periodische, gerade Funktion (Grundkreisfrequenz $\Omega = 2\Omega_0$), so dass seine Fourier-Reihe in der Gestalt

$$x(t) = \frac{4x_0}{\pi} \left[\frac{1}{2} - \frac{\cos 2\Omega_0 t}{1 \cdot 3} - \frac{\cos 4\Omega_0 t}{3 \cdot 5} - \cdots \right]$$

berechnet werden kann. Eine Partikulärlösung erhält man dann zu

$$y_P(t) = \frac{4x_0}{\pi} \left(\frac{1}{2} - \sum_{k=1}^{\infty} \frac{V(2k\Omega_0) \cos[2k\Omega_0 t + \varphi(2k\Omega_0)]}{(2k-1)(2k+1)} \right),$$

$$V(2k\Omega_0) = \frac{1}{\sqrt{1 + (2T_0\Omega_0)^2}},$$

$$\tan \varphi(2k\Omega_0) = -2kT_0\Omega_0.$$

Aufgabe 3.2 Schwingungsanalyse eines Stoßdämpfermodells mit einem Freiheitsgrad. Das Modell besteht aus einer Punktmasse m, die über einen geschwindigkeitsproportionalen (k) Dämpfer an die Umgebung angeschlossen ist. Das System, das anfänglich in Ruhe ist, wird durch einen Kraftwechselstoß $f(\bar{t}) = f_0(1 - 2\bar{t}/T_0)$ ($0 \le \bar{t} \le T_0$) bzw. 0 (sonst) erregt. Das dynamische Verhalten des Stoßdämpfers im Frequenz- und im Zeitbereich ist zu diskutieren.

Lösung: Mit $t = \omega_0\bar{t}$ (ω_0 Bezugskreisfrequenz), $T = \omega_0 T_0$, $k/m = 2D\omega_0$ und $f_0/(m\omega_0^2) = x_0$ ergibt sich die beschreibende Bewegungsgleichung $\ddot{y} + 2D\dot{y} = x(t)$, $x(t) = a_0(1 - 2t/T)$ ($0 \le t \le T$) bzw. 0 (sonst). Das Eingangsspektrum ist

$$X(\Omega) = \frac{x_0}{j\Omega} \left(1 - e^{-j\Omega T}\right) + \frac{2x_0}{\Omega^2 T} \left[1 - e^{-j\Omega T}(1 + j\Omega T)\right]$$

und den Frequenzgang erhält man zu

$$F(j\Omega) = \frac{1}{-\Omega^2 + j2D\Omega}.$$

Das Ausgangsspektrum $Y(\Omega)$ berechnet sich als Produkt von $X(\Omega)$ und $F(j\Omega)$.

Zur Bestimmung der Gewichtsfunktion verwendet man einen Exponentialansatz und findet die charakteristische Gleichung $\lambda(\lambda + 2D) = 0$ mit den Wurzeln $\lambda_1 = 0$, $\lambda_2 = -2D$. Mit $g(0) = 0$, $\dot{g}(0) = 1$ ergibt sich

$$g(t) = \frac{1}{2D} \left(1 - e^{-2Dt}\right).$$

Die Auswertung des Faltungsintegrals liefert schließlich die Lösung und zwar für $0 \le t \le T$:

$$y(t) = \frac{x_0}{2T} \left[t(1 - t/T) + \frac{2Dt - 1}{2D^2 T} - \frac{1}{2D}(1 - e^{-2Dt}) + \frac{e^{-2Dt}}{2D^2 T} \right]$$

und für $t > T$:

$$y(t) = \frac{x_0}{2D} \left[\frac{1}{2D} \left(e^{-2D(t-T)} + e^{-2Dt}\right) - \frac{1}{2D^2 T} \left(e^{-2D(t-T)} - e^{-2Dt}\right) \right].$$

Die (aufwändige) Fourier-Rücktransformation von $Y(\Omega)$ bestätigt das Ergebnis.

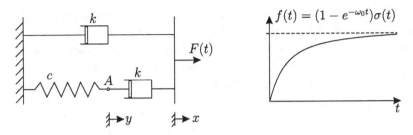

Abb. 3.37 Ersatzmodell in der Rheologie

Aufgabe 3.3 Einläufiger Schwinger unter impulsförmiger Anregung. Eine Punktmasse m ist über die Reihenschaltung einer Feder $2c$ und eines Dämpfers k an die Umgebung angeschlossen und zum Zeitpunkt $\bar{t} = 0$ und $\bar{t} = T_0$ durch jeweils einen Dirac-Impuls belastet. Mittels Faltungsintegral bestimme man für den Fall $\omega_0 T_0 = 1$, $k/m = \omega_0$ ($\omega_0^2 = c/m$) eine Partikulärlösung $y_P(\bar{t})$ in den drei Zeitbereichen $\bar{t} < 0$, $0 < \bar{t} < T_0$ und $\bar{t} > T_0$. Welchen Wert nimmt die Lösung nach sehr langer Zeit an?

Lösung: Mit den üblichen Abkürzungen (als Bezugskreisfrequenz wird ω_0 benutzt) ergeben sich die beiden Bewegungsgleichungen $\ddot{x} + 2x - 2y = F(t)$, $\dot{y} + 2y - 2x = 0$, die man in die Einzelgleichung $\dddot{y} + 2\ddot{y} + 2\dot{y} = 2F(t)$, $F(t) = \delta(t) + \delta(t-1)$ umschreiben kann. Die charakteristische Gleichung lautet $\lambda(\lambda^2 + 2\lambda + 2) = 0$, so dass man die Gewichtsfunktion in der Gestalt $g(t) = C_1 + e^{-t}(C_2 \sin t + C_3 \cos t)$ schreiben kann. Mit $g(0) = 0$, $\dot{g}(0) = 0$, $\ddot{g}(0) = 1$ findet man dann $g(t) = \frac{1}{2} - \frac{1}{2}e^{-t}(\sin t + \cos t)$. Mittels Faltungsintegral erhält man schließlich $y_P(t) = 0$ für $t < 0$, $y_P(t) = 1 - e^{-t}(\sin t + \cos t)$ für $0 < t < 1$ und $y_P(t) = 2 - e^{-t}(\sin t + \cos t) - e^{-(t-1)}[\sin(t-1) + \cos(t-1)]$ für $t > 1$. Nach sehr langer Zeit ergibt sich demnach der Grenzwert $y_P(t \to \infty) = 2$.

Aufgabe 3.4 Zum Studium viskoelastischen Materialverhaltens bedient man sich in der Rheologie bestimmter Ersatzmodelle mit masselosen elastischen und viskosen Elementen. Ein solches Modell mit zwei Dämpfern (Dämpferkonstante k) sowie einer Feder (Federkonstante c) zeigt Abb. 3.37. Beschreibt man die Bewegung des Kraftangriffspunkts mit x, die des Punkts A mit y und gilt weiter $c/k = \gamma$, $F(t)/k = f(t)$, so lauten die Bewegungsgleichungen $2\dot{x} - \dot{y} = f(t)$, $\dot{x} - \dot{y} = \gamma y$. Das dynamische System, das für $t = 0$ in Ruhe ist, wird durch den dargestellten Kraftstoß $f(t)$ erregt. Zunächst bestimme man durch Elimination der Geschwindigkeit $\dot{x}$ die maßgebende Differenzialgleichung allein in der y-Koordinate. Sodann gebe man die Gewichtsfunktion $g(t - \tau)$ an. Man berechne anschließend die Lösung $y(t)$ mittels Faltungsintegral und führe mit $\omega_0 \to \infty$ den Grenzübergang zur Sprungantwort $y_S(t)$ durch. Als Grundlage einer Systemidentifikation berechne man den quadratischen Mittelwert $\bar{y}_T = \frac{1}{T} \int_0^T y_S^2(t)dt$ und finde so für lange Messzeit $T \to \infty$ einen algebraischen Zusammenhang zwischen (unbekanntem) Systemparameter γ und gemessenem Mittelwert $\bar{y}_\infty$.

Lösung: Durch Elimination von $\dot{x}$ aus der zweiten Differenzialgleichung und Einsetzen in die erste erhält man nach Umformen $\dot{y}+2\gamma y = f(t)$ als Differenzialgleichung allein in y. Die charakteristische Gleichung lautet $\lambda + 2\gamma = 0$, so dass sich für die Gewichtsfunktion $g(t - \tau) = Ce^{-2\gamma(t-\tau)}$ ergibt. Nach Berechnung der Integrationskonstanten erhält man $g(t - \tau) = e^{-2\gamma(t-\tau)}$. Mittels Faltungsintegral findet man die vollständige Lösung

$$y(t) = e^{-2\gamma t}\left[\frac{e^{2\gamma t} - 1}{2\gamma} - \frac{e^{(2\gamma - \omega_0)t} - 1}{2\gamma - \omega_0}\right].$$

Der Grenzübergang $\omega_0 \to \infty$ liefert

$$y_S(t) = \frac{1 - e^{-2\gamma t}}{2\gamma}.$$

Als quadratischen Mittelwert berechnet man

$$\bar{y}_T = \frac{1}{4\gamma^2 T}\left(T + \frac{4e^{-2\gamma T} - e^{-4\gamma T} - 3}{4\gamma}\right),$$

und der Grenzübergang $T \to \infty$ liefert $\bar{y}_\infty = \frac{1}{4\gamma^2}$, woraus man $\gamma = \frac{1}{2}\frac{1}{\sqrt{\bar{y}_\infty}}$ erhält.

Aufgabe 3.5 Ein- und Ausschaltvorgang eines elektrischen Schwingkreises. Ein einfaches Netzwerk besteht aus einer Reihenschaltung eines Widerstandes (R) und eines Kondensators (C). Zunächst ist dieser Schwingkreis kurzgeschlossen. Zum Zeitpunkt $t = -T$ wird über einen Schalter eine Gleichspannung $u_0 = $ const angelegt und zum Zeitpunkt $t = +T$ wird der Stromkreis wieder unterbrochen. Man diskutiere die Systemdynamik im Frequenzbereich und ermittle anschließend den zeitlichen Verlauf des fließenden Stromes $i(t)$.

Lösung: Nach dem zweiten Kirchhoffschen Gesetz wird der in dem RC-Kreis fließende Strom $i(t)$ durch die Differenzialgleichung erster Ordnung

$$(i)^{\cdot} + \frac{1}{RC}i = \frac{1}{R}\dot{u}(t)$$

mit $u(t) = u_0$ ($|t| < T$) bzw. 0 (sonst) beschrieben. Der komplexe Frequenzgang ist

$$F(j\Omega) = \frac{1}{R}\frac{j\Omega}{j\Omega + \frac{1}{RC}}$$

und für das Eingangsspektrum erhält man (s. Beispiel 3.13 in Abschn. 3.1.6)

$$U(\Omega) = \frac{2u_0 \sin \Omega T}{\Omega}.$$

Das Produkt $F(j\Omega)U(\Omega)$ liefert das Ausgangsspektrum $I(\Omega)$, und nach Fourier-Rücktransformation ergibt sich

$$i(t) = 0 \ (t + T < 0), \quad \frac{u_0}{R} e^{-\frac{t+T}{RC}} \ (|t| < T)$$

bzw.

$$\frac{u_0}{R} \left[e^{-\frac{t+T}{RC}} - e^{-\frac{t-T}{RC}} \right] \ (t - T > 0).$$

Aufgabe 3.6 Dynamisches System dritter Ordnung, beschrieben durch die Differenzialgleichung $\dddot{y} + \ddot{y} + \omega_0^2(\dot{y} + y) = x(t)$. Das System ist zu Anfang in Ruhe $[y(0_-) = 0,$ $\dot{y}(0_-) = 0, \ddot{y}(0_-) = 0]$ und wird durch den Kraftstoß $x(t) = 1$ $(0 \le t \le T)$ bzw. 0 (sonst) beaufschlagt. Das dynamische Verhalten im Bild- und im Zeitbereich ist zu diskutieren.

Lösung: Zur Berechnung der Gewichtsfunktion ermittelt man die charakteristische Gleichung, hier in der Gestalt $(\lambda + 1)(\lambda^2 + \omega_0^2) = 0$, so dass jene zu $g(t) = C_1 e^{-t} + C_2 \sin \omega_0 t + C_3 \cos \omega_0 t$ gefunden werden kann. Nach Berechnung der Integrationskonstanten erhält man

$$g(t) = \frac{1}{1 + \omega_0^2} \left(e^{-t} + \frac{1}{\omega_0} \sin \omega_0 t - \cos \omega_0 t \right).$$

Die Auswertung des Faltungsintegrals liefert (bei den vorausgesetzten homogenen Anfangsbedingungen) die vollständige Lösung

$$y(t) = \sigma(t) \left[1 - e^{-t} + \frac{1}{\omega_0^2}(1 - \cos \omega_0 t) - \frac{1}{\omega_0} \sin \omega_0 t \right]$$
$$- \sigma(t - T) \left[1 - e^{-(t-T)} + \frac{1}{\omega_0^2}(1 - \cos \omega_0(t - T)) - \frac{1}{\omega_0} \sin \omega_0(t - T) \right].$$

Zur Diskussion im Bildbereich bestimmt man zuerst die Laplace-Transformierte

$$X(p) = \frac{1}{p}(1 - e^{-pT})$$

des Eingangssignals $x(t)$. Mit der Übertragungsfunktion

$$G(p) = \frac{1}{(p + 1)(p^2 + \omega_0^2)}$$

ergibt sich dann auch die Laplace-Transformierte

$$Y(p) = \frac{1 - e^{-pT}}{p(p + 1)(p^2 + \omega_0^2)}$$

des Ausgangssignals $y(t)$. Mit $\mathcal{L}^{-1}\left[\frac{1}{p(p+1)(p^2+\omega_0^2)}\right]$ (nach Partialbruchzerlegung) und unter Verwendung des Verschiebungssatzes $(3.136)_1$ bestätigt man die oben gefundene Lösung $y(t)$.

Aufgabe 3.7 Ersatzmodell zur Beschreibung der Querschwingungen einer vorgespannten, elastisch gebetteten Saite. Es besteht aus einem Feder-Masse-System mit zwei Freiheitsgraden. Eine Schwingerkette aus zwei Punktmassen m und drei Federn c_1 ist über zwei weitere, an den Massen angreifende Federn c_2 in Querrichtung abgestützt. In der gestreckten Ruhelage ($y_1 = y_2 = 0$) sind diese spannungslos, und die Kette wird durch eine konstante Kraft H_0 vorgespannt. Eine der Massen (beschrieben durch die Bewegungskoordinate y_1) wird durch eine harmonische Kraft $F(t) = f_0 \sin \Omega t$ angeregt. Für den Sonderfall $c_2 = H_0/\ell = c$ studiere man die Eigenschwingungen des Systems und berechne den eingeschwungenen Zustand $y_{2P}(t)$ der anderen Masse.

Lösung: Die Herleitung liefert die Bewegungsgleichungen (3.194) eines **M**-**K**-Systems mit

$$\mathbf{M} = \begin{pmatrix} m & 0 \\ 0 & m \end{pmatrix}, \qquad \mathbf{K} = \begin{pmatrix} c_2 + 2H_0/\ell & -H_0/\ell \\ -H_0/\ell & c_2 + 2H_0/\ell \end{pmatrix},$$

$$\mathbf{q} = \begin{pmatrix} y_1 \\ y_2 \end{pmatrix}, \qquad \mathbf{p}(t) = \begin{pmatrix} F(t) \\ 0 \end{pmatrix}.$$

Die zugehörige charakteristische Gleichung (3.212) lautet hier $m^2\omega^4 + 2m(c_2 + H_0/\ell)\omega^2 + (c_2 + 2H_0/\ell)^2 - (H_0/\ell)^2 = 0$, die sich für den angegebenen Sonderfall in der Gestalt $\omega_1^2 = 2c/m$, $\omega_2^2 = 4c/m$ auswerten lässt. Die zugehörigen Eigenvektoren ergeben sich bei entsprechender Normierung zu

$$\mathbf{r}_1 = \begin{pmatrix} 1 \\ 1 \end{pmatrix}, \quad \mathbf{r}_2 = \begin{pmatrix} 1 \\ -1 \end{pmatrix},$$

so dass die freien Schwingungen allgemein in der Form

$$\mathbf{q}_H(t) = c_1 \begin{pmatrix} 1 \\ 1 \end{pmatrix} \cos\left(\sqrt{\frac{2c}{m}}\, t + \alpha_1\right) + c_2 \begin{pmatrix} 1 \\ -1 \end{pmatrix} \cos\left(\sqrt{\frac{4c}{m}}\, t + \alpha_2\right)$$

berechnet werden können. In Verbindung mit der komplexen Erweiterung (3.332) der harmonischen Anregung $\mathbf{p}(t)$ liefert der Lösungsansatz (3.333) die Frequenzgangmatrix

$$\mathbf{F}(j\Omega) = \begin{pmatrix} 3c/m - \Omega^2 & -c/m \\ -c/m & 3c/m - \Omega^2 \end{pmatrix}^{-1}$$

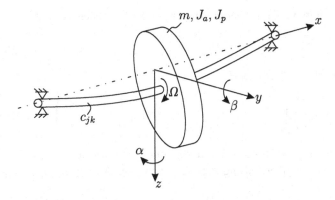

Abb. 3.38 Laval-Rotor

und schließlich auch die komplexe Erweiterung der Partikulärlösung

$$\underline{\mathbf{q}}_P(t) = \frac{f_0}{m(\Omega^2 - 2c/m)(\Omega^2 - 4c/m)} \begin{pmatrix} 3c/m - \Omega^2 \\ c/m \end{pmatrix} e^{j\Omega t}.$$

Die stationäre Schwingung $y_{2P}(t) \equiv q_{2P}(t)$ kann dann direkt abgelesen werden.

Aufgabe 3.8 Die freien Schwingungen eines mit $\Omega = $ const. umlaufenden Lavalrotors gemäß Abb. 3.38 werden durch die vier gekoppelten Differenzialgleichungen

$$m\ddot{z} + c_{11}z + c_{12}\beta = 0 \quad (1), \qquad\qquad m\ddot{y} + c_{11}y - c_{12}\alpha = 0 \quad (2),$$
$$J_a\ddot{\alpha} - \Omega J_p\dot{\beta} - c_{12}y + c_{22}\alpha = 0 \quad (3), \qquad J_a\ddot{\beta} + \Omega J_p\dot{\alpha} + c_{12}z + c_{22}\beta = 0 \quad (4),$$

beschrieben. y und z sind darin die Verschiebungen des Scheibenschwerpunkts, α und β die Neigungswinkel der Scheibe. Die masselose Welle besitzt die Federzahlen c_{jk} ($j, k = 1, 2$), die Scheibe die Masse m und die Massenträgheitsmomente J_a und J_p. Durch Einführen der komplexen Größen $x = z + iy$, $\varphi = \alpha + i\beta$, $i = \sqrt{-1}$ fasse man die ursprünglich vier Differenzialgleichungen paarweise zu nur noch zwei Differenzialgleichungen in x ($i \cdot (2) + (1)$) und $\varphi(i \cdot (4) + (3))$ zusammen (Hinweis: $a - ib = -i(b + ia)$). Sodann schreibe man das erhaltene Differenzialgleichungssystem für den Lagevektor $\mathbf{y} = [x, \varphi]^T$ in Matrizenform $\mathbf{M}\ddot{\mathbf{y}} + \mathbf{G}\dot{\mathbf{y}} + \mathbf{C}\mathbf{y} = \mathbf{0}$ und gebe die Matrizen $\mathbf{M}, \mathbf{G}$ und $\mathbf{C}$ der Trägheitskräfte, der gyroskopischen Kräfte und der Federkräfte an. Mit dem Lösungsansatz $\mathbf{y} = \mathbf{r}e^{i\omega t}$ ermittle man für den Sonderfall des stillstehenden Rotors ($\Omega = 0$) die charakteristische Gleichung und berechne die beiden Eigenkreisfrequenzquadrate $\omega_{1,2}^2$. Für den gleichen Sonderfall sind die Amplitudenverhältnisse zu bestimmen (Hinweis: Die Lösungen $\omega_{1,2}^2$ brauchen nicht explizite eingesetzt zu werden).

Lösung: Die komplexe Zusammenfassung ergibt das Zwischenergebnis

$$m\ddot{x} + c_{11}x - ic_{12}\varphi = 0, \quad J_a\ddot{\varphi} + i\Omega J_p\dot{\varphi} + ic_{12}x + c_{22}\varphi = 0,$$

das man in Matrizenschreibweise

$$\begin{pmatrix} m & 0 \\ 0 & J_a \end{pmatrix}\begin{pmatrix} \ddot{x} \\ \ddot{\varphi} \end{pmatrix} + \begin{pmatrix} 0 & 0 \\ 0 & i\Omega J_p \end{pmatrix}\begin{pmatrix} \dot{x} \\ \dot{\varphi} \end{pmatrix} + \begin{pmatrix} c_{11} & -ic_{12} \\ ic_{12} & c_{22} \end{pmatrix}\begin{pmatrix} x \\ \varphi \end{pmatrix} = 0,$$

d. h. in der Form $\mathbf{M}\ddot{\mathbf{y}} + \mathbf{G}\dot{\mathbf{y}} + \mathbf{C}\mathbf{y} = \mathbf{0}$ formulieren kann. Die zugehörige charakteristische Gleichung findet man über den angegebenen isochronen Ansatz, der für den stillstehenden Rotor $\Omega = 0$ zunächst das homogene algebraische Gleichungssystem $(-\omega^2\mathbf{M} + \mathbf{C})\mathbf{r} = \mathbf{0}$ liefert. Für nichttriviale Lösungen muss die Determinante dieses Gleichungssystems verschwinden:

$$\Delta(\omega) = \begin{vmatrix} -\omega^2 m + c_{11} & -ic_{12} \\ ic_{12} & -\omega^2 J_a + c_{22} \end{vmatrix} = mJ_a\omega^4 - (c_{22}m + c_{11}J_a)\omega^2 + (c_{11}c_{22} - c_{12}^2) = 0.$$

Daraus berechnen sich die beiden Eigenkreisfrequenzquadrate

$$\omega_{1,2}^2 = \frac{c_{22}m + c_{11}J_a}{2mJ_a} \pm \sqrt{\frac{c_{12}^2 - c_{11}c_{22}}{mJ_a} + \left(\frac{c_{22}m + c_{11}J_a}{2mJ_a}\right)^2}.$$

Zurück in das homogene algebraische Gleichungssystem $(-\omega_j^2\mathbf{M} + \mathbf{C})\mathbf{r}_j = \mathbf{0}$ ergeben sich beispielsweise aus der ersten Gleichung die gesuchten Amplitudenverhältnisse

$$\frac{r_{2j}}{r_{1j}} = \frac{-\omega_j^2 m + c_{11}}{ic_{12}}$$

für die berechneten Eigenkreisfrequenzen $\omega_j^2 (j = 1, 2)$.

Aufgabe 3.9 Dynamik einer pneumatischen Anlage. Diese besteht aus zwei Windkesseln (Volumina V_1 und V_2) und einer verbindenden Rohrleitung. Die Leitung ist zunächst verschlossen, und die in den Kesseln gespeicherte Luft (Gaskonstante R, Temperatur T) befinde sich auf verschiedenen Druckpegeln p_{10} und $p_{20} = p_{10}/2$. Nach Öffnen des Absperrventils mit dem Strömungswiderstand W setze der isotherm angenommene Ausgleichsvorgang der Drücke $p_1(t)$ und $p_2(t)$ ein, der zu untersuchen ist. Welche Drücke stellen sich nach Ende des Ausgleichsvorgangs ein?

Lösung: Mit den Abkürzungen $a_{1,2} = \frac{RT}{WV_{1,2}}$ lassen sich die Bewegungsgleichungen in Zustandsform (3.199) bringen, worin

$$\mathbf{A} = \begin{pmatrix} -a_1 & a_1 \\ a_2 & -a_2 \end{pmatrix}, \quad \mathbf{x} = \begin{pmatrix} p_1 \\ p_2 \end{pmatrix}, \quad \mathbf{u}(t) \equiv \mathbf{0}.$$

Zur Ermittlung der Fundamentalmatrix berechnet man die zugehörige charakteristische Gleichung $\lambda^2+(a_1+a_2)\lambda = 0$ mit den Lösungen $\lambda_1 = 0, \lambda_2 = -(a_1+a_2)$. Eigenvektoren findet man dann in der Gestalt

$$\mathbf{r}_1 = \begin{pmatrix} 1 \\ 1 \end{pmatrix}, \ \mathbf{r}_2 = \begin{pmatrix} 1 \\ -a_2/a_1 \end{pmatrix},$$

so dass man die Fundamentalmatrix konstruieren kann:

$$\mathbf{Y}(t) = \begin{pmatrix} 1 & e^{-(a_a+a_2)t} \\ 1 & -\frac{a_2}{a_1}e^{-(a_1+a_2)t} \end{pmatrix}.$$

Ihre Kehrmatrix ist

$$\mathbf{Y}^{-1}(t) = \frac{a_1}{a_1+a_2} \begin{pmatrix} \frac{a_2}{a_1} & 1 \\ e^{(a_1+a_2)t} & -e^{(a_1+a_2)t} \end{pmatrix}$$

und die an die Anfangsbedingungen angepasste Lösung

$$\mathbf{x}(t) = \frac{a_1}{a_1+a_2} \begin{pmatrix} \frac{a_2}{a_1} + e^{-(a_1+a_2)t} & 1 - e^{-(a_1+a_2)t} \\ \frac{a_2}{a_1}\left[1-e^{-(a_1+a_2)t}\right] & 1 + \frac{a_2}{a_1}e^{-(a_1+a_2)t} \end{pmatrix} \begin{pmatrix} p_{10} \\ p_{10}/2 \end{pmatrix}.$$

Nach Beendigung des Ausgleichsvorgangs ($t \to \infty$) ergibt sich

$$\mathbf{x}(t \to \infty) = \frac{p_{10}}{2}\left(1 + \frac{a_2}{a_1+a_2}\right)\begin{pmatrix} 1 \\ 1 \end{pmatrix},$$

d. h. Druckausgleich.

Aufgabe 3.10 Bewegungsverhalten zweier hintereinander geschalteter Dämpfer. Das System (Masse m_1 und m_2, Dämpferkonstante k_1 und k_2) befindet sich zu Anfang $t = 0$ in Ruhe und wird durch eine am Kolben m_1 einwirkende, sprunghaft aufgebrachte Kraft $F(t) = f_0\sigma(t)$ belastet. Man berechne (für $m_2 = 2m_1 = m$, $k_2 = 2k_1 = k$) die vollständige Lösung $\mathbf{x}(t) = \bigl(v_1(t), v_2(t)\bigr)^{\mathrm{T}}$.

Lösung: Die Bewegungsgleichungen in Zustandsform lauten

$$\mathbf{x}(t) = \begin{pmatrix} \dot{v}_1 \\ \dot{v}_2 \end{pmatrix} = \begin{pmatrix} -k_1/m_1 & k_1/m_1 \\ k_1/m_2 & -(k_1+k_2)/m_2 \end{pmatrix}\begin{pmatrix} v_1 \\ v_2 \end{pmatrix} + \begin{pmatrix} F(t)/m_1 \\ 0 \end{pmatrix}.$$

Für den angegebenen Sonderfall erhält man die charakteristische Gleichung in der Gestalt $\lambda^2 + \frac{5}{2}\frac{k}{m}\lambda + \left(\frac{k}{m}\right)^2 = 0$ mit den Eigenwerten $\lambda_1 = -\frac{k}{2m}, \lambda_2 = -\frac{2k}{m}$. Mit den zugehörigen

Eigenvektoren

$$\mathbf{r}_1 = \begin{pmatrix} 1 \\ 1/2 \end{pmatrix}, \quad \mathbf{r}_2 = \begin{pmatrix} 1 \\ -1 \end{pmatrix}$$

kann man eine Fundamentalmatrix konstruieren:

$$\mathbf{Y}(t) = \begin{pmatrix} e^{-\frac{k}{2m}t} & e^{-\frac{2k}{m}t} \\ \frac{1}{2}e^{-\frac{k}{2m}t} & -e^{-\frac{2k}{m}t} \end{pmatrix}.$$

Nach Berechnung ihrer Kehrmatrix

$$\mathbf{Y}^{-1}(t) = \frac{2}{3} \begin{pmatrix} e^{\frac{k}{2m}t} & e^{\frac{k}{2m}t} \\ \frac{1}{2}e^{\frac{2k}{m}t} & -e^{\frac{2k}{m}t} \end{pmatrix}$$

ergibt sich dann auch die vollständige Lösung

$$\mathbf{x}(t) = \frac{F_0}{m}\mathbf{Y}(t) \int_0^t \mathbf{Y}^{-1}(\tau) \begin{pmatrix} 1 \\ 0 \end{pmatrix} d\tau,$$

die leicht noch im Detail ausgewertet werden kann.

Aufgabe 3.11 Querschwingungen einer Saite. Das 1-parametrige Kontinuum (längen-bezogene Masse μ = const, Länge 2ℓ) ist zusätzlich mittig mit einer Punktmasse m versehen und durch eine Zugkraft H_0 = const vorgespannt. Die Eigenschwingungen sind zu analysieren.

Lösung: Misst man die maßgebende Ortskoordinate x im linken Feld vom linken Lager und im rechten Feld (y) von der Mitte und bezeichnet die entsprechenden Querschwin-gungen mit $v(x,t)$ und $w(y,t)$, so findet man unter Verwendung dimensionsloser Koor-dinaten $\xi = x/\ell$, $\eta = y/\ell$ und der Abkürzungen $\omega_0^2 = \frac{H}{\mu\ell^2}$, $\omega_1^2 = \frac{H}{m\ell}$ beispielsweise mit dem Prinzip von Hamilton (s. Abschn. 4.2.3) das beschreibende Randwertproblem

$$v_{,tt} - \omega_0^2 v_{,\xi\xi} = 0 \ (0 < \xi < 1), \quad w_{,tt} - \omega_0^2 w_{,\eta\eta} = 0 \ (0 < \eta < 1),$$
$$v(0,t) = 0, \quad v(1,t) = w(0,t),$$
$$\omega_1^2[v_{,\xi}(1,t) - w_{,\eta}(0,t)] + w_{,tt}(0,t) = 0, \quad w(1,t) = 0.$$

Mit skalar spezialisierten Separationsansätzen (3.346) für v und w erhält man das zuge-hörige Eigenwertproblem

$$V'' + \lambda^2 V = 0 \ (0 < \xi < 1), \quad W'' + \lambda^2 W = 0 \ (0 < \eta < 1),$$
$$V(0) = 0, \quad V(1) - W(0) = 0,$$
$$\frac{\omega_1^2}{\omega_0^2}[V'(1) - W'(0)] - \lambda^2 W(0) = 0, \quad W(1) = 0.$$

Die allgemeinen Lösungen der Differenzialgleichungen $V(\xi) = A \sin \lambda \xi + B \cos \lambda \xi$, $W(\eta) = C \sin \lambda \eta + D \cos \lambda \eta$ liefern nach Anpassen an die Rand- und Übergangsbedingungen ein homogenes Gleichungssystem [aus $V(0) = 0$ folgt $B \equiv 0$] für A, C, D. Seine verschwindende Determinante liefert die Eigenwertgleichung

$$\lambda \sin \lambda \left(2 \cos \lambda - \frac{\omega_0^2}{\omega_1^2} \lambda \sin \lambda \right) = 0.$$

Wie man zeigen kann, ist $\lambda_0 = 0$ kein Eigenwert (es gibt keine zugehörige nichttriviale Lösung, die alle Rand- und Übergangsbedingungen erfüllt). Damit ergibt sich eine erste Eigenwertfolge $\lambda_k = k\pi$ $(k = 1, 2, \ldots)$ aus $\sin \lambda = 0$ und eine zweite, die aus $\lambda \tan \lambda = 2 \frac{\omega_1^2}{\omega_0^2}$ numerisch berechnet werden muss. Abschließend können dann auch noch die Eigenfunktionen ermittelt werden.

Aufgabe 3.12 1-parametriges Kontinuumsmodell einer Luftfederung. Das System besteht aus einem uniformen Stab (Dehnsteifigkeit EA, Masse pro Länge μ, Länge ℓ_1) mit angeschlossenem Luftraum (Querschnittsfläche A, Länge $\ell - \ell_1$), die zusammen axiale Koppelschwingungen ausführen können. Die Luft (Ruhedichte ρ_L) wird reibungsfrei und kompressibel bei isothermer Zustandsänderung (Gaskonstante R, Temperatur T) angenommen, Dämpfungseinflüsse des Stabes werden vernachlässigt. Die freien Schwingungen, beschrieben durch die Längsverschiebung $\bar{u}(\bar{x}, \bar{t})$ des Stabes und das sog. Geschwindigkeitspotential $\bar{\psi}(\bar{x}, \bar{t})$ des Fluids, sind zu untersuchen. Die Lösung des zugehörigen Eigenwertproblems ist von besonderem Interesse.

Lösung: Mit dem Verhältnis κ der Schallgeschwindigkeiten von Luft und Stabmaterial, dem Verhältnis ϵ von Luft und Stabdichte und dem Verhältnis α von Stab- und Gesamtlänge ergibt sich das beschreibende Randwertproblem in der dimensionslosen Form

$$u_{,xx} - u_{,tt} = 0, \quad v_{,xx} - \kappa^2 v_{,tt} = 0,$$
$$u(0, t) = 0, \quad u_{,x}(\alpha, t) + \epsilon \psi_{,t}(\alpha, t) = 0, \quad \psi_{,x}(\alpha, t) + u_{,t}(\alpha, t) = 0, \quad \psi_{,x}(1, \tau) = 0.$$

Mit den gegenüber (3.346) modifizierten Produktansätzen $u(x, t) = U(x)e^{j\lambda t}$, $\psi(x, t) = \Psi(x)e^{j\lambda t}$ erhält man das zugehörige Eigenwertproblem

$$U'' + \lambda^2 U = 0, \quad \Psi'' + (\kappa \lambda)^2 \Psi = 0,$$
$$U(0) = 0, \quad U'(\alpha) + j\epsilon \lambda \Psi(\alpha) = 0, \quad \Psi'(\alpha) + j\lambda U(\alpha) = 0, \quad \Psi'(1) = 0.$$

Die Differenzialgleichungen sind beide vom Schwingungstyp, so dass ihre Lösungen in der Form $U(x) = A \sin \lambda x + B \cos \lambda x \lambda) x + D \cos(\kappa \lambda) x$ angegeben werden können. Die Anpassung an die Randbedingungen liefert (für $\lambda \neq 0$) unter Verwendung geeigneter Additionstheoreme die Eigenwertgleichung $\cos \lambda \alpha \sin(1-\alpha)\kappa \lambda + \frac{\epsilon}{\kappa} \sin \lambda \alpha \cos(1-\alpha)\kappa \lambda = 0$.

I. Allg. ist diese nur numerisch lösbar, für $\epsilon \ll 1$ kann beispielsweise auch eine Störungs-rechnung (s. Abschn. 6.1) herangezogen werden. Für $\epsilon = 0$ sind die beiden Teilsysteme voneinander entkoppelt, und man erhält aus $\cos \lambda \alpha = 0$ die Eigenwerte $\lambda_i = \frac{(2i-1)\pi}{2\alpha}$ ($i = 1, 2, \ldots$) des schwingenden Stabes im Vakuum und aus $\sin(1 - \alpha)\kappa\lambda = 0$ jene einer Luftsäule zwischen starren Begrenzungen: $\lambda_k = \frac{k\pi}{\kappa(1-\alpha)}$ ($k = 1, 2, \ldots$).

Aufgabe 3.13 Schwingungen eines rotierenden Kreisringes. Die kleinen ebenen Bie-geschwingungen eines mit konstanter Winkelgeschwindigkeit ω umlaufenden dünnen, undehnbaren Kreisringes (Radius R, Biegesteifigkeit EI, Masse pro Länge μ) werden bei geeigneter Normierung durch folgendes Randwertproblem in dimensionsloser Form beschrieben:

$$v_{,tt} - v_{,\varphi\varphi tt} - 4\Omega v_{,\varphi t} + 3\Omega^2 v_{,\varphi\varphi} + \Omega^2 v_{,\varphi\varphi\varphi\varphi} - (v_{,\varphi\varphi\varphi\varphi\varphi\varphi} + 2v_{,\varphi\varphi\varphi\varphi} + v_{,\varphi\varphi}) = 0,$$

$$v, \ldots, v_{,\varphi\varphi\varphi\varphi} \ 2\pi\text{-periodisch.}$$

$v(\varphi, t)$ ist dabei die Verschiebung eines materiellen Ringsegmentteilchens in tangentia-ler φ-Richtung eines mitrotierenden Koordinatensystems, Ω kennzeichnet die Winkelge-schwindigkeit. Eigenwerte und Eigenfunktionen sind zu berechnen.

Lösung: Der Ansatz $v(\varphi, t) = V(\varphi)e^{j\lambda t}$ (in Anlehnung an Aufgabe 3.10) liefert die zu-gehörige Eigenwertaufgabe

$$V'''''' + 2V'''' + V'' + \lambda^2 V - \lambda^2 V'' + 4j\Omega\lambda V' - 3\Omega^2 V'' - \Omega^2 V'''' = 0,$$

$$V, \ldots V'''''' \ 2\pi\text{-periodisch.}$$

Ein geschickt gewählter 2π-periodischer Lösungsansatz (ohne Erfassung möglicher Starr-körperbewegungen) $V(\varphi) = V_k(\varphi) = A_k \sin k\varphi + B_k \cos k\varphi$ (k fest, $k = 2, 3, \ldots$) führt nach Einsetzen in die Differenzialgleichung auf ein lineares, algebraisches Gleichungssys-tem

$$\begin{pmatrix} a_k - (1 + k^2)\lambda_k^2 & 4j\Omega k\lambda_k \\ -4j\Omega k\lambda_k & a_k - (1 + k^2)\lambda_k \end{pmatrix} \begin{pmatrix} A_k \\ B_k \end{pmatrix} = \begin{pmatrix} 0 \\ 0 \end{pmatrix},$$

$$a_k = k^2\Omega^2(k^2 - 3) + k^2(k^2 - 1)^2.$$

Die verschwindende Determinante dieses Gleichungssystems ist eine quadratische Glei-chung in λ_k^2 und kann in der Form

$$\lambda_{k1,2} = \frac{2k\Omega}{k^2 + 1} \pm \left[\frac{k^2(k^2 - 1)^2(k^2 + 1 + \Omega^2)}{k^2 + 1} \right]^{1/2}$$

einfach aufgelöst werden. Zurückgehend in das algebraische Gleichungssystem, kann so-dann das „Amplitudenverhältnis" A_{ki}/B_{ki} ($i = 1, 2$) berechnet werden, so dass damit abschließend auch die Eigenfunktionen $V_{k1,2}(\varphi)$ ermittelt sind. Im Falle eines ruhenden Kreisrings gilt $\Omega = 0$, und man findet für die Eigenwerte das vereinfachte Ergebnis $\lambda_k^2 = \frac{k^2(k^2-1)^2}{k^2+1}$.

Literatur

1. Bronstein, I.N., Semendjajew, K.A.: Taschenbuch der Mathematik, 24. Aufl. Harry Deutsch, Thun/Frankfurt (1989)
2. Budo, A.: Theoretische Mechanik. Deutscher Verlag der Wissenschaften, Berlin (1956)
3. Burg, K., Haf, H., Wille, F.: Höhere Mathematik für Ingenieure, Bd. 3. Teubner, Stuttgart (1985)
4. Collatz, L.: Eigenwertaufgaben mit technischen Anwendungen. Akademische Verlagsgesellschaft, Leipzig (1964)
5. Collatz, L.: Differentialgleichungen für Ingenieure, 6. Aufl. Teubner, Stuttgart (1981)
6. Constantinescu, F.: Distributionen und ihre Anwendung in der Physik. Teubner, Stuttgart (1974)
7. Crandall, S.H., Karnopp, D.C., Kurtz, E.F., Pridmore-Brown, D.C.: Dynamics of Mechanical and Electromechanical Systems. McGraw-Hill, New York (1968)
8. Doetsch, G.: Anleitung zum praktischen Gebrauch der Laplace- und der Z-Transformation, 3. Aufl. R. Oldenbourg, München (1973)
9. Föllinger, O.: Laplace- und Fourier-Transformation. Elitera, Berlin (1977)
10. Forbat, N.: Analytische Mechanik der Schwingungen. Deutscher Verlag der Wissenschaften, Berlin (1966)
11. Gilles, E.-D. Systeme mit verteilten Parametern. R. Oldenbourg, München/Wien (1973)
12. Hagedorn, P., Otterbein, S.: Technische Schwingungslehre, Bd. 1. Springer, Berlin/Heidelberg/New York/London/Paris/Tokyo (1987)
13. Hagedorn, P.: Technische Schwingungslehre, Bd. 2. Springer, Berlin/Heidelberg/New York/London/Paris/Tokyo (1989)
14. Hartmann, I.: Lineare Systeme. Springer, Berlin/Heidelberg/New York (1976)
15. Hiller, M.: Mechanische Systeme. Springer, Berlin/Heidelberg/New York/Tokyo (1983)
16. Kamke. E.: Differentialgleichungen I. Akademische Verlagsgesellschaft, Leipzig (1964)
17. Klotter, K.: Technische Schwingungslehre, Bd. I/Teil A, 3. Aufl. Springer, Berlin/Heidelberg/New York (1988). 2. korr. Nachdruck
18. Magram, E.B.: Vibrations of Elastic Structural Members. Sijthoff & Noordhoff, Alphen aan den Rijn (1979)
19. Meirovitch, L.: Analytical Methods in Vibrations. Macmillan, London (1967)
20. Meirovitch, L.: Methods of Analytical Dynamics. McGraw-Hill, New York/Toronto/London (1970)
21. Müller, P.C.: Allgemeine Theorie für Rotorsysteme ohne oder mit kleinen Unsymmetrien. Ing.-Arch. **51**, 61–74 (1981)
22. Doetsch, G.: Funktionaltransformationen. In: Sauer, R., Szabo, I. (Hrsg.) Mathematische Hilfsmittel des Ingenieurs, Teil 1. Springer, Berlin/Heidelberg/New York (1967)
23. Sauer, R., Szabo, I.: Mathematische Hilfsmittel des Ingenieurs, Teil 2. Springer, Berlin/Heidelberg/New York (1969)
24. Schiehlen, W.O., Müller, P.C.: Lineare Schwingungen. Akademische Verlagsgesellschaft, Wiesbaden (1976)
25. Stakgold, I.: Boundary Value Problems of Mathematical Physics, Vol. 1. Macmillan, London (1970)

26. Timoshenko, S.P., Young D.H.: Vibration Problems in Engineering, 3. Aufl. Van Norstrand Comp., Princeton (1955)
27. Walter, W.: Einführung in die Theorie der Distributionen. Bibl. Inst., Mannheim (1970)
28. Wauer, J.: Kontinuumsschwingungen, 2. Aufl. Springer-Vieweg, Wiesbaden (2014)
29. Weigand A.: Einführung in die Berechnung mechanischer Schwingungen, Bd. III. Fachbuch-verlag, Leipzig (1962)
30. Zurmühl, R., Falk, S.: Matrizen und ihre Anwendungen, Teil 2, 5. Aufl. Springer, Berlin/Heidelberg/New York/Tokyo (1985)

Variationsrechnung und analytische Mechanik

4

Lernziele

Das vorliegende Kapitel präsentiert eine Einführung in die Variationsrechnung mit der Betrachtung von Extremalaufgaben, den Eulerschen Gleichungen sowie der Einarbeitung von Nebenbedingungen und die wesentlichen Anwendungen in der analytischen Mechanik mit den Begriffen virtuelle Verrückung, (virtuelle) Arbeit sowie Potenzial, dem Prinzip der virtuellen Arbeit sowie dem Prinzip von Hamilton. Zur Herleitung von Anfangs-Randwert-Problemen schwingender Kontinua, aber auch dem Verständnis für später etablierte ausgewählte Näherungsverfahren sind diese mathematischen Grundlagen ganz wesentlich. Der Leser ist nach Durcharbeiten dieses Kapitels in der Lage, Extremaleigenschaften von Funktionalen zu verstehen und für die Auswertung skalarer Variationsprinzipe als grundlegende Postulate der Technischen Mechanik und darüber hinaus zu nutzen.

Die Variationsrechnung ist ein Zweig der Analysis. Sie beschäftigt sich im Wesentlichen mit Extremaleigenschaften von Funktionalen (d. h. von „Funktionen, die von Funktionen abhängen"). In der Theorie der Funktionale spielt so die Variation die gleiche Rolle wie das Differenzial in der Theorie der gewöhnlichen Funktionen.

Den wohl bekanntesten Anstoß zur Entwicklung der Variationsrechnung gab das sog. *Brachistochronen-Problem* von Johann Bernoulli im Jahre 1696: *Es ist diejenige Kurve zu bestimmen, auf der ein Massenpunkt unter dem alleinigen Einfluss der Schwerkraft in kürzester Zeit von A nach B gelangen kann* (Lösung: Zykloidenbogen). Die wesentlichen Impulse im Zuge dieser Problemstellung gingen von Euler und Lagrange aus. Lagrange beispielsweise gab die ersten formalen Regeln für die Rechnung mit dem heute noch gebräuchlichen δ-Operator an.

In der Folgezeit kristallisierten sich noch drei weitere, teilweise schon sehr viel früher behandelte Fragestellungen als Vertreter wichtiger Problemklassen der Variationsrechnung heraus. Das *Isoperimetrische Problem*: *Eine geschlossene ebene Kurve vorgeschrie-*

© Springer Fachmedien Wiesbaden GmbH, ein Teil von Springer Nature 2019
M. Riemer et al., *Mathematische Methoden der Technischen Mechanik*,
https://doi.org/10.1007/978-3-658-25613-5_4

bener Länge soll eine möglichst große Fläche einschließen (Lösung: Kreis). Das *Problem der Minimalflächen: In einer räumlichen Kurve als Berandung ist die Fläche kleinsten Inhalts einzuspannen* (Lösung: Fläche mit verschwindender mittlerer Krümmung) und das *Problem der Geodätischen Linien: Durch zwei Punkte A und B einer Fläche ist die kürzeste in der Fläche gelegene Verbindungslinie zu legen* (Lösung: Kurve, für die in jedem Punkt die sog. Hauptnormale auch Flächennormale ist).

Nach den „geometrischen Anfängen" strebte man später auch die Fassung *physikalischer Gesetzmäßigkeiten* als Extremalprobleme bzw. Variationsprinzipe an. Heute stehen solche Variationsprinzipe der *analytischen Mechanik* axiomatisch gleichwertig als alternative Formulierungen mechanischer Grundgleichungen neben den Grundgleichungen der *synthetischen Mechanik*. In Verbindung mit Näherungsmethoden allerdings weisen analytische Prinzipe meist erhebliche Vorteile gegenüber synthetischen Prinzipen auf, da sie aufgrund ihrer funktionalen Darstellung einen direkten Zugang zur Ermittlung sog. schwacher Lösungen (Näherungslösungen) bieten.

4.1 Einführung in die Variationsrechnung

Die Elemente der Variationsrechnung werden im Folgenden nur soweit entwickelt, dass entsprechende mechanische Prinzipe formuliert und für konkrete mechanische Probleme auch ausgewertet werden können. Zur Vertiefung in einzelne Bereiche der Variationsrechnung muss auf die am Ende dieses Kapitels angegebene Lehrbuchliteratur verwiesen werden.

4.1.1 Extremalaufgaben

Das Aufsuchen der relativen Extremwerte, d. h. die Bestimmung von Maxima und Minima einer Funktion $y = f(x)$, ist eine bekannte Aufgabe der Differenzialrechnung. Ist die Funktion $f(x)$ im Intervall (a, b) differenzierbar (s. Abb. 4.1a), so ist für das Vorliegen eines relativen Extremums *notwendig*, dass die erste Ableitung verschwindet,

$$y' = \frac{df}{dx} = 0 \quad \text{bei } x = x_1, x_2, x_3, \tag{4.1}$$

also eine horizontale Tangente vorliegt. Punkte mit horizontaler Tangente heißen *stationäre Punkte*; diese sind aber nicht immer relative Extrema. Deshalb ist für die aus (4.1) gefundenen Stellen x_1, x_2, x_3 zusätzlich zu beachten: *Hinreichend* für ein relatives Maximum (bzw. ein relatives Minimum) ist ein negativer (bzw. ein positiver) Wert der zweiten Ableitung y''. Andernfalls kann es sich auch um einen Sattelpunkt handeln, der ja ebenfalls eine horizontale Tangente besitzt. In Abb. 4.1a findet man so ein relatives Maximum bei x_1, ein relatives Minimum bei x_2 und einen Sattelpunkt bei x_3. Weniger von Bedeutung sind in diesem Zusammenhang die sog. *nicht-stationären* Extrema einer Funktion;

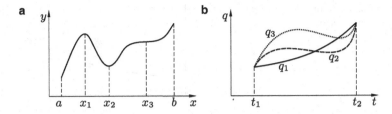

Abb. 4.1 Geometrische Veranschaulichung einer Extremalaufgabe für eine Funktion (**a**) und für ein Funktional (**b**)

dies sind Extremalpunkte ohne horizontale Tangente. In Abb. 4.1a treten sie bei $x = a, b$ als „Randmaxima" auf[1].

Analog lassen sich Extremalaufgaben auch für Funktionale formulieren. Gesucht ist dann eine Funktion $q(t)$, die den Integralwert $J[q]$ des *Funktionals*

$$J[q] = \int_{t_1}^{t_2} F(q, \dot{q}, t)dt, \quad \dot{q} = \frac{dq}{dt} \tag{4.2}$$

zum Extremum (z. B. zu einem Minimum) macht. Dabei wird die Abhängigkeit der *Grundfunktion F* von der gesuchten Funktion, d. h. von der *Extremalen* $q(t)$, als bekannt vorausgesetzt[2]. Abb. 4.1b veranschaulicht die Auswahl einer Extremalen geometrisch. Die Menge der zur Konkurrenz zugelassenen Funktionen $q_1(t)$, $q_2(t)$, $q_3(t)$, etc. weist stets gemeinsame, einschränkende Merkmale auf. Die häufigsten Anforderungen an diese Funktionenklasse sind – neben der Erfüllung etwaiger Randbedingungen bei t_1 und t_2 – Stetigkeits- und Differenzierbarkeitseigenschaften. Ein Beispiel für ein Funktional der Form (4.2) ist das in der geometrischen Optik bekannte Prinzip von Fermat: *Licht nimmt den Weg kürzester Laufzeit.* Das ist gleichbedeutend mit der Forderung

$$\int_{t_1}^{t_2} dt = \int_{s_1}^{s_2} \frac{1}{v(s)} ds \Rightarrow \text{Min.} \tag{4.3}$$

Oft ist es notwendig, auch Verallgemeinerungen ausgehend von dem speziellen Funktional (4.2) zu untersuchen. Die häufigsten Fragestellungen dabei sind: die Erweiterung auf *n Freiheitsgrade* ($J[q_1, \ldots, q_n]$), das explizite Auftreten *zweiter Ableitungen* in der Grundfunktion F (bei klassischen mechanischen Fragestellungen tritt $\ddot{q}$ allerdings nicht auf) oder das Vorliegen von *Nebenbedingungen*, die während der Extremalenberechnung zu berücksichtigen sind (z. B. durch Einführen sog. Lagrangescher Parameter).

---

[1] Diese Extrema sind Gegenstand der sog. *Linearen* bzw. *Nichtlinearen Programmierung*, nicht aber der klassischen Variationsrechnung.

[2] Der Zeitparameter steht exemplarisch für eine beliebige unabhängig Veränderliche des jeweiligen Problems, z. B. auch für eine Ortskoordinate x in einem rein statischen Problem.

Abb. 4.2 Variation δq durch Übergang auf eine Nachbarfunktion $\bar{q}$ gemäß (4.5) mit $\delta t \equiv 0$

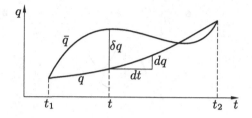

4.1.2 Eulersche Gleichungen

Für die in Abb. 4.1b veranschaulichte Auswahl einer Extremalen $q(t)$ ist nun ein geeigneter mathematischer Kalkül einzuführen. Ziel ist die Lösung der Extremalaufgabe

$$\mathcal{J}[q] = \int\limits_{t_1}^{t_2} F(q, \dot{q}, t)\, dt \Rightarrow \text{Extr.} \qquad (4.4)$$

bei gegebener Grundfunktion F. Setzt man die Existenz einer Lösung $q(t)$ voraus, so kann eine von q geringfügig abweichende Schar von Funktionen der Gestalt

$$\bar{q}(\varepsilon, t) = q(t) + \varepsilon \eta(t), \quad \varepsilon \ll 1 \qquad (4.5)$$

eingeführt werden (s. Abb. 4.2). Jede dieser „Nachbarfunktionen" $\bar{q}$ ist eine bezüglich q *variierte Funktion*; der Übergang von q auf $\bar{q}$ heißt deshalb Variation oder genauer: Die *Variation δq* der Funktion q ist die Differenz

$$\delta q(\varepsilon, t) = \bar{q} - q = \varepsilon \eta(t), \quad \varepsilon \ll 1. \qquad (4.6)$$

(4.5) kann somit auch in der Form

$$\bar{q}(\varepsilon, t) = q(t) + \delta q(\varepsilon, t) \qquad (4.7)$$

geschrieben werden. Damit können alle aus der Differenzialrechnung vertrauten Rechenregeln (wie z. B. Kettenregel, Produktregel, Vertauschung von Differenziation und Addition, etc.) übernommen werden. Zur Unterscheidung von weiteren (höheren) Variationen bezeichnet man δq als *erste Variation* von q. Sie ist so durchzuführen, dass sich die Zeit t bei der Variation nicht ändert, d. h.[3]

$$\delta t \equiv 0. \qquad (4.8)$$

(4.8) macht deutlich, warum als Variationsoperator δ und nicht d geschrieben wird: Der reale Zuwachs dt in der Zeit t verschwindet selbstverständlich nicht ($dt \neq 0$ ist Voraussetzung für die Existenz einer Geschwindigkeit $\dot{q} = \frac{dq}{dt}$), bei der Variation aber gilt

---

[3] (4.8) gilt stets für *alle* unabhängig Veränderlichen. Bei Problemen mit mehreren unabhängig Veränderlichen, z. B. einer Ortskoordinate x und der Zeit t, ist während der Variation sowohl der Ort x als auch die Zeit t festzuhalten; zusätzlich zu (4.8) gilt dann auch $\delta x \equiv 0$.

$\delta t \equiv 0$ („*Alle Uhren stehen still.*"). In diesem Sinne ist die Variation ein *scheinbarer*, ein *virtueller* Vorgang. Nur deswegen, weil die Zeit nicht variiert wird, entstehen einfache Vertauschungseigenschaften zwischen Differenziation bzw. Integration (bzgl. t) und Variation δ. Aus (4.6) folgt ja wegen

$$\frac{d}{dt}\delta q = \frac{d}{dt}\varepsilon \eta = \varepsilon \dot{\eta}, \quad \delta \frac{dq}{dt} = \dot{\bar{q}} - \dot{q} = \varepsilon \dot{\eta} \tag{4.9}$$

sofort die *Vertauschungsrelation*

$$\frac{d}{dt}\delta q = \delta \frac{dq}{dt}, \quad \text{kurz:} \ (\delta q)^{\cdot} = \delta \dot{q}. \tag{4.10}$$

Analog zu (4.6) definiert man die *Variation eines* Integrals bzw. *Funktionals* über

$$\delta \mathcal{J} = \delta \int_{t_1}^{t_2} F\,dt \stackrel{\text{(def.)}}{=} \int_{t_1}^{t_2} \bar{F}\,dt - \int_{t_1}^{t_2} F\,dt. \tag{4.11}$$

Daraus berechnet sich – nach einer (4.9) entsprechenden Zwischenrechnung – die Vertauschungsrelation

$$\delta \int_{t_1}^{t_2} F\,dt = \int_{t_1}^{t_2} \delta F\,dt. \tag{4.12}$$

Die gefundenen Rechenregeln (4.10) und (4.12) besagen nichts anderes, als dass infolge (4.8) keinerlei Wechselwirkung zwischen Variation und Differenziation oder Integration auftritt. Geometrisch interpretiert (s. Abb. 4.2) ist die Variation δq damit orthogonal zur Zeitachse t, wohingegen die Geschwindigkeit $\dot{q}$ als reale Größe aus der Änderung dq bezogen auf dt gebildet wird. Dabei wird insbesondere sichtbar, dass $\delta q \neq dq$ gilt. Jetzt kann der Begriff der Variation $\delta \mathcal{J}$ eines Funktionals $\mathcal{J}[q]$ – wegen (4.12) gleichbedeutend mit der Variation der Grundfunktion F – genauer gefasst werden. Dazu geht man wie im Anschluss an (4.5) vor. Die variierte Grundfunktion $\bar{F}$ in (4.11) versteht man als Grundfunktion F abhängig von der variierten Funktion $\bar{q}$. Die Variation δF ist dann als

$$\delta F = \bar{F} - F = F(q + \varepsilon\eta, \dot{q} + \varepsilon\dot{\eta}, t) - F(q, \dot{q}, t) \tag{4.13}$$

erklärt. Eine Taylor-Entwicklung von $\bar{F}$ in ε liefert zunächst

$$\begin{aligned}
\bar{F} &= F(q + \varepsilon\eta, \dot{q} + \varepsilon\dot{\eta}, t) \\
&= F\big|_{\varepsilon=0} + \frac{\partial F}{\partial \varepsilon}\bigg|_{\varepsilon=0} \varepsilon + O(\varepsilon^2) \\
&= F(q, \dot{q}, t) + \left(\frac{\partial F}{\partial \bar{q}}\frac{\partial \bar{q}}{\partial \varepsilon} + \frac{\partial F}{\partial \dot{\bar{q}}}\frac{\partial \dot{\bar{q}}}{\partial \varepsilon} \right)\bigg|_{\varepsilon=0} \varepsilon + O(\varepsilon^2) \\
&= F + \left(\frac{\partial F}{\partial q}\eta + \frac{\partial F}{\partial \dot{q}}\dot{\eta} \right)\varepsilon + O(\varepsilon^2),
\end{aligned} \tag{4.14}$$

wobei definitionsgemäß nur der *lineare* Zuwachs in ε berücksichtigt wird[4]. Unter Berücksichtigung nur des linearen Anteils erhält man hieraus mit der Definition (4.13) für die Variation eines Funktionals (4.11) bzw. (4.12)

$$\delta \mathcal{J} = \varepsilon \int\limits_{t_1}^{t_2} \left(\frac{\partial F}{\partial q} \eta + \frac{\partial F}{\partial \dot{q}} \dot{\eta} \right) dt. \tag{4.15}$$

Zur weiteren Vereinfachung nimmt man eine Produktintegration des zweiten Summanden vor:

$$\int\limits_{t_1}^{t_2} \frac{\partial F}{\partial \dot{q}} \dot{\eta} dt = \left(\frac{\partial F}{\partial \dot{q}} \eta \right) \Big|_{t_1}^{t_2} - \int\limits_{t_1}^{t_2} \frac{d}{dt} \left(\frac{\partial F}{\partial \dot{q}} \right) \eta \, dt. \tag{4.16}$$

Mit den in Abb. 4.2 gezeigten Randbedingungen $\eta(t_1) = \eta(t_2) = 0$ („An den Zeiträndern wird nicht variiert.") lautet die Variation (4.15) endgültig

$$\delta \mathcal{J} = \int\limits_{t_1}^{t_2} \left(\frac{\partial F}{\partial q} - \frac{d}{dt} \frac{\partial F}{\partial \dot{q}} \right) \underbrace{\varepsilon \eta}_{\delta q(t)} \, dt. \tag{4.17}$$

Die Variation des Funktionals (4.4) ist damit auf die Variation $\delta q = \varepsilon \eta$ [s. (4.6)] der gesuchten Funktion $q(t)$ zurückgeführt.

Mit der bei der Berechnung stationärer Punkte gewöhnlicher Funktionen in Abschn. 4.1.1 aufgeführten Argumentation können nun auch Funktionale untersucht werden: An die Stelle der ersten Ableitung einer Funktion tritt dann die erste Variation eines Funktionals; anstelle eines stationären Punktes einer Funktion sucht man nach einem sog. *stationären Wert* eines Funktionals. Diese Analogie zwischen Funktionen und Funktionalen wird besonders deutlich, wenn die Tangentenbedingung $y' = 0$ (4.1) in der Form

$$y = f(x) \Rightarrow \text{stationär [d. h. } y(\bar{x}) = y(x)] \quad \rightarrow \quad dy = f'(x)dx = 0 \tag{4.18}$$

geschrieben wird (in Worten: Der Funktionswert $y(x)$ eines stationären Punktes x ändert sich in erster Näherung nicht, wenn man zu einem benachbarten Punkt $\bar{x}$ übergeht). Für ein Funktional gilt dann formal entsprechend

$$\mathcal{J}[q] \Rightarrow \text{stationär (d. h. } \mathcal{J}[\bar{q}] = \mathcal{J}[q]) \quad \rightarrow \quad \delta \mathcal{J} = 0 \tag{4.19}$$

(in Worten: Der Integralwert $\mathcal{J}[q]$ eines stationären Funktionals ändert sich in erster Näherung [in ε] nicht, wenn man anstelle q eine benachbarte, d. h. die variierte Funktion

---

[4] Eine Variation der Form (4.13) wird in der Funktionalanalysis als Fréchet-Differenzial bezeichnet.

$\bar{q}$ einsetzt). Das Verschwinden der ersten Variation ist also eine *notwendige Bedingung* dafür, dass $\mathcal{J}[q]$ extremal wird. (4.19) ist jedoch dafür noch nicht hinreichend; damit gilt sinngemäß dasselbe wie auch für die erste Ableitung (4.1) bei der Untersuchung gewöhnlicher Funktionen $f(x)$.

In der Variationsrechnung sind die zusammen mit (4.19) *hinreichenden Voraussetzungen* für einen extremalen Wert des Funktionals $\mathcal{J}[q]$ die sog. *Legendreschen Bedingungen*. Bei den klassischen mechanischen Variationsprinzipen (z. B. dem Prinzip von Hamilton für konservative Systeme) kommt es aber nicht darauf an, ob tatsächlich ein Extremum vorliegt; vielmehr genügt das Auffinden eines stationären Wertes, so dass die aufwendige Prüfung hinreichender Voraussetzungen für ein Extremum (d. h. für ein echtes Maximum oder Minimum) und damit die Auswertung der Legendreschen Bedingungen entfällt. Die Untersuchung der Stationaritätsbedingung (4.19) steht somit in der Mechanik im Vordergrund. Danach ist ein Funktional mit der Grundfunktion $F(q, \dot{q}, t)$ stationär, wenn die erste Variation (4.17) verschwindet:

$$\int\limits_{t_1}^{t_2} \left(\frac{\partial F}{\partial q} - \frac{d}{dt} \frac{\partial F}{\partial \dot{q}} \right) \delta q \, dt = 0. \qquad (4.20)$$

Das *Fundamentallemma der Variationsrechnung* (zu dessen Herleitung s. z. B. [13]) sagt nun aus, dass die einzige Möglichkeit, (4.20) für beliebige Variationen δq zu erfüllen, darin besteht, die verbleibende Integrandfunktion zum Verschwinden zu bringen. Die so gefundene Bestimmungsgleichung für die Extremale $q(t)$,

$$\frac{\partial F}{\partial q} - \frac{d}{dt} \frac{\partial F}{\partial \dot{q}} = 0, \qquad (4.21)$$

ist die *Eulersche Gleichung* des Variationsproblems (4.4); sie ist – wie erwähnt – für ein Extremum von $\mathcal{J}$ nicht hinreichend, sichert aber einen *stationären Wert*. Die Eulersche Gleichung (4.21) ist somit die aus der Forderung

$$\mathcal{J}[q] = \int\limits_{t_1}^{t_2} F(q, \dot{q}, t) dt \Rightarrow \text{stationär} \qquad (4.22)$$

folgende maßgebende Bedingung für die gesuchte Funktion $q(t)$. (4.21) ist eine gewöhnliche Differenzialgleichung zweiter Ordnung, hier in der Zeit t. Ihr kommt im Rahmen der Mechanik eine besondere Bedeutung zu: In der klassischen Starrkörpermechanik gibt es ja die große Klasse der sog. *konservativen Systeme*; für diese ist die Gesamtenergie $E = T + V$ – bestehend aus der Summe der kinetischen (T) und der potenziellen Energie V – während der Bewegung konstant. Für solche Systeme gilt das *Prinzip von* Hamilton

(s. dazu Abschn. 4.2.3)

$$\delta \mathcal{H} = \delta \int\limits_{t_1}^{t_2} L(q, \dot{q}, t) dt = 0 \qquad (4.23)$$

mit der *Lagrange-Funktion* (oft auch: *Kinetisches Potenzial*)

$$L(q, \dot{q}, t) = T - V. \qquad (4.24)$$

(4.19) lautet dann formal

$$\mathcal{H}[q] \Rightarrow \text{stationär} \quad \rightarrow \quad \delta \mathcal{H} = 0, \qquad (4.25)$$

d. h. die Bewegungen eines mechanisch konservativen Systems laufen so ab, dass das *Lagrange-Funktional* $\mathcal{H}$ einen stationären Wert annimmt. Die Lösung dieses Variationsproblems (4.23) ist aber gerade die Eulersche Gleichung (4.21), wenn für die Grundfunktion F die Lagrange-Funktion L (4.24) eingesetzt wird. Man nennt deshalb die zum Prinzip von Hamilton (4.23) gehörende Eulersche Gleichung

$$\frac{\partial L}{\partial q} - \frac{d}{dt}\frac{\partial L}{\partial \dot{q}} = 0, \quad L = T - V \qquad (4.26)$$

in der Mechanik die *Lagrangesche Gleichung* für die gesuchte Bewegung $q(t)$. Als Differenzialgleichung zweiter Ordnung bestimmt sie die Lösung nur bis auf zwei willkürliche Konstanten; diese sind jedoch durch die Anfangslage $q(t = 0) = q_0$ und die Anfangsgeschwindigkeit $\dot{q}(t = 0) = \dot{q}_0$ des Systems festgelegt.

Zur Veranschaulichung aller bisherigen Überlegungen betrachtet man zweckmäßig ein einfaches mechanisches Problem.

Beispiel 4.1 Untersuchung des Lagrange-Funktionals eines linearen Oszillators. Das einfachste konservative mechanische System besteht aus einer Punktmasse m und einer linearen Feder (Federkonstante c). Ein derartiger Schwinger mit einem Freiheitsgrad besitzt bekanntlich die kinetische Energie $T = \frac{m}{2}\dot{q}^2$ und die potenzielle Energie $V = \frac{c}{2}q^2$, wenn $q(t)$ die Auslenkung der Masse aus ihrer statischen Ruhelage angibt. Damit lautet die Lagrange-Funktion (4.24)

$$L = T - V = \frac{m}{2}\dot{q}^2 - \frac{c}{2}q^2 = \frac{m}{2}(\dot{q}^2 - \omega_0^2 q^2), \quad \omega_0^2 = \frac{c}{m}. \qquad (4.27)$$

Für das zugehörige Lagrange-Funktional (4.23) erhält man

$$\mathcal{H}[q] = \int\limits_{t_1}^{t_2} L \, dt = \frac{m}{2} \int\limits_{t_1}^{t_2} (\dot{q}^2 - \omega_0^2 q^2) dt. \qquad (4.28)$$

Aufgrund des Prinzips von Hamilton (4.23), d. h. wegen der Forderung $\delta\mathcal{H} = 0$, gilt die Lagrangesche Gleichung (4.26)

$$\frac{\partial L}{\partial q} - \frac{d}{dt}\frac{\partial L}{\partial \dot{q}} = \frac{m}{2}\left[-2\omega_0^2 q - \frac{d}{dt}(2\dot{q})\right] = 0 \quad \rightarrow \quad \ddot{q} + \omega_0^2 q = 0. \tag{4.29}$$

Diese bekannte *Bewegungsgleichung des linearen Oszillators* lässt sich natürlich auch direkt durch Variation des Funktionals (4.28) bestätigen. Der Rechengang mit dem Variationsoperator δ ist einfach und unterscheidet sich nicht von der Herleitung der Eulerschen Gleichung (4.21):

$$\delta\mathcal{H} = 0 \text{ mit (4.28), (4.12)} \quad \rightarrow \quad \frac{m}{2}\int_{t_1}^{t_2} \delta(\dot{q}^2 - \omega_0^2 q^2)dt = 0,$$

$$\text{Linearität von } \delta(\ ) \quad \rightarrow \quad \frac{m}{2}\int_{t_1}^{t_2} [\delta(\dot{q}^2) - \omega_0^2\delta(q^2)]dt = 0,$$

$$\text{Kettenregel für } \delta(\ ) \quad \rightarrow \quad m\int_{t_1}^{t_2} (\dot{q}\delta\dot{q} - \omega_0^2 q\delta q)dt = 0,$$

$$\text{Produktintegr. von } \delta\dot{q} \quad \rightarrow \quad \dot{q}\delta q\Big|_{t_1}^{t_2} - \int_{t_1}^{t_2} \ddot{q}\delta q\, dt - \omega_0^2\int_{t_1}^{t_2} q\delta q\, dt = 0,$$

$$\delta q\big|_{t_1,t_2} = 0, \text{ s. (4.17) ff.} \quad \rightarrow \quad \int_{t_1}^{t_2} (\ddot{q} + \omega_0^2 q)\delta q\, dt = 0,$$

$$\text{Fund.-Lemma, s. (4.20) ff.} \quad \rightarrow \quad \ddot{q} + \omega_0^2 q = 0, \quad \text{q.e.d.} \tag{4.30}$$

Die in (4.30) zusammengestellte Rechnung ist der „Dienstweg" bei der Behandlung einer konkret gestellten Variationsaufgabe; dies wird noch deutlicher bei den in Unterkapitel 4.2.3 untersuchten strukturmechanischen Problemen.

Das Oszillator-Beispiel eignet sich aber darüber hinaus zur Verdeutlichung der meist doch ungewohnten Argumentation im Zusammenhang mit Funktionalen. Dazu untersucht man das Lagrange-Funktional (4.28) des Oszillators konkret, und zwar durch Einsetzen der bereits aufgrund (4.29) bekannten Extremalen $q(t)$, einer bzgl. $q(t)$ variierten Funktion $\bar{q}(\varepsilon, t) = q(t) + \varepsilon\eta(t)$, einer beliebigen, bei der Extremalensuche zur Konkurrenz zugelassenen Funktion $q_1(t)$ oder auch $\bar{q}_1(\varepsilon, t) = q_1(t) + \varepsilon\eta_1(t)$ und berechnet jeweils den Integralwert $\mathcal{H}$. Zur Erleichterung des Überblicks werden dazu sämtliche Systemparameter gleich eins gesetzt und die beliebigen Zeitpunkte t_1, t_2 willkürlich zu $0, \frac{\pi}{2}$ gewählt.

Damit ist das Funktional (4.28) in der Form

$$\mathcal{H}[q] = \frac{1}{2} \int_0^{\frac{\pi}{2}} (\dot{q}^2 - q^2)dt \Rightarrow \text{stationär} \quad [\text{Lösung: } q(t) = \sin t] \qquad (4.31)$$

vorgegeben; die strenge Lösung für $q(t)$ ist hier bereits bekannt, sie folgt ja direkt aus der allgemeinen Lösung der Differenzialgleichung (4.29), hier für die speziellen Anfangsbedingungen $q(0) = 0$, $\dot{q}(0) = 1$. Die Extremale $q(t)$ und damit deren Endpunkte $q(t_1 = 0) = 0$ und $q(t_2 = \pi/2) = 1$ liegen jetzt fest, so dass eine beliebige Konkurrenzfunktion $q_1(t)$ mit denselben Endpunkten gewählt werden kann, z. B. die Parabel $q_1(t) = \left(\frac{2}{\pi}t\right)^2$. Damit stehen zum Vergleich zwei Funktionen $q(t)$ und $q_1(t)$ und die dazu variierten Funktionen $\bar{q}(\varepsilon, t)$ und $\bar{q}_1(\varepsilon, t)$ zur Verfügung:

$$q(t) = \sin t, \qquad \bar{q}(\varepsilon, t) = \sin t + \varepsilon\eta(t),$$
$$q_1(t) = \left(\frac{2}{\pi}t\right)^2, \quad \bar{q}_1(\varepsilon, t) = \left(\frac{2}{\pi}t\right)^2 + \varepsilon\eta_1(t). \qquad (4.32)$$

Jede dieser Funktionen kann in das Funktional (4.31) eingesetzt und der zugehörige Integralwert berechnet werden. Dafür sind vorab noch die Variationen $\delta q = \varepsilon\eta(t)$ und $\delta q_1 = \varepsilon\eta_1(t)$ – unter Einhaltung verschwindender Variationen an den Zeitgrenzen $t_1 = 0$, $t_2 = \frac{\pi}{2}$ (aber ansonsten willkürlich) – festzulegen; am einfachsten ist z. B. die Wahl

$$\eta(t) \equiv \eta_1(t) = t\left(\frac{\pi}{2} - t\right) \quad \rightarrow \quad \eta(0) = \eta\left(\frac{\pi}{2}\right) = 0. \qquad (4.33)$$

Die elementare Berechnung der Integralwerte des Lagrange-Funktionals (4.31) für die vier Funktionen (4.32) ergibt nun (auf die genauen Zahlenwerte kommt es dabei gar nicht an)

$$\mathcal{H}[q] = 0, \qquad \mathcal{H}[\bar{q}] = \frac{1}{2}\varepsilon^2,$$
$$\mathcal{H}[q_1] = \frac{1}{4}, \qquad \mathcal{H}[\bar{q}_1] = \frac{1}{4} - \frac{\sqrt{2}}{2}\varepsilon + \frac{1}{2}\varepsilon^2. \qquad (4.34)$$

Jetzt wird unmittelbar klar, wie ein Funktional zweckmäßig diskutiert wird: Man trägt für alle eingesetzten Funktionen den Integralwert $\mathcal{H}(\varepsilon)$ über dem Variationsparameter ε auf.

In Abb. 4.3 sind links die vier Zeitfunktionen (4.32) skizziert, rechts die zugehörigen Werte (4.34) des Funktionals (4.31) abhängig von ε (aber stets für $|\varepsilon| \ll 1$). Man findet bestätigt, dass die Funktion $q(t)$ das Funktional $\mathcal{H}$ minimiert; aber nicht deswegen, weil der Integralwert ($\mathcal{H}[q] \equiv 0$) kleiner als derjenige der Konkurrenzfunktion ($\mathcal{H}[q_1] = \frac{1}{4}$) ist – eine weitere Konkurrenzfunktion $q_2(t)$ könnte ja noch kleinere Werte liefern –, sondern aufgrund der stets zunehmenden Integralwerte $\mathcal{H}[\bar{q}]$ für Nachbarfunktionen $\bar{q}(t)$.

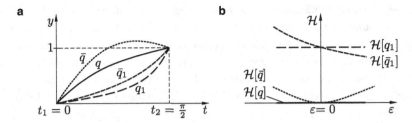

Abb. 4.3 Integralwerte (**b**) des Lagrange-Funktionals (4.31) für verschiedene Funktionen (**a**) am Beispiel des linearen Oszillators

Man spricht deshalb von einem *lokalen Minimum*[5]. Die willkürlich gewählte Konkurrenzfunktion $q_1(t)$ ist dagegen keine Extremale, da ihre Nachbarfunktion $\bar{q}_1(t)$ abhängig von ε dem Funktional offenbar sowohl größere als auch kleinere Werte erteilt. ∎

Es bleibt jetzt nur noch die Verallgemeinerung auf mehrere „Freiheitsgrade" nachzutragen, d. h. auf Funktionale, die von n unbekannten Funktionen $q_i(t)$ abhängen. Die Forderung (4.22) lautet dann

$$\mathcal{J}[q_1,\ldots,q_n] = \int_{t_1}^{t_2} F(q_1,\dot{q}_1,\ldots,q_n,\dot{q}_n,t)dt \Rightarrow \text{stationär.} \qquad (4.35)$$

Die Auswertung von (4.35) führt – analog zur Einzelgleichung (4.21) – zu n notwendigen Bedingungen, den Eulerschen Gleichungen für die Extremalen $q_i(t)$

$$\frac{\partial F}{\partial q_i} - \frac{d}{dt}\frac{\partial F}{\partial \dot{q}_i} = 0, \quad i = 1,\ldots,n. \qquad (4.36)$$

Im Zuge der Herleitung von (4.36) aus (4.35) muss das Fundamentallemma der Variationsrechnung [s. (4.20) ff.] verwendet werden. Dies ist aber nur dann möglich, wenn nach Variation von (4.35) die Aufspaltung der Variationsgleichung in

$$\delta \mathcal{J}[q_1,\ldots,q_n] = \underbrace{\delta \mathcal{J}_1}_{=0} + \cdots + \underbrace{\delta \mathcal{J}_n}_{=0} = 0, \qquad (4.37)$$

d. h. in n voneinander unabhängige Integrale der Form (4.20), möglich ist. Diese Aufspaltung wiederum setzt aber die lineare *Unabhängigkeit der Funktionen* δq_i ($\forall i$) voraus, was

---

[5] Dass die Extremale $q(t)$ tatsächlich das Funktional (4.31) minimiert, kann in diesem Fall einfach über die (hinreichende) Legendresche Bedingung $\frac{\partial^2 L}{(\partial \dot{q})^2} > 0$ verifiziert werden (s. z. B. [1]). Man erhält hier $\frac{\partial^2 L}{(\partial \dot{q})^2} = \frac{\partial^2}{(\partial \dot{q})^2}[\frac{1}{2}\dot{q}^2 - q^2] = \frac{\partial}{\partial \dot{q}}[\dot{q}] = 1 > 0$ für alle Zeiten t; das ist hinreichend für ein Minimum.

eine wesentliche Einschränkung an die Funktionen q_i selbst darstellt. Man kann deshalb zur Beschreibung eines mechanischen Problems nicht jede beliebige Lage- oder Winkelkoordinate heranziehen, sondern nur solche, die nicht über eine *kinematische* Beziehung voneinander abhängen. In der Mechanik bezeichnet man voneinander unabhängige Koordinaten $q_i(t)$ eines Systems als *generalisierte Koordinaten*[6]. Das Funktional (4.35) führt also nur für generalisierte Koordinaten auf die n Eulerschen Gleichungen (4.36), die in der Mechanik als sog. Lagrangesche Gleichungen die Bewegungsgleichungen des Systems darstellen[7].

4.1.3 Nebenbedingungen

Beim Aufstellen von Bewegungsgleichungen (z. B. für ein mechanisches System starrer Körper) gelingt es nicht immer, geeignete generalisierte Koordinaten zu finden. In diesem Fall existieren eine oder auch mehrere *Nebenbedingungen*, welche die kinematische Kopplung zwischen den gewählten Koordinaten $q_i(t)$ repräsentieren. I. Allg. handelt es sich dabei um nichtlineare Gleichungen – die sog. *Bindungsgleichungen* – für verschiedene Koordinaten und deren Ableitungen. Können diese Bindungsgleichungen so angegeben werden (z. B. nach einer Umformung mittels Integration), dass sie frei von Ableitungen der Koordinaten sind, so spricht man von *holonomen Bindungen*[8]. Wenigstens exemplarisch soll das Einarbeiten einer derartigen Nebenbedingung in eine Variationsaufgabe gezeigt werden. Am einfachsten wählt man das folgende Beispiel.

Beispiel 4.2 Holonome Bindung eines Massenpunktes. Ein Massenpunkt m bewege sich frei in einer horizontalen Ebene. Zur Angabe seiner Lage zur Zeit t verwendet man zweckmäßig die kartesischen Koordinaten $q_1(t) = x(t)$, $q_2(t) = y(t)$. Durch die Fesselung mittels einer im Ursprung ($x = y = 0$) spannungslosen, linearen Feder (Federkonstante c) besitzt der Massenpunkt eine potenzielle Energie $V = \frac{c}{2}(q_1^2 + q_2^2)$. Mit der kinetischen Energie $T = \frac{m}{2}(\dot{q}_1^2 + \dot{q}_2^2)$ lautet die Lagrange-Funktion [s. (4.27)]

$$L = T - V = \frac{m}{2}[\dot{q}_1^2 + \dot{q}_2^2 - \omega_0^2(q_1^2 + q_2^2)], \quad \omega_0^2 = \frac{c}{m}. \tag{4.38}$$

---

[6] Ursprünglich waren „generalisierte" Koordinaten nur *verallgemeinerte* Koordinaten in dem Sinne, dass auch *nicht*–kartesische Koordinaten (also beliebige Lage- und Winkelkoordinaten) zugelassen waren. Diese Unterscheidung ist heute nicht mehr von Bedeutung. Da aber im Zusammenhang mit derart verallgemeinerten n Koordinaten fast ausschließlich nur Systeme mit n „echten" Freiheitsgraden untersucht wurden, ist es sinnvoll, fortan den Begriff *generalisierte Koordinaten* nur noch für *beliebige, voneinander unabhängige* Koordinaten zu verwenden. Man spricht auch von *Minimalkoordinaten*.

[7] Die n Bewegungsgleichungen (4.36) hängen i. Allg. voneinander ab (sie bewirken eine *dynamische* Kopplung der generalisierten Koordinaten q_i) – nicht abhängig sind aber die n generalisierten Koordinaten q_i selbst (es existiert keine *kinematische* Kopplung).

[8] Im Gegensatz zu *nichtholonomen* Bindungen, deren Bindungsgleichungen stets Koordinatenableitungen enthalten.

Das zugehörige Lagrange-Funktional ist

$$\mathcal{H}[q_1, q_2] = \int\limits_{t_1}^{t_2} L\, dt = \int\limits_{t_1}^{t_2} \frac{m}{2}[\dot{q}_1^2 + \dot{q}_2^2 - \omega_0^2(q_1^2 + q_2^2)]\, dt. \qquad (4.39)$$

Das Prinzip von Hamilton (4.23) nimmt so die Form

$$\delta\mathcal{H} = \frac{m}{2} \int\limits_{t_1}^{t_2} \delta[\dot{q}_1^2 + \dot{q}_2^2 - \omega_0^2(q_1^2 + q_2^2)]\, dt = 0 \qquad (4.40)$$

an; die Auswertung in der in (4.30) aufgeführten Reihenfolge ergibt

$$\delta\mathcal{H} = \int\limits_{t_1}^{t_2} [(\ddot{q}_1 + \omega_0^2 q_1)\delta q_1 + (\ddot{q}_2 + \omega_0^2 q_2)\delta q_2]\, dt = 0. \qquad (4.41)$$

Kann sich der Massenpunkt nun frei, d. h. in x-Richtung unabhängig von der y-Richtung bewegen, so stellen die Lagen $q_1(t) = x(t)$ und $q_2(t) = y(t)$ generalisierte Koordinaten dar; sie können deshalb unabhängig voneinander variiert werden. Dadurch zerfällt (4.41) in zwei Anteile, aus denen sich dann die Bewegungsgleichungen ergeben:

$$\delta\mathcal{H} = \underbrace{\delta\mathcal{H}_1}_{=0} + \underbrace{\delta\mathcal{H}_2}_{=0} = 0 \quad \rightarrow \quad \ddot{q}_1 + \omega_0^2 q_1 = 0, \quad \ddot{q}_2 + \omega_0^2 q_2 = 0. \qquad (4.42)$$

Offensichtlich unterscheiden sich der Rechengang und das Ergebnis hier vom Oszillator-Beispiel 3.1 [s. (4.30)] nur durch einen zusätzlichen Freiheitsgrad. Dies ändert sich grundlegend, wenn die Bewegung des Massenpunktes in der Ebene nur noch entlang einer *vorgegebenen Kurve* möglich ist. Die *Bindungsgleichung* (als implizite Darstellung dieser Kurve geschrieben)

$$f(x, y) = 0 \quad \text{bzw.} \quad f(q_1, q_2) = 0 \qquad (4.43)$$

koppelt die beiden Lagen $q_1(t) = x(t)$ und $q_2(t) = y(t)$. (4.43) stellt damit eine *holonome* Bindung dar. Wie ändert sich jetzt die Auswertung von (4.40) unter Berücksichtigung der Nebenbedingung (4.43)? Man unterscheidet zwei Fälle:

1. Lässt sich die Nebenbedingung (4.43) explizite nach einer der beiden Funktionen $q_i(t)$ auflösen (z. B. nach q_2 in der Form $q_2 = g(q_1)$), so kann auch die zugehörige Geschwindigkeit $\dot{q}_i(t)$ berechnet (z. B. $\dot{q}_2 = \frac{\partial g}{\partial q_1}\dot{q}_1$) und in (4.40) eingesetzt werden. Die Variationsaufgabe (4.40) ist dann wieder eine Variationsaufgabe (z. B. für q_1) ohne Nebenbedingungen; diese wurde bereits in Abschn. 4.1.2 ausführlich besprochen. I. Allg. gelingt jedoch die Elimination nicht.

2. Ist die Elimination der überzähligen Koordinaten nicht möglich, dann muss ein sog. *Lagrangescher Multiplikator* $\lambda(t)$ eingeführt werden. Dieser stellt eine zusätzliche unbekannte Funktion dar, die so bestimmt werden kann, dass die Nebenbedingung (4.43) stets erfüllt ist. Dazu schreibt man (4.43) mit dem Multiplikator λ als Produkt und erhält nach Integration

$$\int_{t_1}^{t_2} \lambda(t) f(q_1, q_2) dt = 0. \tag{4.44}$$

Addiert man (4.44) – null darf ja stets hinzuaddiert werden – zum ursprünglichen Funktional $\mathcal{H}[q_1, q_2]$ in (4.39), so lautet die modifizierte Variationsaufgabe

$$\mathcal{H}[q_1, q_2] + \int_{t_1}^{t_2} \lambda(t) f(q_1, q_2) dt \Rightarrow \text{stationär} \quad \rightarrow \quad \delta\mathcal{H} + \int_{t_1}^{t_2} \delta(\lambda f) dt = 0. \tag{4.45}$$

Setzt man jetzt die Variation $\delta\mathcal{H}$ des Lagrange–Funktionals $\mathcal{H}$ in der ursprünglichen [s. (4.40)] oder besser in der bereits produktintegrierten Form (4.41) ein, so konkretisiert sich (4.45) für das hier betrachtete Beispiel zu

$$\int_{t_1}^{t_2} [(\ddot{q}_1 + \omega_0^2 q_1)\delta q_1 + (\ddot{q}_2 + \omega_0^2 q_2)\delta q_2 + \lambda\delta f + f\delta\lambda] dt = 0. \tag{4.46}$$

Wie bei jeder Variationsgleichung müssen zur weiteren Auswertung die Beziehungen zwischen den einzelnen Variationen (hier zwischen $\delta q_1, \delta q_2$ und δf) ermittelt werden. Dies geschieht mit der bekannten, auch für den Variationsoperator δ geltenden *Kettenregel*

$$\delta f = \frac{\partial f}{\partial q_1}\delta q_1 + \frac{\partial f}{\partial q_2}\delta q_2. \tag{4.47}$$

Die Variation δf der Nebenbedingung (4.43) kann also auf die Variationen der Koordinaten q_1, q_2 zurückgeführt werden. Dadurch zerfällt (4.46) in drei Summanden:

$$\int_{t_1}^{t_2} \left(\ddot{q}_1 + \omega_0^2 q_1 + \lambda\frac{\partial f}{\partial q_1} \right) \delta q_1 dt + \int_{t_1}^{t_2} \left(\ddot{q}_2 + \omega_0^2 q_2 + \lambda\frac{\partial f}{\partial q_2} \right) \delta q_2 dt$$
$$+ \int_{t_1}^{t_2} f(q_1, q_2)\delta\lambda dt = 0. \tag{4.48}$$

Jetzt können die drei unbekannten Funktionen q_1, q_2 und λ wieder ohne Einschränkung (insbesondere voneinander unabhängig) variiert werden. Damit muss aber jedes Integral in (4.48) für sich verschwinden. Nach dem *Fundamentallemma* [s. (4.20) ff.] verbleibt deshalb als einzige Möglichkeit

$$\ddot{q}_1 + \omega_0^2 q_1 + \lambda \frac{\partial f}{\partial q_1} = 0, \quad \ddot{q}_2 + \omega_0^2 q_2 + \lambda \frac{\partial f}{\partial q_2} = 0, \quad f(q_1, q_2) = 0. \qquad (4.49)$$

Die beiden [anstelle (4.42) geltenden] modifizierten Bewegungsgleichungen und die wieder auftretende ursprüngliche Nebenbedingung ($f = 0$) erlauben die Berechnung der drei Funktionen $q_1(t)$, $q_2(t)$ und $\lambda(t)$.

Mechanisch gesehen ist die Interpretation der Lagrangeschen Multiplikatorenmethode einfach: $\lambda(t)$ ist proportional zur von der (mittels $f = 0$ vorgeschriebenen) Bahn auf den Massenpunkt ausgeübten Normalkraft $N(t)$. Diese zwingt den Massenpunkt auf die Bahn $f = 0$, sie heißt deshalb in der Mechanik „*Zwangskraft*". Führt man diese (als unbekannte und normal zur bekannten Bahn gerichtete) äußere Kraft $\lambda(t) \cdot$ const in die Bewegungsgleichungen für den Massenpunkt ein, so erhält man mit elementaren Methoden der Technischen Mechanik in x- und in y-Richtung die beiden ersten Gleichungen in (4.49). Aus einer dieser beiden Gleichungen kann $\lambda(t)$ nun bestimmt werden, z. B. aus der ersten:

$$\lambda(t) = -(\ddot{q}_1 + \omega_0^2 q_1) \frac{1}{\frac{\partial f}{\partial q_1}}. \qquad (4.50)$$

Damit fehlt aber eine (z. B. die für q_1 erforderliche) Bestimmungsgleichung; genau diese Rolle übernimmt jetzt die Bindungsgleichung $f(q_1, q_2) = 0$. Die Methode der Lagrangeschen Multiplikatoren mit dem Ergebnis (4.49) ist somit mechanisch derart zu deuten, dass die Bahn des Massenpunktes nicht mehr durch eine Bindungsgleichung, sondern durch eine geeignet berechnete äußere Kraft („Zwangskraft") erzwungen wird. Die Bindungsgleichung $f = 0$ wird „nur noch" dazu benutzt, um die *Richtung* dieser Zwangskraft $\lambda(t) \cdot$ const (normal zur Bahn) und eine der beiden *überzähligen Koordinaten* [hier z. B. $q_1(t)$] zu bestimmen.

Für den Fall einer Geraden $y = x + b$ als vorgeschriebene Bahn des Massenpunktes lautet die Nebenbedingung (4.43)

$$f(q_1, q_2) = q_2 - q_1 - b = 0. \qquad (4.51)$$

Mit $\frac{\partial f}{\partial q_1} = -1$ und $\frac{\partial f}{\partial q_2} = 1$ sind die Ergebnisse (4.49) jetzt

$$\ddot{q}_1 + \omega_0^2 q_1 - \lambda = 0, \quad \ddot{q}_2 + \omega_0^2 q_2 + \lambda = 0, \quad q_2 - q_1 - b = 0. \qquad (4.52)$$

Nach Elimination von $\lambda(t)$ [d. h. von der durch die Bahn verursachten Zwangskraft $N(t) = \lambda(t)\cdot$const] verbleiben die beiden Bestimmungsgleichungen für $q_1(t)$ und $q_2(t)$

$$\ddot{q}_1 + \ddot{q}_2 + \omega_0^2(q_1 + q_2) = 0, \quad q_2 - q_1 - b = 0 \tag{4.53}$$

oder nach einer hier einfach möglichen Elimination von z. B. q_2

$$\ddot{q}_1 + \omega_0^2\left(q_1 + \frac{b}{2}\right) = 0. \tag{4.54}$$

Diese Bewegungsgleichung für den an die Gerade (4.51) gebundenen Massenpunkt kann auch direkt aus dem Prinzip von Hamilton (4.40) abgeleitet werden, wenn man bereits dort die überzählige Koordinate q_2 anhand der Nebenbedingung (4.51) eliminiert. ∎

4.2 Analytische Mechanik

Als *analytische Mechanik* bezeichnet man meist den Bereich der Mechanik, der nicht – wie in der *synthetischen Mechanik* – vektorielle Impuls- und Drehimpulsbilanzen (bzw. in der Statik Kräfte- und Momentengleichgewichte), sondern skalare *Variationsprinzipe* als grundlegende Postulate (sog. „Axiome") an den Anfang stellt. Im selben Sinne wie die Variation als nur gedachter, *virtueller Vorgang* in Abschn. 4.1.2 eingeführt wurde, benutzt die analytische Mechanik *virtuelle Änderungen* von Systemzuständen; der wohl vertrauteste Begriff in diesem Zusammenhang ist die *virtuelle Verrückung* eines Systems.

Man gelangt so zu einer Fassung der Grundaxiome der Mechanik, in der nicht mehr vektoriell Kräfte, Momente oder Impulsgrößen bilanziert werden, sondern Skalare wie etwa Energien, Arbeiten oder Leistungen. Die eigentlichen Bewegungsgleichungen des mechanischen Systems gewinnt man daraus mit dem „Auswerteformalismus" der Variationsrechnung. Dabei wird nur in Sonderfällen [s. (4.23) ff.] einem Funktional tatsächlich ein stationärer Wert erteilt. Meist existiert nicht einmal ein zugehöriges (vom Operator δ freies) Funktional, da das betreffende Variationsprinzip *direkt* in δ-Größen (z. B. in virtuellen Verschiebungen) formuliert ist. Ein Beispiel dafür ist die allgemeine Fassung des Lagrange-d'Alembert-Prinzips in Abschn. 4.2.2 (besser bekannt aus der Statik als *Prinzip der Virtuellen Arbeit* oder aus der Starrkörpermechanik als *Prinzip von d'Alembert in der Lagrangeschen Fassung*).

4.2.1 Virtuelle Verrückung, virtuelle Arbeit, Potenzial

Eine *virtuelle Verrückung* ist eine gedachte, an einem mechanischen System derart vorgenommene infinitesimale Änderung, dass das System hinterher eine „Nachbarlage" einnimmt. Während des Übergangs in diesen „virtuell verschobenen" Zustand sind alle Restriktionen (kinematische Bindungen), denen das System unterliegt, zu erfüllen. Virtuelle

Verrückungen können i. Allg. sowohl infinitesimal kleine Verschiebungen als auch infinitesimal kleine Drehungen sein.

Im Rahmen der hier behandelten mechanischen Systeme und Prinzipe ist es nicht erforderlich, einen Unterschied zwischen *virtuellen Verschiebungen* (z. B. $\vec{r}_\text{virt}$) und der *Variation $\delta\vec{r}$ der realen Lage $\vec{r}$* zu machen. Es gilt also stets

$$\vec{r}_\text{virt} \equiv \delta\vec{r}. \qquad (4.55)$$

Für die in der Technischen Mechanik verwendeten Kontinua (sog. Punktkontinua), deren materielle Punkte jeweils nur drei Verschiebungsfreiheitsgrade und keine Drehfreiheitsgrade haben, ist mit der virtuellen Verschiebung (4.55) die Verrückung in die Nachbarlage vollständig bestimmt. Auch für *Starrkörperbewegungen* kann mittels (4.55) prinzipiell die zugehörige Verrückung ausgerechnet werden; dazu ist aber derselbe Aufwand wie bei der Berechnung der virtuellen Verschiebungen eines *deformierbaren* Körpers erforderlich, obwohl ein starrer Körper ja nur höchstens *sechs* voneinander unabhängige Verrückungen (drei virtuelle Verschiebungen, drei virtuelle Drehungen) erfahren kann. Deshalb benutzt man in der Regel gleich die Beziehung für eine *isometrische* (d. h. „starre") virtuelle Verrückung

$$\delta\vec{r}_B = \delta\vec{r}_A + \vec{\varphi}_\text{virt} \times \vec{r}_{AB} \qquad (4.56)$$

eines Punktes B des Starrkörpers; darin ist $\delta\vec{r}_A$ die virtuelle Verschiebung eines beliebigen anderen Punktes A des Starrkörpers, $\vec{r}_{AB}$ ist der Vektor von A nach B [mit konstantem Betrag (Starrkörper!)] und $\vec{\varphi}_\text{virt}$ ist der *virtuelle Drehvektor* des Körpes um A. Dabei hat man zu beachten, dass die Koordinaten φ^k_virt des virtuellen Drehvektors $\vec{\varphi}_\text{virt} = \varphi^k_\text{virt}\vec{e}_k$ i. Allg. *nicht* die variierten Drehwinkel $\delta\varphi^k$ sind[9]; nur für *ebene* Drehungen oder Drehungen um *feste Achsen* gilt $\varphi_\text{virt} = \delta\varphi$ (in Worten: Die Variation des Drehwinkels φ ist dann identisch mit dem virtuellen Drehwinkel φ_virt).

Beispiel 4.3 Virtuelle Verschiebung eines Stabes. Die materiellen Punkte auf der Schwerelinie eines Stabes (s. Abb. 4.4a) werden in der geraden Ausgangslage (der sog. „Referenzplatzierung") durch den Ortsvektor $\vec{x} = x\vec{e}_x$ mit der „Lagrange-Koordinate" x gekennzeichnet. Nach einer ebenen, zeitabhängigen Deformation nimmt derselbe materielle Punkt x die Lage

$$\vec{r} = \vec{x} + \vec{u} \qquad (4.57)$$

---

[9] Allgemeine räumliche Drehungen haben die bekannte Eigenschaft, dass *Zeitableitungen* der Drehwinkel (z. B. $\dot{\varphi}^1, \dot{\varphi}^2, \dot{\varphi}^3$) i. Allg. *nicht* mit den Koordinaten der Winkelgeschwindigkeit (z. B. $\omega^1, \omega^2, \omega^3$) übereinstimmen. Deshalb sind auch die *Variationen* der Drehwinkel (z. B. $\delta\varphi^1, \delta\varphi^2, \delta\varphi^3$) *nicht* die Koordinaten des virtuellen Drehvektors $\vec{\varphi}_\text{virt}$ (also gilt dann z. B. $\varphi^2_\text{virt} \neq \delta\varphi^2$).

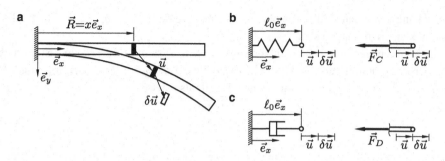

Abb. 4.4 Verschiebung und virtuelle Verrückung eines elastischen Stabes (**a**), einer Dehnfeder (**b**) und eines Dämpfers (**c**)

ein. $\vec{u}(x, t)$ ist der Verschiebungsvektor des materiellen Punktes x. Wegen $\delta x \equiv 0, \delta t \equiv 0$ [s. dazu (4.8)] verbleibt nach Variation von (4.57)

$$
\begin{aligned}
\delta \vec{r} &= \delta \vec{x} + \delta \vec{u}, \qquad \delta \vec{x} = \delta x \vec{e}_x \equiv \vec{0} \\
&= \delta \vec{u} \\
&= \delta(u^x \vec{e}_x + u^y \vec{e}_y) \\
&= \delta u^x \vec{e}_x + \delta u^y \vec{e}_y
\end{aligned}
\tag{4.58}
$$

als virtuelle Verschiebung eines materiellen Punktes x.   ■

Die trivial erscheinende Aussage (4.55) gewinnt erheblich an Bedeutung nach Einführung des Begriffs „virtuelle Arbeit". Für die *virtuelle Arbeit* W_{virt} gilt nämlich i. Allg. $W_{\text{virt}} \neq \delta(W)$. Dazu benötigt man aber zunächst die Definitionen von Arbeit und Potenzial:

Die *Arbeit* W einer Kraft $\vec{F}$ ist das Skalarprodukt der Kraft mit dem Wegelement $d\vec{r}$, summiert über die gesamte Verschiebung der Kraft von $\vec{r}_0$ nach $\vec{r}_1$:

$$
W_{0 \to 1} \stackrel{\text{(def.)}}{=} \int_{\vec{r}_0}^{\vec{r}_1} \vec{F} \cdot d\vec{r}.
\tag{4.59}
$$

In einer kartesischen Basis $(\vec{e}_\alpha) = \begin{pmatrix} \vec{e}_x \\ \vec{e}_y \end{pmatrix}$ in der (x, y)-Ebene ist das Ergebnis einfach

$$
W_{0 \to 1} = \int_{x_0}^{x_1} F^x dx + \int_{y_0}^{y_1} F^y dy, \quad (dr^\alpha) = \begin{pmatrix} dx \\ dy \end{pmatrix}, \ (F^\alpha) = \begin{pmatrix} F^x(x, y) \\ F^y(x, y) \end{pmatrix}.
\tag{4.60}
$$

Aufgrund der Abhängigkeit der Koordinaten $F^\alpha(x, y)$ der Kraft $\vec{F}(x, y)$ kann die Arbeit W (trotz gleicher Start– und Zielpunkte) verschieden groß sein – je nachdem, welcher

Weg bei deren Verschiebung (ausgehend von $\vec{r}_0$) nach $\vec{r}_1$ gewählt wurde. Das heißt aber, dass auch bei einem *geschlossenen* Integrationsweg – ausgehend von $\vec{r}_0$ kehrt man wieder zu $\vec{r}_1 = \vec{r}_0$ zurück – die investierte Arbeit i. Allg. nicht zurückgewonnen wird:

$$W_{0 \to 1 \to 0} = \oint \vec{F} \cdot d\vec{r} \neq 0. \tag{4.61}$$

Es ist offensichtlich, dass „Kraftfelder" $\vec{F}(x, y)$ mit der Eigenschaft

$$W_{0 \to 1 \to 0} \equiv 0 \tag{4.62}$$

in der Physik eine besondere Rolle spielen. Sie müssen genau in der Weise vom Ort (hier x, y) abhängen, dass der Wert des Arbeitsintegrals (4.59) *nicht* mehr vom Weg, sondern nur noch vom Anfangs- und vom Endpunkt bestimmt ist. Die einzige Möglichkeit ist dann aber die Darstellung der Arbeit mittels einer Differenz

$$W_{0 \to 1} = U(x, y) \Big|_{x_0, y_0}^{x_1, y_1} = U_1 - U_0. \tag{4.63}$$

Andernfalls würde das Potenzial U_1 einer beliebigen Stelle 1 des Weges bei der Berechnung der Arbeit $W_{0 \to 2} \equiv W_{0 \to 1} + W_{1 \to 2} = (U_1 - U_0) + (U_2 - U_1) = U_2 - U_0$ nicht herausfallen. Aufgrund des Hauptsatzes der Integralrechnung ist (4.63) identisch mit $\int_{U_0}^{U_1} dU = U_1 - U_0$. Ein Vergleich mit (4.60) in der speziellen Schreibweise

$$W_{0 \to 1} = \int\limits_{x_0, y_0}^{x_1, y_1} (F^x dx + F^y dy) \equiv \int\limits_{U_0}^{U_1} dU(x, y) \tag{4.64}$$

zeigt, dass (4.63) genau dann existiert, wenn das vollständige Differenzial von $U(x, y)$

$$dU(x, y) = \frac{\partial U}{\partial x} dx + \frac{\partial U}{\partial y} dy \quad \text{(allg.: } dU = \text{grad } U \cdot d\vec{x}) \tag{4.65}$$

mit

$$dU(x, y) = F^x dx + F^y dy \quad \text{(allg.: } dU = \vec{F} \cdot d\vec{x}) \tag{4.66}$$

übereinstimmt. Bei vorgegebener Last $\vec{F} = F^x \vec{e}_x + F^y \vec{e}_y$ müssen also die beiden Differenzialgleichungen

$$\frac{\partial U}{\partial x} = F^x, \quad \frac{\partial U}{\partial y} = F^y \quad \text{(allg.: grad } U = \vec{F}) \tag{4.67}$$

zur selben Lösung $U(x, y)$ führen. Die *Integrabilitätsbedingung* dafür ist aber

$$\left(\frac{\partial^2 U}{\partial x \partial y}:\right) \quad \frac{\partial F^x}{\partial y} = \frac{\partial F^y}{\partial x} \quad (\text{allg.: } \operatorname{rot} \vec{F} = \vec{0}), \tag{4.68}$$

womit schließlich die Forderung (4.62) auf eine Bedingung für das zugrunde liegende Kraftfeld $\vec{F}(x, y)$ selbst zurückgeführt ist. Ein Kraftfeld oder einfach eine Kraft $\vec{F}$, die der Bedingung (4.68) genügt, besitzt also die Eigenschaft (4.62) und heißt deshalb *konservativ*. Anstelle der durch (4.67) festgelegten skalaren Funktion U wird üblicherweise die Konvention $V = -U$ verwendet. V ist das sog. *Potenzial* der konservativen Kraft $\vec{F}$. Mit diesem Potenzial V lauten die bisherigen Beziehungen zusammengefasst:

$$\frac{\partial F^x}{\partial y} = \frac{\partial F^y}{\partial x}, \quad \rightarrow \quad \frac{\partial V}{\partial x} = -F^x, \quad \frac{\partial V}{\partial y} = -F^y$$

$$(\text{allg.: } \operatorname{rot} \vec{F} = \vec{0} \quad \rightarrow \quad \operatorname{grad} V = -\vec{F}), \tag{4.69}$$

$$W_{0 \to 1} = -(V_1 - V_0) = -[V(x_1, y_1) - V(x_0, y_0)].$$

Da die Gleichungen (4.69) das Potential V nur bis auf eine beliebige Konstante bestimmen [Beweis: Überall in (4.69) kann anstelle V auch $V + $ const gesetzt werden; die Konstante fällt stets heraus.], kann diese so gewählt werden, dass z. B. V_0 identisch verschwindet. So kommt die oft missverstandene Kurzform von (4.69) $W = -V$ zustande. Besser fasst man jedoch die Arbeit W stets als Potenzial-*Differenz* $V_0 - V_1$ auf.

Beispiel 4.4 Arbeit und Potenzial einer linearen Feder. Der rechte materielle Endpunkt einer entspannten Feder wird um u ausgelenkt (s. Abb. 4.4b). Die Federkraft $\vec{F}_F$ ist eine innere Kraft[10]; sie wird durch den Freischnitt dieses Endpunkts der Feder zu einer äußeren Kraft. Nach (4.59) ist die Arbeit dieser Kraft [wegen $\vec{r} = (\ell_0 + u)\vec{e}_x$]

$$W_{0 \to u} = \int_0^u \vec{F}_F \cdot d\vec{r}, \quad \vec{F}_F = -cu\,\vec{e}_x, \quad d\vec{r} = du\,\vec{e}_x$$

$$= \int_0^u -cu\,du \quad (\text{wegen } \vec{e}_x \cdot \vec{e}_x = 1) \tag{4.70}$$

$$= -\frac{c}{2}u^2.$$

Die Federkraft besitzt offensichtlich das Potenzial

$$V = -(W_{0 \to u} + \text{const}) = \frac{c}{2}u^2 + \text{const}. \tag{4.71}$$

Genau dafür ist nämlich die Forderung (4.69) $\frac{\partial V}{\partial u} = -F^u$ erfüllt. ∎

---

[10] Am Körper, an dem die Kraft angreift, wirkt sie entgegen der Federauslenkung.

Für eine lineare Drehfeder mit dem Moment $M_d = -c_d\varphi$ erhält man das analoge Potenzial $V = \frac{c_d}{2}\varphi^2 +$ const. Dass das Kraftgesetz $\vec{F} = \vec{F}(\ldots)$ maßgeblich darüber bestimmt, ob eine Kraft $\vec{F}$ konservativ ist oder nicht, zeigt das einfache Beispiel eines Dämpfers.

Beispiel 4.5 Arbeit einer geschwindigkeitsproportionalen Dämpferkraft. Mit der gleichen Argumentation wie bei der Dehnfeder lautet (4.70), jetzt für die innere Dämpferkraft $\vec{F}_D$ (s. Abb. 4.4c),

$$W_{0\to u} = \int\limits_0^u \vec{F}_D \cdot d\vec{r}, \quad \vec{F}_D = -k\dot{u}\,\vec{e}_x, \quad d\vec{r} = du\,\vec{e}_x$$

$$= \int\limits_0^u -k\dot{u}\,du. \tag{4.72}$$

Das Integral (4.72) kann nur weiter ausgewertet werden, wenn der Zusammenhang zwischen Lage u und Geschwindigkeit $\dot{u}$ explizit bekannt ist [z. B. über $u(t)$ und $\dot{u}(t)$]. ∎

Der Übergang zur *virtuellen Arbeit* W_{virt} einer Kraft $\vec{F}$ ist nun einfach:
Analog zur differenziellen Arbeit $\vec{F} \cdot d\vec{r}$ in (4.59) aufgrund einer differenziellen, aber realen Verschiebung $d\vec{r}$ der Kraft $\vec{F}$ wird

$$W_{\text{virt}} \overset{(\text{def.})}{=} \vec{F} \cdot \delta\vec{r} \tag{4.73}$$

als Arbeit einer Kraft $\vec{F}$ bei einer virtuellen Verschiebung $\delta\vec{r}$ definiert.

Besitzt die Kraft $\vec{F}$ ein Potenzial V, so ist die virtuelle Arbeit (4.73) die Variation dieses Potenzials mit negativem Vorzeichen:

$$W_{\text{virt}} = -\delta(V). \tag{4.74}$$

Dies ergibt sich direkt aus (4.64) in der Form $W_{\text{virt}} = F^x\delta x + F^y\delta y \equiv -\delta(V)$. Hieraus folgen nämlich in ungeänderter Argumentation ebenfalls die Bedingungen (4.67) und (4.68); d. h. (4.74) kann nur bestehen, wenn die Kraft $\vec{F}$ in (4.73) ein Potenzial V besitzt[11]. Die Beziehungen (4.69) für konservative Kräfte sind also durch (4.74) zu ergänzen.

Beispiel 4.6 Virtuelle Arbeit einer linearen Feder. Der rechte materielle Endpunkt einer entspannten Feder wird um u ausgelenkt [Abb. 4.4b], danach wird die virtuelle Verschie-

---

[11] Genau deshalb ist es zweckmäßig, die virtuelle Arbeit allgemeiner Kräfte oder Momente *nicht* mit δW, sondern mit W_{virt} zu bezeichnen.

bung δu aufgebracht. (4.73) liefert [mit $\vec{r} = (\ell_0 + u)\vec{e}_x$]

$$W_{\text{virt}} = \vec{F}_F \cdot \delta\vec{r}, \quad \vec{F}_F = -cu\,\vec{e}_x, \quad \delta\vec{r} = \delta u\,\vec{e}_x$$
$$= -cu\,\delta u. \tag{4.75}$$

Nach der Kettenregel ist aber $u\delta u = \delta(\frac{u^2}{2})$, so dass die virtuelle Arbeit (4.75) auch

$$W_{\text{virt}} = -\delta\left(\frac{c}{2}u^2\right) = -\delta(V) \tag{4.76}$$

geschrieben werden kann. Dadurch ist das Potenzial (4.71) nochmals bestätigt. ∎

Beispiel 4.7 Virtuelle Arbeit eines geschwindigkeitsproportionalen Dämpfers. Mit der Dämpferkraft $\vec{F}_D$ [s. (4.72)] ergibt (4.73)

$$W_{\text{virt}} = \vec{F}_D \cdot \delta\vec{r}, \quad \vec{F}_D = -k\dot{u}\vec{e}_x, \quad \delta\vec{r} = \delta u\vec{e}_x$$
$$= -k\dot{u}\delta u. \tag{4.77}$$

Eine Umformung wie in (4.76) ist hier nicht möglich, da die Dämpferkraft $\vec{F}_D$ kein Potenzial besitzt („potentiallose Kraft"). ∎

Das abschließende Beispiel ist der aufwändigen Berechnung des elastischen Potenzials eines Stabes gewidmet. Die Problemstellung muss dabei zwangsläufig eingeschränkt werden, aber sie erlaubt später dennoch, häufige Fragestellungen der Strukturmechanik (Stabilität von Druckstäben, Verformung gerader Stäbe, Bewegungsgleichungen von Stäben in der Ebene) zu beantworten.

Beispiel 4.8 Potenzial eines elastischen Stabes bei ebener Verformung. Das einfachste Stabmodell ist der Euler-Bernoulli-Stab. Er enthält zwei wesentliche Annahmen, die nicht bei allen Stababmessungen sinnvoll sind: 1. Kinematisch sind die Stabquerschnitte starre Scheiben (Vernachlässigung der Querschnittsdeformation). 2. Die Stabquerschnitte bleiben stets orthogonal zur Stabachse (Vernachlässigung der Schubdeformation)[12]. Diese Einschränkungen führen im ebenen Fall zu einem genäherten inneren Potenzial des Stabes (der *Formänderungsenergie*)

$$V_i = \frac{1}{2}\int_0^\ell \left[\frac{N^2(x)}{EA} + \frac{M^2(x)}{EI}\right]dx = \frac{1}{2}\int_0^\ell \left[EA\varepsilon^2(x) + EI\varphi'^2(x)\right]dx \tag{4.78}$$

mit den elementaren Schnittgrößen der technischen Biegelehre, der Längskraft $N(x) = EA\varepsilon(x)$ und dem Biegemoment $M(x) = -EI\varphi'(x)$. Die Dehnung $\varepsilon(x)$ und die Neigung

---

[12] Lässt man diese Annahme fallen und berücksichtigt zudem die Drehträgheit der Stabquerschnitte, so gelangt man zum Stabmodell nach Timoshenko (s. Beispiel 3.27).

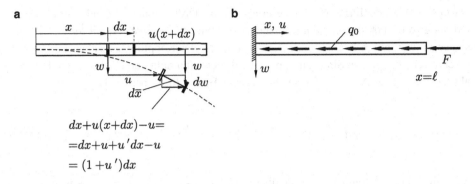

Abb. 4.5 a Verformung eines Euler-Bernoulli-Stabes in der Ebene. **b** Eingespannter Stab unter Druckbelastung (Einzelkraft F, Streckenlast q_0)

$\varphi(x)$ der Stabachse [$\varphi'(x)$ ist die Krümmung] sind jetzt durch kinematische Überlegungen auf die Verschiebungen $u(x)$ und $w(x)$ (in Längs- und in Querrichtung) zurückzuführen. In Abb. 4.5a liest man dazu in der deformierten Lage ab:

$$(d\bar{x})^2 = (dw)^2 + (1 + u')^2 (dx)^2. \tag{4.79}$$

Die Dehnung, d. h. die relative Längenänderung der Stabachse ist damit

$$\varepsilon(x) = \frac{d\bar{x} - dx}{dx} = \frac{d\bar{x}}{dx} - 1 = \sqrt{\frac{(dw)^2}{(dx)^2} + (1 + u')^2} - 1$$

$$= \sqrt{w'^2 + (1 + u')^2} - 1. \tag{4.80}$$

Für den Neigungswinkel φ gilt nach Abb. 4.5a

$$\tan \varphi = \frac{dw}{(1 + u')dx} = \frac{w'}{1 + u'} \approx \varphi. \tag{4.81}$$

Zur Beschreibung kleiner Verformungen eines in der Ausgangslage *geraden* Stabes (Referenzplazierung: $w = u = 0$) können die Dehnung ε und die Neigung φ in eine Taylor-Reihe der Verschiebungsableitungen u', w' entwickelt und wegen $u', w' \ll 1$ je nach gewünschter Näherung – z. B. nach dem quadratischen Glied – abgebrochen werden:

$$\varepsilon = \sqrt{w'^2 + (1 + u')^2} - 1 = \sqrt{1 + (2u' + u'^2 + w'^2)} - 1$$

$$= 1 + \frac{1}{2}\left(2u' + u'^2 + w'^2\right) - \frac{1}{8}(4u'^2 + \ldots) + \ldots - 1$$

$$= u' + \frac{1}{2}w'^2 + \ldots, \tag{4.82}$$

$$\varphi = \frac{w'}{1 + u'} = w'(1 - u' + \ldots) = w' + \ldots$$

Darin sind in ε alle Terme in w höherer als *zweiter* Ordnung und in φ höherer als *erster* Ordnung vernachlässigt. Der dann einzig verbleibende *nichtlineare* Anteil $\frac{1}{2}w'^2$ stellt sich später als wesentlich heraus für eine Beschreibung der Kopplung zwischen Längs- und Querverschiebungen im Sinne eines physikalischen Minimalmodells. Das innere Potenzial (4.78) des in der Ausgangslage geraden Euler-Bernoulli-Stabes der Länge ℓ ist also

$$V_i = \frac{1}{2} \int_0^\ell \left[EA(u'^2 + u'w'^2 + \ldots) + EI(w''^2 + \ldots) \right] dx, \qquad (4.83)$$

wenn man das Quadrat der Dehnung über $\varepsilon^2 = (u' + \frac{1}{2}w'^2 + \ldots)^2 = u'^2 + u'\,w'^2 + \ldots$ vereinfacht. Jetzt kann die vollständige am Stab in Abb. 4.5b verrichtete virtuelle Arbeit W_{virt} angegeben werden. Sie setzt sich zusammen aus der (inneren) virtuellen Formänderungsarbeit $W_{\text{virt}i} = -\delta V_i$ und den virtuellen Arbeiten der äußeren Streckenlast q_0 (Kraft pro Länge) und der äußeren Einzelkraft F:

$$W_{\text{virt}} = \delta V_i - F\delta u(\ell) - \int_0^\ell q_0 \delta u \, dx. \qquad (4.84)$$

Dieses Ergebnis gilt formal ungeändert auch für *zeitabhängige* äußere Lasten $F(t)$ und $q_0(t)$ [und damit auch orts- *und* zeitabhängige Verschiebungen $u(x,t)$ und $w(x,t)$][13]. ∎

4.2.2 Lagrange-D'Alembert-Prinzip (Prinzip der Virtuellen Arbeit)

Das zum *Prinzip der Virtuellen Arbeit* in der Statik analoge mechanische Prinzip heißt in der Kontinuumsmechanik *Lagrange-d'Alembert-Prinzip*. Im Unterschied zum Prinzip der Virtuellen Arbeit enthält das Lagrange-d'Alembert-Prinzip zusätzlich die virtuelle Arbeit der Trägheitskräfte. In der Starrkörperdynamik spricht man vom d'Alembertschen Prinzip, meist mit dem Zusatz „in der Lagrangeschen Fassung".

So stellen also genau genommen sowohl das d'Alembertsche Prinzip in der Lagrangeschen Fassung (in der Kinetik starrer Körper) als auch das Prinzip der Virtuellen Arbeit (in der Statik deformierbarer Körper) Sonderfälle des allgemein in der Dynamik deformierbarer Körper geltenden Lagrange-d'Alembert-Prinzips dar.

Da die Spezialisierung auf die Statik oder die Starrkörpermechanik im Lagrange-d'Alembert-Prinzip einfach durchzuführen ist (durch Streichen entweder der Trägheitsterme oder der Formänderungsarbeit), ist es zweckmäßig, in der analytischen Mechanik

---

[13] Die auftretenden Ortsableitungen sind jedoch dann im Gesamtzusammenhang partielle Ableitungen, so dass verabredungsgemäß (s. Kap. 3) beispielsweise an Stelle von u' nunmehr $u_{,x}$ zu schreiben ist.

das Lagrange-d'Alembert-Prinzip an den Anfang zu stellen. Es hat damit den Stellenwert eines grundlegenden Postulates der analytischen Mechanik. In der analytischen Kontinuumsmechanik ersetzt es die Impulsbilanz der synthetischen Kontinuumsmechanik – die bereits in Abschn. 2.4.3 für elastostatische Probleme angesprochene sog. *erste Cauchy-Gleichung*[14].

Neben der angesprochenen Reduktion auf die Statik oder die Starrkörpermechanik lassen sich noch verschiedene, mit dem Lagrange-d'Alembert-Prinzip verwandte Prinzipe angeben, wie z. B. das *Prinzip der Virtuellen Leistung* oder das *Prinzip des kleinsten Zwanges* (Gausssches Prinzip). Insbesondere aber gehört dazu das Prinzip von Kirchhoff-Hamilton (s. Abschn. 4.2.3), das in seiner ursprünglichen Form (für konservative Systeme) ein echtes Extremalprinzip darstellt.

Als Lagrange-d'Alembert-Prinzip bezeichnet man das Postulat (s. z. B. [17])

$$\int\limits_{(V)} \varrho_0 \vec{r}_{,tt} \cdot \delta\vec{r} \, dV = W_{\text{virt}} \tag{4.85}$$

mit der virtuellen Arbeit W_{virt} sowohl aller am Körper angreifenden äußeren Kräfte als auch der virtuellen Formänderungsarbeit aufgrund der Deformation des Körpers. Auf der linken Seite im Lagrange-d'Alembert-Prinzip steht die virtuelle Arbeit der differenziellen Trägheitskräfte $\varrho_0 \vec{r}_{,tt} \, dV$ summiert über das gesamte materielle Volumen V des Körpers. $\vec{r}$ ist der Ortsvektor eines materiellen Punktes im Inertialsystem. Er kennzeichnet die Lage eines materiellen Punktes mit den Lagrange-Koordinaten x^k in der aktuellen (deformierten) Konfiguration; man bezeichnet diese deformierte Konfiguration als *Momentanplatzierung* im Unterschied zur undeformierten – der *Referenzplatzierung*. In der Referenzplatzierung werden sowohl die Koordinaten x^k vergeben als auch die Dichte ϱ_0 gemessen.

In der Statik (d. h. bei Vernachlässigung der Trägheitswirkungen: $\vec{r}_{,tt} \approx 0$) wird das Lagrange-d'Alembert-Prinzip (4.85) zum *Prinzip der Virtuellen Arbeit*

$$W_{\text{virt}} = 0. \tag{4.86}$$

Die virtuelle Arbeit W_{virt} hat hier die gleiche Bedeutung wie in (4.85).

Das in der Form (4.85) nur für *einen* allgemeinen Körper mit dem Volumen V ausgesprochene Lagrange-d'Alembert-Prinzip kann ohne weitere Annahmen für ein System verschiedener Körper angeschrieben werden; z. B. für untereinander beliebig gekoppelte

---

[14] Die *zweite Cauchy-Gleichung* – der Drehimpulssatz für ein Kontinuum – reduziert sich in der Mechanik der Punktkontinua (jeder materielle Punkt hat nur drei Translations-, aber keine Rotationsfreiheitsgrade) auf die Forderung nach einem *symmetrischen* Spannungstensor (s. ebenfalls Abschn. 2.4.3); diese Forderung ist in der Elastomechanik durch das verallgemeinerte Hookesche Gesetz (4.104) [bzw. (2.165)] als Stoffgesetz stets identisch erfüllt.

Abb. 4.6 Kleine Querver-
schwingungen $w(x, t)$ bzw.
$v(x, t)$ zweier über eine Feder
gekoppelter Balken

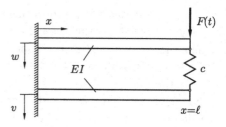

Körper, jeweils mit dem Volumen V_k:

$$\sum_{k=1}^{n} \int_{(V_k)} \varrho_0 \vec{r}_{,tt} \cdot \delta \vec{r} \, dV = W_{\text{virt}}. \qquad (4.87)$$

Die virtuelle Arbeit aller an den Verbindungsstellen zwischen den Körpern auftretenden Kräfte (z. B. aufgrund von Reibung) muss jetzt natürlich in W_{virt} berücksichtigt werden – nur die sog. *Zwangskräfte* $\vec{Z}$ leisten keinen Beitrag, da sie stets senkrecht zu den möglichen virtuellen Verschiebungen des Systems gerichtet sind ($\vec{Z} \cdot \delta \vec{r} \equiv 0$) bzw. sich in der Summe aufheben. Zwangskräfte repräsentieren stets *kinematische Bindungen* eines Systems, d. h. es handelt sich dabei um Normalkräfte, die orthogonal zu vorgeschriebenen Bahnen auftreten. Einfacher Sonderfall von Zwangskräften sind die Lagerreaktionen eines reinen Drehlagers, welches keine lokale Verschiebung zulässt. Der Begriff der Zwangskraft wurde bereits in Abschnitt 4.1.3 [s. speziell (4.49) ff.] am Beispiel eines entlang einer vorgeschriebenen Bahn geführten Massenpunktes diskutiert.

Vor einer allgemeinen Auswertung des Lagrange-d'Alembert-Prinzips soll das nachfolgende Beispiel zunächst eine einfache Anwendung auf technische Systeme zeigen.

Beispiel 4.9 Kleine Querschwingungen zweier gekoppelter Stäbe. Vernachlässigt man etwaige Längsschwingungen, so besitzen nach (4.83) die beiden Balken[15] in Abb. 4.6 das genäherte innere Potenzial

$$V_{\text{Balken}} = \frac{1}{2} \int_0^\ell E I (w_{,xx})^2 dx + \frac{1}{2} \int_0^\ell E I (v_{,xx})^2 dx. \qquad (4.88)$$

Das Potenzial der linearen Koppelfeder ist [s. (4.76)]

$$V_F = \frac{1}{2} c [v(\ell, t) - w(\ell, t)]^2, \qquad (4.89)$$

wenn diese in der gezeichneten Ausgangslage, d. h. in der Referenzplatzierung $v = w = 0$, entspannt ist. Die virtuelle Formänderungsarbeit [s. (4.74)] und die virtuelle

---

[15] So bezeichnet man üblicherweise Stäbe, die ausschließlich Biegeschwingungen ausführen.

Arbeit aller am System angreifenden äußeren Kräfte [hier nur $F(t)$] lautet also

$$W_{\text{virt}} = -\delta(V_{\text{Balken}}) - \delta(V_F) + F(t)\,\delta w(\ell,t)$$

$$= -\int_0^\ell EI\, w_{,xx}\,\delta(w_{,xx})dx - \int_0^\ell EI\, v_{,xx}\,\delta(v_{,xx})dx \qquad (4.90)$$

$$- c\big[v(\ell,t) - w(\ell,t)\big]\,\delta v(\ell,t) + c\big[v(\ell,t) - w(\ell,t)\big]\,\delta w(\ell,t)$$

$$+ F(t)\,\delta w(\ell,t).$$

In Abb. 4.6 sind die Lagerreaktionen in den Einspannungen – wie erwähnt – einfache Sonderfälle von Zwangskräften, die keine Arbeit leisten. Sie gehen zwar in die Kräfte- bzw. Impulsbilanz oder Momenten- bzw. Drehimpulsbilanz des Systems ein, aber *nicht* in das Lagrange-d'Alembert-Prinzip. Bei der Ermittlung von Bewegungsgleichungen komplexer technischer Systeme ist dies ein wesentlicher Vorteil.

Die virtuelle Arbeit der Trägheitskräfte im Lagrange-d'Alembert-Prinzip (4.85) ist hier wegen

$$\begin{aligned}
\vec{r}_w &= x\vec{e}_x + w(x,t)\,\vec{e}_y &&\rightarrow& \delta\vec{r}_w &= \delta w\,\vec{e}_y, \\
\vec{r}_v &= x\vec{e}_x + v(x,t)\,\vec{e}_y &&\rightarrow& \delta\vec{r}_v &= \delta v\,\vec{e}_y
\end{aligned} \qquad (4.91)$$

einfach

$$\sum_{i=1}^n \int_{(V_i)} \varrho_0 \vec{r}_{,tt} \cdot \delta\vec{r}\, dV = \int_0^\ell \varrho_0\, w_{,tt}\,\delta w\, A dx + \int_0^\ell \varrho_0\, v_{,tt}\,\delta v\, A dx. \qquad (4.92)$$

Führt man (wie bereits in Beispiel 3.27 in Abschn. 3.3.1 ausgeführt) für das Produkt „Dichte ϱ_0 mal Querschnittsfläche A" den Parameter μ (Masse pro Längeneinheit) ein, so lautet das Lagrange-d'Alembert-Prinzip (4.85) mit der linken Seite (4.92) und der rechten Seite (4.90)

$$\int_0^\ell \mu\, w_{,tt}\,\delta w\, dx + \int_0^\ell \mu\, v_{,tt}\,\delta v\, dx$$

$$= -\int_0^\ell EI\, w_{,xx}\,\delta(w_{,xx})dx - \int_0^\ell EI\, v_{,xx}\,\delta(v_{,xx})dx \qquad (4.93)$$

$$- c\big[v(\ell,t) - w(\ell,t)\big]\,\delta v(\ell,t) + \left(F(t) + c\big[v(\ell,t) - w(\ell,t)\big]\right)\delta w(\ell,t).$$

Die Auswertung des mechanischen Prinzips (4.93) verlangt zunächst die Umformung von $\delta(\ldots,_{xx})$ in $\delta(\ldots)$. Mittels zweimaliger Produktintegration im Ort x, jeweils nach der Vorschrift

$$\int\limits_0^\ell a(x)\, b(x)_{,x} dx = \left[a(x)\, b(x)\right]\Big|_0^\ell - \int\limits_0^\ell a(x)_{,x}\, b(x) dx,$$ (4.94)

$$\text{mit } \left[a(x)\, b(x)\right]\Big|_0^\ell = a(\ell) b(\ell) - a(0) b(0),$$

folgt unter Verwendung der – wegen $\delta x \equiv 0$ gültigen [s. dazu (4.8)] – Vertauschungsrelation $\delta(\ldots_{,x}) \equiv \delta(\ldots)_{,x}$ zunächst

$$\int\limits_0^\ell EI\, w_{,xx}\, \delta(w_{,xx}) dx = \int\limits_0^\ell EI\, w_{,xx}\, (\delta w)_{,xx}\, dx$$

$$= \left[EI\, w_{,xx}\, \delta(w_{,x})\right]\Big|_0^\ell - \int\limits_0^\ell EI\, w_{,xxx}\, (\delta w)_{,x}\, dx$$ (4.95)

$$= \left[EI\, w_{,xx}\, \delta(w_{,x})\right]\Big|_0^\ell - \left[EI\, w_{,xxx}\, \delta w\right]\Big|_0^\ell + \int\limits_0^\ell EI\, w_{,xxxx}\, \delta w\, dx.$$

Genauso lässt sich das entsprechende Integral in $v_{,xx}$ umformen. Aus (4.93) findet man so

$$0 = \int\limits_0^\ell (\mu\, w_{,tt} + EI w_{,xxxx})\, \delta w\, dx + \int\limits_0^\ell (\mu\, v_{,tt} + EI v_{,xxxx})\, \delta v\, dx$$

$$- \left[EI\, w_{,xx}\, \delta w_{,x}\right]\Big|_0^\ell + \left[EI w_{,xxx}\, \delta w\right]\Big|_0^\ell - \left[\left(F + c(v - w)\right) \delta w\right]\Big|^\ell$$ (4.96)

$$- \left[EI\, v_{,xx}\, \delta v_{,x}\right]\Big|_0^\ell + \left[EI v_{,xxx}\, \delta v\right]\Big|_0^\ell + \left[c(v - w)\, \delta v\right]\Big|^\ell,$$

wenn alle Terme auf eine Seite gebracht und geeignet zusammengefasst werden. In (4.96) stehen offensichtlich Aussagen über drei verschiedene „Gebiete": zum einen das Gebiet zwischen 0 und ℓ, zum anderen die Ränder $x = 0$ und $x = \ell$. Die Einzelgleichung (4.96) zerfällt deshalb in die drei voneinander unabhängigen Forderungen

$$0 < x < \ell: \quad \int\limits_0^\ell (\mu\, w_{,tt} + EI w_{,xxxx})\, \delta w\, dx + \int\limits_0^\ell (\mu\, v_{,tt} + EI v_{,xxxx})\, \delta v\, dx = 0,$$

$$x = \ell: \quad -EI\, w_{,xx}\, \delta(w_{,x}) + \left[EI w_{,xxx} - c(v - w) - F(t)\right] \delta w$$
$$-EI\, v_{,xx}\, \delta(v_{,x}) + \left[EI v_{,xxx} + c(v - w)\right] \delta v = 0,$$

$$x = 0: \quad EI\, w_{,xx}\, \delta(w_{,x}) - EI w_{,xxx}\, \delta w + EI\, v_{,xx}\, \delta(v_{,x}) - EI v_{,xxx}\, \delta v = 0.$$
(4.97)

Da zudem die Querauslenkung $w(x,t)$ an keiner Stelle x mit $v(x,t)$ *kinematisch* gekoppelt ist [$w(x,t)$ und $v(x,t)$ sind so für alle x voneinander unabhängig], enthält (4.97) mindestens *sechs* unabhängige Gleichungen. Berücksichtigt man ferner, dass eine virtuelle Verschiebung δw (bzw. δv) an einer festen Stelle $x = 0$ oder $x = \ell$ unabhängig von der virtuellen Änderung des jeweiligen Neigungswinkels $\delta(w_{,x})$ [bzw. $\delta(v_{,x})$] ist, so lassen sich aus (4.97) *vier weitere* unabhängige Einzelgleichungen abspalten. Kurz: Aufgrund der Unabhängigkeit der einzelnen virtuellen Verschiebungen oder deren Ableitungen ist die Forderung (4.97) äquivalent zur Forderung nach Erfüllung der *zehn* Gleichungen

$$\int_0^\ell (\mu\, w_{,tt} + EI w_{,xxxx})\, \delta w \; dx = 0, \qquad \int_0^\ell (\mu\, v_{,tt} + EI v_{,xxxx})\, \delta v \; dx = 0,$$

$$x = 0: \quad EI\, w_{,xx}\, \delta(w_{,x}) = 0, \qquad\qquad EI\, v_{,xx}\, \delta(v_{,x}) = 0,$$

$$\qquad\qquad -EI w_{,xxx}\, \delta w = 0, \qquad\qquad\quad EI v_{,xxx}\, \delta v = 0,$$

$$x = \ell: \quad -EI\, w_{,xx}\, \delta(w_{,x}) = 0, \qquad\quad -EI\, v_{,xx}\, \delta(v_{,x}) = 0,$$

$$\left[EI w_{,xxx} - c(v - w) - F(t)\right] \delta w = 0, \quad \left[EI v_{,xxx} + c(v - w)\right] \delta v = 0.$$

$$(4.98)$$

Berücksichtigt man die geometrischen Randbedingungen des Problems (die ja auch für die virtuellen Verschiebungen gelten)

$$\delta w(0) = 0, \quad \delta(w_{,x})\Big|_0 = 0, \quad \delta v(0) = 0, \quad \delta(v_{,x})\Big|_0 = 0 \qquad (4.99)$$

und zieht für die Integrale in (4.98) das Fundamentallemma der Variationsrechnung [s. (4.20) ff.] heran, so folgen aus (4.98) schließlich die gesuchten Bilanzgleichungen

$$\mu w_{,tt} + EI w_{,xxxx} = 0, \qquad\qquad \mu v_{,tt} + EI v_{,xxxx} = 0, \quad 0 < x < \ell$$

$$w(0,t) = 0, \quad w_{,x}(0,t) = 0, \qquad\quad v(0,t) = 0, \quad v_{,x}(0,t) = 0,$$

$$EI\, w_{,xx}(\ell,t) = 0, \qquad\qquad\qquad EI\, v_{,xx}(\ell,t) = 0,$$

$$EI w_{,xxx}(\ell,t) - c[v(\ell,t) - w(\ell,t)] = F(t), \quad EI v_{,xxx}(\ell,t) + c[v(\ell,t) - w(\ell,t)] = 0$$

$$(4.100)$$

(hier Kräfte pro Längeneinheit) für die gekoppelten Balken in Abb. 4.6. In der ersten Zeile stehen die *Feldgleichungen* der beiden Balken, in der zweiten Zeile die *geometrischen Randbedingungen* (der starren Einspannung) und in der dritten und vierten Zeile die *dynamischen Randbedingungen* (der momentenfreien, aber in den Querkräften gekoppelten rechten Balkenenden). ∎

Am Resultat (4.100) dieses Beispiels wird eine für die praktische Rechnung sehr hilfreiche Eigenschaft des Lagrange-d'Alembert-Prinzips deutlich: Allein durch Angabe der skalaren Formänderungsarbeiten und der virtuellen Arbeit aller äußeren Kräfte lassen sich sowohl die *Bewegungsgleichungen* als auch die dazu konsistenten *dynamischen Rand-bedingungen* – ohne zusätzliche physikalische Überlegungen – angeben. Gerade in der Theorie der Stäbe, Platten und Schalen stellt die separate Ermittlung komplizierter dyna-mischer Randbedingungen manchmal ein erhebliches Problem dar.

Die für das Beispiel 4.9 gefundene Äquivalenz zwischen dem Lagrange-d'Alembert-Prinzip (4.93) und den Bilanzgleichungen (4.100) kann auch allgemein – also ohne Orien-tierung am Einzelbeispiel – gezeigt werden. Dazu betrachtet man einen einzelnen Körper mit dem Volumen V und der Dichte ϱ_0. Die virtuelle Arbeit W_{virt} auf der rechten Seite des Lagrange-d'Alembert-Prinzips (4.85) setzt sich jetzt aus Anteilen zusammen, die denen in (4.90) des konkreten Beispiels 4.9 entsprechen: der bei der *Deformation* des Körpers geleisteten virtuellen Arbeit und der virtuellen Arbeit aller auf der Oberfläche bzw. im Innern des Körpers angreifenden *äußeren Kräfte*. Die an einem Körper mit dem Volumen V geleistete (innere) *virtuelle Formänderungsarbeit* ist das Integral

$$W_{\text{virt}\,i} = - \int\limits_{(V)} \sigma^{kl} (\delta r_k)_{|l} \; dV. \tag{4.101}$$

Die skalare Integrandfunktion besteht aus dem Skalarprodukt $\sigma^{kl}(\delta r_k)_{|l}$ des Piola-Kirchhoff-Spannungstensors 2. Art[16] $\vec{\vec{\sigma}} = \sigma^{kl}\vec{e}_k \otimes \vec{e}_l$ mit dem (materiellen) Gradienten des virtuellen Verschiebungsvektors $\delta\vec{r} = \delta r_k \vec{e}^{\,k}$. Der materielle Gradient grad $\delta\vec{r} = (\delta r_k)_{|l}\vec{e}^{\,k} \otimes \vec{e}^{\,l}$ besitzt als Koordinaten einfach die kovarianten Ableitungen $(\ldots)_{|l}$ der Koordinaten δr_k des virtuellen Verschiebungsvektors $\delta\vec{r}$ (zur kovarianten Ableitung s. Abschn. 2.4.2). In *kartesischen* Lagrange-Koordinaten x^α tritt in (4.101) nur noch die partielle Ableitung $(\ldots)_{,\beta}$ auf:

$$W_{\text{virt}\,i} = - \int\limits_{(V)} \sigma^{\alpha\beta} (\delta r_\alpha)_{,\beta} \; dV. \tag{4.102}$$

Für einen elastischen Festkörper[17] ist diese *virtuelle Formänderungsarbeit* reversibel, und (4.101) kann deshalb als Variation eines Potenzials V_i geschrieben werden:

$$W_{\text{virt}\,i} = -\delta V_i, \qquad V_i = \frac{1}{2}\int\limits_{(V)} \sigma^{kl}\varepsilon_{kl}dV,$$

$$\sigma^{k\ell} = E^{klmn}\varepsilon_{mn}, \quad \varepsilon_{kl} = \frac{1}{2}(u_{k|l} + u_{l|k} + u_{k|m}u^m_{\;|l}). \tag{4.103}$$

---

[16] Im Rahmen einer *vollständig linearen* Theorie, wie sie ausführlich auch in Abschn. 2.3.3 und 2.4.3 angesprochen wird, fallen Cauchyscher Spannungstensor (der eigentlich einer *räumlichen Feldbe-schreibung* zugehört) und Piola-Kirchhoffscher Spannungstensor 2. Art zusammen.

[17] Für viskoelastische und plastische Körper beispielsweise ist ab hier eine modifizierte Vorgehens-weise erforderlich.

Darin sind ε_{kl} die Koordinaten des *Lagrangeschen Verzerrungstensors*, die sich aus den Ortsableitungen des Verschiebungsvektors $\vec{u} = u^k \vec{e}_k$ berechnen lassen[18]. (4.103) gilt aber nur, wenn der Piola-Kirchhoff-Spannungstensor 2. Art durch das sog. *verallgemeinerte Hookesche Gesetz*

$$\sigma^{kl} = E^{klmn} \varepsilon_{mn} \qquad (4.104)$$

bestimmt werden kann, d. h. wenn der Körper physikalisch linear-elastisch ist. E^{klmn} steht für die 81 Koordinaten des *Elastizitätstensors*; sie lassen sich stets auf 21 verschiedene Materialparameter zurückführen, die i. Allg. von x^k abhängen. Für den Sonderfall eines *homogenen und elastisch isotropen* Körpers[19] verbleiben nur noch zwei unabhängige Materialparameter in E^{klmn}, und das Hookesche Gesetz (4.104) vereinfacht sich zu

$$\sigma^{kl} = \lambda_0 \varepsilon^m_{\cdot m} g^{kl} + 2\mu_0 \varepsilon^{kl} \qquad (4.105)$$

mit nur zwei Stoffparametern, den *Laméschen Konstanten* λ_0 und μ_0. Diese lassen sich über (2.167) auf die in der Technischen Mechanik gebräuchlicheren Stoffkonstanten, den Elastizitätsmodul E, den Schubmodul G oder die Poissonsche Querkontraktionszahl ν, umrechnen.

Eine *äußere Volumenkraft* $\vec{p} = p^k \vec{e}_k$ (hier: Kraft pro Volumeneinheit) leistet die virtuelle Arbeit

$$W_{\text{virt}\,p} = \int\limits_{(V)} p^k \delta r_k \, dV, \qquad (4.106)$$

eine auf der Oberfläche S des Körpers angreifende *äußere Flächenkraft* $\vec{s} = s^k \vec{e}_k$ (Kraft pro Flächeneinheit; Spannung)

$$W_{\text{virt}\,s} = \oint\limits_{(S)} s^k \delta r_k \, dA. \qquad (4.107)$$

Äußere *Einzelkräfte* $\vec{F}_{(n)}$ können bei Bedarf mittels $W_{\text{virt}\,F} = \sum_{n=1}^N \vec{F}_{(n)} \cdot \delta \vec{r}_{(n)}$ hinzugenommen werden; sie komplizieren aber den formalen Rechengang für einen allgemeinen dreidimensionalen Körper und werden deshalb im Weiteren nicht berücksichtigt.

---

[18] Im Rahmen einer (geometrisch) linearen Theorie reduziert sich der Lagrangesche Verzerrungstensor in (4.103) auf den infinitesimalen Greenschen Verzerrungstensor gemäß (2.159).

[19] Präzisierend gegenüber (2.159) ff. in Kap. 2 wird ein Körper *homogen* genannt, wenn seine Materialeigenschaften nicht von der Lagrange-Koordinate x^k, d. h. in der Referenzplatzierung nicht vom Ort abhängen. Er ist (in Übereinstimmung mit der damaligen Formulierung) *elastisch isotrop*, wenn seine elastischen Eigenschaften richtungsunabhängig sind.

Das Lagrange-d'Alembert-Prinzip (4.85) für einen elastischen Körper lautet mit den Anteilen (4.101), (4.106) und (4.107)

$$\int\limits_{(V)} \varrho_0 \vec{r}_{,tt} \cdot \delta \vec{r}\, dV = \oint\limits_{(S)} s^k \delta r_k\, dA + \int\limits_{(V)} p^k \delta r_k\, dV - \int\limits_{(V)} \sigma^{kl} (\delta r_k)_{|l}\, dV. \qquad (4.108)$$

Mit der Koordinate a_{abs}^k des absoluten Beschleunigungsvektors $\vec{a}_{\text{abs}} = \vec{r}_{,tt}$ eines materiellen Punktes, berechnet über zweimalige Zeitableitung des Ortsvektors $\vec{r}$ im Inertialsystem,

$$\begin{aligned} \vec{a}_{\text{abs}} = \vec{r}_{,tt} = (r^k \vec{e}_k)_{,tt} &= r_{,tt}^k \vec{e}_k + 2 r^k \vec{e}_{k,t} + r^k \vec{e}_{k,tt} \\ &= \vec{a}_{\text{rel}} + \vec{a}_{\text{cor}} + \vec{a}_{\text{führ}} = a_{\text{abs}}^k \vec{e}_k, \end{aligned} \qquad (4.109)$$

kann die linke Seite in (4.108)

$$\int\limits_{(V)} \varrho_0 \vec{r}_{,tt} \cdot \delta \vec{r}\, dV = \int\limits_{(V)} \varrho_0 a_{\text{abs}}^k \delta r_k\, dV \qquad (4.110)$$

geschrieben werden. Nach (4.109) gilt nur im Sonderfall einer im Inertialsystem *festen* Basis $\vec{e}_k$ (d. h. $\vec{e}_{k,t} \equiv 0$): $\vec{r}_{,tt} = r_{,tt}^k \vec{e}_k \to a_{\text{abs}}^k = r_{,tt}^k$. Andernfalls sind noch die Zeitableitungen der Basisvektoren in (4.109) zu berechnen.

Die virtuellen Größen δr_k und $(\delta r_k)_{|l}$ müssen nun zur weiteren Auswertung in (4.108) erst zusammengefasst werden. Dazu benutzt man den *Gaussschen Integralsatz* (s. z. B. [15])

$$\int\limits_{(V)} \operatorname{div} \vec{a}\, dV = \oint\limits_{(S)} \vec{a} \cdot \vec{n}\, dA, \quad \int\limits_{(V)} a^l{}_{|l}\, dV = \oint\limits_{(S)} a^l n_l\, dA, \qquad (4.111)$$

der die Umwandlung eines speziellen Volumenintegrals in ein Oberflächenintegral leistet. Die virtuelle Formänderungsarbeit (4.101) lässt sich damit nämlich geeignet zerlegen:

$$\begin{aligned} W_{\text{virt}i} &= -\int\limits_{(V)} \left[\sigma^{kl} (\delta r_k)_{|l} + \sigma^{kl}{}_{|l} \delta r_k - \sigma^{kl}{}_{|l} \delta r_k \right] dV \\ &= -\int\limits_{(V)} (\sigma^{kl} \delta r_k)_{|l}\, dV + \int\limits_{(V)} \sigma^{kl}{}_{|l} \delta r_k\, dV \\ &= -\oint\limits_{(S)} \sigma^{kl} n_l\, \delta r_k\, dA + \int\limits_{(V)} \sigma^{kl}{}_{|l}\, \delta r_k\, dV. \end{aligned} \qquad (4.112)$$

Einsetzen von $W_{\text{virt}i}$ in der Darstellung (4.112) anstelle des letzten Terms in (4.108) bringt das Lagrange-d'Alembert-Prinzip in die Form

$$0 = \int\limits_{(V)} (p^k + \sigma^{kl}{}_{|l} - \varrho_0 a_{\text{abs}}^k) \delta r_k\, dV + \oint\limits_{(S)} (s^k - \sigma^{kl} n_l) \delta r_k\, dA. \qquad (4.113)$$

Die räumliche Unabhängigkeit der Integrationsgebiete verlangt, dass jedes der beiden Integrale für sich genommen zu null wird. Für alle möglichen Variationen δr_k können nach dem Fundamentallemma der Variationsrechnung [s. (4.20) ff.] Integrale der Gestalt (4.113) aber nur verschwinden, wenn die jeweilige Integrandfunktion (...) identisch null ist. Das Lagrange-d'Alembert-Prinzip (4.113) ist deshalb den *Bilanzgleichungen für den Impuls*

$$\varrho_0 a^k_{abs} = p^k + \sigma^{kl}_{|l} \quad \text{in } V \text{ (1. Cauchy-Gleichung)},$$
$$s^k = \sigma^{kl} n_l \quad \text{oder} \quad \delta r_k = 0 \quad \text{auf } S \tag{4.114}$$

äquivalent. In Worten: Ein materieller Punkt mit dem Volumen dV befindet sich dann im Kräftegleichgewicht, wenn die Summe aller äußeren und inneren Kräfte (pro Volumeneinheit) zusammen mit den Trägheitskräften verschwindet. Die für das Feld (also innerhalb des Volumens V) gültige 1. Cauchy-Gleichung und die *dynamischen* und die *geometrischen* Randbedingungen auf der geschlossenen Oberfläche S sind in der Kontinuumsmechanik zu ergänzen durch die *Bilanzgleichungen für den Drehimpuls*

$$\sigma^{kl} = \sigma^{lk} \quad \text{in } V \text{ (2. Cauchy-Gleichung)}. \tag{4.115}$$

In Worten: Ein materieller Punkt befindet sich dann im Momentengleichgewicht, wenn der Piola-Kirchhoffsche Spannungstensor 2. Art symmetrisch ist. Eine Betrachtung des Hookeschen Gesetzes (4.105) zeigt, dass der Piola-Kirchhoffsche Spannungstensor 2. Art $\vec{\sigma}$ diese Symmetriebedingung (4.115) im Falle eines *elastischen* Kontinuums immer erfüllt, da der Lagrangesche Verzerrungstensor stets symmetrisch ist, d. h. $\varepsilon^{kl} = \varepsilon^{lk}$ gilt [s. (4.103)$_4$].

Als Ergebnis lässt sich zusammenfassen: Das Lagrange-d'Alembert-Prinzip (4.85) ist der Impulsbilanz (4.114) im Feld V *und* auf dem Rand S äquivalent. Die Drehimpulsbilanz (4.115) („Symmetriebedingung für den Spannungstensor") ist für ein isotrop elastisches Kontinuum aufgrund des Hookeschen Gesetzes (4.105) immer identisch erfüllt. Das Lagrange-d'Alembert-Prinzip stellt also immer dann eine vollständige Beschreibung eines Kontinuums dar, wenn die Erfüllung der Drehimpulsbilanz (4.115) – z. B. durch ein geeignetes Stoffgesetz – gesichert ist.

4.2.3 Prinzip von Hamilton

Das Prinzip von Hamilton in seiner allgemeinsten Form geht aus dem Lagrange-d'Alembert-Prinzip hervor, allerdings nur unter Zusatzannahmen; diese stellen aber für die praktische Anwendung des Prinzips von Hamilton keine Einschränkung gegenüber dem Lagrange-d'Alembert-Prinzip dar. Beide Prinzipe sind also gleichwertig[20]. In der Kontinuumsmechanik heißt das Prinzip von Hamilton oft auch Prinzip von Kirch-

---

[20] Sowohl historisch als auch axiomatisch sollten beide Prinzipe unterschieden werden, insbesondere im Rahmen der Kontinuumsmechanik.

hoff-Hamilton. Da die ursprüngliche Formulierung nur für *konservative* Systeme (in der Punktmassenmechanik) erfolgte, wird die allgemein gültige Fassung manchmal als „verallgemeinertes" Prinzip von Hamilton oder als „verallgemeinertes" Prinzip von Kirchhoff-Hamilton bezeichnet.

Einer der wesentlichen Unterschiede zum Lagrange-d'Alembert-Prinzip besteht beim Übergang zum Prinzip von Hamilton in der Einschränkung der virtuellen Verschiebungen:

$$\delta \vec{r} = \delta(\vec{r})\Big|_{x^k = \text{const}}.\tag{4.116}$$

Das virtuelle Verschiebungsfeld $\delta \vec{r}$ geht jetzt – im Gegensatz zum Lagrange-d'Alembert-Prinzip – „zwingend" aus dem realen Vektorfeld $\vec{r}$ der Lagen durch *Variation* δ hervor; dabei sind zwar die Lagen $\vec{r}$, *nicht aber die materiellen Punkte selbst* veränderlich. Die Lagrange-Koordinaten der materiellen Punkte dürfen also *nicht* variiert werden. Durch diese Nebenbedingung $x^k = $ const erhält die bereits früher formal aufgestellte (4.8) und auch die zugehörige Fußnote 3 eine physikalische Bedeutung: Die Variation δ in (4.116) findet bei festgehaltener Zeit und mit denselben materiellen Punkten statt, also gilt

$$\delta t \equiv 0, \quad \delta x^k \equiv 0.\tag{4.117}$$

Der Operator δ im Prinzip von Hamilton hat folglich die Bedeutung einer *materiellen*, d. h. teilchenfesten Variation. Diese erfolgt im übrigen nach den in Abschnitt 4.1.2 vereinbarten Regeln.

Das Lagrange-d'Alembert-Prinzip (4.108) kann nun unter Berücksichtigung von (4.116) und (4.117) umgeformt werden. Mit $\ddot{\vec{r}}(x^k, t) = \vec{r}(x^k, t)_{,tt}$ lautet es (zunächst noch unverändert)

$$\int\limits_{(V)} \varrho_0 \ddot{\vec{r}} \cdot \delta \vec{r} \, dV = \oint\limits_{(S)} s^k \delta r_k \, dA + \int\limits_{(V)} p^k \delta r_k \, dV + W_{\text{virt}\,i}.\tag{4.118}$$

Nur weil für die Zeitableitungen $(\dot{})$ definitionsgemäß

$$\dot{x}^k \equiv 0\tag{4.119}$$

gilt, sind die totale Ableitung $\ddot{\vec{r}}(x^k, t)$ und die partielle $\vec{r}(x^k, t)_{,tt}$ identisch; die Zeitableitung $\frac{d()}{dt} = (\dot{})$ findet somit bei ungeänderten Lagrange-Koordinaten x^k und damit ohne „Auswechseln" des jeweils betrachteten materiellen Punktes statt. Eine Zeitableitung mit der Eigenschaft (4.119) heißt deshalb *materielle* oder *substantielle Zeitableitung*[21].

---

[21] In der Mechanik *elastischer* Körper sind meist nur materielle Koordinaten (Lagrange-Koordinaten) x^k zweckmäßige Koordinaten. Deshalb müssen im Rahmen der Elastodynamik die totalen $(\dot{})$ und die partiellen Zeitableitungen $(\,)_{,t}$ von Funktionen mit der Argumentliste (x^k, t) *nicht* unterschieden werden. Infolge (4.119) sind beides *materielle* Zeitableitungen. Anders ist es in der Strömungsmechanik; dort rechnet man in Euler-Koordinaten, dann haben die totale und die partielle Zeitableitung verschiedene physikalische Bedeutung.

Für die virtuelle Arbeit der äußeren Kräfte in (4.118) ($\vec{s}$ und $\vec{p}$) schreibt man zweckmäßig $W_{\text{virt}a}$; so erhält man die kompakte Formulierung

$$\int\limits_{(V)} \varrho_0 \ddot{\vec{r}} \cdot \delta\vec{r}\, dV = W_{\text{virt}a} + W_{\text{virt}i}. \tag{4.120}$$

Anstelle der in (4.116) eingeführten korrekten, aber umständlichen Schreibweise für die materielle Variation wird im folgenden die übliche Schreibweise $\delta\vec{r}$ beibehalten. Die Variationen in (4.120) sind also im Sinne der Vereinbarung (4.116) zu verstehen.

Der eigentliche Übergang zum Prinzip von Hamilton ist aber erst dann vollzogen, wenn anstelle der virtuellen Arbeit der Trägheitskräfte in (4.120) die Variation der *kinetischen Energie T* eingeführt ist. Dazu benutzt man die sog. *Lagrangesche Zentralgleichung* (s. z. B. [5])

$$\int\limits_{(V)} \varrho_0 \ddot{\vec{r}} \cdot \delta\vec{r}\, dV \equiv \frac{d}{dt}\int\limits_{(V)} \varrho_0 \dot{\vec{r}} \cdot \delta\vec{r}\, dV - \delta T \quad \text{mit } T = \frac{1}{2}\int\limits_{(V)} \varrho_0 \dot{\vec{r}} \cdot \dot{\vec{r}}\, dV. \tag{4.121}$$

Diese ist eine *Identität* und kein mechanisches Prinzip, folglich lässt sie sich beweisen. Man benötigt dazu das sog. Reynoldssche Transporttheorem in materieller Formulierung, das nichts anderes darstellt als die Vorschrift[22]

$$\frac{d}{dt}\int\limits_{(V)} \psi\, dV = \int\limits_{(V)} \dot{\psi}\, dV \quad \text{bzw.} \quad \frac{d}{dt}\int\limits_{(V)} \varrho_0 \psi\, dV = \int\limits_{(V)} \varrho_0 \dot{\psi}\, dV, \quad \psi = \psi(x^k, t) \tag{4.122}$$

zur materiellen Differenziation von Volumenintegralen. Ein Transporttheorem lässt sich deshalb „rein kinematisch" herleiten. Jetzt kann der *Beweis der Lagrangeschen Zentralgleichung* (4.121) erfolgen:

Einsetzen des Transporttheorems (4.122) auf der rechten Seite der Zentralgleichung (4.121) liefert

$$\int\limits_{(V)} \varrho_0 \ddot{\vec{r}} \cdot \delta\vec{r}\, dV = \int\limits_{(V)} \varrho_0 (\dot{\vec{r}} \cdot \delta\vec{r})^{\cdot}\, dV - \delta T$$

$$= \int\limits_{(V)} \varrho_0 \ddot{\vec{r}} \cdot \delta\vec{r}\, dV + \int\limits_{(V)} \varrho_0 \dot{\vec{r}} \cdot (\delta\vec{r})^{\cdot}\, dV - \delta T. \tag{4.123}$$

---

[22] Insbesondere im Rahmen der Strömungslehre, d. h. bei der Rechnung in Euler-Koordinaten, werden nur *räumliche* Formulierungen des Reynoldsschen Transporttheorems verwendet; diese sind komplizierter als die doch einfachen Vertauschungsrelationen (4.122).

Das Transporttheorem (4.122) gilt formal genauso auch für *materielle Variationen* δ anstelle der materiellen Zeitableitung $\frac{d}{dt}$:

$$\delta \int\limits_{(V)} \psi dV = \int\limits_{(V)} \delta\psi \, dV, \quad \text{bzw.} \quad \delta \int\limits_{(V)} \varrho_0 \psi dV = \int\limits_{(V)} \varrho_0 \delta\psi \, dV, \quad \psi = \psi(x^k, t).$$

$$(4.124)$$

Für die Variation der kinetischen Energie T folgt daher

$$\delta T = \delta\left(\frac{1}{2} \int\limits_{(V)} \varrho_0 \dot{\vec{r}} \cdot \dot{\vec{r}} \, dV\right) = \frac{1}{2} \int\limits_{(V)} \varrho_0 \delta(\dot{\vec{r}} \cdot \dot{\vec{r}}) \, dV$$

$$= \frac{1}{2} \int\limits_{(V)} \varrho_0 \underbrace{\left(\delta\dot{\vec{r}} \cdot \dot{\vec{r}} + \dot{\vec{r}} \cdot \delta\dot{\vec{r}}\right)}_{2\dot{\vec{r}} \cdot \delta\dot{\vec{r}}} dV \qquad (4.125)$$

$$= \int\limits_{(V)} \varrho_0 \dot{\vec{r}} \cdot \delta\dot{\vec{r}} \, dV.$$

Eine wichtige Verallgemeinerung der Vertauschungsrelation (4.10) ist

$$\delta\dot{\vec{r}} = (\delta\vec{r})\dot{}, \quad \vec{r} = \vec{r}(x^k, t); \qquad (4.126)$$

d. h. materielle Zeitableitung und materielle Variation sind nach wie vor vertauschbar, weil bei *beiden* Operationen die Lagrange-Koordinaten x^k konstant gehalten werden [s. (4.117) und (4.119)]. Die Variation der kinetischen Energie (4.125) ist deswegen der Darstellung

$$\delta T = \int\limits_{(V)} \varrho_0 \dot{\vec{r}} \cdot (\delta\vec{r})\dot{} \, dV \qquad (4.127)$$

gleichwertig. Damit heben sich die beiden letzten Terme in (4.123) aber heraus, so dass die Identität von linker und rechter Seite der Lagrangeschen Zentralgleichung (4.121) bewiesen ist.

Mit der Zentralgleichung (4.121) kann nun die Elimination der virtuellen Arbeit der Trägheitskräfte im mechanischen Prinzip (4.120) durchgeführt werden:

$$\frac{d}{dt} \int\limits_{(V)} \varrho_0 \dot{\vec{r}} \cdot \delta\vec{r} \, dV = \delta T + W_{\text{virt}i} + W_{\text{virt}a}. \qquad (4.128)$$

Als letzter formaler Schritt beim Übergang zum Prinzip von Hamilton verbleibt nun nur noch die Zeitintegration über ein beliebiges, aber festes Intervall (t_1, t_2). Man erhält [mit dem Hauptsatz der Integralrechnung $\int_{t_1}^{t_2} \frac{df(t)}{dt}\, dt = f(t_2) - f(t_1) \equiv f\big|_{t_1}^{t_2}$]

$$\int\limits_{(V)} \varrho_0 \dot{\vec{r}} \cdot \delta \vec{r}\, dV \bigg|_{t_1}^{t_2} = \int\limits_{t_1}^{t_2} \delta T\, dt + \int\limits_{t_1}^{t_2} W_{\text{virt}}\, dt \qquad (4.129)$$

als *allgemeinste Formulierung des Prinzips von* Hamilton. Darin ist die virtuelle Arbeit aller inneren und äußeren Kräfte in $W_{\text{virt}} = W_{\text{virt}i} + W_{\text{virt}a}$ zusammengefasst. Die Form (4.129) ist auch geeigneter Ausgangspunkt für Näherungen (s. dazu Abschn. 6.2 und Abschn. 6.3).

Da die Variationen bis auf die Forderungen (4.117) und die Erfüllung der Bindungsgleichungen weitgehend beliebig sind, kann für die Variationen an den willkürlich gewählten „Zeiträndern" t_1, t_2 z. B. auch

$$\delta(\;)\bigg|_{t_1} = \delta(\;)\bigg|_{t_2} = 0 \qquad (4.130)$$

verlangt werden. Damit vereinfacht sich (4.129) zur meist verwendeten Formulierung des *Prinzips von* Hamilton

$$\int\limits_{t_1}^{t_2} \delta T\, dt + \int\limits_{t_1}^{t_2} W_{\text{virt}}\, dt = 0. \qquad (4.131)$$

Sieht man von Näherungsrechnungen ab[23], so ist (4.131) äquivalent zu (4.129); (4.131) ist das bereits angesprochene *„verallgemeinerte"* Prinzip von Hamilton. Es ist unabhängig von Potenzialdarstellungen, so dass damit auch die Dynamik *nicht*-elastischer Kontinua untersucht werden kann; für diese kann ja i. Allg. kein Potenzial angegeben werden.

In der *Elastodynamik* lässt sich die virtuelle Formänderungsarbeit aber stets über die Variation eines inneren Potenzials V_i gewinnen [s. (4.103)]. Die Einführung eines derartigen Potenzials V_i ist für die Anwendung des Lagrange-d'Alembert-Prinzips in Unterkapitel 4.2.2 nicht erforderlich; sie erfolgt dort nur, um die identische Erfüllung der Drehimpulsbilanz (4.115) zeigen zu können. Streng genommen ist die virtuelle Formänderungsarbeit aber erst jetzt, nämlich mit der Vereinbarung (4.116), durch die Variation eines elastischen Potenzials zu ersetzen. Schreibt man die virtuelle Arbeit aller äußeren

---

[23] Bei Näherungsrechnungen kann es vorkommen, dass durch die gewählten Ansatzfunktionen die „Zeitrandbedingung" (4.130) nicht mehr erfüllt ist; dann muss anstelle von (4.131) die allgemeinere Formulierung (4.129) des Prinzips von Hamilton verwendet werden. Einfachstes Beispiel dafür ist sicherlich die Berechnung einer genäherten Eigenkreisfrequenz $\bar{\omega}_0$ eines Oszillators mit dem Lösungsansatz $x(t) = X_0 \cos \bar{\omega}_0 t$. Nur über das Prinzip (4.129) berechnet man die korrekte (in diesem Fall sogar strenge) Lösung $\bar{\omega}_0 = \omega_0$; Ursache für das Versagen von (4.131) ist die Verletzung der „Zeitrandbedingung" (4.130) wegen $\delta x = \delta X_0 \cos \bar{\omega}_0 t \;\rightarrow\; \delta x \neq 0$ für $t = t_1, t_2$ (in Worten: Hier gilt $\delta x \neq 0$ für allgemeine Zeiten t_1, t_2.)

Kräfte, für die ein Potenzial angegeben werden kann, als $-\delta V_a$ und fasst die äußeren und die inneren Potenziale zusammen ($V_i + V_a = V$), so wird aus dem Prinzip von Hamilton (4.131)

$$\delta \int_{t_1}^{t_2} (T - V)\, dt + \int_{t_1}^{t_2} W_{\text{virt}}\, dt = 0. \tag{4.132}$$

Auch hier kann man wieder die Verbindung zur *Statik* herstellen [analog (4.86)]. Dazu sind die Trägheitswirkungen in (4.132) zu vernachlässigen, was gleichbedeutend ist mit der *Vernachlässigung der kinetischen Energie T* gegenüber dem Potenzial V, also $T - V \approx -V$. Darüber hinaus ist in der Statik keinerlei Zeitabhängigkeit zugelassen; deshalb dürfen die Integrandfunktionen $-V$ und W_{virt} in (4.132) vor die Integrale gezogen und die Integralwerte $\int_{t_1}^{t_2} dt = t_2 - t_1$ herausgekürzt werden. Ergebnis ist das *Prinzip der Virtuellen Arbeit* (für die Statik) in der speziellen Formulierung

$$-\delta V + W_{\text{virt}} = 0, \tag{4.133}$$

in der [anders als in der allgemeinen Darstellung (4.86)] die konservativen Kräfte in einem Potenzial V zusammengefasst sind.

Formal und auch historisch bedeutsam ist der Fall, dass *alle* äußeren und inneren Kräfte oder Spannungen Potenziale besitzen. In der Mechanik nennt man diese Systeme *konservativ* (oder unter Umständen – s. dazu die Fußnote 13 in Beispiel 5.8 – auch *monogenetisch*). Das Prinzip von Hamilton (4.132) *für konservative Systeme* ist dann eine „echte" Extremalaufgabe

$$\delta \mathcal{H} = \delta \int_{t_1}^{t_2} (T - V)\, dt = 0 \tag{4.134}$$

für das sog. *Lagrange-Funktional* $\mathcal{H}$ (oder auch „Wirkungsfunktion", „Prinzipalfunktion"). (4.134) ist für das Lagrange-Funktional $\mathcal{H}$ [s. auch (4.23) ff.] entweder eine notwendige Bedingung zur Erteilung eines Extremums [s. (4.19) ff.] oder sichert zumindest einen stationären Wert:

$$\mathcal{H} = \int_{t_1}^{t_2} (T - V)\, dt \Rightarrow \text{stationär}. \tag{4.135}$$

Deshalb heißt das Prinzip von Hamilton für *konservative* Systeme in der Form (4.134) auch *Prinzip der stationären Wirkung*.

Zusammenfassend bleibt festzuhalten: Das Lagrange-d'Alembert-Prinzip (4.108) geht in das Prinzip von Hamilton über, wenn die Forderungen (4.116) und (4.117) aufgestellt und Umformungen mittels der Identitäten (4.121) und (4.126) vorgenommen werden. In allgemeiner Formulierung erhält man (4.132), falls die Variationen an den „Zeiträndern" gemäß (4.130) eingeschränkt werden.

Die Kenntnis der speziellen Formulierung (4.134) für konservative Systeme ist in der Technischen Mechanik meist nur noch von untergeordnetem Interesse. (4.134) stellt aber den Zusammenhang zu einem – zwar auch nur für konservative Systeme gültigen, aber doch bekannten – Satz der analytischen Statik her: Aus (4.134) folgt (für $T \equiv 0$) das sog. *Prinzip vom stationären Wert des (elastischen) Potenzials*

$$\delta V = \delta(V_i + V_a) = 0 \tag{4.136}$$

für konservative Systeme. Dieses Prinzip besitzt einen gewissen heuristischen Wert bei der Diskussion konservativer mechanischer Systeme, nicht zuletzt durch den damit eng verknüpften *Stabilitätssatz von Lagrange-Dirichlet* (s. Abschn. 5.1.2). Selbstverständlich sind zwar alle aus der Stationaritätsbedingung (4.136) berechneten Lösungen statische Gleichgewichtslagen, aber *stabil* sind diese nach dem Stabilitätssatz von Lagrange-Dirichlet nur, wenn sie dem Potential V ein „echtes" Minimum und nicht nur einen stationären Wert erteilen [s. (5.19)].

Die doch recht allgemeinen Überlegungen bei der Herleitung des Prinzips von Hamilton lassen sich am konkreten Beispiel einfach wiederholen.

Beispiel 4.10 Übergang zum Prinzip von Hamilton aus dem Lagrange-d'Alembert-Prinzip speziell für die Längsschwingungen eines Stabes. Betrachtet man den eingespannten Stab in Abb. 4.5b für den Fall *reiner* Längsschwingungen $u(x, t)$, so lautet dafür das Lagrange-d'Alembert-Prinzip (4.85)

$$\int_0^\ell \varrho_0 \vec{r}_{,tt} \cdot \delta\vec{r} A dx = W_{\text{virt}}. \tag{4.137}$$

Mit dem Ortsvektor $\vec{r}$ zum längsverschobenen materiellen Punkt (x) folgt

$$\vec{r} = r\vec{e}_x = (x + u)\vec{e}_x \to \delta\vec{r} = (\delta x + \delta u)\vec{e}_x, \quad \text{mit } \delta x \equiv 0 \text{ [s. (4.117)]}, \\ \vec{r}_{,tt} = u_{,tt}\vec{e}_x \text{ [s. (4.120)]} \tag{4.138}$$

und damit einfach (mit der Masse pro Länge $\mu = \varrho_0 A$)

$$\int_0^\ell \mu u_{,tt} \delta u \, dx = W_{\text{virt}}. \tag{4.139}$$

Die virtuelle Gesamtarbeit W_{virt} ist

$$W_{\text{virt}} = -\int_0^\ell q_0 \delta u \, dx - F\delta u(\ell, t) + W_{\text{virt}i}. \tag{4.140}$$

Darin ist $q_0 dx$ der differenzielle Kraftanteil aufgrund der Streckenlast q_0 (Kraft pro Län-ge) an der Stelle x und $-q_0 dx\,\delta u(x,t)$ folglich die virtuelle Arbeit dieser differenziellen Kraft. Die virtuelle Formänderungsenergie $W_{\text{virt}i}$ kann entweder nach (4.103) über

$$V_i = \frac{1}{2} \int_0^\ell \sigma \varepsilon A dx, \quad \sigma = E\varepsilon, \quad \varepsilon = \frac{1}{2}(u_{,x} + u_{,x}) = u_{,x},$$

$$\tag{4.141}$$

$$W_{\text{virt}i} = -\delta V_i \quad \rightarrow \quad W_{\text{virt}i} = -\delta\left(\int_0^\ell EA(u_{,x})^2 dx\right)$$

oder direkt aus (4.102) gemäß

$$W_{\text{virt}i} = \int_0^\ell \sigma(\delta r)_{,x} A dx = \int_0^\ell E\varepsilon(\delta u)_{,x} A dx = \int_0^\ell EAu_{,x}(\delta u)_{,x} dx \tag{4.142}$$

berechnet werden. Da das Prinzip von Hamilton offensichtlich auch in der potenzialfreien Darstellung (4.131) formuliert werden kann, braucht man die virtuelle Arbeit (4.140) bzw. das Potenzial (4.141) zunächst nicht in das Lagrange-d'Alembert-Prinzip einzusetzen. Al-lein die linke Seite in (4.139) muss in δT umgeformt werden. Dazu integriert man (4.139) über t und führt die Produktintegration [jetzt in der Zeit t, aber analog (4.94)]

$$\int_{t_1}^{t_2} a\,b_{,t} dt = [a\,b]\Big|_{t_1}^{t_1} - \int_{t_2}^{t_1} a_{,t} b\,dt \tag{4.143}$$

einmal durch. Die Rechenschritte für die linke Seite in (4.139) sind somit

$$\int_{t_1}^{t_2}\int_0^\ell \mu u_{,tt}\,\delta u\,dx\,dt = \int_0^\ell\int_{t_1}^{t_2} \mu u_{,tt}\,\delta u\,dt\,dx$$

$$\tag{4.144}$$

$$= \int_0^\ell [\mu u_{,t}\delta u]\Big|_{t_1}^{t_2} dx - \int_0^\ell\int_{t_1}^{t_2} \mu \underbrace{u_{,t}\,\delta(u_{,t})}_{\delta\left(\frac{u_{,t}^2}{2}\right)} dt\,dx.$$

Der letzte Term in (4.144) entspricht der Variation der kinetischen Energie $T(u_{,t})$ des schwingenden Stabes

$$T(u_{,t}) = \frac{1}{2} \int_0^\ell \mu(u_{,t})^2 dx, \tag{4.145}$$

und man erhält

$$\int\limits_{t_1}^{t_2} \int\limits_0^\ell \mu u_{,tt}\, \delta u\; dx\; dt = \int\limits_0^\ell \left[\mu u_{,t}\delta u\right]\Big|_{t_1}^{t_2} dx - \int\limits_{t_1}^{t_2} \delta T\; dt. \qquad (4.146)$$

Vorab hat man die Integrationsreihenfolge zu vertauschen und den Variationsoperator δ vor beide Integrale zu ziehen [was nach dem Transporttheorem (4.124) für materielle Variationen δ erlaubt ist, auch wenn die Dichte ϱ_0 – also hier die Masse pro Länge μ – von der materiellen Koordinate x abhängt!].

Nach Ersetzen der virtuellen Arbeit der Trägheitskräfte durch die energetische Formulierung (4.146) geht das auf Stablängsschwingungen spezialisierte Lagrange-d'Alembert-Prinzip (4.139) in das Prinzip von Hamilton

$$\int\limits_0^\ell \left[\mu u_{,t}\delta u\right]\Big|_{t_1}^{t_2} dx = \int\limits_{t_1}^{t_2} \delta T\; dt + \int\limits_{t_1}^{t_2} W_{\text{virt}} dt \qquad (4.147)$$

über. Diese Gleichung ist zusammen mit der virtuellen Arbeit (4.140) die für Stablängsschwingungen *allgemeinst mögliche Formulierung des Prinzips von Hamilton*. Sie entspricht damit der Darstellung (4.129) für den allgemeinen, elastischen Körper. Mit der üblichen Zusatzannahme (4.130) – hier $\delta u(t_1) = \delta u(t_2) \equiv 0$ – geht das für den vorliegenden Spezialfall hergeleitete Prinzip von Hamilton (4.147) formal exakt in die Form (4.132) für den allgemeinen Körper über. ∎

Selbstverständlich ist für Aufgabenstellungen der Technischen Mechanik nicht der hier am Beispiel nochmals konkretisierte *Übergang* zum Prinzip von Hamilton, sondern die umgekehrte Frage von Interesse: Wie gewinnt man aus dem Prinzip von Hamilton für ein gegebenes mechanisches System die *Bewegungsgleichungen*?

Beispiel 4.11 Bewegungsgleichungen und Randbedingungen für die Längsschwingungen eines Stabes mit dem Prinzip von Hamilton. Ausgangspunkt ist das Prinzip von Hamilton in der Formulierung (4.132). Für einen Stab mit den gleichen Daten wie im vorangehenden Beispiel sind die kinetische Energie T und die Formänderungsenergie V_i bekannt; sie lauten [(4.141) und (4.145)]

$$T = \frac{1}{2}\int\limits_0^\ell \mu(u_{,t})^2 dx,$$

$$V = V_i = \frac{1}{2}\int\limits_0^\ell EA(u_{,x})^2 dx. \qquad (4.148)$$

Sieht man am linken Stabende eine feste Einspannung und am rechten, freien Ende eine äußere Kraft $F(t)$ [in Richtungen der Verschiebungen $u(x,t)$] vor, dann muss bei der Auswertung des mechanischen Prinzips (4.132)

$$u(x = 0, t) = 0, \quad W_{\text{virt}} = F(t)\delta u(x = \ell, t) \tag{4.149}$$

berücksichtigt werden. Zunächst ist aber (4.132), also

$$\delta \frac{1}{2} \int\limits_{t_1}^{t_2} \int\limits_0^\ell [\mu(u_{,t})^2 - EA(u_{,x})^2] dx\, dt + \int\limits_{t_1}^{t_2} F(t)\delta u(\ell, t) dt = 0, \tag{4.150}$$

auszuwerten. Es folgt

$$\int\limits_{t_1}^{t_2} \int\limits_0^\ell [\mu u_{,t}\delta(u_{,t}) - EA u_{,x}\delta(u_{,x})] dx\, dt + \int\limits_{t_1}^{t_2} F(t)\delta u(\ell, t) dt = 0. \tag{4.151}$$

Die Variationen $\delta(u_{,t}) = (\delta u)_{,t}$, $\delta(u_{,x}) = (\delta u)_{,x}$ und $\delta u(\ell, t)$ sind *nicht* unabhängig voneinander, denn sie sind durch Produktintegration [s. (4.143)] – einmal in der Zeit t, einmal im Ort x – ineinander zu überführen:

$$\int\limits_0^\ell \int\limits_{t_1}^{t_2} \mu u_{,t}(\delta u)_{,t} dt\, dx = \int\limits_0^\ell \left[(\mu u_{,t}\delta u)\Big|_{t_1}^{t_2} - \int\limits_{t_1}^{t_2} \mu u_{,tt}\delta u\, dt \right] dx,$$

$$-\int\limits_{t_1}^{t_2} \int\limits_0^\ell EA u_{,x}(\delta u)_{,x} dx\, dt = \int\limits_{t_1}^{t_2} \left[(-EA u_{,x}\delta u)\Big|_0^\ell + \int\limits_0^\ell (EA u_{,x})_{,x}\delta u\, dx \right] dt. \tag{4.152}$$

Einsetzen der Umformungen (4.152) in das mechanische Prinzip (4.151), Zusammenfassen und Sortieren der Variationen führt auf

$$\int\limits_{t_1}^{t_2} \left\{ \int\limits_0^\ell [(EA u_{,x})_{,x} - \mu u_{,tt}]\delta u\, dx \right.$$
$$\left. + \left[F(t) - EA u_{,x} \right]\Big|_{x=\ell} \delta u(\ell, t) + EA u_{,x}\Big|_{x=0} \delta u(0, t) \right\} dt = 0. \tag{4.153}$$

Darin ist die „Zeitrand"-Bedingung (4.130) $\delta u(x, t_1) \equiv \delta u(x, t_2) \equiv 0$ bereits eingesetzt; sie ist ja Voraussetzung für die Gültigkeit des Prinzips von Hamilton in der Form (4.132).

Das auf Stablängsschwingungen spezialisierte mechanische Prinzip liegt jetzt also in seiner vollständig „derivierten", d. h. in der nach *Rand*- und nach *Feldtermen* separierten Darstellung vor. Da aber die Variationen δu am Rand (bei $x = 0, \ell$) und im Feld

$(0 < x < \ell)$ voneinander unabhängig gewählt werden können, zerfällt (4.153) in die drei getrennten Formulierungen

$$\int_{t_1}^{t_2} \int_0^\ell [(EAu_{,x})_{,x} - \mu u_{,tt}] \delta u \, dx \, dt = 0, \tag{4.154}$$

$$\int_{t_1}^{t_2} \left(F(t) - EAu_{,x}\Big|_{x=\ell} \right) \delta u(\ell, t) \, dt = 0, \tag{4.155}$$

$$\int_{t_1}^{t_2} EAu_{,x}\Big|_{x=0} \delta u(0, t) \, dt = 0. \tag{4.156}$$

Aus (4.154) folgt mit dem Fundamentallemma der Variationsrechnung [s. dazu (4.20) ff.] sofort die gesuchte *Feldgleichung* oder Bewegungsgleichung des Stabes

$$(EAu_{,x})_{,x} - \mu u_{,tt} = 0, \quad 0 < x < \ell. \tag{4.157}$$

Aufgrund der linksseitig vorgeschriebenen *geometrischen Randbedingung* (4.149)

$$u(x = 0, t) = 0 \quad \rightarrow \quad \delta u(0, t) = 0 \tag{4.158}$$

ist (4.156) identisch erfüllt. Der rechte Rand ist frei $[u(\ell, t) \neq 0 \quad \rightarrow \quad \delta u(\ell, t) \neq 0]$, also kann (4.155) nur durch die *dynamische Randbedingung*

$$F(t) - EAu_{,x}(\ell, t) = 0 \tag{4.159}$$

zu null gemacht werden. Mit der Differenzialgleichung (4.157) und den zugehörigen Randbedingungen (4.158) und (4.159) ist das Längsschwingungsproblem des Stabes mechanisch vollständig beschrieben. Mathematisch ist es allerdings manchmal von Vorteil, durch punktförmige Lasten verursachte Zwangsschwingungen im Rahmen der Distributionstheorie (s. Abschn. 3.4) abzuhandeln. Dazu muss das mechanische Problem in eine entsprechende Distributionsformulierung überführt werden[24]. ∎

Das Beispiel zeigt, dass rechentechnische Unterschiede zum Lagrange-d'Alembert-Prinzip nur deshalb bestehen, weil die kinetische Energie T durch Produktintegration in der Zeit t umgeformt werden muss. Eine Produktintegration im Ort x ist ja bereits beim

---

[24] Die Distributionsformulierung lautet für das hier untersuchte Beispiel einfach

$$(EAu_{,x})_{,x} - \mu u_{,tt} = F(t)\delta(x - \ell), \quad u(x = 0, t) = 0, \quad u_{,x}(\ell, t) = 0.$$

Die Ableitungen von u nach x sind dann allerdings im Distributionssinne, d. h. als Derivierte (hier im Ort) aufzufassen. Dann ist jede Lösung des mechanischen Problems (4.157)–(4.159) auch eine Lösung des Randwertproblems in Distributionsformulierung.

Lagrange-d'Alembert-Prinzip i. Allg. stets erforderlich [das zeigt ja der Term $(\delta r_k)_{,\ell}$ bei der Auswertung der inneren virtuellen Formänderungsarbeit (4.102)].

Der rein rechnerische Aufwand zur Auswertung beider Prinzipe ist also im Wesentlichen gleichwertig: Während man im Lagrange-d'Alembert-Prinzip die Beschleunigung durch Differenzieren der Geschwindigkeit berechnen muss, hat man innerhalb des Prinzips von Hamilton die kinetische Energie zu variieren, eine Operation, die ja eigentlich auch nur die konkrete Formulierung der Geschwindigkeit und deren Variation verlangt. Ein verbleibender Vorteil des Prinzips von Hamilton ist oft der, dass die kinetische Energie i. Allg. einfacher als die virtuelle Arbeit der Trägheitskräfte (z. B. ohne Vorzeichenüberlegungen) aufzustellen ist. Ein gutes Beispiel dafür ist sicherlich der Oszillator (s. Beispiel 4.1).

4.3 Übungsaufgaben

Aufgabe 4.1 Ein einseitig horizontal eingespannter Balken der Länge ℓ mit der ortsveränderlichen Biegesteifigkeit $EI(x)$ und der Massenbelegung $\mu(x)$ führt *im Schwerefeld der Erde* freie Biegeschwingungen $w(x, t)$ aus (s. Abb. 4.7). Am freien Ende ist ein Massenpunkt m befestigt, der über einen geschwindigkeitsproportionalen Dämpfer (Dämpferkonstante k) gegen die feste Umgebung abgestützt ist. Man ermittle die kinetische Energie T, das elastische Potenzial V_i, das äußere Potenzial V_a sowie die virtuelle Arbeit W_{virt} der potenziallosen Kräfte des schwingenden Systems. Über das Prinzip von Hamilton bestimme man die Bewegungsdifferenzialgleichung für die Biegeschwingungen $w(x, t)$ und die Randbedingungen bei $x = 0$ und $x = \ell$. Für den Sonderfall konstanter Querschnittsdaten und verschwindender Zusatzmasse $m = 0$ berechne man die *statische* Ruhelage $w_0(x)$.

Lösung: Die benötigten Energieterme lauten

$$T = \int\limits_0^\ell \frac{\mu(x)}{2} w_{,t}^2 dx + \frac{m}{2} w_{,t}^2(\ell), \quad V_i = \int\limits_0^\ell \frac{EI(x)}{2} w_{,xx}^2 dx,$$

$$V_a = -\int\limits_0^\ell \mu(x) g w \, dx - m g w(\ell).$$

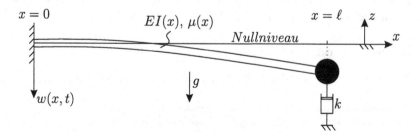

Abb. 4.7 Balkenschwingungen im Schwerkraftfeld

Die virtuelle Arbeit ist $W_{\text{virt}} = -k w_{,t}(\ell)\delta w(\ell)$. Die Auswertung des Prinzips von Hamilton (4.132) liefert die Bewegungsgleichung mit den zugehörigen Randbedingungen

$$(EI w_{,xx})_{xx} + \mu w_{,tt} = \mu g;$$
$$w(0,t) = 0, \quad w_{,x}(0,t) = 0, \quad w_{,xx}(\ell,t) = 0, \quad [-(EI w_{,xx})_x + m w_{,tt} + k w_{,t}]_\ell = mg.$$

Im Rahmen der Statik vereinfacht sich das Randwertproblem für konstante Querschnittsdaten auf

$$EI w_{0,xxxx} = \mu g; \quad w_0(0) = 0, \quad w_{0,x}(0) = 0, \quad w_{0,xx}(\ell) = 0, \quad EI w_{0,xxx}(\ell) = mg.$$

Viermalige Integration der Differenzialgleichung und Anpassen an die zugehörigen Randbedingungen liefert die statische Durchbiegung $w_0(x) = \frac{\mu g}{24EI}x^4 - \frac{\mu g \ell}{6EI}x^3 + \frac{\mu g \ell^2}{4EI}x^2$.

Aufgabe 4.2 Koppelschwingungen eines „eindimensionalen" Einfeld-Kontinuums. Es ist das Randwertproblem zur Beschreibung der nichtlinear gekoppelten Längs- und Querschwingungen eines durch sein Eigengewicht (Erdbeschleunigung g) vorgespannten, biegeschlaffen Seils (Länge ℓ, Masse pro Länge $\mu = $ const, Dehnsteifigkeit $EA = $ const) mit punktförmiger Endmasse m herzuleiten. Dämpfungseinflüsse werden durch einen an der Endmasse angreifenden geschwindigkeitsproportionalen Dämpfer (Dämpferkonstante k) berücksichtigt.

Lösung: Zur Anwendung des Prinzips von Hamilton (4.132) benötigt man alle darin auftretenden Energieterme. Für die kinetische Energie ergibt sich

$$T = \frac{\mu}{2} \int_0^\ell (u_{,t}^2 + w_{,t}^2)dx + \frac{m}{2}[u_{,t}^2(\ell) + w_{,t}^2(\ell)]$$

und für die Potenziale

$$V_i = \frac{EA}{2} \int_0^\ell \left(u_{,x} + \frac{w_{,x}^2}{2}\right)^2 dx, \quad V_a = -\mu g \int_0^\ell (x+u)dx - mg[\ell + u(\ell)].$$

Die virtuelle Arbeit ist $W_{\text{virt}} = -k w_{,t}(\ell)\delta w(\ell)$. Die Auswertung liefert die gekoppelten Feldgleichungen

$$-\mu u_{,tt} + EA\left(u_{,x} + \frac{w_{,x}^2}{2}\right)_{,x} + \mu g = 0, \quad -\mu w_{,tt} + EA\left[\left(u_{,x} + \frac{w_{,x}^2}{2}\right)w_{,x}\right]_{,x} = 0$$

und die zugehörigen Randbedingungen

$$u(0) = 0, \qquad mu_{,tt}(\ell) + EA\left[u_{,x}(\ell) + \frac{w_{,x}^2(\ell)}{2}\right] - mg = 0,$$

$$w(0) = 0, \quad mw_{,tt}(\ell) + \left[u_{,x}(\ell + \frac{w_{,x}^2(\ell)}{2}\right] w_{,x}(\ell) + kw_{,t}(\ell) = 0.$$

Aufgabe 4.3 Stabbiegeschwingungen in Hybridkoordinaten. Für die Messung der Eigenfrequenzen einer Turbinenschaufel wird das frei drehbar gelagerte, starre Turbinenrad (Drehmasse J, Außenradius r) über eine (weiche) Spiralfeder (Federkonstante c_d) an die Umgebung angekoppelt. Die stabförmige, elastische Schaufel (Länge ℓ, Masse pro Länge μ = const, Biegesteife EI = const) ist bei $x = 0$ starr im Turbinenrad eingespannt und am anderen Ende frei. Nach einer Anfangsstörung führen Rad und Schaufel Drehschwingungen $\varphi(t)$ um die Gleichgewichtslage $\varphi = 0$ und zusätzliche kleine Biegeschwingungen $w(x,t)$ aus (der Gewichtseinfluss ist zu vernachlässigen). Man leite das Randwertproblem für die Koppelschwingungen $\varphi(t)$ und $w(x,t)$ her.

Lösung: Zur Berechnung der kinetischen Energie benötigt man die Geschwindigkeit eines materiellen Schaufelelementes. Für kleine Schwingungen ist eine lineare Beschreibung $\vec{v} = \left[(r+x)\dot{\varphi} + w_{,t}\right]\vec{e}_y$ ausreichend, so dass man für die kinetische Energie

$$T = \frac{J}{2}\dot{\varphi}^2 + \frac{\mu}{2}\int_0^\ell \left[(r+x)\dot{\varphi} + w_{,t}\right]^2 dx$$

erhält. Die Formänderungsenergie ist

$$V_i = \frac{EI}{2}\int_0^\ell w_{,xx}^2 dx$$

und für das Federpotenzial ergibt sich

$$V_a = \frac{c_d}{2}\varphi^2.$$

Damit kann das Prinzip von Hamilton (4.132) ausgewertet werden; es folgt das beschreibende Randwertproblem

$$\mu\left[(r+x)\ddot{\varphi} + w_{,tt}\right] + EI w_{,xxxx} = 0,$$

$$\left(J + \mu\int_0^\ell (r+x)^2 dx\right)\ddot{\varphi} + \mu\int_0^\ell (r+x)w_{,tt}dx + c_d\varphi = 0;$$

$$w(0) = 0, \ w_{,x}(0) = 0, \ w_{,xx}(\ell) = 0, \ w_{,xxx}(\ell) = 0.$$

Abb. 4.8 Biegeelastisches
Pendel

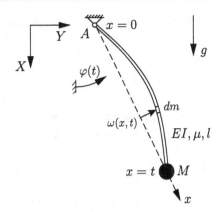

Aufgabe 4.4 Die Schwingungen eines biegeelastischen Pendels (Biegesteifigkeit $EI =$ const, Masse pro Länge $\mu =$ const, Länge ℓ) mit einem am Ende angeschweißten Massenpunkt M gemäß Abb. 4.8 sollen untersucht werden. Die Gesamtauslenkung wird in eine Führungsbewegung $\varphi(t)$ und in eine Relativverformung $w(x, t)$ des Pendelstabes zerlegt. Die Lage der Endmasse M lässt sich somit ausschließlich durch die Koordinate $\varphi(t)$ beschreiben. Die Bewegung verläuft im Schwerkraftfeld der Erde (Erdbeschleunigung g). Im raumfesten X, Y-Koordinatensystem ermittle man in allgemeiner Lage den Ortsvektor $\vec{r}$ zu einem Massenelement dm des Stabes und dessen Geschwindigkeitsvektor $\vec{v}$. Wie groß sind die Geschwindigkeitsquadrate des Massenelements dm und der Endmasse M? Man berechne die kinetische und potenzielle Energie T und V sowie die virtuelle Arbeit W_{virt} der potenziallosen Kräfte. Über das Prinzip von Hamilton ermittle man die gekoppelten Bewegungsgleichungen in φ und w. Welche Randbedingungen gelten für w bei $x = 0$ und $x = \ell$?

Lösung: Ortsvektor und Geschwindigkeit benötigt man zur Berechnung der kinetischen Energie. Man findet

$$\vec{r} = \begin{pmatrix} x \cos\varphi - w \sin\varphi \\ x \sin\varphi + w \cos\varphi \end{pmatrix}_{X,Y} , \quad \vec{v} = \begin{pmatrix} -x\dot\varphi \sin\varphi - w\dot\varphi \cos\varphi - w_{,t} \sin\varphi \\ x\dot\varphi \cos\varphi - w\dot\varphi \sin\varphi + w_{,t} \cos\varphi \end{pmatrix}_{X,Y} .$$

Die gesuchten Geschwindigkeitsquadrate sind dann elementar, womit für die kinetische Energie

$$T = \frac{M}{2}\ell^2\dot\varphi^2 + \frac{\mu}{2} \int\limits_0^\ell \left[(\dot w + x\dot\varphi)^2 + (w\dot\varphi)^2 \right] dx$$

folgt. Die virtuelle Arbeit W_{virt} verschwindet, und für die potenzielle Energie erhält man

$$V = \frac{EI}{2} \int\limits_0^\ell w_{,xx}^2 dx - \mu g \int\limits_0^\ell (x \cos\varphi - w \sin\varphi) dx - Mg\ell \cos\varphi.$$

Aus dem Prinzip von Hamilton (4.132) folgt dann die zugehörige Randwertaufgabe, bestehend aus den Bewegungsgleichungen

$$\mu(w_{,tt} + x\ddot\varphi - w\dot\varphi^2) + EI w_{,xxxx} = -\mu g \sin\varphi,$$

$$\mu \int\limits_0^\ell (xw_{,tt} + x^2\ddot\varphi + 2ww_{,t}\dot\varphi + w^2\ddot\varphi) dx + M\ell^2\ddot\varphi$$

$$+\mu g \int\limits_0^\ell (x \sin\varphi + w \cos\varphi) dx = -Mg\ell \sin\varphi$$

und den Randbedingungen $w(0,t) = 0$, $w_{,xx}(0,t) = 0$, $w(\ell,t) = 0$, $w_{,xx}(\ell,t) = 0$.

Aufgabe 4.5 Koppelschwingungen eines Zweifeld-Systems. Eine starre, in horizontaler y-Richtung reibungsfrei bewegliche Masse M ist zum einen über einen ebenfalls horizontalen (viskoelastischen) Stab (Länge ℓ_2, Dehnsteife $EA = $ const, Masse pro Länge $\mu_2 = $ const, Dämpfungskonstante k_i) und zum anderen über eine durch $S = $ const vorgespannte, vertikal ausgerichtete (elastische) Saite (Länge ℓ_1, längenbezogene Masse $\mu_1 = $ const) an die Umgebung angeschlossen. Die kleinen Schwingungen des Systems werden durch die Längsschwingungen $u(y,t)$ des Stabes und die Querschwingungen $w(x,t)$ der Saite beschrieben. Das maßgebende Randwertproblem ist herzuleiten, wobei der Schwerkrafteinfluss zu vernachlässigen ist.

Lösung: Die maßgebenden Energieterme lauten

$$T = \frac{\mu_1}{2} \int\limits_0^{\ell_1} w_{,t}^2 dx + \frac{\mu_2}{2} \int\limits_0^{\ell_2} u_{,t}^2 dy + \frac{M}{2} w_{,t}^2(\ell_1),$$

$$V_i = \frac{S}{2} \int\limits_0^{\ell_1} w_{,x}^2 dx + \frac{EA}{2} \int\limits_0^{\ell_2} u_{,y}^2 dy, \quad W_{\text{virt}} = -k_i EA \int\limits_0^{\ell_1} u_{,yt}\delta u_{,y} dy,$$

so dass die Auswertung des Prinzips von Hamilton (4.132) einfach geleistet werden kann:

$$-\mu_1 w_{,tt} + S w_{,xx} = 0, \quad -\mu_2 u_{,tt} + EA(u_{,yy} + k_i u_{,yyt}) = 0;$$
$$u(0) = 0, \quad w(0) = 0; \quad w(\ell_1) = u(\ell_2),$$
$$M w_{,tt}(\ell_1) + S w_{,x}(\ell_1) + EA[u_{,y}(\ell_2) + k_i u_{,yt}(\ell_2)] = 0.$$

Aufgabe 4.6 Koppelschwingungen eines Durchlauf-„Trägers". Es sind die Bewegungs-gleichungen und Rand- bzw. Übergangsbedingungen für das Torsionsschwingungsver-halten einer in einen Wellenstrang eingebauten elastischen Kupplung herzuleiten. Das Ersatzmodell besteht aus zwei stabförmigen Wellen (Längen ℓ, $L - \ell$, Torsionssteifigkeit GI_T = const, längenbezogene Drehmasse $\varrho_0 I_p$ = const), die über zwei starre Kupp-lungsscheiben (Drehmasse J) elastisch (Drehfederkonstante c_d) miteinander verbunden sind. Das gesamte System dreht sich mit konstanter Winkelgeschwindigkeit ω und führt überlagerte Torsionsschwingungen $\varphi(x, t)$ und $\psi(x, t)$ aus. Dämpfungseinflüsse bleiben außer acht.

Lösung: Man erhält nacheinander für die kinetische Energie

$$T = \frac{\varrho_0 I_p}{2} \left(\int_0^\ell (\varphi_{,t} + \omega)^2 dx + \int_\ell^L (\psi_{,t} + \omega)^2 dx \right) + \frac{J}{2} [\varphi_{,t}^2(\ell) + \psi_{,t}^2(\ell)],$$

die potenzielle Energie

$$V = \frac{GI_T}{2} \left(\int_0^\ell \varphi_{,x}^2 dx + \int_\ell^L \psi_{,x}^2 dx \right) + \frac{c_d}{2} [\varphi(\ell) - \psi(\ell)]^2$$

und die virtuelle Arbeit $W_{\text{virt}} = 0$. Die Auswertung des Prinzips von Hamilton liefert damit die Torsionsschwingungsgleichungen

$$-\varrho_0 I_p \varphi_{,tt} + GI_T \varphi_{,xx} = 0 \ (0 < x < \ell), \ -\varrho_0 I_p \psi_{,tt} + GI_T \psi_{,xx} = 0 \ (\ell < x < L),$$

die Randbedingungen $\varphi(0) = 0$, $\psi(L) = 0$ und die Übergangsbedingungen $GI_T \varphi_{,x} + c_d(\varphi - \psi) + J\varphi_{,tt}|_{x=\ell} = 0$, $GI_T \psi_{,x} + c_d(\psi - \varphi) + J\psi_{,tt}|_{x=\ell} = 0$.

Literatur

1. Elsgolc, L.E.: Variationsrechnung. Bibl. Inst., Mannheim/Wien/Zürich (1970)
2. Frank, P., v. Mises, R.: Die Differential- und Integralgleichungen der Mechanik, Teil II, 2. Aufl. Vieweg, Braunschweig (1961)
3. Funk, P.: Variationsrechnung und ihre Anwendung in Physik und Technik. Springer, Berlin/Göttingen/Heidelberg (1962)
4. Green, A.E., Zerna, W.: Theoretical Elasticity, 2. Aufl. Clarendon Press, Oxford (1968)
5. Hamel, G.: Theoretische Mechanik. Springer, Berlin/Göttingen/Heidelberg (1967). Bericht. Nachdruck
6. Klingbeil, E.: Variationsrechnung. B.I.-Wiss.-Verlag, Mannheim/Wien/Zürich (1977)
7. Klötzler, R.: Mehrdimensionale Variationsrechnung. Birkhäuser, Basel/Stuttgart (1970)
8. Langhaar, H.L.: Energy Methods in Applied Mechanics. Wiley & Sons, New York (1962)

9. Lanzcos, C.: The Variational Principles of Mechanics. University of Toronto Press, Toronto (1962)

10. Lehmann, T.: Elemente der Mechanik IV. Vieweg, Braunschweig/Wiesbaden (1979)

11. Leipholz, H.: Die direkte Methode der Variationsrechnung und Eigenwertprobleme der Technik. G. Braun, Karlsruhe (1975)

12. Michlin, S.G.: Variationsmethoden der mathematischen Physik. Akademie-Verlag, Berlin (1962)

13. Miller, M.: Variationsrechnung. Teubner, Leipzig (1959)

14. Päsler, M.: Mechanik deformierbarer Körper. Walter de Gruyter & Co., Berlin (1960)

15. Riemer, M.: Technische Kontinuumsmechanik. B.I.-Wiss.-Verlag, Mannheim/Leipzig/Wien/Zürich (1993)

16. Reinhardt, F., Soeder, H.: dtv-Atlas zur Mathematik, Bd. 2, 5. Aufl. Deutscher Taschenbuch-Verlag, München (1984)

17. Truesdell, C.A., Toupin, R.A.: The Classical Field Theories. Springer, Berlin/Göttingen/Heidelberg (1960)

18. Truesdell, C.: The Elements of Continuum Mechanics. Springer, Berlin/Heidelberg/New York (1965)

19. Velte, W.: Direkte Methoden der Variationsrechnung. Teubner, Stuttgart (1976)

Grundbegriffe der Stabilitätstheorie

5

Lernziele

Die physikalische Realisierbarkeit der Lösungen von Differenzialgleichungen ist heute in den Ingenieurwissenschaften oft von zentraler Bedeutung. Sie wird durch Methoden der Stabilitätstheorie entschieden. Dabei kommt der kinetischen Stabilitätstheorie mit der ersten und der direkten Methode von Ljapunow die Hauptbedeutung zu, Stabilitätsmethoden der Elastostatik mit der Gleichgewichts- und der Energiemethode haben jedoch durchaus eigenständiges Gewicht, so dass beide Gebiete gelehrt und verstanden werden sollten. Der Nutzer sollte lernen, wann und wie er die Stabilitätsmethoden der Elastostatik verwenden kann und in welchen Fällen er den Stabilitätsnachweis im Rahmen der kinetischen Stabilitätstheorie zu führen hat und welche mathematischen Schritte dann relevant sind.

Der Begriff „Stabilität" wird vielfältig verwendet. Selbst wenn man von der Mehrdeutigkeit in der Sprache des täglichen Lebens (Haltbarkeit, Beständigkeit, Standfestigkeit, Unbeweglichkeit usw.) absieht, so bleiben auch im Zusammenhang mit der mathematischen Stabilitätstheorie, die Fragen nach der physikalischen Realisierbarkeit der Lösungen von Differenzialgleichungen beantwortet, noch zahlreiche Auslegungsmöglichkeiten. Insbesondere ist festzustellen, dass der Stabilitätsbegriff keine physikalisch objektive Bedeutung besitzt wie etwa die Begriffe „Kraft", „Masse" usw. Anders als diese hängt er von subjektiven Größen (z. B. vom *Bezugssystem*) ab. Deshalb kommt es sehr darauf an, welche *Eigenschaften* und *Merkmale* man für die Feststellung der Stabilität eines Systems auswählt. Bekannte Beispiele dafür sind einerseits die Definition von Lagrange, nach der die Bahn eines Planeten dann als stabil bezeichnet wird, wenn ihre große Achse trotz Störungen beschränkt bleibt, und andererseits die schärfere Forderung von Poisson, die für den gleichen Sachverhalt Stabilität definiert, wenn der Himmelskörper jedem Punkt seiner Bahn im weiteren Verlauf der Bewegung trotz Störungen wieder beliebig nahekommt.

© Springer Fachmedien Wiesbaden GmbH, ein Teil von Springer Nature 2019
M. Riemer et al., *Mathematische Methoden der Technischen Mechanik*,
https://doi.org/10.1007/978-3-658-25613-5_5

Die gemeinsamen Grundlagen aller modernen Stabilitätskonzepte bestehen in folgenden Vereinbarungen und Begriffen: Man legt zunächst einen *ungestörten Zustand (Grundzustand)* fest, dessen Stabilität untersucht werden soll. Dann bringt man eine kleine *Störung* auf den ungestörten Zustand auf, so dass dieser in den *gestörten Zustand (Nachbarzustand)* übergeht. Nun führt man bestimmte „Abstandsmaße" ein, die in irgendeiner Weise die Unterschiede zwischen verschiedenen Zuständen kennzeichnen. Man verfolgt, wie sich diese gewählten Abstandsmaße unter dem Einfluss der Störung verhalten. Aus diesem Verhalten schließt man auf Stabilität oder Instabilität des ungestörten Zustandes. Dabei liegt i. Allg. folgende Auffassung von Stabilität vor: Solange die Störung beschränkt bleibt, soll der ungestörte Zustand dann *stabil* heißen, wenn die durch die Störung verursachte Abweichung (vom ungestörten Zustand) *ebenfalls* beschränkt bleibt; andernfalls ist der ungestörte Zustand *instabil*.

Stabilitätsprobleme sind offensichtlich ihrer Natur nach *kinetische* Fragestellungen, denn nach dem bisher Gesagten besteht eine Stabilitätsuntersuchung darin, das Verhalten einer durch eine Störung verursachten *Bewegung* um den interessierenden Grundzustand zu beobachten.

Historisch nachweisbare Anfänge zu einer derartigen Vorgehensweise lassen sich bis auf Aristoteles zurückverfolgen. Abgesehen von der Astronomie, wo diese sog. *kinematische* Stabilitätsmethode fortlaufend benutzt wurde, hat sie aber erst in moderner Zeit (in der Mechanik mit den Namen Mettler, Bolotin und Ziegler verknüpft) als sog. *kinetische* Stabilitätstheorie wieder stark an Bedeutung gewonnen und ist heute dominierend.

Für Stabilitätsprobleme, bei denen wie in der Elastostatik der auf Stabilität zu untersuchende Grundzustand eine *Gleichgewichtslage unter Einwirkung eines zeitunabhängigen Parameters* (i. d. R. einer äußeren Last) ist, hat sich allerdings eine durchaus eigenständige Stabilitätstheorie etabliert. Diese benutzt eigene Stabilitätskriterien, die einen Stabilitätsnachweis ohne Umweg über eine Schwingungsrechnung erlauben. Andererseits können aber nicht alle Stabilitätsprobleme der Elastostatik mit solchen *statischen Stabilitätskriterien* korrekt behandelt werden. Demgegenüber ist die anfangs erwähnte *kinetische* Stabilitätstheorie universell einsetzbar; prinzipiell jedes Stabilitätsproblem – ob statischer oder kinetischer Natur – kann auf diese Weise entschieden werden. Trotzdem umfasst die Klasse jener Stabilitätsprobleme der Elastostatik, die sich mittels *Gleichgewichts-* und *Energiemethode* behandeln lassen, ein derart breites Spektrum theoretisch und praktisch interessanter Anwendungen, dass es gerechtfertigt ist, diesen Methoden ein eigenes Kapitel zu widmen.

Dabei wird im ersten Fall (bis auf Archimedes zurückgehend) im Wesentlichen aus der *geometrischen Situation*, die sich nach der Störung eines Systems ergibt, gefolgert, wann Stabilität des ungestörten Zustands vorliegt, während die zweite Vorgehensweise *Energiekriterien* verwendet, um auf die Stabilität einer Gleichgewichtslage zu schließen.

Aus Platzgründen werden sämtliche Überlegungen meist nur für Systeme mit konzentrierten Parametern angestellt; für diese sind die abhängigen Variablen allenfalls Zeitfunktionen. Auf Systeme mit verteilten Parametern wird weniger häufig eingegangen, obwohl das aktuelle Interesse gerade solchen (strukturdynamischen) Problemstellungen gilt.

5.1 Stabilitätsmethoden der Elastostatik

Hier sind allein *statische* Probleme, d. h. zeitinvariante mechanische Systeme mit *zeitunabhängiger* Belastung zugelassen[1]. Der Grundzustand ist dann immer eine Gleichgewichtslage. Zudem hat man die Überlegungen auf *konservative* Systeme zu beschränken. Bekanntlich sind nämlich *nichtkonservative* statische Stabilitätsprobleme (ein charakteristisches Beispiel ist der sog. Becksche Knickstab) nur noch im Rahmen einer Schwingungsrechnung korrekt zu lösen. Als Ausgangspunkt dienen die *statischen Gleichgewichtsbedingungen*, also ein System nichtlinearer algebraischer bzw. transzendenter Gleichungen, oder das korrespondierende *Gesamtpotenzial*.

Schon hier sei darauf hingewiesen, dass von jeher Einwände insbesondere gegen das Energiekriterium in Abschn. 5.1.2 bei seiner Anwendung insbesondere auf zwei- und dreidimensionale Kontinua geltend gemacht werden. Diese Bedenken sind in gewisser Weise berechtigt. Sie spielen auch im Rahmen der kinetischen Stabilitätstheorie (s. Abschn. 5.2) eine Rolle und kommen dort etwas ausführlicher zur Sprache.

5.1.1 Gleichgewichtsmethode

Der beabsichtigte Stabilitätsnachweis wird bei der Gleichgewichtsmethode auf der Basis der Gleichgewichtsbedingungen geführt. Im Rahmen einer *synthetischen* Vorgehensweise hat man dazu alle beteiligten Systemkomponenten in allgemein verformter Lage einzeln freizuschneiden und die zugehörigen Kräfte- und Momentenbilanzen anzugeben. Wählt man dagegen das *analytische* Prinzip vom stationären Wert des Potenzials (s. Abschn. 4.2.3) als Ausgangspunkt, so hat man (4.138) durch Ausführen der Variationen auszuwerten. Man erhält i. Allg. ein nichtlineares, inhomogenes Gleichungssystem

$$X_i(x_1, x_2, \ldots, x_N) = u_i, \quad i = 1, 2, \ldots, N \tag{5.1}$$

für die („statischen") Zustandsgrößen x_i. Zu untersuchen sind Existenz und Eindeutigkeit von Lösungen dieses Gleichungssystems. Stets tritt darin (und zwar sowohl in den u_i der rechten Seite als auch in den Koeffizienten der linken Seite) neben den Zustandsgrößen noch mindestens ein (Last-)Parameter f auf. Für einen bestimmten Zahlenwert f_0 dieses Parameters (meist $f_0 = 0$) kann man davon ausgehen, dass eine eindeutige Lösung $\mathbf{x}_0 = (x_{i0})$ existiert und diese physikalisch realisierbar und damit stabil ist. Zu studieren ist das Verhalten dieser Lösung $\mathbf{x}_0$ bei verschiedenen Werten des Parameters f, ausgehend von f_0. Verzweigungen der Lösung $\mathbf{x}_0$ auf mehrere andere benachbarte (sog. *Verzweigungsprobleme*) oder das Auftreten von Parameterbereichen, in denen anstatt einer mehrere (nicht benachbarte) Lösungen ohne Verzweigung existieren (sog. *Durchschlagprobleme*) sind ein Indiz für das Erreichen einer Stabilitätsgrenze. Beschränkt man sich

---

[1] Die Überlegungen lassen sich natürlich auch auf entsprechende Probleme der Elektrostatik oder Hydrostatik anwenden.

hier auf Verzweigungsprobleme, so kann man den Verzweigungspunkt dann immer derart finden, dass man den *allgemeinen Zustand* $\mathbf{x} = (x_i)$ – für den ja (5.1) gilt – in der Form

$$x_i = x_{i0} + \Delta x_i, \quad i = 1, 2, \ldots, N \tag{5.2}$$

in den *Grundzustand* $\mathbf{x}_0 = (x_{i0})$ und eine im Vergleich dazu *kleine Störung* $\Delta\mathbf{x} = (\Delta x_i)$ aufspaltet. Das Gleichungssystem (5.1) lautet damit für den allgemeinen Zustand

$$X_i(x_{10} + \Delta x_1, x_{20} + \Delta x_2, \ldots, x_{N0} + \Delta x_N) = u_i, \quad i = 1, 2, \ldots, N. \tag{5.3}$$

Da der Grundzustand $\mathbf{x}_0$ ebenfalls eine Lösung von (5.1) darstellt, gilt auch

$$X_i(x_{10}, x_{20}, \ldots, x_{N0}) = u_i, \quad i = 1, 2, \ldots, N. \tag{5.4}$$

Die i. Allg. nichtlinearen algebraischen (bzw. transzendenten) *Störungsgleichungen* erhält man dann durch Subtraktion der Gleichungssysteme (5.3) und (5.4) in der Gestalt

$$X_i(x_{10} + \Delta x_1, x_{20} + \Delta x_2, \ldots, x_{N0} + \Delta x_N) - X_i(x_{10}, x_{20}, \ldots, x_{N0}) = 0,$$
$$i = 1, 2, \ldots, N. \tag{5.5}$$

Sie enthalten den erwähnten Parameter f höchstens noch in den Koeffizienten und sind stets homogen. Sie stellen damit ein (nichtlineares) Eigenwertproblem dar und besitzen die triviale Lösung $\Delta x_1 = \Delta x_2 = \ldots = \Delta x_N = 0$. Es ist offensichtlich, dass die Störungsgleichungen (5.5) i. Allg. komplizierter als die ursprünglichen Gleichungen (5.1) sind. Nur die Störungsgleichungen *linearer, inhomogener* Ausgangsgleichungen sind *deren homogene* Gleichungen.

Um den gesuchten Verzweigungspunkt zu erhalten, genügt die Betrachtung der *linearisierten* Störungsgleichungen als lineares Eigenwertproblem. Ohne große Einschränkung der Allgemeinheit kann dieses als spezielles Eigenwertproblem

$$(\mathbf{B} - f\mathbf{I})\Delta\mathbf{x} = \mathbf{0} \tag{5.6}$$

geschrieben werden. Da die zu den Eigenwerten f_i gehörenden Eigenvektoren $\Delta\mathbf{x}_i$ als nichttriviale Lösungen von (5.6) nur bis auf einen konstanten Faktor festgelegt sind (d. h. für die zugehörigen Eigenwerte f_i existiert keine eindeutige Lösung $\Delta\mathbf{x}$ mehr und damit auch keine eindeutige Grundlösung $\mathbf{x}_0$), kennzeichnen die Eigenwerte f_i auf der f-Achse Verzweigungen der Grundlösung $\mathbf{x}_0$. Der *niedrigste* Eigenwert f_1 stellt als kritischer Parameterwert die Stabilitätsgrenze dar.

Stellt man das *Prinzip vom stationären Wert des Potenzials* (4.136) an den Anfang, so kann man den Störungsansatz (5.2) auch direkt in das Potenzial einsetzen und anschließend variieren. Entsprechendes Sortieren und die Tatsache, dass Grundverformung und Störung voneinander unabhängig sind, liefern die Gleichungen für den Grundzustand $\mathbf{x}_0$ und die Störungen $\Delta\mathbf{x}$; die Störungsgleichungen lassen sich dann in der Form (5.6) linearisieren.

Abb. 5.1 Ersatzmodelle von Knickstäben

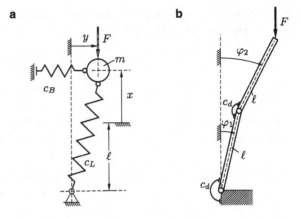

Beispiel 5.1 Ersatzmodell des Eulerschen Knickstabes. Die einfachste Diskretisierung eines Knickstabes besteht aus einer Punktmasse m, die gemäß Abb. 5.1a über zwei lineare Dehnfedern mit der Federkonstanten c_L und c_B gegen die feste Umgebung abgestützt und durch eine zeitunabhängige richtungstreue Druckkraft F belastet wird. Gewichtseinflüsse bleiben außer acht. Die Federn sind in der Ausgangslage $x = y = 0$, in der die Feder mit der Federzahl c_L die Länge ℓ besitzt, spannungslos. Ein horizontales und vertikales Kräftegleichgewicht in allgemein verformter Lage ($x, y \neq 0$) ergibt

$$c_L \frac{h(x, y) - 1}{h(x, y)}(\ell + x) + F = 0,$$

$$c_B y + c_L \frac{h(x, y) - 1}{h(x, y)} y = 0, \tag{5.7}$$

$$h(x, y) = \sqrt{\left(1 + \frac{x}{\ell}\right)^2 + \left(\frac{y}{\ell}\right)^2}.$$

Die Auswertung des Prinzips vom stationären Wert des Potenzials (4.136) mit

$$V = Fx + \frac{c_B}{2}y^2 + \frac{c_L}{2}\ell^2 [h(x, y) - 1]^2$$

$$= Fx + \frac{c_B}{2}y^2 + \frac{c_L}{2}\left(x + \frac{y^2}{2\ell}\right)^2 + \dots \tag{5.8}$$

liefert genauso wie (5.7) in ausreichender Approximation das System quadratisch nichtlinearer Gleichungen

$$c_L x + c_L \frac{y^2}{2\ell} = -F, \quad c_B y + c_L \frac{xy}{\ell} = 0. \tag{5.9}$$

Diese dienen zur Untersuchung des elastostatischen Stabilitätsproblems. Offenbar ist für eine hinreichend kleine Druckkraft F die Verformung

$$\mathbf{x}_0 = \begin{pmatrix} x_0 \\ y_0 \end{pmatrix} = \begin{pmatrix} -\frac{F}{c_L} \\ 0 \end{pmatrix} \tag{5.10}$$

als eindeutige Lösung von (5.9) die auf Stabilität zu untersuchende Grundlösung. Der Störungsansatz

$$\mathbf{x} = \mathbf{x}_0 + \Delta\mathbf{x} = \begin{pmatrix} -\frac{F}{c_L} \\ 0 \end{pmatrix} + \begin{pmatrix} \Delta x \\ \Delta y \end{pmatrix} \tag{5.11}$$

in Anlehnung an (5.2) führt – die nichtlinearen Störungsgleichungen sind hier nicht angegeben – auf die linearen Störungsgleichungen

$$\Delta x = 0, \quad (1 - f)\Delta y = 0, \quad f = \frac{F}{c_B \ell}. \tag{5.12}$$

Hier reduziert sich das Stabilitätsproblem also auf eine Eigenwertaufgabe (5.6) in Form der Einzelgleichung

$$(1 - f)\Delta y = 0, \tag{5.13}$$

da die erste Gleichung in (5.12) von der zweiten entkoppelt und trivial ist. Der Verzweigungspunkt $f = 1$ stellt die Stabilitätsgrenze f_{krit} dar, oberhalb der die ursprüngliche Gleichgewichtslage $\mathbf{x}_0$ nicht mehr eindeutig und damit instabil ist. Der maßgebende kritische Lastwert als „Knicklast" des diskretisierten Stabmodells ist also $F_{\mathrm{krit}} = c_B \ell$. ∎

Probleme der Strukturstatik als Systeme mit verteilten Parametern (Stäbe, Flächentragwerke usw.) werden in Verallgemeinerung von (5.1) durch zeitfreie, nichtlineare Randwertprobleme beschrieben. Beschränkt man sich der Einfachheit halber auf Systeme mit *einer* unabhängigen Ortsvariablen, dann hat man es mit gewöhnlichen Differenzialgleichungen mit entsprechenden Randbedingungen zu tun. Die im Anschluss an (5.1) dargestellte Argumentation bleibt sinngemäß gültig, nur sind jetzt verallgemeinerte Eigenwertprobleme analog (3.349) und (3.351) und nicht Matrizeneigenwertprobleme (5.6) zu lösen. Alle wesentlichen Aspekte lassen sich schon anhand eines speziellen Beispiels darlegen.

Beispiel 5.2 Stabilität des Eulerschen Knickstabes. Der in Abb. 4.5b dargestellte Kragträger wird unter Einwirkung der richtungstreuen Belastung $F = \mathrm{const}$ und $q_0 = \mathrm{const}$ betrachtet. Die Herleitung des zugehörigen nichtlinearen Randwertproblems gelingt am einfachsten mit Hilfe des Prinzips vom stationären Wert des Potenzials in der Form (4.136) mit dem elastischen Potenzial V_i (4.83) und dem äußeren Potenzial

$$V_a = F\delta u(\ell) + \int\limits_0^\ell q_0 u\, dx \qquad (5.14)$$

der konservativen Belastungen F und q_0 [s. (4.84)]. Die Ausführung der in (4.136) verlangten Variationen liefert das für einen Stabilitätsnachweis ausreichende, quadratisch nichtlineare Randwertproblem

$$-EA\left(u' + \frac{w'^2}{2}\right)' + q_0 = 0, \quad u(0) = 0, \quad EA\left(u'(\ell) + \frac{w'(\ell)^2}{2}\right) + F = 0,$$

$$EIw'''' - EA(u'w')' = 0, \quad w(0) = 0, \quad w'(0) = 0, \quad w''(\ell) = 0,$$

$$-EIw'''(\ell) + EAu'(\ell)w'(\ell) = 0 \qquad (5.15)$$

für die ortsabhängigen Längs- und Querverschiebungen $u(x)$ und $w(x)$. Im Folgenden wird nur der Fall $q_0 \equiv 0$ weiter untersucht. Wieder für hinreichend kleine Last F ist

$$\begin{pmatrix} u_0 \\ w_0 \end{pmatrix} = \begin{pmatrix} -\frac{Fx}{EA} \\ 0 \end{pmatrix} \qquad (5.16)$$

als strenge und eindeutige Lösung von (5.15) die auf Stabilität zu untersuchende Grundverformung. Mit der Abkürzung $f^2 = \frac{F}{EI}$ lauten die linearen Störungsgleichungen

$$EA\Delta u'' = 0, \quad \Delta u(0) = 0, \quad \Delta u'(\ell) = 0,$$

$$\Delta w'''' + f^2\Delta w'' = 0, \quad \Delta w(0) = 0, \quad \Delta w'(0) = 0, \qquad (5.17)$$

$$\Delta w''(\ell) = 0, \quad \Delta w'''(\ell) + f^2\Delta w'(\ell) = 0.$$

Sie bilden – wie vorhergesagt – ein verallgemeinertes Eigenwertproblem aus homogenen (gewöhnlichen) Differenzialgleichungen und Randbedingungen. Auch dieses zerfällt in zwei voneinander unabhängige Gleichungssysteme für $\Delta u(x)$ und $\Delta w(x)$, von denen nur das zweite als echte Eigenwertaufgabe ein Stabilitätsproblem darstellt. Gemäß den Ausführungen in Abschn. 3.3.2 liefert ein entsprechender Exponentialansatz nach Anpassen an die zugehörigen Randbedingungen die abzählbar unendlich vielen Eigenwerte $f_k = \frac{2k-1}{2}\frac{\pi}{\ell}$ ($k = 1, 2, \ldots$). Der niedrigste Wert $f_1 = \frac{\pi}{2\ell}$ ist der eigentlich kritische und kennzeichnet als Stabilitätsgrenze die Eulersche Knicklast $F_{krit} = \frac{EI\pi^2}{(2\ell)^2}$ eines einseitig eingespannten Kragträgers. ∎

Der konkrete Aufwand zur Ermittlung der linearen Störungsgleichungen lässt sich in der Praxis – beispielsweise im Rahmen einer analytischen Vorgehensweise – erheblich reduzieren. Dazu formuliert man anstelle des ursprünglichen, in den Verformungsvariablen x_i mindestens kubisch nichtlinearen Potenzials ein einfacheres „Ersatzpotenzial";

dieses braucht in den Störungen Δx_i nur noch quadratisch nichtlinear zu sein. Im Einzelnen hat man dieses Potenzial so zu ermitteln, dass es den linearen Störungsgleichungen äquivalent ist, d. h. dass seine Variation genau diese Störungsgleichungen liefert. Da man dazu die Grundverformung kennen muss und darüber hinaus die Berechnung eines den Verformungsgleichungen (eventuell mit Randbedingungen) zugeordneten Variationsproblems durchaus nicht elementar ist, sind die angesprochenen Vorteile nicht unmittelbar einsichtig. Es zeigt sich aber, dass nach entsprechender Rechnung eines Einzelbeispiels oft eine ganze Problemklasse abgedeckt werden kann, so dass insgesamt der Rechenaufwand doch deutlich geringer ist.

Beispiel 5.3 Konservatives Knicken von Stäben. Als lineare Störungsgleichungen eines auf Druck beanspruchten Kragträgers (s. Abb. 4.5b) erhält man (für den Sonderfall $q_0 \equiv 0$) ein Eigenwertproblem in Δw [s. (5.17)]. Das korrespondierende Potenzial V_Δ in allen Δ-Größen (wieder unter Einbeziehung einer axialen Streckenlast q_0) ist dann

$$V_\Delta = \frac{1}{2} \int_0^\ell \left\{ EA\Delta u'^2 + EI\Delta w''^2 - [F + q_0(\ell - x)]\Delta w'^2 \right\} dx. \tag{5.18}$$

Damit ist ein Ausgangspunkt zur Untersuchung von Knickstäben gefunden, der den Rechenaufwand zur Ermittlung der linearen Störungsgleichungen sehr niedrig hält[2]. Da eine Potenzialformulierung immer alle möglichen Randbedingungen implizit enthält, gilt (5.18) in der Tat für ein recht breites Spektrum möglicher Knickfälle, zumal Ergänzungen wie eine elastische Bettung oder ein nachgiebiges Lager problemlos eingearbeitet werden können.   ∎

5.1.2 Energiemethode

Wie im vorangehenden Abschn. 5.1.1 gezeigt, kann zur Ermittlung der Gleichgewichtsbedingungen auch das zugehörige Gesamtpotenzial an den Anfang gestellt werden. Im Rahmen der sog. *Energiemethode* diskutiert man nun direkt dieses Potenzial und seine Eigenschaften.

In diesem Zusammenhang wesentlich ist der *Satz von Lagrange-Dirichlet*: Das Gesamtpotenzial V statisch konservativer Systeme [mit den nichtlinearen Verformungsgleichungen (5.1)] besitzt für eine *stabile* Gleichgewichtslage $\mathbf{x}_0$ ein *Minimum*[3]:

$$V\big|_{\text{stab. Gleichgew.lage}} \Rightarrow \text{Min.} \tag{5.19}$$

---

[2] Für das diskretisierte Ersatzmodell des Eulerschen Knickstabes gemäß Abb. 5.1a gilt entsprechend $V_\Delta = \frac{c_L}{2}\Delta x^2 + \frac{c_R}{2}\Delta y^2 - \frac{F}{2\ell}\Delta y^2$.

[3] Historisch genauer (s. z. B. [8, 16]) ist es wohl, diese Formulierung als *Satz von Dirichlet* zu bezeichnen; der sog. *Satz von Lagrange* ist die damit in Zusammenhang stehende Aussage, daß das Gesamtpotenzial V statisch konservativer Systeme in der Nachbarschaft einer Gleichgewichtslage $\mathbf{x}_0$ eine positiv definite quadratische Funktion ist.

Selbstverständlich sind zwar alle aus der Stationaritätsbedingung (4.136) berechneten Lösungen $\mathbf{x}_0$ statische Gleichgewichtslagen, *stabil* sind diese nach (5.19) aber nur, wenn sie dem Potenzial V ein *strenges* Minimum und nicht nur einen stationären Wert erteilen. Zur notwendigen Stationaritätsbedingung (4.136) tritt somit als *hinreichende* Bedingung für Stabilität

$$\delta^2 V(\mathbf{x}_0) > 0 \tag{5.20}$$

hinzu. Sie kennzeichnet an der Stabilitätsgrenze durch $\delta^2 V = 0$ den Übergang zu instabilen Bereichen, für die $\delta^2 V < 0$ gilt. Für die *Stabilität* einer Gleichgewichtslage $\mathbf{x}_0$ wird also verlangt, dass $\delta^2 V(\mathbf{x}_0)$ *positiv definit* ist.

Zur Auswertung von (5.20) hat man die Abhängigkeit des Potenzials von den Lagegrößen zu untersuchen. Man ermittelt dazu das Potenzial $V(\mathbf{x})$ in der Nähe einer auf Stabilität zu untersuchenden Gleichgewichtslage $\mathbf{x}_0$, setzt also $\mathbf{x} = \mathbf{x}_0 + \delta\mathbf{x}$. Wegen

$$\begin{aligned} V(\mathbf{x}_0 + \delta\mathbf{x}) &= V(\mathbf{x}_0) + \left(\frac{\partial V}{\partial \mathbf{x}}\right)\bigg|_{\mathbf{x}_0} \delta\mathbf{x} + \frac{1}{2}\left(\frac{\partial^2 V}{\partial \mathbf{x}^2}\right)\bigg|_{\mathbf{x}_0} (\delta\mathbf{x})^2 + \dots \\ &= V(\mathbf{x}_0) + \delta V(\mathbf{x}_0) + \frac{1}{2}\delta^2 V(\mathbf{x}_0) + \dots \end{aligned} \tag{5.21}$$

erhält man als Berechnungsvorschrift für die gesuchte zweite Variation

$$\delta^2 V(\mathbf{x}_0) = \left(\frac{\partial^2 V}{\partial \mathbf{x}^2}\right)\bigg|_{\mathbf{x}_0} (\delta\mathbf{x})^2. \tag{5.22}$$

Geht man nun von (5.22) in Indexschreibweise

$$\delta^2 V(\mathbf{x}_0) = \sum_{i,j}^{N} \left(\frac{\partial^2 V}{\partial x_j \partial x_i}\right)\bigg|_{\mathbf{x}=\mathbf{x}_0} \delta x_j \delta x_i \tag{5.23}$$

aus und fasst die Koeffizienten in (5.23) als Elemente a_{ik} einer Matrix $\mathbf{A}$ auf, so kann man zur Überprüfung von (5.20) auch das Kriterium (1.36) für positive Definitheit einer Matrix $\mathbf{A}$ heranziehen.

Die Bestimmung der Grundverformung $\mathbf{x}_0$, die ja zur quantitativen Auswertung von (5.20) bekannt sein muss, erfolgt durch Lösen der Gleichgewichtsbedingungen (5.1). Diese sind entweder synthetisch durch ein Kräfte- und ein Momentengleichgewicht am verformten System oder aus dem analytischen Prinzip vom stationären Wert des Gesamtpotenzials (4.136) durch Bilden der ersten Variation zu ermitteln.

Beispiel 5.4 Ersatzmodell des einseitig eingespannten, *undehnbaren* Eulerschen Knickstabes gemäß Abb. 5.1b. Eine oft benutzte Diskretisierung besteht aus zwei starren Stäben der Länge ℓ und zwei linearen Drehfedern (Federkonstante c_d). Die Verbindung untereinander und mit der Umgebung sind reibungsfreie (zweiwertige) Gelenke, die Belastung erfolgt durch eine zeitunabhängige richtungstreue Druckkraft F am äußeren Ende der Stabkette. Gewichtseinflüsse bleiben außer acht und die Federn sind in der vertikalen Ausgangslage $\varphi_1 = \varphi_2 = 0$ spannungslos. Das Gesamtpotenzial

$$V = \frac{c_d}{2}\varphi_1^2 + \frac{c_d}{2}(\varphi_2 - \varphi_1)^2 - F\ell(2 - \cos\varphi_1 - \cos\varphi_2) \tag{5.24}$$

ist unmittelbar abzulesen. Nach (5.23) berechnet sich die zweite Variation von V in der Form

$$\delta^2 V = \left(\frac{\partial^2 V}{\partial\varphi_1^2}\delta\varphi_1 + \frac{\partial^2 V}{\partial\varphi_2\partial\varphi_1}\delta\varphi_2\right)\delta\varphi_1 + \left(\frac{\partial^2 V}{\partial\varphi_1\partial\varphi_2}\delta\varphi_1 + \frac{\partial^2 V}{\partial\varphi_2^2}\delta\varphi_2\right)\delta\varphi_2. \tag{5.25}$$

Sie wird hier zum Stabilitätsnachweis der trivialen Gleichgewichtslage $\varphi_{10} = \varphi_{20} = 0$ (die natürlich als solche zu verifizieren ist) abhängig vom Lastparameter $f = \frac{F\ell}{c_d}$ benötigt. Das Prinzip vom stationären Wert des Gesamtpotenzials (4.136) fordert $\delta V = 0$ und liefert so das System nichtlinearer Gleichungen

$$c_d(2\varphi_1 - \varphi_2) - F\ell\sin\varphi_1 = 0, \quad c_d(\varphi_2 - \varphi_1) - F\ell\sin\varphi_2 = 0 \tag{5.26}$$

als Gleichgewichtsbedingungen. Der Grundzustand $\varphi_{10} = \varphi_{20} = 0$ ist offensichtlich unabhängig vom Wert f eine exakte Lösung. Nach entsprechenden Differenziationen des Potenzials V (5.24) ergibt sich aus (5.25)

$$\begin{aligned}\delta^2 V(\varphi_{10} = 0, \varphi_{20} = 0) &= c_d[(2-f)\delta\varphi_1 - \delta\varphi_2]\delta\varphi_1 + c_d[-\delta\varphi_1 + (1-f)\delta\varphi_2]\delta\varphi_2 \\ &= c_d[(2-f)\delta\varphi_1^2 - 2\delta\varphi_1\delta\varphi_2 + (1-f)\delta\varphi_2^2],\end{aligned} \tag{5.27}$$

und die positive Definitheit von $\delta^2 V$ hängt demnach nur noch von f ab. Beispielsweise findet man $\delta^2 V(f = 0) = c_d[(\delta\varphi_1)^2 + (\delta\varphi_1 - \delta\varphi_2)^2]$ und $\delta^2 V(f = 1) = c_d[(\delta\varphi_1)^2 - 2\delta\varphi_1\delta\varphi_2]$. Die positive Definitheit von $\delta^2 V(f = 0)$ ist für beliebige $\delta\varphi_1, \delta\varphi_2 \neq 0$ gesichert, so dass im unbelasteten Zustand $f = 0$ die Gleichgewichtslage $\varphi_{10} = \varphi_{20} = 0$ stabil ist. Dagegen, z. B. für $\delta\varphi_1 = \delta\varphi_2$, gilt $\delta^2 V(f = 1) < 0$, so dass für den (größeren) Lastwert $f = 1$ die Gleichgewichtslage $\varphi_{10} = \varphi_{20} = 0$ instabil ist. Irgendwo dazwischen liegt die Stabilitätsgrenze $\delta^2 V(f = f_{\mathrm{krit}}) = 0$; die notwendigen und hinreichenden Bedingungen dafür folgen direkt aus der ersten Zeile von (5.27) – aufgrund der linearen Unabhängigkeit von $\delta\varphi_1$ und $\delta\varphi_2$ – in Form des linearen, homogenen Gleichungssystems

$$(2-f)\delta\varphi_1 - \delta\varphi_2 = 0, \quad -\delta\varphi_1 + (1-f)\delta\varphi_2 = 0. \tag{5.28}$$

Nichttriviale Lösungen fordern das Verschwinden der zugehörigen Koeffizientendeterminante

$$\Delta(f) = (2-f)(1-f) - 1. \tag{5.29}$$

Die beiden Eigenwerte sind $f_{1,2} = \frac{1}{2}(3 \pm \sqrt{5})$. Der kleinere der beiden, f_1, kennzeichnet die kritische Last $F_{\mathrm{krit}} = \frac{(3-\sqrt{5})c_d}{2\ell} = 0,26\frac{c_d}{\ell}$.

Die Gleichgewichtsmethode liefert selbstverständlich das gleiche Ergebnis. ∎

Die Energiemethode ist genauso auch auf elastostatische Durchschlagprobleme anwendbar, und auch die Erweiterung auf Stabilitätsprobleme verteilter Systeme ist weitgehend problemlos, wenn man die Überlegungen der Gleichgewichtsmethode in Abschn. 5.1.1 entsprechend übernimmt.

5.2 Kinetische Stabilitätstheorie

Hier wird allein der *Stabilitätsbegriff im Sinne Ljapunows* benutzt. Während die Festlegung des Bezugssystems bzw. des ungestörten Zustandes dadurch noch nicht sehr stark eingeschränkt wird, sind die *Wahl der Abstandsmaße* und die *Art der Störungen* in charakteristischer Weise festgelegt.

Die Wahl der Abstandsmaße orientiert sich an einer *kinematischen Auffassung* der Stabilität, d. h. es gibt immer einen *Zeitbezug*. Ausgangspunkt sind die Bewegungen im Euklidischen Raum; speziell die ungestörte Bewegung wird durch eine Trajektorie C_0 und die gestörte Bewegung durch eine Nachbartrajektorie C_Δ gekennzeichnet. Als Maß für die Abweichung wird dann der Abstand $d\,[P(t_k), Q(t_k)]$ solcher Punkte P und Q der Trajektorien C_0 und C_Δ gewählt, die dem gleichen Parameterwert t_k entsprechen. Als Kriterium für Stabilität wird $d\,[P(t_k), Q(t_k)] < r$ für alle Zeiten t_k verlangt, d. h. es wird gefordert, dass sich die Punkte P und Q auf C_0 und C_Δ „zu keiner Zeit" zu weit, also mehr als um die vorgegebene Schranke r voneinander entfernen. Auch im Rahmen der kinetischen Stabilitätstheorie tritt oft gerade der Fall auf, dass der ungestörte Zustand eine statische *Gleichgewichtslage* ist. Die zugehörige Trajektorie C_0 schrumpft dann für *alle Zeiten t* auf einen einzigen Punkt P zusammen.

Von allen möglichen Störungen, z. B. Störungen der *Anfangsbedingungen*, der *Parameter* und der *Struktur der Differenzialgleichungen* (genauer: des physikalischen Modells, das durch diese Differenzialgleichungen beschrieben wird) interessieren im Rahmen der Ljapunowschen Stabilitätstheorie allein die *Störungen der Anfangsbedingungen*.

Ausgangspunkt der konkreten Betrachtungen sind wie immer die Bewegungsgleichungen eines physikalischen Systems. Gewählt wird hier die Beschreibung in Form eines Systems nichtlinearer, i. Allg. inhomogener Differenzialgleichungen erster Ordnung

$$\dot{x}_i = X_i(x_1, x_2, \ldots, x_N, t), \quad i = 1, 2, \ldots, N. \tag{5.30}$$

Hierin sind nicht nur rein mechanische, sondern auch allgemeinere Koppelsysteme eingeschlossen. $\mathbf{x}_0(t) = \big(x_{i0}(t)\big)$ (also auch $\mathbf{x}_0 = $ const) sei eine Lösung von (5.30) und soll als *ungestörte Bewegung* auf Stabilität untersucht werden. $\Delta\mathbf{x}(t) = \big(\Delta x_i(t)\big)$ sei eine *Störung*. Als allgemeine Bewegung $\mathbf{x}(t) = \big(x_i(t)\big)$ betrachtet man jetzt die *gestörte Bewegung*

$$x_i(t) = x_{i0}(t) + \Delta x_i(t), \quad i = 1, 2, \ldots, N. \tag{5.31}$$

Fundamental für die kinetische Stabilitätstheorie sind die drei folgenden Definitionen:

- Die ungestörte Bewegung $\mathbf{x}_0(t)$ heißt dann *(schwach) stabil*[4] *im Sinne Ljapunows*, wenn sich zu jeder Zahl ε, wie klein sie auch sei, ein $\vartheta(\varepsilon, t_0) > 0$ derart angeben lässt, dass für eine beliebige Vektornorm [hier für die *Euklidische Norm* (d. h. den *Betrag*) $|\ldots|$] der Störungen $\Delta\mathbf{x}(t)$ die Ungleichung

$$|\Delta\mathbf{x}(t)| < \varepsilon \tag{5.32}$$

für alle $t > t_0$ erfüllt ist, wenn nur

$$|\Delta\mathbf{x}(t_0)| < \vartheta(\varepsilon, t_0) \tag{5.33}$$

gewählt wird. In Worten: Allein durch Begrenzen der Anfangsstörung (zur Zeit t_0) auf Werte kleiner als ϑ gelingt es, die Störungen zu allen späteren Zeiten t kleiner als ε zu halten. Ein Beispiel für eine (schwach) stabile Ruhelage ist die untere Hängelage eines ungedämpft schwingenden Pendels.

- Ist die ungestörte Bewegung $\mathbf{x}_0(t)$ stabil im Sinne Ljapunows und kann man darüber hinaus ein $\vartheta_0(t_0) > 0$ so wählen, dass allein durch Begrenzen der Anfangsstörungen gemäß

$$|\Delta\mathbf{x}(t_0)| < \vartheta_0 \tag{5.34}$$

sogar ein *Verschwinden* der Störungen im Laufe der Zeit, d. h.

$$\lim_{t\to\infty} |\Delta\mathbf{x}(t)| = 0 \tag{5.35}$$

folgt, dann heißt die ungestörte Bewegung $\mathbf{x}_0(t)$ *asymptotisch stabil im Sinne Ljapunows*[5]. Es existiert dann zu jedem $\eta > 0$ eine „Zeit" $\tau = \tau(\eta)$ derart, dass durch Begrenzung der Anfangsstörungen gemäß $|\Delta\mathbf{x}(t_0)| < \vartheta_0$ für die Störungen zu späteren Zeiten $t > t_0 + \tau$ stets

$$|\Delta\mathbf{x}(t)| < \eta \tag{5.36}$$

gilt, wobei $\tau = \tau\big(\eta, t_0, \Delta\mathbf{x}(t_0)\big)$ ist. Ein Beispiel für eine asymptotisch stabile Ruhelage ist die untere Hängelage eines gedämpften Pendels.

- Die ungestörte Bewegung $\mathbf{x}_0(t)$ heißt *instabil*, wenn sie nicht stabil ist.

---

[4] In der Regelungstechnik spricht man von *grenzstabil*.

[5] Wenn *allein* durch Begrenzen der Anfangsstörungen gemäß (5.34) die Störungen langfristig (für $t \to \infty$) gemäß (5.35) verschwinden, heißt die ungestörte Bewegung $\mathbf{x}_0(t)$ *attraktiv*.

Somit ist für die Instabilität einer Bewegung hinreichend, dass es mindestens *eine* gestörte Bewegung gibt, die trotz ständigen Verkleinerns der Anfangsstörungen [$\vartheta \to 0$ in
(5.33)] im Laufe der Zeit über eine willkürliche, endliche Schranke ε [in (5.32)] „hin-
auswächst". Die Überkopflage eines Pendels ist ein typisches Beispiel für eine instabile
Gleichgewichtslage.

Im Falle *asymptotischer Stabilität* bildet die Gesamtheit aller Punkte $\Delta \mathbf{x}(t_0)$, von denen
Störungen ausgehen, die der Beziehung (5.35) genügen, den *Einzugsbereich* der *ungestörten Bewegung* $\mathbf{x}_0(t)$. Umfasst der Einzugsbereich *alle* Punkte, von denen Bewegungen
ausgehen können, so spricht man von asymptotischer Stabilität *im Großen*. Ein Beispiel
dafür ist die Untersuchung der unteren Hängelage eines gedämpften Pendels mit Begrenzung des Ausschlags nach oben. Führen alle Punkte des Phasenraums als Anfangsstörungen zu asymptotischer Stabilität, so spricht man von asymptotischer Stabilität *im Ganzen*
(oder *global* asymptotischer Stabilität). Gibt es in der Umgebung einer instabilen Gleichgewichtslage zwei asymptotisch stabile Gleichgewichtslagen (Beispiel: Kugel auf einer
kleinen Kuppe in einem tiefen Tal), so kann man die Ljapunowschen Stabilitätsaussagen
präzisieren, indem man feststellt, dass die instabile Gleichgewichtslage zwar *instabil im
Kleinen*, aber *stabil im Großen* ist. Man sagt auch, sie ist *praktisch stabil*. Das Beispiel
der Kugel illustriert auch, dass Instabilität nicht notwendig *unbeschränktes* Aufklingen
von Störungen bedeutet. Ein Beispiel für den umgekehrten Sachverhalt ist eine Kugel in
einer kleinen Mulde auf einem hohen Berg: Die Ruhelage ist zwar asymptotisch stabil,
aber nur *stabil im Kleinen*, also *instabil im Großen*, d. h. *praktisch instabil*.

Will man den Stabilitätsbegriff von Ljapunow auf schwingende Kontinua ausdehnen,
so hat man die zusätzliche Ortsabhängigkeit der Bewegungen $\mathbf{q}(x, y, z, t)$ zu beachten.
Alle bisher eingeführten Begriffe lassen sich dann zunächst ohne Schwierigkeiten verallgemeinern, obwohl man bei der konkreten Anwendung jetzt nichtlineare *partielle* Differenzialgleichungen (mit *Randbedingungen*) zu diskutieren hat. Dabei stellt sich aber
schnell heraus, dass häufig für den *Betrag* der Störungen $\Delta \mathbf{q}(x, y, z, t)$ (und der zugehörigen Geschwindigkeiten) an jeder Stelle x, y, z eine obere Schranke nicht in einer Form
angegeben werden kann, die Stabilität nach der scharfen Definition von Ljapunow sicherstellt, obwohl die reale Bewegung in irgend einem Sinne „stabil" verläuft. Deshalb
ändert man bei Systemen mit verteilten Parametern nach einem Vorschlag von Koiter
die Stabilitätsbedingungen (5.32)–(5.36) häufig dahingehend ab, dass man die *Betragsbil-
dung* $|\ldots|$ an jedem Ort x, y, z abschwächend durch die *Norm* $\|\ldots\| = \sqrt{\int_{(V)} (\ldots)^2 dV}$
ersetzt. Damit lassen sich bei genügend kleinen Anfangsstörungen auch Stabilitätsproble-
me schwingender Kontinua in das Stabilitätskonzept von Ljapunow einbetten. Allerdings
muss man dabei beachten, dass dann im Körper lokal große Störungen nicht ausgeschlossen sind, auch wenn die Bewegung im Sinne der genannten Norm (d. h. im örtlichen
Mittel) *stabil* ist[6].

---

[6] Eine ingenieurmäßig aufbereitete kinetische Stabilitätstheorie verteilter Systeme, die diese
Schwierigkeiten behebt, ist (am Beispiel 1-parametriger Kontinua) von Kelkel [10] entwickelt worden.

Auch an dieser Stelle soll nochmals darauf hingewiesen werden, dass die in Abschn. 5.1 behandelten Stabilitätsmethoden der Elastostatik für Systeme mit verteilten Parametern entsprechenden Einschränkungen unterworfen sind, ohne dass sie dort (in Abschn. 5.1.1 und 5.1.2) explizit angesprochen werden.

5.2.1 Erste Methode von Ljapunow

Als *Erste Methode von Ljapunow* werden üblicherweise sämtliche Methoden zusammengefasst, die in irgendeiner Weise die Lösungen der *Störungsgleichungen*[7] zur Beurteilung des Zeitverhaltens der Störungen $\Delta x_i(t)$ heranziehen. Um die gesuchten Differenzialgleichungen für diese Störungen $\Delta x_i(t)$ zu finden, schreibt man den Ansatz (5.31) in der Gestalt $\Delta x_i = x_i - x_{i0}$ und differenziert. Mit (5.30) erhält man daraus die (i. Allg. nichtlinearen) Störungsdifferenzialgleichungen

$$\Delta \dot{x}_i = \dot{x}_i - \dot{x}_{i0} = X_i(x_{10} + \Delta x_1, x_{20} + \Delta x_2, \ldots, x_{N0} + \Delta x_N, t)$$
$$- X_i(x_{10}, x_{20}, \ldots, x_{N0}, t), \quad i = 1, 2, \ldots, N. \tag{5.37}$$

Diese sind stets homogen und besitzen damit die triviale Lösung $\Delta x_1 = \Delta x_2 = \ldots = \Delta x_N = 0$. Wie in Abschn. 5.1 sind auch hier die Störungsdifferenzialgleichungen (5.37) i. Allg. komplizierter als die ursprünglichen Differenzialgleichungen (5.30). Auch die Tatsache, dass die Störungsgleichungen von *linearen* (inhomogenen) Bewegungsgleichungen deren *homogene* Gleichungen sind, gilt unverändert.

Die Untersuchung des Stabilitätsverhaltens bringt offenbar in all den Fällen keine Schwierigkeiten mit sich, in denen die Differenzialgleichungen der gestörten Bewegung in geschlossener Form *einfach* gelöst werden können. Derartige Fälle sind aber die Ausnahme und kommen praktisch kaum vor. Daher waren die Anstrengungen stets darauf gerichtet, Methoden zur Lösung eines Stabilitätsproblems ohne die vollständige Integration der Störungsgleichungen zu entwickeln. Das gerade macht die eigentliche Stabilitätstheorie erst aus.

Der einfachste Fall sind streng lineare Störungsgleichungen. Dann genügt eine Abschätzung der sog. *charakteristischen Größen*; bei Differenzialgleichungen mit *konstanten* Koeffizienten sind dies die *charakteristischen Exponenten*, bei Differenzialgleichungen mit *periodischen* Koeffizienten die *charakteristischen Multiplikatoren* und bei Differenzialgleichungen mit *beliebigen* Koeffizienten die *charakteristischen Zahlen*. Sind die Störungsgleichungen (wie meist) nichtlinear, so stehen zwei Strategien zur Verfügung. Erstens kann man die Störungsgleichungen in Form der sog. *Störungsgleichungen der Ersten Näherung* linearisieren: Dieser „Dienstweg" ist am weitesten ausgebaut, erlaubt jedoch nur den Schluss auf asymptotische Stabilität oder Instabilität. Beim konkreten Studium können dann wieder genau die drei Typen von Differenzialgleichungen auftreten wie

---

[7] Oft werden diese auch *Variationsgleichungen* genannt.

schon bei den ursprünglich linearen Störungsgleichungen. Zweitens kann man versuchen, mit Zwischenintegralen (geometrischer Ort der Lösungsfunktionen) schon ausreichend viele Informationen für einen Stabilitätsnachweis zu erhalten.

Bei schwingenden Kontinua bleibt die Vorgehensweise zunächst formal ungeändert; die nichtlinearen Störungsgleichungen sind jedoch partielle Differenzialgleichungen mit Randbedingungen. Wie schon die Differenzialgleichungen, sind jetzt auch die Randbedingungen zwingend homogen, so dass auch für Systeme mit verteilten Parametern stets die triviale Lösung $\Delta \mathbf{q} = \mathbf{0}$ existiert.

Üblicherweise wird die konkrete Stabilitätsbetrachtung immer auf jene für Systeme mit konzentrierten Parametern zurückgeführt (die Probleme bei der Anwendung der Ljapunowschen Stabilitätsdefinitionen auf Kontinua werden dadurch allerdings nur verschoben). Dazu wird mittels einer modalen Entwicklung unter Verwendung von Vergleichsfunktionen und einer Mittelung der Ortsabhängigkeit im Sinne Galerkins (s. Abschn. 6.2) ein „äquivalentes" System nichtlinearer Zustandsgleichungen (5.37) erzeugt. In einigen Fällen lässt sich die geforderte Äquivalenz des neuen diskretisierten Systems zum ursprünglichen Kontinuum durch Nachweis der Konvergenz der benutzten Reihenentwicklung sicherstellen, in den meisten Anwendungen der Strukturdynamik ist dieser Beweis jedoch äußerst schwierig.

Lineare Störungsgleichungen

Lineare Störungsgleichungen bestehen aus den linearen Anteilen in (5.37). Sie haben die Form der homogenen Zustandsgleichungen

$$\Delta \dot{\mathbf{x}} = \mathbf{A} \Delta \mathbf{x} \qquad (5.38)$$

mit einer i. Allg. *zeitvarianten* Systemmatrix $\mathbf{A} = \mathbf{A}(t)$, deren Elemente a_{ik} Funktionen des ungestörten Zustands $\mathbf{x}_0(t)$ und weiterer Systemparameter sind. Im Falle einer zu untersuchenden Gleichgewichtslage $\mathbf{x}_0 = $ const erhält man Störungsgleichungen mit *konstanten Koeffizienten* (d. h. eine *zeitinvariante* Systemmatrix $\mathbf{A}$). Dieser einfachste Fall[8] soll zunächst weiter untersucht werden. Ein Lösungsansatz für $\Delta \mathbf{x}(t)$ in der Gestalt (3.252) liefert mit den dort vorgebrachten Argumenten die charakteristische Gleichung (3.254).

Nach Ljapunow gelten für lineare Störungsgleichungen mit konstanten Koeffizienten dann folgende *Stabilitätssätze*:

- Besitzen *alle* Wurzeln der charakteristischen Gleichung (3.254) der linearen Störungsgleichungen (5.38) *negative Realteile*, dann ist die ungestörte Gleichgewichtslage $\mathbf{x}_0$ *asymptotisch stabil*.

- Besitzt *wenigstens eine* Wurzel einen *positiven Realteil*, dann ist die ungestörte Gleichgewichtslage $\mathbf{x}_0$ *instabil*.

---

[8] Dabei wird hier allein der Fall sog. *isolierter* Gleichgewichtslagen betrachtet, für die $\det \mathbf{A} \neq 0$ gilt.

- Hat die charakteristische Gleichung (3.254) dagegen *keine* Wurzel mit *positivem Realteil*, aber *mindestens eine* Wurzel mit *verschwindendem Realteil*, so ist asymptotische Stabilität *ausgeschlossen*, jedoch *nicht* (schwache) Stabilität[9].

Alle bisherigen Aussagen über das Stabilitätsverhalten basieren auf der Kenntnis der Eigenwerte. Die Lösung der charakteristischen Gleichung (3.254) ist aber oft umständlich oder nur noch rein numerisch möglich. Daher ist man an einem Stabilitätsnachweis interessiert, der ohne eine Berechnung der Wurzeln auskommt.

Das sog. *verallgemeinerte Hurwitz-Kriterium* gestattet diesen allein über die Koeffizienten des *charakteristischen Polynoms*[10]

$$P(\lambda) \overset{\text{(def.)}}{=} A_0 \lambda^N + A_1 \lambda^{N-1} + \cdots + A_{N-1}\lambda + A_N, \quad A_0 > 0 \tag{5.39}$$

in (3.254)[11]. Das Hurwitz-Kriterium besteht aus einer *notwendigen* sowie einer *notwendigen und hinreichenden* Bedingung.

- Damit alle Wurzeln λ_i der charakteristischen Gleichung (3.254) negative Realteile besitzen, ist es *notwendig* (aber nicht hinreichend), dass *alle Koeffizienten* A_i des charakteristischen Polynoms (5.39) *positiv* sind:

$$A_i > 0, \quad i = 0, 1, \ldots, N. \tag{5.40}$$

Sonderfälle dieses Stodola-Kriteriums sind $\det \mathbf{A} \neq 0$ und $\text{sp}\mathbf{A} \neq 0$.

- Für negative Realteile aller λ_i ist *notwendig und hinreichend*, dass *alle Hauptabschnittsdeterminanten* der sog. *Hurwitz-Matrix*

$$\mathbf{H} = \begin{pmatrix} A_1 & A_3 & A_5 & \ldots & 0 & 0 \\ A_0 & A_2 & A_4 & \ldots & 0 & 0 \\ 0 & A_1 & A_3 & \ldots & 0 & 0 \\ \vdots & \vdots & \vdots & \ddots & \vdots & \vdots \\ 0 & 0 & 0 & \cdots & A_{N-1} & 0 \\ 0 & 0 & 0 & \ldots & A_{N-2} & A_N \end{pmatrix} \tag{5.41}$$

positiv sind:

$$H_i > 0, \quad i = 1, 2, \ldots, N \quad (H_N = A_N H_{N-1}). \tag{5.42}$$

---

[9] Sind beispielsweise alle Eigenwerte mit verschwindendem Realteil *einfach*, so strebt die Lösung zwar nicht gegen null, bleibt aber für alle Zeiten endlich. Genauere Aussagen (s. z. B. [8, 16]) erhält man mit der Theorie der sog. *Elementarteiler*.

[10] Ein Polynom N-ten Grades lässt sich stets in der Gestalt (5.39) schreiben.

[11] In etwas anderer Schreibweise begegnet man diesem charakteristische Polynom auch in Abschn. 1.1.4, (1.45).

Aus (5.42) folgt sofort, dass auch alle Koeffizienten A_i größer null sind, d. h. die notwendige und hinreichende Bedingung (5.42) impliziert die notwendige Bedingung (5.40). Der Rechenaufwand bei der Anwendung des Hurwitz-Kriteriums (5.42) kann reduziert werden, wenn bereits bekannt ist, dass die Koeffizienten A_i der charakteristischen Gleichung positiv sind. Nach dem sog. Satz von Cremer können *dann* die Bedingungen (5.42) durch

$$H_{N-1} > 0, \quad H_{N-3} > 0, \quad H_{N-5} > 0, \quad \ldots \tag{5.43}$$

ersetzt werden, d. h. man braucht nur *jede zweite* Hauptabschnittsdeterminante zu überprüfen. Das Hurwitz-Kriterium (5.42) kann nach Lienhard und Chipart mit dem Koeffizientenkriterium (5.40) kombiniert werden:

• *Notwendig und hinreichend* für asymptotische Stabilität ist

$$A_N > 0, \quad H_{N-1} > 0, \quad A_{N-2} > 0, \quad H_{N-3} > 0, \quad \ldots \tag{5.44}$$

Sind die A_i Funktionen eines Parameters f und sind für $f = f_0$ alle Stabilitätsbedingungen (5.42) erfüllt, so kann nach stetigem Ändern von f, ausgehend von f_0, die Stabilitätsgrenze auf zweierlei Weise erreicht werden:

1. Der Koeffizient A_N wird zuerst null, d. h. eine ursprünglich reelle Wurzel der charakteristischen Gleichung verschwindet (und wird dann positiv); es kommt zu sog. *monotoner Instabilität (Divergenz)*.
2. Mit $H_{N-1} = 0$ wird der Realteil eines ursprünglich konjugiert komplexen Wurzelpaares null (und dann positiv); nach Überschreiten dieser Grenze setzt *oszillatorische Instabilität (Flattern)* ein.

In der Regelungstechnik ist nach Cremer und Leonhardt eine grafische Variante des Hurwitz-Kriteriums in Gebrauch, die mit $\lambda \rightarrow j\omega$ die Ortskurve $w = P(j\omega)$ der charakteristischen Gleichung (3.254) in der komplexen Zahlenebene (mit ω als Parameter) verfolgt. *Notwendig und hinreichend* für *negative Realteile* der Wurzeln λ_i der charakteristischen Gleichung (3.254) ist ein *Beginn der Ortskurve ($\omega = 0$) auf der positiven reellen Achse ($A_N > 0$) und mit wachsendem ω ein anschließendes Durchlaufen von N Quadranten im Gegenuhrzeigersinn, ohne einen Quadranten auszulassen.*

Sind die zugrunde liegenden Systeme rein mechanische Systeme, so ist (s. Abschn. 3.2.1) eine Schreibweise als System zweiter Ordnung die natürliche. Dann ergeben sich auch die Störungsgleichungen als System zweiter Ordnung:

$$\mathbf{M}\Delta\ddot{\mathbf{q}} + (\mathbf{D} + \mathbf{G})\Delta\dot{\mathbf{q}} + (\mathbf{K} + \mathbf{N})\Delta\mathbf{q} = \mathbf{0}. \tag{5.45}$$

Das Hurwitz-Kriterium führt selbstverständlich zu unveränderten Ergebnissen, da die charakteristische Gleichung (3.208) mit $N = 2n$ das gleiche charakteristische Polynom

(5.39) besitzt wie im Rahmen einer Zustandsdarstellung (5.38). Daneben sind für mechanische Systeme immer wieder Versuche unternommen worden, noch weniger Rechenaufwand zu betreiben und möglichst schon aus den Eigenschaften der Systemmatrizen $\mathbf{M}, \mathbf{D}, \mathbf{G}, \mathbf{K}$ und $\mathbf{N}$ Stabilitätskriterien herzuleiten, die beispielsweise asymptotische Stabilität oder Instabilität sichern. Für allgemeine $\mathbf{M}$-$\mathbf{D}$-$\mathbf{G}$-$\mathbf{K}$-$\mathbf{N}$-Systeme blieb die Suche nach praktikableren Stabilitätskriterien wenig ergiebig. Für wichtige Sonderfälle sind allerdings effektive Stabilitätssätze gefunden worden (s. z. B. [8, 15]). So erhält man beispielsweise für ein $\mathbf{M}$-$\mathbf{D}$-$\mathbf{K}$-System die Aussage, dass eine zusätzliche Dämpfung ein ursprünglich ungedämpftes (schwach) stabiles $\mathbf{M}$-$\mathbf{K}$-System mit positiv definiter Steifigkeitsmatrix $\mathbf{K}$ nie destabilisieren kann [s. auch Abschn. 3.2.2 im Anschluss an (3.235)]. Ist das System gemäß (3.238) durchdringend gedämpft, so ergibt sich sogar immer asymptotische Stabilität. Auch durch gyroskopische Einflüsse lässt sich ein zunächst stabiles $\mathbf{M}$-$\mathbf{K}$-System nicht destabilisieren. Ein ursprünglich instabiles $\mathbf{M}$-$\mathbf{K}$-System dagegen kann durch gyroskopische Effekte u. U. stabilisiert werden (hier liefert beispielsweise die Energiemethode aus Abschn. 5.1.2 keine genaue Aussage, sie ist nur noch hinreichend). Eine notwendige und hinreichende Stabilitätsbedingung (Satz von Thompson und Tait) findet man allerdings nur noch in einer Form, die neben bestimmten Eigenschaften der Matrizen $\mathbf{M}, \mathbf{G}$ und $\mathbf{K}$ solche gewisser Skalarprodukte davon verwendet.

Beispiel 5.5 Stabilitätsuntersuchung eines Zeigermesswerks mit den Differenzialgleichungen (3.10) und (3.11). Offenbar sind diese inhomogen, jedoch linear, so dass auch (wie hier erwünscht) streng lineare Störungsgleichungen zu erwarten sind. Untersucht wird die Stabilität des Gleichgewichtszustandes unter Einwirkung einer zeitunabhängigen Klemmenspannung $u(t) = u_0 = $ const. Der Grundzustand $\varphi_0, i_0 = $ const [mit verschwindenden Zeitableitungen $\dot{\varphi}_0, \ddot{\varphi}_0, (i_0)', (i_0)'' \equiv 0$] berechnet sich dann aus dem reduzierten System von (jetzt algebraischen) Gleichungen

$$c\varphi_0 = K i_0, \quad R i_0 = u_0 \tag{5.46}$$

in der Form

$$i_0 = \frac{u_0}{R}, \quad \varphi_0 = \frac{K}{c}\frac{u_0}{R}. \tag{5.47}$$

Der Störungsansatz (5.31) in der Gestalt

$$\varphi(t) = \varphi_0 + \Delta\varphi(t), \quad i(t) = i_0 + \Delta i(t) \tag{5.48}$$

liefert nach Einsetzen in die Differenzialgleichungen (3.10) und (3.11) unter Beachten von (5.46) die Störungsgleichungen

$$J\Delta\ddot{\varphi} + b\Delta\dot{\varphi} + c\Delta\varphi - K\Delta i = 0, \quad L(\Delta i)' + R\Delta i + K\Delta\dot{\varphi} = 0, \tag{5.49}$$

die – wie erwartet – die homogenen Differenzialgleichungen der ursprünglichen Bewegungsgleichungen (3.10) und (3.11) sind. Das charakteristische Polynom (5.39) ist die Determinante des homogenen Gleichungssystems (5.49) nach Einsetzen der Exponentialansätze $\Delta\varphi(t) = \Phi e^{\lambda t}, i(t) = I e^{\lambda t}$:

$$P(\lambda) = \lambda^3 + \left(\frac{b}{J} + \frac{R}{L}\right)\lambda^2 + \left(\frac{c}{J} + \frac{Rb}{LJ} + \frac{K^2}{LJ}\right)\lambda + \frac{Rc}{LJ}. \tag{5.50}$$

Die Anwendung des verallgemeinerten Hurwitz-Kriteriums ist jetzt einfach möglich. Da die physikalischen Parameter c, b, J, R, L immer positiv sind, gilt für die Koeffizienten $A_i > 0$ ($i = 0, 1, 2, 3$). Die notwendigen Bedingungen für asymptotische Stabilität des Gleichgewichtszustandes φ_0, i_0 sind damit erfüllt, und es verbleibt für das vorliegende System (5.49) dritter Ordnung nur noch die Überprüfung der Bedingung $H_2 = A_1 A_2 - A_0 A_3 > 0$. (5.50) liefert $H_2 = \left(\frac{b}{J} + \frac{R}{L}\right)\left(\frac{Rb+K^2}{LJ}\right) + \frac{bc}{J^2}$, und dieser Ausdruck ist unter der genannten Voraussetzung positiver Systemparameter tatsächlich immer positiv. Zusammenfassend kann man demnach feststellen, dass der auf Stabilität zu untersuchende Gleichgewichtszustand φ_0, i_0 asymptotisch stabil ist. ∎

Beispiel 5.6 Stabilitätsverhalten eines einfachen Rotormodells. Zugrunde gelegt werden die Bewegungsgleichungen (3.188) ohne Gewichtseinfluss und für isotrope Lagerung ($k_1 = k_2 = k, c_1 = c_2 = c$). Da diese Differenzialgleichungen homogen sind, sind die Störungsgleichungen mit (3.188) identisch (wenn man die Querverschiebungen x, y als Störungen $\Delta x, \Delta y$ der mit Ω umlaufenden Konfiguration $x_0 = y_0 = 0$ ansieht). Das charakteristische Polynom (5.39) der charakteristischen Gleichung (3.208) ergibt sich zu

$$P(\lambda) = \lambda^4 + \frac{2k}{m}\lambda^3 + \left(\frac{2c}{m} + \frac{k^2}{m^2} + 2\Omega^2\right)\lambda^2 + \frac{2k}{m}\left(\frac{c}{m} - \Omega^2\right)\lambda + \left(\frac{c}{m} - \Omega^2\right)^2. \tag{5.51}$$

Somit ist auch für das Rotorproblem mit Hilfe des Hurwitz-Kriteriums der Stabilitätsnachweis einfach möglich. Es zeigt sich, dass für hinreichend niedrige Drehzahlen $\Omega < \frac{c}{m}$ die zentrische Gleichgewichtslage $x_0 = y_0 = 0$ asymptotisch stabil ist (neben $A_i > 0$ ist dort auch $H_3, H_1 > 0$ gesichert) und für entsprechend hohe Drehzahlen $\Omega \geq \frac{c}{m}$ monotone Instabilität vorliegt (ersichtlich sind dann schon die notwendigen Hurwitz-Bedingungen verletzt). Allerdings ist diese so in der Praxis nicht auftretende Instabilität dadurch bedingt, dass nur eine innere Dämpfung in den Modellgleichungen (3.188) berücksichtigt wird. Bereits durch Hinzunahme einer einfachen äußeren Dämpfung kann ein wesentlich realistischeres Stabilitätsverhalten modelliert werden. ∎

Die nächste Komplikationsstufe stellen Störungsgleichungen mit *periodischen* Koeffizienten dar. Die zeitvariante Systemmatrix $\mathbf{A}(t) = \mathbf{A}(t + T)$ besitzt dann zeitabhängige Elemente $a_{ik}(t) = a_{ik}(t + T)$ (T Periodendauer). Die homogenen Störungsgleichungen (5.38) behandelt man für diesen Fall im Rahmen der sog. *Floquetschen Theorie*. Das

Floquetsche Theorem sagt aus, dass zu (5.38) mindestens eine nichttriviale Lösung der Form

$$\Delta \mathbf{x}(t + T) = \rho \Delta \mathbf{x}(t) \tag{5.52}$$

mit dem konstanten (aber i. Allg. komplexwertigen) *charakteristischen Multiplikator* ρ existiert. Offensichtlich ist diese „faktorperiodische" Lösung wirklich periodisch, wenn $|\rho| = 1$ ist, sie ist abklingend für $|\rho| < 1$ und aufklingend, wenn $|\rho| > 1$ wird.

Wie schon in Abschn. 3.2.2 festgestellt, gibt es für ein System N gekoppelter Zustandsgleichungen N linear unabhängige Lösungsvektoren; diese bilden die (normierte) Fundamentalmatrix $\boldsymbol{\Phi}(t)$. Die allgemeine Lösung ist dann

$$\Delta \mathbf{x}(t) = \sum_{i=1}^{N} \mathbf{y}_i(t) = \boldsymbol{\Phi}(t)\mathbf{c}, \quad \mathbf{c} = (c_i), \quad i = 1, 2, \ldots, N. \tag{5.53}$$

Aus (5.52) und (5.53) folgt einerseits

$$\Delta \mathbf{x}(t + T) = \rho \Delta \mathbf{x}(t) = \rho \boldsymbol{\Phi}(t)\mathbf{c} \tag{5.54}$$

sowie mit der hier unbewiesenen Beziehung

$$\boldsymbol{\Phi}(t + T) = \boldsymbol{\Phi}(t)\boldsymbol{\Phi}(T) \tag{5.55}$$

zwischen $\boldsymbol{\Phi}(t + T)$ und $\boldsymbol{\Phi}(t)$ andererseits aus (5.53) in Verbindung mit (5.55)

$$\Delta \mathbf{x}(t + T) = \boldsymbol{\Phi}(t + T)\mathbf{c} = \boldsymbol{\Phi}(t)\boldsymbol{\Phi}(T)\mathbf{c}. \tag{5.56}$$

Durch Vergleich von (5.54) mit (5.56) erhält man somit

$$\boldsymbol{\Phi}(t)\rho\mathbf{c} = \boldsymbol{\Phi}(t)\boldsymbol{\Phi}(T)\mathbf{c} \tag{5.57}$$

und nach Linksmultiplikation mit der Kehrmatrix $\boldsymbol{\Phi}(t)^{-1}$ [die wegen det $\boldsymbol{\Phi}(t) \neq 0$ existiert] ein homogenes Gleichungssystem

$$[\boldsymbol{\Phi}(T) - \mathbf{I}\rho]\mathbf{c} = \mathbf{0} \tag{5.58}$$

für den Konstantenvektor $\mathbf{c}$. Für nichttriviale Lösungen $\mathbf{c} \neq \mathbf{0}$ muss

$$\det[\boldsymbol{\Phi}(T) - \mathbf{I}\rho] = 0 \tag{5.59}$$

verlangt werden, also ausführlich

$$\det[\boldsymbol{\Phi}(T) - \mathbf{I}\rho] = \begin{vmatrix} \phi_{11}(T) - \rho \cdot & \phi_{12}(T) & \ldots & \phi_{1N}(T) \\ \phi_{21}(T) & \phi_{22}(T) - \rho & \ldots & \phi_{2N}(T) \\ \vdots & \vdots & \ddots & \vdots \\ \phi_{N1}(T) & \phi_{N2}(T) & \ldots & \phi_{NN}(T) - \rho \end{vmatrix} = 0. \tag{5.60}$$

Diese charakteristische Gleichung (zur Periode T gehörend) stellt eine algebraische Gleichung N-ten Grades für ρ dar:

$$a_0 \rho^N + a_1 \rho^{N-1} + \ldots + a_{N-1} \rho + a_N = 0. \tag{5.61}$$

Darin zeigt ein Vergleich mit (5.60), dass der Koeffizient a_N in der Gestalt

$$(-1)^N a_N = \det \mathbf{\Phi}(T) \tag{5.62}$$

auftritt. Schon an dieser Stelle erkennt man, dass zur Berechnung der N Wurzeln ρ_i die Kenntnis der Systemparameter $a_{ik}(t)$ nicht mehr ausreicht, da für die Koeffizienten a_i der charakteristischen Gleichung (5.61) eine Fundamentallösung bekannt sein muss, wenn auch nur zu einem festen Zeitpunkt T. Da die Stabilitätsbedingungen wieder Ungleichungen sein werden, wird dafür schon eine Näherung ausreichen[12].

Für die Wronskische Determinante $W(t) \overset{\text{(def.)}}{=} \det \mathbf{\Phi}(t)$ gilt bekanntlich

$$W(t) = W(t_0) e^{\int_{t_0}^{t} \operatorname{sp} \mathbf{\Phi}(\tau) d\tau}. \tag{5.63}$$

Für $t_0 = 0$ und $t = T$ kann so zunächst $W(0) = \det \mathbf{I} = 1$ [wegen $\mathbf{\Phi}(0) = \mathbf{I}$] und $W(T) = e^{\int_0^T \operatorname{sp} \mathbf{\Phi}(t) dt}$ geschrieben werden sowie anschließend anstelle von (5.62)

$$(-1)^N a_N = e^{\int_0^T \operatorname{sp} \mathbf{\Phi}(t) dt}. \tag{5.64}$$

Mit den charakteristischen Multiplikatoren

$$\rho_i \overset{\text{(def.)}}{=} e^{\lambda_i T} \tag{5.65}$$

(bzw. λ_i als *charakteristische Exponenten*) erhält man die Lösungen $\Delta x_i(t)$ der Zustandsgleichungen (5.38) in der analytischen Gestalt

$$\Delta x_i(t) = e^{\lambda_i t} \varphi_i(t), \quad i = 1, 2, \ldots, N, \tag{5.66}$$

wenn $\varphi_i(t) = \varphi_i(t + T)$ eine weitgehend beliebige periodische Funktion ist. Weil dann – ausgehend von (5.66) – $\Delta x_i(t + T) = e^{\lambda_i(t+T)} \varphi_i(t+T) = e^{\lambda_i T} e^{\lambda_i t} \varphi_i(t) = \rho_i \Delta x_i(t)$ eine Lösung im Sinne des Floquetschen Theorems (5.52) darstellt, ist die Darstellung (5.66) in der Tat richtig. Aus (5.66) ist somit der Zusammenhang

$$\begin{aligned} |\rho| &< 1 & \leftrightarrow & \quad \operatorname{Re} \lambda < 0, \\ |\rho| &= 1 & \leftrightarrow & \quad \operatorname{Re} \lambda = 0, \\ |\rho| &> 1 & \leftrightarrow & \quad \operatorname{Re} \lambda > 0 \end{aligned} \tag{5.67}$$

---

[12] Auf mehrfache Wurzeln von (5.61) wird hier nicht eingegangen.

zwischen charakteristischem Multiplikator ρ und charakteristischem Exponenten λ abzulesen.

Nach Ljapunow gelten dann für lineare Störungsgleichungen mit periodischen Koeffizienten (in Analogie zu früherem) folgende Stabilitätssätze:

- Sind *alle* Wurzeln der charakteristischen Gleichung (5.66) *dem Betrage nach kleiner eins* (d. h. besitzen *alle* charakteristischen Exponenten einen *negativen Realteil*), dann ist die ungestörte (periodische) Bewegung $\mathbf{x}_0(t)$ *asymptotisch stabil*.
- Wenn auch *nur eine* Wurzel *dem Betrage nach größer als eins* ist, dann ist die ungestörte Bewegung $\mathbf{x}_0(t)$ *instabil*.
- Hat die charakteristische Gleichung (5.66) *keine* Wurzel *dem Betrage nach größer als eins* aber *mindestens eine* Wurzel *vom Betrage eins*, so ist asymptotische Stabilität ausgeschlossen, (schwache) Stabilität jedoch nicht.

Hängt die charakteristische Gleichung (5.60) von einem Parameter f ab, dann lassen sich wie bei Störungsgleichungen mit konstanten Koeffizienten auch hier Aussagen über die Art der Instabilität bei Überschreiten der Stabilitätsgrenze durch Verändern von f machen. Einzelheiten dazu sind der Spezialliteratur (s. z. B. [19]) zu entnehmen.

Soll ein Stabilitätsnachweis unter *Berechnung* der charakteristischen Multiplikatoren bzw. der charakteristischen Exponenten vermieden werden, so kann man durch die Substitution $\rho = \frac{1+\lambda}{1-\lambda}$ das Innere des Einheitskreises der komplexen ρ-Ebene auf die linke Halbebene der komplexen λ-Ebene abbilden. Damit geht die charakteristische Gleichung (5.61) in ρ in eine Form über, die wieder das Hurwitz-Kriterium (für λ) anwendbar macht. Die Schwierigkeit, die Fundamentalmatrix $\mathbf{Y}(T)$ bzw. $\mathbf{\Phi}(T)$ kennen zu müssen, bleibt natürlich davon unberührt.

Ohne näher darauf einzugehen, sei noch erwähnt, dass jedes System linearer Differenzialgleichungen mit periodischen Koeffizienten nach einem Satz von Ljapunow durch eine Lineartransformation mit periodischen Koeffizienten in ein System von Differenzialgleichungen mit konstanten Koeffizienten überführt werden kann. Dazu müssen jedoch alle ρ_i-Werte bekannt sein, so dass dieser Satz – von Ausnahmen abgesehen – keine praktische Bedeutung besitzt.

Typische Anwendungen sind das sog. fußpunkterregte Pendel und der axial pulsierend belastete Stab, die aber beide nur im Rahmen einer nichtlinearen Beschreibung korrekt formuliert und deshalb erst dort im anschließenden Abschnitt behandelt werden können.

Lineare Störungsgleichungen mit *beliebigen* Koeffizienten werden wegen ihrer geringen praktischen Bedeutung und weitgehend fehlender Stabilitätskriterien nicht näher diskutiert.

Nichtlineare Störungsgleichungen
Die Störungsdifferenzialgleichungen (5.37) sind jetzt nichtlinear und damit schwieriger zu handhaben als der lineare Sonderfall (5.38).

Zunächst diskutiert man von den beiden möglichen Wegen, einen Stabilitätsnachweis zu führen, den ausgebauten „Dienstweg". Dazu hat man die zugehörigen Störungsgleichungen der Ersten Näherung zu betrachten. Man findet diese durch Linearisieren von (5.37) wieder in der Form (5.38). Im Wesentlichen bleibt also die anschließende Vorgehensweise die gleiche wie sie bei streng linearen Störungsgleichungen im vorangehenden Abschnitt besprochen wurde:

Es gelten wieder drei Stabilitätssätze. Die beiden ersten über asymptotische Stabilität und Instabilität sind unverändert gültig, der dritte allerdings erfährt eine kleine aber entscheidende Abänderung (an dieser Stelle angegeben für Störungsgleichungen mit konstanten Koeffizienten):

- Hat die charakteristische Gleichung (3.254) der Störungsgleichungen der Ersten Näherung (5.38) *keine* Wurzel mit *positivem Realteil*, aber *mindestens eine* Wurzel mit *verschwindendem Realteil*, dann lassen sich *zusätzliche Glieder höherer Ordnung* in den Störungsgleichungen so *wählen*, dass man *nach Belieben Stabilität oder Instabilität* erhält; es liegt der sog. *kritische Fall* vor, in dem die Störungsgleichungen der Ersten Näherung *keine* Entscheidung über Stabilität oder Instabilität erlauben. Man muss *dazu* die *ursprünglich nichtlinearen* Störungsgleichungen (5.37) heranziehen.

Für Störungsgleichungen der Ersten Näherung mit periodischen Koeffizienten gilt Entsprechendes.

Die Hurwitz-Kriterien (5.40) und (5.41) (für Differenzialgleichungen mit konstanten Koeffizienten) bleiben zum Nachweis asymptotischer Stabilität oder Instabilität ebenso gültig wie die Floquet-Theorie und ihre Schlussfolgerungen (für Differenzialgleichungen mit periodischen Koeffizienten).

Zwei Beispiele verdeutlichen die Ausführungen:

Beispiel 5.7 Ersatzmodell des (undehnbaren) nichtkonservativen Beckschen Knickstabes. Das Modellsystem aus Beispiel 5.4 wird jetzt derart abgeändert, dass eine zeitunabhängige, tangential mitgehende Folgelast F vorgesehen wird. Das Gesamtpotenzial (5.24) des richtungstreu belasteten Systems zerfällt in ein Potenzial

$$V = \frac{c_d}{2}\varphi_1^2 + \frac{c_d}{2}(\varphi_2 - \varphi_1)^2 \tag{5.68}$$

der Drehfedern und in eine virtuelle Arbeit

$$W_{\text{virt1}} = -F\ell\sin(\varphi_2 - \varphi_1)\delta\varphi_1 \tag{5.69}$$

der nichtkonservativen Druckkraft F. Da für eine korrekte Stabilitätsuntersuchung eine Schwingungsrechnung durchzuführen ist, hat man Trägheitswirkungen und zweckmäßig auch dissipative Einflüsse [hier viskose Anteile (Proportionalitätskonstante k_d) der Drehfedern] zu berücksichtigen. Die Masse der Stäbe sei $m_1 = 2m, m_2 = m$ und jeweils in den oberen Endpunkten konzentriert, so dass sich die kinetische Energie in der Gestalt

$$T = \frac{m\ell^2}{2}[3\dot{\varphi}_1^2 + \dot{\varphi}_2^2 + 2\dot{\varphi}_1\dot{\varphi}_2 \cos(\varphi_1 - \varphi_2)] \tag{5.70}$$

berechnen lässt. Die virtuelle Arbeit W_{virt1} (5.69) ist durch

$$W_{\text{virt2}} = -k_d\dot{\varphi}_1\delta\varphi_1 - k_d(\dot{\varphi}_2 - \dot{\varphi}_1)(\delta\varphi_2 - \delta\varphi_1) \tag{5.71}$$

zu ergänzen. Die nichtlinearen Bewegungsdifferenzialgleichungen lassen sich dann beispielsweise aus dem Prinzip von Hamilton (4.132) herleiten:

$$\begin{aligned}
&m\ell^2[3\ddot{\varphi}_1 + \ddot{\varphi}_2 \cos(\varphi_1 - \varphi_2)] + m\ell^2\dot{\varphi}_2^2 \sin(\varphi_1 - \varphi_2) \\
&\quad + k_d(2\dot{\varphi}_1 - \dot{\varphi}_2) + c_d(2\varphi_1 - \varphi_2) + F\ell\sin(\varphi_2 - \varphi_1) = 0, \\
&m\ell^2[\ddot{\varphi}_1 \cos(\varphi_1 - \varphi_2) + \ddot{\varphi}_2] - m\ell^2\dot{\varphi}_1^2 \sin(\varphi_1 - \varphi_2) \\
&\quad + k_d(\dot{\varphi}_2 - \dot{\varphi}_1) + c_d(\varphi_2 - \varphi_1) = 0.
\end{aligned} \tag{5.72}$$

Der Grundzustand ist die aufrechte Ruhelage des Stabes

$$\begin{pmatrix} \varphi_{10} \\ \varphi_{20} \end{pmatrix} = \begin{pmatrix} 0 \\ 0 \end{pmatrix}. \tag{5.73}$$

Weil dieser Grundzustand trivial ist, stimmen die nichtlinearen Störungsgleichungen mit den Bewegungsgleichungen (5.72) überein, wenn die Variablen φ_1, φ_2 durch entsprechende Δ-Größen ersetzt werden. Unter Verwendung des Störungsansatzes (5.31), hier in φ_1 und φ_2, erhält man nach elementarer Rechnung die Störungsgleichungen der Ersten Näherung

$$\begin{aligned}
m\ell^2(3\Delta\ddot{\varphi}_1 + \Delta\ddot{\varphi}_2) + k_d(2\Delta\dot{\varphi}_1 - \Delta\dot{\varphi}_2) + c_d(2\Delta\varphi_1 - \Delta\varphi_2) + F\ell(\Delta\varphi_2 - \Delta\varphi_1) = 0, \\
m\ell^2(\Delta\ddot{\varphi}_2 + \Delta\ddot{\varphi}_1) + k_d(\Delta\dot{\varphi}_2 - \Delta\dot{\varphi}_1) + c_d(\Delta\varphi_2 - \Delta\varphi_1) = 0.
\end{aligned} \tag{5.74}$$

Nach den Ausführungen in Abschn. 3.2.1 liegt ein **M-D-K-N**-System vor. Der Stabilitätsnachweis kann mit Hilfe des Hurwitz-Kriteriums (5.42) erfolgen, jedoch ist die Rechnung im Detail aufwändig. Hier sollen nur einige Ergebnisse angegeben werden. Diskutiert man zunächst den dämpfungsfreien Fall $k_d \equiv 0$, so erhält man eine kritische Belastung $F_{\text{krit}} = 2,086\frac{c_d}{\ell}$, oberhalb derer Instabilität infolge Flatterns eintritt. Unterhalb F_{krit} kann allerdings die Stabilität der Ruhelage (5.73) nicht gesichert werden, es liegt der kritische Fall vor. Durch Hinzunahme von Dämpfungseinflüssen, beispielsweise in der hier vorgeschlagenen Form dissipativer Momente in den Gelenken, lässt sich dieser jedoch „auflösen". Allerdings wird dadurch auch die Stabilitätsgrenze selbst signifikant beeinflusst. Die kritische Belastung wird für von null verschiedene, extrem kleine (positive)

Dämpfungswerte auf $F_{\text{krit}} = 1,464\frac{c_L}{\ell}$ abgesenkt[13] und steigt mit wachsender Dämpfung zunächst unmerklich, dann wieder stärker an. Unterhalb der „neuen" kritischen Belastung ist die Gleichgewichtslage $\varphi_{10} = \varphi_{20} = 0$ asymptotisch stabil, oberhalb oszillatorisch instabil. Die Stabilitätsgrenze liegt damit deutlich höher als im konservativen Fall in Beispiel 5.4, ist aber eindeutig endlich. Selbstverständlich hätte eine andere Massenverteilung auch eine andere Stabilitätsgrenze zur Folge. Wesentlich ist, dass die statischen Stabilitätskriterien bei dem vorliegenden Beispiel nicht mehr erfolgreich eingesetzt werden können. Da keine nichttrivialen Gleichgewichtslagen $\Delta\varphi_{1,2} = \text{const} \neq 0$ existieren, hätte beispielsweise die Gleichgewichtsmethode *versagt*, indem sie festgestellt hätte, dass *jede endliche* Belastung ertragen würde. ∎

Beispiel 5.8 Ersatzmodell eines axial pulsierend belasteten Stabes. Es wird auf das System in Beispiel 5.1 gemäß Abb. 5.1a zurückgegriffen mit der Änderung, dass anstelle einer zeitunabhängigen eine harmonisch oszillierende Axialkraft $F(t) = F_0 \sin\omega t$ angreift[14]. Statt der statischen Verformungsgleichungen (5.9) hat man es hier mit einem System nichtlinearer Differenzialgleichungen

$$m\ddot{x} + c_L x + c_L \frac{y^2}{2\ell} = -F_0 \sin\omega t, \quad m\ddot{y} + c_B y + c_L \frac{xy}{\ell} = 0 \qquad (5.75)$$

zu tun. Auf Dämpfungseinflüsse soll verzichtet werden. Der Grundzustand ist jetzt eine rein harmonische Längsschwingung

$$\begin{pmatrix} x_0(t) \\ y_0(t) \end{pmatrix} = \begin{pmatrix} -\frac{F_0}{c_L - m\omega^2} \sin\omega t \\ 0 \end{pmatrix}. \qquad (5.76)$$

Die zugehörigen Störungsgleichungen der Ersten Näherung (die Störungsgleichungen sind ursprünglich nichtlinear) lauten

$$m\Delta\ddot{x} + c_L\Delta x = 0, \quad m\Delta\ddot{y} + \left(c_B + \frac{c_L x_0(t)}{\ell}\right)\Delta y = 0. \qquad (5.77)$$

Offensichtlich beschreibt nur die zweite Gleichung in (5.77) wieder ein Stabilitätsproblem und zwar in Gestalt der sog. *Mathieu-Gleichung*. Als klassische Mathieu-Gleichung bezeichnet man die (ungedämpfte) Oszillatorgleichung mit einem zusätzlichen, harmonisch schwankenden Steifigkeitsanteil. Führt man eine dimensionslose Zeit $\tau = \omega t$ sowie die Abkürzungen $q = \frac{\omega}{\omega_0}, \varepsilon = \frac{\gamma}{\omega_0^2}, \omega_0^2 = \frac{c_B}{m}$ und (für eine hinreichend tieffrequente Anregung

---

[13] Die Dämpfung kann bei Folgelasten offensichtlich destabilisierend wirken.

[14] Obwohl richtungstreu, ist die zeitabhängige Kraft $F(t)$ nicht mehr konservativ, weil der Energiesatz i. Allg. nicht mehr gilt. Trotzdem kann sie wie im konservativ statischen Fall aus einem skalaren Potenzial hergeleitet werden. Verallgemeinernd nennt man derartige Kräfte *monogenetisch*.

$\omega^2 \ll \frac{c_L}{m}$) $\gamma = \frac{F_0}{m\ell}$ ein, so lässt sich die Mathieu-Gleichung (5.77)$_2$ in

$$\Delta \ddot{y} + \frac{1}{q^2}(1 - \varepsilon \sin \tau)\Delta y = 0, \quad (\dot{\ }) = \frac{d(\ )}{d\tau} \tag{5.78}$$

umschreiben. Die äquivalente Zustandsform (mit $\Delta y = \Delta x_1$, $\Delta \dot{y} = \Delta x_2$) ist

$$\Delta \dot{x}_1 = \Delta x_2, \quad \Delta \dot{x}_2 = \frac{1}{q^2}(\varepsilon \sin \tau - 1). \tag{5.79}$$

Bezeichnet man die Periodendauer immer noch mit T, so ist diese hier offensichtlich $T = 2\pi$. Die Elemente a_{11} und a_{22} der Systemmatrix $\mathbf{A}$ sind beide null. Daher gilt auch sp $\mathbf{A} = 0$, und für die Wronskische Determinante findet man $W(\tau) = 1$ für jeden Wert von τ, also auch für $\tau = T = 2\pi$. Die Fundamentalmatrix $\mathbf{\Phi}(\tau)$ besteht aus vier unbekannten Elementen $\phi_{ik}(\tau)$ $(i, k = 1, 2)$, und die charakteristische Gleichung (5.61) lautet

$$\rho^2 - \big[\underbrace{\phi_{11}(2\pi) + \phi_{22}(2\pi)}_{a_1}\big]\rho + \big[\underbrace{\phi_{11}(2\pi)\phi_{22}(2\pi) - \phi_{12}(2\pi)\phi_{21}(2\pi)}_{a_2}\big] = 0. \tag{5.80}$$

Wegen $W(2\pi) = 1$ und $W(\tau) = \det\mathbf{\Phi}(\tau)$ folgt $a_2 = 1$. Die beiden Wurzeln $\rho_{1,2}$ der charakteristischen Gleichung (5.61) ergeben sich damit zu

$$\rho_{1,2} = \frac{a_1}{2} \pm \frac{1}{2}\sqrt{a_1^2 - 4}. \tag{5.81}$$

Für $a_1^2 > 4$ sind ρ_1 und ρ_2 reell und von verschiedenem Betrag. Da nach den Vietaschen Wurzelsätzen aber $|\rho_1||\rho_2| = a_2 = 1$ sein muss, gilt $|\rho_1| > 1$ und $|\rho_2| < 1$. Folglich liegt dort Instabilität vor. Ist dagegen $a_1^2 \leq 4$, so wird $|\rho_{1,2}| = 1$ und man erhält den kritischen Fall. Hätte man beispielsweise eine geschwindigkeitsproportionale Dämpfung berücksichtigt, so ergäbe sich unterhalb $a_1^2 = 4$ asymptotische Stabilität. Selbst hier im Rahmen einer Rechnung ohne Dämpfung kann $a_1^2 = 4$ somit als Stabilitätsgrenze angesehen werden. Anstelle von $|a_1| \leq 2$ gibt man besser explizit

$$\frac{1}{2}\big|\phi_{11}(2\pi) + \phi_{22}(2\pi)\big| \leq 1 \tag{5.82}$$

als Stabilitätsbedingung an. Damit wird deutlich, dass man zur Auswertung dieses Stabilitätskriteriums das Fundamentalsystem $\mathbf{\Phi}(T = 2\pi)$ kennen muss. Wie man in einer längeren Rechnung [12] nachweisen kann, gilt $\phi_{11}(2\pi) + \phi_{22}(2\pi) = 2\phi_{11}(2\pi)$. Die Stabilitätsbedingung (5.82) reduziert sich auf $|\phi_{11}(2\pi)| \leq 1$ und für das vorgelegte Beispiel kommt man mit einem Element der Fundamentalmatrix $\mathbf{\Phi}(2\pi)$ aus.

Eine strenge analytische Lösung der Mathieuschen Differenzialgleichung (5.78) ist nicht bekannt. Wie schon im vorangehenden Unterkapitel vermerkt, reicht für einen Stabilitätsnachweis und damit für die Angabe von $\phi_{11}(2\pi)$ eine Näherungslösung bereits aus.

Mit Hilfe einer Störungsrechnung (s. Anmerkung in Abschn. 6.1.2) kann man die benötigte Größe aus dem Ergebnis (6.56) beispielsweise für $q \approx 2$ (d. h. $\omega \approx 2\omega_1$) in der Gestalt $\phi_{11}(2\pi) = -1$ bestimmen, so dass man die Stabilitätsgrenzen der wichtigsten Parameterresonanz näherungsweise gefunden hat. ∎

Die zweite Möglichkeit, Lösungen der (nichtlinearen) Störungsgleichungen zu untersuchen, ohne den Aufwand einer vollständigen Lösung in Kauf zu nehmen, besteht darin, *Zwischenintegrale* dieser Differenzialgleichungen für den Stabilitätsnachweis zu verwenden. Zwischenintegrale lassen sich geometrisch als sog. *Phasenflächen* darstellen. Am einfachsten und übersichtlichsten wird der Sachverhalt bei dynamischen Systemen, die höchstens durch eine Einzel-Differenzialgleichung zweiter Ordnung (oder äquivalent zwei Zustandsgleichungen) beschrieben werden, denn dann wird aus dem Phasenraum die *Phasenebene* und aus Phasenflächen werden *Phasenkurven*. Die Darstellung einer ganzen Schar von Phasenkurven bezeichnet man als *Phasenporträt*.

Im allgemeinsten Fall handelt es sich darum, die Phasenfläche einer interessierenden partikulären Grundlösung aufzuzeichnen, Störungen (der Anfangsbedingungen) vorzunehmen und sodann die Phasenflächen der gestörten Bewegungen in das Phasenporträt einzutragen. Aus ihrem Verlauf bezüglich der Phasenfläche der ungestörten Lösung kann auf Stabilität oder Instabilität des Grundzustandes geschlossen werden. Dabei interessiert man sich wieder vor allem für die Stabilität von Gleichgewichtslagen, die durch Punkte $\mathbf{x}_0 = $ const im Phasenraum gekennzeichnet sind, aber auch für periodische Bewegungen $\mathbf{x}_0(t) = \mathbf{x}_0(t + T)$, die auf geschlossene Kurven, sog. *Grenzzykel*, führen.

Beschränkt man sich der Einfachheit halber auf Gleichgewichtszustände, dann diskutiert man bei einer Stabilitätsuntersuchung den Verlauf der Phasenflächen in der Umgebung der den Gleichgewichtslagen entsprechenden sog. *stationären Punkte*. Stationäre Punkte sind durch $\dot{\mathbf{x}}_0 = \mathbf{0}$ charakterisiert. Man findet sie, indem man diese Bedingung im nichtlinearen System von Differenzialgleichungen (5.30) verwertet. Mit $X_i(x_1, x_2, \ldots, x_N) = 0$ $(i = 1, 2, \ldots, N)$ stößt man dann auf ein System von Bestimmungsgleichungen der Gestalt (5.1) für die K stationären Punkte $\mathbf{x}_{0k}$ $(k = 1, 2, \ldots, K)$. Schon die Differenzialgleichungen (5.30) der gestörten Bewegung enthalten unter den getroffenen Voraussetzungen die Zeit t nicht explizite, so dass man die Zeitabhängigkeit eliminieren kann. Räumt man dazu einer der abhängigen Variablen x_i, z. B. x_1, eine Vorrangstellung ein, so lassen sich diese Gleichungen umschreiben:

$$\frac{dx_2}{dx_1} = \frac{X_2(\mathbf{x})}{X_1(\mathbf{x})}, \ldots, \frac{dx_N}{dx_1} = \frac{X_N(\mathbf{x})}{X_1(\mathbf{x})}. \tag{5.83}$$

Dadurch hat man in der Tat die Zeitabhängigkeit eliminiert und erhält Gleichungen, die sich leichter behandeln lassen als (5.30) und trotzdem wichtige Aussagen über das dynamische Verhalten von Systemen liefern. Bezüglich der Zeitabhängigkeit $\mathbf{x}(t)$ findet man allerdings aus (5.83) nur noch qualitative Ergebnisse. Die $N - 1$ Gleichungen (5.83) definieren ein Richtungsfeld im Phasenraum. Das Richtungsfeld muss *nicht* an allen Stellen durch (5.83) eindeutig definiert sein. Es gibt sog. *singuläre Punkte*, an denen sich Ausdrücke der Form $\frac{dx_i}{dx_1} = \frac{0}{0}$ ergeben. Alle Gleichgewichtslagen $\mathbf{x}_0 =$ const sind solche singulären Punkte. Weil dort $\dot{x}_{i0} = X_i(\mathbf{x})$ für alle $i = 1, 2, \ldots, N$ verschwindet, ergibt sich tatsächlich aus (5.83)

$$\left.\frac{dx_i}{dx_1}\right|_{\mathbf{x}_0} = \frac{X_i(\mathbf{x}_0)}{X_1(\mathbf{x}_0)} = \frac{0}{0}, \quad i = 1, 2, \ldots, N. \tag{5.84}$$

Anstelle der Differenzialgleichungen der gestörten Bewegung (5.30) benutzt man auch häufig die Störungsgleichungen (5.37). Diskutiert man nur die unmittelbare Nachbarschaft, so kann man für den Fall, dass die betreffende Gleichgewichtslage ein *einfacher* stationärer Punkt ist[15], die linearisierten Störungsgleichungen in der Gestalt (5.38) verwenden. Im Folgenden wird vorausgesetzt, dass es sich – wie schon im vorhergehenden Unterkapitel auch – um einzelne *isolierte* Gleichgewichtslagen und außerdem um linearisierte Störungsgleichungen (5.38) mit nur noch *zwei* Variablen handelt. Damit können sämtliche Überlegungen anschaulich in der Phasenebene abgehandelt werden.

Über die Eigenschaften der Lösungen entscheiden dann die Wurzeln $\lambda_{1,2}$ der charakteristischen Gleichung (3.254) in der Form $(a_{11} - \lambda)(a_{22} - \lambda) - a_{12}a_{21} = 0$. Der stationäre Punkt $\mathbf{x}_{0k}$ ist jetzt durch die Transformation (5.31) der Variablen in der $(\Delta x_{2k}, \Delta x_{1k})$-Phasenebene neuer Koordinatenursprung. Das umgebende Phasenporträt gestattet Aussagen über seine Stabilität (im Kleinen). Sind z. B. die Wurzeln $\lambda_{1,2}$ konjugiert komplex, so erhält man für $a_{11} + a_{22} < 0$ einen *(asymptotisch) stabilen*, für $a_{11} + a_{22} > 0$ einen *instabilen Strudel (Brennpunkt)*. Sind beide Wurzeln verschieden, reell und von gleichem Vorzeichen, so erhält man einen *zweitangentigen Knoten*. Er ist (asymptotisch) stabil für $a_{11} + a_{22} < 0$ und instabil für $a_{11} + a_{22} > 0$. Sind beide Wurzeln verschieden, reell und von entgegengesetztem Vorzeichen, so liegt ein *Sattelpunkt* vor, der instabil ist. Stimmen die reellen Wurzeln überein, wird man auf einen *eintangentigen Knoten* oder einen *Stern* geführt, der für $a_{11} + a_{22} < 0$ (asymptotisch) stabil und für $a_{11} + a_{22} > 0$ instabil ist. Sind beide Wurzeln schließlich rein imaginär, so findet man einen (schwach) stabilen *Wirbelpunkt*[16]. In Abb. 5.2 sind die erwähnten Typen stationärer Punkte dargestellt.

Beispiel 5.9 Elastostatisches Durchschlagproblem. Eine zeitunabhängige Kraft F greift an einem Massenpunkt m an, der über zwei biegestarre, masselose Dehnstäbe (Dehnfederkonstante c, ungespannte Länge ℓ) im Abstand $2a < 2\ell$ an die Umgebung angeschlossen ist (s. Abb. 5.3). Gewichts- und Dämpfungseinflüsse werden vernachlässigt. Bezeichnet man die Auslenkungen der Punktmasse aus der gezeichneten Lage, in der die Federn entspannt sind, mit y, so liefert ein vertikales Kräftegleichgewicht in allgemeiner verformter

---

[15] Für einfache stationäre Punkte sind alle Elemente a_{ik} der Systemmatrix $\mathbf{A}$ der zugehörigen linearisierten Störungsgleichungen von null verschieden.

[16] Im Falle nichtlinearer Störungsgleichungen liegt damit jedoch der kritische Fall vor, der ja bekanntlich nicht im Rahmen der linearisierten Störungsgleichungen entschieden werden kann. Besonders von Interesse ist natürlich gerade das Studium solcher sog. *entarteten Singularitäten*, zu denen beispielsweise auch nicht-einfache stationäre Punkte gehören (vor allem im mehrdimensionalen Fall).

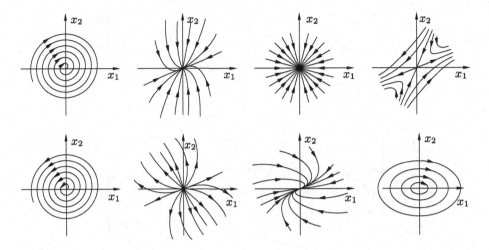

Abb. 5.2 Stationäre Punkte

Abb. 5.3 Durchschlag-schwinger

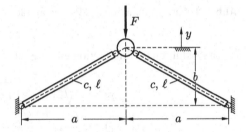

Lage $y \neq 0$ die nichtlineare Bewegungsgleichung

$$m\ddot{y} + 2c(y+b)\left[1 - \frac{\ell}{\sqrt{a^2 + (y+b)^2}}\right] = -F. \tag{5.85}$$

Mit $\frac{y+b}{a} = x_1$, $\dot{x}_1 = x_2$, $\frac{\ell}{a} = \alpha$ geht diese in die äquivalenten „Zustandsgleichungen"

$$\dot{x}_1 = x_2, \quad \dot{x}_2 = f(x_1) = -\frac{2c}{m}x_1 + \frac{2c\alpha}{m}\frac{x_1}{\sqrt{1 + x_1^2}} - \frac{F}{ma} \tag{5.86}$$

über. Die (für $F \neq 0$ notwendig numerische) Ermittlung der Gleichgewichtslagen bereitet keine Schwierigkeiten (zahlenmäßige Ergebnisse sind aber hier nicht von Interesse). Ein Zwischenintegral, nämlich das Energieintegral, lautet

$$\frac{1}{2}x_2^2 + \int_0^{x_1} f(\bar{x}_1)d\bar{x}_1 = E_h. \tag{5.87}$$

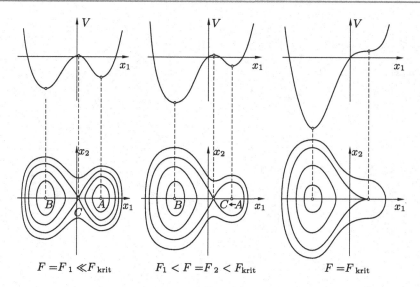

$$F = F_1 \ll F_{\text{krit}} \qquad F_1 < F = F_2 < F_{\text{krit}} \qquad F = F_{\text{krit}}$$

Abb. 5.4 Potenzialfunktion und Phasenporträt eines Durchschlagschwingers

Nach Ausführen der Integration erhält man

$$x_2 = \pm\sqrt{2\big[E_h - V(x_1)\big]},$$
$$V(x_1) = \frac{F}{am}x_1 + \frac{c}{m}x_1^2 - \frac{2c\alpha}{m}\left(\sqrt{1 - x_1^2} - 1\right). \tag{5.88}$$

Offensichtlich hat man damit das vollständige Phasenporträt in der gesamten Umgebung der stationären Punkte zur Verfügung und braucht hier keine gesonderte Betrachtung der unmittelbaren Nachbarschaft. In Abb. 5.4 ist dieses Phasenporträt und die korrespondierende Potenzialfunktion $V(x_1)$ für drei verschiedene Lastwerte F dargestellt [12]. Nebenbei zeigt sich eine für mechanische Systeme typische Besonderheit: Die singulären Punkte liegen immer auf der x_1-Achse (wo ja die Geschwindigkeit $x_2 = \dot{x}_1$ verschwindet). Nach Abb. 5.4 hat das Phasenporträt für $F_1 \ll F_{\text{krit}} = 2c\ell[1-(\frac{a}{\ell})^{2/3}]^{3/2}$ zwei stabile Gleichgewichtslagen A und B sowie eine instabile Gleichgewichtslage C. Steigert man die Last F auf einen Wert $F_2 < F_{\text{krit}}$, so wandert die stabile Gleichgewichtslage A auf die instabile Gleichgewichtslage C zu. Hat der Parameter F den Wert F_{krit} erreicht, so fallen A und C gerade zusammen. Es gibt nur noch *eine* stabile Gleichgewichtslage B, in die das Tragwerk für $F \geq F_{\text{krit}}$ durchschlägt. Geht man mit F über F_{krit} hinaus, so heben sich C und A fort, es verbleibt aber die stabile Lage B, in der das Tragwerk nach dem Durchschlagen verharrt. Durchläuft man die Werte von F in umgekehrter Reihenfolge, dann wird (in der Phasenebene) eine vorher eindeutige und geschlossene Phasenkurve zu einer Separatrix, d. h. neben B tauchen dann die weiteren Gleichgewichtslagen A und C auf. ∎

5.2.2 Direkte Methode von Ljapunow

Die Direkte oder Zweite Methode von Ljapunow geht zwar auch von den nichtlinearen Störungsgleichungen (5.2.1) aus, arbeitet jedoch mit sog. *Vergleichsfunktionen*[17], ohne die Störungsgleichungen (5.37) auch nur näherungsweise zu lösen. An die Stelle der Schwierigkeit, Störungsgleichungen zu lösen, tritt so bei der Direkten Methode von Ljapunow das Problem, eine geeignete Vergleichsfunktion zu finden. Der Einfachheit halber werden alle folgenden Überlegungen für ein *autonomes* System angestellt; für dieses ist der auf Stabilität zu untersuchende Grundzustand eine Gleichgewichtslage[18].

Vergleichsfunktionen sind spezielle skalare Funktionen $V(\Delta \mathbf{x})$, die in der Umgebung von $\Delta \mathbf{x} = \mathbf{0}$ stetige partielle Ableitungen bezüglich aller Variablen Δx_i besitzen mit der Eigenschaft $V(\mathbf{0}) = 0$. Um die Funktion V in der Umgebung von $\Delta \mathbf{x} = \mathbf{0}$ zu charakterisieren, wird der Begriff der *Definitheit* benötigt:

- Die Funktion $V(\Delta \mathbf{x})$ heißt *positiv (negativ) definit*, wenn $V(\Delta \mathbf{x}) > 0$ $[V(\Delta \mathbf{x}) < 0]$ ist für alle $\Delta \mathbf{x} \neq \mathbf{0}$ aus einer Umgebung von $\mathbf{0}$.
- $V(\Delta \mathbf{x})$ heißt *positiv (negativ) semidefinit*, wenn $V(\Delta \mathbf{x}) \geq 0$ $[V(\Delta \mathbf{x}) \leq 0]$ ist für alle $\Delta \mathbf{x} \neq \mathbf{0}$ aus einer Umgebung von $\mathbf{0}$. Hierzu gehört z. B. auch $V(\Delta \mathbf{x}) \equiv 0$.
- Funktionen, die weder definit noch semidefinit sind, heißen *indefinit*.

Die Funktion $V(\Delta x_1, \Delta x_2, \Delta x_3) = (\Delta x_1 + \Delta x_2)^2 + \Delta x_2^2 + \Delta x_3^2$ ist demnach positiv definit, die Funktion $V(\Delta x_1, \Delta x_2, \Delta x_3) = (\Delta x_1 + \Delta x_2)^2 + \Delta x_3^2$ dagegen nur noch positiv semidefinit (weil $V = 0$ ist für $\Delta x_1 = -\Delta x_2 \neq 0, \Delta x_3 = 0$).

Die Funktion $V(\Delta x_1, \Delta x_2, \Delta x_3) = \Delta x_1^2 + \Delta x_2^2 - \Delta x_3^2$ ist schließlich indefinit.

Zur einfachen Prüfung der Definitheit gibt es für bestimmte Funktionstypen gewisse Kriterien. Wenn für beliebige c und $\Delta \mathbf{x}$ die Relation $V(c \Delta \mathbf{x}) = c^m V(\Delta \mathbf{x})$ gilt, so heißt V eine *Form* der Ordnung m. Eine Form ist *überall* definit bzw. indefinit, wenn dies in der Umgebung von $\Delta \mathbf{x} = \mathbf{0}$ gilt.

Formen ungerader Ordnung sind stets indefinit.

Für Formen gerader Ordnung gibt es i. Allg. keine ähnlich einfache Aussage. Beim wichtigen Sonderfall *quadratischer* Formen ($m = 2$)

$$V(\Delta \mathbf{x}) = \sum_{i,k=1}^{n} a_{ik} \Delta x_i \Delta x_k = \Delta \mathbf{x}^{\mathrm{T}} \mathbf{A} \Delta \mathbf{x},$$

$$\mathbf{A}^{\mathrm{T}} = \mathbf{A}, \quad (a_{ik} = a_{ki})$$

(5.89)

---

[17] Der Begriff besitzt in der Stabilitätstheorie und im Rahmen von Näherungsverfahren (s. Abschn. 6.2 und 6.3) unterschiedliche Bedeutung.
[18] Nichtautonome Störungsgleichungen erfordern geringfügige Verallgemeinerungen sowohl bei den Definitheitseigenschaften als auch bei den darauf basierenden Stabilitätssätzen, wobei dann insbesondere der Begriff einer *gleichmäßig kleinen* Funktion eine Rolle spielt.

gilt der schon in Kap. 1 vorgestellte *Satz von Sylvester*. Im Falle $n = 2$ lassen sich positiv definite Funktionen $V(\Delta x_1, \Delta x_2)$ als „Tassen" im Raum deuten, die auch „verbeult" sein können.

Angenommen, es gibt eine positiv definite Funktion $V(\Delta \mathbf{x})$ mit der Zeitableitung

$$\dot{V} = \sum_{i=1}^{n} \frac{\partial V}{\partial \Delta x_i} \Delta \dot{x}_i \tag{5.90}$$

und $\Delta \dot{x}_i$ nach (5.37). Die Kunst besteht dann darin, für ein gegebenes System eine Vergleichsfunktion V derart zu finden, dass auch die Ableitung (5.90) gewisse Definitheitseigenschaften aufweist[19].

Denn nach Ljapunow gelten folgende Stabilitätssätze:

- Ist für eine positiv definite Funktion $V(\Delta \mathbf{x})$ ihre Ableitung $\dot{V}$ in der Umgebung von $\Delta \mathbf{x} = \mathbf{0}$ *negativ definit*, so ist die zu untersuchende Lösung $\mathbf{x}_0$ *asymptotisch stabil*.
- Ist die Ableitung $\dot{V}$ dort *negativ semidefinit*, dann ist die ungestörte Bewegung $\mathbf{x}_0$ *(schwach) stabil*.
- Existiert eine Funktion $V(\Delta \mathbf{x})$ mit *negativ definiter* Ableitung $\dot{V}$ und ist $V(\Delta \mathbf{x})$ *entweder negativ definit oder indefinit*, dann ist der Grundzustand $\mathbf{x}_0$ *instabil*[20].

Positiv definite Funktionen $V(\Delta \mathbf{x})$, deren Zeitableitungen (5.90) negativ semidefinit sind, heißen Ljapunow-Funktionen. Ljapunow-Funktionen sichern also schwache Stabilität. Die angegebenen Stabilitätssätze sind *hinreichend*, aber nicht notwendig.

Beispiel 5.10 Linearer gedämpfter Schwinger. Die bereits bekannte Bewegungsgleichung (3.32) lautet hier als Störungsgleichung

$$\Delta \ddot{y} + 2D\omega_0 \Delta \dot{y} + \omega_0^2 \Delta y = 0. \tag{5.91}$$

Mit $\Delta x_1 = \Delta y$, $\Delta x_2 = \Delta \dot{y}$ folgt daraus das System

$$\Delta \dot{x}_1 = \Delta x_2, \quad \Delta \dot{x}_2 = -2D\omega_0 \Delta x_2 - \omega_0^2 \Delta x_1 \tag{5.92}$$

mit der trivialen Lösung $\Delta \mathbf{x} = \mathbf{0}$. Als Vergleichsfunktion V wählt man zweckmäßig die Gesamtenergie $E = \frac{m}{2} \Delta \dot{y}^2 + \frac{c}{2} \Delta y^2$, z. B. $V = \frac{2}{m} E$. Die so gefundene Funktion $V = \omega_0^2 \Delta x_1^2 + \Delta x_2^2$ ist positiv definit und hat die Zeitableitung

$$\dot{V} = 2\omega_1^2 \Delta x_1 \Delta \dot{x}_1 + 2\Delta x_2 \Delta \dot{x}_2 = -4D\omega_1 \Delta x_2^2. \tag{5.93}$$

---

[19] Meist gelingt es eben nur, (positiv definite) Funktionen V anzugeben, deren Ableitung in der Umgebung von $\Delta \mathbf{x} = \mathbf{0}$ weder definit noch semidefinit ist.

[20] Dieser Instabilitätssatz von Ljapunow kann nach Tschetajew dahingehend verallgemeinert werden, dass die Grundbewegung $\mathbf{x}_0$ auch dann *instabil* ist, wenn $\dot{V}$ in der Umgebung $\Delta \mathbf{x} = \mathbf{0}$ *negativ definit* ist und V für beliebig kleine $\Delta \mathbf{x}$ negative, beschränkte Werte annehmen kann.

$\dot{V}$ ist negativ semidefinit, also eine Ljapunow-Funktion. Die ursprüngliche Gleichgewichtslage $y_0 = 0$ (bzw. $\mathbf{x}_0 = \mathbf{0}$) ist somit nach dem zweiten Stabilitätssatz (schwach) stabil. Die hier mögliche exakte Lösung zeigt, dass $y_0 = 0$ sogar asymptotisch stabil ist. Da die Stabilitätssätze nur hinreichend sind, unterschätzt der zweite Stabilitätssatz i. Allg. (so auch hier) die Stabilität. Eine demnach als stabil erwiesene Lösung kann sich durchaus bei einem Versuch mit einer anderen Funktion V als asymptotisch stabil herausstellen, aber nie als instabil. ∎

Beispiel 5.11 „Akademischer" Fall zweier nichtlinearer Zustandsgleichungen. Die Störungsgleichungen eines Problems mit der trivialen Gleichgewichtslage $\mathbf{x}_0 = \mathbf{0}$ als Grundzustand werden in der Form

$$\Delta \dot{x}_1 = \Delta x_2 + \Delta x_1 (\Delta x_1^2 + \Delta x_2^2), \quad \Delta \dot{x}_2 = -\Delta x_1 + \Delta x_2 (\Delta x_1^2 + \Delta x_2^2) \qquad (5.94)$$

vorgegeben. Die positiv definite Funktion $V = \Delta x_1^2 + \Delta x_2^2$ hat die positiv definite Ableitung

$$\dot{V} = 2\Delta x_1 \Delta \dot{x}_1 + 2\Delta x_2 \Delta \dot{x}_2 = 2(\Delta x_1^2 + \Delta x_2^2)^2. \qquad (5.95)$$

Nach dem Instabilitätssatz folgt die Instabilität der Lösung $\mathbf{x}_0 = \mathbf{0}$. Eine Untersuchung mit den linearisierten Störungsgleichungen $\Delta \dot{x}_1 = \Delta x_2$, $\Delta \dot{x}_2 = -\Delta x_1$ hätte auf den kritischen Fall geführt, also auf eine schwächere Aussage. ∎

Die Direkte Methode von Ljapunow setzt voraus, dass man eine geeignete Vergleichsfunktion V findet, deren Ableitung nicht indefinit ist. Ungezieltes Probieren verspricht wenig Aussicht auf Erfolg. Eine erfolgversprechende Möglichkeit hat man bei nichtkonservativen mechanischen Systemen, da diese häufig (wenn Dämpfungen und Anfachungen klein bleiben) einem konservativen System benachbart sind. In diesen Fällen empfiehlt es sich, die Gesamtenergie (kinetische + potenzielle Energie) als Ljapunow-Funktion zu wählen (s. Beispiel 5.10).

Die Direkte Methode von Ljapunow lässt sich auf verteilte Systeme verallgemeinern, wenn an die Stelle der Ljapunow-Funktionen sog. Ljapunow-Funktionale treten. Auf Einzelheiten kann hier allerdings nicht eingegangen werden.

5.3 Übungsaufgaben

Aufgabe 5.1 Finite-Element-Modell eines Stabilitätsproblems in der Elastostatik (s. Abb. 5.5a). Die Länge der starr angenommenen Stäbe und der Abstand der Lagerpunkte sind ℓ. In den Lagerpunkten sind die Stäbe drehelastisch (Federkonstante c_d) und unverschiebbar befestigt, ihr jeweils anderes Ende ist durch richtungstreue, zeitunabhängige Druckkräfte F belastet. Untereinander sind die Stäbe an den Kopfenden durch wegproportionale Federn (Federkonstante c) verbunden. Die Systemverformungen lassen sich

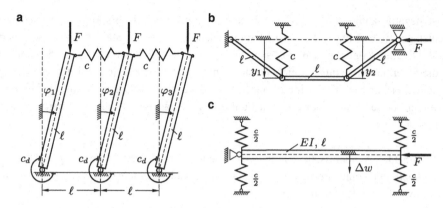

Abb. 5.5 Verschiedene Stabilitätsprobleme der Elastostatik

durch die drei Winkelkoordinaten φ_i ($i = 1, 2, 3$) ausdrücken. Mit Hilfe der Gleichgewichtsmethode berechne man für den Sonderfall $c_d = c\ell^2$ mögliche Knicklasten und zugehörige Knickfiguren.

Lösung: Eine Formulierung des elastischen Gesamtpotenzials liefert $V = \frac{1}{2}c\ell^2(\varphi_1^2 + \varphi_2^2 + \varphi_3^2) + \frac{1}{2}c\ell^2[(\varphi_2 - \varphi_1)^2 + (\varphi_3 - \varphi_2)^2] - \frac{1}{2}F\ell(\varphi_1^2 + \varphi_2^2 + \varphi_3^2) + O(\varphi_1^3, \varphi_2^3, \varphi_3^3)$. Durch Auswerten der in (4.138) verlangten ersten Variation (ein Momentengleichgewicht der einzeln freigeschnittenen Stäbe leistet dasselbe) gelangt man zu den nichtlinearen Verformungsgleichungen (hier nicht angegeben). Der Grundzustand ist trivial, $\varphi_{10} = \varphi_{20} = \varphi_{30} = 0$, und die linearen Störungsgleichungen ergeben sich mit der Abkürzung $f = \frac{F}{c\ell}$ als $(2 - f)\Delta\varphi_1 - \Delta\varphi_2 = 0$, $-\Delta\varphi_2 + (3 - f)\varphi_2 - \Delta\varphi_3 = 0$, $-\Delta\varphi_2 + (2 - f)\Delta\varphi_3 = 0$. Die verschwindende Systemdeterminante liefert (als mögliche Knick-„Last") die drei Eigenwerte $f_1 = 1$, $f_2 = 2$ und $f_3 = 4$ mit den (als mögliche Knickfiguren) zugehörigen Eigenvektoren $(\Delta\varphi_{11} = 1, \Delta\varphi_{21} = 1, \Delta\varphi_{31} = 1)^T$, $(\Delta\varphi_{12} = 1, \Delta\varphi_{22} = 0, \Delta\varphi_{32} = -1)^T$ und $(\Delta\varphi_{13} = 1, \Delta\varphi_{23} = -2, \Delta\varphi_{33} = 1)^{T21}$.

Aufgabe 5.2 Ersatzmodell für den beidseitig gelenkig gelagerten, undehnbaren Eulerschen Knickstab. Die gegenüber Beispiel 5.4 abgeänderte Modellierung (s. Abb. 5.5b) besteht aus drei reibungsfrei gelenkig miteinander verbundenen starren Stäben der Länge ℓ, die in den Verbindungsgelenken über wegproportionale Federn (Federkonstante c) abgestützt sind. Die Federn sind in der gestreckten Lage der Stabkette spannungslos. Das eine Ende der Stabkette ist unverschiebbar gelagert, während das andere (querunverschiebbare) Ende durch eine richtungstreue, zeitunabhängige Druckkraft F belastet wird. Die Verformungsmöglichkeiten lassen sich durch die beiden Lagekoordinaten y_1 und y_2 beschreiben. Mittels Energiemethode berechne man den kritischen Lastwert.

---

[21] Bei dem angenommenen Steifigkeitsverhältnis $\frac{c_d}{c\ell^2} = 1$ ist offensichtlich f_1 der kleinste Eigenwert. Dieser bestimmt die maßgebende Knicklast; damit kennzeichnet der zugehörige Eigenvektor $(1, 1, 1)^T$ auch die auftretende Knickfigur.

Lösung: Für das Potenzial ergibt sich

$$V = \frac{1}{2}c(y_1^2 + y_2^2) + F\left[\sqrt{\ell^2 - y_1^2} + \sqrt{\ell^2 - (y_2 - y_1)^2} + \sqrt{\ell^2 - y_2^2} - 3\ell\right]$$

$$= \frac{1}{2}c(y_1^2 + y_2^2) - \frac{F}{2\ell}\left[y_1^2 + (y_2 - y_1)^2 + y_2^2\right] + O(y_1^4, y_2^4).$$

Die gemäß (4.136) zu fordernde Bedingung $\delta V = 0$ liefert die Verformungsgleichungen $cy_1 - \frac{F}{\ell}[y_1 - (y_2 - y_1) + O(y_1^3, y_2^3)]$, $cy_2 - \frac{F}{\ell}[y_2 + (y_2 - y_1) + O(y_1^3, y_2^3)]$, die man zur Verifizierung der (trivialen) Gleichgewichtslage $y_{10} = y_{20} = 0$ heranziehen kann. Nach entsprechenden Differenziationen des Potenzials V ergibt sich mit der Abkürzung $f = \frac{F}{c\ell}$ die zweite Variation $\delta^2 V(y_{10}, y_{20}) = [(1 - 2f)\delta y_1 + f\delta y_2]\delta y_1 + [f\delta y_1 + (1 - 2f)\delta y_2]\delta y_2$. Die positive Definitheit von $\delta^2 V(y_{10}, y_{20})$ ist für $0 \leq f < f_{\text{krit}} = \frac{1}{3}$ gesichert, oberhalb $\frac{1}{3}$ jedoch nicht mehr. f_{krit} ist dabei der niedrigste Eigenwert des homogenen Gleichungssystems $(1 - 2f)\delta y_1 + f\delta y_2 = 0$, $f\delta y_1 + (1 - 2f)\delta y_2 = 0$. Für $F < \frac{1}{3}c\ell$ ist demnach die gestreckte Ruhelage stabil.

Aufgabe 5.3 Stabilitätsproblem eines vereinfachten Modells des elastisch gebetteten Druckstabes (s. Abb. 5.5c). Der Stab (Länge ℓ und konstante Biegesteifigkeit EI) mit der skizzierten Lagerung wird am rechten Ende durch eine richtungstreue, zeitunabhängige Druckkraft F belastet. Die elastische Bettung wird durch vier Einzelfedern mit der jeweiligen Federsteifigkeit $c/2$ erfasst. $\Delta w(x)$ beschreibt die Querabweichungen von der statischen Längsverformung. Man finde die maßgebende Knicklast.

Lösung: Ausgangspunkt ist zweckmäßig das gemäß (5.18) modifizierte Gesamtpotenzial $V = \frac{1}{2}\int_0^\ell (EI\Delta w''^2 - F\Delta w'^2)dx + c\Delta w^2(\ell)$. Durch Ausführen der in (4.136) verlangten Variationen (im Zusammenhang mit entsprechenden Produktintegrationen) findet man die zugehörigen Störungsgleichungen der Ersten Näherung als lineares Randwertproblem

$$EI\Delta w'''' + F\Delta w'' = 0 \quad (0 < x < \ell),$$

$$\Delta w''(0) = 0, \quad EI\Delta w'''(0) + F\Delta w'(0) + c\Delta w(0) = 0, \quad (5.96)$$

$$\Delta w''(\ell) = 0, \quad -EI\Delta w'''(\ell) - F\Delta w'(\ell) + c\Delta w(\ell) = 0.$$

Mit der Abkürzung $v^2 = \frac{F}{EI}$ erhält man die allgemeine Lösung der Differenzialgleichung in der Form $\Delta w(x) = -\frac{1}{v^2}(C_1 \cos vx + C_2 \sin vx) + C_3 x + C_4$; diese hat man anschließend an die Randbedingungen anzupassen. Die verschwindende Determinante des resultierenden homogenen Gleichungssystems für C_1 bis C_4 liefert mit $\kappa^2 = \frac{c}{EI}$ die transzendente Eigenwertgleichung $(2v^2 - \kappa^2\ell)\sin v\ell = 0$ mit der Eigenwertfolge $v_k^2 = \frac{k\pi}{\ell^2}$ ($k = 1, 2, \ldots$) und dem zusätzlichen Eigenwert $v_0^2 = \frac{1}{2}\kappa^2\ell$. Man hat dann zu prüfen (bei vorgegebenem Zahlenwert $\kappa^2\ell$), ob v_0^2 oder v_1^2 als kleinster Eigenwert die Knicklast F_{krit} bestimmt.

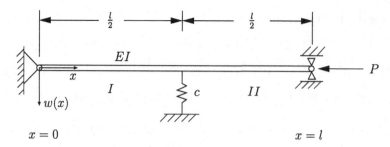

Abb. 5.6 Federnd abgestützter Druckstab

Bei Anwendung der Energiemethode berechnet man anstelle der linearen Verformungsgleichungen die zweite Variation

$$\delta^2 V(w_0 = 0) = \int\limits_0^\ell \{EI[\delta(\Delta w'')]^2 - F[\delta(\Delta w')]^2\}dx + 2c\{\delta[\Delta w(\ell)]\}^2$$

und untersucht die positive Definitheit für verschiedene F-Werte (hier nicht).

Aufgabe 5.4 Ein Druckstab (Länge ℓ, konstante Biegesteifigkeit EI) gemäß Abb. 5.6 ist an seinen beiden Enden querunverschiebbar und frei drehbar gelagert und in der Mitte über eine elastische Feder (Federkonstante c) abgestützt. Durch die richtungstreue Druckbelastung P_0 entsteht ein Stabilitätsproblem. $w(x)$ beschreibt die Querabweichungen von der statischen Längsverformung, hier aufgeteilt in $w_I(x)$ im Bereich $0 < x < \ell/2$ und $w_{II}(x)$ im Bereich $\ell/2 < x < \ell$. Zur Berechnung der Knicklast stelle man zunächst das Gesamtpotenzial V auf und werte es anschließend aus. Wie lauten die Verformungsgleichungen sowie die Rand- und die Übergangsbedingungen. Mittels geeigneter Lösungsansätze für $w_{I,II}(x)$ finde man die streng gültige Eigenwertdeterminante zur Bestimmung der maßgebenden Knicklast.

Lösung: Das Gesamtpotenzial lautet

$$V = \frac{1}{2}\int\limits_0^\ell (EIw''^2 - P_0 w'^2)dx + \frac{c}{2}w^2(\ell/2),$$

wobei zur Schreibvereinfachung auf die Aufteilung in zwei Bereiche hier noch verzichtet wird. Beachtet man die geometrischen Vorgaben bzw. Zwänge, liefert das Ausführen der verlangten Variationen (im Zusammenhang mit entsprechenden Produktintegrationen) die zugehörigen Störungsgleichungen der Ersten Näherung als lineares Randwertproblem

$$EI w_I'''' + P_0 w_I'' = 0 \ (0 < x < \ell/2), \quad EI w_{II}'''' + P_0 w_{II}'' = 0 \ (\ell/2 < x < \ell),$$

$$w_I(0) = 0, \quad w_{II}(\ell) = 0, \quad w_I''(0) = 0, \quad w_{II}''(\ell) = 0,$$

$$w_I(\ell/2) = w_{II}(\ell/2), \quad w_I'(\ell/2) = w_{II}'(\ell/2),$$

$$w_I''(\ell/2) = w_{II}''(\ell/2), \quad c w_I(\ell/2) - EI w_I'''(\ell/2) + EI w_{II}'''(\ell/2) = 0.$$

Mit der Abkürzung $\nu^2 = \frac{P_0}{EI}$ erhält man wie in der vorhergehenden Aufgabe die allgemeine Lösung der beiden Differenzialgleichungen in der Form

$$w_{I,II}(x) = -\frac{1}{\nu^2}(C_{1I,II} \cos \nu x + C_{2I,II} \sin \nu x) + C_{3I,II} x + C_{4I,II};$$

diese hat man anschließend an die Rand- und die Übergangsbedingungen anzupassen. Die verschwindende 8×8-Determinante des resultierenden homogenen Gleichungssystems für $C_{1I,II}$ bis $C_{4I,II}$ (die hier explizite nicht angeschrieben wird) liefert mit $\kappa^2 = \frac{c}{EI}$ die zugehörige transzendente Eigenwertgleichung, dessen kleinster Eigenwert $\nu_{\min}^2$ die Knicklast $P_{0\mathrm{krit}}$ bestimmt.

Aufgabe 5.5 Modell einer Aufzug-Regelung. Bei der Abstandsbewegung x eines Aufzuges von einem vorgegebenen Haltepunkt w wirkt auf seine Masse m eine Kraft cy, die von der Antriebsmaschine proportional der Stellgröße y erzeugt wird. Beide Aggregate bilden eine Regelstrecke, deren Dynamik durch

$$m\ddot{x} + cy = 0$$

beschrieben wird. Die Eigendämpfung dieser Regelstrecke wird also vernachlässigt. Deshalb setzt man einen PD-Regler mit proportionalen (r_0) und differenzierenden (r_1) Eigenschaften ein, der zusätzlich zeitliche Verzögerungsglieder erster (T_1) und zweiter (T_2^2) Ordnung enthält:

$$T_2^2 \ddot{y} + T_1 \dot{y} + y = r_0(x - w) + r_1 \dot{x}.$$

Mit dem Hurwitz-Kriterium zeige man, welche Bedingungen die noch frei wählbaren Reglerkonstanten r_0 und r_1 erfüllen müssen, damit die Eigenschwingungen des Regelkreises stets ein abklingendes Verhalten haben.

Lösung: Die Bewegungsgleichungen sind linear, so dass die Störungsgleichungen (in Δ-Größen) deren homogene Gleichungen ($w \equiv 0$) sind. Mit einem Exponentialansatz wird man auf die charakteristische Gleichung $m T_2^2 \lambda^4 + m T_1 \lambda^3 + m \lambda^2 + c r_1 \lambda + c r_0 = 0$ geführt. Das Koeffizientenkriterium (5.40) fordert für Stabilität r_0, r_1, $T_1 > 0$, während die Determinantenbedingung gemäß (5.43) $H_3 = \frac{r_1}{T_1} - r_0 - T_2^2 \frac{c}{m}(\frac{r_1}{T_1})^2 > 0$ verlangt. In einer $(\frac{r_1}{T_1}, r_0)$-Ebene erhält man damit (aus $A_4 = 0$) mit $r_0 = 0$ die Stabilitätsgrenze zu monotoner und (aus $H_3 = 0$) mit $\frac{r_1}{T_1} = 2(1 \pm \sqrt{1 - r_0})$ jene zu oszillatorischer Instabilität.

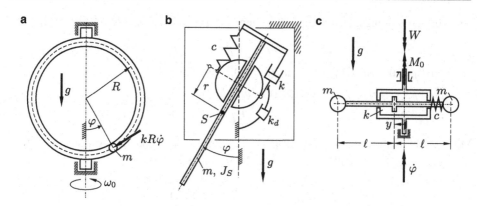

Abb. 5.7 Verschiedene kinetische Stabilitätsprobleme

Aufgabe 5.6 Nichtlinearer einläufiger Schwinger unter kombiniertem Schwerkraft- und Fliehkrafteinfluss (s. Abb. 5.7a). Ein Massenpunkt m bewegt sich in einem Kreisrohr (Radius R), das mit konstanter Winkelgeschwindigkeit ω_0 im Schwerkraftfeld der Erde (Erdbeschleunigung g) um eine vertikale Achse umläuft. Auf die Punktmasse, deren Bewegung durch die Winkelkoordinate φ beschrieben wird, wirkt eine ihrer Geschwindigkeit proportionale (k) Widerstandskraft. Nach Herleitung der Bewegungsgleichung ermittle man die möglichen Gleichgewichtslagen und untersuche über die Störungsgleichung der Ersten Näherung ihre Stabilität.

Lösung: Als Bewegungsgleichung erhält man $mR\ddot{\varphi}+kR\dot{\varphi}+(mg-mR\omega_0^2\cos\varphi)\sin\varphi = 0$. Die drei Gleichgewichtslagen $\varphi = \varphi_{0i}$ ($i = 1, 2, 3$) = const folgen über $\dot{\varphi}_0 = \ddot{\varphi}_0 = 0$ aus $(g - R\omega_0^2\cos\varphi_0)\sin\varphi_0 = 0$ zu $\varphi_{01} = 0$, $\varphi_{02} = \pi$, $\varphi_{03} = \arccos\frac{g}{R\omega_0^2}$ (dabei hat jedoch stets $\frac{g}{R\omega_0^2} < 1$ zu gelten). Die Störungsgleichung der Ersten Näherung findet man in der Gestalt $mR\Delta\ddot{\varphi} + kR\Delta\dot{\varphi} + [mg\cos\varphi_0 - mR\omega_0^2(2\cos^2\varphi_0 - 1)]\Delta\varphi = 0$, so dass man die Koeffizienten A_i ($i = 0, 1, 2$) zur Anwendung des Hurwitz-Kriteriums direkt ablesen kann. A_0 und A_1 sind stets positiv, und es verbleibt allein die Untersuchung von A_2. Es zeigt sich, dass φ_{02} nie stabil ist, während die Stabilität der beiden anderen Gleichgewichtslagen von der Größe der Winkelgeschwindigkeit ω_0 abhängt. Während für hinreichend kleine Werte $\omega_0^2 < g/R$ die Ruhelage φ_{01} asymptotisch stabil ist (die andere, nämlich φ_{02}, existiert dann gar nicht, weil die angegebene Nebenbedingung verletzt wird), wird diese Ruhelage nach Überschreiten der Grenze $\omega_0^2 = g/R$ (monoton) instabil. φ_{03} (jetzt erst existent) ist dort stets asymptotisch stabil.

Aufgabe 5.7 Physikalisches Pendel mit zwei Freiheitsgraden (s. Abb. 5.7b). Die Stange (Masse m, Drehmasse J_S) ist im Schwerkraftfeld der Erde (Erdbeschleunigung g) im Drehpunkt derart gelagert, dass relativ zur Pendelbewegung φ eine Translation r des Schwerpunktes S möglich ist. Der Relativbewegung r wirkt eine Feder (Federkonstante c)

und ein Dämpfer (Dämpferkonstante k), der Drehung ein Drehdämpfer (k_d) entgegen. Die Feder ist für $r = 0$ entspannt. Nach Angabe der beschreibenden Bewegungsgleichungen berechne man die möglichen statischen Ruhelagen für $0 \leq \varphi \leq \pi$. Man ermittle die Störungsgleichungen der Ersten Näherung und diskutiere unter Anwendung des Hurwitz-Kriteriums die Stabilität der Gleichgewichtslagen, wobei man sich auf die notwendigen Bedingungen beschränke.

Lösung: Das Stabilitätsproblem wird durch die nichtlinearen Differenzialgleichungen

$$\ddot{r} + k\dot{r} + cr - mr\dot{\varphi}^2 - mg\cos\varphi = 0,$$
$$(mr^2 + J_S)\ddot{\varphi} + k_d\dot{\varphi} + 2mr\dot{r}\dot{\varphi} + mgr\sin\varphi = 0$$

beschrieben. Zur Berechnung der Ruhelagen r_0 und φ_0 ($\dot{r}_0 = \ddot{r}_0 = \dot{\varphi}_0 = \ddot{\varphi}_0 = 0$) vereinfachen sich die Bewegungsgleichungen zu $cr_0 - mg\cos\varphi_0 = 0$, $mgr_0\sin\varphi_0 = 0$. Die drei Ruhelagen sind $\varphi_{01} = 0$, $r_{01} = mg/c$; $\varphi_{02} = \pi$, $r_{02} = -mg/c$; $\varphi_{03} = \frac{\pi}{2}$, $r_{03} = 0$. Die Störungsgleichungen der Ersten Näherung ergeben sich zu

$$m\Delta\ddot{r} + k\Delta\dot{r} + c\Delta r + mg\sin\varphi_0\Delta\varphi = 0,$$
$$mg\sin\varphi_0\Delta r + (mr_0^2 + J_S)\Delta\ddot{\varphi} + k_d\Delta\dot{\varphi} + mgr_0\cos\varphi_0\Delta\varphi = 0$$

mit der charakteristischen Gleichung (5.39). Darin sind $A_0 = (mr_0^2 + J_S)m$, $A_1 = (mr_0^2 + J_S)k + mk_d$, $A_2 = (mr_0^2 + J_S)c + m^2gr_0\cos\varphi_0 + kk_d$, $A_3 = kmgr_0\cos\varphi_0 + k_dc$ und $A_4 = cmgr_0\cos\varphi_0 - (mg\sin\varphi_0)^2$. Die Auswertung der notwendigen Hurwitz-Bedingungen (5.40) liefert das Ergebnis, dass (r_{01}, φ_{01}) und (r_{02}, φ_{02}) stabil sein können, (r_{03}, φ_{03}) aber nicht[22].

Aufgabe 5.8 Modell eines nachgiebig gelagerten Rotorblatts (s. Abb. 5.7c). Das skizzierte schwingungsfähige System [masselose Stange (Länge 2ℓ) mit punktförmigen Endmassen m, Dehnfeder c, Dämpfer k] dreht sich mit der Winkelgeschwindigkeit ω unter einem konstanten Antriebsmoment M_0 gegen den Luftwiderstand W [proportional (Faktor b) dem Quadrat der Umfangsgeschwindigkeit der Massen] um eine vertikale Achse. Die horizontale Auswanderung der Stange mit den Endmassen wird durch die Koordinate y beschrieben. Nach Formulierung der zugehörigen Bewegungsgleichungen überprüfe man über die Störungsgleichungen der Ersten Näherung die Stabilität der möglichen stationären Lösungen $x_0, \omega_0 = $ const.

Lösung: Die Bewegungsgleichungen

$$2m\ddot{y} + k\dot{y} + (c - 2m\omega^2)y = 0,$$
$$2m\dot{\omega}(y^2 + \ell^2) + 4m\dot{y}\omega y + b(y^2 + \ell^2)\omega^2 = M_0$$

---

[22] Zieht man auch noch die Bedingungen (5.42) zu Rate, stellt man fest, dass sowohl (r_{01}, φ_{01}) als auch (r_{02}, φ_{02}) asymptotisch stabil sind.

Abb. 5.8 Stabilitätsproblem
eines Druckstabes unter Folgelast

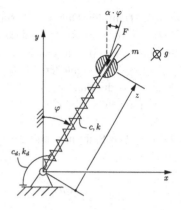

besitzen stationäre Lösungen $y = y_0$, $\omega = \omega_0 = \text{const}$ (d. h. $\dot{y}_0 = \ddot{y}_0 = \dot{\omega}_0 = 0$)
in der Gestalt $y_{01} = 0$, $\omega_{01} = \frac{1}{\ell}\sqrt{\frac{M_0}{b}}$ und $y_{02} = \pm\sqrt{\frac{2mM_0}{bc} - \ell^2}$, $\omega_{02} = \sqrt{\frac{c}{2m}}$. Die
Störungsgleichungen der Ersten Näherung lauten

$$2m\Delta\ddot{y} + k\Delta\dot{y} + (c - 2m\omega_0^2)\Delta y - 4m\omega_0 y_0\Delta\omega = 0,$$
$$(y_0^2 + \ell^2)\Delta\dot{\omega} + 2\omega_0 y_0\Delta\dot{y} + 2b(y_0^2 + \ell^2)\omega_0\Delta\omega + 2b\omega_0^2 y_0\Delta y = 0,$$

und ihre charakteristische Gleichung ist $2m(y_0^2 + \ell^2)\lambda^3 + (y_0^2 + \ell^2)(k + 2bm\omega_0)\lambda^2 +$
$[(y_0^2+\ell^2)(c-2m\omega_0^2+2bk\omega_0)+8m\omega_0^2 y_0^2]\lambda+2b\omega_0(y_0^2+\ell^2)(c-2m\omega_0^2)+8mby_0^2\omega_0^3 = 0$.
Während A_0 und A_1 sowie $H_2 = 2bk\omega_0(y_0^2 + \ell^2) + 4my_0^2\omega_0^2$ immer positiv sind, muss
für positives A_2 die Bedingung $y_0^2 > \frac{(2m\omega_0^2-c-2bk\omega_0)\ell^2}{c+bm\omega_0^2+2bk\omega_0}$ und für positives A_3 die Relation
$y_0^2 > \frac{(2m\omega_0^2-c)\ell^2}{2m\omega_0^2+c}$ erfüllt sein. Aus der letzten Forderung folgt (A_2 ist dann auch immer
positiv), dass (y_{01}, ω_{01}) nur für ein hinreichend kleines Antriebsmoment $M_0 < cb\ell^2$
asymptotisch stabil ist, nach Überschreiten dieses Wertes (monoton) instabil wird und
sich dann (y_{02}, ω_{02}) als stabiler Zustand einstellt [der vorher (monoton) instabil war][23].

Aufgabe 5.9 Ein einfaches Schwingungsmodell verschiedener Stabilitätsprobleme elastischer Systeme besteht aus dem skizzierten Feder-Masse-Dämpfer-System, auf das eine
Kraft $F = \text{const}$ unter dem Richtungswinkel $\alpha \cdot \varphi$ gegen die Vertikale einwirkt (s.
Abb. 5.8). Als Bewegungskoordinaten werden der Neigungswinkel $\varphi(t)$ der masselosen
Stange gegen die Lotrechte und die momentane Federlänge $z(t)$ (ungespannte Länge ℓ)
der entlang des Stabes deformierbaren Schraubenfeder gewählt. Der Einfluss der Schwer-
kraft bleibt außer acht. In dimensionsloser Form ($Z = z/l$, $\Phi \equiv \varphi$, $\tau = \sqrt{\frac{c}{m}}t$, $\frac{c_d}{cl^2} = \kappa^2$,
$\frac{k_d}{l^2\sqrt{cm}} = \frac{k}{\sqrt{cm}} = 2D$, $\frac{F}{cl} = f$) wird das Stabilitätsproblem durch die nichtlinear gekop-

---

[23] Auf das i. d. R. nicht interessierende Anwachsen des zugehörigen Drehwinkels bei sämtlichen
diskutierten stationären Lösungen sei hingewiesen.

pelten Differenzialgleichungen

$$Z'' + 2DZ' + Z + Z\Phi'^2 - \{1 - \cos[(1-\alpha)\Phi]\} = 0, \quad (.)' = \frac{d(.)}{d\tau}$$

$$Z^2\Phi'' + 2D\Phi' + \kappa^2\Phi + 2ZZ'\Phi' - fZ\sin[(1-\alpha)\Phi] = 0$$

beschrieben. Man gebe die Gleichungen zur Berechnung der Grundverformung Z_0, $\Phi_0 =$ const an und berechne jene Lösung, die durch eine allein auftretende Verschiebung des Massenpunkts entlang der Stange gekennzeichnet ist. Im weiteren diskutiere man nur noch den Sonderfall einer lotrechten Last ($\alpha = 0$). Mit einem Störungsansatz $Z = Z_0 + \Delta Z$, $\Phi = \Phi_0 + \Delta\Phi$ ermittle man unter Beachtung der berechneten Ruhelage Z_0, Φ_0 die Störungsgleichungen der Ersten Näherung in ΔZ und $\Delta\Phi$. Mit dem Hurwitz-Kriterium überprüfe man die Stabilität der Gleichgewichtslage Z_0, Φ_0. Wie groß ist die kritische Belastung f_{krit} für $\kappa^2 = 3/16$? Welche Art der Instabilität stellt sich nach Überschreiten von f_{krit} ein?

Lösung: Zur Berechnung der Ruhelagen verkürzen sich die Bewegungsgleichungen auf

$$Z_0 - [1 - f\cos(1-\alpha)\Phi_0] = 0, \quad \kappa^2\Phi_0 - fZ_0\sin(1-\alpha)\Phi_0 = 0,$$

und bei der Nebenbedingung $\Phi_0 \equiv 0$ (die Masse wird bei der Grundverformung nur entlang der Stange verschoben), womit die zweite der Gleichungen identisch erfüllt ist, verbleibt als erste Gleichung $Z_0 - (1 - f) = 0$, woraus $Z_0 = 1 - f$ folgt. Ein Störungsansatz $Z(t) = Z_0 + \Delta Z(t)$, $\Phi(t) = \Phi_0 + \Delta\Phi(t)$ liefert für den Sonderfall $\alpha = 0$ nach Einsetzen in die nichtlinearen Ausgangsgleichungen, Linearisieren in den Δ-Größen für die berechnete Ruhelage die beiden linearen Differenzialgleichungen

$$\Delta Z'' + 2D\Delta Z' + \Delta Z = 0,$$
$$(1-f)^2\Delta\Phi'' + 2D\Delta\phi' + \kappa^2\Delta\Phi - f(1-f)\Delta\Phi = 0,$$

die unter den geltenden Voraussetzungen entkoppelte Einzelgleichungen sind. Das Hurwitz-Kriterium muss also für die charakteristischen Gleichungen $\lambda^2 + 2D\lambda + 1 = 0$ und $(1-f)^2\lambda^2 + 2D\lambda + \kappa^2 - f(1-f) = 0$ beider Differenzialgleichungen gleichzeitig erfüllt sein und liefert das Ergebnis, dass die Hurwitz-Bedingungen $A_i > 0$, $H_{n-1} = H_1 \equiv A_1 > 0$ für die erste Gleichung stets erfüllt sind und für die zweite Gleichung das Ergebnis $f \neq 1$ und $\kappa^2 - f(1-f) > 0$ liefert. Die kritische Last für $\kappa^2 = 3/16$ ist dann aus $f_{\text{krit}}^2 - f_{\text{krit}} + 3/16 = 0$ zu berechnen und bestimmt sich zu $f_{\text{krit}} = 1/4$, ist also tatsächlich $\neq 1$. Beim Überschreiten von f_{krit} tritt monotone Instabilität auf, weil dann bezüglich der zweiten charakteristischen Gleichung $A_1 < 0$ wird.

Aufgabe 5.10 Nichtlinearer einläufiger Schwinger. Gegeben ist die Differenzialgleichung zweiter Ordnung $\ddot{y} + \beta[0.8 - \dot{y}^2 - (y-1)^2]\dot{y} + \gamma^2 y(y^2 - 1) = 0$, $\beta \ll \gamma$. Man bestimme die singulären Punkte und ihren Typ. Einer davon kennzeichnet eine asymptotisch stabile Ruhelage. Mit der für $\Delta x_1 > -2$ positiv definiten Ljapunow-Funktion $V = \frac{1}{2}\Delta x_2^2 + \gamma^2\left(\frac{1}{4}\Delta x_1^4 + \Delta x_1^3 + \Delta x_1^2\right)$ überprüfe man die zugehörige Stabilitätsaussage.

Lösung: Nach Umschreiben der Differenzialgleichung in Zustandsform ($y = x_1$, $\dot{y} = x_2$) findet man (5.83) in der Gestalt $\frac{dx_2}{dx_1} = \frac{-\beta[0.8-x_2^2-(x_1-1)^2]x_2-\gamma^2 x_1(x_1^2-1)}{x_2}$. Es existieren demnach drei singuläre Punkte SP1 $= (1|0)$, SP2 $= (0|0)$ und SP3 $= (-1|0)$. Der Typ der singulären Punkte kann aus den linearisierten Störungsgleichungen (5.38) ermittelt werden. Die Elemente der Systemmatrix **A** sind darin $a_{11} = 0$, $a_{12} = 1$, $a_{21} = 2\beta x_{20}(x_{10} - 1) + \gamma^2(1 - 3x_{10}^2)$, $a_{22} = -\beta[0,8 - (x_{10} - 1)^2]$. Wegen (da $\beta \ll \gamma$ nach Voraussetzung) konjugiert komplexer Eigenwerte $\lambda_{1,2} = -0.4\beta \pm \sqrt{0,16\beta^2 - 2\gamma^2}$ mit negativem Realteil für SP1 ist dieser ein asymptotisch stabiler Strudel. Entsprechende Rechnungen für die beiden anderen singulären Punkte liefern das Ergebnis, dass SP2 ein instabiler Sattel ist und SP3 ein instabiler Strudel. Zur Auswertung der Definitheitseigenschaften von $\dot{V}$ benötigt man die nichtlinearen Störungsgleichungen $\Delta \dot{x}_1 = \Delta x_2$, $\Delta \dot{x}_2 = -\beta[0,8 - \Delta x_2^2 - (x_{10} + \Delta x_1 - 1)^2]\Delta x_2 - \gamma^2(x_{10} + \Delta x_1)[(x_{10} + \Delta x_1)^2 - 1]$. Die Ableitung der angegebenen Ljapunow-Funktion ist $\dot{V} = \Delta x_2[\Delta \dot{x}_2 + \gamma^2(\Delta x_1^3 + 3\Delta x_1^2 + 2\Delta x_1)]$, und mit der zweiten der nichtlinearen Störungsgleichungen erhält man für SP1 mit $x_{10} = 1$ das Ergebnis $\dot{V} = -\beta\Delta x_2^2(0,8 - \Delta x_1^2 - \Delta x_2^2)$. D. h. innerhalb eines Kreises mit dem Radius $r = \sqrt{0,8}$ um den singulären Punkt SP1 ist die zugehörige Ruhelage asymptotisch stabil.

Literatur

1. Bolotin, V.V.: Kinetische Stabilität elastischer Systeme. Deutscher Verlag der Wissenschaften, Berlin (1961)
2. Bolotin, V.V.: Nonconservative Problems of the Theory of Elastic Stability. Pergamon, Oxford/London/New York (1963)
3. Bürgermeister, G., Steup, H., Kretschmar, H.: Stabilitätstheorie, Teil I. Springer, Berlin/Göttingen/Heidelberg (1957)
4. Bürgermeister, G., Steup, H., Kretschmar, H.: Stabilitätstheorie, Teil II. Springer, Berlin/Göttingen/Heidelberg (1963)
5. Chetayev, N.G.: The Stability of Motion. Pergamon Press, New York (1961)
6. Dym, C.L.: Stability Theory and its Applications to Structural Mechanics. Noordhoff, Leyden (1974)
7. Hahn, W.: Stability of Motion. Springer, Berlin/Heidelberg/New York (1967)
8. Hiller, M.: Mechanische Systeme. Springer, Berlin/Heidelberg/New York/Tokyo (1983)
9. Huseyin, K.: Vibrations and Stability of Multiple Parameter Systems. Noordhoff, Leyden (1978)
10. Kelkel, K.: Stabilität rotierender Wellen. Fortschritt-Berichte VDI, R. 11, Bd. 72. VDI, Düsseldorf (1985)
11. La Salle, J., Lefschetz, S.: Die Stabilitätstheorie von Ljapunow. Bibl. Inst., Mannheim (1967)
12. Leipholz, H.: Stabilitätstheorie. Teubner, Stuttgart (1968)
13. Leipholz, H.: Stabilität elastischer Systeme. Braun, Karlsruhe (1980)

14. Malkin, J.G.: Theorie der Stabilität einer Bewegung. R. Oldenbourg, München (1959)
15. Müller P.C.: Stabilität und Matrizen. Springer, Berlin/Heidelberg/New York (1977)
16. Pfeiffer, F.: Einführung in die Dynamik, 2. Aufl. Teubner, Stuttgart (1992)
17. Pflüger, A.: Stabilitätsprobleme der Elastomechanik, 2. Aufl. Springer, Berlin/Heidelberg/New York (1975)
18. Sauer, R., Szabo, I.: Mathematische Hilfsmittel des Ingenieurs, Teil 4. Springer, Berlin/Heidelberg/New York (1970)
19. Troger, H., Steindl A.: Nonlinear Stability and Bifurcation Theory. Springer, Wien/New York (1991)
20. Willems, J.L.: Stabilität dynamischer Systeme. R. Oldenbourg, Stuttgart (1973)
21. Timoshenko, S.P., Gere, J.M.: Theory of Elastic Stability, 2. Aufl. Mc Graw Hill, New York/Toronto/London (1961)
22. Ziegler, H.: Principles of Structural Stability. Blaisdell, Waltham (Mass.)/Toronto/London (1968)

Ausgewählte Näherungsverfahren 6

Lernziele

Häufig sind bei praktischen Fragestellungen des Ingenieurwesens strenge Lösungen des formulierten mathematischen Modells nicht mehr möglich, so dass im Rahmen der Lösungstheorie Näherungsverfahren herangezogen werden müssen. Von der breiten Vielfalt sollen hier einige ausgewählte Verfahren angesprochen werden, die zum einen grundlegend sind und zum anderen auch ohne Rechnerunterstützung, die hier generell nicht angesprochen wird, verstanden und in den Grundzügen ausgeführt werden können. Der Nutzer hat nach Durcharbeiten des vorliegenden Kapitels gelernt, was die (reguläre) Störungsrechnung in seiner Anwendung auf algebraische und transzendente Gleichungen, auf Anfangs- und auf Randwertprobleme bedeutet, und ist vertraut mit dem Galerkin-Verfahren als wichtigster Sonderfall von Verfahren gewichteter Residuen und dem Ritz-Verfahren, dem Hauptvertreter von Näherungsverfahren der direkten Variationsrechnung. Nachdem er die beiden letztgenannten Verfahren kennengelernt und verstanden hat, ist der Weg frei zu FE-Methoden unterschiedlicher Ausprägung, die heute den Markt kommerzieller Programmpakete beherrschen, aber allesamt auf jenen aufsetzen. Um die Einschränkungen beim Lösen von Anfangswertproblemen zu überwinden, sind numerische Integrationsmethoden zwingend. Deshalb wird ergänzend ein kurzer Überblick über derartige Verfahren gegeben, bevor abschließend auch der Umgang mit Formelmanipulationsprogrammen angesprochen wird, die beispielsweise die Störungsrechnung wesentlich vereinfachen können.

Die Bearbeitung eines mechanischen Problems geschieht meist in drei Stufen: Definition des physikalischen Problems *(physikalisches Modell)*, Ermittlung der zugehörigen Gleichungen *(mathematisches Modell)* und Lösung dieser Gleichungen *(Lösungstheorie)*.

In den vorangehenden Kapiteln wird deutlich, dass mathematische Modelle bereits für einfache mechanische Systeme aus komplizierten Gleichungen bestehen können, z. B. aus

© Springer Fachmedien Wiesbaden GmbH, ein Teil von Springer Nature 2019   313
M. Riemer et al., *Mathematische Methoden der Technischen Mechanik*,
https://doi.org/10.1007/978-3-658-25613-5_6

einer nichtlinearen Einzel-Differenzialgleichung der Form $\ddot{x} + c(1 + \varepsilon x^2)x = f(t)$ (Duffing). Eine strenge Lösung solcher Gleichungen kann aber nur in Ausnahmefällen ermittelt werden. Deshalb ist man in der Praxis fast immer auf Verfahren angewiesen, die eine sog. *approximative*, d. h. eine an die strenge Lösung *angenäherte Lösung* der mathematischen Modellgleichungen gestatten. Die Methoden zur Konstruktion solcher Näherungslösungen nennt man *Näherungs-* oder *Approximationsverfahren*.

Eines der ältesten, in der Mechanik seit 1908 bekannten Verfahren ist das Näherungsverfahren von Ritz. Es zeigt die Grundidee der meisten Näherungsverfahren: die Formulierung der mathematischen Modellgleichungen in einer anderen (sog. globalen) Form, welche die ursprünglichen Forderungen an die gesuchte Lösung erheblich abschwächt. Deshalb heißen in diesem Sinne gewonnene Näherungslösungen oft auch *schwache Lösungen*.

In der Physik und insbesondere in der Mechanik hat man die Möglichkeit, durch die Verwendung *analytischer Prinzipien* (s. Kap. 4) solche schwachen Formulierungen des mathematischen Modells (also der Bilanzgleichungen) „automatisch" geliefert zu bekommen. Da diese Formulierungen physikalisch motiviert sind, gestatten sie die Ermittlung brauchbarer Näherungen meist mit deutlich geringerem Aufwand. Anstelle der üblichen Differenzialgleichungen sind dann z. B. (beim Ritzschen Verfahren) Variationsprobleme Ausgangspunkt der Näherungsrechnung.

Auch numerisch ermittelte Lösungen sind stets Näherungslösungen, da sie zwar u. U. sehr genaue, aber niemals im mathematischen Sinne strenge Lösungen liefern. Zudem sind numerisch gewonnene Lösungen oft mit erheblicher Unsicherheit bezüglich ihrer Zuverlässigkeit belastet, da sich die arithmetischen Operationen auf dem Weg zur Lösung nicht nur in großer Zahl, sondern auch für den Anwender unsichtbar im Innern des Rechners vollziehen. Erst in jüngster Zeit ist mit der Einführung der sog. Intervall–Arithmetik numerisches Rechnen mit gesicherten Ergebnis–Schranken möglich geworden. Gerade damit lässt sich aber zeigen, dass nicht jedes numerische Verfahren in allen Fällen eine *beliebige* Annäherung an die strenge Lösung leistet.

Bei praktischen Anwendungen ist deshalb oft ein gemischtes (zweistufiges) Vorgehen effizient: Anstelle der Erhöhung des rein numerischen Aufwandes zur Lösung der streng gültigen Modellgleichungen, werden zunächst mittels eines analytischen Näherungsverfahrens *approximierte Modellgleichungen* erzeugt und diese dann rein numerisch oder mit *numerischer Unterstützung* gelöst. Deshalb ist die Kenntnis einiger ausgewählter analytischer Näherungsverfahren auch beim Einsatz von Rechnern sinnvoll.

Zudem können analytische Operationen heute ebenfalls rechnergestützt als „symbolische Formelmanipulationen" durch sog. Symbolverarbeitungsprogramme geleistet werden. Diese Möglichkeit eröffnet für analytische Näherungsverfahren völlig neue Dimensionen. So lassen sich auch „von Hand" kaum noch zu bewältigende Näherungsrechnungen – z. B. solche mit mehreren Ansatzfunktionen – bis zum korrekten Endergebnis symbolisch ausführen.

Auf die weit verbreiteten Näherungsverfahren im Rahmen von *Finite-Element-Metho-den* (FEM) ist bereits in Abschn. 1.2.3 kurz eingegangen worden. Auf eine detaillierte Darstellung muss hier aus Platzgründen verzichtet werden. Finite-Element-Methoden werden auch in der Literatur (s. z. B. [22]) als eigenständige Disziplin ausführlich behandelt.

6.1 (Reguläre) Störungsrechnung

Unter Störungsrechnung versteht man ein spezielles Näherungsverfahren, das sich von anderen vor allem dadurch unterscheidet, dass eine „ungestörte" Lösung des Problems a priori bekannt sein muss.

Gesucht wird dann eine formelmäßige Näherung für das „gestörte" Problem; dieses darf sich – wie der Name schon sagt – nur durch eine kleine Störung vom bekannten Problem unterscheiden.

Eine kurze Betrachtung der historischen Anfänge der Störungsrechnung im 19. Jahrhundert eignet sich besonders dazu, das Wesen der Störungsrechnung zu verstehen. In der damals im Mittelpunkt stehenden Himmelsmechanik suchte man nach Möglichkeiten, die Bahnen von Planeten genauer berechnen zu können. Die „groben" Bahngleichungen und deren Lösungen waren bekannt (z. B. für die Bewegung eines Planeten um die Sonne). Durch Hinzufügen *kleiner* Korrekturterme fand man genauere Bahngleichungen (etwa um den Einfluss eines weiteren Himmelskörpers auf die Planetenbahn zu berücksichtigen). Diese korrigierten oder „gestörten" Bahngleichungen konnten nun durch Reihenentwicklung in einem der kleinen *Korrekturparameter* näherungsweise gelöst werden (z. B. durch Entwickeln der Lösung in eine Potenzreihe der – verglichen mit der Sonne – kleinen Masse ε des zusätzlichen Himmelskörpers).

Schematisch lässt sich der Lösungsgedanke also wie folgt formulieren: Für die gegebene Gleichung

$$L(x) = c + \varepsilon N(x), \quad \varepsilon \ll 1 \tag{6.1}$$

ist die Lösung x in Form einer Reihenentwicklung

$$x = x_0 + \varepsilon x_1 + \varepsilon^2 x_2 + \dots \tag{6.2}$$

in dem kleinen *Störparameter* ε gesucht. Dabei wird die von ε unabhängige Lösung x_0 des *ungestörten Problems*

$$\varepsilon = 0: \quad L(x_0) = c \tag{6.3}$$

als bekannt angesehen. L und N stehen jeweils entweder für Differenzial- oder für algebraische Ausdrücke, c ist stets eine Konstante. Zur Verdeutlichung dient das folgende, formale Beispiel.

Beispiel 6.1 Nichtlineare Differenzialgleichung bzw. nichtlineare algebraische Gleichung. Exemplarisch sollen folgende, einen Störparameter ε enthaltenden Probleme untersucht werden:

$$\ddot{x} + \dot{x}(1 + \varepsilon\dot{x}) + 1 = 0 \quad \rightarrow \quad L(x) = \ddot{x} + \dot{x}, \quad N(x) = -\dot{x}^2, \quad c = -1 \quad \text{bzw.}$$
$$\varepsilon x^5 + x^2 + x - 4 = 0 \quad \rightarrow \quad L(x) = x^2 + x, \quad N(x) = -x^5, \quad c = 4. \tag{6.4}$$

In beiden Fällen ist eine strenge Lösung x nicht bekannt, die ungestörte Lösung x_0 dagegen kann (wegen $\varepsilon = 0$) elementar ausgerechnet werden. Sie ist im ersten Fall Lösung der linearen Differenzialgleichung $\ddot{x} + \dot{x} + 1 = 0$, im zweiten Fall Lösung der algebraischen Gleichung $x^2 + x - 4 = 0$. ∎

Wesentliche Voraussetzung für eine *reguläre* Störungsrechnung ist, dass der „Charakter" des Problems auch für $\varepsilon = 0$ erhalten bleibt, die ungestörte Lösung x_0 sich also nicht fundamental von der gestörten Lösung x unterscheidet[1]; x stellt somit nur eine „kleine" Verbesserung der ungestörten Lösung x_0 dar und geht für $\varepsilon = 0$ „stetig" in diese über.

Bei Differenzialgleichungen bedeutet dies, dass die Ordnung des Problems für $\varepsilon = 0$ mit derjenigen für $\varepsilon \neq 0$ übereinstimmen muss. Im Beispiel 6.1 ist dies der Fall (für $\varepsilon = 0$ und für $\varepsilon \neq 0$ ist die Differenzialgleichung jeweils von zweiter Ordnung).

6.1.1 Algebraische und transzendente Gleichungen

Für rein algebraische[2] oder transzendente Probleme ist die Operatorgleichung

$$L(x) = c + \varepsilon N(x), \quad x = x_0 + \varepsilon x_1 + \varepsilon^2 x_2 + \ldots, \quad \varepsilon \ll 1 \tag{6.5}$$

allein eine Funktion von x (und nicht etwa abhängig von Ableitungen von x). Deshalb kann für diesen Fall die Störungsrechnung allgemein und explizite angeschrieben werden.

Nach Einsetzen des Potenzreihen-Ansatzes für x in (6.5) lautet das zu lösende Problem

$$L[x_0 + \varepsilon(x_1 + \varepsilon x_2 + \ldots)] = c + \varepsilon N[x_0 + \varepsilon(x_1 + \ldots)], \quad \varepsilon \ll 1. \tag{6.6}$$

Alle höheren Potenzen als ε^2 sind darin durch Punkte angedeutet. Dadurch werden auch die Taylor-Entwicklungen der Funktionen L und N überschaubar, insbesondere bei Ver-

---

[1] Ist dies nicht der Fall, so hat man die Methode der sog. *singulären* Störungsrechnung zu verwenden; diese berücksichtigt den „unstetigen" Übergang von $\varepsilon = 0$ auf $\varepsilon \neq 0$.

[2] *Algebraische Gleichungen* enthalten die Gleichungsvariablen in Form von Summen, Differenzen, Produkten, Quotienten, Potenzen und Wurzeln (solange der Potenz- bzw. der Wurzelexponent ganzzahlig ist). Bei *transzendenten Gleichungen* dagegen treten die Gleichungsvariablen mindestens einmal im Argument einer transzendenten Funktion auf (z. B. $\cos x$, $\ln x$, etc.). Nur in Sonderfällen können transzendente Gleichungen auf algebraische zurückgeführt werden (meist durch Substitution).

wendung der Abkürzungen

$$L_x(x_0) = \left.\frac{dL(x)}{dx}\right|_{\varepsilon=0}, \quad L_{xx}(x_0) = \left.\frac{d^2L(x)}{dx^2}\right|_{\varepsilon=0}, \quad N_x(x_0) = \left.\frac{dN(x)}{dx}\right|_{\varepsilon=0}. \quad (6.7)$$

Die Taylor-Reihen von $L(x)$ und $\varepsilon N(x)$ sind dann

$$L[x_0 + \varepsilon(x_1 + \varepsilon x_2 + \ldots)] = L(x_0) + \frac{1}{1!}\varepsilon(x_1 + \varepsilon x_2 + \ldots)L_x(x_0)$$

$$+ \frac{1}{2!}\varepsilon^2(x_1 + \ldots)^2 L_{xx}(x_0) + \ldots, \quad (6.8)$$

$$\varepsilon N[x_0 + \varepsilon(x_1 + \varepsilon x_2 + \ldots)] = \varepsilon\{N(x_0) + \frac{1}{1!}\varepsilon(x_1 + \ldots)N_x(x_0) + \ldots\}.$$

Anstelle von (6.6) ist jetzt die Gleichung – hier in Potenzen von ε geordnet –

$$\begin{aligned}
0 = &\{L(x_0) - c\} \\
&+ \varepsilon\{x_1 L_x(x_0) - N(x_0)\} \\
&+ \varepsilon^2\{x_2 L_x(x_0) + \frac{1}{2}L_{xx}(x_0)x_1^2 - x_1 N_x(x_0)\} \\
&+ \varepsilon^3\{\ldots\} \\
&\vdots
\end{aligned} \quad (6.9)$$

zu lösen. Dies ist ein Polynom in ε. Für beliebige Werte von ε nimmt es nur dann den Wert null an, wenn jeder Summand für sich verschwindet, also alle Vorfaktoren der einzelnen ε-Potenzen null werden. Diese Bedingungen führen auf das rekursiv lösbare Gleichungssystem (hier bereits aufgelöst nach der jeweiligen Unbekannten)

$$\begin{aligned}
\varepsilon^0: \quad & L(x_0) = c & \rightarrow \quad & x_0, \\
\varepsilon^1: \quad & x_1 = \frac{N(x_0)}{L_x(x_0)} & \rightarrow \quad & x_1(x_0), \\
\varepsilon^2: \quad & x_2 = x_1 \frac{N(x_0) + \frac{1}{2}L_{xx}(x_0)x_1}{L_x(x_0)} & \rightarrow \quad & x_2(x_0, x_1), \\
& \vdots & & \vdots
\end{aligned} \quad (6.10)$$

für die gesuchten Korrekturen der Grundlösung x_0; diese sind in erster Näherung x_1, in zweiter Näherung x_1, x_2, etc.

Rekursiv heißt, dass die zur Potenz ε^n gehörende Bestimmungsgleichung für x_n in (6.10) nur von Lösungen tieferer Näherung, also von $x_0, x_1, \ldots, x_{n-1}$ abhängt, nicht aber von x_n, x_{n+1}, etc.

Beispiel 6.2 Elektromechanisches Zeigermesswerk aus Beispiel 3.5 (Abschn. 3.1.1) bei schwacher Kopplung K. Einsetzen eines $e^{j\omega t}$-Ansatzes überführt das Differenzialgleichungssystem (3.10), (3.11) – für verschwindende Dämpfung ($b = 0$) und ohne Klemmenspannung ($u = 0$) – in ein lineares Gleichungssystem für die Amplituden A_1, A_2:

$$(-J\omega^2 + c)\, A_1 - K\, A_2 = 0,$$
$$Kj\omega\, A_1 + (Lj\omega + R)\, A_2 = 0. \tag{6.11}$$

Nichttriviale Lösungen $A_1, A_2 \neq 0$ existieren nur, wenn die Koeffizientendeterminante verschwindet:

$$\Delta(\omega) = (c - J\omega^2)(Lj\omega + R) + j\omega K^2 = 0. \tag{6.12}$$

Ausmultiplizieren führt auf eine kubische (und damit algebraische) Gleichung für den gesuchten Frequenzparameter ω; diese kann nur mit einigem Aufwand streng gelöst werden. Mit einer Störungsrechnung dagegen erhält man – zumindest für schwache Kopplung – sehr einfach eine Näherungslösung für ω.

Dazu schreibt man zweckmäßig das Problem in dimensionsloser Form; mit den Abkürzungen

$$\omega_0^2 = \frac{c}{J}, \quad x = \frac{\omega}{\omega_0}, \quad r = \frac{R}{L\omega_0}, \quad \varepsilon = \frac{K^2}{JL\omega_0^2} \ll 1 \tag{6.13}$$

lautet (6.12)

$$(x^2 - 1)(jx + r) - j\varepsilon x = 0 \quad \text{bzw.} \quad x^3 - jrx^2 - x = -jr + \varepsilon x. \tag{6.14}$$

Die ungestörte Lösung oder „Grundlösung" x_0 berechnet sich aus (6.14) für $\varepsilon = 0$:

$$(x_0^2 - 1)(jx_0 + r) = 0. \tag{6.15}$$

Es ergeben sich drei Lösungen

$$x_{01} = 1, \quad x_{02} = -1, \quad x_{03} = jr. \tag{6.16}$$

Prinzipiell erhält man für jedes x_{0i} eine zugehörige Lösung der Form

$$x_i = x_{0i} + \varepsilon x_{i1} + \ldots, \quad i = 1, 2, 3. \tag{6.17}$$

Mechanisch interessant ist nur der Fall $x_0 = x_{01} = 1$, d. h. $\omega = \omega_0$ [s. (6.13)]. Als Grundlösung betrachtet man also die Eigenkreisfrequenz ω_0 der vom elektrischen Kreis entkoppelten Zeiger-Schwingungen.

Eine Störungsrechnung für den Fall schwacher Kopplung ($\varepsilon \ll 1$) beantwortet also hier die Frage: Was wird aus der Lösung x_0 des entkoppelten Systems (für $K = 0$ bzw. $\varepsilon = 0$) bei schwacher Kopplung ε?

Oder in physikalischen Parametern: Wie ändert sich die „ungekoppelte" Eigenkreisfrequenz $\omega = \omega_0$ des Zeigers, wenn eine schwache Kopplung (K sehr klein) an den elektrischen Kreis vorliegt?

Zum Auffinden der Lösung wird die gesuchte dimensionslose Frequenz x um die Grundlösung $x_0 = 1$ in eine Potenzreihe (6.2) des Störparameters ε entwickelt. Bei Beschränkung auf die erste Näherung heißt das

$$x = x_0 + \varepsilon x_1 + O(\varepsilon^2), \quad \varepsilon \ll 1. \tag{6.18}$$

Alle in ε mindestens quadratischen Terme sind hier in der sog. Verschwindungsgröße $O(\varepsilon^2)$ zusammengefasst[3] [s. auch Abschn. 4.1.2]. Meist wird $O(\varepsilon^n)$ aber nur als ... angedeutet.

Nach Einsetzen des Potenzreihen-Ansatzes (6.18) für x in (6.14) und anschließendem Ausmultiplizieren findet man

$$x_0^3 + 3x_0^2 \varepsilon x_1 + \ldots - jr(x_0^2 + 2x_0 \varepsilon x_1 + \ldots) - (x_0 + \varepsilon x_1 + \ldots) = -jr + \varepsilon x_0 + \ldots \tag{6.19}$$

Ordnen nach Potenzen von ε liefert das gesuchte Polynom (6.9)

$$\begin{aligned} 0 &= (x_0^3 - jrx_0^2 - x_0 + jr) \\ &\quad + \varepsilon(3x_0^2 x_1 - 2jr x_0 x_1 - x_1 - x_0) \\ &\quad + \varepsilon^2(\ldots) \end{aligned} \tag{6.20}$$

$$\vdots$$

oder aufgelöst die einzelnen Bedingungen [s. (6.9) ff.]

$$\begin{aligned} \varepsilon^0: &\quad x_0^3 - jrx_0^2 - x_0 + jr = 0 &&\rightarrow\quad x_0 = 1 \text{ [s. (6.15)]}, \\ \varepsilon^1: &\quad 3x_0^2 x_1 - 2jr x_0 x_1 - x_1 - x_0 = 0 &&\rightarrow\quad x_1(x_0), \\ \varepsilon^2: &\quad \ldots &&\rightarrow\quad x_2(x_0, x_1), \\ &\quad \vdots &&\qquad \vdots \end{aligned} \tag{6.21}$$

Rechnet man in erster Näherung, dann ist daraus lediglich

$$\begin{aligned} x_1 &= \frac{x_0}{3x_0^2 - 2jr x_0 - 1} \quad \text{(für } x_0 = 1) \\ &= \frac{1}{2(1 - jr)} = \frac{1}{2}\frac{1 + jr}{1 + r^2} \end{aligned} \tag{6.22}$$

---

[3] Man sagt, alle in der Verschwindungsgröße $O(\varepsilon^n)$ enthaltenen Terme $f(\varepsilon)$ verschwinden für $\varepsilon \rightarrow 0$ *von der Ordnung* ε^n. Das bedeutet für $f(\varepsilon)$: Unabhängig von der Wahl der Größe ε muss $|\frac{f(\varepsilon)}{\varepsilon^n}| \leq C$ für $C > 0$ gelten.

zu bestimmen. Die gesuchte Näherungslösung (6.18) ist also

$$x = x_0 + \varepsilon x_1 + \ldots = 1 + \frac{\varepsilon}{2} \frac{1 + jr}{1 + r^2} + O(\varepsilon^2) \tag{6.23}$$

oder in physikalischen Parametern ($x = \frac{\omega}{\omega_0}$)

$$\omega = \omega_0 \left[1 + \frac{\varepsilon}{2} \frac{1 + jr}{1 + r^2} + O(\varepsilon^2) \right]. \tag{6.24}$$

Die mechanische Deutung dieses Ergebnisses geschieht einfach durch Einsetzen von ω in den (zur Algebraisierung der ursprünglichen Differenzialgleichungen benutzten) $e^{j\omega t}$-Ansatz:

$$
\begin{aligned}
e^{j\omega t} &= e^{\omega_0 t \left[j\left(1 + \varepsilon \frac{1}{2} \frac{1}{1+r^2} + \ldots\right) + \varepsilon j^2 \frac{1}{2} \frac{r}{1+r^2} + \ldots \right]} \\
&= e^{-\left(\varepsilon \frac{\omega_0}{2} \frac{r}{1+r^2} + \ldots\right)t} \; e^{j\omega_0 t \left(1 + \varepsilon \frac{1}{2} \frac{1}{1+r^2} + \ldots\right)} \quad = e^{-(\delta + \ldots)t} \; e^{j\omega_0 t (1 + \Delta + \ldots)}
\end{aligned}
\tag{6.25}
$$

Durch Einführen geeigneter Abkürzungen $\delta = \varepsilon \frac{\omega_0}{2} \frac{r}{1+r^2}$ und $\Delta = \varepsilon \frac{1}{2} \frac{1}{1+r^2}$ lässt das Ergebnis der Störungsrechnung bereits in erster Näherung erkennen, dass – anders als die für $\varepsilon = 0$ *entkoppelte* Schwingung $e^{j\omega t} = e^{j\omega_0 t}$ des Zeigers – die schwach *gekoppelte* Schwingung nicht nur schneller ($\Delta > 0$), sondern jetzt auch gedämpft ($\delta > 0$) verläuft (zumindest, solange $r = \frac{R}{L\omega_0} \neq 0$ gilt).

Diese Aussage bestätigt die bereits in Abschn. 5.2.1 (Beispiel 5.5) durch das Hurwitz-Kriterium nachgewiesene *asymptotische Stabilität* des Zeigermesswerks.

Die speziellen, für das Zeigermesswerk in (6.21) angegebenen Gleichungen lassen sich sofort mit den allgemein gültigen Beziehungen (6.10) verifizieren.

Man vergleicht dazu (6.14) mit (6.5) und erhält zunächst

$$
\begin{aligned}
L(x) &= x^3 - jrx^2 - x, \quad c = -jr, \quad N(x) = x \quad \rightarrow \\
L_x(x_0) &= \frac{dL(x)}{dx}\bigg|_{\varepsilon=0} = (3x^2 - 2jrx - 1)\big|_{\varepsilon=0} = 3x_0^2 - 2jrx_0 - 1.
\end{aligned}
\tag{6.26}
$$

Einsetzen in (6.10) bestätigt sofort (6.21) bzw. (6.22) in Form von

$$
\begin{aligned}
\varepsilon^0: \quad & x_0^3 - jrx_0^2 - x_0 = -jr, \\
\varepsilon^1: \quad & x_1 = \frac{x_0}{3x_0^2 - 2jrx_0 - 1}, \quad \text{q.e.d.}
\end{aligned}
\tag{6.27}
$$

∎

Die Behandlung transzendenter Gleichungen erfolgt völlig analog zur Rechnung in Beispiel 6.2, nur treten anstatt Ausdrücken der Gestalt $(x_0 + \varepsilon x_1 + \ldots)^k$ (für k ganz oder gebrochen rational) dann solche beispielsweise der Form $\sin(x_0 + \varepsilon x_1 + \ldots)$, $\cos(x_0 + \varepsilon x_1 + \ldots)$ auf. Durch Taylor-Entwicklung wird daraus aber ein Polynom in ε,

$$
\begin{aligned}
\sin(x_0 + \varepsilon x_1 + \ldots) &= \sin x_0 + \varepsilon x_1 \cos x_0 + \ldots, \\
\cos(x_0 + \varepsilon x_1 + \ldots) &= \cos x_0 - \varepsilon x_1 \sin x_0 + \ldots,
\end{aligned}
\tag{6.28}
$$

und die weitere Rechnung verläuft analog (6.19) ff.

Beispiel 6.3 Näherungslösung der transzendenten Gleichung

$$
\sin x = \varepsilon x^2, \quad \varepsilon \ll 1.
\tag{6.29}
$$

Mit dem Potenzreihen-Ansatz $x = x_0 + \varepsilon x_1 + \ldots$ lautet das Problem

$$
\sin(x_0 + \varepsilon x_1 + \ldots) = \varepsilon(x_0 + \varepsilon x_1 + \ldots)^2
\tag{6.30}
$$

bzw. mit der Entwicklung (6.28)

$$
\sin x_0 + \varepsilon x_1 \cos x_0 + \ldots = \varepsilon x_0^2 + \ldots
\tag{6.31}
$$

Damit ist der Anschluss an (6.9) bzw. (6.20) hergestellt; die zugehörigen Bedingungen sind in erster Näherung

$$
\begin{aligned}
\varepsilon^0: &\quad \sin x_0 = 0 \quad \rightarrow \quad x_0 = \pm k\pi \quad (k = 0, 1, \ldots), \\
\varepsilon^1: &\quad x_1 \cos x_0 = x_0^2 \quad \rightarrow \quad x_1 = \frac{x_0^2}{\cos x_0}.
\end{aligned}
\tag{6.32}
$$

Wegen $x_0 = \pm k\pi$ wird $\cos x_0 = (-1)^k$, und die Lösung in erster Näherung ist

$$
x = x_0 + \varepsilon x_1 = \pm k\pi + \varepsilon(k\pi)^2(-1)^k, \quad k = 0, 1, \ldots
\tag{6.33}
$$

Für $k = 1$ (d. h. Lösungen in der Nähe von $x_0 = \pm\pi$) sind die beiden Lösungen $x = \pm\pi - \varepsilon\pi^2$. Sie lassen sich durch Aufzeichnen der Graphen $f_1(x) = \varepsilon x^2$ und $f_2(x) = \sin x$ anschaulich bestätigen. Rechnerisch findet man sogar exakt die beiden Lösungen $x = \pm\pi - \varepsilon\pi^2$, wenn man die Sinus-Funktion in der Umgebung von $\pm\pi$ durch ihre jeweilige Tangente $f_2(x) = -x \pm \pi$ ersetzt (also x aus den Gleichungen $\varepsilon x^2 = -x \pm \pi$ berechnet[4]). ∎

---

[4] Die dann außer $x = \pm\pi - \varepsilon\pi^2$ noch auftretenden zwei Lösungen $x = -\frac{1}{\varepsilon} \pm \pi - \varepsilon\pi^2$ liegen nicht mehr in der Umgebung von $\pm\pi$, sie sind also hier nicht relevant.

6.1.2 Anfangswertprobleme

Die homogene Lösung gewöhnlicher Differenzialgleichungen mit der Zeit t als unabhängiger Variablen führt auf Anfangswertprobleme. Aus der Menge aller allein durch die Differenzialgleichung bestimmten homogenen Lösungen wählen die Anfangsbedingungen zur Zeit $t = 0$ eine bestimmte Lösung aus, nämlich die Lösung des gestellten Anfangswertproblems.

In Kap. 3 wird gezeigt, dass *lineare gewöhnliche* Differenzialgleichungen (oder Systeme solcher Gleichungen) dann einfach zu lösen sind, wenn sie konstante Koeffizienten besitzen.

Sind die Differenzialgleichungen nichtlinear oder sind die Koeffizienten zeitabhängig, dann lassen sich nur in wenigen Sonderfällen formelmäßige Lösungen finden. Eine allgemeingültige Methode zur Berechnung der Lösungen gibt es nicht. Über eine numerische Integration der Differenzialgleichung(en) (s. Abschn. 6.4) kann man zwar Näherungslösungen bestimmen, allerdings mit dem Nachteil, dass für sämtliche Parameter des Systems numerische Werte einzusetzen sind.

Ist man jedoch an einer formelmäßigen Näherungslösung interessiert, dann ist die Störungsrechnung eine probate Strategie zum Erhalt erster Aussagen durch „Stören" eines bekannten Systemverhaltens. Dazu hat man zu entscheiden, in welcher „Richtung" im Parameterraum das System gestört werden soll; dieser Systemparameter wird als (meist dimensionsloser) Störparameter ε gewählt. Die Ergebnisse der Störungsrechnung gelten dann nur in der Nachbarschaft von $\varepsilon = 0$, also für $\varepsilon \ll 1$.

Für eine gegebene Gleichung liegt der Störparameter ε also keineswegs von vornherein fest, mathematisch gesehen eignet sich meist mehr als nur ein Systemparameter als Störparameter. Verschiedene Störparameter führen aber zu völlig verschiedenen Ergebnissen; eine für die gewünschte Aussage zweckmäßige Wahl des Störparameters erfordert deshalb eine gewisse „Systemkenntnis" und gelingt deshalb selten ohne ein Mindestmaß an Verständnis für das zugrunde liegende physikalische Problem.

Dass die Störungsrechnung im Falle von Differenzialgleichungen komplizierter ist als für algebraische oder transzendente Gleichungen, liegt auf der Hand – immerhin hängt die zu berechnende Lösung jetzt von der Zeit t ab, und die Störungsrechnung soll im allgemeinsten Fall für alle Zeiten t gelten. Hierbei gilt, dass die Näherungslösung im Allgemeinen um so besser ist, je mehr über das zugrunde liegende System bekannt ist.

Beispiel 6.4 Freie Schwingungen eines nichtlinearen Systems. Bestimmt werden soll die allgemeine Lösung der homogenen Einzel-Differenzialgleichung

$$\ddot{x} + x + \varepsilon x^3 = 0. \tag{6.34}$$

Ohne weitere Kenntnis des Systems wird zunächst die Lösung als asymptotische Reihe

$$x(t) = x_0(t) + \varepsilon x_1(t) + \dots \tag{6.35}$$

Abb. 6.1 Phasendiagramm
des nichtlinearen Einmassen-
Schwingers

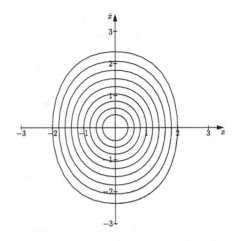

angesetzt und in die Differenzialgleichung (6.34) und nach Potenzen von ε sortiert:

$$\varepsilon^0: \quad \ddot{x}_0(t) + x_0(t) = 0,$$

$$\varepsilon^1: \quad \ddot{x}_1(t) + x_1(t) = -x_0^3(t), \qquad (6.36)$$

$$\varepsilon^2: \qquad \ldots$$

Man erkennt, dass dies eine rekursiv lösbare Folge von Differenzialgleichungen ist. Nimmt man an, dass die Anfangsbedingungen durch $x(0) = 1$ und $\dot{x}(0) = 0$ gegeben sind, bedeutet dies $x_0(0) = 1$, $x_1(0) = 0, \ldots, \dot{x}_0(0) = 0$, $\dot{x}_1(0) = 0, \ldots$ Die allgemeine Lösung für $x_0(t)$ ergibt sich zu $x_0(t) = A \sin t + B \cos t$ und nach Anpassen an die zugehörigen Anfangsbedingungen in der Form $x_0(t) = \cos t$. Eingesetzt in die Differenzialgleichung für $x_1(t)$ folgt so mit $\cos^3 t = (3 \cos t + \cos 3t)/4$ die Differenzialgleichung $\ddot{x}_1(t) + x_1(t) = -(3 \cos t + \cos 3t)/4$, die auf der rechten Seite den „Resonanzterm" $\cos t$ enthält, der zu linear zeitlich anwachsenden Lösungen führt. Mit den zugehörigen Anfangsbedingungen erhält man $x_1(t) = (-\cos t + \cos 3t - 12t \sin t)/32$. Insgesamt ergibt sich somit für $x(t) = x_0(t) + \varepsilon x_1(t)$ eine gegenüber $x_0(t)$ verbesserte Näherungslösung. Allerdings gilt diese nur für kleine Zeiten, da der letzte Term in $x_1(t)$ für große Zeiten stark anwächst. In der Himmelsmechanik waren dies Terme, die sich erst nach hunderten von Jahren auswirken, so dass sie „säkulare Terme" genannt werden. Betrachtet man für dieses Beispiel das zugehörige Phasendiagramm (s. Abb. 6.1), dann sieht man, dass die Phasenkurven geschlossen sind, das System also periodische Lösungen hat, deren unbekannte Kreisfrequenz ω von der des linearen Systems ($\omega_0 = 1$) abweicht. In diesem Fall kann also nicht nur $x(t)$ sondern auch ω nach dem Störungsparameter ε entwickelt werden[5]:

$$x(t) = x_0(t) + \varepsilon x_1(t) + \ldots, \quad \omega = 1 + \varepsilon \omega_1 + \ldots \qquad (6.37)$$

---

[5] Im Rahmen einer systematischen Vorgehensweise (s. Beispiel 6.5) ist die Entwicklung des Frequenzparameters als Lindstedt-Normierung bekannt.

Zunächst führt man die dimensionslose Zeit $\tau = \omega t$ ein, womit sich die Ausgangsdifferenzialgleichung (6.34) mit $(\dot{\;}) = d(\;)/d\tau$ in der Form

$$\omega^2 \ddot{x}(\tau) + x(\tau) + \varepsilon x^3(\tau) = 0 \tag{6.38}$$

schreibt. Nach Einsetzen der Reihenentwicklungen und Sortieren nach Potenzen von ε ergibt sich

$$\begin{aligned}
\varepsilon^0: \quad & \ddot{x}_0(\tau) + x_0(\tau) = 0, \\
\varepsilon^1: \quad & \ddot{x}_1(\tau) + x_1(\tau) = -x_0^3(\tau) - 2\omega_1 \ddot{x}_0(\tau), \\
\varepsilon^2: \quad & \quad \ldots
\end{aligned} \tag{6.39}$$

Mit den gewählten Anfangsbedingungen erhält man $x_0(\tau) = \cos\tau$ und $\ddot{x}_1(\tau) + x_1(\tau) = -(3\cos\tau + \cos 3\tau)/4 + 2\omega_1 \cos\tau$. Jetzt kann durch geschickte Wahl von ω_1 erreicht werden, dass die „Resonanzterme" auf der rechten Seite verschwinden. Dies ist der Fall für $\omega_1 = 3/8$. Damit ergibt sich für x_1 die Lösung $x_1(\tau) = (-\cos\tau + \cos 3\tau)/32$. Ersetzt man in den Anteilen $x_0(\tau)$ und $x_1(\tau)$ die Variable τ wieder durch ωt, so erkennt man, dass sich jetzt insgesamt eine periodische Funktion ergibt, allerdings mit der Kreisfrequenz ω, die etwas größer ist als $\omega_0 = 1$. ∎

Die Störungsrechnung kann jedoch nicht nur bei der Lösung von Anfangswertproblemen mit konstanten Parametern hilfreich sein, sondern z. B. auch bei Stabilitätsproblemen. So kann bei (linearen) Systemen mit zeitveränderlichen Koeffizienten die Ruhelage auch ohne äußere Erregung instabil werden. Man spricht in diesem Fall von parametererregten Schwingungen. So gibt es Parameterbereiche, bei denen die Lösungen abklingen (Ruhelage stabil) und andere Bereiche, bei denen aufklingende Lösungen (Ruhelage instabil) auftreten. Die Floquet-Theorie bietet hierbei Lösungsansätze, letztlich bleibt aber für eine Lösung nur die numerische Integration. Allerdings folgt aus der Floquet-Theorie, dass sich an der Grenze zwischen stabilen und instabilen Parameterbereichen periodische Lösungen ergeben. Im folgenden Beispiel wird dies gezielt ausgenutzt, um die Stabilitätsgrenze im Parameterraum formelmäßig zu bestimmen.

Beispiel 6.5 Untersuchung der Mathieuschen Differenzialgleichung mit der Störungsrechnung. Gesucht ist die Stabilitätsgrenze abhängig von der Intensität ε der Parametererregung und der Frequenz ω. Die Ausgangsgleichung ist die (rheo-)lineare homogene Differenzialgleichung mit periodischen Koeffizienten

$$\ddot{y} + (\omega_0^2 + \varepsilon_1 \cos\omega t)y = 0, \quad \varepsilon_1 \ll \omega_0^2, \tag{6.40}$$

hier mit periodisch veränderlicher (auf die Masse normierter) „Federsteifigkeit" $\omega_0^2 + \varepsilon_1 \cos\omega t$. Die vorgegebenen Anfangsbedingungen werden allerdings erst im weiteren Verlauf des Beispiels spezifiziert.

Führt man in (6.40) die gleiche dimensionslose Zeit $\tau = \omega t$ wie schon in vorangegangenen Beispiel 6.4 und entsprechende Abkürzungen

$$q = \frac{\omega}{\omega_0}, \quad \varepsilon = \frac{\varepsilon_1}{\omega_0^2} \tag{6.41}$$

ein, so erhält man diese auch wieder in dimensionsloser Form

$$q^2 \ddot{y} + (1 + \varepsilon \cos \tau) y = 0, \quad (\dot{\,}) = \frac{d(\,)}{d\tau}, \quad \varepsilon \ll 1. \tag{6.42}$$

Das ungestörte Problem ($\varepsilon = 0$) ist dann einfach

$$q^2 \ddot{y}_0 + y_0 = 0 \quad \rightarrow \quad y_0(\tau) = A \cos \frac{1}{q}\tau + B \sin \frac{1}{q}\tau \tag{6.43}$$

mit der Grundlösung $y_0(\tau)$. Für kleine Amplituden $\varepsilon \ll 1$ kann die gesuchte Lösung wieder in eine Potenzreihe

$$y(\tau) = y_0(\tau) + \varepsilon y_1(\tau) + \varepsilon^2 y_2(\tau) + \ldots \tag{6.44}$$

um die Grundlösung entwickelt werden. Damit ist auch die Differenzialgleichung (6.42) formal eine Potenzreihe in ε, und jede Potenz von ε in (6.42) muss für sich verschwinden. Durch Einsetzen von (6.44) in (6.42) findet man zunächst

$$q^2 \ddot{y}_0 + \varepsilon q^2 \ddot{y}_1 + \ldots + (y_0 + \varepsilon y_1 + \ldots + \varepsilon y_0 \cos \tau + \ldots) = 0 \tag{6.45}$$

oder sortiert

$$(q^2 \ddot{y}_0 + y_0) + \varepsilon(q^2 \ddot{y}_1 + y_1 + y_0 \cos \tau) + \ldots = 0. \tag{6.46}$$

Die nicht explizite angeschriebenen Terme sind in ε mindestens quadratisch. Die Störungsrechnung liefert so

$$\begin{aligned} \varepsilon^0: \ & q^2 \ddot{y}_0 + y_0 = 0 && \rightarrow && y_0(\tau) = A \cos \frac{1}{q}\tau + B \sin \frac{1}{q}\tau, \\ \varepsilon^1: \ & q^2 \ddot{y}_1 + y_1 = -y_0(\tau) \cos \tau && \rightarrow && y_1(\tau) = ?, \\ \varepsilon^2: \ & \quad \ldots \end{aligned} \tag{6.47}$$

Die Differenzialgleichung für y_1 in (6.47) lautet umgeschrieben

$$\ddot{y}_1 + \frac{1}{q^2} y_1 = -\frac{1}{q^2} y_0(\tau) \cos \tau. \tag{6.48}$$

Besitzt diese auf der rechten Seite eine harmonische Anregung, die genau mit der Eigenkreisfrequenz $\frac{1}{q}$ der linken Seite zusammenfällt, so kommt es bekanntlich zur Resonanz, d. h. dem unbeschränkten Anwachsen der Lösung y_1 [s. (3.57) ff.]. Bereits die trigonometrische Zerlegung des Cosinus-Anteils des Produktes $y_0(\tau)\cos\tau$ in der Form

$$-y_{01}(\tau)\cos\tau = -A\cos\frac{1}{q}\tau\cos\tau = -\frac{A}{2}\left[\cos\frac{q-1}{q}\tau + \cos\frac{q+1}{q}\tau\right] \qquad (6.49)$$

zeigt, dass auf der rechten Seite harmonische Anregungen mit den Erregerfrequenzen $\frac{1}{q}(q\pm 1)$ auftreten. Fallen diese mit der Eigenkreisfrequenz $\frac{1}{q}$ des homogenen Problems [linke Seite in (6.48)] zusammen, gilt also

$$\frac{1}{q} = \frac{q\pm 1}{q} \quad\rightarrow\quad q = 1\pm 1 = \begin{cases} 0, & \text{d. h. } \omega = 0 \text{ (trivial)}, \\ 2, & \text{d. h. } \omega = 2\omega_0, \end{cases} \qquad (6.50)$$

so tritt Resonanz ein. $y_1(\tau)$ wächst dann (in τ) unbeschränkt[6]. Für eine Anregung mit $q = 2$ (d. h. $\omega = 2\omega_0$) – die im Experiment als wichtigste in Erscheinung tritt – kann also keine periodische Lösung $y_1(\tau)$ ausgerechnet werden, solange man vom Gleichungssystem (6.47) ausgeht.

Wie kommt man dann aber von der einzelnen Differenzialgleichung (6.46) zu Bestimmungsgleichungen für die Korrekturen y_1, y_2, etc. der Grundlösung y_0 für periodische Lösungen, die ja an der Stabilitätsgrenze vorliegen sollen? Die Lösung stammt von Lindstedt. Sie besteht in der Erkenntnis, dass die Lösung $y(\tau)$ – vorausgesetzt, es gibt überhaupt beschränkte Lösungen – offenbar nicht nur von der Frequenz $\frac{1}{q}$ allein, sondern auch von anderen Frequenzen beherrscht wird. Deshalb muss der Frequenzparameter $q = \frac{\omega}{\omega_0}$ ebenfalls als Potenzreihe (sog. Lindstedt-Normierung)

$$q = q_0 + \varepsilon q_1 + \varepsilon^2 q_2 + \dots \qquad (6.51)$$

in ε entwickelt werden. Der formale Vorteil ist sofort sichtbar: Über die Grundlösung $\varepsilon = 0$ liegt jetzt nur q_0 fest, alle anderen q_i ($i = 1, 2, \dots$) können so gewählt werden, dass die Korrekturen y_1, y_2, etc. wie gewünscht periodisch und beschränkt sind.

Mit $\frac{\omega}{\omega_0} = q_0 + \varepsilon q_1 + \varepsilon^2 q_2 + \dots$ liegt damit eine Kurve im ω, ε-Parameterraum fest, die gerade die Grenze zwischen Stabilität und Instabilität der Ruhelage als trivialer Lösung markiert.

Einsetzen von $q^2 = q_0^2 + 2\varepsilon q_0 q_1 + \dots$ in die noch streng gültige Differenzialgleichung (6.46) liefert

$$q_0^2\ddot{y}_0 + 2\varepsilon q_0 q_1\ddot{y}_0 + y_0 + \varepsilon(q_0^2\ddot{y}_1 + y_1 + y_0\cos\tau) + \dots = 0. \qquad (6.52)$$

---

[6] Das formale Verfahren *Variation der Konstanten* bestätigt das Ergebnis.

Jetzt hat man für die Störungen y_1, y_2, etc. anstelle von (6.47) die geänderten Bedingungen

$$\varepsilon^0: \quad q_0^2 \ddot{y}_0 + y_0 = 0 \qquad\qquad \rightarrow \quad y_0(\tau) = A \cos \frac{1}{q_0}\tau + B \sin \frac{1}{q_0}\tau,$$

$$\varepsilon^1: \quad q_0^2 \ddot{y}_1 + y_1 = -y_0(\tau)\cos\tau - 2q_0 q_1 \ddot{y}_0(\tau) \quad \rightarrow \quad y_1(\tau) = ?,$$

$$\varepsilon^2: \qquad \ldots \tag{6.53}$$

Um aufklingende Lösungen (sog. „säkulare Störungen") oder die sie verursachenden „Säkularterme" zu erkennen, müssen die rechten Seiten der rekursiv lösbaren Differenzialgleichungen in (6.53) als Summe von Harmonischen geschrieben werden.

Wählt man an dieser Stelle weitgehend willkürlich die Anfangsbedingungen

$$y(0) = C_0, \quad \dot{y}(0) = 0 \tag{6.54}$$

und setzt die Potenzreihenlösung (6.44) auch in diese Anfangsbedingungen ein, woraus ergänzend zu (6.53) das Set

$$\varepsilon^0: \quad y_0(0) = C_0, \quad \dot{y}_0(0) = 0, \quad \rightarrow \quad y_0(\tau) = C_0 \cos \frac{1}{q_0}\tau,$$

$$\varepsilon^1: \quad y_1(0) = 0, \quad \dot{y}_1(0) = 0, \quad \rightarrow \quad y_1(\tau) = ?, \tag{6.55}$$

$$\varepsilon^2: \qquad \ldots$$

von Anfangsbedingungen mit angepasster Grundlösung $y_0(\tau)$ folgt, erhält man mit (6.49)

$$-y_0(\tau)\cos\tau - 2q_0 q_1 \ddot{y}_0(\tau) = -\frac{C_0}{2}\left[\cos\frac{q_0-1}{q_0}\tau + \cos\frac{q_0+1}{q_0}\tau\right] + 2C_0 \frac{q_1}{q_0}\cos\frac{1}{q_0}\tau. \tag{6.56}$$

Für q_0 wird nun der physikalisch interessante Wert

$$q_0 = 2 \quad \rightarrow \quad \omega = 2\omega_0 \tag{6.57}$$

eingesetzt; die „Parameter-Erregung" ($\varepsilon\cos\tau$ bzw. $\varepsilon_1\cos\omega t$) erfolgt also mit einer Frequenz in der Nähe der doppelten Eigenkreisfrequenz $2\omega_0$ des ungestörten Problems. Für die rechte Seite (6.56) heißt das

$$-y_0(\tau)\cos\tau - 2q_0 q_1 \ddot{y}_0(\tau) = C_0\left(q_1 - \frac{1}{2}\right)\cos\frac{\tau}{2} - \frac{C_0}{2}\cos\frac{3}{2}\tau, \tag{6.58}$$

und die zugehörige Differenzialgleichung in (6.53) lautet

$$\ddot{y}_1 + \frac{1}{4}y_1 = \frac{C_0}{4}\left(q_1 - \frac{1}{2}\right)\cos\frac{\tau}{2} - \frac{C_0}{8}\cos\frac{3}{2}\tau. \tag{6.59}$$

Da $\cos\frac{\tau}{2}$ eine Lösung der linken Seite und damit einen Resonanz verursachenden Term darstellt, handelt es sich um den gesuchten *Säkularterm*. Er verschwindet nur für

$$q_1 = \frac{1}{2}. \tag{6.60}$$

Damit ist die von Lindstedt eingeführte Frequenzkorrektur [s. (6.51)] in erster Näherung bestimmt; y_1 folgt aus dem gemäß (6.53) und (6.55) verbleibenden Anfangswertproblem

$$\ddot{y}_1 + \frac{1}{4}y_1 = -\frac{C_0}{8}\cos\frac{3}{2}\tau, \quad y_1(0) = 0, \quad \dot{y}_1(0) = 0 \tag{6.61}$$

zu

$$y_1(\tau) = \frac{C_0}{16}\left(-\cos\frac{\tau}{2} + \cos\frac{3}{2}\tau\right). \tag{6.62}$$

Die Lösung des Störungsproblems ist in erster Näherung damit

$$y(\tau) = y_0(\tau) + \varepsilon y_1(\tau) + \ldots = C_0\left[\cos\frac{\tau}{2} + \frac{\varepsilon}{16}\left(-\cos\frac{\tau}{2} + \cos\frac{3}{2}\tau\right) + \ldots\right],$$

$$q = \frac{\omega}{\omega_0} = q_0 + \varepsilon q_1 + \ldots = 2 + \frac{\varepsilon}{2} + \ldots, \tag{6.63}$$

$$\text{mit } \tau = \omega t, \quad \varepsilon = \frac{\varepsilon_1}{\omega_0^2}.$$

Diese Näherungslösung gilt nur in der Nähe von $q_0 = 2$, also ausschließlich für Anregungsfrequenzen $\omega \approx 2\omega_0$. Üblicherweise trägt man die gefundene Frequenzkurve $q(\varepsilon) = 2 + \frac{\varepsilon}{2}$ aufgelöst nach der Amplitude ε der Parameteranregung über der Erregerfrequenz, hier $q = \frac{\omega}{\omega_0}$, in einem Diagramm auf. In der Stabilitätstheorie der Mathieuschen Differenzialgleichung ist das vollständige Diagramm als sog. Ince-Struttsche Karte bekannt. Bisher wurde nur die über bestimmte Anfangsbedingungen ausgewählte Grundlösung $\cos\frac{\tau}{2}$ [in (6.56)] untersucht; sie führt für die Stabilitätskarte zum Frequenz-Parameteramplituden-Zusammenhang $q(\varepsilon) = 2 + \frac{\varepsilon}{2}$. Eine entsprechende Störungsrechnung mit dem anderen möglichen Grundlösungsanteil $\sin\frac{\tau}{2}$ [s. allgemeine Grundlösung $y_0(\tau)$ in (6.53)] liefert den Frequenz-Parameteramplituden-Zusammenhang $q(\varepsilon) = 2 - \frac{\varepsilon}{2}$. Man kann beide Kurven in einem ε-q-Diagramm aufzeichnen. Sie ergeben ein nach oben geöffnetes keilförmiges Gebiet mit der Spitze auf der Abszisse ($\varepsilon = 0$) an der Stelle $q = q_0 = 2$. Für die Parameterwerte $q(\varepsilon)$ reagiert das System [in Gestalt der Differenzialgleichung (6.40) bzw. (6.42)] mit einer parametererregten Schwingung $y(\tau) \neq 0$ der Form (6.63); anders als bei „Zwangsschwingungs"-Problemen antwortet das System nicht mit der Anregungsfrequenz ω, sondern mit den Frequenzen $\frac{\omega}{2}$ und $\frac{3}{2}\omega$.

Wie zuvor bemerkt, stellen diese Kurven genau die Grenze zwischen stabilen und instabilen Bereichen der Mathieu-Gleichung dar. So sind die parametererregten Schwingungen *innerhalb* des durch den Bereich $q(\varepsilon) = 2 \pm \frac{\varepsilon}{2}$ begrenzten Gebietes *instabil*, sie klingen exponentiell mit zunehmendem τ auf. Da es mehrere solcher Bereiche gibt, existieren auch mehrere Instabilitätsgebiete. Da aufklingende Schwingungsantworten in der Praxis das System zerstören oder zumindest unbrauchbar machen, ist die Kenntnis der wichtigsten Instabilitätsbereiche (bei $q = 2, q = 1, q = \frac{2}{3}$, etc.) sehr wichtig. Der breiteste und damit wichtigste Bereich ist tatsächlich der hier berechnete bei $q_0 = 2$; man spricht deshalb auch von „Parameter-Hauptresonanz" bei einer Anregung mit der doppelten Eigenkreisfrequenz $\omega = 2\omega_0$. ∎

Anmerkung zu Beispiel 5.8 aus Kap. 5 Bei der Stabilitätsuntersuchung eines axial pulsierend belasteten Stabes ist – wie dort ausgeführt – die zweite der beiden Störungsgleichungen der Ersten Näherung (5.79) die stabilitätsbestimmende Mathieu-Gleichung (5.80): $\Delta\ddot{y} + \frac{1}{q^2}(1 - \varepsilon \sin \bar{\tau})\Delta y = 0, (\dot{}) = \frac{d()}{d\bar{\tau}}$.

Durch Koordinatenwechsel mittels $-\sin \bar{\tau} \equiv \cos(\frac{\pi}{2} + \bar{\tau}) = \cos \tau$ [mit $\tau = \bar{\tau} + \frac{\pi}{2} \rightarrow \frac{d\tau}{d\bar{\tau}} = 1$] kann diese auch als $\Delta\ddot{y} + \frac{1}{q^2}(1 + \varepsilon \cos \tau)\Delta y = 0, (\dot{}) = \frac{d()}{d\tau}$, d. h. in der Form (6.42) geschrieben werden.

In Beispiel 5.8 ist allerdings (für $q_0 = 2$, $q_1 = \frac{1}{2}$) nicht die direkte Darstellung der Lösung, sondern deren *Zustandsform* $y = x_1$, $\dot{y} = x_2$ gesucht. Mit $y(\tau)$ aus (6.63) ist diese einfach

$$\begin{pmatrix} x_1(\tau) \\ x_2(\tau) \end{pmatrix} = \begin{pmatrix} y(\tau) \\ \dot{y}(\tau) \end{pmatrix} = C_0 \begin{pmatrix} \left(1 - \frac{\varepsilon}{16}\right)\cos\frac{\tau}{2} + \frac{\varepsilon}{16}\cos\frac{3}{2}\tau \\ -\frac{1}{2}\left(1 - \frac{\varepsilon}{16}\right)\sin\frac{\tau}{2} - \frac{3}{32}\varepsilon\sin\frac{3}{2}\tau \end{pmatrix} + D_0 \begin{pmatrix} \cdots \\ \cdots \end{pmatrix}, \quad (6.64)$$

wobei die formale Erweiterung auf allgemeine Anfangsbedingungen [mit $\dot{y}(0) = D_0$ in (6.54), sodass in (6.47) $B = f(D_0)$ wird] nur angedeutet ist. Damit ist aber (für $q_0 = 2$, $q_1 = \frac{1}{2}$) eine Näherungslösung für die Fundamentalmatrix $\Phi(\tau)$ bekannt, denn es gilt

$$\begin{pmatrix} x_1(\tau) \\ x_2(\tau) \end{pmatrix} = \begin{pmatrix} \left(1 - \frac{\varepsilon}{16}\right)\cos\frac{\tau}{2} + \frac{\varepsilon}{16}\cos\frac{3}{2}\tau & \cdots \\ -\frac{1}{2}\left(1 - \frac{\varepsilon}{16}\right)\sin\frac{\tau}{2} - \frac{3}{32}\varepsilon\sin\frac{3}{2}\tau & \cdots \end{pmatrix} \begin{pmatrix} C_0 \\ D_0 \end{pmatrix} \equiv \Phi(\tau)\begin{pmatrix} C_0 \\ D_0 \end{pmatrix}. \quad (6.65)$$

Für die Stabilitätsaussage (5.84) ff. in Beispiel 5.8 wird nur das Element $\phi_{11}(\tau = 2\pi)$ benötigt, also $\phi_{11}(2\pi) = \left(1 - \frac{\varepsilon}{16}\right)\cos\pi + \frac{\varepsilon}{16}\cos 3\pi = -1$. Die Stabilitätsbedingung $|\phi_{11}(2\pi)| \leq 1$ [s. (5.84) ff.] ist offensichtlich erfüllt.

Für die hier zugrunde liegende Erregerfrequenz $q_0 = 2$ ($\omega \approx 2\omega_1$) ist damit das System für $q = 2 \pm \frac{\varepsilon}{2}$ auf der Stabilitätsgrenze, weil dort ja im Rahmen der Störungsrechnung gerade periodische, d. h. beschränkte Lösungen vorausgesetzt wurden. Lässt man beispielsweise für $|q_1|$ Werte $|q_1| < \frac{1}{2}$, z. B. $q_1 = 0$ zu, dann berechnet die Störungsrechnung gemäß (6.59) anwachsende Lösungen $y(\tau)$, die für das Element $\phi_{11}(\tau = 2\pi)$ der Fundamentalmatrix ein Ergebnis $|\phi_{11}(2\pi)| = 1 + \alpha\varepsilon, \alpha > 0$ nach sich ziehen. Damit liegt dort *innerhalb* des keilförmigen Gebiets für jedes noch so kleine $\varepsilon > 0$ Instabilität vor. Umgekehrt erhält man außerhalb, d. h. für $|q_1| > \frac{1}{2}$ und kleines $\varepsilon > 0$ [nach Auswertung von (6.59)] ein Ergebnis für $|\phi_{11}(2\pi)|$, das Stabilität signalisiert.

6.1.3 Randwertprobleme

Die homogene Lösung gewöhnlicher Differenzialgleichungen im Ort x als unabhängiger Variablen führt auf Randwertprobleme. Aus der Menge aller allein durch die Differenzialgleichung bestimmten homogenen Lösungen wählen jetzt *Randbedingungen* an vorgegebenen Stellen – z. B. bei $x = 0$ und $x = \ell$ – die Lösung des jeweiligen Randwertproblems aus.

In Kap. 3 wird gezeigt, dass lineare Randwertprobleme einfach zu lösen sind, wenn sie konstante Koeffizienten besitzen. Sind die Koeffizienten *nicht konstant*, dann existiert i. Allg. kein systematischer Weg zur Ermittlung einer strengen Lösung.

In diesen Fällen ist die Störungsrechnung genau wie auch für Anfangswertprobleme eine erfolgversprechende Strategie, erste Aussagen durch „Stören" eines bekannten Systemverhaltens zu erhalten – vorausgesetzt, es kann auch hier physikalisch sinnvoll ein Störparameter ε gewählt werden.

Da sich Randwertprobleme prinzipiell genauso wie Anfangswertprobleme behandeln lassen, ist eine kurze Diskussion anhand einer linearen Einzel-Differenzialgleichung ausreichend.

Beispiel 6.6 Eigenwertproblem zur Beschreibung von Längsschwingungen eines Stabes mit schwach veränderlichem Querschnitt. Dabei wird die Problemstellung (4.157)–(4.159) in Beispiel 4.11 zugrunde gelegt und die Anregung $F(t)$ null gesetzt. Mit einem Produktansatz $u(x,t) = U(x)T(t)$ [s. (3.359)] folgt daraus

$$[EA(x)U']' + \mu(x)\lambda^2 U = 0, \quad U(0) = U'(\ell) = 0 \qquad (6.66)$$

für die freien Längsschwingungen $u(x,t)$ eines linksseitig (bei $x = 0$) fest eingespannten Stabes mit (bei $x = \ell$) freiem rechten Ende.

λ ist der noch unbestimmte, bei der Separation auftretende freie Parameter, der sog. Eigenwert (hier die Eigenkreisfrequenz) des Problems.

Für den Fall konstanter Dehnsteifigkeit EA_0 und konstanter Massenbelegung μ_0 des Stabes (d. h. $\varepsilon = 0$) kann die strenge Lösung $U_0(x)$ gemäß Beispiel 3.29 in Abschn. 3.3.2 einfach ausgerechnet werden. Für die ortsabhängigen Systemparameter

$$EA(x) = EA_0\left(1 - \varepsilon\frac{x}{\ell}\right), \quad \mu(x) = \mu_0\left(1 - \varepsilon\frac{x}{\ell}\right), \quad \varepsilon \ll 1 \qquad (6.67)$$

eines sich linear, aber schwach verjüngenden Stabes soll mit der Störungsrechnung eine Näherungslösung gefunden werden. Wegen $\varepsilon \ll 1$ ist die gesuchte Lösung wieder als konvergente Potenzreihe

$$U(x) = U_0(x) + \varepsilon U_1(x) + \varepsilon^2 U_2(x) + \dots \qquad (6.68)$$

um die Grundlösung U_0 entwickelbar. Die Rechnung verläuft auch im Folgenden analog zu der in Abschn. 6.1.2 bei Anfangswertproblemen. Obwohl hier – im Gegensatz zu Anfangswertproblemen – keine Säkularlösungen entstehen können (da die unabhängig Veränderliche x nicht größer als ℓ werden kann), muss auch bei Randwertproblemen der Eigenwert λ (bzw. dessen Quadrat) in eine Potenzreihe in ε entwickelt werden:

$$\lambda^2 = \lambda_0^2 + \varepsilon \lambda_1^2 + \varepsilon^2 \lambda_2^2 + \dots \tag{6.69}$$

Die Begründung ist ähnlich wie bei Anfangswertproblemen: Dort werden die Frequenzkorrekturen benötigt, um *zeitlich* periodische Lösungen zu erzeugen; bei Randwertproblemen sind die Korrekturen λ_1, λ_2, etc. des Eigenwertes λ_0 erforderlich, um auch bei $\varepsilon \neq 0$ die Randbedingungen erfüllen zu können.

Ein wesentliches Merkmal von Randwertproblemen ist auch, dass abzählbar unendlich viele Lösungen U_k ($k = 0, \pm 1, \pm 2, \dots$) auftreten; diese dienen – wie man beim Zurückgehen auf den ursprünglich verwendeten Separationsansatz $u(x, t) = U(x)T(t)$ sofort sieht – zum Aufbau einer allgemeinen Lösung $u(x, t) = \sum_k U_k(x)T_k(t)$ durch Superposition aller Teillösungen. Die in $U_k(x)$ noch unbestimmten Koeffizienten A_k und B_k können dann durch Vorgabe von Anfangsbedingungen $u(x, 0) = u_0(x), u'(x, 0) = v_0(x)$ festgelegt werden.

Im vorliegenden Fall ist der schematische Lösungsweg wie folgt:

1. Einsetzen der Reihenentwicklungen (6.68) und (6.69), Sortieren in ε-Potenzen, Lösen des Grundproblems ($\varepsilon = 0$):

$$\varepsilon^0: \quad U_0'' + \kappa_0^2 U_0 = 0, \qquad\qquad \rightarrow \quad U_{0k}(x) = A_k \sin \kappa_{0k} x, \quad k = 1, 2, \dots$$

$$U_0(0) = 0, \quad U_0'(\ell) = 0 \qquad\qquad \text{mit } \kappa_{0k} = \frac{\pi}{\ell} \frac{2k-1}{2} \text{ und } \lambda_{0k}^2 = \frac{E A_0 \kappa_{0k}^2}{\mu_0},$$

$$\varepsilon^1: \quad U_{1k}'' + \kappa_{0k}^2 U_{1k} = \frac{1}{\ell} U_{0k}' - \kappa_{1k}^2 U_{0k}, \quad \rightarrow \quad U_{1k}(x) = ?$$

$$U_{1k}(0) = 0, \quad U_{1k}'(\ell) = 0 \qquad\qquad \text{mit } \kappa_{1k} = ? \text{ und } \lambda_{1k}^2 = \frac{E A_0 \kappa_{1k}^2}{\mu_0},$$

$$\varepsilon^2: \quad \dots \tag{6.70}$$

2. Einsetzen der k-ten Grundlösung $U_{0k}(x)$ in die Störungsgleichung für $U_{1k}(x)$:

$$U_{1k}'' + \kappa_{0k}^2 U_{1k} = A_k \left(\frac{\kappa_{0k}}{\ell} \cos \kappa_{0k} x - \kappa_{1k}^2 \sin \kappa_{0k} x \right), \quad U_{1k}(0) = 0, \quad U_{1k}'(\ell) = 0$$

$$\rightarrow \quad U_{1k}(x) = ? \text{ und } \kappa_{1k} = ? \tag{6.71}$$

3. Berechnen der Partikulärlösung $U_{1k\,P}$ mittels Variation der Konstanten, Bilden der Gesamtlösung:

$$U_{1k}(x) = U_{1k\,H} + U_{1k\,P}$$

$$= B_k \sin \kappa_{0k} x + D_k \cos \kappa_{0k} x + \frac{1}{2} A_k \left[\frac{\kappa_{1k}^2}{\kappa_{0k}} x \cos \kappa_{0k} x + \left(\frac{x}{\ell} - \frac{1}{2} \frac{\kappa_{1k}^2}{\kappa_{0k}^2} \right) \sin \kappa_{0k} x \right].$$

$$(6.72)$$

4. Anpassen der Gesamtlösung $U_{1k}(x)$ an die Randbedingungen (dadurch ist auch κ_{1k} bestimmt):

Aus Randbedingungen: $D_k = 0$, $\quad \kappa_{1k} = \frac{1}{\ell}$ (unabhäng. von k),

$$U_{1k}(x) = B_k \sin \kappa_{0k} x + \frac{1}{2} A_k \left[\frac{1}{\kappa_{0k} \ell} \frac{x}{\ell} \cos \kappa_{0k} x + \left(\frac{x}{\ell} - \frac{1}{2(\kappa_{0k}\ell)^2} \right) \sin \kappa_{0k} x \right].$$

$$(6.73)$$

5. Zusammenstellen der Gesamtlösung $U_k(x)$ des Randwertproblems in erster Näherung:

$$U_k(x) = U_{0k}(x) + \varepsilon U_{1k}(x) + \dots$$

$$= \left[A_k + \varepsilon B_k + \varepsilon \frac{A_k}{2} \left(\frac{x}{\ell} - \frac{1}{2(\kappa_{0k}\ell)^2} \right) \right] \sin(\kappa_{0k} x)$$

$$+ \left[\varepsilon \frac{A_k}{2} \frac{x}{\ell} \frac{1}{\kappa_{0k} \ell} \right] \cos(\kappa_{0k} x) + \dots,$$

$$\lambda_k^2 = \lambda_{0k}^2 + \varepsilon \lambda_{1k}^2 + \dots$$

$$= \frac{E A_0}{\mu_0 \ell^2} (\kappa_{0k}\ell)^2 \left[1 + \varepsilon \frac{1}{(\kappa_{0k}\ell)^2} + \dots \right]$$

$$(6.74)$$

$$\text{mit } \kappa_{0k} = \frac{2k-1}{2} \frac{\pi}{\ell}, \ k = 1, 2, \dots, \text{ und } A_k, B_k \text{ als freie Konstanten.} \qquad \blacksquare$$

Trotz der formalen Analogie zwischen Anfangswert- und Randwertproblemen ist der konkrete Rechengang bei Anfangswertproblemen doch sehr viel einfacher als bei Randwertproblemen.

Insbesondere können bei Anfangswertproblemen die „Frequenzkorrekturen" q_1, q_2, etc. – falls diese physikalisch begründet werden können – direkt aus den „Säkulartermen" der inhomogenen Gleichungen abgelesen werden [z. B. folgt q_1 in Beispiel 6.5 direkt aus der Bestimmungsgleichung (6.59) für y_1]; bei Randwertproblemen dagegen kann die erforderliche Eigenwertkorrektur (in Beispiel 6.6 also λ_1^2, λ_2^2, etc.) nicht durch Umformen der Gleichungen, sondern erst durch explizites Anpassen der jeweiligen Korrekturlösung an die Randbedingungen berechnet werden. Dies führt natürlich zu einigem Rechenaufwand gerade für den Fall (der häufig vorkommt), dass man nur an den Eigenwerten (in Beispiel 6.6 also $\lambda_k^2 = \lambda_{0k}^2 + \varepsilon \lambda_{1k}^2$) und gar nicht an der gestörten Lösung interessiert ist.

6.2 Galerkin-Verfahren (gewichtete Residuen)

Das Galerkinsche Näherungsverfahren ist eine weit verbreitete Methode zur approximativen Lösung eines vorgegebenen Problems, meist einer Differenzialgleichung [z. B. in der Gestalt (3.340)]. Die Näherungslösungen unterscheiden sich grundlegend von solchen, die man mittels einer Störungsrechnung (s. Abschn. 6.1) erhält. Anstelle der dort benutzten asymptotischen Entwicklung im Störparameter ε wird beim Galerkin-Verfahren die gesuchte Näherungslösung $\bar{\mathbf{q}}(x, t)$ in ein vorgegebenes (sog. vollständiges) Funktionensystem[7] $\mathbf{y}_n(x, t)$ $(n = 1, 2, \ldots)$ entwickelt:

$$\bar{\mathbf{q}}(x, t) = \sum_{n=1}^{N} \varrho_n(t) \mathbf{y}_n(x, t). \tag{6.75}$$

Gesucht sind jetzt die (i. Allg. zeitabhängigen) Koeffizienten $\varrho_n(t)$; vorgegeben dagegen sind die *Ansatzfunktionen* $\mathbf{y}_n(x, t)$. Man findet geeignete Ansatzfunktionen am besten durch Lösen eines einfacheren, aber doch der ursprünglichen Aufgabe noch ähnlichen Problems[8]. Der Vorteil liegt dann in der für eine gute Approximationsgüte ausreichenden nur geringen Anzahl N von Ansatzfunktionen; oft ist sogar $N = 1$ angestrebt, um so noch weitgehend durch „Handrechnung" erste Aussagen über das Systemverhalten gewinnen zu können. Nimmt man dagegen formal zwar korrekte, aber doch physikalisch wenig begründete Ansatzfunktionen, so kann die gewünschte Güte meist nur durch einen „vielgliedrigen" (z. B. aus $N = 5$ Funktionen bestehenden) Ansatz erreicht werden.

Eine in der Praxis häufig vorkommende Fragestellung behandelt die näherungsweise Berechnung von Eigenwerten bzw. Eigenfrequenzen. Je ähnlicher die Ansatzfunktionen $\mathbf{y}_n$ den (natürlich nicht bekannten) Eigenfunktionen des Problems sind, desto genauer wird – bei gleichem N – das Ergebnis. Oft spricht man beim Galerkin-Verfahren deshalb auch von einem „modalen" Verfahren.

---

[7] Ein Funktionen-*System* ist nichts anderes als eine abzählbare Menge *unendlich* vieler „*verwandter*" Funktionen, z. B. $f_k = x^k$ $(k = 0, 1, \ldots)$. Durch geeignete Überlagerung aller Mitglieder $f_k(x)$ eines Funktionensystems kann eine weitgehend beliebige Funktion $h(x)$ in einem endlichen Intervall approximiert bzw. dargestellt werden: $h(x) = \sum_{k=0}^{\infty} a_k f_k(x)$. Diese Entwicklung gelingt aber *nur* dann, wenn das jeweilige Funktionensystem *vollständig* ist, d. h. *alle* Mitglieder des Funktionen-„Typs" auch tatsächlich enthält. So ist das System $f_k(x) = x^k$ $(k = 0, 1, 3, \ldots)$ nicht mehr vollständig, da eine der Potenzfunktionen, hier $f_2 = x^2$, fehlt. Deutlicher wird das Problem bei Betrachtung von $f_k(x) = \sin k\pi x$ $(k = 0, 1, \ldots)$. Da alle Funktionen f_k den Wert $f_k(1) \equiv 0$ an der Intervallgrenze $x = 1$ aufweisen, kann *keine* Funktion $h(x)$ mit $h(1) \neq 0$ in dieses Funktionensystem entwickelt werden; damit ist das System der Funktionen $f_k(x)$ ersichtlich *nicht vollständig*. Vollständig ist erst die Vereinigung der beiden Funktionensysteme $f_k(x) = \sin k\pi x$ und $g_k(x) = \cos k\pi x$, weil sich damit *jede* Funktion $h(x)$ im Intervall $(0, 1)$ entwickeln lässt: $h(x) = b_0 + \sum_{k=1}^{\infty} (a_k \sin k\pi x + b_k \cos k\pi x)$ (Fourier-Reihe).

[8] Dies erinnert natürlich an das Grundproblem der Störungsrechnung, das dem zu untersuchenden Problem ebenfalls „benachbart" ist.

Für das Galerkin-Verfahren typisch ist die spezielle Vorgehensweise, wie aus den *streng* gültigen Bestimmungsgleichungen [für die exakte Lösung $\mathbf{q}(x,t)$] – z. B. der Differenzialgleichung (3.340) – die gesuchten Bestimmungsgleichungen für die noch verbleibenden N Unbekannten $\varrho_n(t)$ erzeugt werden. Diese Vorgehensweise erweist sich als Sonderfall eines noch allgemeineren Verfahrens, des *Verfahrens der gewichteten Residuen*.

6.2.1 Grundlagen

Zur Darstellung des Galerkin-Verfahrens wird in Anlehnung an Kap. 3 eine Matrizen-Differenzialgleichung der Form

$$\mathcal{O}_D \mathbf{q}(x,t) = \mathbf{p}(x,t), \quad 0 < x < \ell \tag{6.76}$$

mit der *exakten*, aber unbekannten Lösung $\mathbf{q}(x,t)$ an den Anfang gestellt. Der Operator $\mathcal{O}_D$ steht für einen linearen oder auch nichtlinearen und gewöhnlichen oder auch partiellen Differenzialoperator. Die Inhomogenität der Differenzialgleichung ist $\mathbf{p}(x,t)$.

Zunächst bildet man eine „Fehlergröße", das sog. *Residuum*

$$\mathbf{e} = \mathcal{O}_D \mathbf{q} - \mathbf{p}, \tag{6.77}$$

das beim Einsetzen der strengen Lösung $\mathbf{q}(x,t)$ natürlich identisch verschwindet. Für eine beliebige Näherungslösung $\bar{\mathbf{q}}(x,t)$ gilt dagegen stets $\mathbf{e} \neq \mathbf{0}$. Die Größe des Residuums $\mathbf{e}(x,t)$ ist ein Maß für den Approximationsfehler. Allerdings ist es zweckmäßiger, anstelle von $\mathbf{e}(x,t)$, ein vom Ort x unabhängiges Fehlermaß zur Beurteilung der Approximationsgüte zu verwenden. Man wird dazu den einfachsten Weg wählen und durch Integration von $\mathbf{e}(x,t)$ im Intervall $(0,\ell)$ auf ein im Ort „gemitteltes" Fehlermaß übergehen.

Das *Verfahren der gewichteten Residuen* besteht nun gerade darin, das gemittelte (und zusätzlich noch gewichtete) Residuum $\mathbf{e}$ zu null zu machen[9].

Die Konsequenz daraus ist, dass für eine so berechnete Näherungslösung $\bar{\mathbf{q}}(x,t)$ der Fehler $\mathbf{e}(x,t)$ nicht für *alle* x, sondern nur im Mittel verschwindet – im Gegensatz zur strengen Lösung $\mathbf{q}(x,t)$. Mathematisch verlangt also das Verfahren der gewichteten Residuen von der Näherungslösung $\bar{\mathbf{q}}$ nicht die Erfüllung der streng gültigen Differenzialgleichung (6.76), sondern das Erfüllen von

$$\int_0^\ell \mathbf{H}(x,t)\mathbf{e}(x,t)dx = \mathbf{0}, \quad t \geq 0 \tag{6.78}$$

im hier betrachteten Intervall $0 < x < \ell$. Die Gewichtungsmatrix $\mathbf{H}(x,t)$ ist dabei beliebig und kann so auch angepasst an das jeweilige Problem gewählt werden. Die durch

---

[9] I. Allg. ist $\mathbf{e}$ ein „Vektor"; alle Aussagen gelten dann komponentenweise.

(6.78) wiedergegebene Vektorform ist allerdings nicht gebräuchlich; üblich ist eine Formulierung

$$\int_0^\ell \mathbf{h}^T(x,t)\mathbf{e}(x,t)\,dx = 0, \quad t \geq 0 \tag{6.79}$$

im Sinne eines Skalarprodukts, worin $\mathbf{h}(x,t)$ eine Gewichtungsfunktion in Form einer Spaltenmatrix darstellt.

Jetzt soll Forderung (6.79) des Verfahrens der gewichteten Residuen auf das Galerkin-Verfahren spezialisiert werden: Das Galerkin-Verfahren wählt als Gewichtungsfunktion stets eine der Ansatzfunktionen $\mathbf{y}_k(x,t)$, d. h.

$$\mathbf{h}_{\text{GAL}}(x,t) = \mathbf{y}_k(x,t) \tag{6.80}$$

und als Ansatz für die gesuchte Lösung $\bar{\mathbf{q}}$ stets die Funktionenreihe (6.75). Die Entwicklung (6.75) in die vorgegebenen, vom Ort x und der Zeit t abhängigen Ansatzfunktionen $\mathbf{y}_n$ („Form"-Funktionen) wird manchmal als N-gliedriger Kantorowitsch-Ansatz bezeichnet. Die N Galerkinschen Gleichungen für die N Unbekannten $\varrho_n(t)$ folgen damit aus (6.79) zu

$$\int_0^\ell \mathbf{y}_k^T(x,t)[\mathcal{O}_D\bar{\mathbf{q}} - \mathbf{p}(x,t)]dx = 0, \quad k = 1,\ldots,N$$

$$\text{mit } \bar{\mathbf{q}}(x,t) = \sum_{n=1}^N \varrho_n(t)\mathbf{y}_n(x,t). \tag{6.81}$$

Dass es sich bei (6.81) i. Allg. um ein inhomogenes *System gewöhnlicher Differenzialgleichungen* in der Zeit t handelt, sieht man besser in der Form

$$\int_0^\ell \mathbf{y}_k^T \mathcal{O}_D \left[\sum_{n=1}^N \varrho_n(t)\mathbf{y}_n(x,t)\right] dx = \int_0^\ell \mathbf{y}_k^T \mathbf{p}(x,t)dx, \quad k = 1,\ldots,N. \tag{6.82}$$

Für die Praxis ausreichend ist jedoch meistens – anstelle der allgemeinen Kantorowitsch-Entwicklung (6.75) – einer der beiden einfacheren Sonderfälle: erstens der sog. N-gliedrige „gemischte" Ritz-Ansatz

$$\bar{\mathbf{q}}(x,t) = \sum_{n=1}^N \varrho_n(t)\mathbf{y}_n(x) \tag{6.83}$$

oder zweitens der klassische N-gliedrige Ritz-Ansatz (für zeitfreie Probleme)

$$\bar{\mathbf{q}}(x) = \sum_{n=1}^N \varrho_n\mathbf{y}_n(x). \tag{6.84}$$

Ist der Differenzialoperator $\mathcal{O}_\mathrm{D}$ linear und das ursprüngliche Problem (6.76) zeitfrei, so nehmen die Galerkinschen Gleichungen (6.82) [aufgrund des Ritz-Ansatzes (6.84) und der erlaubten Vertauschung von Integral und Summe] die einfache „explizite" Gestalt

$$\sum_{n=1}^{N} \left\{ \int_0^\ell \mathbf{y}_k^T \mathcal{O}_{\mathrm{D,lin.}} \mathbf{y}_n(x)\,dx \right\} \varrho_n = \int_0^\ell \mathbf{y}_k^T(x) \mathbf{p}_k(x)\,dx, \quad k = 1, \dots, N \qquad (6.85)$$

eines linearen Gleichungssystems für die N unbekannten Koeffizienten ϱ_n an.

Besonders einfach wird das Gleichungssystem dann, wenn für die Ansatzfunktionen $\mathbf{y}_n$ gewisse *Orthogonalitätsrelationen* gelten.

6.2.2 Ansatzfunktionen

Unabhängig davon, dass eventuell bestimmte Orthogonalitätsrelationen gültig sind, werden an die Ansatzfunktionen $\mathbf{y}_n$ sowohl beim Galerkin-Verfahren als auch beim Ritz-Verfahren in Abschn. 6.3 gewisse Anforderungen gestellt; diese sind Voraussetzung dafür, dass mit $\mathbf{y}_n$ gebildete Näherungslösungen $\bar{\mathbf{q}}$ auch tatsächlich gegen die unbekannte Lösung $\mathbf{q}$ konvergieren[10].

Man unterscheidet drei Funktionenklassen, an die nacheinander immer stärkere Anforderungen gestellt werden:

1. *Zulässige Funktionen.* Diese erfüllen die *wesentlichen* oder *geometrischen* Randbedingungen und sind m-mal stetig differenzierbar, wenn $2m$ für die Ordnung der betrachteten Differenzialgleichung in der Ortsvariablen x steht.
2. *Vergleichsfunktionen.* Diese erfüllen sämtliche Randbedingungen, also sowohl *geometrische* wie auch (*„restliche"* oder) *dynamische.* Sie sind $2m$-mal stetig differenzierbar.
3. *Eigenfunktionen.* Diese erfüllen streng sowohl die Differenzialgleichung (6.76) (dazu müssen sie ebenfalls $2m$-mal stetig differenzierbar sein) als auch *sämtliche* Randbedingungen.

Da beim klassischen Galerkin-Verfahren keinerlei Randbedingungen in die Galerkinschen Gleichungen (6.81) eingehen, müssen die Ansatzfunktionen $\mathbf{y}_n$ mindestens *Vergleichsfunktionen* sein[11]. Beim Ritz-Verfahren in Abschn. 6.3 sind die dynamischen Randbedingungen bereits Bestandteil der Ritzschen Gleichungen, so dass dort nur noch die Verwendung *zulässiger Funktionen* $\mathbf{y}_n$ verlangt werden muss.

---

[10] Auch wenn diese Voraussetzungen eingehalten werden, ist die Konvergenz nur für gewisse Klassen von Problemen, z. B. lineare Randwertprobleme 1-parametriger Kontinua mit zeitunabhängigen Koeffizienten, allgemein bewiesen.

[11] Erweiterte Varianten des Galerkin-Verfahrens enthalten zusätzliche Informationen über dynamische Randbedingungen, so dass dann *zulässige Funktionen* als Ansatzfunktionen ausreichen.

Geht man über die gestellten Forderungen an das Funktionensystem $\mathbf{y}_n$ hinaus, so erhält man deutlich verbesserte Ergebnisse und meist auch einfacher strukturierte Bestimmungsgleichungen für die gesuchten Entwicklungskoeffizienten ϱ_n.

Beim Galerkin-Verfahren liefert im Falle linearer Differenzialgleichungen z. B. die Verwendung von *Eigenfunktionen* nicht nur entkoppelte, streng gültige Einzel-Differenzialgleichungen für die unbekannten Zeitfunktionen $\varrho_n(t)$, sondern auch die exakten Eigenwerte des Problems. Wie der Vergleich mit Abschn. 3.3.3 (oder Abschn. 3.2.3) zeigt, entspricht diese Vorgehensweise für inhomogene Differenzialgleichungen der Lösung des Problems mittels Modalanalyse. Im Falle einer homogenen Differenzialgleichung verbirgt sich dahinter (s. Abschn. 3.3.2 oder 3.2.2) die dort beschriebene Hauptachsentransformation.

6.2.3 Anwendungsbeispiel

Zum Verständnis des Galerkin-Verfahrens ist es ausreichend, *skalare* (partielle) Differenzialgleichungen zu diskutieren. Um zudem den unterschiedlichen Charakter von Galerkin-Verfahren und Störungsrechnung zu verdeutlichen, liegt es nahe, das mit der Störungsrechnung approximativ gelöste Längsschwingungsproblem in Beispiel 6.6 auch mit dem Galerkin-Verfahren zu behandeln.

Beispiel 6.7 Längsschwingungen eines Stabes mit schwach veränderlichem Querschnitt. Anstelle des zeitfreien Randwertproblems (6.66), (6.67) in Beispiel 6.6 soll jetzt die Bewegungsgleichung mit Randbedingungen

$$(EAu_{,x})_{,x} - \mu u_{,tt} = 0, \quad u(0,t) = 0, \quad u_{,x}(\ell,t) = 0,$$

$$EA(x) = EA_0\left(1 - \varepsilon\frac{x}{\ell}\right), \quad \mu(x) = \mu_0\left(1 - \varepsilon\frac{x}{\ell}\right) \tag{6.86}$$

[s. (4.157)–(4.159) in Beispiel 4.11 für $F(t) \equiv 0$] zugrunde gelegt werden. Der Lösungsansatz (6.75) wird hier als gemischter Ritz-Ansatz (6.83) in skalarer Gestalt

$$\bar{u}(x,t) = \sum_{n=1}^{N} \varrho_n(t)U_n(x) \tag{6.87}$$

mit – wie vorgeschrieben – Vergleichsfunktionen $U_n(x)$ gebildet. Wählt man einfach

$$U_n(x) = \sin\lambda_n x, \quad n = 1, 2, \ldots, N, \tag{6.88}$$

so verlangt die Erfüllung sämtlicher Randbedingungen

$$U_n(0) = 0: \quad \text{(identisch erfüllt)}$$

$$U_n'(\ell) = 0: \quad \cos\lambda_n\ell = 0 \;\rightarrow\; \lambda_n = \frac{2n-1}{2}\frac{\pi}{\ell}, \quad n = 1, 2, \ldots, N. \tag{6.89}$$

Die Ansatzfunktionen

$$U_n(x) = \sin \lambda_n x, \quad \lambda_n = \frac{2n-1}{2}\frac{\pi}{\ell}, \quad n = 1, 2, \ldots, N \tag{6.90}$$

sind also Vergleichsfunktionen [aber keine Eigenfunktionen, da $U_n(x)$ keine exakte Lösung des zeitfreien Randwertproblems (6.66) darstellt]. Zur besseren Übersicht soll die Rechnung hier auf $N = 1$ beschränkt werden[12]; der Index n kann dann überall weggelassen werden. Die Galerkinschen Gleichungen (6.85) reduzieren sich so auf eine Einzelgleichung

$$EA_0 \left(\int_0^\ell \left[(1 - \varepsilon\frac{x}{\ell})U''U - \frac{\varepsilon}{\ell}U'U \right] dx \right) \varrho - \mu_0 \left(\int_0^\ell (1 - \varepsilon\frac{x}{\ell})U^2 dx \right) \ddot{\varrho} = 0. \tag{6.91}$$

Für U ist jetzt die Vergleichsfunktion (6.90) für den Fall $N = n = 1$, d. h. also

$$U(x) = \sin \lambda x, \quad \lambda = \frac{\pi}{2\ell} \tag{6.92}$$

einzusetzen. Die in der Galerkinschen Gleichung (6.91) auftretenden Integrale lassen sich einfach berechnen. Benötigt werden dazu nur die elementaren Beziehungen

$$\int_0^\ell \sin^2 \lambda x\, dx = \frac{\ell}{2}, \quad \int_0^\ell x \sin^2 \lambda x\, dx = \frac{\ell^2}{4}\left[1 + \left(\frac{2}{\pi}\right)^2 \right], \quad \int_0^\ell \cos \lambda x \sin \lambda x\, dx = \frac{\ell}{\pi}. \tag{6.93}$$

Die Galerkinsche Gleichung (6.91) kann damit in Gestalt einer Schwingungsdifferenzialgleichung mit konstanten Koeffizienten

$$\ddot{\varrho} + \underbrace{\frac{EA_0}{\mu_0\ell^2} \left(\frac{\pi^2}{4} + \frac{\varepsilon}{1 - \frac{\varepsilon}{2}\left[1 + \left(\frac{2}{\pi}\right)^2 \right]} \right)}_{\omega_{\mathrm{GAL}}^2} \varrho = 0 \tag{6.94}$$

für die gesuchten Entwicklungskoeffizienten $\varrho(t)$ geschrieben werden. Die durch das Galerkin-Verfahren (genähert) bestimmte *erste Eigenkreisfrequenz* ω_{GAL} lässt sich daraus einfach ablesen. Damit ist natürlich $\varrho(t)$ und auch die Lösung $u(x, t)$ für einen sich verjüngenden Stab in erster Näherung $\bar{u}(x, t) = \varrho(t)U(x)$ bestimmt. Sinnvoll lässt sich das Galerkin-Verfahren und die Störungsrechnung anhand der jeweils ermittelten ersten

---

[12] Eine Rechnung mit beliebig großer Obergrenze N für ein ähnliches Beispiel – jedoch unter Benutzung von Polynomansätzen – ist in [6] zu finden.

Eigenkreisfrequenzen vergleichen. Die Störungsrechnung liefert für die Längsschwingungen des sich verjüngenden Stabes als genäherte tiefste Eigenkreisfrequenz [s. (6.70) und (6.74)]

$$\omega_{SR}^2 = \lambda_{SR}^2 = \frac{EA_0}{\mu_0 \ell^2} \left[\left(\frac{\pi}{2} \right)^2 + \varepsilon + \dots \right], \tag{6.95}$$

das Galerkin-Verfahren jedoch das Ergebnis in (6.94). Da die Störungsrechnung aber nur in erster Näherung, d. h. nur bis auf in ε lineare Terme konsistent durchgeführt wurde, können ω_{SR}^2 und ω_{GAL}^2 auch nur in erster Näherung in ε verglichen werden.

Entwickeln des Eigenfrequenzquadrates ω_{GAL}^2 in erster Näherung in ε führt auf

$$\omega_{GAL}^2 = \frac{EA_0}{\mu_0 \ell^2} \left(\frac{\pi}{2} \right)^2 \left[1 + \varepsilon \left(\frac{2}{\pi} \right)^2 + \dots \right]. \tag{6.96}$$

Beide Lösungen sind offensichtlich identisch. ∎

Dennoch muss wiederholt betont werden, dass das Galerkin-Verfahren einen völlig anderen Zugang zu einer Näherungslösung darstellt als die Störungsrechnung. So unterscheiden sich auch die beiden genäherten Lösungen $\bar{u}_{SR}(x,t)$ und $\bar{u}_{GAL}(x,t)$ – im Gegensatz zu den zugehörigen ersten Eigenkreisfrequenzen – deutlich. Dies zeigt sich bereits durch qualitativen Vergleich der Ansatzfunktionen $U(x) = \sin \frac{\pi}{2} \frac{x}{\ell}$ des Galerkin-Verfahrens mit der durch Störungsrechnung ermittelten Ortsfunktion (6.74).

6.3 Ritz-Verfahren

Das Verfahren von Ritz unterscheidet sich in mindestens einem wesentlichen Punkt vom Galerkin-Verfahren. Das Ritz-Verfahren basiert – anders als das Galerkin-Verfahren – nicht auf Differenzialgleichungen, sondern auf Variationsproblemen, wie diese beispielsweise im Rahmen der analytischen Mechanik auftreten (s. Kap. 4).

Variationsprobleme enthalten aber in natürlicher Weise sowohl die beim Galerkin-Verfahren [s. (6.78)] „willkürlich" durchgeführte Gewichtung als auch die erforderliche *Mittelung* (d. h. Integration). Deutlich wird dies schon beim Oszillator in der Form (4.30)$_1$ bzw. (4.30)$_5$, wenn man sich für die gesuchte Schwingung $q(t)$ eine Approximation $\bar{q}(t) = \sum_{n=1}^{N} \varrho_n(t) y_n$ eingesetzt vorstellt.

Der Ritzsche Gedanke ist nun – vor dem Hintergrund des in Abschnitt 6.2 diskutierten Galerkin-Verfahrens – einleuchtend: Nimmt man einfach eine Entwicklung der gesuchten Näherungslösung in der Gestalt (6.75) und setzt diese direkt in das Variationsproblem [z. B. in (4.132)] ein, so hat man nach der üblichen Argumentation der Variationsrechnung sofort eine den Galerkinschen Gleichungen (6.81) entsprechende Formulierung des Problems gefunden. Und dies, ohne sich größere Gedanken über die Art der Gewichtung bzw. Mittelung machen zu müssen; beide sind ja bereits über das Variationsproblem vorgegeben.

Ist das zu untersuchende Problem zeitfrei, so tritt an die Stelle des gemischten Ritz-Ansatzes (6.83) der klassische (6.84); ansonsten bleibt die Vorgehensweise völlig ungeändert. Man findet schließlich Ritzsche Gleichungen, die mit den vereinfachten Galerkinschen Gleichungen (6.85) korrespondieren.

Es ist hier auch schon zu erwarten, dass für viele Probleme bei entsprechender Wahl der Ansatzfunktionen die Näherungsgleichungen des Ritz-Verfahrens mit denen des Galerkin-Verfahrens übereinstimmen werden.

Andererseits kann man vermuten, dass der physikalische Hintergrund, auf dem das Variationsfunktional basiert (z. B. in Form eines mechanischen Gesetzes), auch ein „physikalisch motiviertes" Näherungsergebnis liefert, da ja beim Ritz-Verfahren die Gestalt der Näherungsgleichungen weitgehend schon durch das Variationsfunktional festliegt.

Verengt man das Ritz-Verfahren auf „echte" Extremalaufgaben, z. B. in Gestalt des Prinzips von Hamilton, dann lässt sich zum einen mit (4.134) als Ausgangspunkt die Argumentation der Variationsrechnung unverändert aufrecht erhalten. Zum anderen kann man aber auch [s. (4.35) ff.] die Lagrangeschen Gleichungen

$$\frac{\partial L}{\partial \varrho_n} - \frac{d}{dt} \frac{\partial L}{\dot{\varrho}_n} = 0, \quad n = 1, 2, \ldots, N \tag{6.97}$$

als notwendige Bedingungen für

$$\mathcal{H}[\varrho_1, \ldots, \varrho_N] = \int\limits_{t_1}^{t_2} L(\varrho_1, \dot{\varrho}_1, \ldots, \varrho_N, \dot{\varrho}_N) dt \Rightarrow \text{stationär}, \tag{6.98}$$

[wie sie aus (4.135) nach Einsetzen eines gemischten Ritz-Ansatzes (6.83) resultieren] auswerten. Die Vorgehensweise zur Herleitung der Lagrangeschen Gleichungen (6.97) mit ihrer anschließenden Auswertung ist äquivalent zu jener der Variationsrechnung. Insofern ist es völlig belanglos, wie man konkret die Ritzschen Gleichungen generiert. Die *direkte* Auswertung der Lagrangeschen Gleichungen (ohne sich nochmals um ihre Herleitung zu kümmern) ist aber einfacher als die Ausführung sämtlicher Einzelschritte der Variationrechnung.

Im zeitfreien Fall wird die Stationaritätsbedingung (4.135) unter Verwendung des klassischen Ritz-Ansatzes (6.84) in der Gestalt

$$\mathcal{H}[\varrho_1, \ldots, \varrho_N] = \int\limits_{t_1}^{t_2} L(\varrho_1, \ldots, \varrho_N) dt \Rightarrow \text{stationär} \tag{6.99}$$

noch einfacher als (6.98). Dies ist auch die klassische mit dem Ritzschen Verfahren behandelte Fragestellung, bei der man nach *oberen Schranken für die unbekannten Eigenwerte eines konservativen mechanischen Eigenwertproblems* sucht. Die Methode zur Behandlung derartiger Extremalprobleme bezeichnet man oft als sog. Rayleigh-Ritz-Verfahren –

nicht zuletzt deswegen, um den Begriff Ritz-Verfahren auch auf zeitbehaftete Aufgabenstellungen und Nicht-Extremalprobleme ausdehnen zu können. Die Eulerschen Gleichungen als notwendige Bedingungen für (6.99) lauten

$$\frac{\partial L}{\partial \varrho_n} = 0, \quad n = 1, 2, \dots, N; \tag{6.100}$$

sie stellen ein homogenes, algebraisches, oft lineares Gleichungssystem für die ϱ_n (mit einem Eigenwert als ebenfalls unbekanntem Parameter) dar[13].

6.3.1 Anwendungsbeispiel

Das folgende Beispiel soll weniger auf den unterschiedlichen Charakter von Ritz-Verfahren und Störungsrechnung eingehen, sondern vielmehr die Verwandtschaft zum Galerkin-Verfahren verdeutlichen. Wichtiger Unterschied bleibt aber die verlangte Güte der Ansatzfunktionen; beim Galerkin-Verfahren wird ja die u. U. schwierige Erfüllung aller (also auch der dynamischen) Randbedingungen verlangt, für Ansatzfunktionen des Ritz-Verfahrens dagegen reicht bereits die Erfüllung der geometrischen Randbedingungen aus. Insbesondere die sich daraus ergebenden Auswirkungen auf das Näherungsergebnis sollen im Mittelpunkt der nachfolgenden Überlegungen stehen.

Naheliegend ist es deshalb, das sowohl mit der Störungsrechnung als auch mit dem Galerkin-Verfahren bereits approximativ gelöste Längsschwingungsproblem (s. Beispiel 6.6 bzw. 6.7) jetzt auch mit dem Ritz-Verfahren zu untersuchen.

Beispiel 6.8 Längsschwingungen eines Stabes mit schwach veränderlichem Querschnitt. Anstelle des Anfangs-Randwert-Problems

$$\begin{aligned}
(EAu_{,x})_{,x} - \mu u_{,tt} = 0, \quad u(0, t) = 0, \quad u_{,x}(\ell, t) = 0, \\
EA(x) = EA_0 \left(1 - \varepsilon \frac{x}{\ell}\right), \quad \mu(x) = \mu_0 \left(1 - \varepsilon \frac{x}{\ell}\right)
\end{aligned} \tag{6.101}$$

ist beim klassischen Ritz-Verfahren das zugehörige *Variationsproblem* hier in Gestalt einer „echten" Extremalaufgabe (4.134) bzw. (4.135) mit der kinetischen Energie T und dem elastischen Potenzial V gemäß (4.148) Ausgangspunkt der Näherungsrechnung. Für das vorgelegte Beispiel hat man demnach die Variationsformulierung

$$\delta \int_{t_1}^{t_2} \left(\frac{1}{2} \int_0^\ell \mu(x) u_{,t}^2 dx - \frac{1}{2} \int_0^\ell EA(x) u_{,x}^2 dx \right) dt = 0 \tag{6.102}$$

---

[13] Für ein Stabilitätsproblem der Elastostatik z. B. ist das Lagrange-Potenzial L gleich der potenziellen Energie V, und der Eigenwert kennzeichnet die Belastung; der niedrigste Eigenwert bestimmt dann die kritische Last.

zu verwenden; die (in Beispiel 4.11 für den allgemeineren Fall von Zwangsschwingungen durchgeführte) Auswertung von (6.102) liefert zur Beschreibung der hier zur Diskussion stehenden freien Schwingungen ja gerade das Anfangs-Randwert-Problem (6.101).

Da die strenge Lösung $u(x,t)$ – im Gegensatz zu klassischen Ritzschen Problemen (s. Fußnote 13 in diesem Abschnitt) – auch von der Zeit t abhängt, wird man die gesuchte Näherungslösung $\bar{u}(x,t)$ in Form des gemischten Ritz-Ansatzes (6.87) formulieren. Gesucht sind die Entwicklungskoeffizienten $\varrho_n(t)$ des vorgegebenen vollständigen Funktionensystems $U_n(x)$. Der Aufwand kann erheblich verringert werden, wenn man vor dem Einsetzen von (6.87) in das Variationsproblem (6.102) die kinetische Energie T variiert und danach produktintegriert. Das Resultat ist bereits in (4.154) angegeben; man erhält

$$\int\limits_{t_1}^{t_2} \delta T\, dt = -\int\limits_{t_1}^{t_2}\int\limits_0^\ell \mu u_{,tt}\delta u\, dx\, dt, \qquad (6.103)$$

wenn das Verschwinden von $(\mu u_{,t}\delta u)|_{t_1}^{t_2}$ berücksichtigt wird. Das zu lösende Problem (6.102) nimmt damit die Form

$$-\int\limits_{t_1}^{t_2}\int\limits_0^\ell [EA u_{,x}\delta(u_{,x}) - \mu u_{,tt}\delta u]\,dx\,dt = 0 \qquad (6.104)$$

an. Einsetzen des gemischten Ritz-Ansatzes (6.87) liefert zunächst

$$\sum_{n=1}^N\sum_{k=1}^N \int\limits_{t_1}^{t_2}\int\limits_0^\ell [EA\varrho_k U_k' U_n'\delta\varrho_n + \mu\ddot{\varrho}_k U_k U_n\delta\varrho_n]\,dx\,dt = 0 \qquad (6.105)$$

oder geordnet

$$\sum_{n=1}^N\sum_{k=1}^N \int\limits_{t_1}^{t_2}\left[\left(\int\limits_0^\ell EA U_k' U_n'\,dx\right)\varrho_k + \left(\int\limits_0^\ell \mu U_k U_n\,dx\right)\ddot{\varrho}_k\right]\delta\varrho_n\,dt = 0. \qquad (6.106)$$

(6.106) besteht aus einer Summe von N Integralen der Gestalt $\int_{t_1}^{t_2}[\dots]\delta\varrho_n\,dt$. Aufgrund der linearen Unabhängigkeit aller $\delta\varrho_n$ muss jedes dieser Integrale für sich verschwinden; also gilt

$$\int\limits_{t_1}^{t_2}\left\{\sum_{k=1}^N\left[\left(\int\limits_0^\ell EA U_k' U_n'\,dx\right)\varrho_k + \left(\int\limits_0^\ell \mu U_k U_n\,dx\right)\ddot{\varrho}_k\right]\right\}\delta\varrho_n\,dt = 0, \ n = 1, 2, \dots, N.$$

$$(6.107)$$

Das Fundamentallemma der Variationsrechnung (s. Kap. 4) verlangt – wegen $\delta\varrho_n \neq 0$ – zur Erfüllung von (6.107) das Verschwinden des Anteiles in der eckigen Klammer; dies führt auf die Ritzschen Gleichungen

$$\sum_{k=1}^{N}\left[\left(\int\limits_{0}^{\ell} EAU_k'U_n'dx\right)\varrho_k + \left(\int\limits_{0}^{\ell} \mu U_k U_n dx\right)\ddot{\varrho}_k\right] = 0, \quad n = 1,2,\ldots,N \quad (6.108)$$

für das zu untersuchende Längsschwingungsproblem. Über die vorzugebenden Ansatzfunktionen $U_k(x)$ sind auch die Ortsintegrale bekannt; (6.108) stellt somit ein lineares Differenzialgleichungssystem zweiter Ordnung mit konstanten Koeffizienten für die N unbekannten Entwicklungskoeffizienten $\varrho_k(t)$ dar.

Hier soll – wie schon beim Galerkin-Verfahren in Beispiel 6.7 – nur der *eingliedrige* ($N = 1$) Ansatz (6.87) weiter ausgewertet und mit der Näherungslösung nach Galerkin verglichen werden. Für $N = 1$ reduziert sich (6.108) nach Weglassen aller Indizes auf

$$\left(\int\limits_{0}^{\ell} EA(x)U'^2 dx\right)\varrho + \left(\int\limits_{0}^{\ell} \mu(x)U^2 dx\right)\ddot{\varrho} = 0. \quad (6.109)$$

Diese Einzel-Differenzialgleichung für $\varrho(t)$ kann mit der entsprechenden, aus dem Galerkinschen Verfahren resultierenden Gleichung (6.91) verglichen werden. Nach Produktintegration des ersten Summanden lautet (6.109)

$$\left(-\int\limits_{0}^{\ell} [EA(x)U']'U dx + [EA(x)U'U]\Big|_{0}^{\ell}\right)\varrho + \left(\int\limits_{0}^{\ell} \mu(x)U^2 dx\right)\ddot{\varrho} = 0 \quad (6.110)$$

oder geordnet

$$\left(\int\limits_{0}^{\ell} [EA(x)U''U + (EA)'U'U]dx\right)\varrho - \left(\int\limits_{0}^{\ell} \mu(x)U^2 dx\right)\ddot{\varrho} = [EA(x)U'U]\Big|_{0}^{\ell}\varrho.$$

$$(6.111)$$

Die Ritzsche Gleichung in der Form (6.111) unterscheidet sich von der Galerkinschen Gleichung (6.91) nur durch den Randterm auf der rechten Seite. Genau dieser beim Ritz-Verfahren auftretende Randterm ist die eigentliche Begründung dafür, dass als Ansatzfunktionen nur *zulässige Funktionen* [hier mit der Eigenschaft $U(0) = 0$] ausreichen. Anders als beim Galerkin-Verfahren werden beim Ritzschen Verfahren somit die *dynamischen Randbedingungen* nicht in den Ansatzfunktionen, sondern als Bestandteil der Ritzschen Gleichungen berücksichtigt.

Verwendet man jedoch *Vergleichsfunktionen*, erfüllt also – obwohl dies beim Ritzschen Verfahren nicht verlangt wird – auch die dynamischen Randbedingungen, so gilt hier

$$U(0) = 0 \quad \text{und} \quad U'(\ell) = 0; \tag{6.112}$$

damit verschwindet aber die rechte Seite in (6.111) identisch. Die Ritzsche Gleichung (6.111) geht für Vergleichsfunktionen offensichtlich in die Galerkinsche Gleichung (6.91) über. Für die Vergleichsfunktion $U(x) = \sin \lambda x$ [s. (6.92)] liefert damit das Ritz-Verfahren identisch die Galerkinsche Lösung in (6.94).

Was ändert sich nun, wenn – wie erlaubt – in die Ritzsche Gleichung (6.111) nur eine *zulässige Funktion* $U(x)$ eingesetzt wird? Dann gilt zwar $U(0) = 0$, aber $U'(\ell) \neq 0$; als Randterm verbleibt damit

$$[EA(\ell)U'(\ell)U(\ell)]\varrho, \tag{6.113}$$

und nur dadurch unterscheidet sich die Ritzsche Gleichung (6.111) von der Galerkinschen (6.91).

Die Auswirkungen auf das Ergebnis studiert man am besten durch Ausrechnen, etwa mit der denkbar einfachsten (dimensionslosen) *zulässigen Funktion*

$$U(x) = \frac{x}{\ell}. \tag{6.114}$$

Offensichtlich ist mit (6.114) die geometrische Randbedingung $U(0) = 0$ erfüllt [aber die dynamische wegen $U'(\ell) = \frac{1}{\ell}$ stets verletzt]. Anstatt in (6.111) kann $U(x)$ jetzt auch in die äquivalente, ursprüngliche Darstellung (6.109) eingesetzt werden:

$$\frac{1}{\ell^2}\left[\left(\int_0^\ell EA(x)dx\right)\varrho + \left(\int_0^\ell \mu(x)x^2dx\right)\ddot{\varrho}\right] = 0. \tag{6.115}$$

Die gesuchte, mit (6.96) zu vergleichende erste Eigenkreisfrequenz ist daraus direkt abzulesen:

$$\begin{aligned}
\omega_{\text{RITZ}}^2 &= \frac{\int_0^\ell EA(x)dx}{\int_0^\ell \mu(x)x^2dx} = \frac{EA_0}{\mu_0\ell^2}\frac{6(2-\varepsilon)}{4-3\varepsilon} = \frac{EA_0}{\mu_0\ell^2}\left(3 + \frac{3}{4}\varepsilon + \dots\right) \\
&\approx \frac{EA_0}{\mu_0\ell^2}(3{,}00 + 0{,}75\,\varepsilon).
\end{aligned} \tag{6.116}$$

Aus (6.96) findet man entsprechend

$$\omega_{\text{GAL}}^2 = \omega_{\text{SR}}^2 \approx \frac{EA_0}{\mu_0\ell^2}(2{,}47 + \varepsilon). \tag{6.117}$$

Das Ritz-Verfahren liefert also trotz der sehr einfachen (zulässigen) Ansatzfunktion (6.114) als relative Abweichung [zum besseren Ergebnis (6.117) der Störungsrechnung oder des Galerkin-Verfahrens] in der Grundfrequenz nur 17,8 % und im ersten Korrektur-term („ε-Term") nur 25 %.

Abschließend soll noch eine kurze Bemerkung zum Rechengang ausgehend von der zu (6.102) äquivalenten Stationaritätsforderung

$$\mathcal{H} = \int\limits_{t_1}^{t_2} \left(\frac{1}{2} \int\limits_0^\ell \mu(x) u_{,t}^2 dx - \frac{1}{2} \int\limits_0^\ell EA(x) u_{,x}^2 dx \right) dt \Rightarrow \text{stationär} \qquad (6.118)$$

gemacht werden.

Nach Einsetzen des gemischten Ritz-Ansatzes (6.83) nimmt (6.118) offensichtlich die (6.98) entsprechende Gestalt

$\mathcal{H} \Rightarrow$ stationär   mit

$$\mathcal{H} = \int\limits_{t_1}^{t_2} \frac{1}{2} \underbrace{\left[\int\limits_0^\ell \mu(x) \left(\sum_{n=1}^N U_n(x) \dot{\varrho}_n(t) \right)^2 dx - \int\limits_0^\ell EA(x) \left(\sum_{n=1}^N U_n'(x) \varrho_n(t) \right)^2 dx \right]}_{L} dt$$

$$(6.119)$$

an. Mit L aus (6.119) sind die Lagrangeschen Gleichungen (6.97) als Ritzsche Gleichun-gen – wie man leicht überprüfen kann – mit (6.108) identisch. ∎

Wie bereits am Anfang des Abschn. 6.3 erwähnt, liegt es nahe, über das behandel-te Beispiel hinaus das Ritzsche Verfahren nicht nur auf Extremalprobleme, d. h. auf zu minimierende Funktionale [z. B. auf das Lagrange-Funktional in (4.136)] anzuwenden, sondern in *erweiterter* Form auf alle mechanischen Probleme, wie sie sich gemäß (4.134) aus dem *Prinzip der Virtuellen Arbeit* ergeben.

In der Praxis ist dies einfach schon deswegen erforderlich, weil nur wenige mecha-nische Probleme als Extremalprobleme formulierbar sind (wie z. B. konservative Proble-me), aber *alle* mechanischen Probleme mit dem Prinzip der Virtuellen Arbeit beschrieben werden können. Die eigentliche Rechnung und die zugehörige Argumentation bleiben un-geändert[14].

6.4 Numerische Integration

Falls sich eine Differenzialgleichung oder ein System von Differenzialgleichungen nicht analytisch lösen lässt, kann man versuchen, eine Näherungslösung mithilfe der nume-rischen Integration zu bestimmen. Der Nachteil gegenüber den bisher behandelten Me-

---

[14] Allerdings ist die für Extremalprobleme relativ allgemein beweisbare *Konvergenz* dann nicht mehr gesichert; theoretisch muss also in jedem Einzelfall geprüft werden, ob die verwendete Funktionen-reihe für $N \rightarrow \infty$ gegen die gesuchte Lösung konvergiert.

thoden zur Lösung von Differenzialgleichungen liegt darin, dass dann für alle Parameter numerische Werte angegeben werden müssen. Am besten formuliert man die Differenzialgleichung oder das Differenzialgleichungssystem als ein gekoppeltes System von Differenzialgleichungen 1. Ordnung, also in Zustandsform

$$\dot{\vec{x}} = \vec{f}(\vec{x}, t). \tag{6.120}$$

Die Idee der numerischen Integration besteht jetzt darin, diese Gleichung in Integralform zu bringen und ausgehend von den Anfangsbedingungen an diskreten Zeitpunkten t_i Näherungswerte zu bestimmen. Um von der Lösung $\vec{x}_i$ zum Zeitpunkt t_i zur Lösung $\vec{x}_{i+1}$ zum Zeitpunkt $t_{i+1} = t_i + \Delta t$ zu kommen, wird die Differenzialgleichung formal integriert:

$$\vec{x}_{i+1} = \vec{x}_i + \int_{t_i}^{t_{i+1}} \vec{f}(\vec{x}(\tau), \tau) d\tau. \tag{6.121}$$

Die verschiedenen Integrationsverfahren, die für eine numerische Ingetration zur Verfügung stehen, unterscheiden sich darin, wie das Integral in (6.121) ausgewertet wird. Prinzipiell unterteilt man Einschritt- und Mehrschrittverfahren. Beim Einschrittverfahren wird die Lösung zu einem Zeitpunkt verwendet, um den nächsten Zeitpunkt zu bestimmen. Dies führt auf Formeln der Art

$$\vec{x}_{i+1} = \vec{x}_i + \Delta t \sum_{j=1}^{s} b_j \vec{k}_j, \tag{6.122}$$

wobei s der Ordnung des Verfahrens entspricht und $\vec{k}_j$ die Auswertung der rechten Seite der Differenzialgleichung an verschiedenen Punkten des Zeitintervalls darstellt. Allgemein lässt sich dies durch

$$\vec{k}_j = \vec{f}(\vec{x}_i + \Delta t \sum_{l=1}^{s} a_{jl} \vec{k}_l, t_i + b_j \Delta t), j = 1, \dots, s \tag{6.123}$$

ausdrücken. Für die verschiedenen Verfahren müssen entsprechende Koeffizienten a_{ij} und b_j gewählt werden.

Bei Mehrschrittverfahren wird versucht, den Verlauf im Zeitintervall zwischen t_i und t_{i+1} durch Informationen vorhergehender Stützstellen zu verbessern. Dies lässt sich über

$$\sum_{j=0}^{k} a_j \vec{x}_{i+1-j} = \Delta t \sum_{j=0}^{k} b_j \vec{f}(\vec{x}_{i+1-j}, t_{i+1-j}) \tag{6.124}$$

erreichen. Auch hier sind die Koeffizienten entsprechend dem Verfahren zu wählen. Je nachdem, wie viele vorhergehende Schritte verwendet werden, spricht man von einem

Verfahren der Ordnung k. Ebenso können die Verfahren nach expliziten und impliziten Verfahren unterschieden werden. Im Allgemeinen sind bei impliziten Verfahren nichtlineare Gleichungssysteme zu lösen, was den numerischen Aufwand zunächst erhöht, da die Lösung des nichtlinearen Gleichungssystems iterativ erfolgt. Dafür ist das Konvergenzverhalten der Lösung sehr viel besser als bei expliziten Verfahren. Liegt beim Einschrittverfahren der Fall $a_{jl} = 0$ für $l \geq j$ in Gleichung (6.123) vor, so handelt es sich um ein explizites Verfahren.

Einschrittverfahren

Das einfachste Einschrittverfahren ergibt sich, wenn die Steigungen der Funktionen $\vec{x}$ zum Zeitpunkt t_i mit der Länge des Zeitintervalls Δt multipliziert werden:

$$\vec{x}_{i+1} = \vec{x}_i + \vec{f}(\vec{x}(t_i), t_i)\Delta t. \tag{6.125}$$

Dies entspricht dem expliziten Euler-Verfahren. Da die Funktionswerte zum Zeitpunkt t_i bekannt sind, kann die Näherungslösung zum Zeitpunkt t_{i+1} direkt berechnet werden. Das Verfahren ist deshalb von der Rechenzeit her sehr schnell, neigt aber dazu, mit zunehmender Zeit von der analytischen Lösung abzuweichen. Man spricht dann davon, dass das Verfahren instabil werden kann, insbesondere bei großen Zeitschrittweiten Δt.

Beispiel 6.9 Für die lineare Differenzialgleichung $\dot{x} + ax = 0$ mit der Anfangsbedingung $x(0) = x_0$ ergibt sich die analytische Lösung $x(t) = x_0 e^{-at}$. Bei einer numerischen Integration kann man die Differenzialgleichung in $\dot{x} = f(x, t) = -ax$ umformen. Für die analytische Lösung führt dies auf $f(x, t) = -x_0 a e^{-at}$. Beim expliziten Euler-Verfahren ergibt sich für den ersten Integrationsschritt $x_1 = x_0 + f(x_0, t_0)\Delta t = x_0 - x_0 a \Delta t$ und für einen beliebigen Integrationsschritt $x_{i+1} = x_i - x_i a \Delta t = (1 - a\Delta t)x_i = (1 - a\Delta t)^i x_0$. Man erkennt, dass die Lösung gegen null strebt, falls $|1 - a\Delta t| < 1$, aber divergiert, falls $|1 - a\Delta t| > 1$ ist. ∎

Im Gegensatz dazu werden beim impliziten Euler-Verfahren die Steigungen nicht zum Zeitpunkt t_i sondern zum Zeitpunkt t_{i+1} genommen, bei dem jedoch die Funktionswerte, mit denen die Steigungen berechnet werden, noch unbekannt sind $\vec{x}_{i+1} = \vec{x}_i + \vec{f}(\vec{x}_{i+1}, t_i + \Delta t)$. Da $\vec{f}$ im Allgemeinen nichtlinear von $\vec{x}$ abhängt, entspricht dies einem nichtlinearen Gleichungssystem für die Elemente von $\vec{x}_{i+1}$, das nur noch iterativ gelöst werden kann. Der numerische Aufwand steigt deshalb, allerdings ergeben sich im Allgemeinen auch bei großen Zeitschrittweiten noch brauchbare Ergebnisse und keine Instabilitäten.

Beispiel 6.10 Für die lineare Differenzialgleichung $\dot{x} + ax = 0$ mit der Anfangsbedingung $x(0) = x_0$ folgt zunächst mit $f(x, t) = -ax$ für den ersten Integrationsschritt $x_1 = x_0 - ax_1\Delta t$. Hieraus erhält man $x_1 = x_0/(1 + a\Delta t)$. Entsprechend ergibt sich für den i-ten Integrationsschritt $x_{i+1} = x_i - ax_{i+1}\Delta t$ oder $x_{i+1} = x_i/(1 + a\Delta t) = x_0/(1 + a\Delta t)^i$.

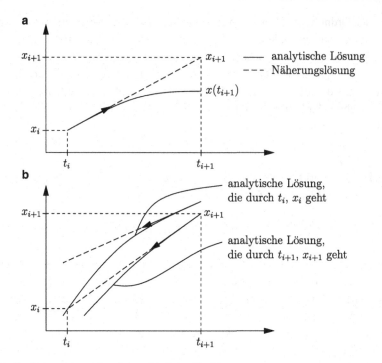

Abb. 6.2 Explizites (**a**) und implizites (**b**) Euler-Verfahren

In diesem Fall strebt die Lösung auch für große Werte von Δt gegen den richtigen Wert $x(t \to \infty) = 0$. Für das explizite und das implizite Euler-Verfahren sind die Verfahren in Abb. 6.2 dargestellt. ∎

Sowohl das explizite wie auch das implizite Euler-Verfahren sind, wie oben erwähnt, sog. Einschrittverfahren, da sie ausgehend vom Zeitpunkt t_i den Funktionswert zum Zeitpunkt t_{i+1} näherungsweise bestimmen. Solche Verfahren werden auch als Runge-Kutta-Verfahren bezeichnet. Berechnet man die repräsentative Steigung während des Integrationsschrittes auf anderem Wege, führt dies zu Verfahren unterschiedlicher Ordnung und Genauigkeit. Oft wird in diesem Zusammenhang speziell vom sogenannten Runge-Kutta-Verfahren gesprochen, wobei dann das vierstufige Runge-Kutta-Verfahren gemeint ist. Bei diesem wird anders als beim expliziten oder impliziten Eulerverfahren die Steigung nicht nur zum Zeitpunkt t_i oder t_{i+1} (näherungsweise) bestimmt, sondern es wird eine repräsentative Steigung durch Auswertung von $\vec{f}$ an den Rändern des Zeitintervalls und in der Mitte des Intervalls bestimmt. Zunächst wird die Steigung am linken Rand $\vec{k}_1 = \vec{f}(\vec{x}_i, t_i)$ berechnet. Mit Hilfe dieser Steigung werden die Werte von $\vec{x}$ in der Mitte des Intervalls näherungsweise zu $\vec{x}_i + \vec{k}_1 \Delta t/2$, und man erhält so $\vec{k}_2 = \vec{f}(\vec{x}_i + \vec{k}_1 \Delta t/2, t_i + \Delta t/2)$. Erneut wird eine verbesserte Näherung der Steigung bei $t_i + \Delta t/2$ bestimmt über $\vec{k}_3 = \vec{f}(\vec{x}_i + \vec{k}_2 \Delta t/2, t_i + \Delta t/2)$. Zum Schluss wird noch näherungsweise die Steigung bei

t_{i+1} über $\vec{k}_4 = \vec{f}(\vec{x}_i + \vec{k}_3 \Delta t, t_i + \Delta t)$ berechnet. Eine gewichtete Mittelung ergibt dann

$$\vec{x}_{i+1} = \vec{x}_i + (\vec{k}_1 + 2\vec{k}_2 + 2\vec{k}_3 + \vec{k}_4)\frac{\Delta t}{6}. \tag{6.126}$$

Hierbei werden die „weniger genauen" Randwerte weniger stark gewichtet als die Werte in der Mitte des Zeitintervalls.

Mehrschrittverfahren

Bei Mehrschrittverfahren wird der Wert bei $t = t_{i+1}$ aus mehreren vorhergehenden Werten berechnet. Je nachdem, wie viele vorhergehende Werte verwendet werden, spricht man von der entsprechenden Ordnung des Verfahrens, wobei die Verfahren explizit oder implizit sein können. Als Beispiel wird hier ein Adams-Bashford-Verfahren 4. Ordnung betrachtet, so dass auf vier vorhergehende Werte von $\vec{f}$ zurückgegriffen wird. Die Berechnungsvorschrift für die Werte bei $t = t_{i+1}$ ist

$$\vec{x}_{i+1} = \vec{x}_i + \int\limits_{t_i}^{t_{i+1}} \vec{f}(\vec{x}(t), t)dt, \tag{6.127}$$

wobei jetzt im Integrationsintervall die Vektorfunktion $\vec{f}$ durch ein Polynom so angenähert wird, dass $\vec{f}$ an den Stützstellen $t_i, t_{i-1}, t_{i-2}, t_{i-3}$ (die außerhalb des Intervalls liegen) die dort bekannten Werte $\vec{f}_i$, $\vec{f}_{i-1}$, $\vec{f}_{i-2}$ und $\vec{f}_{i-3}$ annimmt. Dazu wird ein Interpolationspolynom

$$P_3(t) = \sum_{j=0}^{3} \vec{f}_{i-j} L_{i-j}(t) = \vec{f}_i L_i(t) + \vec{f}_{i-1} L_{i-1}(t) + \vec{f}_{i-2} L_{i-2}(t) + \vec{f}_{i-3} L_{i-3}(t)$$

$$\tag{6.128}$$

dritten Grades verwendet, das aus den Lagrange-Polynomen

$$L_{i-k}(t) = \prod_{j=0, j \neq k}^{3} \frac{t - t_{i-j}}{t_{i-k} - t_{i-j}} \tag{6.129}$$

zusammengesetzt ist. Für das erste Lagrange-Polynom folgt so $L_i(t) = \frac{t-t_{i-1}}{t_i-t_{i-1}} \frac{t-t_{i-2}}{t_i-t_{i-2}} \frac{t-t_{i-3}}{t_i-t_{i-3}}$. Die anderen Polynome berechnen sich entsprechend. Werden die Polynome in (6.128) eingesetzt, so ist ersichtlich, dass bei der Integration in (6.127) die Integration über die Zeit nicht bei jedem Integrationsschritt, sondern vorab durchgeführt werden kann, falls die Zeitschrittweite konstant ist. Dies kann leicht gezeigt werden, wenn auf $\tau = t - t_i$ transformiert wird. Man erhält

$$\vec{x}_{i+1} = \vec{x}_i + \Delta t(I_0 \vec{f}_i + I_{-1} \vec{f}_{i-1} + I_{-2} \vec{f}_{i-2} + I_{-3} \vec{f}_{i-3}) \tag{6.130}$$

mit

$$I_{1-j} = \int\limits_{t_i}^{t_{i+1}} L_{i-j} \, dt, \quad j = 1, \ldots, 4. \tag{6.131}$$

Die Auswertung der Integrale ergibt $I_0 = 55/24$, $I_{-1} = -59/24$, $I_{-2} = 37/24$, $I_{-3} = -9/24$. Somit folgt als Berechnungsvorschrift $\vec{x}_{i+1} = \vec{x}_i + (55\vec{f}_i - 59\vec{f}_{i-1} + 37\vec{f}_{i-2} - 9\vec{f}_{i-3})\Delta t/24$.

Steife Differenzialgleichungen

Bei sogenannten steifen Differenzialgleichungen kommt der Schrittweite besondere Bedeutung zu. Linearisiert man die Differenzialgleichung $\dot{\vec{x}} = \vec{f}(\vec{x}, t)$ mit Hilfe der Jacobi-Matrix

$$J_f = \begin{pmatrix} \frac{\partial f_1}{\partial x_1} & \frac{\partial f_1}{\partial x_2} & \cdots & \frac{\partial f_1}{\partial x_n} \\ \vdots & \vdots & \ddots & \vdots \\ \frac{\partial f_n}{\partial x_1} & \frac{\partial f_n}{\partial x_2} & \cdots & \frac{\partial f_n}{\partial x_n} \end{pmatrix} \tag{6.132}$$

so ergibt dies $\dot{\vec{x}} = J_f \vec{x}$. Die Eigenwerte der Jacobi-Matrix λ_i bestimmen, ob es sich um eine steife Differenzialgleichung handelt. Diese Eigenwerte berechnen sich aus $\det(J_f - \lambda I) = 0$. Sind $q_{max} = |\lambda_1|$ und $q_{min} = |\lambda_n|$ die Beträge der betragsmäßig größten und kleinsten Eigenwerte, dann liegt für große Verhältnisse von q_{max}/q_{min} eine steife Differenzialgleichung vor und die Schrittweite muss entsprechend klein gehalten werden.

Lokaler und globaler Fehler

Eng verbunden mit der Ordnung eines numerischen Integrationsverfahrens sind der lokale und der globale Fehler. Der lokale Fehler $\vec{e}_i = \vec{x}(t_i) - \vec{x}_i = O(\Delta t^p)$ kennzeichnet die Abweichung zwischen analytischer und numerischer Lösung nach einem Integrationsschritt, mit der lokalen Fehlerordnung p. Der globale Fehler ergibt sich, wenn über ein längeres Zeitintervall integriert wird und damit entsprechend viele Stützstellen notwendig sind. Bei einer Integration von t_a bis t_e sind bei einer Zeitschrittweite Δt insgesamt $n = (t_e - t_a)/\Delta t$ Integrationsschritte notwendig. Der dabei auftretende Fehler entspricht der Summe der lokalen Fehler und ist damit proportional zu $O(\Delta t^p)/\Delta t$. Der globale Fehler hat deshalb die Größenordnung $O(\Delta t^m)$, wobei m mindestens um eins kleiner ist als p.

Die zuvor vorgestellten Verfahren zur numerischen Integration sind in sehr vielen Software-Programmen vordefiniert, so dass eine numerische Integration sehr leicht durchgeführt werden kann. Als Beispiel wird hier die Lösung für die Mathieusche Differenzialgleichung $\ddot{x} + (1 + \varepsilon \cos \omega t)x = 0$ mit $\varepsilon = 0{,}2$ und mit den Anfangsbedingungen $x(0) = 1$, $\dot{x}(0) = 0$ vorgeführt, siehe Beispiel 6.5. Mithilfe der Störungsrechnung wird dort gezeigt, dass für $\omega = 2 + \varepsilon/2$ näherungsweise die Stabilitätsgrenze erreicht wird. Für

Abb. 6.3 Numerische Lösung der Mathieuschen Differenzialgleichung für verschiedene Parameterfrequenzen ω und $\varepsilon = 0{,}2$

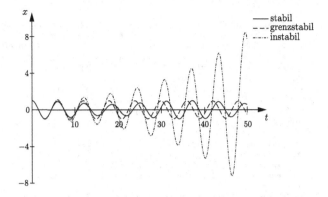

$\omega = 2 + \varepsilon/2 - 0{,}1$ sollte deshalb die Lösung aufklingen, während man für $\omega = 2 + \varepsilon/2$ eine periodische Lösung erhalten sollte und für $\omega = 2 + \varepsilon/2 + 0{,}1$ eine Lösung, die zumindest nicht aufklingt. In Abb. 6.3 sind die entsprechenden Verläufe dargestellt.

6.5 Verwendung von Formelmanipulationsprogrammen

Ein Nachteil der numerischen Integration ist, dass für alle Parameter numerische Werte angegeben werden müssen. Bei der Störungsrechnung hingegen oder beim Galerkinverfahren ergeben sich oft noch formelmäßige Ergebnisse. Allerdings müssen dazu in aller Regel aufwändige Umformungen oder Integrationen durchgeführt werden. Diese Operationen lassen sich jedoch durch den Einsatz von Softwareprogrammen, die symbolisches Rechnen erlauben, erheblich vereinfachen. Prinzipiell können die verschiedenen zur Verfügung stehenden Programme alle ähnliche Operationen durchführen, lediglich die Syntax unterscheidet sich. An dieser Stelle werden die Beispiele mithilfe des Programmpaketes Mathematica gelöst. Auf eine möglichst effiziente Programmierung wurde verzichtet. Der Vorteil liegt schlussendlich auch darin, dass die Ergebnisse leicht zur weiteren Verarbeitung, z. B. zum Erstellen von Grafiken, verwendet werden können, was in den Beispielen nicht gezeigt wird. Als Beispiel wird hier die Lösung der Differenzialgleichung $\ddot{x} + x + \varepsilon x^3 = 0$ mit der regulären Störungsrechnung mit und ohne Frequenzkorrektur sowie ein Galerkin-Verfahren vorgeführt.

Reguläre Störungsrechnung
In Abb. 6.4 ist ein Programm angegeben, das es erlaubt, für die Differenzialgleichung $\ddot{x} + x + \varepsilon x^3 = 0$ eine Lösung mithilfe der Störungsrechnung mit insgesamt $n_{\max}$ Termen zu bestimmen. Aufgrund der Nichtlinearität hängt die Lösung, insbesondere die Frequenz der sich ergebenden Schwingung, von der Anfangsamplitude ab. Diese kann in Mathematica allgemein, z. B. durch A vorgegeben werden. Aus Gründen der Übersichtlichkeit wird hier $x(0) = A = 1$ gewählt. Dazu werden zunächst Symbole für die einzelnen Entwicklungsterme $x_i(t)$, $i = 0, \ldots, n_{\max}$ in einer Matrix definiert. Anschließend wird die

```
nmax = 4
v = ToExpression["x" <> ToString[#] <> "[t]"] & /@ Range[0, nmax];
vt = ToExpression["x" <> ToString[#]] & /@ Range[0, nmax];
approx0 = ToExpression["x" <> ToString[#] <> "[0]"] & /@ Range[0, nmax];
approxp0 = ToExpression["x" <> ToString[#] <> "'[0]"] & /@ Range[0, nmax];
approx = Sum[eps^(i) v[[i + 1]], {i, 0, nmax}];
approxpp = D[approx, {t, 2}];
ab1 = Normal[SparseArray[{{1} -> 1, {nmax + 1} -> 0}]];
ab2 = Normal[SparseArray[{{1} -> 0, {nmax + 1} -> 0}]];
diffgl = approxpp + approx + eps approx^3;
Do[{dgl[i] = Coefficient[diffgl, eps, i] == 0, Print[dgl[i]]}, {i,0, nmax}]
loesungen = {}
Do[{gleichung = FullSimplify[dgl[i] /. loesungen],
erg = DSolve[{gleichung, approx0[[i + 1]] == ab1[[i + 1]],
approxp0[[i + 1]] == ab2[[i + 1]]}, vt[[i + 1]], t],
loesungen = Append[loesungen, erg[[1, 1]]]}, {i, 0, nmax}]
loesung = {};
Do[{loesung = Append[loesung, Sum[eps^(i) v[[i + 1]], {i, 0, j}] /. loesungen]}, {j,0,nmax}]
Plot[loesung /. eps -> epsilon, {t, Zeituntergrenze, Zeitobergrenze}]
```

Abb. 6.4 Programm zur regulären Störungsrechnung

asymptotische Reihe für x durch Summation gebildet und in die Differenzialgleichung eingesetzt. Danach werden die Faktoren der einzelnen Potenzen von ε extrahiert. Damit hat man schon das rekursiv lösbare Differenzalgleichungssystem. Unter Beachtung der Anfangsbedingungen können in Mathematica direkt die Differenzialgleichungen gelöst werden, so dass zum Schluss die Gesamtlösung leicht für verschiedene Näherungsstufen zu Vergleichszwecken bestimmt werden kann. Entsprechende Lösungen sind in der Variablen loesung enthalten. In Abb. 6.6 sind die Lösungen mit Termen bis ε^1 (1. Ordnung) und mit Termen bis ε^4 (4. Ordnung) für $\varepsilon = 0,2$ angegeben. Zum Vergleich ist die durch numerische Integration berechnete Lösung eingezeichnet. Man erkennt, dass die Lösung höherer Ordnung in einem größeren Zeitbereich brauchbarere Werte liefert als die Lösung niedrigerer Ordnung, dass aber für beide die Lösungen aufgrund der säkularen Terme von der richtigen Lösung für große Zeiten divergieren.

Wird stattdessen eine Rechnung nach Lindstedt und Poincaré gemacht mit Entwicklung des Frequenzparameters (s. Beispiel 6.5), dann kann dies mit dem in Abb. 6.5 dargestellten Programm erfolgen. Zusätzlich wird hier noch die Frequenz als asymptotische Reihe von ε entwickelt. Nach Einsetzen in die Differenzialgleichung erlaubt es Mathematica erneut, nach Potenzen von ε zu sortieren, so dass dann die rekursiv lösbaren Differenzialgleichungen vorliegen. Ebenfalls rekursiv werden die Frequenzkorrekturglieder bestimmt, mit denen die säkularen Glieder in den rekursiven Differenzialgleichungen vermieden werden. Als letztes werden die verbliebenen Differenzialgleichungen automatisch gelöst, so dass die Lösung bis zu einer vorgegebenen Ordnung bestimmt ist und zur weiteren Verarbeitung bereit steht. In Abb. 6.6 sind die sich ergebenden Verläufe von nullter und erster Näherung sowie von einer numerischen Lösung dargestellt.

Zum Schluss wird nochmals das Beispiel 6.7 betrachtet. Ist man nur an den Eigenfrequenzen interessiert, so liegt es nahe, die partielle Differenzialgleichung $(EA(x)u_{,x})_{,x} - \mu(x)u_{,tt} = 0$ mittels des Ansatzes $u(x,t) = U(x)\sin(\omega t)$ in eine gewöhnliche Differen-

```
nmax = 4
v = ToExpression["x" <> ToString[#] <> "[tau]"] & /@ Range[0, nmax];
vt = ToExpression["x" <> ToString[#]] & /@ Range[0, nmax];
om = ToExpression["om" <> ToString[#]] & /@ Range[0, nmax];
om[[1]] = 1;
omega = Sum[eps^(i) om[[i + 1]], {i, 0, nmax}];
approx0 = ToExpression["x" <> ToString[#] <> "[0]"] & /@ Range[0, nmax];
approxp0 = ToExpression["x" <> ToString[#] <> "'[0]"] & /@ Range[0, nmax];
approx = Sum[eps^(i) v[[i + 1]], {i, 0, nmax}];
approxpp = D[approx, {tau, 2}];

xvonnull = 1
xpunktvonnull = 0

ab1 = Normal[SparseArray[{{1} -> xvonnull, {nmax + 1} -> 0}]];
ab2 = Normal[SparseArray[{{1} -> 0, {nmax + 1} -> 0}]];
cond2 = Series[1/omega, {eps, 0, nmax + 1}]
Do[ab2[[i + 1]] = xpunktvonnull Coefficient[cond2,eps,i], {i,0,nmax}]

diffgl = omega^2 approxpp + approx + eps approx^3;

Do[{dgl[i] = Coefficient[diffgl, eps, i], Print[dgl[i]]}, {i, 0, nmax}]
loesungen = {}
omerg = {}
sol0 = DSolve[{dgl[0] == 0, approx0[[1]]   == ab1[[1]],
approxp0[[1]] == ab2[[1]]}, vt[[1]], tau]
loesungen = sol0[[1]]
Do [{gleichung = TrigExpand[FullSimplify[dgl[i] /. loesungen]] /. omerg,
s1 = Coefficient[Coefficient[gleichung, Sin[tau]], Cos[tau], 0],
c1 = Coefficient[Coefficient[gleichung, Cos[tau]], Sin[tau], 0],
erg = Solve[Sqrt[s1^2 + c1^2] == 0, om[[i + 1]]],
omerg = Append[omerg, erg[[1, 1]]],
gleichung1 = gleichung /. omerg,
ab2 = ab2 /. omerg,
erg1 = DSolve[{gleichung1 == 0, approx0[[i + 1]]   == ab1[[i + 1]],
approxp0[[i + 1]] == ab2[[i + 1]]}, vt[[i + 1]], tau],
loesungen = Append[loesungen, erg1[[1, 1]]]}
, {i, 1, nmax}]

loesung = {}
Do[{omapp = Sum[eps^(i) om[[i + 1]], {i, 0, j}] /. omerg,
loesung =
Append[loesung,
Sum[eps^(i) v[[i + 1]], {i, 0, j}] /. loesungen /.
tau -> omapp t] }, {j, 0, nmax}]
```

Abb. 6.5 Programm zur Auswertung der Störungsgleichung nach Lindstedt und Poincaré

zialgleichung zu überführen. Werden noch die dimensionslose Koordinate $\bar{x} = x/\ell$ und die Normierung $\bar{\omega}^2 = \mu_0 \omega^2 \ell^2 / EA_0$ eingeführt, dann lautet die gewöhnliche Differenzialgleichung $(f_1 U_{,\bar{x}})_{,\bar{x}} + f_2 \bar{\omega}^2 U = 0$, wobei $f_1(\bar{x})$ und $f_2(\bar{x})$ die Ortsabhängigkeit der Dehnsteifigkeit und der Massenbelegung von der dimensionslosen Koordinate beschreiben. Im Beispiel ist dies $f_1 = f_2 = 1 - \varepsilon \bar{x}$. Im Programm (s. Abb. 6.7) wird die Näherungslösung durch eine Summe von beliebig vielen (nmax) Vergleichsfunktionen gebildet und in die Differenzialgleichung eingesetzt. Danach wird jeweils mit einer Vergleichsfunktion multipliziert und integriert. Dies ergibt ein homogenes Gleichungssystem für die Koeffizienten der Vergleichsfunktionen, das nichttriviale Lösungen hat, wenn die Determinante der Koeffizientenmatrix verschwindet. Die Koeffizientenmatrix lässt sich

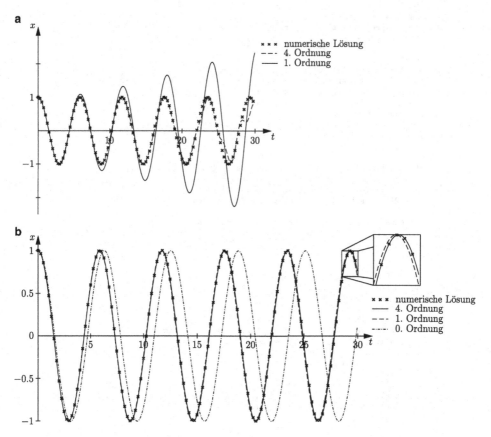

Abb. 6.6 Zeitverlauf für $\varepsilon = 0{,}2$ und Anfangsamplitude $A = 1$. **a** reguläre Störungsrechnung, **b** Störungsrechnung mit Frequenzkorrektur, jeweils im Vergleich mit der Lösung über eine numerische Integration

leicht mit dem Befehl `Coefficient` aufbauen. Die Determinante ergibt sich als Polynom in $\bar{\omega}^2$. Brauchbare analytische Lösungen lassen sich nur für ein Polynom 2. Ordnung berechnen. Für Polynome größer als 4. Ordung lassen sich Wurzeln nur noch numerisch bestimmen. Dies wird am Ende des Programms gemacht. Der Vorteil liegt hier darin, dass sich schnell Lösungen auch für andere Querschnittsverläufe oder andere Randbedingungen bestimmen lassen. Es müssen dann nur die Funktionen f_1 und f_2 beziehungsweise die Ansatzfunktionen geändert werden. Auch andere Differenzialgleichungen, z. B. für den Euler-Bernoulli-Biegebalken lassen sich leicht lösen, da dann nur eine andere Differenzialgleichung eingesetzt werden muss. Beim Beispiel Euler-Bernoulli-Balken ist dies $(f_1 W_{,\bar{x}\bar{x}})_{,\bar{x}\bar{x}} - f_2 \bar{\omega}^2 W = 0$ mit $\bar{\omega}^2 = \omega^2 \mu_0 \ell^4 / E I_0$, wobei f_1 jetzt die Biegesteifigkeit beschreibt.

```
nmax = 10;
u[x_, n_] := Sin[(2 n - 1)/2 Pi x];
ugalerkin = Sum[a[n] u[x, n], {n, 1, nmax}];
f1 = (1 - epsilon x);
f2 = (1 - epsilon x);
gleichung = D[f1 D[ugalerkin, x], x] + f2 omega2 ugalerkin;
Do[gl[i] = Integrate[gleichung u[x, i], {x, 0, 1}], {i, nmax}]
matrix = Array[0 &, {nmax, nmax}];
Do[matrix[[i, j]] = Coefficient[gl[i], a[j], 1], {i, 1, nmax}, {j, 1, nmax}];
(*Jetzt Auswertung für verschiedene Werte von epsilon *)
nepsilon = 51;
omegamatrix = Table[0, {j, nmax}, {i, nepsilon}];
epsilonmatrix = Table[-0.5 + 0.02 (i - 1), {i, nepsilon}]
Do[{erg = Solve[N[Det[matrix /. epsilon -> epsilonmatrix[[i]]]] == 0, omega2],
Do[omegamatrix[[j, i]] = Sqrt[omega2 /. erg[[j]]], {j, nmax}]}, {i, 1, nepsilon}]
(* die verschiedenen Kurven als Funktion von epsilon, gespeichert in Variable kurven *)
Clear[plotfeld]
kurven = Table[0, {nmax}]
Do[{plotfeld = Table[0, {i, nepsilon}, {j, 2}],
Do[{plotfeld[[i, 1]] = epsilonmatrix[[i]],
plotfeld[[i, 2]] = omegamatrix[[k, i]]}, {i, nepsilon}],
kurven[[k]] = plotfeld}, {k, nmax}]
(* Kurven könnten jetzt geplottet werden *)
```

Abb. 6.7 Mathematica-Programm zur Auswertung des Galerkinverfahrens für einen Stab mit veränderlichem Querschnitt

---

6.6 Übungsaufgaben

Aufgabe 6.1 Näherungslösung einer transzendenten Eigenwertgleichung. Das Eigenwertproblem zur Beschreibung der Torsionsschwingungen eines elastischen Stabes, der am einen Ende über eine elastische, sehr harte Drehfeder an die Umgebung angeschlossen und am anderen freien Ende mit einer starren Scheibe sehr geringer Drehmasse besetzt ist, wird in der Form $\Phi'' + \lambda^2 \Phi = 0$; $\varepsilon\Phi'(0) - \Phi(0) = 0$, $\Phi'(1) - \varepsilon\beta^2\lambda^2\Phi(1) = 0$ vorgegeben. Dabei sind x eine dimensionslose Ortskoordinate und $\varepsilon \ll 1$, β Parameter, die die physikalischen Daten des Schwingungssystems in charakteristischer Weise kennzeichnen. Mittels Störungsrechnung sind Näherungslösungen für die abzählbar unendlich vielen Eigenwerte λ_k, $k = 1, 2, \ldots$ zu ermitteln.

Lösung: Die allgemeine Lösung $\Phi(x) = A \sin \lambda x + B \cos \lambda x$ der Differenzialgleichung liefert nach Anpassen an die beiden Randbedingungen ein homogenes Gleichungssystem für die Konstanten A, B, dessen Determinante in Form der charakteristischen Gleichung $\cos \lambda - \varepsilon(1 + \beta^2)\lambda \sin \lambda - \varepsilon^2\lambda^2\beta^2 \cos \lambda = 0$ verschwinden muss. Zur formelmäßigen Berechnung der gesuchten Eigenwerte wird ein Störungsansatz $\lambda = \lambda^{(0)} + \varepsilon\lambda^{(1)} + \ldots$ mit $\cos \lambda = \cos \lambda^{(0)} - \varepsilon \sin \lambda^{(0)}\lambda^{(1)} + \ldots$, $\sin \lambda = \sin \lambda^{(0)} + \varepsilon \cos \lambda^{(0)}\lambda^{(1)} + \ldots$ verwendet. Einsetzen und Ordnen nach Potenzen von ε liefert das rekursiv lösbare Gleichungssystem

ε^0: $\cos \lambda^{(0)} = 0$, ε^1: $-\sin \lambda^{(0)} \lambda^{(1)} - (1 + \beta^2) \lambda^{(0)} \sin \lambda^{(0)} = 0$, ε^2: ... etc. Dessen Lösungen sind

$$\lambda_k^{(0)} = \frac{2k-1}{2} \pi, \quad \lambda_k^{(1)} = -(1 + \beta^2) \lambda^{(0)}, \quad \ldots \quad (k = 1, 2, \ldots),$$

so dass sich insgesamt

$$\lambda_k = \frac{2k-1}{2} \pi \left[1 - \varepsilon(1 + \beta^2) \right] + O(\varepsilon^2) \quad (k = 1, 2, \ldots)$$

ergibt.

Aufgabe 6.2 Störungsrechnung für eine nichtlineare Einzel-Differenzialgleichung. Das Bewegungsverhalten eines relativistischen Oszillators wird durch die nichtlineare Differenzialgleichung

$$\frac{d}{dt} \left(\frac{\omega^2 \dot{x}}{\sqrt{1 - \varepsilon \dot{x}^2}} \right) + \omega_0^2 x = 0$$

beschrieben. Schwingt der Oszillator mit der Amplitude a, so kennzeichnet $x(t)$ die darauf bezogene Auslenkung und t (mit einer Bezugskreisfrequenz ω) die Beobachterzeit. $\varepsilon = (a\omega/c)^2 \ll 1$ (Lichtgeschwindigkeit c) ist ein kleiner Parameter zur Charakterisierung der Abweichung vom klassischen Oszillator (solange seine Schwinggeschwindigkeit klein gegen die Lichtgeschwindigkeit ist) mit der Eigenkreisfrequenz ω_0. Man berechne eine Näherungslösung der freien Schwingung $x(t)$, die den Anfangsbedingungen $x(0) = 1$, $\dot{x}(0) = 0$ genügt.

Lösung: Wegen $\varepsilon \ll 1$ ist die Störungsrechnung nach Lindstedt auf der Basis von $x(t) = x_0(t) + \varepsilon x_1(t) + \ldots$, $\omega = \omega_0 + \varepsilon \omega_1 + \ldots$ eine geeignete Methode. Einsetzen führt unter Beachten von $1/\sqrt{1 - \varepsilon \dot{x}^2} = 1 + \frac{1}{2} \varepsilon \dot{x}^2 + \ldots$ auf das rekursiv lösbare System von Anfangswertproblemen

$$\varepsilon^0: \quad \ddot{x}_0 + x_0 = 0, \quad x_0(0) = 1, \quad \dot{x}_0(0) = 0;$$

$$\varepsilon^1: \quad \ddot{x}_1 + x_1 = -2 \frac{\omega_1}{\omega_0} \ddot{x}_0 - \frac{3}{2} \dot{x}_0^2 \ddot{x}_0, \quad x_1(0) = 0, \quad \dot{x}_1(0) = 0; \quad \ldots$$

Die Grundlösung ist $x_0(t) = \cos t$, und die Bedingung zur Vermeidung von Säkularlösungen führt auf

$$2 \frac{\omega_1}{\omega_0} + \frac{3}{8} = 0,$$

d. h. $\omega_1 = \frac{3}{16} \omega_0$. Damit findet man (beispielsweise mittels Faltungsintegral) die an die zugehörigen homogenen Anfangsbedingungen angepasste Korrekturlösung $x_1(t) = \frac{3}{64}(\cos 3t - \cos t)$ und damit $x(t) = \cos t + \frac{3}{64} \varepsilon (\cos 3t - \cos t) + \ldots$ als vollständige Näherung.

Aufgabe 6.3 Anfangswertproblem eines nichtlinearen Schwingungssystems mit zwei Freiheitsgraden. Ein Koppelschwinger wird in dimensionsloser Form durch das System von Differenzialgleichungen

$$q^2\ddot{x} + (1 + \varepsilon x^2)x - \varepsilon\rho^2 y = 0, \quad q^2(\ddot{x} + \ddot{y}) + \rho^2 y = 0;$$

$$x(0) = 0, \quad y(0) = 1, \quad \dot{x}(0) = 0, \quad \dot{y}(0) = 0$$

beschrieben. q ist (als Verhältnis der aktuellen Schwingkreisfrequenz und der Eigenkreisfrequenz der allein schwingenden Hauptmasse) der dimensionslose Frequenzparameter; $\rho \neq 1$ ist das Verhältnis der beiden Eigenkreisfrequenzen der entkoppelten Einzelschwinger und $\varepsilon \ll 1$ sowohl die Nichtlinearität der Koppelfeder als auch das Massenverhältnis. Man berechne die Schwingungen $x(t)$, $y(t)$ des Koppelsystems speziell in der Nähe der Eigenschwingungen seiner entkoppelten Subsysteme.

Lösung: Ein Störungsansatz $x(t) = x_0(t) + \varepsilon x_1(t) + \ldots$, $y(t) = y_0(t) + \varepsilon y_1(t) + \ldots$, $q = 1 + \varepsilon q_1 + \ldots$ liefert

$$\ddot{x}_0 + x_0 = 0, \quad \ddot{y}_0 + \rho^2 y_0 = 0, \quad x_0(0) = 0, \quad \dot{x}_0(0) = 0, \quad y_0(0) = 1, \quad \dot{y}_0(0) = 0;$$

$$\ddot{x}_1 + x_1 + 2q_1\ddot{x}_0 + x_0^3 - \rho^2 y_0 = 0, \quad \ddot{y}_1 + \ddot{x}_1 + \rho^2 y_1 + 2q_1(\ddot{x}_0 + \ddot{y}_0) = 0,$$

$$x_1(0) = 0, \quad \dot{x}_1(0) = 0, \quad y_1(0) = 0, \quad \dot{y}_1(0) = 0; \quad \ldots$$

Die Grundlösungen (bei den vorgegebenen Anfangsbedingungen) sind $x_0(t) \equiv 0$, $y_0(t) = \cos\rho t$. Da bei den Störungsgleichungen für ε^1 die Kopplung nur einseitig ist, lässt sich die Korrektur $x_1(t) = \frac{\rho^2}{1-\rho^2}(-\cos t + \cos\rho t)$ ohne Zusatzüberlegung [aus $x_1(t) = x_{1H}(t) + x_{1P}(t)$ und Anpassung an die zugehörigen Anfangsbedingungen] bestimmen, während vor Angabe der Korrektur $y_1(t)$ die Bedingung $2q_1\rho^2 + \frac{\rho^4}{1-\rho^2} = 0$ zur Vermeidung von Säkularlösungen ausgewertet werden muss. Auf die explizite Berechnung von $y_1(t)$ und der vollständigen Näherungslösung $x(t)$, $y(t)$ in erster Näherung wird verzichtet.

Aufgabe 6.4 Die Dynamik eines elektromagnetischen Wandlers wird durch die gekoppelten nichtlinearen Differenzialgleichungen

$$\ddot{x} + \omega_0^2 x(1 + \varepsilon^2 x^2) + \varepsilon i[1 + \varepsilon(\alpha i - \beta x)] = 0,$$

$$\dot{i} + \lambda i - \varepsilon\dot{x}[1 + \varepsilon(\gamma i - \rho x)] = 0$$

mit den Anfangsbedingungen $x(0) = 0$, $\dot{x}(0) = A$, $i(0) = B$ beschrieben. Es bezeichnen x die Verschiebung des Ankers gegenüber dem feststehenden Magneten und i den Strom in der Wicklung des Ankers. Mit $\varepsilon \ll 1$ ist bereits in linearer Beschreibung eine schwache Kopplung vorhanden, die durch nichtlineare Anteile (die von zweiter Ordnung in ε klein sind) ergänzt wird. Die Parameter $\alpha, \beta, \gamma, \rho$ sowie ω_0, λ repräsentieren weitere Systemdaten. Die begrenzten (nicht aufklingenden) Bewegungen des Koppelsystems sind mittels

Störungsrechnung zu untersuchen. Nach geeigneter Entwicklung der Lösungen $x(t), i(t)$ und der Frequenzparameter ω_0^2, λ in Potenzreihen nach dem Störparameter ε führe man diese Entwicklungen in Bewegungsgleichungen and Anfangsbedingungen ein und ermittle daraus die Anfangswertprobleme nullter, erster und zweiter Ordnung. Man löse die Anfangswertprobleme nullter Ordnung. Man bestimme aus den Anfangswertproblemen der ersten Ordnung die Korrekturen ω_1^2 und λ_1 so, dass die Lösungen $x(t)$ und $i(t)$ in der betreffenden Approximationsgüte tatsächlich nicht aufklingen.

Lösung: Die Störungsansätze $x(t) = x_0(t) + \varepsilon x_1(t) + \ldots, i(t) = i_0(t) + \varepsilon i_1(t) + \ldots,$ $\omega_0^2 = 1 + \varepsilon \omega_1^2 + \ldots, \lambda = \lambda_0 + \varepsilon \lambda_1 + \ldots$ liefern nach Einsetzen in Differenzialgleichungen und Anfangsbedingungen und Ordnen nach Potenzen in ε die Anfangswertprobleme

$$\varepsilon^0: \quad \ddot{x}_0 + x_0 = 0, \ x_0(0) = 0, \dot{x}_0(0) = A,$$
$$\dot{i}_0 + \lambda_0 i_0 = 0, \ i_0(0) = B;$$
$$\varepsilon^1: \quad \ddot{x}_1 + x_1 = -\omega_1^2 x_0 - i_0, \ x_1(0) = 0, \dot{x}_1(0) = 0,$$
$$\dot{i}_1 + \lambda_0 i_1 = -\lambda_1 i_0 + \dot{x}_0, \ i_1(0) = 0;$$
$$\varepsilon^2: \quad \ddot{x}_2 + x_2 = -\omega_1^2 x_1 - \omega_2^2 x_0 - i_1 - \alpha i_0^2 + \beta i_0 x_0 - x_0^3, \ x_2(0) = 0, \dot{x}_2(0) = 0,$$
$$\dot{i}_2 + \lambda_0 i_2 = -\lambda_1 i_1 - \lambda_2 i_0 - x_1 - \gamma x_0 i_0 + \rho x_0^2, \ i_2(0) = 0.$$

Die Grundlösungen (bei den vorgegebenen Anfangsbedingungen) sind $x_0(t) = A \sin t$ und $i_0(t) = B e^{-\lambda_0 t}$. Damit in $\ddot{x}_1 + x_1 = -\omega_1^2 A \sin t - B e^{-\lambda_0 t}, x_1(0) = 0, \dot{x}_1(0) = 0,$ (aufklingende) Resonanzlösung verhindert wird, muss $\omega_1^2 = 0$ sein. Es verbleibt das Anfangswertproblem für $i_1(t)$: $\dot{i}_1 + \lambda_0 i_1 = -\lambda_1 B e^{-\lambda_0 t} + A \cos t, i_1(0) = 0$. Zum ersten Erregerterm der rechten Seite gehört die Partikulärlösung $i_1(t) = C e^{-\lambda_0 t}$. Einsetzen liefert $-\lambda_0 C e^{-\lambda_0 t} + \lambda_0 C e^{-\lambda_0 t} = -\lambda_1 B e^{-\lambda_0 t}$. Daraus folgt $\lambda_1 = 0$.

Aufgabe 6.5 Die Auswirkungen einer schadhaften Lagerung auf die Tonhöhe einer vorgespannten Gitarrensaite soll mittels Störungsrechnung untersucht werden (s. Abb. 6.8). Das maßgebende (zeitfreie) Randwertproblem für die Querauslenkung $W(x)$ ergibt sich für eine bei $x = 0$ hart ($\varepsilon \ll 1$), aber infolge des Lagerfehlers nicht quer unverschiebbar gelagerten Saite in der Form

$$W'' + \lambda^2 W = 0, \quad (.)' = \frac{d}{dx}(.),$$
$$W(0) - \varepsilon W'(0) = 0, \quad W(1) = 0, \quad \varepsilon \ll 1.$$

Man entwickle Eigenwert λ^2 und Lösung $W(x)$ in eine Reihe $\lambda^2 = \lambda_0^2 + \varepsilon \lambda_1^2 + \ldots,$ $W(x) = W_0(x) + \varepsilon W_1(x) + \ldots$ nach Potenzen des kleinen Parameters ε und gebe die Randwertprobleme der nullten und der ersten Näherung an. Man löse das Randwertproblem nullter Ordnung mit den Eigenwerten $\lambda_{0k}^2, k = 1, 2, \ldots$ und den zugehörigen Eigenfunktionen $W_{0k}(x)$. Durch Anpassen der allgemeinen Lösung $W_{1k}(x)$ der ersten

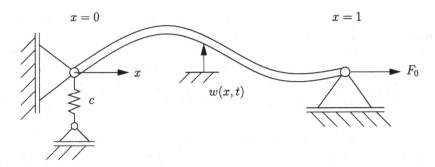

Abb. 6.8 Saite mit schadhafter Lagerung

Näherung an die dafür geltenden Randbedingungen bestimme man die Korrektur λ_{1k}^2 des k-ten Grund-Eigenwerts λ_{0k}^2.

Lösung: Einsetzen der Störungsansätze liefert nach Einsetzen und Ordnen nach Potenzen in ε die Randwertprobleme

$$W_0'' + \lambda_0^2 W_0 = 0, \qquad W_0(0) = 0, \quad W_0(1) = 0,$$
$$W_1'' + \lambda_0^2 W_1 = -\lambda_1^2 W_0, \quad W_1(0) - W_0'(0) = 0, \quad W_1(1) = 0.$$

Die Lösung der Differenzialgleichung nullter Ordnung ist $A \sin \lambda_0 x + B \cos \lambda_0 x$. Die Anpassung an die zugehörigen Randbedingungen liefert ein homogenes Gleichungssystem für die Konstanten A, B, dessen verschwindende Determinate die Eigenwertgleichung ist: $\sin \lambda_0 = 0$. Man erhält demnach die Eigenwerte $\lambda_{0k}^2 = (k\pi)^2, k = 1, 2, \ldots$ und dann auch die zugehörigen Eigenfunktionen $W_{0k}(x) = A_k \sin k\pi x$. Die Lösung des Randwertproblems erster Ordnung $W_1'' + \lambda_0^2 W_1 = -\lambda_1^2 W_0$, $W_1(0) - W_0'(0) = 0$, $W_1(1) = 0$ erfordert die Gesamtlösung der maßgebenden Differenzialgleichung in der Form $W_{1\text{ges}}(x) = W_{1\text{hom}}(x) + W_{1\text{part}}(x)$. Man erhält $W_{1\text{ges}}(x) = C_k \sin \lambda_{0k} x + D_k \cos \lambda_{0k} x + \frac{1}{2} A_k \lambda_{1k}^2 \frac{x}{\lambda_{k0}} \cos \lambda_{0k}$. Anpassen an die zugehörigen Randbedingungen liefert ein Gleichungssystem für C_k und D_k (in Abhängigkeit von A_k) und der noch zu bestimmenden Eigenwertkorrektur λ_{1k}^2. Konkret liefert die Anpassung an die Randbedingung bei $x = 0$ das Ergebnis $D_k = \lambda_{0k} A_k$ und aus der verbleibenden Randbedingung bei $x = 1$ folgt wegen $A_k \neq 0$ für die Eigenwertkorrektur $\lambda_{1k}^2 = -2\lambda_{0k}^2$, so dass sich insgesamt $\lambda_k^2 = (k\pi)^2 (1 - 2\varepsilon + \ldots)$ ergibt. Die Konstante C_k bleibt unbestimmt.

Aufgabe 6.6 Genäherte Knickformel mittels Galerkin-Verfahren. Die Stabilität der gestreckten Gleichgewichtslage eines vertikal aufgestellten Stabes der Länge ℓ mit veränderlicher Biegesteifigkeit $EI(x) = EI_0[\alpha + (1 - \alpha)x/\ell]$ und konstanter Masse pro Länge μ_0 unter Einfluss des Eigengewichts ist zu analysieren. Das untere Ende des Stabes ist über eine Drehfeder (Drehfederkonstante c_d) elastisch drehbar, das obere Ende frei drehbar gelagert. Für Querabweichungen $\Delta w(x)$ von der Gleichgewichtslage gebe man die Verformungsgleichung und die zugehörigen Randbedingungen an. Man klassifiziere die Randbedingungen und überprüfe, ob die Funktion $W_k(x) = \sin k\pi x/\ell$ (k ganzzahlig) eine zulässige Funktion oder eine Vergleichsfunktion ist. Mit einem eingliedrigen Ritz-Ansatz $\Delta\bar{w}(x) = a_1 \sin \pi x/\ell$ bestimme man für den Sonderfall $c_d \equiv 0$ über das Galerkin-Verfahren den kritischen Lastparameter $v_{\text{krit}}^2 = [\mu_0 g\ell^3/(EI_0)]_{\text{krit}}$ in Abhängigkeit des verbleibenden Biegesteifigkeitsparameters α.

Lösung: Gemäß den Ausführungen in Kap. 5 lässt sich das zugehörige Potenzial $V(\Delta w) = \int_0^\ell [EI(x)\Delta w''^2 - \mu_0 g(\ell - x)\Delta w'^2]dx/2 + c_d \Delta w'^2(0)/2$ formulieren, woraus nach Ausführen der entsprechenden Variationen die Verformungsgleichung $[EI(x)\Delta w'']'' + [\mu_0 g(\ell - x)\Delta w']' = 0$ mit den zugehörigen Randbedingungen $\Delta w(0) = 0$, $\Delta w(\ell) = 0$ (geometrisch), $EI(0)\Delta w''(0) - c_d\Delta w'(0) = 0$, $\Delta w''(\ell) = 0$ (dynamisch) folgt. Die angegebene Funktion $\Delta\bar{w}(x)$ ist i. Allg. nur eine zulässige Funktion, da sie im Falle $c_d \neq 0$ eine dynamische Randbedingung verletzt. Für den Sonderfall $c_d = 0$ ist sie allerdings Vergleichsfunktion und kann innerhalb des Galerkin-Verfahrens als Ansatzfunktion verwendet werden. Die Galerkinschen Gleichungen (6.85) reduzieren sich hier für $N = 1$ auf eine Einzelgleichung $\{\pi^4 \int_0^1 [\alpha + (1-\alpha)\xi] \sin^2 \pi\xi d\xi - 2(1-\alpha)\pi^3 \int_0^1 \cos \pi\xi \sin \pi\xi d\xi - v^2\pi^2 \int_0^1 (1 - \xi) \sin^2 \pi\xi d\xi - v^2\pi \int_0^1 \cos \pi\xi \sin \pi\xi d\xi\}a_1 = 0$ ($\xi = x/\ell$). Es gilt $a_1 \neq 0$, so dass $\pi^2(1 + \alpha) - v^2 = 0$ sein muss. Damit ist ein Näherungswert für den kritischen Lastparameter gefunden: $v_{\text{krit}}^2 = \pi^2(1 + \alpha)$.

Aufgabe 6.7 Biegeschwingungen eines Stabes unter gleichförmig verteilter axialer Streckenlast. Der Stab der Länge ℓ mit der konstanten Biegesteifigkeit EI und Massenbelegung μ soll einseitig starr eingespannt und am anderen Ende frei sein. Er wird durch eine *tangential mitgehende* Streckenlast $q_0 = $ const auf Druck beansprucht. Die kleinen Biegeschwingungen $w(x,t)$ um die gestreckte Gleichgewichtslage sind zu diskutieren, insbesondere ist eine Näherung für die Eigenkreisfrequenzen und ihre Lastabhängigkeit mit Hilfe des Galerkinschen Verfahrens gesucht.

Lösung: Ausgehend von einer ursprünglich nichtlinearen Formulierung der Verzerrungen eines gedrückten Biegebalkens (gemäß Beispiel 4.8 in Abschn. 4.2.1), ergänzt um kinetische Energie und virtuelle Arbeit der potenziallosen Streckenlast, lässt sich beispielsweise über das Prinzip von Hamilton (4.134) das Randwertproblem für die gekoppelten Längs- und Querschwingungen generieren. Die kleinen Querschwingungen $\Delta w(x,t)$ um die statische Ruhelage $u_0(x)$, $w_0(x) \equiv 0$ lassen sich dann (unter Verwendung der in Kap. 5 behandelten Methoden) durch das lineare Randwertproblem

$$EI\Delta w_{,xxxx} + q_0(\ell - x)\Delta w_{,xx} + \mu\Delta w_{,tt} = 0,$$

$$\Delta w(0.t) = 0, \quad \Delta w_{,x}(0,t) = 0, \quad \Delta w_{,xx}(\ell,t) = 0, \quad \Delta w_{,xxx}(\ell,t) = 0$$

beschreiben. Ein *isochroner* Lösungsansatz $\Delta w(x,t) = Y(x) \sin \omega t$ liefert unter Verwendung der dimensionslosen Ortskoordinate $\xi = x/\ell$, des Lastparameters $\alpha = q_0\ell^3/(EI)$

und des Eigenwertes $\lambda = \mu \ell^4 \omega^2 / (EI)$ das zugehörige zeitfreie Eigenwertproblem

$$Y'''' + \alpha(1 - \xi)Y'' - \lambda Y = 0,$$

$$Y(0) = 0, \quad Y'(0) = 0, \quad Y''(1) = 0, \quad Y'''(1) = 0 \quad \left[()' = \frac{d()}{d\xi}\right].$$

Dieses soll hier mittels Galerkin-Verfahren unter Verwendung eines Ritz-Ansatzes (6.84) näherungsweise gelöst werden. Geeignete Ansatzfunktionen $W_n(x)$ im Sinne von Vergleichsfunktionen sind die Eigenfunktionen $W_n(x)$ (3.376) des einseitig eingespannten, am anderen Ende freien Stabes (ohne Axiallast) aus Beispiel 3.30. Man erhält die Galerkinschen Gleichungen (6.85) in Matrizenform $(\mathbf{A} - \lambda \mathbf{B})\mathbf{c} = \mathbf{0}$. $\mathbf{A} = (a_{nk})$, $\mathbf{B} = (b_{nk})$, $\mathbf{c} = (c_n)$ mit (nach entsprechender Produktintegration unter Beachten der Randbedingungen für Vergleichsfunktionen) $a_{nk} = \int_0^1 W_n'' W_k'' d\xi - \alpha \int_0^1 (1 - \alpha) W_n' W_k' d\xi + \alpha \int_0^1 W_n W_k' d\xi$; $b_{nk} = \int_0^1 W_n W_k d\xi$. Ein 2-gliedriger Ansatz führt nach Auswerten der auftretenden bestimmten Integrale auf

$$\begin{vmatrix} 12{,}36 + 0{,}43\alpha - \Lambda & -4{,}34\alpha \\ 1{,}18\alpha & 485{,}52 - 6{,}65\alpha - \Lambda \end{vmatrix} = 0$$

als charakteristische Gleichung, wenn zur Unterscheidung von den exakten Eigenwerten λ für die zu erwartenden Näherungswerte Λ geschrieben wird. Die Last-Abhängigkeit der beiden tiefsten Eigenwertnäherungen $\Lambda_{1,2}$ lässt sich in einer Λ-α-Ebene einfach diskutieren und führt auch auf einen kritischen Lastparameter α_{krit}. Nach dessen Überschreiten tritt Instabilität der Gleichgewichtslage durch Flattern ein.

Aufgabe 6.8 Biegelinie eines abgesetzten Kragträgers. Ein einseitig starr eingespannter, am anderen Ende freier Stab der Länge 2ℓ wird durch eine konstante Streckenlast q_0 belastet. Der Träger hat im Bereich 1 mit $0 \le x \le \ell$ die konstante Biegesteifigkeit EI_1 und im Bereich 2 mit $\ell < x \le 2\ell$ die konstante Biegesteifigkeit EI_2. Die Durchbiegung in den beiden Bereichen wird durch die Verformungen $w_{1,2}(x)$ beschrieben. Nach Formulierung des maßgebenden Randwertproblems (einschließlich einer Klassifizierung der Randbedingungen) berechne man mit Hilfe des Ritzschen Verfahrens die Durchbiegung des Trägers näherungsweise. Ausgehend von Polynomansätzen der Form $\varphi(x) = a_1 + b_1 x/\ell + x^2/\ell^2$ $(0 \le x \le \ell)$, $\psi(x) = a_2 + b_2 x/\ell + x^2/\ell^2$ $(\ell \le x \le 2\ell)$ sind zunächst durch Anpassen der auftretenden Koeffizienten *zulässige* Funktionen $\varphi_1(x)$ im Bereich $0 \le x \le \ell$ und $\psi_1(x)$ im Bereich $\ell \le x \le 2\ell$ zu ermitteln. Mit den so gewonnenen zulässigen Funktionen $\varphi_1(x)$ und $\psi_1(x)$ ist konkret eine Eingliednäherung $\bar{w}(x = 2\ell)$ zu berechnen.

Lösung: Aus dem zugehörigen Gesamtpotenzial $V(w_1, w_2) = \int_0^\ell EI_1 w_1''^2 dx/2 + \int_\ell^{2\ell} EI_2 w_2''^2 dx/2 - \int_0^\ell q_0 w_1 dx - \int_\ell^{2\ell} q_0 w_2 dx$ findet man in üblicher Weise die Verformungsgleichungen $EI_1 w_1'''' = q_0$, $0 < x < \ell$, $EI_2 w_2'''' = q_0$, $\ell < x < 2\ell$, die (äußeren) Randbedingungen $w_1(0) = w_1'(0) = 0$ (geometrisch), $w_2''(2\ell) = w_2'''(2\ell) = 0$ (dynamisch) und die Übergangsbedingungen $w_1(\ell) = w_2(\ell)$, $w_1'(\ell) = w_2'(\ell)$ (geometrisch), $EI_1w_1''(\ell) = EI_2w_2''(\ell)$, $EI_1w_1'''(\ell) = EI_2w_2'''(\ell)$ (dynamisch). Die Anpassung der vorgegebenen Polynomansätze an die geometrischen Rand- und Übergangsbedingungen führt auf die zulässigen Funktionen $\varphi_1(x) = \psi_1(x) = x^2/\ell^2$. Einsetzen der 1-gliedrigen Ritz-Ansätze $\bar{w}_1(x) = \rho_1\varphi_1(x)$, $\bar{w}_2(x) = \rho_1\psi_1(x)$ in das angegebene Potenzial und Auswerten der notwendigen Stationaritätsbedingung $\frac{\partial V}{\partial \rho_1} = 0$ liefert die Ritzsche Gleichung $4(EI_1 + EI_2)\rho_1/\ell^3 - 8q_0\ell/3 = 0$ zur Bestimmung von ρ_1. Die Durchbiegung $w_1(x)$ im Bereich $0 \le x \le \ell$ und $w_2(x)$ im Bereich $\ell \le x \le 2\ell$ ist damit näherungsweise gefunden:

$$\bar{w}_1(x) = \bar{w}_2(x) = \frac{2q_0\ell^2x^2}{3(EI_1 + EI_2)}.$$

Auch die Näherung $\bar{w}(2\ell)$ ist damit einfach angebbar:

$$\bar{w}(2\ell) = \bar{w}_1(2\ell) = \bar{w}_2(2\ell) = \frac{8q_0\ell^4}{3(EI_1 + EI_2)}.$$

Aufgabe 6.9 Ein dünner Kreisbogen-Träger mit der konstanten Biegesteifigkeit EI und dem Radius r gemäß Abb. 6.9 ist an seinen Enden bei $\varphi = 0$ und $\varphi = \alpha$ gelenkig gelagert. Unter der Voraussetzung, dass die Dehnung der Stabachse vernachlässigt wird und die konstante Streckenlast q stets senkrecht zur Stabachse bleibt, soll der kritische Schub $N_{\text{krit}} = rq_{\text{krit}}$ näherungsweise aus dem zugehörigen Gesamtpotenzial

$$V[w(\varphi)] = \int_0^\alpha \left[\frac{EI}{2}[w''(\varphi)]^2 - \frac{EI}{2}\kappa^2[w'(\varphi)]^2 \right] r \, d\varphi$$

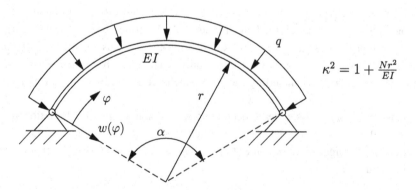

$$\kappa^2 = 1 + \frac{Nr^2}{EI}$$

Abb. 6.9 Kritische Last eines Kreisbogen-Trägers

berechnet werden. Wie lauten die Verformungsgleichung und die zugehörigen Randbedingungen des vorgegebenen Stabilitätsproblems? Man überprüfe, ob die Funktion $f(\varphi) = (\alpha\varphi - \varphi^2)$ eine zulässige oder eine Vergleichsfunktion ist. Mit dem eingliedrigen Ritz-Ansatz $\tilde{w}_1(\varphi) = \rho_1(\alpha\varphi - \varphi^2)$ berechne man eine obere Schranke für den niedrigsten Lastparameter κ^2_{krit}, für den $w_0 \equiv 0$ instabil wird. Aus der allgemeinen Lösung der Verformungsgleichung berechne man den niedrigsten kritischen Lastparameter κ^2_{krit}. Wie groß ist dann N_{krit}?

Lösung: Bilden der ersten Variation von $\delta V[w(\varphi)]$ und Ausführen entsprechender Produktintegrationen liefert das Randwertproblem $w'''' + \kappa^2 w'' = 0$, $w(0) = 0$, $w(\alpha) = 0$, $w''(0) = 0$, $w''(\alpha) = 0$. Die vorgegebene Funktion $f(\varphi)$ erfüllt die geometrischen Randbedingungen, ist also eine *zulässige* Funktion. Die dynamischen Randbedingungen werden (beide) verletzt, sie ist also keine Vergleichsfunktion. Einsetzen des gegebenen eingliedrigen Ritz-Ansatzes in das Gesamtpotenzial liefert $V(\alpha) = \frac{1}{2}\rho_1^2 E I r \left(4\alpha - \kappa^2\frac{1}{3}\alpha^3\right)$. Die Auswertung der notwendigen Stationaritätsbedingung $\frac{\partial V}{\partial \rho_1} = 0$ liefert die Ritzsche Gleichung $\rho_1 E I r \alpha \left(4 - \kappa^2\frac{1}{3}\alpha^2\right) = 0$ zur Bestimmung von ρ_1. Sie ist homogen, so dass für eine nichttriviale Lösung $\rho_1 \neq 0$ die runde Klammer verschwinden muss: $\kappa = \frac{2\sqrt{3}}{\alpha}$. Die Lösung der erhaltenen exakten Verformungsgleichung ergibt im ersten Schritt $w''(\varphi) = A\cos\kappa\varphi + B\cos\kappa\varphi$, woraus im zweiten Schritt endgültig $w(\varphi) = -\frac{1}{\kappa^2}(A\cos\kappa\varphi + B\cos\kappa\varphi) + C\varphi + D$ folgt. Die Anpassung an die vier Randbedingungen liefert ein homogenes Gleichungssystem für A, B, C und D. Aus der geometrischen Randbedingungen bei $\varphi = 0$ folgt direkt $D = 0$, aus der dynamischen bei $\varphi = 0$ damit dann auch $A = 0$. Aus den verbleibenden Gleichungen folgt auch $C = 0$ und wegen $B \neq 0$ muss $\sin\kappa\alpha = 0$ sein, woraus der kritische Lastparameter $\kappa = \pi/\alpha$ folgt. Der kritische Schub ist damit $N_{\text{krit}} = \left(\frac{\pi^2}{\alpha^2} - 1\right)\frac{E I}{r^2}$.

Literatur

1. Bellmann, R.: Methoden der Störungsrechnung in Mathematik, Physik und Technik. R. Oldenbourg, München/Wien (1967)
2. Collatz, L.: Eigenwertaufgaben mit technischen Anwendungen. Akademische Verlagsgesellschaft, Leipzig (1964)
3. Elsgolc, L.E.: Variationsrechnung. Bibl. Inst., Mannheim/Wien/Zürich (1970)
4. Fletcher, C.A.. Computational Galerkin Methods. Springer, New York/Heidelberg/Tokyo (1984)
5. Gould, S.H.: Variational Methods for Eigenvalue Problems. Oxford University Press, Oxford (1955)
6. Hagedorn, P.: Technische Schwingungslehre, Bd. 2. Springer, Berlin/Heidelberg/New York/Paris/London/Tokyo (1989)
7. Kantorowitsch, L.W., Krylow, W.I.: Näherungsmethoden der höheren Analysis, 3. Aufl. Deutscher Verlag der Wissenschaften, Berlin (1956)
8. Kirchgraber, U., Stiefel, E.: Methoden der analytischen Störungsrechnung und ihre Anwendungen. Teubner, Stuttgart (1978)

9. Leipholz, H.: Die direkte Methode der Variationsrechnung und Eigenwertprobleme der Technik. G. Braun, Karlsruhe (1975)
10. Leipholz, H.: Stabilitätstheorie. Teubner, Stuttgart (1968)
11. Michlin, S.G.: Variationsmethoden der mathematischen Physik. Akademie-Verlag, Berlin (1962)
12. Miller, M.: Variationsrechnung. Teubner, Leipzig (1959)
13. Minorsky, N.: Nonlinear Oscillations. Von Nostrand, Princeton (1962)
14. Nayfeh, A.H.: Perturbation Methods. Wiley & Sons, New York/London/Sydney/Toronto (1972)
15. Nayfeh, A.H.: Introduction to Perturbation Techniques. Wiley & Sons, New York/London/Toronto (1981)
16. Pfeiffer, F.: Einführung in die Dynamik, 2. Aufl. Teubner, Stuttgart (1992)
17. Popow, E.P., Paltow, J.P.: Näherungsmethoden zur Untersuchung Nichtlinearer Regelungssysteme. Geest & Portig, Leipzig (1963)
18. Riemer, M.: Technische Kontinuumsmechanik. B.I.-Wiss.-Verlag, Mannheim/Leipzig/Wien/Zürich (1993)
19. Schwarz, H.-R.: Numerische Mathematik, 4. Aufl. Teubner, Stuttgart (1997)
20. Strehmel, K., Weiner, R.: Numerik gewöhnlicher Differentialgleichungen. Teubner, Stuttgart (1995)
21. Velte, W.: Direkte Methoden der Variationsrechnung. Teubner, Stuttgart (1976)
22. Zienkiewicz, O.C.: Methode der finiten Elemente. Hauser, München (1975)

Stichwortverzeichnis

A

Abbildung, 61, 65 ff., 79, 91
Ableitung, 186 ff., 198 ff.
    kovariante, 81
    materielle (substantielle) Zeit-, 252
    nach der Ortskoordinate, 98
    nach der Zeit, 99
    partielle, 77, 81 ff., 99
    stetige, 124, 187
    stückweise stetige, 124
    verallgemeinerte, 186
Adams-Bashford-Verfahren, 349
Algebra
    Matrizen-, 2 ff.
    Tensor-, 52, 65 ff.
    Vektor-, 51, 87
Amplitude(n), 107
    -dichte, 130, 135, 139
    -gang, 110
    -spektrum, 114, 117, 130 f., 136 ff.
Analysis
    Tensor-, 76, 79
    Vektor-, 76, 82
Anfangsbedingung(en), 98 ff., 143 ff., 176 ff.
    Anpassung an die, 103, 143, 155 ff.
    homogene, 127, 200
Anfangs-Randwert-Problem, 99, 173 ff.
    homogenes, 176 ff.
    inhomogenes, 183 ff.
Anfangswert(e)
    linksseitige, 103, 143, 199
    -problem, 98, 103, 144, 322 ff., 356
    rechtsseitige, 103, 143, 199, 203
Anregung
    allgemeine, 119 ff., 128 ff.
    harmonische, 108 ff., 172, 205, 210

impulsförmige, 207, 207 ff.
    kausale, 121, 133
    periodische, 113 ff., 172
Ansatz
    Bernoullischer Produkt-, 176, 215
    Exponential-, 104, 149, 159, 179, 206 ff., 287
    -funktionen, 333, 335, 336 ff.
    gemischter Ritz-, 184, 335 ff.
    isochroner, 21
    Kantorowitsch-, 335
    Potenzreihen-, 316 ff.
    Ritz-, 335
    Separations-, 176, 214
    vom Typ der rechten Seite, 108, 172
Antwort, 103
    (stationäre) System-, 109, 116, 128 ff.
    Impuls-, 202 f.
    Sprung-, 127
Arbeit, 234, 234 ff.
Ausblendeigenschaft
    der Dirac-Funktion, 186, 189, 191
    des Kronecker-Symbols, 51, 57 ff.
Ausgang(s), 103, 109, 135, 170
    -signal, 103, 109, 131
    -spektrum, 134, 206

B

Basis, 52 ff., 58, 66, 78, 79, 83
    affine, 53
    kontravariante, 53 ff.
    kovariante, 53 ff.
    natürliche, des Raumes, 79
Basisvektor(en), 56 ff., 61 ff.
    affine, 52

© Springer Fachmedien Wiesbaden GmbH, ein Teil von Springer Nature 2019
M. Riemer et al., *Mathematische Methoden der Technischen Mechanik*,
https://doi.org/10.1007/978-3-658-25613-5